U0266492

献给
Sheila, Barbara, Janice,
Sarah, Susan 和 Michael

. . . truste wel that alle the conclusiouns that han been founde, or elles possibly mighten be founde in so noble an instrument as an Astrolabie, ben un-knowe perfitly to any mortal man. . .

GEOFFREY CHAUCER
A Treatise on the Astrolabe
circa 1391

射电天文干涉测量与综合孔径 （下册）

（原书第三版）

Interferometry and Synthesis in Radio Astronomy
（**Third Edition**）

〔美〕A. 理查德·汤普森（A. Richard Thompson）

〔美〕詹姆斯·M. 莫兰（James M. Moran）　　　著

〔美〕乔治·W. 斯温森 Jr.（George W. Swenson Jr.）

阎敬业　颜毅华　邓　丽　译

科学出版社

北　京

图字：01-2023-0644 号

内 容 简 介

　　本书分为上、下两册，系统介绍射电天文干涉测量与综合孔径技术的原理和方法。下册（第 9~17 章）：第 9 章对 VLBI 的特点和工作原理进行介绍；第 10 章介绍如何测量可见度函数并反演亮度分布；第 11 章主要分析图像处理算法，包括压缩感知技术；第 12 章介绍取得极大进展的天体测量技术；第 13 章介绍传播路径上的湍流等中性介质对干涉测量的影响；第 14 章介绍传播路径上的电离层等电离介质对干涉测量的影响；第 15 章介绍范西泰特-策尼克定理，以及空间相干和散射；第 16 章介绍射频干扰的来源、影响以及分析抑制方法；第 17 章扩展讨论了干涉测量的其他应用。

　　本书全面丰富地介绍了干涉测量与综合孔径技术，其分析方法具有一般性，适合作为射电天文、天体测量等相关专业的研究生教学用书，也适合作为射电望远镜设计制造、天体测量和大地测量等专业的研究人员深入理解干涉测量的原理、方法，可靠分析干涉测量数据的参考书。

First published in English under the title
Interferometry and Synthesis in Radio Astronomy(3rd Ed.)
by A. Richard Thompson, James M. Moran and George W. Swenson Jr.
Copyright © A. Richard Thompson, James M. Moran and George W. Swenson Jr.,
2017
This edition has been translated and published under licence from
Springer Nature Switzerland AG.

图书在版编目（CIP）数据

射电天文干涉测量与综合孔径：原书第三版. 下册 /（美）A. 理查德·汤普森（A. Richard Thompson），（美）詹姆斯·M. 莫兰（James M. Moran），（美）乔治·W. 斯温森 Jr.（George W. Swenson Jr.）著；阎敬业，颜毅华，邓丽译. —北京：科学出版社，2023.2
书名原文：Interferometry and Synthesis in Radio Astronomy（Third Edition）
ISBN 978-7-03-075078-5

Ⅰ. ①射⋯　Ⅱ. ①A⋯　②詹⋯　③乔⋯　④阎⋯　⑤颜⋯　⑥邓⋯　Ⅲ. ①射电天文学–干涉测量法　Ⅳ. ①P164

中国国家版本馆 CIP 数据核字（2023）第 040633 号

责任编辑：周　涵　田轶静 / 责任校对：郝甜甜
责任印制：赵　博 / 封面设计：无极书装

科学出版社 出版
北京东黄城根北街 16 号
邮政编码：100717
http://www.sciencep.com

涿州市般润文化传播有限公司印刷
科学出版社发行　各地新华书店经销
*
2023 年 2 月第 一 版　开本：720×1000　B5
2024 年 9 月第二次印刷　印张：27 3/4
字数：560 000
定价：168.00 元

（如有印装质量问题，我社负责调换）

原 书 作 者

A. Richard Thompson
National Radio Astronomy Observatory

James M. Moran
Harvard Smithsonian Center for Astrophysics

George W. Swenson Jr.
University of Illinois Urbana Champaign

译 者 序

北京时间 2019 年 4 月 10 日 21 时，全球六地（比利时布鲁塞尔、智利圣地亚哥、中国上海和台北、日本东京、美国华盛顿）同时召开新闻发布会，宣布人类首次利用一个口径如地球大小的虚拟射电望远镜，在近邻超巨椭圆星系 M87 的中心成功捕获了世界上首张黑洞照片。这一事件将射电干涉测量技术推动到其历史发展的巅峰。

干涉测量的最大特点是稀疏化，因此可以用可行的技术构造远超想象的巨大望远镜，例如，利用地面设备实现地球口径的望远镜，甚至在将来有可能利用卫星技术实现行星际尺度的超级望远镜。因此，尽管射电波长远大于光学波长，但射电干涉的角度分辨率已经超越了传统的光学望远镜。此外，射电干涉的发展也反过来推动了光学干涉的发展。可以预见，干涉测量是未来天文、空间物理、对地遥感等诸多领域发展的必然方向之一。

译者从事干涉技术研究近二十年，主持或参与了对地微波遥感、太阳射电成像、行星际射电成像和天文等多个领域的干涉测量研究项目和工程计划，对射电干涉技术有了一些理解，深感这项技术理解容易实践难。研制干涉仪器或分析干涉数据的主要难点是辐射机制、观测技术和信号处理的紧耦合。只有全面系统地理解干涉测量技术，才能有效地研制观测设备、处理干涉数据和开展科学研究。

《射电天文干涉测量与综合孔径》（*Interferometry and Synthesis in Radio Astronomy*）是干涉测量技术的经典著作，自 1986 年初版以来，经多次补充完善，2017 年发布了第三版。该书对干涉测量的基本原理、涉及的各方面技术和应用做了全面系统的梳理，补充了近期的一些技术进展，虽不足以用作工程手册，但基于该书介绍的背景、原理和参考文献，专业人士能比较容易地理解设备研制和干涉数据处理的细节。因此，该书被誉为射电干涉领域的"圣经"。

2018 年 9 月，译者在贵州平塘遇到该书作者之一，James M. Moran 教授。在他和该书第二版译者李靖研究员的鼓励下，我们自 2018 年底开始翻译工作，历时近四年终于完成。稀疏化、分布化和虚拟化是高分辨率电磁波谱成像观测的必然发展方向，译者希望该书的中译本能够帮助相关专家和研究生提高研究效率，为建设科学强国贡献微薄之力。书中的理论和技术涉及很多学科，内容非常全面丰富，译者的知识体系并不能完整覆盖全部内容，一些章节是边学习边翻译，难免有些疏漏，敬请专家学者指出并联系译者，以便再版时修订。

译 者

2022 年 10 月于北京

第三版序言

自本书第二版发行 15 年来，射电天文学取得了显著进展，特别是干涉测量仪器发展更为迅速。阿塔卡马大型毫米波/亚毫米波阵列（Atacama Large Millimeter/Submillimeter Array，ALMA）投入运行，标志着高分辨率射电天文观测达到了地基探测的频率上限 1THz。低频射电探测重新成为研究热点，新建了低频阵列（Low Frequency Array，LOFAR）、长波阵列（Long Wavelength Array，LWA）以及默奇森宽场阵列（Murchison Widefield Array，MWA）等观测设备。信号处理能力的巨大提升使得多视场观测成为可能，例如，澳大利亚的平方千米阵列探路者（Australian Square Kilometer Array Pathfinder，ASKAP），以及荷兰韦斯特博克（Westerbork）的焦平面孔径阵列（Aperture Tile in Focus，APERTIF）项目，甚长基线干涉（Very Long Baseline Interferometry，VLBI）达到了亚毫米波频段，并利用黑洞事件视界望远镜（Event Horizon Telescope，EHT）对银河系中心的黑洞辐射结构进行探测。RadioAstron 和 VSOP 卫星将 VLBI 拓展到空间，极大增加了干涉基线长度。

第三版增加了很多新的内容。第 1 章历史回顾中增加了最新进展，附录增加了辐射测量方程的基本理论，从而给出射电望远镜探测灵敏度的理论约束。第 2 章增加了新的附录，给出傅里叶变换理论的综述，这一理论贯穿本书始终。第 4 章增加了所谓的测量方程，从而构建了统一的阵列定标框架。第 5 章介绍了一些新型望远镜，包括快速傅里叶望远镜（Fast Fourier Transform Telescope）。第 7 章相当大地扩充了望远镜系统设计。第 8 章数字信号处理部分极大地扩充了频域相关器（FX-type）的内容，并解释了多相滤波器组的运算。对量化误差导致的灵敏度损失做了一般性分析。附录中增加了离散傅里叶变换基本性质的描述。第 9 章对 VLBI 进行了更新，以反映数据存储介质从磁带存储到磁盘存储的变化。当数据可以直接传输到相关器系统时，VLBI 与单元互连型干涉测量系统的差异逐渐消失。虽然反演图像的保真度在持续提升，但本领域已经出现了直接拟合原始干涉测量数据的发展趋势，为反映这一变化，第 10 章极大扩充了 (u,v) 平面模型拟合的讨论。在数据定标过程中，相位和幅度闭合特性发挥了重大作用，对此也进行了深入探究。第 11 章主要分析图像处理算法，其中包括压缩感知技术。第 12 章介绍取得极大进展的天体测量技术。随着相参技术的发展，常规测量精度已达到 10μas（1μas=0.000001″）。随着对传播路径的认知提升，本版将中性大气和电离层中性介质与星际介质区分为第 13 和第 14

两章。过去 15 年来，积累了大量的台站特性数据，第 13 章也对此进行了介绍。对流层的二维和三维湍流都会严重影响观测，对这两类湍流进行了详细分析。第 17 章讨论有关的技术，新增了利用射电阵列跟踪卫星和空间碎片的新资料。另外，还介绍了射电干涉技术在对地遥感中的应用。这类应用提供了土壤湿度和海水盐度的重要信息。

在干涉测量技术发展早期，测量的源强度分布通常被称为"图"（Map），与此相关的技术称为"成图"（Mapping）。随着该领域的完备，看起来更适当的命名应该是"成像"（Image）。本版采用了这一术语，但在少数情况下，"成图"的叫法更加适当，例如，通过测量条纹率来确定脉泽斑的位置。

对于射电天文领域的新人，我们鼓励他们从其他信息源开始研究基本原理。相关的教科书很多，第 1 章末的扩展阅读部分给出了部分清单。特别实用的一本书是《傅里叶变换及其应用》（*The Fourier Transform and Its Applications*），作者 R. N. Bracewell 是一位射电天文学家和数学家。该方法的源头可以追溯到剑桥大学 J. A. Ratcliffe 的教学笔记，赋予 Roger Jennison 灵感并编著了《傅里叶变换与卷积的实践》（*Fourier Transforms and Convolutions for Experimentalist*）。

作者感谢本书读者反馈任何关于教学、技术、语法或排版的错误。

我们的很多同行在准备第三版的过程中给予的帮助，使我们获益良多。他们包括 Betsey Adams，Kazunori Akiyama，Subra Ananthakrishnan，Yoshiharu Asaki，Jaap Baars，Denis Barkats，Norbert Bartel，Leo Benkevitch，Mark Birkinshaw，Katie Bouman，Geoff Bower，Michael Bremer，John Bunton，Andrew Chael，Barry Clark，Tim Cornwell，Pierre Cox，Adam Deller，Hélène Dickel，Phil Edwards，Ron Ekers，Pedro Elosegui，Phil Erickson，Hugh Garsden，John Gibson，Lincoln Greenhill，Richard Hills，Mareki Honma，Chat Hull，Michael Johnson，Ken Kellermann，Eric Keto，Robert Kimberk，Jonathon Kocz，Vladimir Kostenko，Yuri Kovalev，Laurent Loinard，Colin Lonsdale，Ryan Loomis，Chopo Ma，Dick Manchester，Satoki Matsushita，John McKean，Russ McWhirter，Arnaud Mialon，George Miley，Eric Murphy，Tara Murphy，Ramesh Narayan，Scott Paine，Nimesh Patel，Michael Pearlman，Richard Plambeck，Danny Price，Rurik Primiani，Simon Radford，Mark Reid，Maria Rioja，Luis Rodríguez，Nemesio Rodríguez-Fernández，Alan Rogers，Jon Romney，Katherine Rosenfeld，Jean Rüeger，Marion Schmitz，Fred Schwab，Mamoru Sekido，T. K. Sridharan，Anjali Tripathi，Harish Vedantham，Jonathan Weintroub，Alan Whitney，David Wilner，Robert Wilson 和 Andre Young。

40 年来，James M. Moran 在哈佛大学每年教授射电天文研究生课程两学期。他在此感谢数百名听课的学生给予的反馈、激励和质疑。

第三版获得了哈佛大学 D. H. Menzel 基金会和美国国家射电天文台（National Radio Astronomy Observatory，NRAO）资助，授权开放获取。我们特别感谢哈佛－史密松森天体物理中心主任 Charles Alcock 和美国国家射电天文台主任 Anthony Beasley 在各个方面对本版出版的慷慨支持。

我们感谢 John Lewis 在制图和其他方面创造性的贡献，提高了本书素材的表现力。同时感谢 Tania Burchell，Maureen Connors，Christopher Erdmann，Muriel Hodges，Carolyn Hunsinger，Clinton Leite，Robert Reifsnyder 和 Larry Selter 的宝贵支持。

第三版的出版离不开哈佛大学的 Carolann Barrett 不知疲倦和专业的协助，她是数学专业非常有经验的编辑，完成了本书的词句和公式编排，她掌控本书所有细节的能力令人惊异。

美国弗吉尼亚州夏洛茨维尔 A. Richard Thompson
美国马萨诸塞州剑桥 James M. Moran
美国伊利诺伊州厄巴纳 George W. Swenson Jr.
2016 年 6 月

第二版序言

半个世纪以来，射电干涉技术的应用显著推动了科学进步。自 1986 年本书第一版出版以来，甚长基线阵列（Very Long Baseline Array，VLBA）建设完成，这是第一个完全针对甚长基线干涉（Very Long Baseline Interferometry，VLBI）测量特殊设计的观测仪器，全球化 VLBI 网络新增了在轨天线，谱线观测变得越来越重要，工作在电磁波谱高端和低端的观测设备性能都得到了提高。1986 年，高频段观测设备，如伯克利-伊利诺伊-马里兰联合毫米波阵列（Berkeley-Illinois-Maryland Association，BIMA）、法国毫米波射电天文研究所（Institut de Radio Astronomie Millimétrique，IRAM）、野边山射电天文台（Nobeyama Radio Observatory，NRO）以及欧文斯谷射电天文台（Owens Valley Radio Observatory，OVRO）还处于发展初期，至今已经极大地提升了性能。主要的毫米波和亚毫米波国际合作计划亚毫米波阵列（Submillimeter Array，SMA）和阿塔卡马大型毫米波/亚毫米波阵列（Atacama Large Millimeter/Submillimeter Array，ALMA）正在进行建设。低频段存在电离层效应和宽视场成像等特殊问题，甚大阵列（Very Large Array，VLA）频率范围向下扩展至75MHz，可低至 38MHz 的巨型米波射电望远镜（Giant Meter-Wave Radio Telescope，GMRT）已经开始调试。澳大利亚射电望远镜（Australia Telescope）以及扩展多元无线链路干涉仪网络（Multi-Element Radio Linked Interferometer Network，MERLIN）提高了厘米波段的探测能力。

本版基于上述的科学技术进步进行了修订，不但增加了最新进展，还扩大了涵盖范围，提高了其可理解性和通用性。为了与射电天文通用符号保持一致，修订了第一版采用的一些符号。每一章都加入了新内容，包括新的图和很多新的参考文献。压缩了原版第 3 章的一些未侧重基本概念讨论，并移至后续章节。新版第 3 章主要包含干涉仪系统响应的基本分析。极大扩充了第一版第 4章中极化的内容。第 5 章中增加了天线理论的初步介绍。第 6 章讨论了多种仪器阵列构型对灵敏度的影响。第 10 章讨论了谱线观测。对第 13 章进行了扩充，以包含大气相位校正、毫米波段台站站址测试数据和技术的描述。新增的第 14 章内容包括范西泰特-策尼克（van Cittert-Zernike）定理的检验、空间相干和散射的讨论，部分内容来自于第一版的第 3 章。

特别感谢修订过程中进行审读及提供其他帮助的专家和学者。他们包括 D. C. Backer，J. W. Benson，M. Birkinshaw，G. A. Blake，R. N. Bracewell，B. F.

Burke，B. Butler，C. L. Carilli，B. G. Clark，J. M. Cordes，T. J. Cornwell，L. R. D'Addario，T. M. J. Dame，J. Davis，J. L. Davis，D. T. Emerson，R. P. Escoffier，E. B. Fomalont，L. J. Greenhill，M. A. Gurwell，C. R. Gwinn，K. I. Kellermann，A. R. Ken，E. R. Keto，S. R. Kulkami，S. Matsushita，D. Morris，R. Narayan，S.-K. Pan，S. J. E. Radford，R. Rao，M. J. Reid，A. Richichi，A. E. E. Rogers，J. E. Salah，F. R. Schwab，S. R. Spangler，E. C. Sutton，B. E. Turner，R. F. C. Vessot，W. J. Welch，M. C. Wiedner，J. H. Zhao。感谢 J. Heidenrich，G. L. Kessler，P. Smiley，S. Watkins，P. Winn 对本书文字和图表的整理和准备。感谢 P. L. Simmons 对本书文字和图表整理、准备以及编辑所做的大量工作。感谢美国国家射电天文台（National Radio Astronomy Observatory，NRAO）台长 P. A. Vanden Bout 以及哈佛–史密松森天体物理中心（Harvard-Smithsonian Center for Astrophysics）主任 I. I. Shapiro 的鼓励和支持。NRAO 由美国国家科学基金会（National Science Foundation）委托联合大学有限公司（Associated Universities Inc.）管理，哈佛–史密松森天体物理中心由美国哈佛大学和史密松森学会管理。

美国弗吉尼亚州夏洛茨维尔 A. Richard Thompson

美国马萨诸塞州剑桥 James M. Moran

美国伊利诺伊州厄巴纳 George W. Swenson Jr.

2000 年 11 月

第一版序言

过去 40 年，射电干涉测量技术在天文学和天体测量学领域得到了极大发展，角度分辨率提升了六个数量级，从度量级提高到毫角秒量级。随着综合孔径成图（Synthesis Mapping）[①]阵列的发展，射电领域的技术已经超越了光学领域，能提供天文图像最精细的角结构。这一发展也为天体测量以及地球极移和板壳运动测量带来新的可能。这些发展的背后是理论和技术的持续进化，当前已达到足够成熟的状态，应该做出详细的阐述。

本书主要适合于天文、电子工程、物理及相关领域的研究生和专业人士，以帮助他们在天文、天体测量和测地学研究中使用干涉或综合孔径成像技术。写作时也考虑射电系统工程师的需求，包含了与观测仪器相关的重要参数和容差。我们的主要目的是解释有关的干涉测量技术背后的原理，但不会深入讨论工程实施细节。每个特定的仪器硬件和软件的实施细节几乎都是特有的，并且随着电子工程和计算机技术的发展，实施细节是持续变化的。领会了涉及的原理，读者应该可以理解大部分天文台提供的使用说明和设备细节。

本书并不是源于任何课程，但书中的材料适合于研究生教学。熟悉本书有关技术的教师应该能够容易地指导天文学、工程学或其他方面的相关内容。

前两章简单回顾天文学的基础知识，介绍射电干涉技术的发展历史，并简单讨论干涉的原理。第 3 章从部分相干理论的视角讨论干涉测量的基本关系，初次阅读可以忽略。第 4 章引入描述综合成像所需的坐标和参数系统，为第 5 章解释多元综合孔径阵列的天线构型打下基础。第 6~8 章介绍接收系统设计和响应的各方面知识，包括数字相关器的量化效应。第 9 章讨论甚长基线干涉（Very Long Baseline Interferometry，VLBI）的特殊要求。前面介绍的内容覆盖了复可见度测量的细节，便于在第 10 章和第 11 章讨论射电图像的反演。前几章给出了基本的傅里叶变换方法，后几章介绍了更有效的定标和变换算法。第 12 章的主题是天体测量和测地学的精密观测。后续第 13 章讨论导致系统性能恶化的各种因子，包括大气、行星际介质和星际介质的传播效应。第 14 章讨论射频干扰。用相当长的篇幅讨论传播效应是由于涉及了广泛的复杂效应，从根本上限制了测量精度。最后一章介绍了有关的技术，包括强度干涉、斑点干涉和月掩观测。

参考文献包括与本书内容相关的会议论文、其他文献和综述。为了便于理

---

① 我们将综合孔径成图定义为：测量亮温分布的傅里叶变换并重建图像。本书中，图（Map）、像（Image）和亮温（强度）分布这几个术语基本是可以互换的。

解，还参考了大量设备和观测结果。在有助于阐述原理、说明现有技术的起源或者本身就很有趣的情况下，也会介绍一些早期发展的细节。由于介绍的现象非常多样，有时候需要用同样的数学符号描述不同的参数。最后一章之后给出了主要符号使用表。

　　本书只有部分内容引自公开文献，大量内容源自多年积累的讨论、会议、未发表的报告以及各个天文台的记录。因此，要感谢的同行很多，无法一一提及。我们特别感谢一些为本书部分内容做出重要综述或提供支持的同行。包括 D. C. Backer, D. S. Bagri, R. H. T. Bates, M. Birkinshaw, R. N. Bracewell, B. G. Clark, J. M. Cordes, T. J. Cornwell, L. R. D'Addario, J. L. Davis, R. D. Ekers, J. V. Evans, M. Faucherre, S. J. Franke, J. Granlund, L. J. Greenhill, C. R. Gwinn, T. A. Herring, R. J. Hill, W. A. Jeffrey, K. I. Kellermann, J. A. Klobuchar, R. S. Lawrence, J. M. Marcaide, N. C. Mathur, L. A. Molnar, P. C. Myers, P. J. Napier, P. Nisenson, H. V. Poor, M. J. Reid, J. T. Roberts, L. F. Rodriguez, A. E. E. Rogers, A. H. Rots, J. E. Salah, F. R. Schwab, I. I. Shapiro, R. A. Sramek, R. Stachnik, J. L. Turner, R. F. C. Vessot, N. Wax 和 W. J. Welch。引自其他文献的图表在题注中致谢，感谢原作者和出版社允许我们使用这些材料。我们感谢对本书出版做出重要贡献的人，包括 C. C. Barrett, C. F. Burgess, N. J. Diamond, J. M. Gillberg, J. G. Hamwey, E. L. Haynes, G. L. Kessler, K. I. Maldonis, A. Patrick, V. J. Peterson, S. K. Rosenthal, A. W. Shepherd, J. F. Singarella, M. B. Weems 和 C. H. Williams。我们感谢美国国家射电天文台（National Radio Astronomy Observatory, NRAO）的前主任 M. S. Roberts 和现主任 P. A. Vanden Bout，哈佛-史密松森天体物理中心（Harvard-Smithsonian Center for Astrophysics）的前主任 G. B. Field 和现主任 I. I. Shapiro 提供了鼓励和支持。J. M. Moran 对本书的大部分贡献是在伯克利的加利福尼亚大学射电天文实验室（Radio Astronomy Laboratory of the University of California）公休假期间完成的，他感谢 W. J. Welch 在此期间的关照。G. W. Swenson Jr. 感谢 Guggenheim 基金在 1984～1985 年的经费支持。最后，我们感谢任职单位的支持，包括美国国家科学基金会（National Science Foundation）委托联合大学有限公司（Associated Universities Inc.）管理的国家射电天文台，哈佛大学和史密松森学会运行的哈佛-史密松森天体物理中心，以及伊利诺伊大学。

美国弗吉尼亚州夏洛茨维尔 A. Richard Thompson
美国马萨诸塞州剑桥 James M. Moran
美国伊利诺伊州厄巴纳 George W. Swenson Jr.
1986 年 1 月

缩写和缩略词

缩写	英文全称	中文全称
3C	Third Cambridge Catalog of Radio Sources	第三剑桥射电源表
3CR	Revised Cambridge Catalog of Radio Sources	修订的剑桥射电源表
AGN	Active Galactic Nuclei	活动星系核
AIPS	Astronomical Image Processing System	天文图像处理系统
ALC	Automatic Level Control	自动电平控制
ALMA	Atacama Large Millimeter/Submillimeter Array	阿塔卡马大型毫米波/亚毫米波阵列
AM	Atmospheric Model（Atmospheric Modeling Code）	大气模型（大气模拟程序）
APERTIF	Aperture Tile in Focus	焦平面孔径阵列
ASKAP	Australian Square Kilometer Array Pathfinder	澳大利亚平方千米阵列探路者
ATM	Atmospheric Transmission of Microwaves（Atmospheric Modeling Code）	大气微波传输（大气模拟程序）
AU	Astronomical Unit	天文单位
AUI	Associated Universities Inc.	联合大学有限公司
B	Besselian	贝塞尔
BLH	Bureau International de L'Heure	国际时间局
bpi	bits per inch	比特/英寸
CARMA	Combined Array for Research in Millimeter-Wave Astronomy	毫米波天文研究联合阵列
CBI	Cosmic Background Imager	宇宙背景成像仪
CCIR	International Radio Consultative Committee	国际无线电咨询委员会
CIO	Conventional International Origin	国际协议原点

缩写	英文全称	中文全称
CLEAN	Imaging Algorithm for Removal of Unwanted Responses Due to Point Spread Function	去除点扩散函数无用响应的成像算法
CMB	Cosmic Microwave Background	宇宙微波背景
COBE	Cosmic Background Explorer	宇宙背景探测器
COESA	Committee on the Extension of the Standard Atmosphere	标准大气扩展委员会
CSIRO	Commonwealth Scientific and Industrial Research Organization	澳大利亚联邦科学与工业研究组织
CS	Compressed Sensing	压缩感知
CSO	Caltech Submillimeter Observatory	加州理工学院亚毫米波天文台
CVN	Chinese VLBI Network	中国 VLBI 网络
CW	Continuous Wave	连续波
DASI	Degree Angular Scale Interferometer	度角尺度干涉仪
dB	Decibel（formally，one-tenth of a bel）	分贝（十分之一贝尔的正式表示）
DD	Direction-Dependent	方向依赖的
DFT	Discrete Fourier Transform	离散傅里叶变换
DM	Dispersion Measure	色散度
DSB	Double Sideband	双边带
EHT	Event Horizon Telescope	事件视界望远镜
EOR	Epoch of Reionization	再电离时期
EVN	European VLBI Network	欧洲 VLBI 网络
FFT	Fast Fourier Transform	快速傅里叶变换
FIFO	First-In-First-Out	先入先出
FIR	Finite Impulse Response	有限脉冲响应
FK	Fundamental Catalog（Stellar Position）	基本星表（恒星的位置）
FWHM	Full Width at Half-Maximum	半高全宽
FX	Fourier Transform Before Cross Multiplication of Data	数据傅里叶变换后再互乘
FXF	Correlator Architecture	相关器的一种结构

缩写	英文全称	中文全称
GBT	Green Bank Telescope	绿岸望远镜
GLONASS	Global Navigation Satellite System	全球导航卫星系统
GMRT	Giant Meterwave Radio Telescope	巨型米波射电望远镜
GMSK	Gaussian-Filtered Minimum Shift Keying	高斯滤波的最小频移键控
GPS	Global Positioning System	全球定位系统
GR	General Relativity	广义相对论
HALCA	Highly Advanced Laboratory for Communications and Astronomy（a VLBI satellite of Japan）	高新通信和天文实验室（一颗日本的 VLBI 卫星）
IAT	International Atomic Time	国际原子时
IAU	International Astronomical Union	国际天文联合会
ICRF	International Celestial Reference Frame	国际天球参考框架
ICRS	International Celestial Reference System	国际天球参考系统
IEEE	Institute of Electrical and Electronics Engineers	电气和电子工程师学会
IF	Intermediate Frequency	中频
IPAC	Infrared Processing and Analysis Center（NASA/Caltech）	红外处理与分析中心（NASA/Caltech）
IRI	International Reference Ionosphere	国际参考电离层
ITU	International Telecommunication Union	国际电信联盟
IVS	International VLBI Service	国际 VLBI 服务
J	Julian	儒略
JPL	Jet Propulsion Laboratory	喷气推进实验室
JVN	Japanese VLBI Network	日本 VLBI 网络
LASSO	Least Absolute Shrinkage and Selection Operator	最小绝对收敛和选择算子
LBA	Long-Baseline Array	长基线阵列
LO	Local Oscillator	本地振荡器（本振）
LOD	Length of Day	日长度
LOFAR	Low Frequency Array	低频阵列
LMSF	Least-Mean-Square Fit	最小二乘拟合
LSR	Local Standard of Rest	本地静止标准

缩写	英文全称	中文全称
LWA	Long Wavelength Array	长波阵列
MCMC	Markov Chain Monte Carlo	马尔可夫链蒙特卡罗
MeerKAT	Meer and Karoo Array Telescope	米尔和卡鲁阵列望远镜
MEM	Maximum Entropy Method	最大熵法
MERLIN	Multi-Element Radio Linked Interferometer Network	多元无线链路干涉仪网络
MERRA	Modern-Era Retrospective Analysis for Research and Application（NASA program）	现代研究与应用的回顾分析（NASA 的项目）
MIT	Massachusetts Institute of Technology	麻省理工学院
MKS	Meter Kilogram Second	米–千克–秒
MMA	Millimeter Array（precursor to ALMA）	毫米波阵列（ALMA 的前身）
MSTID	Midscale Traveling Ionospheric Disturbance	电离层中尺度行扰
NASA	National Aeronautics and Space Administration（USA）	国家航空航天局（美国）
NGC	New General Catalog	新总表
NGS	National Geodetic Survey（USA）	国家大地测量局（美国）
NNLS	Nonnegative Least-Squares（Algorithm）	非负最小二乘（算法）
NRAO	National Radio Astronomical Observatory（USA）	国家射电天文台（美国）
NRO	Nobeyama Radio Observatory（USA）	野边山射电天文台（美国）
NVSS	NRAO VLA Sky Survey（USA）	国家射电天文台甚大阵巡天（美国）
OVLBI	Orbiting VLBI	空间 VLBI
OVRO	Owens Valley Radio Observatory	欧文斯谷射电天文台
PAF	Phased-Array Feed	相位阵馈源
PFB	Polyphase Filter Bank	多相滤波器组
PIM	Parametrized Ionosphere Model	参数化电离层模型
PPN	Parametrized Post-Newtonian（Formalism of General Relativity）	参数化后牛顿（广义相对论形式）

缩写	英文全称	中文全称
Q-factor	Center Frequency Divided by Bandwidth	中心频率除以带宽
QPSK	Quadri-Phase-Shift Keying	四相相移键控
RA	Right Ascension	赤经
RAM	Random Access Memory	随机存取存储器
RF	Radio Frequency	射频
RFI	Radio Frequency Interference	射频干扰
RM	Rotation Measure	旋转度
RMS	Root Mean Square	均方根
SAO	Smithsonian Astrophysical Observatory	史密松天体物理台
SEFD	System Equivalent Flux Density	系统等效流量密度
SI	System International（Rationlized MKS Unit）	国际单位系统（有理化米–千克–秒单位）
SIM	Space Interferometry Mission	空间干涉测量任务
SIS	Superconductor-Insulator-Superconductor	超导–绝缘–超导
SKA	Square Kilometre Array	平方千米阵列
SMA	Submillimeter Array	亚毫米波阵列
SMOS	Soil Moisture and Ocean Salinity Mission	土壤湿度与海水盐度任务
SNR	Signal-to-Noise Ratio	信噪比
SSB	Single Sideband	单边带
STI	Satellite Tracking Interferometer	卫星跟踪干涉仪
TDRSS	Tracking and Data Relay Satellite System	跟踪与数据中继卫星系统
TEC	Total Electron Content	电子总量
TID	Traveling Ionospheric Disturbance	行进电离层扰动
TV	Total Variation	总扰动
USNO	United States Naval Observatory	美国海军天文台
USSR	Union of Soviet Socialist Republics	苏维埃社会主义共和国联盟
UT	Universal Time	世界时
UT0，UT1，UT2	Modified UT	修正世界时
UTC	Coordinated Universal Time	协调世界时

缩写	英文全称	中文全称
UTR-2	Ukrainian Academy of Sciences T-Shaped Array	乌克兰科学院 T 形阵列
VCR	Video Cassette Recorder	录像机
VERA	VLBI Exploration of Radio Astronomy（Japanese-Led Project）	射电天文 VLBI 探索计划（日本主导的计划）
VLA	Very Large Array	甚大阵列
VLBA	Very Long Baseline Array	甚长基线阵列
VLBI	Very Long Baseline Interferometry	甚长基线干涉
VLSI	Very Large Scale Integrated（Circuit）	超大规模集成（电路）
VSA	Very Small Array	甚小阵列
VSOP	VLBI Space Observatory Programme	VLBI 空间天文台计划
WIDAR	Wideband Interferometric Digital Architecture	宽带干涉数字架构
WMAP	Wilkinson Microwave Anisotropy Probe	威尔金森微波各向异性探测器
WVR	Water Vapor Radiometer	水汽辐射计
XF	Cross-Correlation Before Fourier Transformation	先互相关再傅里叶变换
Y-factor	Ratio of Receiver Power Outputs with Hot and Cold Input Load	热负载和冷负载的接收机输出功率比

主 要 符 号

下面为本书所使用的主要符号，包括一些限于局部使用的符号。

a	模型尺寸，尺度尺寸，大气模型常数（13.1 节），电离层不规则体的尺度尺寸（13.4 节）
A	天线接收面积（接收方向图）
$\boldsymbol{A}$	天线极化矩阵（第 4 章）
A_1	一维接收方向图
A_0	天线法向接收面积
A_N	归一化接收方向图
$\mathcal{A}$	镜像接收方向图，方位角
b	银纬（13.6 节）
b_0	合成波束方向图，点源响应
b_N	归一化合成波束方向图
B	磁场强度
$\boldsymbol{B}$	磁场矢量
c	光速
C	相关函数（第 9 章），卷积（第 10 章）
$C_n{}^2$	折射指数的湍流强度参数（第 13 章）
$C_{ne}{}^2$	湍流强度，电子密度（第 14 章）
$\mathcal{C}$	复信号的幅度（附录 3.1）
d	距离，天线直径，基线倾斜，基线投影（第 13 章）
d_f	弗雷德长度（第 13，17 章）
d_{in}	湍流的内尺度
d_{out}	湍流的外尺度
d_r	衍射极限
d_{tc}	目标源和定标源在湍流区射线路径之间的距离
d_0	均方根相位差 1 弧度的距离（第 13 章）
D_2	二维到三维湍流的过渡
D	基线（天线间距），极化泄漏（第 4 章）
$\boldsymbol{D}$	基线矢量

D_λ，$\boldsymbol{D}_\lambda$	以波长为量纲的基线
D_a，$\boldsymbol{D}_a$	天线安装座的轴间距
D_E	基线的赤道面分量
DM	色散度（第 13 章）
D_n	折射指数的（空间）结构函数（第 13 章）
D_R	延迟分辨函数（式（9.181））
D_τ	（时域）相位结构函数（第 13 章）
D_ϕ	（空间）相位结构函数（第 12，13 章）
$\mathscr{D}$	光纤中的色散（7.1 节，附录 7.2）
e	电子电荷的大小（第 14 章），发射率
E，$\boldsymbol{E}$	电场（通常指测量平面内的），电场的谱分量，能量
E_x，E_y	电场的分量
$\mathcal{E}$	源或孔径上的电场（第 3，15，17 章），高度角
f	功率谱傅里叶分量的频率（第 9，13 章）
f_i	振荡器 i 次谐波的强度（第 13 章）
f_m，f_n	相位切换波形（第 7 章）
F	功率流量密度（$\mathrm{W \cdot m^{-2}}$），条纹函数
F_h	有害干扰门限（$\mathrm{W \cdot m^{-2}}$）（第 16 章）
$F(\beta)$	法拉第色散函数（第 13 章）
F_1，F_2	见式（9.17）
F_1，F_2，F_3	熵的测度（笫 11 章）
F_B	带宽方向图（第 2 章）
$\mathcal{F}$	灵敏度恶化因子（第 7 章）
$\mathcal{F}_R$，$\mathcal{F}_I$	量化条纹旋转函数（第 9 章）
g	天线的电压增益常数，重力加速度（第 13 章）
G	引力常数
G_i	单天线接收机的功率增益（第 7 章）
G_{mn}	相关天线对的增益因子
G_0	增益因子（第 7 章）
$\mathcal{G}$	遮掩响应函数（第 17 章）
h	普朗克常量，滤波器冲击响应（3.3 节），基线的时角、高度、地表高度
h_0	大气标高（第 13 章）
H	时角，电压–频率响应，阿塔卡马矩阵（7.5 节）
H_0	增益常数

i	电流
$\boldsymbol{i}$	极轴或方位轴方向的单位矢量（第 4 章），电流矢量（第 14 章）
I	强度，斯托克斯参数
I^2	相对频差的方差（第 9 章）
I_s	斑点强度（第 17 章）
I_v	斯托克斯可见度
I_0	点源峰值强度，反演的（综合）强度分布，修正的零阶贝塞尔函数（第 6，9 章）
I_1	一维强度函数，修正的一阶贝塞尔函数（第 9 章）
Im	虚部
j	$\sqrt{-1}$
$\boldsymbol{J}$	琼斯矩阵（第 4 章）
j_v	源的体辐射率（第 13 章）
J	互强度（第 15 章）
J_0	第一类零阶贝塞尔函数
J_1	第一类一阶贝塞尔函数
k	玻尔兹曼常量，传播常数 $2\pi/\lambda$（第 13 章）
$\boldsymbol{k}$	幅度为 $2\pi/\lambda$ 的传播矢量（第 9 章）
l	关于基线分量 u 的方向余弦，递减率（第 13 章）
L	传输线长度，传输线损失因子（第 7 章），概率积分 ［式（8.109）］，路径长度，似然函数（第 12 章），大气湍流层或屏的厚度（第 13 章）
L_{inner}，L_{outer}	湍流尺度（第 13 章）
ℓ	多极矩（第 10 章），长度，银河经度（第 13 章）
ℓ_λ	栅阵的单位间距（量纲为波长）（第 1，5 章）
$\mathcal{L}$	纬度，增量路径长度（第 13 章）
$\mathcal{L}_D$，$\mathcal{L}_V$	干大气、水汽的增量路径长度
m	关于基线分量 v 的方向余弦，调制指数（附录 7.2），测定量（附录 12.1），电子质量（第 13 章）
m_l，m_c，m_t	线极化度，圆极化度，总极化度
M	频率乘性因子（第 9 章），模型函数（第 10 章），质量，复线极化度（第 13 章）
$\mathcal{M}$，$\mathcal{M}_D$，$\mathcal{M}_V$	分子总重量，干大气分子重量，水汽分子重量
n	关于基线分量 w 的方向余弦，量化的加权因子（第 8 章），噪声分量，折射指数（第 13 章）

$n = n_R + jn_I$	复折射指数
n_a	天线数量
n_d	数据点数
n_e, n_i, n_n, n_m	电子密度，离子密度，中性粒子密度，分子密度（第13章）
n_p	天线对的数量
n_s	源的数量
n_r	矩形阵列的点数（网格点数量）
n_0	地表的折射指数（第13章）
N	样本数量（第8章），总折射率（第13章）
N_b	采样位数（第8章）
N_D, N_V	干大气折射率，水汽折射率（第13章）
N_N	奈奎斯特采样的样本数（第8章）
$\mathcal{N}$	$2\mathcal{N}$ 和 $2\mathcal{N}+1$ 分别是奇数和偶数个量化电平（第8章）
p	概率密度或概率分布[即 $p(x)dx$ 是随机变量落在 x 和 $x+dx$ 之间的概率，二维正态概率函数（第8章），模型参数的数量（第10章），分压（13.1节），影响因子（12.6节，14.3节）
p_D	干大气分压（第13章）
p_V	水汽分压（第13章）
P	功率，累计概率，总气压（第13章）
P_0	地表大气压力（第13章）
$\boldsymbol{P}$	单位体积的偶极矩
P_3	三重积（双谱）
P_{mnp}	设备极化因子
P_{ne}	电子密度波动谱
$\mathcal{P}$	月亮边缘的点源响应（17.2节），斑点的点扩散函数（17.6.4节）
q	(u,v) 域上的距离
q'	(u',v') 域上的距离
q_x, q_y	空间频率域分量（周期/米）（第13章）
Q	斯托克斯参数，线或腔的品质因数（9.5节），量化电平数量（8.3节，9.6节）
Q_v	斯托克斯可见度
r	相关器输出，(l, m) 域上的距离，径向距离
$\boldsymbol{r}$	相对于地心的天线位置矢量
r_e	经典电子半径（第14章）
r_1	下边带的相关器输出

r_p	皮尔森相关系数
r_u	上边带的相关器输出
r_0	地球半径
R	自相关函数,相关器输出,鲁棒性因子(10.2.2.1 节),频率比(12.2.4 节),距离,普适气体常数(第 13 章)
$\boldsymbol{R}$	相关器输出矩阵(第 4 章)
R_a	可见度平均的响应(第 6 章)
R_b	有限带宽响应(第 6 章)
R_e	电子轨道半径(第 14 章)
R_{ff}	远场距离(第 15 章)
RM	旋转度(第 14 章)
R_m	到月亮边缘的距离(第 17 章)
R_n	n 阶量化的自相关(第 8 章)
R_y	相对频偏的自相关函数(第 9 章)
R_0	日地距离
R_ϕ	相位的自相关函数(第 9,13 章)
Re	实部
$\mathscr{R}_{sn}$	信噪比
s	信号分量,平滑测度(第 11 章)
$\boldsymbol{s}$	单位位置矢量(第 3 章)
$\boldsymbol{s}_0$	视场中心的单位位置矢量(第 3 章)
S	(谱)功率流量密度($W \cdot m^{-2} \cdot Hz^{-1}$)
S_c	定标源的流量密度
SEFD	系统等效流量密度
S_h	有害干扰门限($W \cdot m^{-2} \cdot Hz^{-1}$)(第 16 章)
Sq	方波函数(7.5 节)(也被称为拉德马赫函数)
$\mathcal{S}$	互功率谱(第 9 章)
$\mathcal{S}_I$	强度波动功率谱(第 14 章)
$\mathcal{S}_y, \mathcal{S}_y'$	单边带和双边带的相对频偏功率谱(仅 9.4 节用到了单边带功率谱)
$\mathcal{S}_\phi, \mathcal{S}_\phi'$	单边带和双边带的相位波动功率谱(仅 9.4 节用到了单边带功率谱)
$\mathcal{S}_2$	二维相位功率谱(第 13 章)
t	时间
t_e	地球自转周期(第 12 章)

t_{cyc}	目标源和定标源的重复周期
T	温度，时间间隔，传播因子（第 15 章）
T_{at}	大气温度（第 13 章）
T_A	目标源贡献的天线温度分量
$T_A{'}$	总天线温度
T_B	亮温
T_C	定标信号的噪声温度
T_g	气体温度（第 9 章）
T_R	接收机温度
T_S	系统温度
$\mathcal{T}$	时间间隔
u	以波长为量纲的天线间距坐标（空间频率）
u'	投影到赤道面的 u 坐标
U	斯托克斯参数
U_v	斯托克斯可见度（第 4 章）
$\mathcal{U}$	无用响应（7.5 节）
v	以波长为量纲的天线间距坐标（空间频率），传输线的相速度（第 8 章）
v'	投影到赤道面的 v 坐标
v_g	群速度（第 14 章）
v_m	月亮边缘的运动角速度（第 16 章）
v_p	相速度（第 13 章）
v_r	径向速度
v_s	散射屏的速度（一些情况下平行于基线）（第 12，13 章）
v_0	量化电平（第 8 章），粒子速度（第 9 章）
V	电压，斯托克斯参数
V_A	天线电压响应
V_v	斯托克斯可见度（第 4 章）
$\mathcal{V},\boldsymbol{\mathcal{V}}$	复可见度，矢量可见度
$\mathcal{V}_m$	测量的复可见度
$\mathcal{V}_M$	迈克耳孙条纹可见度
$\mathcal{V}_N$	归一化复可见度
w	以波长为量纲的天线间距坐标（空间频率），加权函数，可降水量柱高度（第 13 章）
w'	极轴方向测量的 w 坐标

w_a	大气加权函数（第 13 章）
w_{mean}	加权因子的均值（第 6 章）
w_{rms}	加权因子的均方根（第 6 章）
w_t	可见度锥化函数（第 10 章）
w_u	调整可见度幅度实现有效均匀加权的函数（第 10 章）
W	谱灵敏度函数（空间传递函数），传播子（第 15 章）
x	通用位置坐标，天线孔径上的坐标，信号电压
x_λ	以波长为量纲的 x 坐标
X	天线间距的坐标[见式（4.1）]，以均方根幅度为量纲的信号波形（第 8 章），源内或孔径内的坐标（第 3，15 章），信号频谱（8.7 节）
X_λ	以波长为量纲的 X 坐标
y	通用位置坐标，天线孔径内的坐标，信号电压，沿射线路径的距离（第 13 章）
y_k	相对频偏（第 9 章）
y_λ	以波长为量纲的 y 坐标
Y	天线间距的坐标[见式（4.1）]，Y 因子（第 7 章），源内或孔径内的坐标（第 3，15 章），以均方根幅度为量纲的信号波形（8.4 节），信号频谱（8.7 节）
Y_λ	以波长为量纲的 Y 坐标
z	通用位置坐标，信号电压，天顶角（第 13 章），红移
z_λ	以波长为量纲的 z 坐标
Z	天线间距的坐标[见式（4.1）]，相关器输出的可见度函数加噪声（第 6，9 章）
Z_D，Z_V	干大气和水汽的压缩因子（第 13 章）
$\mathbf{Z}$	可见度函数加噪声矢量（第 6，9 章）
Z_λ	以波长为量纲的 Z 坐标
α	赤经，功率衰减系数，以 σ 为量纲的量化门限（第 8 章），谱指数（第 11 章），表 13.2 及相关正文中的吸收系数和幂指数（13.1 节），电子密度波动指数（13.4 节）
β	传输线的相对长度变化（第 7 章），过采样因子（第 8 章），均方根相位波动的距离指数[式（13.80a）]（12.2 节，13.1 节），太阳电子密度指数（14.3 节），法拉第深度（14.4 节）

γ	设备极化因子（4.8 节），脉泽弛豫率（第 9 章），CLEAN 的环路增益（第 11 章），后牛顿广义相对论参数（第 12 章），源相干函数（第 15 章）
Γ	阻尼因子（第 13 章），互相干函数（第 15 章），伽马函数
Γ_{12}	互相干函数（第 15 章）
δ	赤纬，增量的前缀，（狄拉克）德尔塔函数，设备极化因子（4.8 节）
$^2\delta$	二维德尔塔函数
Δ	极小长度，增量的前缀
$\Delta\nu$	带宽，多普勒频移（附录 10.2）
$\Delta\nu_{IF}$	中频带宽
$\Delta\nu_{LF}$	低频带宽
$\Delta\nu_{LO}$	本振的频率差
$\Delta\tau$	延迟误差
$\Delta u,\ \Delta v$	$(u,\ v)$ 平面增量
$\Delta l,\ \Delta m$	$(l,\ m)$ 平面增量
ϵ	太阳延伸率（12.6 节）
ϵ	以 σ 为量纲的量化电平宽度（第 8 章），中频信号的噪声分量（第 9 章），介电常数（第 13 章）
ϵ_a	幅度误差（第 11 章）
ϵ_0	自由空间的介电常数（第 13 章）
ε	相关器输出的噪声分量（第 6，9 章），残差，误差分量，介电常数（第 13 章，17.5 节），表面随机偏差（第 17 章）
$\boldsymbol{\varepsilon}$	噪声矢量（第 6 章）
η	损失因子
η_D	离散延迟步长损失因子
η_Q	阶量化效率（损失）因子
η_R	条纹旋转损失因子
η_S	条纹边带抑制损失因子
θ	通用的角度，与基线垂面的相对角度，设备相位角，基线与源方向矢量的夹角（第 12 章）
θ_0	源或视场中心的角位置
θ_b	合成波束宽度，弯曲角（第 13 章）
θ_f	合成场的宽度（视场）

θ_F	第一菲涅耳区的宽度
θ_{LO}	本振相位
$\theta_m,\ \theta_n$	天线 m 和 n 的本振相位
θ_s	大气波动限制的有效波束宽度（第13章），源宽度（第16章）
$\varTheta$	地球转角的变化（UT1–UTC）（第12章）
λ	波长
λ_{opt}	光载波波长（附录7.2）
Λ	传输线反射的幅度（第7章）
μ	阿伦方差的幂指数（第9章）
ν	频率
ν'	与中心频率或本地振荡器频率的相对频率（第9章）
ν_b	比特率
ν_B	回旋频率（第13章）
ν_c	碰撞频率（第13章）
ν_C	腔体频率（第9章）
ν_d	插入延迟的中频
ν_{ds}	延迟步进频率（第9章）
ν_f	条纹频率
ν_{in}	条纹频率的设备分量（第12章）
ν_{IF}	中频
ν_{LO}	本地振荡器频率
ν_1	一个相关器通道的频率（第9章）
ν_m	光载波上的调制频率（第7章）
ν_{RF}	射频频率
ν_{opt}	光载波频率（附录7.2）
ν_p	等离子体频率（第13章）
ν_0	中频或射频通带的中心频率，吸收峰频率（第13章）
$\prod$	视差角（第12章）
ρ	自相关函数，互相关系数，反射系数（第7章），气体密度（第13章）
$\rho_D,\ \rho_V,\ \rho_T$	干大气密度，水汽密度，总密度（第13章）
ρ_{mn}	互相关
ρ_σ	(u,v) 域的面密度（第10章）
$\rho_m,\ \rho_n$	传输线反射系数（第7章）
ρ_w	水密度（第13章）

σ	标准差，均方根噪声电平，雷达截面（第 17 章）
$\boldsymbol{\sigma}$	单位球上的位置矢量
σ_y	阿伦标准差（σ_y^2=阿伦方差）
σ_τ	均方根延迟不确定度（第 9 章）
σ_ϕ	均方根相位差
τ	时间间隔
τ_a	平均（积分）时间
τ_{at}	大气延迟误差（第 12 章）
τ_c	相干积分时间（第 9 章）
τ_e	时钟误差
τ_g	几何延迟
τ_i	设备延迟
τ_0	设备延迟的单位增量，一次观测的周期（第 6 章），大气的天顶点光学深度（不透明度）（第 13 章）
τ_s	采样时间间隔
τ_{or}	最小正交周期（第 7 章）
τ_{sw}	开关跳变的间隔（第 7 章）
τ_ν	光学深度（不透明度）（第 13 章）
ϕ	相位角
ϕ_m	天线 m 接收信号的相位
ϕ_v	可见度相位
ϕ_{ij}, ϕ_{im}	相关天线对的设备相位
ϕ_{pp}	相位误差的峰峰值（第 9 章）
Φ	复信号的相位（附录 3.1），概率积分[式（8.44）]（第 8 章），信号的相位（13.1 节）
χ	极化椭圆轴比的反正切
χ^2	χ^2 统计参数
ψ	位置角，相位角
ψ_p	视差角
ω_e	地球自转角速度
Ω	固体角
Ω_s	源所对的固体角
Ω_0	合成波束主瓣的固体角

常用下标

A	天线
d	延迟，双边带
D	干大气分量（第 13 章）
I	虚部
IF	中频
l	左旋圆极化，下边带
LO	本地振荡器
0	频带或角度场的中心，地球表面（第 13 章）
m, n	指定天线
N	归一化，奈奎斯特率（8.2 节，8.3 节）
r	右旋圆极化
R	实部
S	系统
u	上边带
V	水汽（第 13 章）
λ	以波长为量纲

其他符号

Π	单位矩形函数
$\prod$	乘号
III	一维山函数
^2III	二维山函数
$\leftrightarrow$	傅里叶变换
*	一维卷积
**	二维卷积
★	一维互相关
★★	二维互相关
$\langle\ \rangle$	期望值（或有限平均近似值）
点（˙）	关于时间的一阶导数
两个点（¨）	关于时间的二阶导数
上划线（¯）	平均（第 1，9 章，14.1 节）；函数的傅里叶变换（第 3，5，8，10，11，13 章，14.2 节）
抑扬符（^）	量化的变量（第 8 章）
抑扬符（^）	频率的函数（第 3 章）

角度符号

(°), (′), (″)	度，分，秒
mas	毫角秒
μas	微角秒

函数

具体定义和描述可以参见如 M. Abramowitz 和 I. A. Stegun 所著 *Handbook of Mathematical Functions*，National Bureau of Standards，Washington，DC（1964），reprinted by Dover，New York，（1965）。

erf	误差函数［式（6.63c）］
J_0	第一类零阶贝塞尔函数［式（A2.55）］
J_1	第一类一阶贝塞尔函数
I_0	修正的零阶贝塞尔函数［式（9.46）］
I_1	修正的一阶贝塞尔函数［式（9.52）］
Γ	伽马函数［注意 $\Gamma(x+1)=x\Gamma(x)$］
δ	狄拉克德尔塔函数［式（A2.10）］
Π	单位矩形函数［式（A2.12a）］
Π	修正的单位矩形函数［表10.2］
sinc	$\sin \pi x / (\pi x)$

目　　录

（下册）

（上册）

9 甚长基线干涉测量

1967 年开发了一种新的干涉测量技术用于处理非常远的接收单元信号。由于距离远得无法通过实时通信链路进行信号处理，因此接收单元需要各自独立工作。各接收单元的数据被记录在磁带上，然后把磁带送到中央处理中心完成互相关后处理。这种技术被称为甚长基线干涉（VLBI）测量，这个名字会让大家回想起早期的焦德雷尔班克天文台（Jodrell Bank Observatory）长基线干涉仪，该干涉仪的各个天线是通过微波链路连接的，通信距离达到 127km。VLBI 测量的基本原理与单元互连型干涉仪基本原理相同。磁带记录仪以及磁盘存储器可以看作容量有限的中频延迟线，其传播时间长达数周，而不是毫秒级延迟。使用磁带和磁盘记录介质完全是出于经济型考虑，也因此严重制约了干涉测量能力。虽然可以使用卫星链路进行干涉测量（Yen et al., 1977），但是卫星链路的高额费用限制了其应用。

现在磁带已经完全被光盘取代。观测数据有时也可以准实时地通过互联网传送到相关处理设施，但是延迟和吞吐率仍然是很大的问题，通常都需要先对数据做缓存。

9.1 早 期 进 展

随着研究发展，人们认识到许多射电源是有结构信息的，无法用数百千米长的基线分辨这种高分辨率结构信息，这就推动了 VLBI 技术的发展。到 20 世纪 60 年代中期，人们从类星体的闪烁（将在第 14 章讨论）及其辐射的时变特征意识到，类星体的角尺寸<0.01″。在角分辨率为 0.1″时，OH 分子的 18cm 波长脉泽辐射是不可分辨的。木星的低频射电爆被认为是来自于小角径区域。第一次 VLBI 试验的目标就是测量这些射电源的角尺寸。我们首先考察早期 VLBI 在最初始的状态下的观测试验，以利于展开后续分析。考虑系统温度分别为 T_{S1} 和 T_{S2} 的两个望远镜，在观测紧致源时，天线温度分别为 T_{A1} 和 T_{A2}。在相关周期内，每个天线记录 N 个采样样本，相关周期是指在此期间，两个天线各自的独立振荡器能够保持足够稳定，允许进行条纹平均。后续的处理中，将这些数据流对齐、互相关，以及在去除准正弦条纹后做时间平均。点源的互相关系数期望值为

$$\rho_0 \approx \eta \sqrt{\frac{T_{A1}T_{A2}}{(T_{S1}+T_{A1})(T_{S2}+T_{A2})}} \tag{9.1}$$

其中 η 值约为 0.5，包含量化和处理过程（见 9.7 节）的损失因子。为便于分

析，后续将分析归一化可见度函数：

$$\mathcal{V}_N = \frac{\rho}{\rho_0} = \frac{\rho}{\eta}\sqrt{\frac{T_{S1}T_{S2}}{T_{A1}T_{A2}}} \tag{9.2}$$

其中 ρ 是测量的相关系数，并假设 $T_A \ll T_S$，则均方根噪声电平为

$$\Delta\rho \approx \frac{1}{\sqrt{N}} \approx \frac{1}{\sqrt{2\Delta\nu\tau_c}} \tag{9.3}$$

其中 $\Delta\nu$ 为中频带宽，τ_c 为相关积分时间。从式（9.1）～（9.3）可得信噪比为

$$\frac{\rho}{\Delta\rho} = \eta\mathcal{V}_N\sqrt{\frac{T_{A1}T_{A2}}{T_{S1}T_{S2}}(2\Delta\nu\tau_c)} \tag{9.4}$$

假设最小可用信噪比为 4，则从式（1.3）、（1.5）和（9.4）可得最小可检测流量密度为

$$S_{\min} \approx \frac{8k}{\mathcal{V}_N\eta}\sqrt{\frac{T_{S1}T_{S2}}{A_1A_2}}\frac{1}{\sqrt{2\Delta\nu\tau_c}} \tag{9.5}$$

其中 k 为玻尔兹曼常量；A_1 和 A_2 为天线接收面积。1967 年，这些参数的典型值为 $A \approx 250\mathrm{m}^2$（直径为 25m 的望远镜），$T_s \approx 100\mathrm{K}$，$\eta \approx 0.5$，$N = 1.4\times10^8\mathrm{bit}$（一比特采样）。NRAO Mark 1 系统基于标准的 IBM 兼容技术，使用的磁带记录密度为 800bit · in^{-1}[①]（比特·英寸$^{-1}$）。这些典型值可用于观测 $S_{\min} \approx 2\mathrm{Jy}$ 的不可分辨射电源。经过三十年的技术发展，观测设备典型值为：$A \approx 1600\mathrm{m}^2$（直径为 64m 的望远镜），$T_S \approx 30\mathrm{K}$，$N = 5\times10^{12}\mathrm{bit}$，设备数据记录能力可以满足 64MHz 模拟带宽的观测需求。当 $\mathcal{V}_N - 1$ 时，由式（9.5）可以计算 $S_{\min} \approx 0.6\mathrm{mJy}$。在以上两个例子中，都假设相关时间大于磁带记录时间。当射电源模型符合对称高斯分布时，计算单次测量的 $\mathcal{V}_N$ 值与其期望值之比，就可以估计出射电源的角尺寸。因此，如图 1.5 所示，射电源半功率角宽度 a 由下式给出：

$$a = \frac{2\sqrt{\ln 2}}{\pi u}\sqrt{-\ln\mathcal{V}_N} \tag{9.6}$$

其中 u 为投影基线（以波长为单位）。

　　VLBI 只能用于研究辐射强度极大的目标源。因此，只能是非热辐射过程。用长度为 D 的基线探测时，源尺寸必须小于条纹间距。由于流量密度 $S = 2kT_B\Omega/\lambda^2$，其中 T_B 为亮度温度，λ 为波长，Ω 为射电源立体角且 $\Omega \approx \pi(\lambda/2D)^2$，最小可检测亮度温度为

$$(T_B)_{\min} \approx \frac{2}{\pi k}D^2 S_{\min} \tag{9.7}$$

---

① 1in=2.54cm。

如果 $D=10^3\text{km}$，$S_{\min}=2\text{mJy}$，则 $(T_B)_{\min}\approx10^6\text{K}$。因此，通常不能用 VLBI 观测热辐射现象，如分子云、致密 H II 区和大多数恒星等。反之，可以用 VLBI 研究超新星遗迹、射电星系和类星体等同步加速辐射源，由于康普顿损耗，这些源的亮度温度上限为 10^{12}K；脉泽源的亮度温度可达 $T_B\approx10^{15}\text{K}$；能够容易地观测脉冲星。

早期 VLBI 测量的三项主要成就如下。

（1）通过比较测量可见度函数与源模型，推导简单的强度分布。

（2）通过比较不同谱线特征的条纹频率，对脉泽源的各种谱分量分布进行了成像。

（3）源位置的测量精度达到 $1''$，基线的测量精度达到几米。

早期 VLBI 技术的综述见 Klemperer（1972）。此后，VLBI 技术能够对复杂源可靠地成像，逐渐成为干涉测量的主流技术。取得这一进展的主要原因是，当 VLBI 网络中的天线数量足够多时，使用相位闭合原理（见 10.3 节）能够测量源的大部分相位信息。各种 VLBI 网络列表见表 9.1。

表 9.1　VLBI 阵列实例 [a]

名称	开始时间（年份）	中心站	站数	天线口径/m	最长基线/km	频率/GHz	运行周数/（周/a）	参考文献
EVN[b]	1980	欧洲	18	10~100	8000	0.3~86	12	[1]
VLBA[c]	1993	美国	10	25	8610	1.3~86	52	[2]
LBA[d]	1997	澳洲	6	22~70	3100	1.3~22	3	[3]
CVN[e]	2000	中国	5	25~65	3250	1.4~22	2	[4]
VERA[f]	2005	日本	4	20	2273	6~43	52	[5]
KVN[g]	2011	韩国	3	21	476	22~129	52	[6]
LOFAR[h]	2012	欧洲	8	~50	1300	0.15~0.24	52	[7]
EHT[i]	2012	美国	3	10~30	4700	230	1	[8]
IVS[j]	1980	全球	32	10~100	10000	2，8	26	[9]

a 除了各自独立的 VLBI 网络，还有一些网络组成的 VLBI 网络，例如 KaVA 就是由 VERA（射电天文 VLBI 探索计划）和 KVN（韩国 VLBI）构成；

b 欧洲 VLBI 网络；

c 甚长基线阵列；

d 长基线阵列，经常与南非 Hartebeesthoek 和新西兰 Warkworth 望远镜联合观测；

e 中国 VLBI 网络，第一部天线于 1987 年在上海完成测试；

f 射电天文 VLBI 探索计划；

g 韩国 VLBI 网络，针对天体测量学和测地学专门设计，双波束观测是更大的日本 VLBI 网络（JVN）的一部分 [参见 Doi 等（2007）]。

h 低频阵列；

i 事件视界望远镜；

j 国际 VLBI 服务；

参考文献：[1] Porcas（2010）；[2] Napier 等（1994）；[3] Edwards（2012）；[4] Zhang 等（2012）；[5] Kobayashi 等（2003），VERA（2015）；[6] Lee 等（2014）；[7] van Haarlem 等（2013）；[8] Doeleman（2010）；[9] Behrend 和 Baver（2012）。

　　有趣的是，早期系统的数据相关处理就是用通用计算机完成的。此后的大约 30 年间，利用定制的相关器硬件完成相关处理。但随着通用计算机处理能力的快速提高，现代相关处理系统很大程度上重新回归了计算机处理。

9.2　VLBI 和常规干涉的区别

　　本节简单讨论 VLBI 和单元互连型干涉的区别，本章后几节将做详细分析。在开始讨论之前，我们要强调干涉在理论上是统一的。所有干涉的基本目标都是测量电磁场的相干特性。因此，单元互连干涉和 VLBI 的基本原理是一致的。但是，由于 VLBI 观测的特殊限制，需要使用一些特有的技术。随着 (u,v) 覆盖能力不断提升，从数米基线发展到 10^5 km 以上（最大间距是利用遥远的卫星实现），且随着光纤和其他先进通信系统的发展，数据记录不再是必须的。因此，不再将 VLBI 视为一项独立的技术。本节我们讨论传统 VLBI 实践中的一些限制条件。一定程度上，正是这些限制将其与单元互连干涉仪区别开来。

　　早期 VLBI 实践是把各种不同的射电天文台组织在一起。这些射电天文台原本用于其他射电天文研究，因此，每个望远镜都有自身的局限性，有不同的定标过程和管理人员。为了联合观测，组织了各种不同的观测网络，观测基于标准化流程并自动执行 VLBI 试验。这种临时性的 VLBI 网络是间歇工作的，而且在观测时，天线之间的通信能力有限，不足以确保可靠地联合观测。只能把来自强源的少量数据通过电话线从所有天线传输到相关器，再通过互相关运算确定各个天线的设备延迟，检查设备工作是否正常。此后，专用的 VLBI 阵列开始进入运行阶段［见 Napier 等（1994）］。

　　在 VLBI 中，由于每个单元使用独立的频率标准，所以很难控制系统的稳定性。频率标准之间的频差会导致设备时序误差。这些误差一般包括几微秒的观测周期误差，以及每天几十微秒的漂移误差（见 9.5 节）。因此，必须测量接收信号的相关函数［关于时间偏差 τ 的函数，定义见式（3.27）］，以确定和跟踪设备延迟。与之相反，单元互连干涉仪的延迟误差主要源自基线误差和大气传播延迟，一般小于 30ps，相当于 1cm 路径长度。当带宽小于 1GHz 时，这些延迟误差可忽略不计。因此，单元连接型延迟跟踪干涉仪响应总是以白光条纹（中心条纹）为中心。只有当观测视场相对于带宽来说很大（见 2.2 节和 6.3 节），或者引入时间偏置来测量谱线时，延迟误差才会变得很重要。VLBI 测量时，必须在一段延迟范围内进行搜索，来找到使相关输出最大的正确的信号延迟关系。信号处理时，一般同时对一定数量的延迟量做相关运算，因此 VLBI 相关器类似于数字谱线相关器，但频谱通道的数量可能不需要像谱线观测那样多。频率标准之间的频差，会使设备延迟随时间漂移，也会引入条纹频率误差。因此，VLBI 试验数据分析必须对延迟和条纹频率（延迟率）做二维搜索，以找到相关函数的峰值。这一过程被称为条纹搜索（见 9.3.4 节）。

在 VLBI 和单元互连干涉中，"相干"这一概念具有不同含义。在单元互连干涉中，一般在被测源几度观测区域内会有适当的定标源，每过几分钟可以用定标源标定一次。即使观测设备存在相位漂移，也不会对积分时间产生根本影响，相干时间的概念更多地受限于定标周期。在 VLBI 观测时，短时相位稳定性（$t < 10^3$ s）较差，即使周期地观测定标源，也很难延长相干时间。不同观测台站上空的大气扰动一般是完全不相关的，不同的频率标准和倍频器会导致干涉条纹的相位误差。另外，单元互连干涉和 VLBI 之间的本质区别是，VLBI 基线长、分辨率高，能够用于定标的不可分辨定标源要少得多。并不是总能在被测源附近找到足够近的定标源作为相位参考。定标过程要求天线重新指向会消耗时间，且大气扰动会引入去相关效应，这些都随着定标源的角距增加而增加。因此，VLBI 受限于基本相关时间，并限制了其灵敏度的提升。当积分时间超过相关时间时，就必须通过干涉条纹幅度平均来改善灵敏度，但灵敏度的改善与积分时间的四次方根成正比（见 9.3.5 节）。虽然随着 VLBI 观测灵敏度的提高，能够用于定标的射电源也越来越多，情况有所改善，但与单元互连干涉仪相比，VLBI 系统的相位定标也困难得多。随着设备相位稳定性的提高，以及基线、大气扰动和其他类似影响因素的模型精度提高，已经可以将设备相位和偏差几度的定标源相关联。这种情况的相位参考在 12.2.3 节讨论，示例如图 12.1 所示。也可以用相位闭合原理分析相位信息。在测定源位置时，条纹频率和群延迟（延迟条纹的影响如 2.2 节和 6.3.1 节所述）也被证明是非常有用的测量值。

不对信号进行检波，在相关之前就直接存储，给 VLBI 带来几个问题。记录介质的存储速度限制了中频带宽，因此也限制了 VLBI 的灵敏度。观测数据必须以尽可能高效的方式存储，这就导致只能对信号做低阶量化，并采用奈奎斯特采样率。在对存储数据做基本的条纹旋转和延迟跟踪操作时，这种粗糙表达的信号会给计算的可见度带来很大影响，只能加以容忍。

9.2.1 观测视场问题

在大部分 VLBI 应用中，被测源角尺寸与成像分辨率之比通常小于 10^2（参见图 1.19～图 1.21）。在 VLBI 观测时，对单元天线的整个主波束范围做成像是非常有挑战的课题。假设阵列参数如下：

D（最长基线）=4000km

d（天线口径）=25m

$$N（天线单元数量）=10$$

$$\nu=10\text{GHz}（\lambda=3\text{cm}）$$

$$\Delta\nu=\text{带宽}=1\text{GHz}$$

$$T_{\text{obs}}（观测时间）=12\text{h}$$

标称分辨率等于 λ/D，约为 1.5mas，视场为 $\Delta\theta\sim\lambda/d$，约为 250″。因此，一幅覆盖整个主波束的图像（每一分辨单元两个像素）的像素点数量为

$$N_{\text{p}}\approx\pi\left(\frac{D}{d}\right)^2\approx5\times10^{11} \tag{9.8}$$

注意，由于分辨率和视场范围都是相对于波长定义的，因此 N_{p} 与观测波长无关。

由于几何延迟和条纹频率范围都很大，上述数据的处理和存储需求是很惊人的。几何延迟为 $\tau_{\text{g}}=D\cos\theta/c$，其中 θ 为基线矢量与源入射方向的夹角。因此，在单元天线主波束范围内的几何延迟范围为 $D\sin\theta\Delta\theta/c$，最大延迟范围为

$$\Delta\tau_{\text{g,max}}=\frac{D}{\nu d} \tag{9.9}$$

用奈奎斯特采样时，采样间隔为 $(2\Delta\nu)^{-1}$，则计算相关函数所需要的延迟单元数目为

$$N_{\text{c}}=2\left(\frac{D}{d}\right)\left(\frac{\Delta\nu}{\nu}\right) \tag{9.10}$$

对于上述给出的指标体系，上式约为 30000。

条纹频率 $\omega(\text{d}\tau_{\text{g}}/\text{d}t)/2\pi$ 以 Hz 为单位，本例中为 $D\omega_{\text{e}}\sin\theta/\lambda$，其中 $\omega_{\text{e}}=1/T_{\text{e}}$，$T_{\text{e}}$ 为地球的自转周期。因此条纹变化率为

$$\Delta\nu_{\text{f,max}}=\left(\frac{D}{d}\right)\left(\frac{2\pi}{T_{\text{e}}}\right) \tag{9.11}$$

要求最小采样周期为 $(\Delta\nu_{\text{f,max}})^{-1}$，约等于 34ms。因此，在 $T_{\text{obs}}=T_{\text{e}}/2$ 观测时间内，对条纹进行采样的样本数约为 2.9×10^6。$N(N-1)/2\sim N^2$ 条基线的延迟−条纹变化率的总数据量为

$$N_{\text{T}}\approx\pi N^2\left(\frac{D}{d}\right)^2\left(\frac{\Delta\nu}{\nu}\right) \tag{9.12}$$

本例中，$N_{\text{T}}\sim5\times10^{12}$ 个样本。如果考虑可见度样本为复数，且数据精度为 2byte，则最小数据存储量要求为 160Tbyte。

由于 VLBI 只能观测高亮温目标，单元天线主波束视场内，大部分区域可以认为是空白，但会存在相当数量的紧致射电源。一种简单的成像方法是用数据处理系统分别多次对这些紧致源成像，成像的视场中心轮流指向视场中的每个

射电源。这种情况下软件相关的观测效率会更高。这样可以不必对数据做延迟相关处理（本例中的相关函数包含 30000 个间隔为 34ms 的延迟量），而只需要进行相位中心移位处理，因此可以极大地减小成像前的数据量。

Morgan 等（2011）对相位中心移位，也称 (u,v) 移位，进行了详细介绍。(u,v) 移位运算可以直接嵌入系统软件处理架构，不需要进行延迟-条纹变化率数据集的中间数据存储。Deller 等（2011）介绍了这一方法的实际应用案例，如图 9.1 所示。

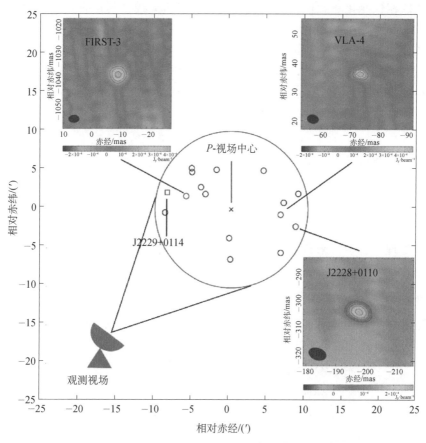

图 9.1　多视场中心成像技术实例。观测数据来自于 EVN 的 1.6GHz 观测频段，图中 P 点为单元天线的指向中心，圆周内为 32m 口径单元天线主波束覆盖范围（半高全宽）。相位定标源为 J2229+0114。除了定标源，视场中还探测到其他 15 个射电源，其中三个射电源的如内嵌小图所示。强度廓线从 3σ 电平开始，以 $\sqrt{2}$ 倍步长递增。来自 Cao 等（2014），经©ESO允许（扫描封底二维码可看彩图）

9.3　VLBI 系统的基本性能

9.3.1　时间和频率误差

VLBI 系统的基本框图和一种数据处理器配置如图 9.2 所示。本地振荡器相位和数据采样时钟锁定原子频标。在很多 VLBI 应用中，例如，谱线观测或天体测量计划，必须精确分析频率的影响。为了理解系统的谱线响应，我们考察单频分量的相位变化。我们指定天线 1 为时间参考天线，其接收到的平面波信号为 $e^{j2\pi\nu t}$，天线 2 接收到的信号为 $e^{j2\pi\nu(t-\tau_g)}$，其中 τ_g 为几何延迟。两个天线的本振相位分别为 $2\pi\nu_{LO}t+\theta_1$ 和 $2\pi\nu_{LO}t+\theta_2$，其中 ν_{LO} 为本振频率，θ_1 和 θ_2 代表两个频率标准的相位噪声，为缓变项。首先考虑图 9.2 中的上边带响应，对于上边带，本振频率低于信号频率。因此，混频后的相位为

$$\phi_1^{(1)} = 2\pi(\nu-\nu_{LO})t-\theta_1$$
$$\phi_2^{(1)} = 2\pi(\nu-\nu_{LO})t-2\pi\nu\tau_g-\theta_2 \tag{9.13}$$

记录两个天线信号时，会存在记录时钟误差，分别为 τ_1 和 τ_2，因此记录信号的相位为

$$\phi_1^{(2)} = 2\pi(\nu-\nu_{LO})(t-\tau_1)-\theta_1$$
$$\phi_2^{(2)} = 2\pi(\nu-\nu_{LO})(t-\tau_2)-2\pi\nu\tau_g-\theta_2 \tag{9.14}$$

在信号处理过程中，来自天线 2 的信号样本序列需要移动一个提前量 τ_g'，τ_g' 为 τ_g 的估计值，因此，

$$\phi_2^{(3)} = 2\pi(\nu-\nu_{LO})(t-\tau_2+\tau_g')-2\pi\nu\tau_g-\theta_2 \tag{9.15}$$

多延迟相关器和傅里叶变换处理的输出是两个信号的互功率谱。对于频率为 ν 的信号分量，其处理器输出相位为

$$\phi_{12} = \phi_1^{(2)} - \phi_2^{(3)}$$
$$= 2\pi(\nu-\nu_{LO})(\tau_2-\tau_1)+2\pi(\nu\Delta\tau_g+\nu_{LO}\tau_g')+\theta_{21}$$
$$= 2\pi(\nu-\nu_{LO})(\tau_e+\Delta\tau_g)+2\pi\nu_{LO}\tau_g+\theta_{21} \tag{9.16}$$

其中 $\Delta\tau_g=\tau_g-\tau_g'$ 是延迟误差；$\tau_e=\tau_2-\tau_1$ 为时钟误差；$\theta_{21}=\theta_2-\theta_1$。式（9.16）适用于图 9.2 的上边带变频混频器，此时 IF 频率 $(\nu-\nu_{LO})$ 为正。更具一般性，我们也给出下边带响应，此时 IF 频率为 $(\nu_{LO}-\nu)$。因此下边带响应为

$$\phi_{12} = 2\pi(\nu_{LO}-\nu)(\tau_e+\Delta\tau_g)-2\pi\nu_{LO}\tau_g-\theta_{21} \tag{9.17}$$

理想情况下，$\tau_1=\tau_2$，$\theta_1=\theta_2$，且 $\tau_g=\tau_g'$，上边带响应公式（9.16）简化成 $\phi_{12}=2\pi\nu_{LO}\tau_g$，下边带响应公式（9.17）简化为 $\phi_{12}=-2\pi\nu_{LO}\tau_g$。

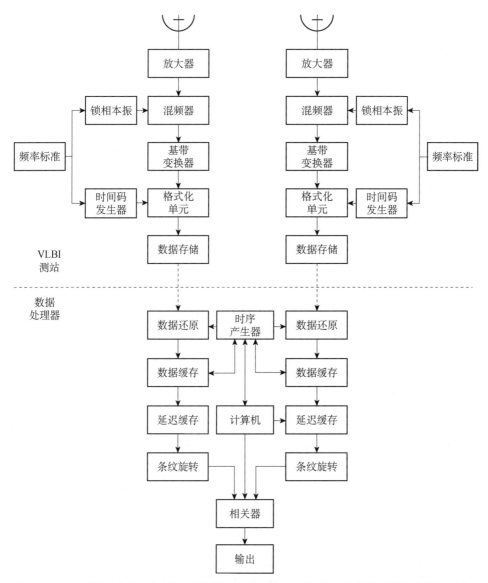

图 9.2 VLBI 系统基本单元框图，包括数据获取与处理两部分。放大器通带特性决定了这一系统接收的是上边带、下边带还是双边带。毫米波观测时，混频器之前也许没有放大器，此时接收双边带信号。在格式化单元中对信号做量化和采样。图中的处理系统为解析式（9.21）～（9.26）描述的配置。根据相关器、条纹旋转器（图 9.21）和 FFT 运算在相关处理系统中的位置不同，处理系统会出现各类变种

相关器输出的相关函数是实函数，但不是偶函数。因此，连续谱辐射源的互功率谱 $\mathcal{S}_{12}$ 具有如下性质：

$$\mathcal{S}_{12}(v') = \mathcal{S}_{12}^{*}(-v') \tag{9.18}$$

其中 v' 为 IF 频率 $(v-v_{LO})$。假设电子学系统中的滤波器响应完全相同，则不会引入任何净相位偏差。因此，两个滤波器的功率响应函数 $\mathcal{S}(v') = H_1(v')H_2^*(v')$ 为实数，其中 $H(v)$ 是两个天线滤波器的电压响应。将式（9.16）的相位与功率响应的幅度相结合，上边带互功率谱可写成如下形式：

$$\mathcal{S}_{12}(v') = \mathcal{S}(v')\exp\left\{j\left[2\pi v'(\tau_e + \Delta\tau_g) + 2\pi v_{LO}\tau_g + \theta_{21}\right]\right\} \qquad (9.19)$$

从式（9.17）可得相应的下边带互功率谱。从式（9.18）和（9.19），可以计算互相关函数为

$$\rho_{12}(\tau) = \int_{-\infty}^{\infty} \mathcal{S}_{12}(v')e^{j2\pi v'\tau}\,dv' \qquad (9.20)$$

不论是上边带还是下边带，积分都包括了正频率分量和负频率分量，$\mathcal{S}_{12}$ 为埃尔米特对称，且 $\mathcal{S}$ 为纯实数，可得

$$\rho_{12}(\tau) = 2F_1(\tau')\cos(2\pi v_{LO}\tau_g + \theta_{21}) - 2F_2(\tau')\sin(2\pi v_{LO}\tau_g + \theta_{21}) \qquad (9.21)$$

其中 $\tau' = \tau + \tau_e + \Delta\tau_g$，且

$$F_1(\tau) = \int_0^{\infty} \mathcal{S}(v')\cos(2\pi v'\tau)\,dv'$$
$$F_2(\tau) = \int_0^{\infty} \mathcal{S}(v')\sin(2\pi v'\tau)\,dv' \qquad (9.22)$$

如果 $\mathcal{S}(v')$ 为带宽 Δv 的矩形低通频谱，则

$$F_1(\tau) = \Delta v\frac{\sin 2\pi\Delta v\tau}{2\pi\Delta v\tau}$$
$$F_2(\tau) = \Delta v\frac{\sin^2 \pi\Delta v\tau}{\pi\Delta v\tau} \qquad (9.23)$$

上述两个函数如图 9.3 所示。将式（9.23）代入式（9.21），互相关函数可写成如下形式：

$$\rho_{12}(\tau) = 2\Delta v\cos(2\pi v_{LO}\tau_g + \theta_{21} + \pi\Delta v\tau')\frac{\sin \pi\Delta v\tau'}{\pi\Delta v\tau'} \qquad (9.24)$$

Rogers（1976）也给出了类似的分析。

　　τ_g 随时间的变化导致相关器输出信号出现条纹振荡。由于设备延迟跟踪去除了几何延迟引入的带内相位变化，因此接收通带内的条纹频率 $(1/2\pi)d\phi_{12}/dt$ 是常数。上边带和下边带的相位变化符号相反，即式（9.16）和（9.17）中的 $2\pi v_{LO}\tau_g$ 项的符号相反，也可参见图 6.5 相关讨论。VLBI 应用的固有条纹频率太快，对相关数据做平均时，条纹会被平滑，因此在图 9.2 中，需要在相关器之前实施相位旋转，消除固有条纹。在双边带接收系统中，如果通过相位旋转消除一个边带的条纹，则另外一个边带的条纹频率会加倍。但是通过做两次数据处理，并每次选择适当的条纹偏差，就可以分别获取两个边带的数据。用 VLBI

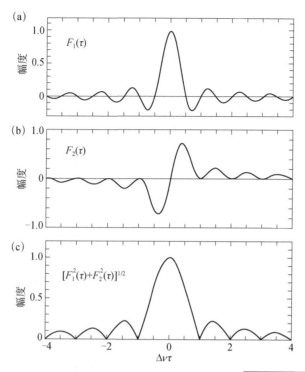

图 9.3 式（9.23）定义的函数 $F_1(\tau)$ 和 $F_2(\tau)$ 以及 $\sqrt{F_1^2(\tau)+F_2^2(\tau)}$

进行观测时，源的位置和其他参数并不总是精确已知的，因此图 9.2 在恢复数据流后，再进行条纹消除，以便尝试不同的条纹旋转速率。这就涉及相关器输入或输出的量化信号做移相（参见 9.7.1 节）。条纹旋转的影响可以描述为将上边带信号乘以 $\mathrm{e}^{-\mathrm{j}2\pi\nu_{LO}\tau'_g}$，并通过滤波选出差频项。这样处理后的互相关函数为复数

$$\rho'_{12}(\tau) = \Delta\nu\exp\Big[\mathrm{j}\big(2\pi\nu_{LO}\Delta\tau_g + \theta_{21} + \pi\Delta\nu\tau'\big)\Big]\frac{\sin\pi\Delta\nu\tau'}{\pi\Delta\nu\tau'} \qquad （9.25）$$

注意，虽然主要条纹项 $2\pi\nu_{LO}\tau_g$ 已经被消除，但 $\Delta\tau_g$ 和 $\Delta\nu$ 项会引入残留条纹。得到的互功率谱为

$$\mathcal{S}'_{12}(\nu') = \mathcal{S}(\nu')\exp\Big\{\mathrm{j}\big[2\pi\nu'\big(\tau_e + \Delta\tau_g\big)2\pi\nu_{LO}\Delta\tau_g + \theta_{21}\big]\Big\} \qquad （9.26）$$

此式适用于固有条纹已被消除的上边带系统，且下边带的相关器输出被平均为零。

图 9.4 是 8 个不同 τ 值下 ρ'_{12} 的例子。图中 8 个波形代表不同延迟偏差时相关器输出随时间变化的函数，相邻波形延迟偏差以一个奈奎斯特间隔步进。注意，相邻延迟偏差的波形之间存在 $\pi/2$ 相移。可以通过适当的插值（见 9.7.3

节）确定相关函数的峰值来恢复条纹相位，或者也可以从互功率谱 $\nu' = 0$ 分量的相位恢复条纹相位。由相关函数峰值的位置或互功率谱的相位斜率可以推导群延迟。注意，测量的延迟是 $(1/2\pi)\mathrm{d}\phi_{12}/\mathrm{d}\nu$ ，因此测量的延迟是群延迟，而不是相位延迟。

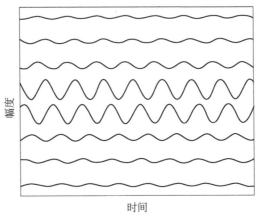

图 9.4 每个正弦曲线代表特定延迟偏差（从上到下依次为：$\dfrac{7}{2}$，$\dfrac{5}{2}$，$\dfrac{3}{2}$，$\dfrac{1}{2}$，$-\dfrac{1}{2}$，$-\dfrac{3}{2}$，$-\dfrac{5}{2}$，$-\dfrac{7}{2}$ 的奈奎斯特间隔）的相关函数［式（9.25）的实部］。两个天线频率标准的任何偏差都会引入残留条纹频率并表现为振荡。注意，延迟偏差变化一步，相关函数相位移动 90°

由于频率标准的偏置误差，或有意在标称频率上增加一个偏置，实际本振频率可能与标称值 ν_{LO} 不同。我们把 θ_1 和 θ_2 这两个相位项展开，以包含频率偏差 $\Delta\nu_1$ 和 $\Delta\nu_2$ 和零均值相位分量 θ_1' 和 θ_2'：

$$\theta_1 = 2\pi\Delta\nu_1 t + \theta_1'$$
$$\theta_2 = 2\pi\Delta\nu_2 t + \theta_2' \tag{9.27}$$

因此，由式（9.26）可得条纹相位为

$$\phi_{12}(\nu') = 2\pi\Big[\nu'(\tau_{\mathrm{e}} + \Delta\tau_{\mathrm{g}}) + \nu_{\mathrm{LO}}\Delta\tau_{\mathrm{g}} + \Delta\nu_{\mathrm{LO}}t\Big] + \theta_{21}' \tag{9.28}$$

其中 $\Delta\nu_{\mathrm{LO}} = \Delta\nu_2 - \Delta\nu_1$ 是 LO 的频率差，$\theta_{21}' = \theta_2' - \theta_1'$。条纹频率 $(1/2\pi)\mathrm{d}\phi_{12}/\mathrm{d}t$ 中包含了这个本振频差项。假设频率标准有一个非零的偏差 $\Delta\nu_1$，则测量的条纹相位实际上比式（9.28）更复杂。由于存在频率标准的偏差，时钟误差会随时间变化。时钟误差为

$$\tau_1 = (\tau_1)_{t=0} + \frac{\Delta\nu_1}{\nu_{\mathrm{LO}}}t \tag{9.29}$$

基于天线 1 的本地时间，处理器恢复的时间与"真时间" t 的关系为

$$t_1 = (\tau_1)_{t=0} + \left(1 + \frac{\Delta \nu_1}{\nu_{\mathrm{LO}}}\right) t \tag{9.30}$$

导致测量的所有频率和相位都会存在轻微的漂移。因此，作为时间基准的参考站和其他站做联合处理时，本质上是非对称的（Whitney et al.，1976）。

在谱线观测时，式（9.26）中的 $\mathcal{S}(\nu')$ 是源的可见度与干涉仪通带响应之积的（时间−频率）谱。通过观测频谱平坦的连续谱源的互功率谱变化，可以确定通带响应。如果干涉单元的相位响应相同，也可以用独立单元功率谱的几何平均来确定通带响应。观测连续谱源或者冷空，并测量每个独立天线波形的自相关函数，可以获取所需的功率谱。可见度频谱除以所有天线测量的连续谱源的功率谱的几何平均，可得归一化可见度的频谱。为了修正相位响应的不一致性，必须要测量较强的连续谱源的复功率谱。VLBI 谱线观测时的详细定标过程详见 Moran（1973），Reid 等（1980），Moran 和 Dhawan（1995）及 Reid（1995，1999）。

9.3.2 钝化基线

延迟 τ_{g} 的估计精度必须足够高，以保证信号落在处理器的延迟和条纹频率范围内。最简单的近似为

$$\tau_{\mathrm{g}} = \frac{1}{c} \boldsymbol{D} \cdot \boldsymbol{s}_0 \tag{9.31}$$

其中 $\boldsymbol{D} = \boldsymbol{r}_1 - \boldsymbol{r}_2$，$\boldsymbol{r}_1$ 和 $\boldsymbol{r}_2$ 是从地心到每个天线的矢量；$\boldsymbol{s}_0$ 是指向视场中心的单位矢量。必须予以考虑的事实是，源的波前到达两个天线站存在时间差，由于地球本身并非惯性参考，在这个时间内，地球一直在运动。因此，不能使用瞬时基线来计算波前到达两个天线的时间差，而是要使用"钝化"基线［retarded baseline，详见（Cohen and Shaffer，1971）］。平面波在 t_1 时刻到达第一个天线站，在 t_2 时刻到达第二个天线站，t_1 和 t_2 满足下面的等式：

$$\boldsymbol{k} \cdot \boldsymbol{r}_1(t_1) - 2\pi \nu t_1 = \boldsymbol{k} \cdot \boldsymbol{r}_2(t_2) - 2\pi \nu t_2 \tag{9.32}$$

其中 $\boldsymbol{k} = (2\pi/\lambda) \boldsymbol{s}_0$。令 $t_2 - t_1 = \tau_{\mathrm{g}}$，则

$$2\pi \nu \tau_{\mathrm{g}} = \boldsymbol{k} \cdot \left[\boldsymbol{r}_2(t_1 + \tau_{\mathrm{g}}) - \boldsymbol{r}_1(t_1)\right] \tag{9.33}$$

用泰勒级数将 $\boldsymbol{r}_2$ 展开：

$$\boldsymbol{r}_2(t_1 + \tau_{\mathrm{g}}) \approx \boldsymbol{r}_2(t_1) + \dot{\boldsymbol{r}}_2(t_1)\tau_{\mathrm{g}} + \cdots \tag{9.34}$$

其中 $\boldsymbol{r}_2$ 上的一点表示一阶导数，并且

$$2\pi \nu \tau_{\mathrm{g}} \approx \boldsymbol{k} \cdot \left[\boldsymbol{D}(t_1) + \dot{\boldsymbol{r}}_2(t_1)\tau_{\mathrm{g}}\right] \tag{9.35}$$

求解 τ_{g}，可得

$$\tau_{\mathrm{g}} = \frac{\boldsymbol{D} \cdot \boldsymbol{s}_0}{c} \left[1 - \frac{\boldsymbol{s}_0 \cdot \dot{\boldsymbol{r}}_2}{c} \right]^{-1} \tag{9.36}$$

上式所有参量都取 t_1 时刻的值。由于 $\dot{\boldsymbol{r}} = \boldsymbol{\omega}_{\mathrm{e}} \times \boldsymbol{r}$，$\boldsymbol{\omega}_{\mathrm{e}}$ 为地球自转角速度矢量，×
代表叉乘，可将式（9.36）写成如下形式：

$$\tau_{\mathrm{g}} \approx \frac{\boldsymbol{D} \cdot \boldsymbol{s}_0}{c} \left[1 - \frac{\boldsymbol{s}_0 \cdot (\boldsymbol{\omega}_{\mathrm{e}} \times \boldsymbol{r}_2)}{c} \right]^{-1} \tag{9.37}$$

或者，

$$\tau_{\mathrm{g}} \approx \tau_{\mathrm{g0}} (1 + \Delta) \tag{9.38}$$

其中 $1 + \Delta$ 为式（9.37）右侧中括号内的项。由式（4.3）中的 w 项定义可得

$$\tau_{\mathrm{g0}} = \frac{D}{c} \left[\sin d \sin \delta + \cos d \cos \delta \cos (H - h) \right] \tag{9.39}$$

其中 (H, δ) 和 (h, d) 分别为源和基线的时角与赤纬坐标，在 VLBI 实践中，时角
一般特指与格林尼治子午线的相对值。此外，

$$\Delta = \frac{\omega_{\mathrm{e}} r_2}{c} \cos \mathcal{L}_2 \cos \delta \sin (h_2 - H) \tag{9.40}$$

其中 $\mathcal{L}_2$、h_2 和 r_2 分别为 $\boldsymbol{r}_2$ 矢量的纬度、时角和幅度；ω_{e} 是角速度矢量 $\boldsymbol{\omega}_{\mathrm{e}}$ 的幅
度。Δ 函数的最大值为 1.5×10^{-6}，τ_{g} 与 τ_{g0} 之差的最大值约为 0.05μs。注意，式
（9.34）适用的坐标系是未修正周日光行差的坐标系。一种等效的计算钝化基线
的方法是用式（9.31）计算延迟，同时修正远端天线坐标 H 和 δ 的周日光行
差。我们在这里介绍钝化基线主要为了教学，如果使用日心参考坐标系计算干
涉测量的各个参量，则不会出现明显的基线钝化效应。

　　有几种不同的方法可以表征 VLBI 观测方程。一种是面向天线的观测系统，
测量值以地心为参考，所以对两个天线记录的数据做一次处理，然后交换位置
再次处理，两次处理得到的相位相反。由于必须已知径向矢量，因此这种方法
需要预先假定一个地球模型。天体测量和大地测量应用一般优先选择面向基线
的坐标系，这种系统的观测参量不受地球参数影响。有关 VLBI 观测参量的更
详细讨论见文献：Shapiro（1976）和 Cannon（1978）。完整的质心方程见文献
Sovers 等（1998）。

9.3.3　VLBI 观测的噪声

　　VLBI 观测通常需要在低信噪比和短相干时间的情况下确定和标定可见度条
纹。在这种情况下，就需要全面深入地理解干涉仪的噪声特性。在 6.2.4 节已经
简单介绍了条纹幅度和相位的特性，本节我们进一步对此进行讨论［参见
Moran（1976）和 Hjellming（1992）］。测量的可见度函数用矢量 $\boldsymbol{Z} = \mathcal{V} + \boldsymbol{\varepsilon}$ 表

示，其中 $\mathcal{V}$ 和 $\boldsymbol{\varepsilon}$ 分别代表可见度真值（源可见度）和噪声分量。选择坐标系 x（实部）和 y（虚部），使 $\mathcal{V}$ 位于 x 轴，如图 6.8 所示。由于噪声的存在，可见度测量值是随机变量，用 ϕ 表示。$\boldsymbol{\varepsilon}$ 在 x 轴和 y 轴上的分量是相互独立的零均值高斯概率分布，其均方根误差 σ 由式（6.50）给出。极坐标系中，$\boldsymbol{\varepsilon}$ 的幅度是瑞利概率分布，$\boldsymbol{\varepsilon}$ 的相位是均匀概率分布。因此，$\boldsymbol{Z}$ 是一个随机变量，其 x 和 y 分量 Z_x 和 Z_y 的概率分布由下式给出：

$$p\left(Z_x, Z_y\right) = \frac{1}{2\pi\sigma^2}\exp\left[-\frac{\left(Z_x - |\mathcal{V}|\right)^2 + Z_y^2}{2\sigma^2}\right] \tag{9.41}$$

我们将概率分布转换到极坐标系，令

$$Z_x = Z\cos\phi \tag{9.42a}$$

$$Z_y = Z\sin\phi \tag{9.42b}$$

注意到坐标变换的雅可比行列式为 $|\mathcal{V}|$［例如参见 Sivia（2006）］，可得极坐标表达式为

$$p(Z, \phi) = \frac{|\mathcal{V}|}{2\pi\sigma^2}\exp\left[-\frac{(Z\cos\phi + |\mathcal{V}|)^2 + Z^2\sin^2\phi}{2\sigma^2}\right] \tag{9.43}$$

其中 $Z = \sqrt{Z_x^2 + Z_y^2}$。

Z 的边缘分布为

$$p(Z) = \int_{-\pi}^{\pi} p(Z, \phi)\,\mathrm{d}\phi \tag{9.44}$$

由式（6.63a）定义的 $p(Z)$ 为

$$p(Z) = \frac{Z}{\sigma^2}\exp\left(-\frac{Z^2 + |\mathcal{V}|^2}{2\sigma^2}\right)I_0\left(\frac{Z|\mathcal{V}|}{\sigma^2}\right), \quad Z > 0 \tag{9.45}$$

其中 I_0 是修正的零阶贝塞尔函数，由下式定义：

$$I_0(x) = \frac{1}{\pi}\int_0^{\pi} \mathrm{e}^{x\cos\theta}\,\mathrm{d}\theta \tag{9.46}$$

边缘分布 $p(Z)$ 是莱斯分布。

ϕ 的边缘分布为

$$p(\phi) = \int_0^{\infty} p(Z, \phi)\,\mathrm{d}Z \tag{9.47}$$

推导可得

$$p(\phi) = \frac{1}{2\pi}\exp\left(-\frac{|\mathcal{V}|^2}{2\sigma^2}\right) + \left\{\frac{1}{\sqrt{8\pi}}\frac{|\mathcal{V}|\cos\phi}{\sigma}\exp\left(-\frac{|\mathcal{V}|^2\sin^2\phi}{2\sigma^2}\right)\right.$$
$$\left.\times\left[1 + \mathrm{erf}\left(\frac{|\mathcal{V}|\cos\phi}{\sqrt{2}\sigma}\right)\right]\right\} \tag{9.48}$$

其中 erf 是式（6.63c）定义的误差函数。注意，由于我们将 $\mathcal{V}$ 置于 x 轴，相位等于零，$p(\phi)$ 表现为 ϕ 的偶函数是符合预期的。因此，$\langle \phi \rangle = 0$。Vinokur（1965）首次在干涉测量文献中推导了 $p(\phi)$ 表达式。式（9.45）和式（9.48）与式（6.63a）和式（6.63c）相对应。但是，这里我们将 $p(\phi)$ 改写为略有不同的等效形式，以便显性表现其渐变特性。这些概率分布如图6.9所示。

Z，Z^2，Z^4 的期望值分别为

$$\langle Z \rangle = \sqrt{\frac{\pi}{2}} \sigma \exp\left(-\frac{|\mathcal{V}|^2}{4\sigma^2}\right) \left[\left(1 + \frac{|\mathcal{V}|^2}{2\sigma^2}\right) I_0\left(\frac{|\mathcal{V}|^2}{4\sigma^2}\right) + \frac{|\mathcal{V}|^2}{2\sigma^2} I_1\left(\frac{|\mathcal{V}|^2}{4\sigma^2}\right) \right] \quad (9.49)$$

$$\langle Z^2 \rangle = |\mathcal{V}|^2 + 2\sigma^2 \quad (9.50)$$

$$\langle Z^4 \rangle = |\mathcal{V}|^4 + 8\sigma^2 |\mathcal{V}|^2 + 8\sigma^4 \quad (9.51)$$

其中 I_1 是修正的一阶贝塞尔函数，定义为

$$I_1(x) = \frac{1}{\pi} \int_0^\pi e^{x\cos\theta} \cos\theta \, d\theta \quad (9.52)$$

用高斯随机分布的矩定理可以方便地计算 Z 的高阶偶次矩。当没有入射信号即 $|\mathcal{V}| = 0$ 时，$I_0(0) = 1$，且 Z 和 ϕ 的分布是噪声的概率分布，分别为瑞利分布和均匀分布：

$$p(Z) = \frac{Z}{\sigma^2} \exp\left(-\frac{Z^2}{2\sigma^2}\right), \quad Z > 0 \quad (9.53)$$

及

$$p(\phi) = \frac{1}{2\pi}, \quad 0 \leqslant \phi < 2\pi \quad (9.54)$$

在没有入射信号的情况下，

$$\langle Z \rangle = \sqrt{\pi/2}\,\sigma \quad (9.55)$$

$$\sigma_Z = \sqrt{\langle Z^2 \rangle - \langle Z \rangle^2} = \sigma\sqrt{2 - \pi/2} \quad (9.56)$$

且

$$\sigma_\phi = \pi/\sqrt{3} \quad (9.57)$$

在弱信号情况下，即 $|\mathcal{V}| \ll \sigma$，我们使用近似公式 $I_0(x) \approx 1 + x^2/4$ 和 $I_1(x) \approx x/2$。相对于 $|\mathcal{V}|/\sigma$ 做一阶展开，Z 和 ϕ 的概率分布分别为

$$p(Z) \approx \frac{Z}{\sigma^2} \exp\left(-\frac{Z^2}{2\sigma^2}\right) \left[1 - \frac{1}{2}\frac{|\mathcal{V}|^2}{\sigma^2} + \frac{1}{4}\left(\frac{Z|\mathcal{V}|}{\sigma^2}\right)^2\right] \quad (9.58)$$

及

$$p(\phi) \approx \frac{1}{2\pi} + \frac{1}{\sqrt{8\pi}} \frac{|\mathcal{V}|}{\sigma} \cos\phi \quad (9.59)$$

因此，

$$\langle Z \rangle \approx \sigma \sqrt{\frac{\pi}{2}} \left(1 + \frac{|\mathcal{V}|^2}{4\sigma^2} \right) \tag{9.60}$$

$$\sigma_z \approx \sigma \sqrt{2 - \frac{\pi}{2} \left(1 + \frac{|\mathcal{V}|^2}{4\sigma^2} \right)} \tag{9.61}$$

且

$$\sigma_\phi \approx \frac{\pi}{\sqrt{3}} \left(1 - \sqrt{\frac{9}{2\pi^3}} \frac{|\mathcal{V}|}{\sigma} \right) \tag{9.62}$$

注意，随着$|\mathcal{V}|/\sigma$增大，Z缓慢偏离瑞利分布，而$|\mathcal{V}|/\sigma$从1变到2时，ϕ的概率分布仅发生了宽度（半高全宽）变化，从110°变到70°（图6.9）。因此，实际上，与幅度信息相比，通常利用相位信息更容易识别弱信号，如图9.5所示。

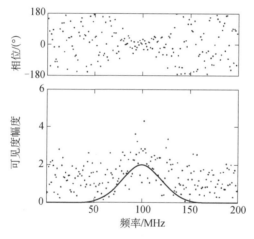

图9.5　幅度等于2，中心频率100MHz（实线）的高斯廓线单谱线源的仿真可见度谱。谱分辨率为1MHz且σ=1（因此$|\mathcal{V}|/\sigma$=2）。仿真结果表明，相位信息比幅度信息更容易（肉眼）识别弱信号

强信号情况下，即$|\mathcal{V}| \gg \sigma$时，$I_0(x) \approx \mathrm{e}^x / \sqrt{2\pi x}$。$Z$和$\phi$的概率分布函数近似为高斯分布

$$p(Z) \approx \frac{1}{\sqrt{2\pi}\sigma} \sqrt{\frac{Z}{|\mathcal{V}|}} \exp\left[-\frac{(Z - |\mathcal{V}|)^2}{2\sigma^2} \right] \tag{9.63}$$

及

$$p(\phi) \approx \frac{1}{\sqrt{2\pi}} \frac{|\mathcal{V}|}{\sigma} \exp\left(-\frac{|\mathcal{V}|^2 \phi^2}{2\sigma^2} \right) \tag{9.64}$$

这种情况下，

$$\langle Z \rangle \approx |\mathcal{V}| \left(1 + \frac{\sigma^2}{2|\mathcal{V}|^2} \right) \tag{9.65}$$

$$\sigma_Z \approx \sigma \left(1 - \frac{\sigma^2}{8|\mathcal{V}|^2} \right) \tag{9.66}$$

且

$$\sigma_\phi \approx \frac{\sigma}{|\mathcal{V}|} \tag{9.67}$$

$|\mathcal{V}|/\sigma$ 各种取值条件下的 σ_Z 和 σ_ϕ 值如图 9.6 所示。因此，在强信号情况下，Z 的统计特性近似为高斯分布（图 6.9），$\langle Z \rangle$ 趋于 $|\mathcal{V}|$。在此情况下，可以对 Z 的 N 个样本做平均，且信噪比改善 $\sqrt{N}$ 倍。弱信号情况下，瑞利噪声分布的信号本身抖动很小，且超过系统相干时间后，很难通过样本平均来改善信噪比，9.5 节将对此加以讨论。

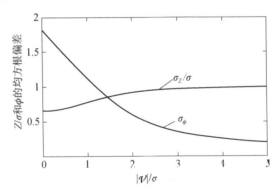

图 9.6　σ_Z/σ 和 σ_ϕ 都是 $|\mathcal{V}|/\sigma$ 的函数。$|\mathcal{V}|/\sigma \ll 1$ 的近似表达式如式（9.61）和式（9.62），
且 $|\mathcal{V}|/\sigma \gg 1$ 的近似表达式如式（9.66）和式（9.67）

9.3.4　信号搜索过程中的误差概率

临时搭建一个 VLBI 系统并开展新的观测时，数据处理的首要任务是搜索干涉条纹，即条纹搜索。必须这样做的原因是天线站时钟有不确定性且存在时钟漂移，这意味着必须对设备延迟和条纹频率做搜索。专用 VLBI 阵列通常不需要这样做，这种阵列的条纹频率和延迟在逐次观测时会持续更新。临时 VLBI 系统必须在很大的二维格点范围搜索条纹，如图 9.7 所示。例如，考虑一次试验中，观测频率 10^{11}Hz 且带宽 $\Delta\nu = 50$MHz。设备延迟步长等于采样间隔 0.01μs。如果设备延迟的不确定度为 ±1μs，就需要搜索 200 个延迟间隔。如果相关积分时间为 200s，且频率标准的精度优于 10^{-11}，则必须搜索 ±1Hz 的频率范围，频率间隔为 0.005Hz 时，需要对 400 个离散频率点进行搜索。因此，要搜索的网格

总数是 80000 个。在没有入射信号的情况下，$p(Z)$ 由式（9.53）给出。这种情况下，从零到 Z_0 对式（9.53）做积分可得累积概率分布（即 Z 小于 Z_0 的概率）为

$$P(Z_0) = 1 - \exp\left(-\frac{Z_0^2}{2\sigma^2}\right) \qquad (9.68)$$

n 个独立样本的最大值 $Z_m = \max\{Z_1, Z_2, \cdots, Z_n\}$ 的累计概率分布为

$$P(Z_m) = \left[1 - \exp\left(-\frac{Z_m^2}{2\sigma^2}\right)\right]^n \qquad (9.69)$$

因此，一个或多个样本值超过 Z_m 的概率（这里我们称之为误差概率 p_e）为

$$p_e = 1 - \left[1 - \exp\left(-\frac{Z_m^2}{2\sigma^2}\right)\right]^n \qquad (9.70)$$

这一函数如图 9.8 所示。对式（9.69）做微分可得 Z_m 的概率分布

$$p(Z_m) = \frac{nZ_m}{\sigma^2} \exp\left(-\frac{Z_m^2}{2\sigma^2}\right)\left[1 - \exp\left(-\frac{Z_m^2}{2\sigma^2}\right)\right]^{n-1} \qquad (9.71)$$

当 n 很大时，概率分布近似为高斯分布，其均值和方差分别为

$$\langle Z_m \rangle \approx \sigma\sqrt{2\ln n} \qquad (9.72)$$

$$\sigma_m \approx \frac{0.77\sigma}{\sqrt{\ln n}} \qquad (9.73)$$

不同 n 值的 $p(Z_m)$ 例子如图 9.9 所示。通常，通过搜索一个变量的函数的最大值，将二维函数退化为一维函数是有益的，例如图 9.7 给出的条纹幅度是条纹频率和延迟的一维函数。搜索过程在一维函数中引入的偏置等于 $\langle Z_m \rangle$。这种偏置随着样本数的增大而变大，因此会掩盖弱信号。

我们还可以计算信号识别错误的概率。假设我们已经测量了两个延迟值或条纹频率值的条纹幅度，其中一个值中含有信号。含有信号（Z_1）的通道响应幅度大于纯噪声的通道响应幅度（Z_2）的概率为

$$p(Z_1 > Z_2) = \int_0^\infty p(Z_1)\left[\int_0^{Z_1} p(Z_2)\mathrm{d}Z_2\right]\mathrm{d}Z_1 \qquad (9.74)$$

$p(Z_1)$ 由式（9.45）给出，$p(Z_2)$ 由式（9.53）给出。我们可以将上述结果一般性地推广到搜索 n 个通道的情况，其中一个包含信号的通道幅度为 Z_s。由式（9.68）和（9.74）可得，Z_s 大于其他通道 Z 值的概率为

$$p(Z_s > Z_1, \cdots, Z_n) = \int_0^\infty p(Z)\left[1 - \exp\left(-\frac{Z^2}{2\sigma^2}\right)\right]^{n-1}\mathrm{d}Z \qquad (9.75)$$

其中 $p(Z)$ 由式（9.45）给出。因此，一个或多个样本值超过信号幅度的概率为

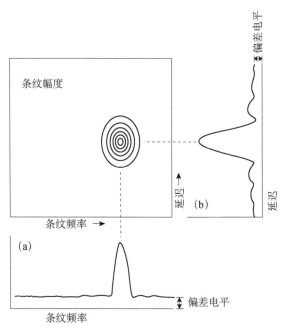

图 9.7　条纹幅度是（a）残留条纹频率和（b）延迟的函数。一维图分别给出延迟和条纹频率对条纹峰值幅度的影响。图中的噪声概率分布由式（9.71）给出，偏差电平由（式 9.72）给出

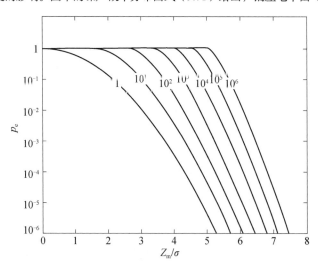

图 9.8　没有入射信号的情况下，条纹幅度的一个或多个样本值超过 Z_{m}/σ 的概率，由式（9.70）给出。图中曲线上标记的数值为测量的样本数

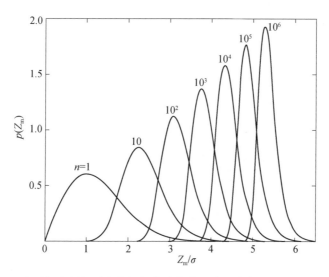

图 9.9 n 个随机变量的最大值的概率分布满足瑞利分布，由式（9.71）给出

$$p'_e = 1 - \int_0^\infty p(Z)\left[1 - \exp\left(-\frac{Z^2}{2\sigma^2}\right)\right]^{n-1} \mathrm{d}Z \qquad （9.76）$$

p'_e，如图 9.10 所示。例如，如果对 100 个通道进行搜索且误识别概率要求小于 0.1%，则 $|\mathcal{V}|/\sigma > 6.5$。

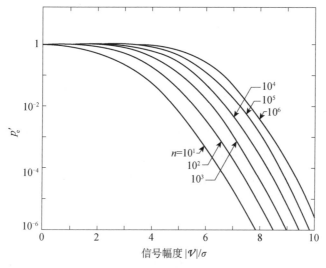

图 9.10 无信号通道条纹幅度的一个或多个样本值超过有信号通道样本的条纹幅度的概率与信号幅度 $|\mathcal{V}|$ 的关系，如式（9.76）。图中曲线的标识为总样本数 n。随着 $|\mathcal{V}|/\sigma$ 趋于零，p'_e 值趋于 $1-1/n$

9.3.5　相干和非相干平均

我们希望对难以检测的弱信号的幅度进行估计。考察一组相关器输出的时间序列值，用相位 $\phi(t)$ 代表接收机噪声、频率标准波动或大气路径扰动的影响。图 9.11 给出 VLBI 测量中相位随时间变化的例子。相关器的输出为

$$r(t) = Z(t)\mathrm{e}^{\mathrm{j}\phi(t)} \tag{9.77}$$

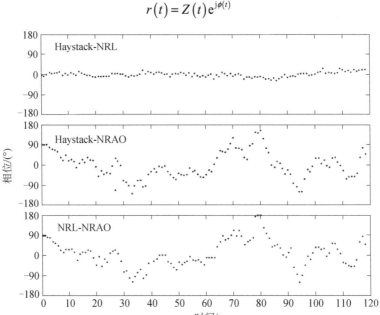

图 9.11　二基线 VLBI 在 22GHz 观测强源［W3（OH）水汽脉泽］试验时，条纹相位随时间的变化。海斯塔克天文台（Haystack）和美国海军研究实验室（NRL）（马里兰角天文台）装备的是氢脉泽频率标准。美国国家射电天文台（NRAO）使用的是铷蒸气频率标准。最上面曲线图的相位噪声主要来自接收机和大气的贡献，下面两幅曲线图的相位噪声主要来自铷频率标准的相位噪声。这些数据来自 1971 年 Mark I VLBI 系统

当数据序列的时间范围超出了相干时间，如何估计 $|v|$？这一问题有两种可用的估计方法，第一种是频域分析，第二种是时域分析。假设对 $r(t)$ 进行采样，采样间隔小于相干时间 τ_c，可以得到样本的一组时间序列 r_n。r_n 的离散傅里叶变换（参见附录 8.4）为

$$R_k = \sum_{n=0}^{N-1} r_n \mathrm{e}^{-\mathrm{j}2\pi kn/N} \tag{9.78}$$

其中 R_k 为 N 点离散条纹率频谱，频率范围从 $-N/2\tau_\mathrm{c}$ 到 $N/2\tau_\mathrm{c}$。因此，根据帕塞瓦尔定理［式（8.179）］，

$$\sum_{n=0}^{N-1} |r_n|^2 = \frac{1}{N} \sum_{k=0}^{N-1} |R_k|^2 \tag{9.79}$$

利用式（9.50），当 N 很大时，$|\mathcal{V}|^2$ 的无偏估计为

$$|\mathcal{V}|_e^2 = \left(\frac{1}{N^2} \sum_{k=1}^{N-1} |R_k|^2 \right) - 2\sigma^2 \tag{9.80}$$

如果数据持续总时间超过干涉仪的相干时间，条纹率频谱会变得很复杂，但式（9.80）提供了用全部条纹谱分量估计 $|\mathcal{V}|^2$ 的方法。这一方法的具体应用参见 Clark（1968）和 Clark 等（1968）。

第二种估计 $|\mathcal{V}|^2$ 的方法是基于时间序列，直接使用式（9.50），

$$|\mathcal{V}|_e^2 = \left(\frac{1}{N} \sum_{i=1}^{N} Z_i^2 \right) - 2\sigma^2 \tag{9.81}$$

成像或者模型分析通常是基于 $|\mathcal{V}|$，而不是 $|\mathcal{V}|^2$。为了计算 $|\mathcal{V}|$ 的无偏估计，我们首先考察 $|\mathcal{V}|$ 的性质：

$$|\mathcal{V}|_b = \left[\frac{1}{N} \sum_{i=1}^{N} Z_i^2 \right]^{1/2} \tag{9.82}$$

其中，

$$Z_i^2 = \left(|\mathcal{V}| + \epsilon_{x_i} \right)^2 + \epsilon_{y_i}^2 \tag{9.83}$$

ϵ_{x_i} 和 ϵ_{y_i} 都为零均值且方差为 σ^2 的高斯随机变量。因此式（9.82）变成

$$|\mathcal{V}|_b = |\mathcal{V}| \left\{ 1 + \frac{1}{N} \sum_{i=1}^{N} \left[\frac{2\epsilon_{x_i}}{|\mathcal{V}|} + \frac{\epsilon_{x_i}^2 + \epsilon_{y_i}^2}{|\mathcal{V}|^2} \right] \right\}^{1/2} \tag{9.84}$$

假设上式方括号中的项远小于 1，然后对式（9.84）做二阶展开，以保留所有涉及 ϵ_{x_i} 的二阶项。则 $|\mathcal{V}|_b$ 的期望值为

$$|\mathcal{V}|_b \approx |\mathcal{V}| \left[1 + \frac{\sigma^2}{|\mathcal{V}|^2} \left(1 - \frac{1}{2N} \right) \right] \tag{9.85}$$

从上式可以直接得出 $|\mathcal{V}|$ 的无偏估计为

$$|\mathcal{V}|_e \approx \left[\frac{1}{N} \sum_{i=1}^{N} Z_i^2 - \sigma^2 \left(2 - \frac{1}{N} \right) \right]^{1/2} \tag{9.86}$$

当 $\mathcal{V}/\sigma > 2$ 且 $N = 1$，或 $\mathcal{V}/\sigma > 0.3$ 且 $N = 100$ 时，式（9.86）的估计精度优于 5%。这一估值器有一些有趣的特性。当 $N \gg 1$ 时，估计值趋于式（9.81）。但是当 $N = 1$ 且 $Z_i = Z$ 时，上式变为

$$|\mathcal{V}|_e = \left[Z^2 - \sigma^2 \right]^{1/2} \tag{9.87}$$

式（9.87）用于从单次测量的斯托克斯参量 Q 和 U 来确定极化流量［参见

Wardle 和 Kronberg（1974）]。如果 $p(Z)$ 定义如式（9.45），基于单次测量的 Z，用式（9.87）计算 $|V|_e$ 可以很好地近似 $|V|$ 的最大似然值。更多讨论和应用参见 Johnson 等（2015）。

由式（9.50）、（9.51）和（9.81），我们可知 $\left\langle |V|_e^2 \right\rangle = |V|^2$，且 $\left\langle |V|_e^4 \right\rangle = |V|^4 + 4\sigma^2 \left(|V|^2 + \sigma^2 \right)/N$，因此信噪比为

$$\mathcal{R}_{sn} = \frac{\left\langle |V|_e^2 \right\rangle}{\sqrt{\left\langle |V|_e^4 \right\rangle - \left\langle |V|_e^2 \right\rangle^2}} = \frac{\sqrt{N}}{2\sigma^2} |V|^2 \frac{1}{\sqrt{1 + |V|^2/\sigma^2}} \tag{9.88}$$

如式（6.49）和（6.50），$|V|/\sigma$ 等于单乘法相关器的输出信噪比。对于 VLBI 观测，我们用 9.7 节描述的综合损失因子 η 来代替 8.3 节的量化效率 η_Q，并由式（6.64）可得 $|V|/\sigma = (T_A\eta/T_S)\sqrt{2\Delta\nu\tau_c}$。因此，式（9.88）变为

$$\mathcal{R}_{sn} = \frac{T_A^2\eta^2}{T_S^2} \sqrt{\frac{\Delta\nu^2\tau\tau_c}{\left(1 + 2T_A^2\eta^2\Delta\nu\tau_c/T_S^2\right)}} \tag{9.89}$$

其中 $\tau = N\tau_c$ 是总积分时间。式（9.89）的两种极限情况为

$$\mathcal{R}_{sn} \approx \frac{\eta}{\sqrt{2}} \frac{T_A}{T_S} \sqrt{\Delta\nu\tau}, \quad T_A \gg \frac{T_S}{\sqrt{2\Delta\nu\tau_c}} \tag{9.90}$$

$$\mathcal{R}_{sn} \approx \left(\frac{T_A\eta}{T_S}\right)^2 \Delta\nu\sqrt{\tau\tau_c}, \quad T_A \ll \frac{T_S}{\sqrt{2\Delta\nu\tau_c}} \tag{9.91}$$

注意在强信号情况下，不需要做非相干平均。当进行非相干平均时，在不会降低条纹幅度的情况下相干积分时间要尽可能长。如果我们假设探测信噪比 $\mathcal{R}_{sn} = 4$，且已知 $\tau = N\tau_c$，则观测弱信号时，由式（9.91）可得最小可检测天线温度为

$$(T_A)_{min} = \frac{2T_S}{\eta N^{1/4}\sqrt{\Delta\nu\tau_c}} \tag{9.92}$$

因此，由 $N^{1/4}$ 依赖性，只有当 N 非常大时，非相干积分才能发挥作用。如果相干时间与 $1/\Delta\nu$ 相当，则观测系统退化为非相干或强度干涉仪［见 17.1 节和 Clark（1968）]。在弱信号情况下，式（9.91）变为

$$\mathcal{R}_{sn} \approx \left(\frac{T_A\eta}{T_S}\right)^2 \sqrt{\Delta\nu\tau} \tag{9.93}$$

9.4 多元阵列的条纹拟合

9.4.1 全局条纹拟合

在 9.3 节，我们考虑了如何利用单基线输出进行条纹搜索的问题。VLBI 观测对条纹拟合的基本要求是能够确定条纹相位（即可见度相位）及条纹相位随时间和频率（或延迟）的变化率。源或天线的位置误差以及天线有关的各种效应，如本振频率偏置等，都会导致条纹率偏差。其中大部分效应可以定义为单个天线的影响因子，而不是与基线有关的因子。因此，可以同时使用所有基线的数据来确定条纹率参数。同时使用多元 VLBI 阵列的全部数据，有可能检测到单基线无法检测到的弱条纹。这对天线和接收机都比较一致的 VLBI 阵列来说是特别重要的；对于临时组合的 VLBI 阵列，一种可能的替代办法是使用两个最灵敏的天线数据进行条纹搜索，并用搜索结果来限制其他基线的解空间。

Schwab 和 Cotton（1983）开发了一种分析方法，同时使用多天线观测的完整数据集，被称为全局条纹拟合。令 $Z_{mn}(t)$ 为相关器输出，即天线 m 和 n 组成的基线测量的可见度。天线 n 及其接收系统的复（电压）增益为 $g_n(t_k, v_\ell)$，其中 t_k 表征频率通道 v_ℓ 的相关器输出的（相干）时间积分样本。因此，

$$Z_{mn}(t_k, v_\ell) = g_m(t_k, v_\ell) g_n^*(t_k, v_\ell) \mathcal{V}_{mn}(t_k, v_\ell) + \epsilon_{mnk\ell} \tag{9.94}$$

其中 $\mathcal{V}_{mn}$ 是基线 mn 的真实可见度，且 $\epsilon_{mnk\ell}$ 代表主要由噪声引起的观测误差。需要记住的是，所有测量中都存在噪声项，但后续的讨论中，通常忽略公式中的噪声项。增益项可写成如下形式：

$$g_n(t_k, v_\ell) = |g_n| e^{j\psi_n(t_k, v_\ell)} \tag{9.95}$$

为简化式（9.95），我们假设在观测覆盖的 (t, v) 空间范围内，增益项和源可见度的幅度保持不变。我们可以将 Z_{mn} 一阶展开为

$$Z_{mn}(t_k, v_\ell) = |g_m||g_n||\mathcal{V}| \exp\left[j(\psi_m - \psi_n)(t_0, v_0)\right]$$

$$\times \exp\left[j\left(\frac{\partial(\psi_m - \psi_n + \phi_{mn})}{\partial t}\bigg|_{(t_0, v_0)}(t_k - t_0)\right.\right.$$

$$\left.\left. + \frac{\partial(\psi_m - \psi_n + \phi_{mn})}{\partial v}\bigg|_{(t_0, v_0)}(v_\ell - v_0)\right)\right] \tag{9.96}$$

其中 ϕ_{mn} 为真实可见度 $\mathcal{V}_{mn}$ 的相位。基线 mn 在时间-频率坐标 (t_0, v_0) 测量的可见度相位随时间和频率的变化率即为条纹率

$$r_{mn} = \frac{\partial(\psi_m - \psi_n + \phi_{mn})}{\partial t}\bigg|_{(t_0, \nu_0)} \tag{9.97}$$

且延迟时间为

$$\tau_{mn} = \frac{\partial(\psi_m - \psi_n + \phi_{mn})}{\partial \nu}\bigg|_{(t_0, \nu_0)} \tag{9.98}$$

我们可以用这些参数来关联测量的可见度（相关器输出）与真实可见度

$$Z_{mn}(t_k, \nu_\ell) = |g_m||g_n|\mathcal{V}_{mn}(t_k, \nu_\ell)\exp\left\{j\left[(\psi_m - \psi_n)\big|_{t=t_0}\right.\right.$$
$$\left.\left. + (r_m - r_n)(t_k - t_0) + (\tau_m - \tau_n)(\nu_\ell - \nu_0)\right]\right\} \tag{9.99}$$

每个天线有四个未知参数：增益的模、增益相位、条纹速率和延迟。因为所有数据都是两个天线相对相位的函数，必须指定其中一个天线作为参考。一般将参考天线的相位、条纹速率和延迟设为零，待确定的参数有 $4n_a - 3$ 个。但是，如果只考虑条纹拟合的相位项，还可以进一步简化待定参数。由于可以在后续定标过程中单独确定各个天线增益的幅度，待定参数可以减少到 $3(n_a - 1)$ 个。然后用源的模型表征源的可见度函数 $\mathcal{V}_{mn}$，用最小二乘法将式（9.99）中的参数与测量的可见度值进行拟合，最后可得全局条纹解。最小二乘法的详细介绍见 Schwab 和 Cotton（1983）。源模型是射电源真实结构的"初步估计值"，在某些情况下可以是简单的点源。

　　另一种利用几条基线的数据同时进行拟合的方法是对前述的单基线拟合方法的扩展。用条纹频率和延迟项定义测量的可见度数据，对延迟相关器的数据做时域-频域傅里叶变换可以获取条纹频率和延迟。因此，对于每个天线对，都可以得到一个以延迟步长和条纹速率增量定义的干涉仪响应矩阵。矩阵中幅值最大的元素的坐标代表相应基线的延迟和条纹速率的解，如图 9.7 所示。利用多天线相位闭合原理，还可以将这种方法扩展，求解多基线响应，在 10.3 节将详细讨论相位闭合原理。这里我们只考虑条纹相位拟合，可以用 ϕ_{mn} 来代表测量到的数据。基线 mn 的设备相位 ψ_{mn} 等于可见度相位测量值与真值之差，可写成

$$\psi_{mn} = \psi_m - \psi_n = \tilde{\phi}_{mn} - \phi_{mn} \tag{9.100}$$

其中 ψ 代表设备相位，ϕ 代表可见度相位，波浪上标（~）代表测量的可见度相位。现在考虑增加第三个天线，用符号 p 表征。三个天线的组合相位可写成如下形式：

$$\psi_{mpn} = \psi_{mp} + \psi_{pn} = (\psi_m - \psi_p) + (\psi_p - \psi_n) = (\psi_m - \psi_n) \tag{9.101}$$

因此，ψ_{mpn} 是 ψ_{mn} 的另一种测量，且等于

$$\psi_{mp} + \psi_{pn} = (\tilde{\phi}_{mp} - \phi_{mp}) + (\tilde{\phi}_{pn} - \phi_{pn}) \tag{9.102}$$

类似地，对于四个天线

$$\psi_{mpqn}=\psi_m-\psi_n=\left(\tilde{\phi}_{mp}+\tilde{\phi}_{pq}+\tilde{\phi}_{qn}\right)-\left(\phi_{mp}+\phi_{pq}+\phi_{qn}\right) \qquad (9.103)$$

所以，从天线对的环路测量可以估计 ψ_{mn} 值，天线对环路从天线 m 开始，到天线 n 结束。用少量天线的组合可以表征多于三条基线（四个独立天线）的组合，且大量天线组合中的噪声并不相互独立。在对天线 m 和天线 n 进行条纹拟合时，使用三个或四个天线的环路可以提供额外信息，以提高灵敏度和拟合精度。但是，需要注意的是，拟合仍然依赖于源的可见度模型。

上述两种技术中，最小均方拟合估计的性能优于数据均匀合成，但是最小二乘法快速收敛需要一个好的初值估计。Schwab 和 Cotton（1983）使用了第二种方法估计初值，再做完整的最小均方拟合。这一流程为后来的 VLBI 标准数据处理程序奠定了基础（Walker，1989a，b）。

尽管全局条纹拟合的灵敏度优于基线拟合的灵敏度，但是在实际应用中，需要基于经验确定是否适用全局条纹拟合技术。如果被测源结构复杂且可见度函数的幅度变化大，则用作全局条纹拟合的可见度模型本身可能不太适用。这种情况下，先用少量天线进行条纹拟合也许效果更好，如果源足够强，也可以考虑对每条基线单独进行拟合。另外，如果源包括较强的不可分辨点源，也可能选择少量天线的组合分别拟合，这样可以降低总体计算量。

9.4.2 各种条纹检测方法的相对性能

当观测灵敏度受限于相位噪声时，就必须对各种检测方法进行仔细分析。Rogers 等（1995）比较了一些最重要的检测方法的相对性能。在所有情况中，我们都假设在相关时间 τ_c 内对相关器输出的可见度数据做平均，前面已经加以讨论。从式（9.92）可见，对 N 个 τ_c 时间段的数据做非相干平均，可使最小可检测电平降低到 $N^{-1/4}$。Rogers 等的研究表明，搜索 10^6 个值且误检概率小于 0.01% 的检测门限比不做非相干平均（等效于 $N=1$）的检测门限低 $0.53N^{-1/4}$。只有 N 很大时，这一结论才是准确的，Rogers 等根据经验发现，当 N 值较小时，检测门限正比于 $N^{-0.36}$，也就是说，在 N 值较小时，增加 N 值对灵敏度的改善更明显。表 9.2 给出改善因子 $0.53N^{-1/4}$ 以及其他检测方法的改善因子。第四列给出 $N=200$ 个数据段且 $n_a=10$ 个天线情况下的相对灵敏度数值。注意，在表 9.2 中的第 1~5 行，检测准则是令阵列中参考天线的延迟和条纹率为零，搜索其他 n_a-1 个阵元的 10^6 个延迟和条纹率值，满足误检概率小于 1%。表中第 6 行的搜索范围只包括赤经和赤纬值。

表 9.2[a]　不同检测方法 [b] 的相对门限

	方法	门限（相对流量密度）	
1	单基线，相干平均	1	1
2	单基线，非相干平均	$0.53N^{-1/4}$	0.14（$N=200$）
3	三基线乘积	$\left(\dfrac{4}{N}\right)^{1/6}$	0.52（$N=200$）
4	n_{a} 元阵列，相干全局搜索	$\left(\dfrac{2}{n_{\mathrm{a}}}\right)^{1/2}$	0.45（$n_{\mathrm{a}}=10$）
5	非相干平均并全局搜索	$0.53\left(\dfrac{4}{Nn_{\mathrm{a}}^2}\right)^{1/4}$	0.05（$N=200$，$n_{\mathrm{a}}=10$）
6	对时间段和基线都做非相干平均	$0.53\left(\dfrac{2}{Nn_{\mathrm{a}}\left(n_{\mathrm{a}}-1\right)}\right)^{1/4}$	0.05（$N=200$，$n_{\mathrm{a}}=10$）

a 来自文献 Rogers 等（1995）；
b 检测准则见正文有关内容。

9.4.3　三基线积或双频谱

多阵元阵列的另外一种输出形式可以理解为三基线积或双频谱，即构成三角形的三条基线复输出之积。三基线积由测量的可见度之积给出，

$$P_3 = \left|Z_{12}\right|\left|Z_{23}\right|\left|Z_{31}\right|\mathrm{e}^{\mathrm{j}\left(\tilde{\phi}_{12}+\tilde{\phi}_{23}+\tilde{\phi}_{31}\right)} = \left|Z_{12}\right|\left|Z_{23}\right|\left|Z_{31}\right|\mathrm{e}^{\mathrm{j}\phi_{\mathrm{c}}} \tag{9.104}$$

其中 ϕ_{c} 代表闭环相位（见 10.3 节），对于不可分辨射电源，闭环相位为零。这里我们假设测量可见度 Z 的幅度已经单独标定，因此式（9.94）中增益因子 g_m 和 g_n 的模等于 1。每条基线测量的可见度项包括功率为 $2\sigma^2$ 的噪声，即复相关器输出的噪声功率。对于弱信号情况，噪声决定了三基线积的方差，即

$$\left\langle\left|P_3\right|^2\right\rangle = \left\langle\left|Z_{12}\right|^2\left|Z_{23}\right|^2\left|Z_{31}\right|^2\right\rangle = 8\sigma^6 \tag{9.105}$$

点源的三基线积信号是实数且等于 $\left\langle\left(\mathrm{Re}P_3\right)^2\right\rangle = \left\langle\left|P_3\right|^2\right\rangle/2$，其中 Re 代表取实部。这个三基线积信号项与相关器输出实部的噪声之比为 $v^3/2\sigma^3$。Rogers 等（1995）还给出了非弱信号约束情况下信噪比的表达式，Kulkarni（1989）对此进行了详细分析，给出了信噪比的一般表达式。

现在考虑三个天线的三基线积，并做 N 个值的非相干平均，每个值均为相干间隔 τ_{c} 内的相关器输出的均值。我们将三基线积的均值表示为

$$\bar{P}_3 = \frac{1}{N}\sum_N \left|Z_{12}\right|\left|Z_{23}\right|\left|Z_{31}\right|\mathrm{e}^{\mathrm{j}\phi_{\mathrm{c}}} \tag{9.106}$$

如果信号的幅度相等，则 $\bar{P}_3$ 实部的期望值为

$$\langle \text{Re}\overline{P}_3 \rangle = \mathcal{V}^3 \tag{9.107}$$

且 $\text{Re}\overline{P}_3$ 的二阶矩为

$$\left\langle \left(\text{Re}\overline{P}_3 \right)^2 \right\rangle = \frac{1}{N} \left\langle |P_3|^2 \right\rangle \left\langle \cos^2 \phi_c \right\rangle \tag{9.108}$$

弱信号情况下，$\left\langle |P_3|^2 \right\rangle$ 主要由噪声决定，由式（9.105）可得二阶矩的期望值为 $4\sigma^6/N$。信噪比等于 $\overline{P}_3$ 的期望值除以其二阶矩期望值的平方根，即

$$\mathcal{R}_{sn} = \frac{\sqrt{N}\mathcal{V}^3}{2\sigma^3} \tag{9.109}$$

由上式可得

$$\mathcal{V} = (2\mathcal{R}_{sn})^{1/3} \sigma N^{-1/6} \tag{9.110}$$

表 9.1 的第 3 行给出特定误差准则下可检测电平对应 $\mathcal{R}_{sn}$ 值的信号强度。

9.4.4 多阵元条纹搜索

在给定时间内，包含 n_a 个天线的 VLBI 阵列获取的信息量比一对天线获取的信息量大 $n_a(n_a-1)/2$ 倍。也许有人会因此期望阵列能将灵敏度提高约 $[n_a(n_a-1)/2]^{1/2}$ 倍。然而，天线数量增加，会导致需要搜索的参数空间增大。所以，在更大的参数空间内碰到更高噪声幅度的概率也更大。因此，需要相应地增大信号检测门限，以免增大误检概率。

考虑一个二元阵列，在参数空间（频率 × 延迟）中待搜索的数据点数为 n_d。如果引入第三个天线，并测量所有基线的相关系数，则要搜索的数据点数变为 n_d^2。当阵元数增加到 n_a 个天线时，要搜索的数据点数为 $n_d^{(n_a-1)}$。信号与噪声之和 Z_m 符合瑞利分布，n 个瑞利分布的最大值的概率分布如式（9.71），且 n 值较大时均值为 $\sigma(2\ln n)^{1/2}$，见式（9.72）。因此，给定发生概率时，将搜索点数从 n_d 个增加到 $n_d^{(n_a-1)}$ 个，要将 Z_m 电平从 $\sigma(2\ln n_d)^{1/2}$ 增加到 $\sigma[2(n_a-1)\ln n_d]^{1/2}$，也就是说，搜索 $n_d^{(n_a-1)}$ 个点并找到一个 $(n_a-1)^{1/2} Z_m$ 电平的概率等于搜索 n_d 个点并找到一个 Z_m 电平的概率。将天线数量从 2 增加到 n_d，信号电平的总体均方根不确定性减小 $[n_a(n_a-1)/2]^{1/2}$，但由于检测门限增大了 $(n_d-1)^{1/2}$ 倍，因此源检测的有效灵敏度只改善了 $(n_a/2)^{1/2}$ 倍。Rogers（1991）和 Rogers 等（1995）在推导这一结果时还考虑了其他因子，表明灵敏度改善因子 $(n_a/2)^{1/2}$ 还应乘以一个介于 0.94 到 1 之间的因子。表 9.2 中未包含该因子。

9.4.5　多元阵列的非相干平均

在表 9.2 中，最后两行涉及多元阵列数据的非相干平均。第 5 行的方法是先做相干时间平均，再做非相干平均，最后再进行全局条纹搜索。这种方法的相对门限值是第 4 行的多元全局搜索门限乘以第 2 行的单基线非相干平均门限。第 6 行的方法涉及多时间段（每段的平均时间等于相干时间）的非相干平均和基线的非相干平均，将第 2 行的数据段数量从 N（每条基线的时间段数量）增加到 N 与基线数量之积，可得这种方法的相对门限。

9.5　相位稳定性和原子频率标准

从 20 世纪 20 年代发明晶体振荡器以来，振荡器的精度不断提升，并迅速应用于解决干涉仪的定时精度问题。到 20 世纪 50 年代早期，铯束钟的定时精度超过了天文定时。这一技术发展了与天文方法不同的用原子定义时间的方法，并基于铯的特定跃迁频率定义时间秒。

IEEE 委员会系统地解释了振荡器测量相位的数学原理（Barnes et al., 1971）。这篇文章规范了振荡器噪声低频发散问题的处理方法。Edson（1960）研究了振荡器噪声的物理机制。本节我们阐释相位噪声的有关理论，介绍原子频标的使用，并重点介绍氢脉泽。关于相位波动更详细的理论与分析见 Blair（1974）和 Rutman（1978）。

9.5.1　相位波动分析

理想情况下，我们希望振荡器能产生一个纯正弦波：

$$V(t) = V_0 \cos 2\pi v_0 t \tag{9.111}$$

但由于所有器件都会存在相位噪声，因此不可能获得理想正弦信号。更现实的振荡器模型由下式给出：

$$V(t) = V_0 \cos\left[2\pi v_0 t + \phi(t)\right] \tag{9.112}$$

式中，$\phi(t)$ 表征相位偏离理想正弦波的随机过程。我们忽略幅度波动是由于幅度波动不会直接影响 VLBI 应用。瞬时频率 $v(t)$ 是式（9.112）中变量的导数除以 2π，即

$$v(t) = v_0 + \delta v(t) \tag{9.113}$$

其中

$$\delta v(t) = \frac{1}{2\pi} \frac{\mathrm{d}\phi(t)}{\mathrm{d}t} \tag{9.114}$$

瞬时相对频偏定义为

$$y(t) = \frac{\delta v(t)}{v_0} = \frac{1}{2\pi v_0} \frac{\mathrm{d}\phi(t)}{\mathrm{d}t} \tag{9.115}$$

基于这一定义可以比较不同频率的振荡器的性能。假设 $\phi(t)$ 和 $y(t)$ 是平稳随机过程，可以定义相关函数。这一假设并不总是成立且会造成问题（Rutman，1978）。$y(t)$ 的自相关函数为

$$R_y(\tau) = \langle y(t) y(t+\tau) \rangle \tag{9.116}$$

$R_y(\tau)$ 是实偶函数，因此 $y(t)$ 的功率谱 $\mathcal{S}_y'(f)$ 也是频率 f 的实偶函数。为避免混淆 $v(t)$ 及其频率分量，后续的谱分析中使用 f 代表频率变量。遵循关于相位稳定性的大多数文献中不太标准的习惯用法（Barnes et al., 1971），我们用单边带频谱 $\mathcal{S}_y(f)$ 代替双边带频谱 $\mathcal{S}_y'(f)$，当 $f \geqslant 0$ 时，$\mathcal{S}_y(f) = 2\mathcal{S}_y'(f)$；当 $f < 0$ 时，$\mathcal{S}_y(f) = 0$。由于 $\mathcal{S}_y'(f)$ 是偶函数，这一替换过程中没有信息丢失。因此，傅里叶变换关系 $R_y(\tau) \leftrightarrow \mathcal{S}_y'(f)$ 也可以写为

$$\mathcal{S}_y(f) = 4\int_0^\infty R_y(\tau) \cos(2\pi f \tau) \mathrm{d}\tau$$
$$R_y(\tau) = \int_0^\infty \mathcal{S}_y(f) \cos(2\pi f \tau) \mathrm{d}f \tag{9.117}$$

类似地，相位的自相关函数为

$$R_\phi(\tau) = \langle \phi(t) \phi(t+\tau) \rangle \tag{9.118}$$

相位 ϕ 的功率谱 $\mathcal{S}_\phi(f)$ 与 $R_\phi(\tau)$ 是傅里叶变换关系。根据傅里叶变换的微分定理，可得 $\mathcal{S}_y(f)$ 和 $\mathcal{S}_\phi(f)$ 之间的关系如下：

$$\mathcal{S}_y(f) = \frac{f^2}{v_0^2} \mathcal{S}_\phi(f) \tag{9.119}$$

$\mathcal{S}_y(f)$ 和 $\mathcal{S}_\phi(f)$ 是频率稳定度的主要测度，量纲都是 Hz^{-1}。广泛使用的另一个振荡器性能指标是 $\mathcal{L}(f)$，定义为双边带频谱中一个单边带的频率 f 处 1Hz 带宽内的功率，表示为该功率与振荡器总功率之比。当相位偏差小于 1 弧度时，$\mathcal{L}(f) \approx \mathcal{S}_\phi(f)/2$。

频率稳定度的第二种定义方法基于时域测量。相对频差的均值为

$$\bar{y}_k = \frac{1}{\tau} \int_{t_k}^{t_k+\tau} y(t) \mathrm{d}t \tag{9.120}$$

将式（9.115）代入上式，

$$\bar{y}_k = \frac{\phi(t_k+\tau) - \phi(t_k)}{2\pi v_0 \tau} \tag{9.121}$$

其中 $\bar{y}_k$ 的重复测量间隔为 T（$T \geq \tau$），且 $t_{k+1} = t_k + T$（图 9.12（a））。用常规的频率计数器可以直接测量 $\bar{y}_k$。测量的频率稳定度等于 $\bar{y}_k$ 样本的方差，即

$$\left\langle \sigma_y^2(N,T,\tau) \right\rangle = \frac{1}{N-1} \left\langle \sum_{n=1}^{N} \left(\bar{y}_n - \frac{1}{N} \sum_{k=1}^{N} \bar{y}_k \right)^2 \right\rangle \tag{9.122}$$

其中 N 是估计一次 σ_y^2 使用的样本数。在 $N \to \infty$ 极限情况，上式给出的值是真实方差，我们用 $I^2(\tau)$ 表示。然而很多情况下，$\mathcal{S}_y(f)$ 的低频特性导致式（9.122）不能收敛，则 $I^2(\tau)$ 无定义。为避免某些收敛问题，式（9.122）的特殊情况，即两样本方差（或阿伦方差）$\sigma_y^2(\tau)$ 得到普遍接受（Allan，1966）。阿伦方差定义为 $T = \tau$（无时隙测量）且 $N = 2$ 时的方差

$$\sigma_y^2(\tau) = \frac{\left\langle \left(\bar{y}_{k+1} - \bar{y}_k \right)^2 \right\rangle}{2} \tag{9.123}$$

或将式（9.121）代入可得

$$\sigma_y^2(\tau) = \frac{\left\langle \left[\phi(t+2\tau) - 2\phi(t+\tau) + \phi(t) \right]^2 \right\rangle}{8\pi^2 v_0^2 \tau^2} \tag{9.124}$$

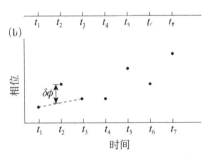

图 9.12　（a）式（9.121）定义的 $\bar{y}_k$ 测量时间间隔。（b）随时间变化的一组相位样本。式（9.123）定义的阿伦方差是每个样本与两个相邻样本均值之差 $(\delta\phi)^2$ 的均方值

阿伦方差的估计过程可以理解如下。取一组间隔 T 的相位测量序列，如图 9.12（b）所示。对每组三个独立点，将外侧的两个点连线，确定中间点与直线的偏差。对于 $\bar{y}$ 的 m 个样本，均方差除以 $(2\pi v_0 \tau)^2$ 即为 $\sigma_y^2(\tau)$ 的估计，用 $\sigma_{ye}^2(\tau)$ 表示

$$\sigma_{ye}^2(\tau) = \frac{1}{2(m-1)} \sum_{k=1}^{m-1} (\overline{y}_{k+1} - \overline{y}_k)^2 \qquad (9.125)$$

这种估计方法的精度为（Lesage and Audoin，1979）

$$\sigma(\sigma_{ye}) \approx \frac{K}{\sqrt{m}} \sigma_y \qquad (9.126)$$

其中 K 是约等于 1 的常数，其精确值取决于 y 的功率谱。

至此，可将真实方差和阿伦方差与 y 或 ϕ 的功率谱联系起来。从式（9.121）可得，真实方差 $I^2(\tau) = \langle \overline{y}_k^2 \rangle$ 表示为

$$I^2(\tau) = \frac{1}{(2\pi\nu_0\tau)^2} \Big[\langle \phi^2(t+\tau) \rangle - 2\langle \phi(t+\tau)\phi(t) \rangle + \langle \phi^2(t) \rangle \Big] \qquad (9.127)$$

由式（9.118）可得

$$I^2(\tau) = \frac{1}{2(\pi\nu_0\tau)^2} \Big[R_\phi(0) - R_\phi(\tau) \Big] \qquad (9.128)$$

由于 $R_\phi(\tau)$ 是 $\mathcal{S}_\phi(f)$ 的傅里叶变换，利用式（9.119），由式（9.128）可得

$$I^2(\tau) = \int_0^\infty S_y(f) \left(\frac{\sin \pi f \tau}{\pi f \tau} \right)^2 \mathrm{d}f \qquad (9.129)$$

类似地，从式（9.124）可得

$$\sigma_y^2(\tau) = \frac{1}{(2\pi\nu_0\tau)^2} \Big[3R_\phi(0) - 4R_\phi(\tau) + R_\phi(2\tau) \Big] \qquad (9.130)$$

因此，

$$\sigma_y^2(\tau) = 2\int_0^\infty \mathcal{S}_y(f) \left[\frac{\sin^4 \pi f \tau}{(\pi f \tau)^2} \right] \mathrm{d}f \qquad (9.131)$$

$I^2(\tau)$ 和 $\sigma_y^2(\tau)$ 是无量纲量，以 rad^2 进行度量，但我们可以将它们想象成 $y(t)$ 分别被两个不同的频率响应 $H_I^2(f)$ 和 $H_A^2(f)$ 滤波后的功率。这两个频率响应分别为

$$H_I^2(f) = \left(\frac{\sin \pi f \tau}{\pi f \tau} \right)^2 \qquad (9.132)$$

及

$$H_A^2(f) = \frac{2\sin^4 \pi f \tau}{(\pi f \tau)^2} \qquad (9.133)$$

函数 $H_I^2(f)$ 和 $H_A^2(f)$ 及其对应的冲激响应 $h_I(t)$ 和 $h_A(t)$ 如图 9.13 所示。注意，由一组 $\overline{y}_k$ 测量值，并计算 $h_I(t_k) * \overline{y}_k$ 的均方值可以估计 $I^2(\tau)$，其中星号代表卷积。类似地，计算 $h_A(t_k) * \overline{y}_k$ 的均方值可以估计 $\sigma_y^2(\tau)$。选择其他频率响应也是可以的。在时域测量时，可以额外增加高频截止和低频截止滤波。例如，从频

率数据中去除长期漂移趋势就是一种高通滤波。用式（9.131）可以由 $\mathcal{S}_y$ 计算 σ_y^2，显然通过测量 $\mathcal{S}_y(f)$ 来计算 $\sigma_y^2(\tau)$ 更好，但不能由 σ_y^2 计算 $\mathcal{S}_y$。然而，很多有趣的情况下，如下面要讨论的幂律谱，σ_y^2 形式能直接表现 $\mathcal{S}_y$ 的特征。传统上，时域测量是比较容易的，而且大多数文献是以阿伦方差 σ_y^2 给出结论。

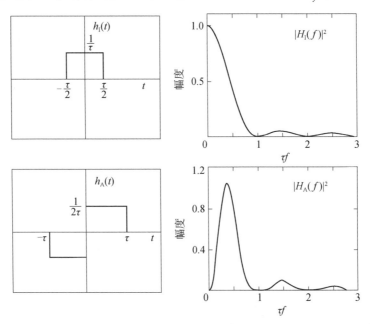

图 9.13　（上图）式（9.132）给出的冲激函数 $h_1(t)$ 及其傅里叶变换的平方 $|H_1(f)|^2$，用来关联功率谱 $\mathcal{S}_y(f)$ 与真实方差 $I'(\tau)$，如式（9.129）所定义。（下图）式（9.133）给出的冲激函数 $h_A(t)$ 及其傅里叶变换的平方 $|H_A(f)|^2$，用来关联功率谱 $\mathcal{S}_y(f)$ 与阿伦方差 $\sigma_y^2(\tau)$，如式（9.131）所定义。注意，当 $f < 0.3/\tau$ 时，阿伦方差的灵敏度随频率 f 减小而快速降低

　　式（7.34）以两个天线振荡器相位相对偏差的均方根形式，给出本地振荡器噪声对两个天线接收信号相关系数测量造成的影响。对于 VLBI，均方根偏差等于两个天线本地振荡器真实方差之和的开方。对于单元互连型阵列，主振荡器相位噪声的低频分量同样影响每个天线本地振荡器的相位，因此不同天线的相对相位的影响趋于对消。要想精确对消，对每个天线来说，参考信号从主振荡器到每个天线的路径时延，加上 IF 信号从各自混频器到相关器输入端的时间延迟（包括用于补偿几何延迟的可变延迟）要相等。一般情况下，保持各类延迟相等是不现实的。天线端本地振荡器信号的锁相环带宽也会限制主振荡器相位噪声有效对消的频率范围。实际上，通常在几百 Hz 到几百 kHz 以下，主振荡器相位噪声可以有效对消，对消频率上限取决于特定系统的具体参数。

　　实验室测量表明，$\mathcal{S}_y(f)$ 通常由幂律分量构成。图 9.14 给出一种有用的模

型，即

$$\mathcal{S}_y(f) = \sum_{\alpha=-2}^{2} h_\alpha f^\alpha, \quad 0 < f < f_h, \quad\quad (9.134)$$

其中 α 为幂指数，在 -2 到 2 之间取整数，f_h 是低通滤波器的截止频率。用式（9.119）可以写出类似式（9.134）的 $\mathcal{S}_\phi(f)$ 表达式。式（9.134）或 $\mathcal{S}_\phi(f)$ 等效方程中的每一项都由一个传统术语命名（表 9.3）。幂律 f^0 依赖的噪声与频率无关，被称为"白相位噪声"；f^{-1} 依赖的噪声被称为"闪烁相位噪声"，即俗称的"$1/f$ 噪声"；f^{-2} 依赖的噪声被称为"随机游走噪声"。其中一些噪声的来源是众所周知的，我们下面会简单介绍 [也可参见 Vessot（1976）]。下面简介中用圆括号给出 $\mathcal{S}_y$ 的频率依赖性。

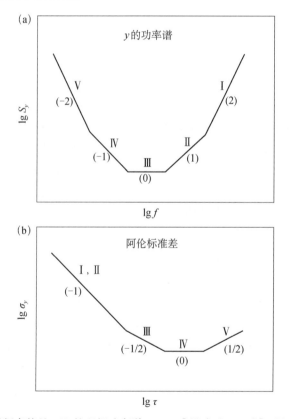

图 9.14 （a）相对频率偏差 $y(t)$ 的理想功率谱 $\mathcal{S}_y(f)$ [见式（9.134）]。图中用罗马数字标出不同的谱区间，圆括号中给出幂指数。区间 Ⅰ：白相位噪声；Ⅱ：闪烁相位噪声；Ⅲ：白频率噪声；Ⅳ：闪烁频率噪声；Ⅴ：频率随机游走噪声。（b）两点均方根偏差或阿伦标准差与样本间隔时间的关系。用罗马数字标出不同的谱区间，圆括号中给出幂指数

表 9.3　振荡器的噪声特性 [a]

噪声类型	$S_y(f)$	$S_\phi(f)$	$\sigma_y^2(\tau)$	μ[b]	$I^2(\tau)$
白相位噪声 [c]	$h_2 f^2$	$v_0^2 h_2$	$\dfrac{3h_2 f_h}{4\pi^2\tau^2}$	-2	$\dfrac{h_2 f_h}{2\pi^2\tau^2}$
闪烁相位噪声	$h_1 f$	$v_0^2 h_1 f^{-1}$	$\dfrac{3h_1}{4\pi^2\tau^2}\ln(2\pi f_h\tau)$	~ -2	—
白频率噪声或随机游走相位噪声	h_0	$v_0^2 h_0 f^{-2}$	$\dfrac{h_0}{2\tau}$	-1	$\dfrac{h_0}{2\tau}$
闪烁频率噪声	$h_{-1} f^{-1}$	$v_0^2 h_{-1} f^{-3}$	$(2\ln 2)h_{-1}$	0	—
频率随机游走噪声	$h_{-2} f^{-2}$	$v_0^2 h_{-2} f^{-4}$	$\dfrac{2\pi^2\tau}{3}h_{-2}$	1	—

a 改自文献 Barnes 等（1971）；

b 阿伦方差的幂指数：$\sigma_y^2(\tau)\propto\tau^\mu$；

c 当 $2\pi f_h\tau\gg 1$ 时的 $\sigma_y^2(\tau)$。

（1）白相位噪声（f^2）一般是源自振荡器外部的加性噪声，例如，放大器引入的噪声。当 f 较大（对应于较短的平均时间）时，主要表现为白相位噪声。

（2）闪烁相位噪声（f^1）源自晶体管，可能由结间扩散过程导致。

（3）白频率噪声或随机游走相位噪声（f^0）源自振荡器内部的加性噪声，例如谐振腔内部的热噪声。散弹噪声也具有这种频率依赖性。

（4）闪烁频率噪声（f^{-1}）和频率随机游走噪声（f^{-2}）限制了振荡器的长期稳定性。主要受振荡器所处环境的温度、压力和磁场的随机变化影响。长期漂移与这种噪声有关。很多情况都存在闪烁频率噪声，有大量文献对此进行了讨论［见综合性讨论的 Keshner（1982）；关于固态物理应用的 Dutta 和 Horn（1981）；天体物理应用的 Press（1978）］。

对上述讨论的各类噪声，都可以计算其 $I^2(\tau)$ 和 $\sigma_y^2(\tau)$ 的方差。当 $\alpha=1$ 和 2 时，仅在定义了高频截止频率 f_h 时，方差才能收敛。限定截止频率后，所有情况下 σ_y^2 都收敛。仅在 $\alpha\geq 0$ 时 $I^2(\tau)$ 才能收敛。表 9.3 中列出了这些函数。除了闪烁相位噪声表现为对数依赖，其余每个噪声分量都可映射为 τ^μ 形式的阿伦方差的分量。从表 9.3，我们可以写出总阿伦方差如下：

$$\sigma_y^2(\tau)=\left[K_2^2+K_1^2\ln(2\pi f_h\tau)\right]\tau^{-2}+K_0^2\tau^{-1}+K_{-1}^2+K_{-2}^2\tau \qquad (9.135)$$

其中 K 值为常数。式中下标对应于表 9.3 中 h 的下标。白相位噪声和闪烁相位噪声都对应于 $\mu\approx -2$，但通过改变 f_h 可以区分这两种噪声。注意，对于白相位噪声和白频率噪声，下列关系式成立［见式（9.129）和式（9.131）］：

$$\sigma_y^2(\tau)=\frac{3}{2}I^2(\tau),\quad \alpha=2 \qquad (9.136)$$

$$\sigma_y^2(\tau) = I^2(\tau), \quad \alpha = 0 \tag{9.137}$$

一般情况下，当 $I^2(\tau)$ 有定义时，利用式（9.128）和（9.130）可得

$$\sigma_y^2(\tau) = 2\left[I^2(\tau) - I^2(2\tau)\right] \tag{9.138}$$

9.5.2 振荡器相干时间

相干时间是 VLBI 特别重要的参数。相干时间近似定义为在时间 τ_c 内的均方根相位误差为 1 弧度：

$$2\pi\nu_0\tau_c\sigma_y(\tau_c) \approx 1 \tag{9.139}$$

Rogers 和 Moran（1981）用相干函数的概念更精确地定义了相干时间表达式：

$$C(T) = \left|\frac{1}{T}\int_0^T e^{j\phi(t)}\,dt\right| \tag{9.140}$$

$\phi(t)$ 是设备本身引入的条纹相位分量；T 为任意积分时间。$\phi(t)$ 包含导致条纹相位漂移的各种影响因素，例如大气层不规则体及频标噪声。$C(T)$ 的均方根值取值范围为 1~0，是关于时间的单调递减函数。相干时间定义为 $\langle C^2(T)\rangle$ 降低到某一特定值（比如 0.5）对应的 T 值。C 的均方值为

$$\langle C^2(T)\rangle = \frac{1}{T^2}\int_0^T\int_0^T\left\langle \exp\left\{j\left[\phi(t)-\phi(t')\right]\right\}\right\rangle dt\,dt' \tag{9.141}$$

如果 ϕ 是高斯随机变量，则

$$\langle C^2(T)\rangle = \frac{1}{T^2}\int_0^T \exp\left[-\frac{\sigma^2(t,t')}{2}\right] dt\,dt' \tag{9.142}$$

其中 $\sigma^2(t,t')$ 是方差 $\left\langle\left[\phi(t)-\phi(t')\right]^2\right\rangle$，我们假设方差只和 $\tau = t'-t$ 有关。则由式（9.118）可得

$$\sigma^2(t,t') = \sigma^2(\tau)$$
$$= \left\langle\left[\phi(t)-\phi(t')\right]^2\right\rangle = 2\left[R_\phi(0)-R_\phi(\tau)\right] \tag{9.143}$$

注意，$\sigma^2(\tau)$ 是相位的结构函数，且通过式（9.128）与 $I^2(\tau)$ 相关联：

$$\sigma^2(\tau) = 4\pi^2\tau^2\nu_0^2 I^2(\tau) \tag{9.144}$$

注意到在 (t,t') 空间，沿着 $t'-t=\tau$ 对角线，被积函数为常数，因此可以化简式（9.142）中的积分。对角线的长度为 $\sqrt{2}(T-\tau)$，所以

$$\langle C^2(T)\rangle = \frac{2}{T}\int_0^T\left(1-\frac{\tau}{T}\right)\exp\left[-\frac{\sigma^2(\tau)}{2}\right] d\tau \tag{9.145}$$

因此，由式（9.129）和（9.144），可得

$$\left\langle C^2(T) \right\rangle = \frac{2}{T} \int_0^T \left(1 - \frac{\tau}{T}\right) \exp\left[-2(\pi v_0 \tau)^2 \int_0^\infty \mathcal{S}_y(f) H_I^2(f) \, df\right] d\tau \quad (9.146)$$

$H_I^2(f)$ 由式（9.132）定义。通常难以获取 $\mathcal{S}_y(f)$，因此将 $\left\langle C^2(T) \right\rangle$ 与 $\sigma_y^2(\tau)$ 关联更有用。只要级数收敛，我们就可以通过级数展开求解式（9.138）的 $I^2(\tau)$，可得

$$2I^2(\tau) = \sigma_y^2(\tau) + \sigma_y^2(2\tau) + \sigma_y^2(4\tau) + \sigma_y^2(8\tau) + \cdots \quad (9.147)$$

因此，由式（9.144）、（9.145）和（9.147）可得

$$\left\langle C^2(T) \right\rangle = \frac{2}{T} \int_0^T \left(1 - \frac{\tau}{T}\right) \exp\left\{-\pi^2 v_0^2 \tau^2 \left[\sigma_y^2(\tau) + \sigma_y^2(2\tau) + \cdots\right]\right\} d\tau \quad (9.148)$$

当 $I^2(\tau)$ 有定义时，可以容易地计算积分。

现在考虑白相位噪声和白频率噪声情况，这两种噪声是频率标准在短时间尺度的主要噪声。在白相位噪声情况下，$\sigma_y^2 = K_2^2 \tau^{-2}$，其中 $K_2^2 = 3h_2 f_h / 4\pi^2$，是 1s 的阿伦方差（表 9.3），用式（9.146）或式（9.148）可以估计相干函数：

$$\left\langle C^2(T) \right\rangle = \exp\left(-\frac{4\pi^2 v_0^2 K_2^2}{3}\right) = \exp\left(-h_2 f_h v_0^2\right) \quad (9.149)$$

对于白频率噪声，$\sigma_y^2 = K_0^2 \tau^{-1}$，其中 $K_0^2 = h_0/2$，可得

$$\left\langle C^2(T) \right\rangle = \frac{2\left(e^{-aT} + aT - 1\right)}{a^2 T^2} \quad (9.150)$$

其中 $a = 2\pi^2 v_0^2 K_0^2 = \pi^2 h_0 v_0^2$。极限情况下白频率噪声的相干函数为

$$\left\langle C^2(T) \right\rangle = 1 - \frac{2\pi^2 v_0^2 K_0^2 T}{3}, \quad 2\pi^2 v_0^2 K_0^2 T \ll 1$$

$$= \frac{1}{\pi^2 v_0^2 K_0^2 T}, \quad 2\pi^2 v_0^2 K_0^2 T \gg 1 \quad (9.151)$$

对于白相位噪声和白频率噪声两种情况，式（9.139）相干时间分别近似等于相干函数均方根值的 0.85 和 0.92。这些计算均假设两个天线中的一个具有理想的频率标准。在实际中，有效阿伦方差为两个振荡器阿伦方差之和：

$$\sigma_y^2 = \sigma_{y1}^2 + \sigma_{y2}^2 \quad (9.152)$$

因此，如果两个测站的频率标准类似且损耗很小，则相干损失加倍。如果短时稳定度主要受白相位噪声影响（氢脉泽通常如此），则相干函数与时间无关。这意味着无论如何设置积分时间，VLBI 观测都存在一个由特定频率标准决定的可观测频率上限。上限频率约为 $1/(2\pi K_2)$ Hz，对于氢脉泽，最大频率约为 1000GHz。

实际中是在相关器输出的峰值振幅处测量相干函数 $C(T)$，它是随条纹频率

变化的函数。这种运算等效于从相位数据中去除一个固定的频率漂移，并可以理解为以截止频率$1/T$对数据做高通滤波。用单极高通滤波器响应对处理过程进行建模就可以发现，当阿伦方差指数$\mu < 1$时，就能确保式（9.148）中的所有过程能够收敛。为了比较频率稳定度的不同表征方式，我们在图9.15和图9.16中用函数σ_y^2、$\mathcal{S}_y(f)$和$\langle C^2(T)\rangle^{1/2}$给出了氢脉泽特性的例子。

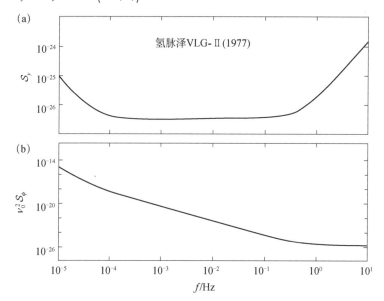

图9.15　（a）氢脉泽频率标准的相对频率偏差$\mathcal{S}_y(f)$的功率谱，（b）相位噪声的归一化功率谱$\nu_0^2 \mathcal{S}_\phi(f)$。$\mathcal{S}_y(f)$与$\mathcal{S}_\phi(f)$之间的关系见式（9.119）。频率大于10Hz时，$\mathcal{S}_\phi(f)$趋于脉泽锁相的晶体振荡器的谱，随频率按照f^{-3}减小。数据引自Vessot（1979）

9.5.3　精密频率标准

VLBI可以使用的精密频率标准包括晶体振荡器和原子频率标准，如铷蒸气室、铯束谐振器和氢脉泽（Lewis，1991）。原子频率标准与晶体振荡器相结合，即二者相位锁定或频率锁定，且环路时间常数在0.1~1s范围时，可以使短时稳定性达到晶体振荡器的水平。实现环路锁定的细节参见Vanier等（1979）。晶体振荡器的性能是非常重要的，如果频谱纯度不高，从频率标准生成本地振荡器信号的锁相环就不能工作（Vessot，1976）。

我们首先将频率标准看作"黑盒子"，能够输出稳定且频率适当的正弦信号，如5MHz或更高频率，晶振锁定到这一频率上。图9.17给出不同器件的阿伦方差。这些某种程度上理想化的数据表明，频率标准的阿伦方差可分成三个区间：短期噪声主要受白相位噪声或白频率噪声影响；阿伦方差的最小值由闪烁频率噪声决定，因此被称作"闪烁噪底"；长期稳定性主要受频率随机游走噪

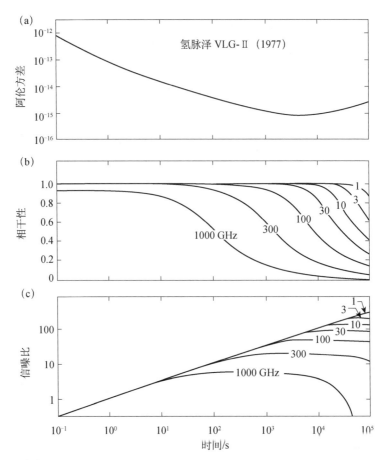

图 9.16　（a）氢脉泽频率标准的阿伦标准差与样本时间的关系。数据引自 Vessot（1979）。（b）阿伦标准差如（a）的两个频率标准在不同射电频率时的相干性 $\sqrt{\langle C^2(T) \rangle}$，定义如式（9.145）。（c）在不同观测频率下，测量可见度函数的信噪比随积分时间的变化，用 1s 积分时间归一化的测量可见度的信噪比与不同频率下积分时间的关系。进行 VLBI 观测时，大气扰动会进一步降低相干性和信噪比

声影响。还可以定义另外两个参量，即漂移率和精度。漂移率是在单位时间间隔内频率的线性变化。注意，如果用频率标准驱动时钟，则恒定的漂移率会导致与时间平方成正比的累积时钟误差。频率精度是指频率标准的输出频率与其标称频率的符合度。表 9.4 对不同频率标准的性能参数进行了总结。

　　原子频率标准是建立在检测原子或分子谐振基础上的。任何频率标准都包括三个部分（Kartashoff and Barnes，1972）：粒子制备、粒子束流、粒子探测。粒子制备需要增大所需跃迁的粒子数差。在温度为 T_g 的气体中 $h\nu/kT_g \ll 1$，各个能级的粒子数几乎相同，因此要产生射频跃迁就必须先做粒子制备。粒子制

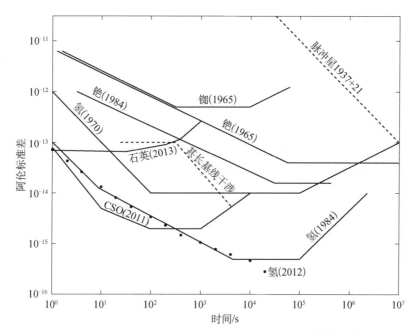

图 9.17　各种频率标准和其他频率系统的理想性能。铷（1965）是指惠普（HP）5065；铯（1965）是指 HP5061-004；铯（1984）是指 NBS 实验室 4 号器件；氢（1970）是指早期 Varian/HP 氢脉泽振荡器；氢（1984）是指氢脉泽源 SAO VLG-11；石英（2013）是指晶体振荡器 Oscilloquartz 8607。图中的黑点代表 T4 Science 开发的氢脉泽振荡器 iMaser 3000；CSO（2011）是指 GPS 使用的低温蓝宝石振荡稳定器（Doeleman et al.，2011）。毫秒脉冲星是非常稳定的时钟，图中展示了 Davis 等（1985）使用的一组数据。一些脉冲星，例如具有少量低频结构（red noise）的脉冲星，10 年稳定度可以达到 10^{-15}（Verbiest et al.，2009；Hobbs et al.，2012）。图中 VLBI 数据展示了在低海拔测站平均大气条件对路径长度稳定性的影响，引自 Rogers 和 Moran（1981）

表 9.4　可用频率标准 [b] 的典型性能 [a] 数据

类型	$K_2/$ （$\times 10^{-12}$s）	$K_0/$ （$\times 10^{-12}$s$^{1/2}$）	$K_{-1}/$ （$\times 10^{-15}$）	$K_{-2}/$ （$\times 10^{-17}$s$^{-1/2}$）	漂移率 [c]/ （$\times 10^{-15}$）	相对精度/ （$\times 10^{-12}$）
氢 （有源）	0.1	0.03	0.4	0.1	<1	1
铯	—	50	100	3	1	5
铯 [d]	—	7	40	3	1	2
铷	—	7	500	300	10^2	10^2
晶体	1	—	500	300	10^3	—

a 两点阿伦标准差，参数定义见式（9.135）；

b 由 Hellwig（1979）更新；

c 每天的相对频率变化；

d 高性能铯。

备一般是将粒子汇聚成束，通过磁场或电场进行能态选择，或者通过光泵浦来
实现。根据海森伯（不确定性）原理，谱线宽度等于相互作用时间的倒数，通
过粒子束流增加相互作用时间，就有可能获取窄的谐振线。粒子可被限制在粒
子束内或存储室内。存储室包含缓冲气体或者有特殊镀膜的内壁，使粒子碰撞
不产生相位变化。最后，粒子探测的功能是感知粒子与辐射场的相互作用。频
率标准可以是有源的，也可以是无源的。脉泽振荡器就是一种有源频率标准。
无源频率标准需要一个外部辐射场，通过①吸收，②二次发射，③探测跃迁后
的粒子，④间接探测光泵变化率等参数观测能级跃迁。为说明如何在实际中应
用这些原理，下面两小节将简要介绍几种频率标准的工作过程。

　　还有其他类型的频率标准目前处于开发状态。各型技术的概述见 Drullinger
等（1996）。低温红宝石振荡器具有优异的短时稳定度（优于氢脉泽），且有可
能用于频率高达 1THz 的 VLBI 观测（Doeleman et al., 2011; Rioja et al., 2012）。
其他的实验室器件还包括激光制冷水银离子频标（Berkeland et al., 1998）和 7
小时稳定度可以达到 10^{-18} 的超冷原子镱振荡器（Hinkley et al., 2013）。

9.5.4　铷和铯频率标准

　　铷是具有单价电子的碱性金属并因此具有类氢谱。电子的基态分解为两个
能级，其跃迁频率为 6835MHz。这两个能级对应于未成对电子自旋矢量与原子
核自旋矢量的平行和反平行两种状态。图 9.18 给出了振荡器系统的原理框图。
气室内 ^{87}Rb 的射频等离子体放电将气体激发到高于基态约 0.8μm 的电子能级。
用滤波器去除放电产生的光子中能级 $F = 2$ 的分量，并保留 0.7948μm 的光子。
滤波器由 ^{85}Rb 原子气室构成，^{85}Rb 与 ^{87}Rb 的能级略有不同，但两种气体都在
0.7800μm 附近发生跃迁。滤出的光进入另一个置于微波谐振腔内的 ^{87}Rb 气室，
谐振频率介于 $F = 2$ 和 $F = 1$ 能级跃迁频率之间。不对谐振腔施加射频信号时，
气体几乎透明，放电粒子束能够无衰减地到达光子探测器。施加一个 6835MHz
射频信号会激发从 $F = 2$ 到 $F = 1$ 的能级跃迁。然后滤出的 ^{87}Rb 光再次将能级降
低的原子激励到激发态。因此，^{87}Rb 光会被吸收。在谐振室中，由惰性原子形
成的缓冲气体与 ^{87}Rb 原子发生弹性碰撞，将相互作用时间即原子与谐振腔壁的
平均碰撞时间延长到约 10^{-2}s，产生一个线宽约为 10^2Hz 的吸收谐振。需要对谐
振腔做磁屏蔽，以减小外部磁场的干扰。施加一个微弱的均匀场可以获取
$\Delta M_F = 0$ 跃迁，其一阶多普勒频移为零。吸收谐振的宽度为 $10^2 \sim 10^3$Hz。单个
到达光子的散弹噪声会引起白频率噪声。

铷蒸气频率标准

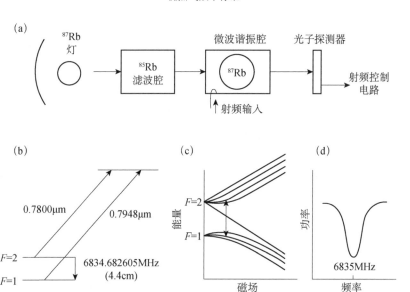

图 9.18　（a）铷气室频率标准的原理框图；（b）泵浦和微波跃迁；（c）微波跃迁的磁亚级与磁场的关系；（d）^{87}Rb 光的吸收与微波频率的关系。引自 Vessot（1976）

通过频率或相位调制射频信号，使谐振谱线连续扫描。通过比较调制信号与探测器信号可以产生一个控制电压，并反馈给驱动谐振腔的从振荡器，将其修正到谐振峰值频率。

铷标准的优点是体积小、成本低且携带方便。铷标准有时用于频率小于 1GHz 的 VLBI 观测，此时系统稳定性主要受电离层影响。在更高频率使用铷标准会导致系统性能退化。铷标准可以用作主频率标准的备份，也可用于 OVLBI 卫星，当卫星与地面站的射频链路中断时，铷标准可以减小时序的不确定性。

与铷类似，铯也是具有单价电子的碱性金属。铯标准用于定义原子时间标准，因此非常重要。根据原子秒的定义，旋向反转跃迁时，铯的基态频率是精确的 9192.631770MHz。带状铯气体束通过能级选择磁体后，处于 $F = 3$ 能阶的原子能够进入谐振腔。铯频率标准比铷标准的体积更大、更昂贵。由于铯标准的信噪比低，所以短期稳定度较差。因此，铯标准并不用于 VLBI 中的本振控制。但是，铯标准具有优异的长期稳定性并用于定时。铯标准还用于验证 VLBI 的时间同步（Clark et al.，1979）。Forman（1985）介绍了铯束谐振器的发展历史。

9.5.5　氢脉泽频率标准

氢脉泽振荡器是常用的 VLBI 时间标准，本节较为详细地讨论其工作原理[①]。Kleppner 等（1962）的经典论文给出了氢脉泽的量子力学分析。Shimoda 等（1956）介绍了脉泽的基本原理，Kleppner 等（1965）以及 Vessot 等（1976）给出了脉泽的制造细节。

氢脉泽振荡器基于 1420.405MHz 的基态旋向跃迁，即众所周知的射电天文 21cm 谱线。图 9.19 给出氢脉泽振荡器的原理框图。分子氢储箱内的氢气在射频放电时被电离。在复合成氢原子并回归基态时，会发射巴尔末谱线的红光（Balmer Line）。原子气体通过六磁极能级选择器从电离器中流出。非均匀磁场可以将两个高能级 $F=1$，$M_F=1$ 和 $F=1$，$M_F=0$ 与两个低能级 $F=1$，$M_F=-1$ 和 $F=0$，$M_F=0$ 分离开来。处于高能级的两个原子束被导入微波谐振腔中的贮存泡，谐振腔工作在 TE_{011} 或 TE_{111} 模，谐振频率为 1420.405MHz。原子在贮存泡中反弹大约 10^5 次后从入射孔逃逸。离子泵用低压将失效的原子从系统中排出。谐振腔用多层高导磁率材料包裹，防止环境磁场产生影响。在防护材料内部，用螺线管产生均匀弱磁场。均匀弱磁场允许从（$F=1$，$M_F=0$）到（$F=0$，$M_F=0$）跃迁并辐射光子，同时使来自 $F=1$，$M_F=1$ 的跃迁最小化。此处的 $\Delta M_F=0$ 跃迁不会产生一阶塞曼效应（图 9.19）。如果将谐振腔调谐到跃迁频率附近且损耗足够小，就会产生脉泽振荡。在有源脉泽发生器中，用谐振腔探针采集 1420MHz 信号并用于锁相一个晶体振荡器，则可以综合出一个氢线频率的信号。

原子在贮存泡中的相互作用寿命可以用一个指数概率函数来表示，

$$f(t) = \gamma e^{-\gamma t} \tag{9.153}$$

其中 γ 为总弛豫速率。曲线近似为洛伦兹廓线，线宽（半高全宽）$\Delta\nu_0$ 等于 γ/π。对 γ 影响最大的是原子在入射孔的逃逸率，其表达式为

$$\gamma_e = \frac{v_0 A_h}{6V} \tag{9.154}$$

其中 $v_0 = \sqrt{8kT_g/m}$ 为粒子平均速度，T_g 为气体温度，m 为氢原子的质量；A_h 为入射孔的面积；V 为贮存泡的体积。γ_e 约为 $1s^{-1}$。原子与贮存泡壁多次碰撞后失去相干性，导致的损失率为 $\gamma_w \approx 10^{-4} s^{-1}$。氢原子之间的碰撞导致旋向交换弛豫率 γ_{se} 正比于气体密度和 v_0。净弛豫率约为三个主要项之和：

$$\gamma = \gamma_e + \gamma_w + \gamma_{se} = \pi\Delta\nu_0 \tag{9.155}$$

[①]　本节介绍有源氢脉泽方法。还有一种器件被称为无源氢脉泽频率标准，其中腔体中的氢并未发生自振荡。这种类型标准的强度比有源氢脉泽差约一个数量级。

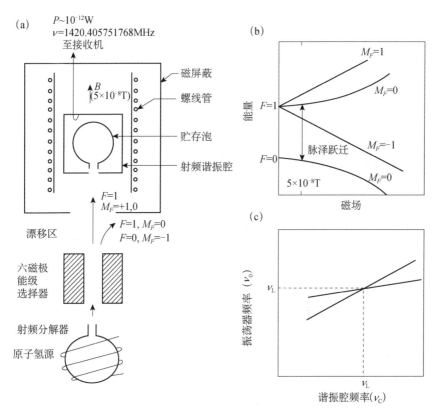

图 9.19　（a）氢脉泽频率标准的原理框图。根据 Hellwig 等（1970），谱线频率是自由空间跃迁的静止频率。由于墙体牵引、二阶多普勒和壁移影响，实际辐射频率通常偏差～0.1Hz。（b）21cm 跃迁的磁次能级能量与磁场的关系。引自 Vessot（1976）。（c）两种谱线宽度下，谐振频率 ν_0 与腔频率 ν_C 关系曲线 [见式（9.158）]。可以根据经验确定两条曲线的交点，交点代表最佳工作频率

这三项都与 ν_0 成正比，因此也和 $\sqrt{T_g}$ 成正比。注意，由于原子与射频场在谐振腔内发生相互作用，因此原子的随机热运动不会导致谱线的一阶多普勒展宽（Kleppner et al.，1962）。

脉泽振荡器有两个谐振频率，即谱线频率 ν_L 和腔体尺寸定义的电磁腔谐振频率 ν_C。经典振荡器的频率是这两个频率各自 Q 因子的加权平均，Q_L 代表谱线频率的权重，Q_C 代表腔体谐振频率的权重：

$$\nu_0 = \frac{\nu_L Q_L + \nu_C Q_C}{Q_L + Q_C} \tag{9.156}$$

Q 因子定义为每个谐振频率周期能量相对损失的倒数乘以 π。因此，由式（9.153）可得 Q_L [例如参见 Siegman（1971）]：

$$Q_L \approx \frac{\pi \nu_0}{\gamma} = \frac{\nu_0}{\Delta \nu_0} \qquad (9.157)$$

Q_L 的典型值约为 10^9。镀银谐振腔的实际 Q_C 值约为 5×10^4。由于 $Q_L \gg Q_C$，谐振频率近似为

$$\nu_0 \approx \nu_L + \frac{Q_C}{Q_L}(\nu_C - \nu_L) \qquad (9.158)$$

式（9.158）体现了"腔体牵引"（Cavity Pulling）对谐振频率的影响。温度变化导致腔体尺寸发生变化，进而导致了谐振频率变化。因此，脉泽的频率相对稳定度为 10^{-15} 时，要求腔体的结构相对稳定度要达到 5×10^{-10}。因此，腔体尺寸要稳定在 10^{-8} cm。必须用热膨胀系数小的材料制造腔体，或者必须对腔体温度进行精确控制。为了避免气压变化影响谐振频率，也需要腔体具有极高的结构稳定性。由于外接的贮存泡同时也表现为负载，因此 TE_{011} 模谐振腔是长度和直径都约为 27cm 的圆柱，明显大于自由空间波长。通过移动谐振腔底板可以对谐振频率进行粗调，使用变容二极管可以对谐振频率进行精调。从式（9.158）可以明显看出，当 $\nu_C = \nu_L$ 时，无论 Q_C 与 Q_L 因子值是多少，ν_0 都等于 ν_L，脉泽频率最稳定。根据式（9.158），画出 ν_0 与 ν_C 的关系曲线，是斜率为 Q_C/Q_L 的直线，就可以找到最优的脉泽调谐点。改变 Q_L 因子（例如，改变气体压力来改变 γ）就会生成一族相交于所需频率 $\nu_0 = \nu_L = \nu_C$ 的直线（图 9.19（c））。有些系统使用伺服机构来保证脉泽腔连续可调。

图 9.16 和图 9.17 给出了氢脉泽的性能。周期小于 10^3 s 时，氢脉泽性能受限于两个基本过程：腔体内热噪声导致的白频率噪声和外接放大器热噪声导致的白相位噪声。腔体内部热噪声引起的相对频率变化（阿伦方差）为

$$\sigma_{yf}^2 = \frac{1}{Q_L^2} \frac{kT_g}{P_0 \tau} \qquad (9.159)$$

其中 P_0 为原子发出的功率（Edson, 1960; Kleppner et al., 1962）。光子的离散辐射还会引起腔体内部的散弹噪声。但是，散弹噪声的阿伦方差 σ_{ys}^2 是 σ_{yf}^2 的 $h\nu/kT_g$ 倍，在室温下 $h\nu/kT_g$ 约为 2×10^{-4}。自发辐射也贡献少量噪声，等效于将 T_g 增大 $h\nu/k \approx 0.07$K。最后，脉泽接收机给腔体耦合出来的信号增加了 $kT_R\Delta\nu$ 的噪声，其中 T_R 是接收机噪声温度，$\Delta\nu$ 是接收机带宽。接收机噪声引入的阿伦方差为（Cutler and Searle, 1966）

$$\sigma_{yR}^2 = \frac{1}{(2\pi\nu_0\tau)^2} \frac{kT_R\Delta\nu}{P_0} \qquad (9.160)$$

腔体热噪声和接收机噪声是两个独立的过程，因此净阿伦方差为 $\sigma_y^2 = \sigma_{yf}^2 + \sigma_{yR}^2$。从图 9.17 的数据可以明显看出这两个过程的影响。注意由于存在长期漂移，噪

声不会降到闪烁噪底。增加原子流量可以增大 P_0，从而改善短期性能。但增加原子流量会增大原子旋向交换率，使 Q_L 降低，因此使振荡器更容易受腔体牵引的长期效应影响。

由于几种效应的影响，脉泽频率并不是精确等于原子跃迁频率。这些效应限制了频率设置的精度，并且由于大部分效应都存在温度依赖性，可能会贡献闪烁频率噪声和频率随机游走噪声。前文介绍的腔体牵引是一种重要的效应，为了使腔体牵引效应最小化，必须对腔体进行精细调谐。与腔体牵引一样，原子碰撞导致的旋向交换会引入随 Q_L 变化的频率偏移。因此，通过腔体调谐可以消除这种频率偏移。原子与腔体内壁碰撞产生"壁移"效应，壁移的影响很难预测，有可能是脉泽频率绝对精度的终极限制因子（Vessot and Levine，1970）。壁移取决于温度以及内壁镀膜材料。相对值约为 10^{-11}。一阶多普勒效应可以消除，但二阶多普勒效应受 v^2/c^2 影响，不能消除（Kleppner et al.，1962）。相对频率偏移约等于 $-1.4 \times 10^{-13} T_g$。最后，（$F=1$，$M_F=0$）到（$F=0$，$M_F=0$）跃迁不存在一阶塞曼效应，但二阶塞曼相对频率偏移为 $2.0 \times 10^2 B^2$，其中 B 为磁场强度，单位为 T。

9.5.6 本振稳定度

本地振荡器信号是由与频率标准锁定的振荡器信号倍频生成的。为避免引入附加的噪声和漂移，乘法器必须非常稳定，如 7.2 节所讨论。非理想乘法器对振动和温度都很敏感，并且可能会导致线频率的谐波功率调制。理想的乘法器将式（9.112）形式的信号转换成

$$V(t) = \cos\left[2\pi M v_0 t + M\phi(t)\right] \tag{9.161}$$

其中 M 为倍数因子；v_0 为基频；ϕ 是频率标准的随机相位噪声。如果相位噪声很小，$M\phi(t) \ll 1$，则 $V(t)$ 的单边功率谱由下式给出：

$$S_v(v) = \delta(v - Mv_0) + M^2 S_\phi(v - Mv_0) \tag{9.162}$$

其中 δ 为狄拉克函数，代表所需的信号；S_ϕ 为相位噪声的功率谱。因此，噪声功率随倍数因子的平方而增大。一般情况下，S_v 可写成如下形式（Lindsey and Chie，1978）：

$$S_v(v) = \delta(v - Mv_0) + \sum_{n=1}^{\infty} \frac{M^{2n}}{n!}\left[S_\phi(v - Mv_0) * S_\phi(v - Mv_0) * \cdots\right] \tag{9.163}$$

方括号中的项是同一函数的 n 个副本的卷积。当只保留求和项中的第一项时，式（9.163）退化为式（9.162）。由于重复卷积，式（9.163）中的高阶项表现为一组近似高斯分量的级数。乘法器输出频率 Mv_0 的均方根相位偏差正比于输出带宽内的均方根噪声电压，即正比于噪声功率的方根。因此，对于式（9.162），均方

根相位波动正比于 M 。

9.5.7　相位定标系统

　　测试整个 VLBI 系统完整性的一种方法是，在接收机前端注入一个基于频率标准的独立射频信号。例如，用频率标准合成一个 1MHz 的信号并驱动阶跃恢复二极管，生成周期为 1μs 的脉冲串，就可以获取射频测试信号。这种信号具有微波全频段间隔 1MHz 的谐波，在参考周期内所有谐波具有相同的相位。将射频通带变频到基带时，可以将其中一个谐波信号变频到便于处理的 10kHz 量级，然后和来自频率标准的参考信号进行比较。相位定标信号的电平可以设置得很小，只能通过处理器非常窄带的（～10Hz 带宽）滤波器才能检测到，因此在 VLBI 记录过程中可以连续注入相位定标信号。通过定标可以补偿电缆热效应等引起的变化（Whitney et al.，1976；Thompson and Bagri，1991；Thompson，1995）。在一些单元互连型干涉仪中，也使用了类似的定标方法。

9.5.8　时间同步

　　VLBI 测站的时钟必须高精度同步，以避免耗时地搜索干涉条纹。直至 1980 年左右，还广泛使用 Loran C 来监视 VLBI 测站的时钟。Loran 是远程导航（Long Range Navigation）的缩写，最初是第二次世界大战期间为航海导航开发的系统（Pierce，1984）。该系统发射的信号频率为 100kHz。来自三个基准站的信号的相对到达时间定义了观测者在地表的位置。有关 Loran C 的详细讨论见 Frank（1983）。Loran C 定时精度可达几百纳秒到几十微秒，受传播时间估计精度的影响。

　　全球定位系统（Global Positioning System，GPS）比 Loran 的精度更高，自 20 世纪 80 年代早期就几乎用于所有的 VLBI 系统。GPS 系统中，用户接收到几颗卫星的频率为 1.23GHz 或 1.57GHz 的信号。这些卫星的位置已知，且其时钟与协调世界时（UTC，见 12.3 节）同步。只要测量四颗卫星的时间并修正大气传播效应，用户就可以确定自身位置的三维坐标及时钟误差。十年间，民用用户可以获取的定时精度从 100ns（Parkinson and Gilbert，1983；Lewandowski et al.，1999）提高到约 1ns（Rose et al.，2014），并有望进一步提高到 100ps（Ray and Senior，2005）。Ashby 和 Allan（1979）分析了包括相对论效应在内的 GPS 时间传输问题。有关 GPS 使用的基本信息可以参见例如 Leick（1995）。

　　在一年的时间尺度上，脉冲星观测的定时精度可以达到 10^{-14}（Davis et al.，1985）。最终，利用处理后的 VLBI 数据也许会获取最精确的定时信息

（Counselman et al., 1977；Clark et al., 1979）。

9.6　数据存储系统

对任何存储系统，基本考虑是信号的存储形式和时间标签信息的添加方法。数据可以用模拟或数字形式存储，可以采用多种数据存储技术。由于 VLBI 数据存储广泛使用数字存储，本节我们只讨论数字存储技术。

数据存储系统的一个基本参数是存储数据率 ν_b（比特数/秒）。存储数据率限制了给定时间内能够记录下来的比特数，因此也限制了连续谱观测的灵敏度，在这种情况下潜在的 IF 带宽大于 $\nu_b/2N_b$，其中 N_b 是每个样本的比特数。信号表征为 β 倍奈奎斯特率、Q 阶量化的样本。样本数为 N 时，存在 Q^N 种可能的数据结构，最少需要 $N\log_2 Q$ 个比特来表示。因此，如 8.4.3 节所述，最大射频带宽为

$$\Delta\nu = \frac{\nu_b}{2\beta N_b} = \frac{\nu_b}{2\beta\log_2 Q} \qquad (9.164)$$

在时间 τ 内的测量信噪比与 $\eta_Q\sqrt{\Delta\nu\tau}$ 成正比，其中 η_Q 是量化效率（见表 8.3）。由式（9.164），

$$\eta_Q\sqrt{\Delta\nu\tau} = \eta_Q\sqrt{\frac{\nu_b\tau}{2\beta N_b}} \qquad (9.165)$$

如果 τ 为数据存储时长，则 $\nu_b\tau$ 等于需要存储的比特数。因此，$\eta_Q/\sqrt{\beta N_b}$ 表明每个比特的效率，其值越大越好。对于二阶或四阶量化，显而易见的编码方案是分别用 1 比特和 2 比特表示每个样本。对于三阶量化，由于用两个比特（代表四个可能状态）表示一个样本（三个可能状态之一），因此存在编码效率低的问题。用 5 个比特表示 3 个样本，或者用 8 个比特表示 5 个样本，分别等效于用 1.67 和 1.60 比特采样，编码效率接近理论最优值 $\log_2 3 = 1.585$。表 9.5 给出几种不同编码方案的 Q 和 β 值所对应的 $\eta_Q/\sqrt{\beta N_b}$。三阶奈奎斯特采样的信噪比最高，但二阶和四阶采样的性能与之相差不大。

表 9.5　用不同量化阶数、采样率和编码格式 [a] 表达信号的性能

信号表达方式		η_Q	N_b	$\dfrac{\eta_Q}{\sqrt{\beta N_b}}$
奈奎斯特采样（ $\beta=1$ ）				
二阶量化		0.637	1.0	0.637
三阶量化	"理想"编码 [b]	0.810	1.585	0.643

续表

信号表达方式		η_Q	N_b	$\dfrac{\eta_Q}{\sqrt{\beta N_b}}$
三阶量化	5 个样本/8 比特	0.810	1.60	0.640
	3 个样本/5 比特	0.810	1.667	0.627
	1 个样本/2 比特	0.810	2.0	0.573
四阶量化	完全积	0.881	2.0	0.623
	忽略低电平项	0.87	2.0	0.61
两倍奈奎斯特采样（$\beta=2$）				
二阶量化		0.74	1.0	0.52
三阶量化	"理想"编码[b]	0.89	1.585	0.50
	5 个样本/8 比特	0.89	1.60	0.50
	3 个样本/5 比特	0.89	1.667	0.49
	1 个样本/2 比特	0.89	2.0	0.45
四阶量化	完全积	0.94	2.0	0.47

a η_Q =量化效率；N_b =每个样本的比特数；β =过采样因子。

b 用 $M\log_2 3$ 个比特编码 N 个样本。

除了上述讨论的用固定比特数编码给定样本数的方案，也可采用可变长度编码，此时比特数取决于样本值。例如，D'Addario（1984）提出用二进制数 11、0、10 对三阶量化的 1、0 和−1 进行编码。由于所有的 1 比特表达都是以 0 开始，且所有的 2 比特表达都以 1 开始，因此可以唯一地解码。可变长度编码时，样本的平均比特数与信号波形幅度的概率分布及量化门限电平有关。8.3 节推导了信噪比最优的门限电平设置，而给定比特数限制条件下，最优门限通常是不同的。按照 D'Addario 的编码方案，设置门限电平使得 η_Q =0.769 且每个样本有 N_b =1.370bit 时，性能因子 $\eta_Q/\sqrt{\beta N_b}$ 等于 0.657，性能最优。因此，与每个样本 1.6 比特采样相比，灵敏度增加约 3%。然而，误码或干扰信号导致幅度概率分布发生变化，可能会带来更严重的影响。最后，可以对较大的数据块进行统计编码，当 η_Q 等于 0.769 时，可以达到的理论最优值是每样本 N_b =1.317bit，性能因子为 0.670（D'Addario，1984）。

在实际设计中，出于编码方案简单和其他设计需求，通常会选择二阶量化。在 1968~1997 年，美国研制的所有五个 VLBI 系统（Mark Ⅰ、Mark Ⅱ、Mark Ⅲ、VLBA 和 Mark Ⅳ）都采用了二阶量化，但后两个系统也可以兼容四阶采样。谱线观测时，信号带宽小于数据存储带宽，高阶采样更具有优势。注意，与过采样相比，高阶量化能更有效地发挥存储系统的效力（表 9.5）。

每个数据样本都必须对应一个隐性或显性的时间标签。尽管数据比特的解码误码率为 10^{-3} 仍然是可接受的，但如果数据在时间轴上错位一个比特会导致严重的问题，是不能接受的。实际上所有的存储系统中数据都是以数据块的方式进行记录的。每个新记录都起始于一个精确的时刻，因此如果上一个记录的时间信息丢失，新记录可以恢复数据流的时间配准。几个系统的数据长度分别为：Mark Ⅰ 为 0.2s（144000bit）；Mark Ⅱ 为 16.7ms（66600bit）；Mark Ⅲ 为 5ms（20000bit）。Mark Ⅰ 系统中使用了标准计算机磁带格式，数据定时精度很高，利用比特计数，可以从数据起始时刻获取任何比特位的时间。Mark Ⅱ 系统中使用了录像机（Video Cassette Recorder，VCR）自同步编码记录数据。Mark Ⅲ 系统中使用了专用记录仪，用数据自身的电平跃变作为时钟。图 9.20 和表 9.6 给出几种系统的参数。除了 1971～1983 年运行的加拿大系统，所有系统都采用数字形式记录数据。Wietfeldt 和 D'Addario（1991）讨论了一些系统的兼容性。

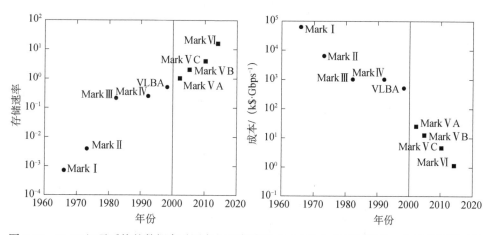

图 9.20　VLBI 记录系统的数据率（圆点）和存储成本（方块）的发展趋势。左图为不同时期的系统存储速率，单位为 Gbit·s⁻¹（Gbps）。右图为记录系统的成本，单位为 k$·Gbps⁻¹。注意在 2000 年之前，数据用磁带存储；2000 之后用磁盘存储。引自 Whitney 等（2013），由太平洋天文学会提供

表 9.6　一些 VLBI 数据存储系统的参数

系统名称	投入使用时间	存储介质 [a]	基本特征	存储单元 [b]	模拟通道 ($n \times$ MHz)	量化精度 (比特数·样本$^{-1}$)	采样率 (Mbit·s^{-1})	存储时长 [c]/min	参考文献
Canadian	1967	T	录像带记录模拟信号	Ampex VR660C/IVC 800	1×4	—	8	64	Broten 等（1967）Moran（1976）
NRAO Mark I [d]	1967	T	IBM 兼容机格式	Ampex TM-12	1×0.36	1	0.72	3	Bare 等（1967）
NRAO Mark II A	1971	T	录像带记录数字信号	Ampex VR660C	1×2	1	4	190	Clark（1973）
NRAO Mark II B	1976	T	录像带记录数字信号	IVC 800	1×2	1	4	64	
NRAO Mark II C	1979	T	录像带记录数字信号	RCA VCT 500	1×2	1	4	246	
MIT/NASA Mark III	1977	T	仪表记录仪	Honeywell 96	28×2	1	112	13	Rogers 等（1983）
MIT/NASA Mark III A	1984	T	仪表记录仪	Honeywell 96[e]	28×2	1 或 2	112	164	Clark 等（1985）
NRAO VLBA[f]	1990~	T	仪表记录仪	Honeywell 96[e]	8×8	1 或 2	128	720[f]	Hinteregger 等（1991）、Rogers（1995）
NICT K-4（日本）	1990	T	录像带	Sony DIR-1000	1×128	1	256	63	Kawaguchi（1991）
S2（加拿大）	1992	T	8 个 VHS 录像带	Parasonic 2530	8×8	1 或 2	128	256	Wietfeldt 等（1996）Cannon 等（1997）
MIT/NASA Mark IV	1997~	T	仪表记录仪	Honeywell 96[e]	16×8	1 或 2	512	90	Whitney（1993）Rogers（1995）
MIT/NASA Mark V A	2002	D	替换 Mark III 和 IV 磁盘	COTS[g]	16×8	1 或 2	512		Whitney（2002）

续表

系统名称	投入使用时间 [a]	存储介质 [a]	基本特征	存储单元 [b]	模拟通道 ($n \times$ MHz)	量化精度 (比特数·样本$^{-1}$)	采样率 (Mbit·s^{-1})	存储时长 [c/] min	参考文献
MIT/NASA Mark VB	2005	D	VSI-H 接口	COTS[g]	可调	1 或 2	2048	400	Whitney (2004)
MIT/NASA Mark VC	2010	D	10 Gig E 接口	COTS[g]	可调	1 或 2	4096		Whitney (2008)
MIT/NASA Mark VI	2012	D	10 Gig E 接口	COTS	5×512[h]	1 或 2	16384	1800[i]	Whitney 等 (2013)
NICT K-6 (日本) [j]	2014	D	10 Gig E 接口	COTS	4×1000	1 或 2	16384		Sekido (2015)

a T=磁带，D=磁盘。
b COTS=商用货架产品。
c 不考虑替换记录介质。
d 苏联也研制了类似系统 (Kogan and Chesalin, 1981)。
e 轨间距减小到 40μm。
f 2007 年 VLBA 过渡到 Mark VA。
g 增加了定制接口板。
h 增加了 2×2048MHz 数字背板 (Vertatschitsch et al., 2015)。
i 8 个磁盘分成 4 组，存储容量 7Tbyte/磁盘（总存储比特数 1.8×10^{15}）。
j K-3 和 K-5 系统的参数见 Koyama (2013)。

9.7　处理系统与算法

　　VLBI 处理器有两个主要功能：①再现平滑数据流；②对数据流做互相关分析。2000 年以前数据存储在磁带中。VLBI 处理时，由于回放系统的机械抖动，磁带输出数据流的时基异常最高可达 100μs，磁带缺陷可能会导致处理中断。处理器获取真实时基的方法是：当使用自同步编码时，从时钟编码数据获取时基；当使用比特同步器时，从数据自身的跳变获取时基。数据缓存能力至少需要满足处理机械抖动影响的需求。通过改变数据回放时间，在相关处理时从磁带上读出数据，就可以用最小的缓存空间来补偿几何延迟。如果同步读取所有磁带上的数据，为补偿几何延迟，样本缓存能力要达到约 5×10^4 倍时钟速率（MHz）。即使现在，利用磁盘存储数据或者通过光纤网络传输数据，仍然需要一些缓存能力。

　　VLBI 处理器与常规干涉仪的相关器设计的主要区别在于，VLBI 一般对量化和采样的信号做条纹旋转和延迟补偿。这会导致一些特殊的问题，本节对此进行讨论。对信号做数字化引入了几个信噪比损失因子：信号幅度量化导致的损失因子 η_Q，如 8.3 节所述；对条纹旋转波形的相位做量化导致的损失因子 η_R；相关器延迟量有限使得边带抑制度不充分导致的损失因子 η_S；用离散步长补偿几何延迟导致的损失因子 η_D。

　　在记录数据之前，可以对望远镜的模拟信号做条纹旋转和延迟补偿。例如，通过望远镜本地振荡器的频偏来实现条纹旋转，如 6.1.6 节介绍的单元互连阵列。这种方案的优点是只需要计算实相关函数（同时使用正延迟和负延迟），见 8.8 节和 9.1 节。所以只需要使用一半相关器电路。另外，还不存在数字条纹旋转器的灵敏度损失。其劣势是，相关器输出的平均时间必须足够短，以补偿天线主波束内任意位置的源的残留条纹频率。位于主波束半功率点处的源的残留条纹频率最大，等于 $\Delta v_f \approx D\omega_e / d$［见式（9.11）］，其中 D 为基线长度，d 是天线直径，ω_e 是地球自转角速度，单位为弧度·秒$^{-1}$。所以，相关器输出的平均时间必须小于 $1/(2\Delta v_f)$；例如，基线长度为地球直径，且 $d = 25$ m 时，平均时间不能超过 30ms。相关函数通过条纹旋转器去除残留条纹频率后，可以进一步做平均。另外，望远镜中连续调整本振频率的单元必须做精心设计，保证天体测量时考虑了所有的相位。VLBI 系统和处理算法的更多信息参见 Thomas（1981）、Herring（1983）和 Deller 等（2007，2011）。

9.7.1　条纹旋转损失（η_R）

　　条纹旋转用作将相关信号条纹分量的频率降低到接近于零（见 6.1.6 节）。这里我们考虑的条纹频率还包括频率标准偏置带来的影响。处理器中实现条纹旋转的方法有很多种，如图 9.21 所示。如果在相关器输出做条纹旋转（图 9.21

（a）），就必须在远小于条纹周期的间隔内对相关器输出的相关函数做平均。如果在天线端调整本地振荡器的频率偏置以抑制条纹，则只需要对相关器输出做进一步微调，这种情况下在相关器输出做条纹旋转比较方便。否则，就要选择很短的积分时间，导致相关器输出的数据率很高，这种方案就没什么优势了。另一种方法是在相关器之前，将一路数据流导入数字单边带混频器，将信号的傅里叶分量移动一个适当的条纹频率，如图9.21（b）所示。混频器要做90°相移，不引起频谱失真的相移很难实现，因此很少使用这种条纹旋转器（也可见8.7节）。图9.21（c）所示是广泛使用的条纹旋转方案，然而对量化信号做条纹旋转会带来两个问题。第一，与信号相乘的条纹函数只能做粗量化，以免增加相关器输入样本的比特数，方案（b）也要注意这个问题。第二，乘法运算会产生无用的噪声边带，将在9.7.2节进行介绍。现在我们讨论第一个问题。

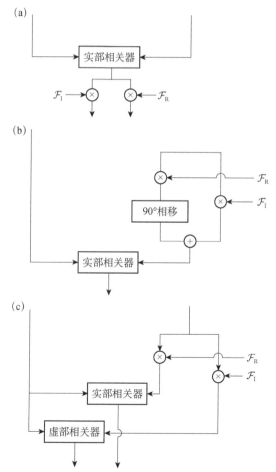

图9.21 各种处理器配置中条纹旋转器的可能位置。$\mathcal{F}_R$和$\mathcal{F}_I$表征条纹函数的正弦和余弦分量。各种配置的相对优点见正文讨论

　　条纹旋转需要将数据流乘以一个复函数 $\mathcal{F}$，其实部 $\mathcal{F}_R$ 和虚部 $\mathcal{F}_I$ 分别近似等于 $\cos\phi$ 和 $\sin\phi$，其中 ϕ 为所需的相位函数。最简单的近似是频率和相位适当的方波函数。因此如图 9.22，量化信号与一个幅度恒定、每 1/4 周期相位旋转 90°而不是平滑函数的条纹旋转函数相乘。这样生成的可见度函数的条纹频率含有 90°锯齿调制，类似于在 ±45°范围内均匀分布的相位噪声。因此，平均信号幅度降低 $\sin(\pi/4)/(\pi/4)=0.900$。另一种计算信噪比损失的方法是计算条纹旋转函数的谐波分量。$\mathcal{F}_R$ 和 $\mathcal{F}_I$ 的基波分量幅度为 $4/\pi=1.273$。只有与基波分量混频的信号能从处理器输出，时间平均去除了其他谐波分量。因此，有部分信号散布到条纹通带以外。保留在通带内的比例等于基波功率与条纹旋转函数总功率之比的平方根，即 $\sqrt{8}/\pi=0.900$。该比例表现了信噪比损失。条纹旋转器运算增大了条纹幅度，还导致尺度因子变化。因此必须除以 $\mathcal{F}_R$ 基波的相对幅度，即 $4/\pi$。

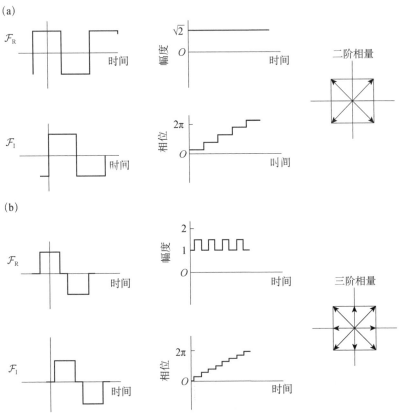

图 9.22　（a）二阶条纹旋转器的数学模型，$\mathcal{F}_R$ 和 $\mathcal{F}_I$ 近似为 $\cos\phi$ 和 $\sin\phi$ 函数（左图）；$\mathcal{F}$ 的幅度和相位表征（中图）；$\mathcal{F}$ 的相量图（右图）。（b）三阶条纹旋转器的数学模型

三阶近似正弦波是一种更好的条纹旋转函数（Clark et al., 1972），如图 9.22（b）所示。当条纹旋转函数为 0 时，相关器处于不工作状态。由于 $\mathcal{F}$ 的实部和虚部不会同时等于 0，所有数据比特至少会被使用一次。这种条纹旋转函数可以理解为端点沿方框移动的相量，其相位以 45° 步长跳变，其幅度交替为 $\sqrt{2}$ 和 1。因此，相位抖动在 ±22.5° 范围均匀分布，导致的信号幅度损失为 $\sin(\pi/8)/(\pi/8) = 0.974$。另外，相量幅度的变化引入信号样本的非均匀加权，这会进一步将信噪比减小 $(1+\sqrt{2})/\sqrt{6} = 0.986$。信噪比的净损失为 0.960。信噪比恶化同样等于 $\mathcal{F}_R$ 基波功率与总功率之比的平方根。$\mathcal{F}_R$ 的基波 $(4/\pi)\cos(\pi/8) = 1.18$ 是可见度的尺度修正因子。很多 VLBI 处理器使用了这种三阶条纹函数。将一个条纹周期分成 16 份并生成 $\mathcal{F}$。$\mathcal{F}$ 值在整数个 1/16 条纹周期发生跳变，虽然未对 $\mathcal{F}$ 的跳变时间做优化，但这种近似导致的附加损失不超过 0.1%。注意，FX 相关器比延迟相关器更容易改进，以处理 1 或 2 比特以上的样本精度。样本的数据比特数越多，正弦和余弦的表达方式就可以越精确。

9.7.2 条纹边带抑制损失（η_s）

图 9.21（c）所示的数字条纹旋转器不是单边带混频器。因此，有用和无用的输出分量的频率都会移动一个条纹频率，混频器镜像响应还会导致输出无用噪声分量。为理解噪声分量的影响，我们考虑相关器输出的互功率谱。回顾式（9.18）定义的中频频率 v'，并注意到频谱相关器输出中，$v'>0$ 和 $v'<0$ 分别代表上边带和下边带。用上边带观测时，信号的互功率谱由式（9.26）给出，仅上边带信号有非零值。然而正负频率都存在噪声。因此，相关器输出的互功率谱为

$$S'_{12}(v') = \begin{cases} S(v')e^{j\Phi(v')} + n_u(v'), & v'>0 \\ n_1(v'), & v'<0 \end{cases} \qquad (9.166)$$

其中 $S(v')$ 是设备响应，由式（9.19）定义，$j\Phi(v')$ 是式（9.26）中的指数项，n_u 和 n_1 分别是上边带和下边带响应的噪声谱。使用谱线相关器观测，计算 $S'_{12}(v')$ 时简单地忽略了 $v'<0$ 的噪声。使用少量通道（延迟次数）观测连续谱时，$v'<0$ 的噪声给相关函数贡献了额外的噪声且必须去除。去除 $v'<0$ 噪声的一种直接方法是计算 $S'_{12}(v')$ 并将其与一个滤波函数相乘，

$$H_F(v') = \begin{cases} 1, & 0<v'<\Delta v \\ 0, & \text{其他} \end{cases} \qquad (9.167)$$

可以通过傅里叶变换将积函数 $S'_{12}(v')H_F(v')$ 变回相关函数。另一种方法是将相关器输出的相关函数与 $H_F(v')$ 的傅里叶变换做卷积，$H_F(v')$ 的傅里叶变换为

$$h_F(\tau) = \Delta \nu e^{j\pi\Delta\nu\tau}\left(\frac{\sin\pi\Delta\nu\tau}{\pi\Delta\nu\tau}\right) \qquad (9.168)$$

或写成

$$h_F(\tau) = F_1(\tau) + jF_2(\tau) \qquad (9.169)$$

其中 F_1 和 F_2 的定义见式（9.23）。卷积运算保留有用信号的同时，去除了负（下）边带噪声。因此，所得的相关函数仍然具有式（9.25）的形式，但增加了不可去除的正（上）边带噪声项。

可以用不同的方式理解 $h_F(\tau)$ 的作用。相关器输出的相关函数是以 $(2\Delta\nu)^{-1}$ 的离散延迟间隔进行计算的。因此，式（9.25）的相关函数的半高全宽约为三个延迟步长。为了估计相关函数的幅度和相位，我们不仅希望计算 $\rho'_{12}(\tau)$ 峰值的幅度和相位，更希望利用相关函数不同延迟的全部信息。$h_F(\tau)$ 是一个能够对相关函数合理加权的适当的插值函数，聚集了不同延迟的能量以实现条纹幅度、相位和延迟的最优估计。注意 $h_F(\tau)$ 和 $\rho'_{12}(\tau)$ 的表达形式相同，但幅度、相位和延迟是未知量。通过常规的匹配滤波或等效的最小二乘分析过程，即相关函数与 $h_F(\tau)$ 做卷积，可以估计这些未知量。但是，仅能测量有限的 $\rho'_{12}(\tau)$ 延迟步长数，丢失了一些信息，因此降低了信噪比。假设系统具有矩形低通响应且延迟误差 $\Delta\tau_g$ 和 τ_e 为零，因此相关函数中心位于相关器延迟范围之内。设 M 为相关器的延迟步长数。则损失因子 η_S 等于 M 个相关函数值计算的信噪比除以整个相关函数的信噪比：

$$\eta_S = \sqrt{\frac{\sum\limits_{k=-M'}^{M'}\left|h_F(\tau_k)\right|^2}{\sum\limits_{k=-\infty}^{\infty}\left|h_F(\tau_k)\right|^2}} \qquad (9.170)$$

其中 $\tau_k = k/2\Delta\nu$，$M' = (M-1)/2$，M 为奇数。式（9.170）的分母等于 $2\Delta\nu^2$，因此

$$\eta_S = \sqrt{\frac{1}{2} + \sum\limits_{k=1}^{M'}\left[\frac{\sin\left(\dfrac{\pi k}{2}\right)}{\dfrac{\pi k}{2}}\right]^2} \qquad (9.171)$$

当 $M=1$ 时，$\eta_S = 1/\sqrt{2}$，相当于没有镜像抑制的情况。要确定相关函数的峰值，M 至少要等于 3；当 $M \approx 7$ 时，$\eta_S = 0.975$，能满足大多数应用需求。M 很大时，η_S 趋近于 1 [式（A8.5）]。注意，由于我们假设了相关函数是精确居中的，延迟步长为 2，4，6，8，…时，相关函数值为零。这意味着，例如，9 延迟相关器（$M'=4$）不会比 7 延迟相关器（$M'=3$）性能更好。实际上，相关

函数很难与相关器精确对准，因此 9 延迟相关器性能更优。一般而言，如果相关函数不能精确对准，则 η_S 会略小于式（9.171）给出的值（Herring，1983）。

9.7.3 离散延迟步长损失（η_D）

配准比特流引入的延迟是以采样率量化的，我们假设并非奈奎斯特采样。因此，会出现周期性的锯齿形延迟误差，延迟误差峰-峰值等于采样周期。这种效应也被称为比特相对位移误差。这种延迟误差导致了周期性的相移，相移量是基带频率的函数，如图 9.23 所示。相位误差的峰-峰值为

$$\phi_{pp} = \frac{\pi \nu'}{\Delta \nu} \tag{9.172}$$

锯齿频率正比于条纹频率，其最大值为

$$\nu_{ds(max)} = \frac{2\Delta \nu D \omega_e}{c} \quad （每秒延迟步长数） \tag{9.173}$$

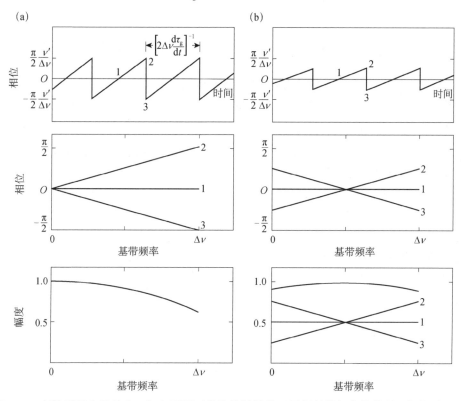

图 9.23 离散延迟步长效应。（a）适用于条纹旋转器修正零频基带相位的情况；（b）适用于延迟变化一个奈奎斯特样本时条纹旋转器插入 $\pi/2$ 移相的情况。上图所示为基带频率为 ν' 时，相位随时间的变化曲线；中图所示为 1，2 和 3 三个时刻相位随基带频率的变化曲线；下图为基带内的平均幅度

其中 D 为基线长度；ω_e 为地球自转角速度，单位为 $\text{rad} \cdot \text{s}^{-1}$。如果不对这一效应做任何修正，且对许多个 $1/\nu_{ds}$ 周期做条纹幅度平均，则任意频率 ν' 的相位都在 ϕ_{pp} 范围内均匀分布。幅度损失是基带频率的函数，即

$$L(\nu') = \frac{\int_0^{\phi_{pp}/2} \cos(\phi_{pp}/2)\,\mathrm{d}\phi}{\int_0^{\phi_{pp}/2} \mathrm{d}\phi} = \frac{\sin(\phi_{pp}/2)}{\phi_{pp}/2} \tag{9.174}$$

且由式（9.172）和（9.174），带宽为 $\Delta\nu$ 的基带响应的净信噪比损失为

$$\eta_D = \frac{1}{\Delta\nu} \int_0^{\Delta\nu} \frac{\sin(\pi\nu'/2\Delta\nu)}{\pi\nu'/2\Delta\nu}\,\mathrm{d}\nu' = 0.873 \tag{9.175}$$

除非在整数个条纹周期内对条纹幅度做平均，否则会出现残留相位误差，误差的幅度随着参与平均的周期数增加而减小。当条纹频率接近零时，残留相位误差会非常大。

离散延迟步长的影响可以补偿且不会降低灵敏度。离散化延迟步长引入的延迟误差是已知量，该误差会在互功率谱中引入相位坡度。因此，如果在短于 $1/\nu_{ds}$ 时长内计算互功率谱，就可以通过调整互功率谱的相位坡度来去除离散延迟步长的影响，当带宽 $\Delta\nu =20\text{MHz}$、基线长度为 5000km 时，$1/\nu_{ds}$ 短至 20ms［见式（9.173）］。谱线观测时需要计算频谱，因此可以很容易地修正离散化延迟步长的影响。注意，如果不修正离散延迟，基带高频端的灵敏度损失可达 0.64，参见式（9.154）。这种情况下，用互功率谱除以 $L(\nu')$，可以补偿幅度响应。连续谱观测时，需要利用傅里叶变换转化到频率域，补偿后再反变换回互相关函数，因此有时忽略修正步骤。

将相位无扰动的频点从零频移到基带的中心频率 $\Delta\nu/2$ 可以部分补偿离散延迟步长的影响。条纹旋转器的相位需增加 $\pi\Delta\nu\Delta\tau_s$，其中 $\Delta\tau_s$ 是延迟误差。因此，当延迟变化一个采样周期，条纹旋转器插入一个 $\pi/2$ 相位跳变。这样在基带边缘的灵敏度损失只有 0.90。全通带内的平均损失由类似于式（9.155）的公式给出，但是积分上限变成 $\Delta\nu/2$，平均损失等于 0.966。另外，通带响应对称时，由于任何时刻全通带净相移为零，因此残留相位误差为零。

9.7.4　处理损失小结

上述讨论的损失因子均是乘性的，因此总损失由下式给出：

$$\eta = \eta_Q \eta_R \eta_S \eta_D \tag{9.176}$$

其中 η_Q =量化损失；η_R =条纹旋转损失；η_S =条纹边带抑制损失；η_D =离散延迟步长损失。

如果进入相关器的每个信号路径都有条纹旋转器，由于不同条纹旋转器的

相位是不相关的，条纹旋转损失等于 η_R^2 。表 9.7 汇总了各类损失因子。举例来说，一个处理器可能会采用二阶量化采样（η_Q =0.637），每个信号路径使用三阶条纹旋转器（η_R =0.922），使用 11 通道相关函数（η_S =0.983），以及在通带中心做延迟补偿（η_D =0.966），可得净损失为 0.558。因此，与带宽相同的理想模拟系统相比，灵敏度恶化约 2 倍。

表 9.7　信噪比损失因子

量化损失（η_Q）[a]	（a）二阶	0.637
	（b）三阶	0.810
	（c）四阶，全互乘	0.881
条纹旋转损失（η_R）	（a）二阶，单通道旋转	0.900
	（b）三阶，单通道旋转	0.960
	（c）二阶，双通道旋转	0.810
	（d）三阶，双通道旋转	0.922
条纹边带抑制损失（η_S）	（a）1 通道	0.707
	（b）3 通道	0.952
	（c）7 通道	0.975
	（d）11 通道	0.983
离散延迟步长损失（η_D）	（a）频谱修正	1.000
	（b）基带中心修正	0.966
	（c）无修正	0.873

a 见 8.3 节。

还有其他一些损失因子没有在这里讨论。实际上，通带响应不会绝对平坦，高于半奈奎斯特频率的频点的响应也不会为零。这些非理想响应会带来损失，例如，理想的九阶巴特沃兹滤波器会带来 2% 的损耗（Rogers，1980）。不同天线的频率响应也不会完全匹配（见 7.3 节）。条纹旋转器的相位设置可能会以实用的时间间隔精确计算，然后做泰勒级数外插，这种近似会引起相位的周期跳变。本振可能会有谐波分量，并且噪声边带会将一些条纹功率扩散到条纹滤波器通带之外。在 VLBI 发展的前 10 年，η 的典型经验值约为 0.4（Cohen，1973）。

η 值代表信噪比的损失。必须要修正信号量化和条纹旋转导致的条纹幅度尺度变化。表 9.8 归纳了条纹幅度的各种乘性归一化因子。

表 9.8　归一化因子 [a]

量化 [b]	（d）二阶	1.57
	（e）三阶	1.23
	（f）四阶	1.13
条纹旋转	（e）二阶，单通道旋转	0.786
	（f）三阶，单通道旋转	0.850
	（g）二阶，双通道旋转	0.617
	（h）三阶，双通道旋转	0.723

a 将相关器输出乘以表中的值，以获取归一化相关函数。
b 见 8.3 节。

9.8　带宽综合

在进行大地测量和天体测量时，尽可能精确地测量几何群延迟是很有用的，

$$\tau_g = \frac{1}{2\pi}\frac{\partial \phi}{\partial \nu} \tag{9.177}$$

用直线拟合互功率谱的相频特性可以得到单个 RF 通带的延迟。常用的最小二乘法可以计算延迟的不确定性为

$$\sigma_\tau = \frac{\sigma_\phi}{2\pi\Delta\nu_{rms}} \tag{9.178}$$

其中 σ_ϕ 是带宽 $\Delta\nu$ 的均方根相位噪声；$\Delta\nu_{rms}$ 是均方根带宽，带宽为 $\Delta\nu$ 的单一通道的 $\Delta\nu_{rms}$ 等于 $\Delta\nu/(2\sqrt{3})$ ［见附录 12.1 中式（A12.28）后的讨论］。从式（6.64）可以计算 σ_ϕ，如果忽略处理损失，式（9.178）变成

$$\sigma_\tau = \frac{T_S}{\zeta T_A \sqrt{\Delta\nu_{rms}^3 \tau}} \tag{9.179}$$

其中 ζ 是等于 $\pi(768)^{1/4} \approx 16.5$ 的常数 ［见式（A12.33）的推导］，且 T_S 和 T_A 分别是系统温度和天线温度的几何平均。在多个不同的频段做观测可以实现很大的 $\Delta\nu_{rms}$ 值。在 N 个频率之间分时切换单通道系统的本振信号，或者将信号通道分为 N 个并行的、分散在很宽频率范围内的 RF 通带（通道），可以实现很大的 $\Delta\nu_{rms}$。分时切换方法的缺点是，切换过程中的相位变化会降低延迟估计精度，或产生估计偏置。这类方法一般称为带宽综合（Rogers，1970，1976）。

实际系统只记录少数 RF 通带（约 10 个）的信号。确定这些通道的最优频域分布问题类似于 5.5 节讨论的搜索线阵的最小冗余分布天线间距问题。但是，这里并不需要覆盖所有的整数倍单位（频率）间距直至最大频率间距，频域的一些缝隙不一定会带来有害影响。从频谱角度考虑，我们希望通带间隔以几何

级数增加，便于从一个通带到下一个通带做相位外插时不产生 2π 相位模糊，如图 9.24 所示。均方根带宽主要取决于单位间距，单位间距取决于最小信噪比。按照推导式（9.179）的同样方法，可以由式（9.178）推导多通带系统的延迟精度，但不受 $\Delta\nu_{rms} = \Delta\nu\big/(2\sqrt{3})$ 条件限制。因此可得

$$\sigma_\tau = \frac{T_S}{2\sqrt{2}\pi T_A \sqrt{\Delta\nu\tau}\,\Delta\nu_{rms}} \tag{9.180}$$

其中典型带宽综合系统的 $\Delta\nu_{rms}$ 约等于总频率跨度的 40%；$\Delta\nu$ 是总带宽；τ 是每个通道的积分时间。为避免明显的相位外推问题，我们可以用各个通道测量的互相关谱来构造一个等效延迟函数：

$$D_R(\tau) = \sum_{i=1}^{N}\int_0^{\Delta\nu} S_{12i}(\nu - \nu_i)\,e^{j2\pi\nu\tau}\,d\nu \tag{9.181}$$

其中 ν_i 是相对于最低本振频率的本地振荡器频率，且 $\nu - \nu_i$ 为基带频率。$\left|D_R(\tau)\right|$ 的最大值即为干涉仪延迟的最大似然估计（Rogers，1970）。设式（9.181）在被测频率处的 $S_{12} = 1$，其他频率处的 $S_{12} = 0$，可得先验归一化延迟分辨函数，即

$$\left|D_R(\tau)\right| = \Delta\nu\frac{\sin\pi\Delta\nu\tau}{\pi\Delta\nu\tau}\left|\sum_{i=1}^{N}e^{j2\pi\nu_i\tau}\right| \tag{9.182}$$

其中的辛克函数包络即为单通道系统的延迟分辨函数。频率 ν_i 的选择要使 $D_R(\tau)$ 的宽度最小，并不允许任一副值超过某个电平，以免与主峰混淆。当信噪比较低时，通道间最小频率间距应为单通道带宽的约四倍。五通道系统的延迟分辨函数如图 9.25 所示。

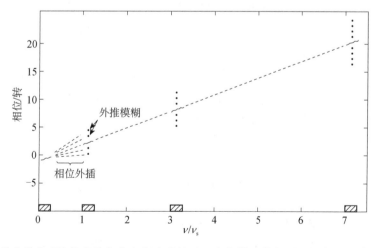

图 9.24 带宽综合系统的条纹相位与频率的关系。在离散通带内测量相位，通带相距整数个单位通带频率间隔 ν_s。相位折叠模糊导致了式（9.181）定义的延迟分辨函数产生旁瓣，如图 9.25 所示

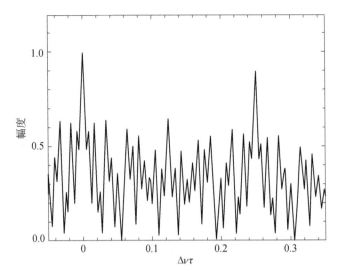

图 9.25　单位间距 $\nu_s = 4\Delta\nu$，间距分别为 0，1，3，7 和 15 倍 ν_s 的五通道系统的延迟分辨函数。如图 9.24 所示，$\tau\Delta\nu = 0.25$ 处的栅瓣只需被抑制到明显小于 1，就可以避免延迟模糊

9.8.1　爆发模式观测

做某些观测时，将观测时间限制在短时爆发模式是有优势的，爆发模式的比特率远高于存储技术限制的平均数据采集率［例如参见 Wietfeldt 和 Frail（1991）］。脉冲星观测时，典型的脉冲辐射持续时间约为总时间的 3%，如果只存储脉冲爆发期的数据，数据带宽可以增加到连续时间观测最大带宽的 33 倍。爆发模式需要每个天线都使用高速采样器、高速存储器和脉冲定时电路。爆发期数据保存在存储器中，然后再以较低速率连续读出。如果两种数据率之比为因子 w，则带宽可以增大到常规观测带宽的 w 倍。观测脉冲星时，灵敏度可以提高 w 倍，其中带宽的增加贡献了 $\sqrt{w}$ 倍，不记录宁静期的噪声贡献了另外 $\sqrt{w}$ 倍。只需要删除脉冲宁静期的数据而不增加数据率，就可以得到第二个 $\sqrt{w}$ 因子。爆发模式观测对于天体测量学和大地测量学也非常有用，这种模式提高了几何延迟的测量精度，并已在毫米波段用于观测连续谱源。

9.9　VLBI 的相控阵单元

相控阵将一组天线接收的信号直接合成，如图 5.4 所示。利用相控阵系统可以合成多个波束，但这里只讨论合成单波束的情况。相控阵中每个天线单元的相位和延迟都是可调的，使得天空特定方向的入射信号能够同相合成，从而使该方向的灵敏度最大。将相控阵用于 VLBI 的天线具有两方面的重要意义。首先，将单元互连型综合孔径阵列的单元以相控阵的形式合成，所有单元作为一个测站参与甚长基线干涉，可以改善信噪比。其次，如果希望用接收面积非常大的天线来提高每条基线的信噪比，相控阵比单口径大天线更划算，这是由于一个抛物面反射面天线的成本正比于天线直径的约 2.7 次幂（Meinel，1979）。

Westerbork 望远镜、VLA、SMA、Plateau de Bure 干涉仪都使用了相控阵，并且 ALMA 有时也整体用作相控阵为 VLBI 系统或其他应用提供很大的接收面积。相控需要调整每个天线接收信号的相位和延迟，以补偿期望方向入射信号波前到各个天线不同的几何延迟。综合孔径成像的延迟和条纹旋转系统可以方便地用于修正相位和延迟。修正后对信号做合成，并送入 VLBI 记录系统。

用作大型单口径天线的相控阵的性能可以这样分析。考虑由 n_a 个完全一致的天线构成的阵列，系统温度为 T_S，对于阵列中最长基线不可分辨的源贡献的天线温度为 T_A。则合成端口的输出为

$$V_{sum} = \sum_i \left(s_i + \epsilon_i \right) \tag{9.183}$$

其中 s_i 和 ϵ_i 分别代表天线 i 的随机信号和随机噪声电压。假设 $\langle s_i \rangle = \langle \epsilon_i \rangle = 0$，并忽略常增益因子，可得 $\langle s_i^2 \rangle = T_A$ 及 $\langle \epsilon_i^2 \rangle = T_S$。合成信号的功率电平表征为式（9.133）的均方值，

$$\langle V_{sum}^2 \rangle = \sum_{i,j} \left[\langle s_i s_j \rangle + \langle s_i \epsilon_j \rangle + \langle s_j \epsilon_i \rangle + \langle \epsilon_i \epsilon_j \rangle \right] \tag{9.184}$$

如果阵列单元完全同相，即 $s_i = s_j$，且观测不可分辨源，则 $\langle s_i s_j \rangle = T_A$。假设阵列单元不同相，即合成点的信号相位是随机的，则仅当 $i = j$ 时 $\langle s_i s_j \rangle = T_A$，其他情况下 $\langle s_i s_j \rangle = 0$。不论上述哪种情况，都有 $\langle s_i \epsilon_i \rangle = 0$ 及 $\langle \epsilon_i \epsilon_j \rangle = 0$。则式（9.184）可简化成如下形式：

$$\langle V_{sum}^2 \rangle = n_a^2 T_A + n_a T_S \quad \text{(单元同相)} \tag{9.185}$$

$$\langle V_{sum}^2 \rangle = n_a T_A + n_a T_S \quad \text{(单元不同相)} \tag{9.186}$$

等式右边的第一项代表信号，第二项代表噪声。当阵列单元同相时，功率信噪比为 $n_a T_A / T_S$；当单元不同相时，信噪比为 T_A / T_S。因此，同相阵列的接收面积等于天线单元接收面积之和，非同相阵列的平均接收面积等于一个天线单元的接收面积。

一个有趣的问题是：如果每个天线的有效接收面积不同，和（或）系统噪声温度不同，则每个天线的灵敏度都不同。即使对名义上的均匀分布阵列来说，系统维护和程序升级都可能导致单元之间的灵敏度差异，因此这个问题具有重要的现实意义。考虑一个相控阵，每个天线单元的系统温度和天线温度分

别用 T_{Si} 和 T_{Ai} 表示。此处的 T_{Ai} 定义为来自单位流量密度点源的信号[1]，因此 T_{Ai} 只反映天线本身的特性，并与接收面积成正比。此处我们只考虑小信号情况，即 $T_A \ll T_S$。流量密度为 S 的源在天线单元 i 产生的输出电压为 $V_i = s_i + \epsilon_i$，因此可得 $\langle s_i^2 \rangle = S T_{Ai}$ 和 $\langle \epsilon_i^2 \rangle = T_{Si}$。

可以方便地将每个天线的输出理解为对源流量密度的一次测量，测量值等于 V_i^2 / T_{Ai}。对每个天线来说，S 测量的期望值都相同。相应的信号电压为 $\sqrt{S} = V_i / \sqrt{T_{Ai}}$，噪声电压为 $\epsilon_i / \sqrt{T_{Ai}}$。相控阵输出与 VLBI 阵列中的另一个天线输出做互相关时，相关器输出的信噪比与相控阵信号的电压信噪比成正比。因此，在对阵列进行信号电压合成时，我们实际上关心的是将 $\sqrt{S}$ 的信噪比估值最大化。由于阵列中的天线单元不完全一致，在信号合成时需要使用权重因子 w_i。选取权重因子，使阵列合成信号的电压信噪比最大，即

$$\mathcal{R}_{sn} = \sum_i \frac{w_i V_i}{\sqrt{T_{Ai}}} \bigg/ \sqrt{\sum_i \frac{w_i^2 T_{Si}}{T_{Ai}}} \tag{9.187}$$

注意，我们这里对信号电压和均方根（rms）噪声电压值的平方分别进行了累加。选择适当的权重因子使 $V_i / \sqrt{T_{Ai}}$ 的信噪比最大，在数学上等效于对一组均方根误差电平不同但已知的测量值做最优估计的一般性问题。优化是赋予每个测量值的权重反比于测量值本身误差的方差，并对所有测量值取加权平均的过程［式（A12.6）］。V_i 的方差与 T_{Si} 成正比，所以 $V_i / \sqrt{T_{Ai}}$ 的方差为 T_{Si}/T_{Ai}。因此，将 $w_i = T_{Ai}/T_{Si}$ 代入式（9.187），得

$$\mathcal{R}_{sn1} = \sum_i \frac{V_i}{\sqrt{T_{Ai}}} \frac{T_{Ai}}{T_{Si}} \bigg/ \sqrt{\sum_i \frac{T_{Si}}{T_{Ai}} \left(\frac{T_{Ai}}{T_{Si}}\right)^2}$$

$$= \sum_i \frac{V_i \sqrt{T_{Ai}}}{T_{Si}} \bigg/ \sqrt{\sum_i \frac{T_{Ai}}{T_{Si}}} \tag{9.188}$$

注意分子中的 V_i 乘以 $\sqrt{T_{Ai}}/T_{Si}$，因此 $\sqrt{T_{Ai}}/T_{Si}$ 即为信号合成时的最优灵敏度电压加权因子。这一结论与 Dewey（1994）的分析结果一致（注意在合成端口的信号电压权重因子不是 w_i，而是 $w_i / \sqrt{T_{Ai}}$）。相应地，在合成端口信号功率权重因子与 T_{Ai}/T_{Si}^2 成正比。

在综合孔径阵列，例如 VLA 中进行采样时，来自每个天线的中频信号功率电平（信号加噪声）相同，然后进行数字信号合成，因此可以在数字域插入需

---

[1]　由于只有加权因子的相对值会产生影响，所以可以用所有天线能观测的任意源来定义 T_{Ai}，但使用单位流量密度可以简化分析。

要的延迟量。为避免改动（为综合孔径成像而特殊设计）接收机系统，当阵列用于相控阵模式时，信号以等功率进行合成。当 $T_A \ll T_S$ 时，相应的权重因子为 $w_i = 1/\sqrt{T_{Si}}$，信噪比变成如下形式：

$$\mathcal{R}_{sn2} = \sum_i \frac{V_i}{\sqrt{T_{Ai} T_{Si}}} \bigg/ \sqrt{\sum_i \frac{1}{T_{Ai}}} \qquad (9.189)$$

通常，等功率加权灵敏度与最优灵敏度加权只差几个百分点。

在信号合成使用优化权重时，所有天线都对增加信噪比产生贡献。使用其他权重时，如果忽略一些性能较差的天线，系统总灵敏度也可能得到改善。Moran（1989）对等功率权重的这种效应进行了研究。为简化分析，假设所有天线的 T_A 都相同，只是 T_S 不同。假设一个阵列正在对接收机输入级进行升级，总数为 n_a 的输入级中的 n_1 个升级后的系统温度从 T_S 降低到 T_S/ξ。对一部分天线完成改造后，由于未升级的输入级噪声更大，忽略这些未升级的天线，阵列灵敏度可以得到改善。当 T_A 保持不变时，我们可以用 V 代表每个天线接收到的信号电压，由式（9.169）的等功率加权，信噪比为

$$R_{sn2} = \frac{V}{\sqrt{N}} \sum_i \frac{1}{\sqrt{T_{Si}}} \qquad (9.190)$$

因此，n_1 个天线改造前后的信噪比变化为

$$\frac{R_{sn2}(n_1 \text{个改造天线})}{R_{sn2}(\text{所有} n_a \text{个天线})} = \frac{1}{\sqrt{n_1}} \left(\frac{n_1 \sqrt{\xi}}{\sqrt{T_S}} \right) \bigg/ \frac{1}{\sqrt{n_a}} \left(\frac{n_1 \sqrt{\xi}}{\sqrt{T_S}} + \frac{n_a - n_1}{\sqrt{T_S}} \right) \qquad (9.191)$$

如果上式大于1，则应忽略未改造的天线，上式大于1的条件如下：

$$\frac{n_1}{n_a} > \left(\frac{\sqrt{\xi}}{2} + \sqrt{1 - \sqrt{\xi} + \frac{\xi}{4}} \right)^{-2} \qquad (9.192)$$

图9.26给出了 n_1/n_a 与 ξ 之间的关系曲线。例如，如果改造后 T_S 降低到1/6，则当一半天线改造后，计算信噪比时应忽略其他天线。除非 $\xi > 4$，否则应保留所有天线。实际上，4倍改进是罕见的重大改进，因此几乎不会发生忽略天线的情况。对式（9.188）进行类似的分析会发现，在优化加权的情况下，忽略天线永远不会改善灵敏度。

对于 VLBI 观测来说，为适应数据存储格式，通常需要对相控阵输出信号进行重新量化。在信号合成之前，对模拟信号进行的第一次量化会引入量化噪声，信号合成后，当天线数量很多时，量化噪声概率分布趋向于高斯分布。因此，对于大型阵列，假设噪声为高斯分布，重新量化导致的灵敏度损失接近于第8章推导的 η_Q 值。其他情况参见 Kokkeler 等（2001）。

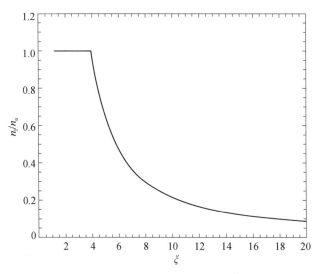

图 9.26 等功率加权相控阵中，忽略其余天线时，必须将 n_1/n_a 部分天线的系统温度减小到 $\dfrac{1}{\xi}$。资料来自 Moran（1989），经科鲁维尔学术出版社授权使用

SMA 的相控阵观测见 Young 等（2016），ALMA 的相控阵观测见 Baudry 等（2012）。相控阵观测实例见图 9.27。

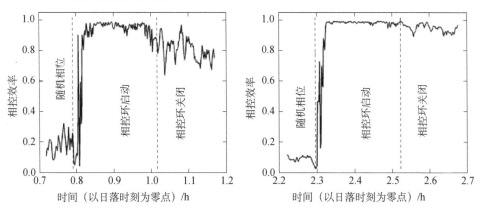

图 9.27 SMA 在 280GHz 频段以相控阵模式观测流量密度为 10Jy 的源 3C354.3。相控效率（Phasing Efficiency）定义为一对可见度数据的和与其标量和之比。观测使用了 SMA 的 7 个天线的扩展构型，基线长度在 44～226m。观测气象条件为：晴空，1.3mm 水汽含量，风速为 2m·s⁻¹。左图观测仰角范围为 44°～50°；右图观测仰角范围为 65°～71°。可以明显看出随着仰角增加，大气稳定性改善，且可明显看出日落特征。引自 Young 等（2016）

9.10 空间 VLBI

不论是天基还是地基 VLBI 天线都必须包括定时系统，以便恢复接收信号的每个数字样本的采样时间，并且天线位置测量精度要足以确定条纹频率（未必足以确定条纹相位）。在几十到几百秒的相干时间内，定时系统精度必须远小于接收信号一个频率周期。如果卫星上无法安装高精度频率标准，就必须采用具有等效稳定度的授时链路。空间 VLBI（OVLBI）的主要技术挑战之一就是需要在卫星上建立这种定时系统，并利用定时系统生成本振信号和采样时钟。卫星的径向运动会引入多普勒频移，切向运动会导致信号链路相对于大气不规则体移动。一个或多个参考频率可以通过射频链路传输到卫星。利用标准轨道跟踪流程，可以知道卫星在任意时刻的位置，精度为数十米。这种精度足以确定基线的 (u, v) 坐标，但不能满足定时精度需求。为解决定时问题，需要在射频链路中实施环路相位系统。原理上与 7.2 节讨论的电缆环路系统相同。D'Addario（1991）讨论了定时系统的基本要求。

图 9.28 给出星地环路系统的简化框图，可以说明系统的基本功能。本例中，卫星不具有自己的频率标准。地面站的频率标准给频综 S_x 提供参考频率，并将频综输出信号发射给卫星。S_x 作为星载频综 S_y、S_L 和 S_S 的参考频率，分别生成环路相位测量所需的信号、射电天文接收机的本振和采样时钟信号。S_y 输出的信号转发回地面站，并用相关器比较返回信号与本地同频信号的相位。相关器输出是环路时延变化量 $\Delta \tau$ 的测量值测度。星载射电望远镜的接收信号经低噪声放大器、滤波器和混频器处理，混频器利用 S_L 产生的本振信号将射频信号变到中频。然后中频信号经过中频放大器、采样器（图中用开关表示）和量化器变成数字信号 $Q(x)$。频综 S_S 输出的采样器时钟信号驱动计数器 n，并提供时序信号。这样就记录了每个数据点的采样时刻、数据包格式信息和卫星所需的其他时序函数。计数器 n_g 提供了地面站的时序。这种方案导致的一些复杂问题总结如下：

（1）利用环路相位测量往返路径的长度时，存在整数波长模糊，只能测量路径长度的连续变化量；

（2）除非卫星的三个综合器产生的频率都是参考频率的一个或多个谐波分量（因此在频综不需要做分频），否则几个频率会存在相位模糊；

（3）由于路径耗散或电子器件差异，参考频率和数据的发射时间可能不同。

当不能保持卫星和地面站之间的连续链接时，这些限制因素会引发问题。在观测期间星地链路保持连续时，一旦搜索到条纹，就可以整体去除模糊效应。连续监测时变路径可以以整个观测周期做条纹搜索。然而，如果由于干扰、大气效应或设备问题等导致信号链接中断，频综锁相环就会失锁，再次捕获信号会导致相位不连续。如果环路跟踪长时间中断，就可能需要重新对数据做条纹搜索。

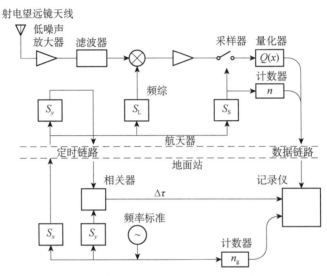

图 9.28　OVLBI 卫星和地面站基本信号传输和处理的简化框图。资料来自文献 D'Addario（1991），© 1991 IEEE

往返双向采用相同的频率的任何环路测量系统可以基本消除路径上的频率耗散效应，因此反演单向传播延迟比较简单。在技术上也是可行的，可以双向分时传输，或者双向频率保持一个小的频差，频差能满足频率分离的要求即可。但是，国际无线电管理条例通常为两个传输方向分配不同的频带。在两个频率上测量环路路径，要求分别确定路径上的中性成分和电离介质对传播时间的影响。如果在卫星上配置高稳定频标，可以将其作为主时钟，或者作为射频链路定时系统的备份时钟，在链路中断时，辅助卫星进行守时。使用星载时钟时，相对论效应也会带来复杂性，当卫星在地球引力场不同强度的区域运动时，卫星时间和地面站时间会发生相对变化（Ashby and Allan，1979；Vessot，1991）。

首次 OVLBI 试验利用了 NASA 的跟踪与数据中继卫星系统（TDRSS），针对 VLBI 应用需求对卫星进行了适应性改造（Levy et al.，1986，1989）。这一静止轨道卫星的主要应用是将近地轨道卫星数据转发到地面站。卫星配置了两个 4.9m 口径天线，每个天线配置了 2.3GHz 和 15GHz 两套接收机，上下行通信链路分别为 15.0GHz 和 13.7GHz。其中一个 4.9m 天线可以用于接收射电天文信号。此次试验只获取了有限的射电天文数据（Linfield et al.，1989，1990），但验证了时间和相位传输技术及数据恢复和处理方法，是非常宝贵的技术验证平台。地面站的观测数据必须打上时标，卫星距离贡献一部分干涉仪延迟。星载振荡器通过定时链路做锁相，主要方法如前几段所述。但是，使用另一个4.9m天线在2.278GHz形成独立的双向链路时，能够极大地改善干涉仪的相干度。积分时间为100s、200s和700s时，干涉仪在2.3GHz，干涉仪相干度分别验证为0.98、0.95和0.94。这表明整个干涉仪系统的有效阿伦方差优于10^{-13}（参见9.5.2节的讨论）。

第一颗专门设计用作VLBI天基单元的卫星是1997年发射的HALCA卫星（VSOP计划），第二颗VLBI卫星是2011年发射的Spektr-R卫星（RadioAstron计划）。表9.9列出了这些卫星的主要指标，典型的(u,v)域轨迹如图5.22所示。RadioAstron使用了星载氢脉泽频率标准，因此不需要授时传输链路来对本振做同步。但是，条纹搜索是一项艰巨的任务。卫星轨道定位不确定度为±500m，速度不确定度为20mm·s^{-1}，延迟不确定度约为30ns（等效于±2000个延迟步长），在6cm波长的条纹频率不确定度为±3Hz。数据处理过程还必须包含一个条纹加速项。Carlson等（1999）介绍了为OVLBI应用专门设计的延迟型相关器。

表9.9 空间VLBI主要指标

	HALCA（VSOP）[a]	Spectr-R（RadioAstron）[b]
牵头单位	空间与太空科学研究所，日本	列别捷夫物理研究所空间天文中心（IKI），俄罗斯
发射日期	1997年2月12日[c]	2011年7月18日
轨道参数[d]		
半长轴	17350km	174714 km
偏心率	0.60	0.69
轨道倾角	31°	80°
轨道周期	6.3h	8.3天
远地点高度	21400km	289246km
近地点高度	560km	47442km
最大分辨率	580μas（λ=6cm）	8μas（λ=1.3cm）
定轨精度[e]	±15m，6mm·s^{-1}	±500m，20mm·s^{-1}
天线口径	8m	10m
调姿速率	2.25（°）·min^{-1}	2（°）·min^{-1}
指向精度	1′	1.5′

	HALCA（VSOP）[a]	Spectr-R（RadioAstron）[b]
极化	LCP	RCP/LCP
工作频段	6cm，18cm[f]	1.3cm，6cm，18cm，92cm
T_{sys}	95K，75K	127K，147K，41K，145K
孔径效率	0.35，0.24	0.10/0.45/0.52/0.38
通道数/带宽	2×16MHz	4×16MHz
采样精度	2bit	1bit
总数据率	128Mbit·s^{-1}	128Mbit·s^{-1}
星载频标	晶体振荡器[g]	氢脉泽
定时传输通道	15.3GHz/14.2GHz	8.4GHz/7.2GHz[h]
地面站	Usuda（日本）	Pushchino（俄罗斯）
	Goldstone（美国）	Green Bank（美国）[i]
	Green Bank（美国）	
	Robledo（西班牙）	
	Tidbinbilla（澳大利亚）	
卫星测控	Kagoshima（日本）	Bear Lake（俄罗斯）

a 信息来自 Hirabayashi 等（1998，2000）和 Kobayashi 等（2000）。

b 信息来自 RadioAstron 科学与技术运行工作组（2015）和 Kardashev 等（2013）。

c 运行到 2003 年。

d HALCA：近地点和升交点赤经的进动周期分别为 1 年和 16 年。RadioAstron：2012 年 4 月 14 日，卫星重新定位到较小偏心率后的轨道参数。受太阳和月亮影响，轨道会发生扰动；偏心率在 0.58～0.96 变化。

e 观测进行 2 周后，利用多普勒跟踪和轨道分析重建轨道的精度。

f 1.35cm 通道灵敏度较差，因此没有使用。

g 相位对上行信号锁定。

h 作为星载氢脉泽的备份时钟。

i 参见 Ford 等（2014）。

9.11　卫 星 定 位

由于静止轨道卫星处于 VLBI 近场，利用 VLBI 可以确定卫星的三维坐标（见 15.1.3 节）。为了理解 VLBI 阵列在这个距离（或高度）范围的观测灵敏度，考虑图 9.29 所示的几何模型。模型中三个天线站线性排列，基线与卫星方向垂直，卫星位于其中一个天线的正上方。由于近场效应，VLBI 天线测量的是卫星发射的宽带球面波信号。卫星定位至少需要三个天线站，如果只有两个天线，干涉测量不能区分波前曲面与波前倾斜。为了达到卫星定位的目标，我们假设发射信号带宽足够大，因此可以认为信噪比足够大，可以精确测量延迟。测量

距离 R 的精度受大气和电离层效应的限制。当然也可以用相位测量来确定 R，但可能会存在相位模糊问题。

卫星到天线 2 或 3 的几何路径长度比卫星到天线 1 的路径长度大一个增量 x，利用 $(R+x)^2 = R^2 + D^2$ 关系可以确定 x。一阶近似后 $x \approx D^2 / 2R$，因此信号到天线 2 的延迟为 $\tau = x/c = D^2/2Rc$。等式两边取微分，可得延迟测量精度 $\Delta\tau$ 与距离测量精度 ΔR 的关系

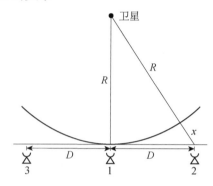

图 9.29　用三站 VLBI 阵列跟踪静止轨道卫星的简化几何模型。由于卫星处于阵列近场，即典型的 D 和 λ 值条件下，有 $R \ll D^2/\lambda$，因此可以测量波前弯曲

$$\Delta\tau = \frac{1}{2c}\left(\frac{D}{R}\right)^2 \Delta R \qquad （9.193）$$

在已知延迟测量精度时，用上式可以计算距离测量精度。

现在我们考虑大气对测量的影响。标准的天体测量精度为 σ_θ，这意味着延迟测量精度为 $\sigma_\tau \approx D\sigma_\theta / c$。因此，测距不确定性由下式给出

$$\sigma_R = \frac{2R^2}{D}\sigma_\theta \qquad （9.194）$$

而卫星沿轨道切向（横向）定位的不确定性 σ_{R_T} 为

$$\sigma_{R_T} = R\sigma_\theta \qquad （9.195）$$

因此，纵向与横向定位的相对精度为

$$\frac{\sigma_R}{\sigma_{R_T}} \approx 2\left(\frac{R}{D}\right) \qquad （9.196）$$

考虑如下的例子，系统参数为 $R = 36000\text{km}$，$D = 3600\text{km}$，$\lambda = 3\text{cm}$（静止轨道卫星的典型波长），$\sigma_\theta = 100\mu\text{as}$。利用上述公式计算可得 $\sigma_\tau = 0.2\text{ns}$（相当于均方根相位误差 $20°$），$\sigma_R = 40\text{cm}$，$\sigma_{R_T} = 2\text{cm}$，$\sigma_R/\sigma_{R_T} = 40$。通过单次短时测量可以实现卫星定位，不依赖于地球的自转。利用位置参数的变化率，可以计算卫星的运动速度。在实际应用系统中至少需要使用 4 套天线系统，其中 3

套用于定义参考平面。用 VLBI 测量进行卫星定位的早期尝试参见 Preston 等（1972）。

扩 展 阅 读

Biraud，F.，Ed.，Very Long Baseline Interferometry Techniques，Cépaduès，Toulouse，France（1983）

Chi，A. R.，Ed.，Proc. IEEE，Special Issue on Frequency Stability，54，No. 2（1966）

Deller，A. T.，and Walker，R. C.，Very Long Baseline Interferometry，in Synthesis Imaging in Radio Astronomy III，Mioduszewski，A.，Ed.，Publ. Astron. Soc. Pacific（2016），in press

Enge，P.，and Misra，P.，Eds.，Proc. IEEE，Special Issue on Global Positioning System，87，No. 1，16-172（1999）

Felli，M.，and Spencer，R. E.，Eds.，Very Long Baseline Interferometry：Techniques and Applications，NATO Science Series C，Kluwer，Dordrecht，the Netherlands（1989）

Hirabayashi，H.，Inoue，M.，and Kobayashi，H.，Eds.，Frontiers of VLBI，Universal Academy Press，Tokyo（1991）

Jespersen，J.，and Hanson，D. W.，Eds.，Proc. IEEE，Special Issue on Time and Frequency，79，No. 7（1991）

Kroupa，V. F.，Ed.，Frequency Stability：Fundamentals and Measurement，IEEE Press，New York（1983）

Morris，D.，Ed.，Radio Sci.，Special Issue Devoted to the Open Symposium on Time and Frequency，14，No. 4（1979）

Zensus，J. A.，Diamond，P. J.，and Napier，P. J.，Eds.，Very Long Baseline Interferometry and the VLBA，Astron. Soc. Pacific Conf. Ser.，82（1995）

参 考 文 献

Allan，D. W.，Statistics of Atomic Frequency Standards，Proc. IEEE，54，221-230（1966）

Ashby，N.，and Allan，D. W.，Practical Implications of Relativity for a Global Coordinate Time Scale，Radio Sci.，14，649-669（1979）

Bare，C.，Clark，B. G.，Kellermann，K. I.，Cohen，M. H.，and Jauncey，D. L.，Interferometer Experiments with Independent Local Oscillators，Science，157，189-191（1967）

Barnes，J. A.，Chi，A. R.，Cutler，L. S.，Healey，D. J.，Leeson，D. B.，McGunigal，T. E.，Mullen，J. A.，Smith，W. L.，Sydnor，R. L.，Vessot，R. F. C.，and Winkler，G. M. R.，Characterization of Frequency Stability，IEEE Trans. Instrum. Meas.，IM-20，105-120（1971）

Baudry, A., Lacasse, R., Escoffier, R., Greenberg, J., Treacy, R., and Saez, A., Phasing ALMA with the 64-Antenna Correlator, Proc. of the 11th European VLBI Network Symposium and Users Meeting (2012), Bordeaux, France, Session 9: VLBI at Extremely High Angular Resolution, PoS (11th EVN Symposium) 054

Behrend, D., and Baver, K. D., Eds., Launching the Next-Generation IVS Network, IVS 2012 General Meeting Proceedings, NASA/CP-2012-217504 (2012)

Berkeland, D. J., Miller, J. D., Bergquist, J. C., Itano, W. M., and Wineland, D. J., Laser-Cooled Mercury Ion Frequency Standard, Phys. Rev. Lett., 80, 2089-2092 (1998)

Blair, B. E., Time and Frequency: Theory and Fundamentals, National Bureau of Standards Monograph 140, U. S. Government Printing Office, Washington, DC (1974), pp. 223-313

Broten, N. W., Legg, T. H., Locke, J. L., McLeish, C. W., Richards, R. S., Chisholm, R. M., Gush, H. P., Yen, J. L., and Galt, J. A., Long Baseline Interferometry: A New Technique, Science, 156, 1592-1593 (1967)

Cannon, W. H., The Classical Analysis of the Response of a Long Baseline Radio Interferometer, Geophys. J. R. Astron. Soc., 53, 503-530 (1978)

Cannon, W. H., Baer, D., Feil, G., Feir, B., Newby, P., Novikov, A., Dewdney, P., Carlson, B., Petrachenko, W. P., Popelar, J., Mathieu, P., and Wietfeldt, R. D., The S2 VLBI System, Vistas in Astronomy, 41, 297-302 (1997)

Cao, H. -M., Frey, S., Gurvits, L. I., Yang, J., Hong, X. -Y., Paragi, Z., Deller, Z. T., and Ivezić, Z., VLBI Observations of the Radio Quasar J2228+0110 at z D 5: 95 and Other Field Sources in Multiple-Phase-Centre Mode, Astron. Astrophys, 563, A111 (8 pp) (2014)

Carlson, B. R., Dewdney, P. E., Burgess, T. A., Casoro, R. V., Petrachenko, W. T., and Cannon, W. H., The S2 VLBI Correlator: A Correlator for Space VLBI and Geodetic Signal Processing, Publ. Astron. Soc. Pacific, 111, 1025-1047 (1999)

Clark, B. G., Radio Interferometers of Intermediate Type, IEEE Trans. Antennas Propag., AP-16, 143-144 (1968)

Clark, B. G., The NRAO Tape-Recorder Interferometer System, Proc. IEEE, 61, 1242-1248 (1973)

Clark, B. G., Kellermann, K. I., Bare, C. C., Cohen, M. H., and Jauncey, D. L., High-Resolution Observations of Small-Diameter Radio Sources at 18-Centimeter Wavelength, Astrophys. J., 153, 705-714 (1968)

Clark, B. G., Weimer, R., and Weinreb, S., The Mark II VLB System, NRAO Electronics Division Internal Report 118, National Radio Astronomy Observatory, Green Bank, WV (1972)

Clark, T. A., Corey, B. E., Davis, J. L., Elgered, G., Herring, T. A., Hinteregger, H. F., Knight, C. A., Levine, J. I., Lundqvist, G., Ma, C., and 11 coauthors, Precision Geodesy Using the Mark III Very-Long-Baseline Interferometer System, IEEE Trans. Geosci.

Remote Sens., GE-23, 438-449（1985）

Clark, T. A., Counselman, C. C., Ford, P. G., Hanson, L. B., Hinteregger, H. F., Klepczynski, W. J., Knight, C. A., Robertson, D. S., Rogers, A. E. E., Ryan, J. W., Shapiro, I. I., and Whitney, A. R., Synchronization of Clocks by Very Long Baseline Interferometry, IEEE Trans. Instrum. Meas., IM-28, 184-187（1979）

Cohen, M. H., Introduction to Very-Long-Baseline Interferometry, Proc. IEEE, 61, 1192-1197 （1973）

Cohen, M. H., and Shaffer, D. B., Positions of Radio Sources from Long-Baseline Interferometry, Astron. J., 76, 91-100（1971）

Counselman, C. C., III, Shapiro, I. I., Rogers, A. E. E., Hinteregger, H. F., Knight, C. A., Whitney, A. R., and Clark, T. A., VLBI Clock Synchronization, Proc. IEEE, 65, 1622-1623（1977）

Cutler, L. S., and Searle, C. L., Some Aspects of the Theory and Measurement of Frequency Fluctuations in Frequency Standards, Proc. IEEE, 54, 136-154（1966）

D'Addario, L. R., Minimizing Storage Requirements for Quantized Noise, VLBA Memo 332, National Radio Astronomy Observatory（1984）

D'Addario, L. R., Time Synchronization in Orbiting VLBI, IEEE Trans. Instrum. Meas., IM-40, 584-590（1991）

Davis, M. M., Taylor, J. H., Weisberg, J. M., and Backer, D. C., High-Precision Timing of the Millisecond Pulsar PSR 1937+21, Nature, 315, 547-550（1985）

Deller, A. T., Brisken, W. F., Phillips, C. J., Morgan, J., Alef, W., Cappallo, R., Middelberg, E., Romney, J., Rottmann, H., Tingay, S. J., and Wayth, R., DiFX-2: A More Flexible, Efficient, Robust, and Powerful Software Correlator, Publ. Astron. Soc. Pacific, 123, 275-287（2011）

Deller, A. T., Tingay, S. J., Bailes, M., and West, C., DiFX: A Software Correlator for Very-LongBaseline Interferometry Using Multiprocessor Computing Environments, Publ. Astron. Soc. Pacific, 119, 318-336（2007）

Dewey, R. J., The Effects of Correlated Noise in Phased-Array Observations of Radio Sources, Astron. J., 108, 337-345（1994）

Doeleman, S., Building an Event Horizon Telescope: （Sub）mm VLBI in the ALMA Era, Proc. of the Tenth European VLBI Network Symposium and EVN Users Meeting: VLBI and the New Generation of Radio Arrays, Proc. Science, PoS（10th EVN Symposium）053（2010）

Doeleman, S., Mai, T., Rogers, A. E. E., Hartnett, J. G., Tobar, M. E., and Nand, N., Adapting a Cryogenic Sapphire Oscillator for Very Long Baseline Interferometry, Publ. Astron. Soc. Pacific, 123, 582-595（2011）

Doi, A., Fujisawa, K., Honma, M., Sugiyama, K., Murata, Y., Mochizuki, N., and Isono, Y., Japanese VLBI Network Observations of 6. 7-GHz Methanol Masers. I. Array, in Astrophysical Masers and Their Environments, Proc. IAU Symp. 242, Chapman, J. M., and

Baan, W. A., Eds. (2007), pp. 148-149

Drullinger, R. E., Rolston, S. L., and Itano, W. M., Primary Atomic Frequency Standards: New Developments, in Review of Radio Science 1993-1996, Stone, W. R., Ed., Oxford Univ. Press, Oxford, UK (1996), pp. 11-41

Dutta, P., and Horn, P. M., Low-Frequency Fluctuations in Solids: 1/f Noise, Rev. Mod. Phys., 53, 497-516 (1981)

Edson, W. A., Noise in Oscillators, Proc. IRE, 48, 1454-1466 (1960)

Edwards, P., Novice's Guide to Using the LBA, version 1. 5 (2012). http://www.atnf.csiro.au/vlbi/ LBA-Novices-Manual-v1.5.pdf

Ford, H. A., Anderson, R., Belousov, K., Brandt, J. J., Ford, J. M., Kanevsky, B., Kovalenko, A., Kovalev, Y. Y., Maddalena, R. J., Sergeev, S., and three coauthors, The RadioAstron Green Bank Earth Station, in Ground-Based and Airborne Telescopes V, Proc. SPIE, 9145, 91450B-1 (11pp) (2014)

Forman, P., Atomichron: The Atomic Clock from Concept to Commercial Product, Proc. IEEE, 73, 1181-1204 (1985)

Frank, R. L., Current Developments in Loran-C, Proc. IEEE, 71, 1127-1139 (1983)

Hellwig, H., Microwave Time and Frequency Standards, Radio Sci., 14, 561-572 (1979)

Hellwig, H., Vessot, R. F. C., Levine, M. W., Zitzewitz, P. W., Allen, D. W., and Glaze, D. J., Measurement of the Unperturbed Hydrogen Hyperfine Transition Frequency, IEEE Trans. Instrum. Meas., IM-19, 200-209 (1970)

Herring, T. A., Precision and Accuracy of Intercontinental Distance Determinations Using Radio Interferometry, Air Force Geophysics Laboratory, Hanscom Field, MA, AFGL-TR-84-0182 (1983)

Hinkley, N., Sherman, J. A., Phillips, N. B., Schioppo, M., Lemke, N. D., Beloy, K., Pizzocaro, M., Oates, C. W., and Ludlow, A. D., An Atomic Clock with 1018 Instability, Science, 341, 1215-1218 (2013)

Hinteregger, H. F., Rogers, A. E. E., Capallo, R. J., Webber, J. C., Petrachenko, W. T., and Allen, H., A High Data Rate Recorder for Astronomy, IEEE Trans. Magn., MAG-27, 3455-3465 (1991)

Hirabayashi, H., Hirosawa, H., Kobayashi, H., Murata, Y., Asaki, Y., Avruch, I. M., Edwards, P. G., Fomalont, E. B., Ichikawa, T., Kii, T., and 45 coauthors, The VLBI Space Observatory Programme and the Radio-Astronomical Satellite HALCA, Pub. Astron. Soc. Japan, 52, 955-965 (2000)

Hirabayashi, H., Hirosawa, H., Kobayashi, H., Murata, Y., Edwards, P. G., Fomalont, E. B., Fujisawa, K., Ichikawa, T., Kii, T., Lovell, J. E. J., and 44 coauthors, Overview and Initial Results of the Very Long Baseline Interferometry Space Observatory Programme, Science, 281, 1825-1829 (1998)

Hjellming, R. M., An Introduction to the NRAO Very Large Array, National Radio Astronomy

Observatory, Socorro, NM (1992), p. 43

Hobbs, G., Coles, W., Manchester, R. N., Keith, M. J., Shannon, R. M., Chen, D., Bailes, M., Bhat, N. D. R., Burke-Spolaor, S., Champion, D., and 14 coauthors, Development of a Pulsar-Based Time Scale, Mon. Not. R. Astron. Soc., 427, 2780-2787 (2012)

Johnson, M. D., Fish, V. L., Doeleman, S. S., Marrone, D. P., Plambeck, R. L., Wardle, J. F. C., Akiyama, K., Asada, K., Beaudoin, C., Blackburn, L., and 38 coauthors, Resolved Magnetic-Field Structure and Variability near the Event Horizon of Sagittarius A*, Science, 350, 1242-1245 (2015)

Kardashev, N. S., Khartov, V. V., Abramov, V. V., Avdeev, V. Yu., Alakoz, A. V., Aleksandrov, Yu. A., Ananthakrishnan, S., Andreyanov, V. V., Andrianov, A. S., Antonov, N. M., and 120 coauthors, "RadioAstron": A Telescope with a Size of 300, 000 km: Main Parameters and First Observational Results, Astron. Reports, 57, 153-194 (2013)

Kartashoff, P., and Barnes, J. A., Standard Time and Frequency Generation, Proc. IEEE, 60, 493-501 (1972)

Kawaguchi, N., VLBI Recording System in Japan, in Frontiers of VLBI, Hirabayashi, H., Inoue, M., and Kobayashi, H., Eds., Universal Academy Press, Tokyo (1991), pp. 75-77

Keshner, M. S., 1/f Noise, Proc. IEEE, 70, 212-218 (1982)

Klemperer, W. K., Long Baseline Radio Interferometry with Independent Frequency Standards, Proc. IEEE, 60, 602-609 (1972)

Kleppner, D., Berg, H. C., Crampton, S. B., Ramsey, N. F., Vessot, R. F. C., Peters, H. E., and Vanier, J., Hydrogen-Maser Principles and Techniques, Phys. Rev. A, 138, 972-983 (1965)

Kleppner, D., Goldenberg, H. M., and Ramsey, N. F., Theory of the Hydrogen Maser, Phys. Rev., 126, 603-615 (1962)

Kobayashi, H., Sasao, T., Kawaguchi, N., Manabe, S., Omodaka, T., Kameya, O., Shibata, K. M., Miyaji, T., Honma, M., Tamura, Y., and 16 coauthors, VERA: A New VLBI Instrument Free from the Atmosphere, in New Technologies in VLBI, Minh, Y. C., Ed., Astron. Soc. Pacific Conf. Ser., 306, 367-370 (2003)

Kobayashi, H., Wajima, K., Hirabayashi, H., Murata, Y., Kawaguchi, N., Kameno, S., Shibata, K. M., Fujisawa, K., Inoue, M., and Hirosawa, H., HALCA's Onboard VLBI Observing System, Publ. Astron. Soc. Japan, 52, 967-973 (2000)

Kogan, L. R., and Chesalin, L. S., Software for VLBI Experiments for CS-Type Computers, Sov. Astron., 25, 510-513 (1982), transl. from Astron. Zh., 58, 898-903 (1981)

Kokkeler, A. B. J., Fridman, P., and van Ardenne, A., Degradation Due to Quantization Noise in Radio Astronomy Phased Arrays, Experimental Astron., 11, 33-56 (2001)

Koyama, Y., Developments of K3, K4, and K5 VLBI Systems and Considerations for the New K6 VLBI System, Technology Development Center News, National Institute of Information and

Communications Technology, 33, 39-45 (2013)

Kulkarni, S. R., Self-Noise in Interferometers: Radio and Infrared, Astron. J., 98, 1112-1130 (1989)

Lee, S. -S., Petrov, L., Byun, D. -Y., Kim, J., Jung, T., Song, M. -G., Oh, C. S., Roy, D. -G., Je, D. -H., Wi, S. -O., and 14 coauthors, Early Science with the Korean VLBI Network: Evaluation of System Performance, Astron. J., 147, 77 (14pp) (2014)

Leick, A., GPS Satellite Surveying, 2nd ed., Wiley, New York (1995)

Lesage, P., and Audoin, C., Characterization and Measurement of Time and Frequency Stability, Radio Sci., 14, 521-539 (1979)

Levy, G. S., Linfield, R. P., Edwards, C. D., Ulvestad, J. S., Jordan, J. F., Jr., Di Nardo, S. J., Christensen, C. S., Preston, R. A., Skjerve, L. J., Stavert, L. R., and 22 coauthors, VLBI Using a Telescope in Earth Orbit. I. The Observations, Astrophys. J., 336, 1098-1104 (1989)

Levy, G. S., Linfield, R. P., Ulvestad, J. S., Edwards, C. D., Jordan, J. F., Jr., Di Nardo, S. J., Christensen, C. S., Preston, R. A., Skjerve, L. J., Stavert, L. R., and 19 coauthors, Very Long Baseline Interferometric Observations Made with an Orbiting Radio Telescope, Science, 234, 187-189 (1986)

Lewandowski, W., Azoubib, J., and Klepczynski, W. J., GPS: Primary Tool for Time Transfer, Proc. IEEE, Special Issue on Global Positioning System, 87, No. 1, 163-172 (1999)

Lewis, L. L., An Introduction to Frequency Standards, Proc. IEEE, 79, 927-935 (1991)

Lindsey, W. C., and Chie, C. M., Frequency Multiplication Effects on Oscillator Instability, IEEE Trans. Instrum. Meas., IM-27, 26-28 (1978)

Linfield, R. P., Levy, G. S., Edwards, C. D., Ulvestad, J. S., Ottenhoff, C. H., Hirabayashi, H., Morimoto, M., Inoue, M., Jauncey, D. L., Reynolds, J., and 18 coauthors, 15 GHz Space VLBI Observations Using an Antenna on a TDRSS Satellite, Astrophys. J., 358, 350-358 (1990)

Linfield, R. P., Levy, G. S., Ulvestad, J. S., Edwards, C. D., DiNardo, S. J., Stavert, L. R., Ottenhoff, C. H., Whitney, A. R., Cappallo, R. J., Rogers, A. E. E., and five coauthors, VLBI Using a Telescope in Earth Orbit. II. Brightness Temperatures Exceeding the Inverse Compton Limit, Astrophys. J., 336, 1105-1112 (1989)

Meinel, A. B., Multiple Mirror Telescopes of the Future, in MMT and the Future of Ground-Based Astronomy, Weeks, T. C., Ed., SAO Special Report 385, Smithsonian Astrophysical Obs., Cambridge, MA (1979), pp. 9-22

Moran, J. M., Spectral-Line Analysis of Very-Long-Baseline Interferometric Data, Proc. IEEE, 61, 1236-1242 (1973)

Moran, J. M., Very Long Baseline Interferometric Observations and Data Reduction, in Methods of Experimental Physics, Vol. 12, Part C (Astrophysics: Radio Observations), Meeks, M.

L., Ed., Academic Press, New York (1976), pp. 228-260

Moran, J. M., Introduction to VLBI, in Very Long Baseline Interferometry: Techniques and Applications, Felli, M., and Spencer, R. E., Eds., Kluwer, Dordrecht, the Netherlands (1989), pp. 27-45

Moran, J. M., and Dhawan, V., An Introduction to Calibration Techniques for VLBI, in Very Long Baseline Interferometry and the VLBA, Zensus, J. A., Diamond, P. J., and Napier, P. J., Eds., Astron. Soc. Pacific Conf. Ser., 82, 161-188 (1995)

Morgan, J. S., Mantovani, F., Deller, A. T., Brisken, W., Alef, W., Middelberg, E., Nanni, M., and Tingay, S. J., VLBI Imaging Throughout the Primary Beam Using Accurate UV Shifting, Astron. Astrophys., 526, A140-A148 (2011)

Napier, P. J., Bagri, D. S., Clark, B. G., Rogers, A. E. E., Romney, J. D., Thompson, A. R., and Walker, R. C., The Very Long Baseline Array, Proc. IEEE, 82, 658-672 (1994)

Parkinson, B. W., and Gilbert, S. W., NAVSTAR: Global Positioning System—Ten Years Later, Proc. IEEE, 71, 1177-1186 (1983)

Pierce, J. A., McKenzie, A. A., and Woodward, R. H., Loran, Radiation Laboratory Ser., Vol. 4, McGraw-Hill, New York (1948)

Porcas, R. W., A History of the EVN: Thirty Years of Fringes, Proc. of the Tenth European VLBI Network Symposium and EVN Users Meeting: VLBI and the New Generation of Radio Arrays, Proc. Science, PoS (10th EVN Symposium) 011 (2010)

Press, W. H., Flicker Noises in Astronomy and Elsewhere, Comments Astrophys., 7, 103-119 (1978)

Preston, R. A., Ergas, R., Hinteregger, H. F., Knight, C. A., Robertson, D. S., Shapiro, I. I., Whitney, A. R., Rogers, A. E. E., and Clark, T. A., Interferometric Observations of an Artificial Satellite, Science, 178, 407-409 (1972)

RadioAstron Science and Technical Operations Group, RadioAstron User Handbook, version 2.7 (Dec. 2015). http://www.asc.rssi.ru/radioastron

Ray, J., and Senior, K., Geodetic Techniques for Time and Frequency Comparisons Using GPS Phase and Code Measurements, Metrologia, 42, 215-232 (2005)

Reid, M. J., Spectral-Line VLBI, in Very Long Baseline Interferometry and the VLBA, Zensus, J. A., Diamond, P. J., and Napier, P. J., Eds., Astron. Soc. Pacific Conf. Ser., 82, 209-225 (1995)

Reid, M. J., Spectral-Line VLBI, in Synthesis Imaging in Radio Astronomy II, Taylor, G. B., Carilli, C. L., and Perley, R. A., Eds., Astron. Soc. Pacific Conf. Ser., 180, 481-497 (1999)

Reid, M. J., Haschick, A. D., Burke, B. F., Moran, J. M., Johnston, K. J., and Swenson, G. W., Jr., The Structure of Interstellar Hydroxyl Masers: VLBI Synthesis Observations of W3 (OH), Astrophys. J., 239, 89-111 (1980)

Rioja, M., Dodson, R., Asaki, Y., Hartnett, J., and Tingay, S., The Impact of Frequency

Standards on Coherence in VLBI at the Highest Frequencies, Astron. J., 144, 121 (11pp) (2012)

Rogers, A. E. E., Very Long Baseline Interferometry with Large Effective Bandwidth for Phase Delay Measurements, Radio Sci., 5, 1239-1247 (1970)

Rogers, A. E. E., Theory of Two-Element Interferometers, in Methods of Experimental Physics, Vol. 12, Part C (Astrophysics: Radio Observations), Meeks, M. L., Ed., Academic Press, New York (1976), pp. 139-157

Rogers, A. E. E., The Sensitivity of a Very Long Baseline Interferometer, Radio Interferometry Techniques for Geodesy, NASA Conf. Pub. 2115, National Aeronautics and Space Administration, Washington, DC (1980), pp. 275-281

Rogers, A. E. E., Very Long Baseline Fringe Detection Thresholds for Single Baselines and Arrays, in Frontiers of VLBI, Hirabayashi, H., Inoue, M., and Kobayashi, H., Eds., Universal Academy Press, Tokyo (1991), pp. 341-349

Rogers, A. E. E., VLBA Data Flow: Formatter to Tape, in Very Long Baseline Interferometry and the VLBA, Zensus, J. A., Diamond, P. J., and Napier, P. J., Eds., Astron. Soc. Pacific Conf. Ser., 82, 93-115 (1995)

Rogers, A. E. E., Cappallo, R. J., Hinteregger, H. F., Levine, J. I., Nesman, E. F., Webber, J. C., Whitney, A. R., Clark, T. A., Ma, C., Ryan, J., and 12 coauthors, Very-Long-Baseline Interferometry: The Mark III System for Geodesy, Astrometry, and Aperture Synthesis, Science, 219, 51-54 (1983)

Rogers, A. E. E., Doeleman, S. S., and Moran, J. M., Fringe Detection Methods for Very-LongBaseline Arrays, Astron. J., 109, 1391-1401 (1995)

Rogers, A. E. E., and Moran, J. M., Coherence Limits for Very-Long-Baseline Interferometry, IEEE Trans. Instrum. Meas., IM-30, 283-286 (1981)

Rose, J. A. R., Watson, R. J., Allain, D. J., and Mitchell, C. N., Ionospheric Corrections for GPS Time Transfer, Radio Sci., 49, 196-206 (2014)

Rutman, J., Characterization of Phase and Frequency Instability in Precision Frequency Sources: Fifteen Years of Progress, Proc. IEEE, 66, 1048-1075 (1978)

Schwab, F. R., and Cotton, W. D., Global Fringe Search Techniques for VLBI, Astron. J., 88, 688-694 (1983)

Sekido, M., VGOS-Related Developments in Japan, Notebook of the Eighth IVS Technical Operations Workshop, May 4-7, 2015, Haystack Observatory, Westford, MA (2015). ftp://ivscc.gsfc.nasa.gov/pub/TOW/tow2015/notebook/Sekido.Lec.pdf

Shapiro, I. I., Estimation of Astrometric and Geodetic Parameters, in Methods of Experimental Physics, Vol. 12, Part C (Astrophysics: Radio Observations), Meeks, M. L., Ed., Academic Press, New York (1976), pp. 261-276

Shimoda, K., Wang, T. C., and Townes, C. H., Further Aspects of the Theory of the Maser, Phys. Rev., 102, 1308-1321 (1956)

Siegman, A. E., An Introduction to Lasers and Masers, McGraw-Hill, New York (1971), p. 404 Sivia, D. S. with Skilling, J., Data Analysis: A Bayesian Tutorial, 2nd. ed., Oxford Univ. Press, Oxford, UK (2006)

Sovers, O. J., Fanselow, J. L., and Jacobs, C. S., Astrometry and Geodesy with Radio Interferometry: Experiments, Models, Results, Rev. Mod. Phys., 70, 1393-1454 (1998)

Thomas, J. B., An Analysis of Radio Interferometry with the Block O System, JPL Pub. 81-49, Jet Propulsion Laboratory, Pasadena, CA (1981)

Thompson, A. R., The VLBA Receiving System: Antenna to Data Formatter, in Very Long Baseline Interferometry and the VLBA, Zensus, J. A., Diamond, P. J., and Napier, P. J., Eds., Astron. Soc. Pacific Conf. Ser., 82, 73-92 (1995)

Thompson, A. R., and Bagri, D. S., A Pulse Calibration System for the VLBA, in Radio Interferometry: Theory, Techniques and Applications, Cornwell, T. J., and Perley, R. A., Eds., Astron. Soc. Pacific Conf. Ser., 19, 55-59 (1991)

van Haarlem, M. P., Wise, M. W., Gunst, A. W., Heald, G., McKean, J. P., Hessels, J. W. T., de Bruyn, A. G., Nijboer, R., Swinbank, J., Fallows, R., and 191 coauthors, LOFAR: The LOw-Frequency ARray, Astron. & Astrophys., 556, A2 (53pp) (2013)

Vanier, J., Têtu, M., and Bernier, L. G., Transfer of Frequency Stability from an Atomic Frequency Reference to a Quartz-Crystal Oscillator, IEEE Trans. Instrum. Meas., IM-28, 188-193 (1979)

VERA Status Report, Mizusawa VLBI Observatory, National Astronomical Observatory of Japan (2015), 28 pp

Verbiest, J. P. W., Bailes, M., Coles, W. A., Hobbs, G. B., van Straten, W., Champion, D. J., Jenet, F. A., Manchester, R. N., Bhat, N. D. R., Sarkissian, J. M., and four coauthors, Time Stability of Millisecond Pulsars and Prospects for Gravitational-Wave Detection, Mon. Not. R. Astron. Soc., 400, 951-968 (2009)

Vertatschitsch, L., Primiani, R., Weintroub, J., Young, A., and Blackburn, L., R2DBE: A Wideband Digital Backend for the Event Horizon Telescope, Publ. Astron. Soc. Pacific, 127, 1226-1239 (2015)

Vessot, R. F. C., Frequency and Time Standards, in Methods of Experimental Physics, Vol. 12, Part C (Astrophysics: Radio Observations), Meeks, M. L., Ed., Academic Press, New York (1976), pp. 198-227

Vessot, R. F. C., Relativity Experiments with Clocks, Radio Sci., 14, 629-647 (1979)

Vessot, R. F. C., Applications of Highly Stable Oscillators to Scientific Measurements, Proc. IEEE, 79, 1040-1053 (1991)

Vessot, R. F. C., and Levine, M. W., A Method for Eliminating the Wall Shift in the Atomic Hydrogen Maser, Metrologia, 6, 116-117 (1970)

Vessot, R. F. C., Levine, M. W., Mattison, E. M., Hoffman, T. E., Imbier, E. A., Têtu, M., Nystrom, G., Kelt, J. J., Trucks, H. F., and Vaniman, J. L., Space-Borne Hydrogen

Maser Design, in Proc. 8th Annual Precise Time and Interval Meeting, U. S. Naval Research Laboratory, X-814-77-149（1976）, pp. 277-333

Vinokur, M., Optimisation dans la Recherche d'une Sinusoide de Période Connue en Présence de Bruit, Ann. d'Astrophys., 28, 412-445（1965）

Walker, R. C., Very Long Baseline Interferometry I: Principles and Practice, in Synthesis Imaging in Radio Astronomy, Perley, R. A., Schwab, F. R., and Bridle, A. H., Eds., Astron Soc. Pacific Conf. Ser., 6, 355-378（1989a）

Walker, R. C., Calibration Methods, in Very Long Baseline Interferometry: Techniques and Applications, Felli, M., and Spencer, R. E., Eds., Kluwer, Dordrecht, the Netherlands（1989b）, pp. 141-162

Wardle, J. F. C., and Kronberg, P. P., The Linear Polarization of Quasi-Stellar Radio Sources at 3. 71 and 11. 1 Centimeters, Astrophys. J., 194, 249-255（1974）

Whitney, A. R., The Mark IV Data-Acquisition and Correlation System, in Developments in Astrometry and Their Impact on Astrophysics and Geodynamics, IAU Symp. 156, Mueller, I. I., and Kolaczek, B., Eds., Kluwer, Dordrecht, the Netherlands（1993）, pp. 151-157

Whitney, A. R., Mark 5 Disc-Based Gbps VLBI Data System, in Proc. General Meeting of the International VLBI Service for Geodesy and Astrometry, Vandenberg, N. R., and Baver, K. D., Eds., National Technical Information Service, Alexandria, VA（2002）, pp. 132-136

Whitney, A. R., The Mark 5B VLBI Data System, in Proc. 7th European VLBI Network Symposium on New Developments in VLBI Science and Technology, Bachiller, R., Colomer, F., Desmurs, J. F., and de Vicente, P., Eds., Observatorio Astronómico Nacional, Madrid（2004）, pp. 251-252

Whitney, A. R., The Mark 5C VLBI Data System, in Measuring the Future, Proc. 5th General Meeting of the International VLBI Service for Geodesy and Astrometry, Finkelstein, A., and Behrend, D., Eds., Nauka, St. Petersburg, Russia（2008）, pp. 390-394

Whitney, A. R., Beaudoin, C. R., Cappallo, R. J., Corey, B. E., Crew, G. B., Doeleman, S. S., Lapsley, D. E., Hinton, A. A., McWhirter, S. R., Niell, A. E., and five coauthors, Demonstration of a 16-Gbps Station1 Broadband-RF VLBI System, Publ. Astron. Soc. Pacific, 125, 196-203（2013）

Whitney, A. R., Rogers, A. E. E., Hinteregger, H. F., Knight, C. A., Levine, J. I., Lippincott, S., Clark, T. A., Shapiro, I. I., and Robertson, D. S., A Very Long Baseline Interferometer System for Geodetic Applications, Radio Sci., 11, 421-432（1976）

Wietfeldt, R. D., and D'Addario, L. R., Compatibility Issues in VLBI, in Radio Interferometry: Theory, Techniques, and Applications, Cornwell, T. J., and Perley, R. A., Eds., Astron. Soc. Pacific Conf. Ser., 19, 98-101（1991）

Wietfeldt, R. D., Baer, D., Cannon, W. H., Feil, G., Jakovina, R., Leone, P., Newby, P. S., and Tan, H., The S2 Very Long Baseline Interferometry Tape Recorder, IEEE Trans. Instrum. Meas., IM-45, 923-929（1996）

Wietfeldt，R. D.，and Frail，D. A.，Burst Mode VLBI and Pulsar Applications，in Radio Interferometry：Theory，Techniques，and Applications，Cornwell，T. J.，and Perley，R. A.，Eds.，Astron. Soc. Pacific Conf. Ser.，19，76-80（1991）

Yen，J. L.，Kellermann，K. I.，Rayhrer，B.，Broten，N. W.，Fort，D. N.，Knowles，S. H.，Waltman，W. B.，and Swenson，G. W.，Jr.，Real-Time，Very-Long-Baseline Interferometry Based on the Use of a Communcations Satellite，Science，198，289-291（1977）

Young，A.，Primiani，R.，Weintroub，J.，Moran，J.，Young，K.，Blackburn，L.，Johnson，M.，and Wilson，R.，Performance Assessment of a Beamformer for the Submillimeter Array，SMA Technical Memo 163（2016）

Zhang，X.，Qian，Z.，Hong，X.，Shen，Z.，and Team of CVN，Technology Development in Chinese VLBI Network，First International VLBI Technology Workshop，Haystack Observatory（2012）. http://www.haystack.mit.edu/workshop/ivtw/program.html

10　定标与成像

本章主要讨论利用地球自转情况下系统定标和可见度函数的傅里叶变换。用快速傅里叶变换（FFT）算法进行离散傅里叶变换要求数据分布在矩形网格上，本章讨论可见度测量值矩形网格赋值的方法。此外，介绍一种非常重要的定标工具，即相位和幅度闭合条件；介绍了某些观测模式的特殊考虑，例如谱线观测和频率到速度转换等；还介绍了利用模型拟合直接从可见度数据中提取射电天文信息的方法。即便是 (u,v) 覆盖非常好的阵列，这些定标和处理技术也是非常重要的。附录 10.3 还介绍了一些在 FFT 技术出现之前计算傅里叶变换的方法。

10.1　可见度定标

定标的目的就是尽可能消除设备以及大气因子对测量的影响。这些因子大部分受单个天线或一对天线及其电子学系统的影响，因此必须在成像之前对可见度函数数据进行修正。在进行完整定标之前，通常要编辑可见度数据，删除那些受到射频干扰影响或者设备工作不正常的数据。数据编辑必须检查可见度数据，剔除幅度或相位变化明显异常的数据。观测不可分辨定标源的数据非常有助于数据编辑，这是由于定标源的响应是可预测的，而且随时间的变化非常缓慢。

在定标过程中，我们首先考虑那些在几周或更长周期内保持稳定的设备因子。这些因子包括：

（1）定义基线的天线坐标位置。

（2）视轴对准误差或其他机械误差引起的天线指向修正量。

（3）设备延迟零点的设置，即配置系统使所有天线到相关器的延迟都相等。

只有在重大变动的情况下这些参数才会改变，例如，将天线移动到新位置。通过对位置已知的不可分辨源进行观测，可以标定这些因子（见 12.2 节）。这里我们假设在成像观测之前，这些因子已经被确定。另外，如果信号需要量化，假设已经修正了量化非线性效应，如 8.4 节所述。

10.1.1　可计算或可监测量的修正

要校准观测周期内可见度测量的各种时变效应，主要涉及对天线对复增益的修正。这些影响因子可以分成两类：一类是其特征可以预测或直接测量的因子；另一类是必须在观测周期内去观测一个定标源才能确定的影响因子。通过计算其效应就可以修正的影响因子包括：

（1）大气衰减是天顶角的函数，其中的稳态分量可以通过计算修正（见13.1.3 节）。

（2）重力场中天线结构的弹性形变使得天线增益是仰角的函数。可以通过指向测量和结构形变的计算来修正。

当天线间距较近且低仰角观测时，一个天线可能会部分遮挡另一个天线的孔径。由于天线的位置和结构已知，原则上这应该属于可计算的问题。但是，由于存在衍射效应，主波束的形状会发生变化，并且使孔径相位中心的位置发生移动，因此对基线产生影响，所以天线的几何遮挡问题非常复杂。总之，对遮挡问题进行解析计算通常都过于复杂，因此被遮挡天线的数据通常被舍弃。

观测时可以连续监测的接收系统内部和外部效应包括：

（1）跟踪目标时，天线旁瓣接收的地面辐射可能会发生变化，或大气透明度可能发生变化，会导致系统噪声温度变化。一些系统中使用自动电平控制（ALC）来自动调整采样器或相关器的输入电平（见7.6 节），这些效应也可能会触发 ALC，导致系统增益变化。在接收机输入端口注入一个开关控制的低电平噪声信号，并对其输出进行测量，可以监测噪声温度的变化。

（2）通过环路相位测量监测系统本地振荡器的相位变化（见7.2 节）。

（3）通过安装在天线站的水汽辐射计监测大气延迟的变化分量。

一般都是在定标过程的前级阶段对这些效应做修正。

10.1.2 定标源的使用

定标的下一个步骤涉及一些以分钟或小时尺度变化的参数，并需要对一个或多个定标源进行观测。注意，为了与定标源（或 Calibrator）进行区别，天文观测要研究的源被称为目标源（Target Source）。由式（3.9）可写出干涉仪小视场响应的表达式如下：

$$[\mathcal{V}(u,v)]_{\text{uncal}} = G_{mn}(t)\int_{-\infty}^{\infty}\int_{-\infty}^{\infty}\frac{A_{\text{N}}(l,m)I(l,m)}{\sqrt{1-l^2-m^2}}\,e^{-\text{j}2\pi(ul+vm)}\,\text{d}l\,\text{d}m \qquad (10.1)$$

其中 $[\mathcal{V}(u,v)]_{\text{uncal}}$ 是未定标的可见度；$I(l,m)$ 是源的强度。复增益因子 $G_{mn}(t)$ 是天线对 (m,n) 的函数，$G_{mn}(t)$ 受各种因素的影响可能会随时间变化。A_{N} 是以主波束方向做归一化的天线孔径，可在图像处理的最后一步从源图像中去除。$A_{\text{N}}(l,m)\big/\sqrt{1-l^2-m^2}$ 因子接近于 1，因此除了宽视场成像情况，后续讨论忽略该因子。观测不可分辨定标源可以校准 $G_{mn}(t)$，定标源响应为

$$\mathcal{V}_c(u,v) = G_{mn}(t)S_c \qquad (10.2)$$

其中下标 c 代表定标源；S_c 是定标源的流量密度。在进行增益定标时，由于幅度和相位分别受不同的物理过程影响，因此最好将幅度和相位分开处理。例如，对流层不均匀性导致的大气扰动会引起相位抖动，但对幅度的影响却很小。利用下式可以对目标源的可见度做校准：

$$\mathcal{V}(u,v) = \frac{[\mathcal{V}(u,v)]_{\text{uncal}}}{G_{mn}(t)} = [\mathcal{V}(u,v)]_{\text{uncal}}\left[\frac{S_c}{\mathcal{V}_c}\right] \qquad (10.3)$$

观测定标源通常将其置于视场的相位中心，并假设定标源是不可分辨的，定标源相位是设备相位的直接测度。因此，从观测相位中减去定标源相位即可实现相位校准。用式（10.3）中可见度项的模可以实现可见度的幅度校准。在进行增益校准之前，要通过定标源观测修正可计算和/或可直接测量的效应。如果每个天线的两个相反极化通道具有独立的接收通道，则需要单独对每个通道做修正。要测量源的极化还需要进一步的定标过程，如 4.7.5 节所述。

定标观测需要周期性地中断对目标源的观测。在厘米波段，定标周期取决于设备的稳定度，典型定标周期约为 15 分钟到 1 小时。在米波和毫米波段，电离层和中性大气会引起增益和相位变化，这也许需要将定标周期缩小到几分钟才能消除这些效应。在毫米和亚毫米波段，通常要求定标周期小于一分钟。

正如式（7.38），即 $G_{mn}=g_m g_n^*$ 指出的，可以用天线对的测量增益来确定单个天线的增益因子。使用单个天线的增益因子而不是基线的增益因子可以减小需要存储的校准数据量，并有助于监测天线的性能。另外，使用这种方法时，只要能涵盖每个天线，就可以忽略一些间距的定标观测。实际使用中，为每个天线构建一个天线增益表，表中参数是时间的函数，并差值给出目标观测数据对应的时间。幅度和相位应单独做插值，而不能对增益的实部和虚部做插值，否则相位误差会导致幅度减小，反之亦然。期望的定标源的特性如下：

流量密度：定标源应该足够强，在短时间内就可以获得良好的信噪比，以减小目标源观测的 (u,v) 覆盖损失。对于线性阵列来说，(u,v) 覆盖的缝隙影响更严重，会丢失整个 (u,v) 扇区，而二维阵列的瞬时覆盖更分散，因此定标周期对 (u,v) 覆盖的影响较小。

角宽度：在可能的情况下，定标源应该是不可分辨的，因此不需要了解定标源可见度函数的精确细节。

位置：定标源的位置应该靠近目标源。这样可以更有效地消除大气或天线方向图导致的增益随指向角的变化，且驱动天线在目标源和定标源之间扫描的时间较小。在毫米波段，需要标定的主要参数是大气路径相移，定标源与目标源之间的角间距一定要在大气不规则体的尺度范围内，一般意味着角间距应在几度范围内。

　　观测时并不总是能找到满足所有条件的定标源，在这种情况下，可能需要先找到大体上不可分辨且距离目标源较近的定标源，然后再利用更加常用的流量密度参考源对定标源本身进行校准，如 3C48、3C147、3C286 和 3C295 等流量密度参考源。3C295 是最稳定的定标源。致密的行星状星云，如 NGC7027 可以用作短基线的幅度定标源。在毫米波段更难找到用于测试或定标的强源。对于相当短的基线，行星盘就已经是可分辨的了，但仍然可以用月球或行星的边缘进行定标，见附录 10.1。

　　Kazemi 等（2013）研究了利用一簇较小的源进行定标的方法。典型情况下，这种簇源包括 2～10 个小角径源，其流量密度也不满足对单个定标源的要求。用这种方法更容易在目标源附近找到定标源，因此有可能增加可用定标源的数量，并减小角距离带来的误差。

　　VLBI 观测分辨率在毫角秒量级，此时合适的定标源更少。在这个分辨率尺度上，源的角结构在几个月的时间内可能会发生变化，因此在使用部分可分辨源作为定标源时，必须要小心地使用历史定标数据。一种 VLBI 数据幅度定标的替代方法是利用单元天线的系统温度和接收面积进行分析，具体如下。当两路输入数据流完全相关时，应首先对互相关数据做归一化。做归一化时，在相关器的两个输入端口将两路数据分别除以二者均方根之积。（对于二阶量化采样，均方根等于 1；其他量化采样的均方根取决于相对模拟信号的量化门限。）然后，将其幅度乘以两个天线系统等效通量密度（SEFD）的几何均值，则归一化相关函数转换为以流量密度（央斯基）为单位的可见度函数 $\mathcal{V}$。$\mathrm{SEFD} = 2kT_s/A$，其定义见式（1.7）。如果 T_s 代表大气以上的信号平面的值，则上述计算得到的可见度函数值就是修正大气损耗后的值。有时候 VLBI 数据是没有做相位校准的，如果不需要确定源的绝对位置，可以用 10.3 节介绍的闭合关系进行成像。

10.2　从可见度推导强度

10.2.1　直接傅里叶变换成像

　　由测量的可见度数据直接估计强度分布的方法是直接傅里叶变换，即不对可见度数据做均匀网格插值等特殊处理，直接进行傅里叶变换。测量可见度 $\mathcal{V}_{\mathrm{meas}}(u,v)$ 可写成如下形式：

$$\mathcal{V}_{\mathrm{meas}}(u,v) = W(u,v)w(u,v)\mathcal{V}(u,v) \tag{10.4}$$

其中 $W(u,v)$ 是 5.3 节介绍的传递函数或空间灵敏度函数；$w(u,v)$ 代表对数据的加权。式（10.4）的傅里叶变换即为测得的强度分布：

$$I_{\text{meas}}(l,m) = I(l,m) ** b_0(l,m) \tag{10.5}$$

式中，双星号代表二维卷积；b_0 为合成波束，是传递函数加权后的傅里叶变换：

$$b_0(l,m) \leftrightarrow W(u,v)w(u,v) \tag{10.6}$$

其中 $\leftrightarrow$ 代表傅里叶变换关系。上式中不包括非共面基线、信号带宽和可见度函数平均等效应。$b_0(l,m)$ 也被称为点源响应函数（Point-source Response Function），或 CLEAN 反卷积算法中的脏波束（Dirty Beam），将在 11.1 节进行讨论。

测量可见度是 (u,v) 平面上 n_d 个数据点的集合。如果单元天线极化特性相同，且源是非极化的，可见度测量值的直接傅里叶变换为

$$I_{\text{meas}}(l,m) = \sum_{i=1}^{n_d} w_i \left[\mathcal{V}_{\text{meas}}(u_i,v_i) e^{j2\pi(u_i l + v_i m)} + \mathcal{V}_{\text{meas}}(-u_i,-v_i) e^{-j2\pi(u_i l + v_i m)} \right] \tag{10.7}$$

综合孔径成像的根本问题是能否从 $I_{\text{meas}}(l,m)$ 恢复 $I(l,m)$。原则上，由于 $\mathcal{V}_{\text{meas}}(u,v) = W(u,v)w(u,v)$，可以利用式（10.4）确定 $\mathcal{V}(u,v)$。如果 (u,v) 平面上的所有点 $W(u,v)w(u,v)$ 都是非零值，就可以精确计算图像。

Bracewell 和 Roberts（1954）指出，由于可以人为指定 (u,v) 平面的未测量点的数值，因此，式（10.5）的卷积方程有无穷多的解。这些人为指定值的傅里叶变换生产了隐含分布，而空间传递函数的零值区域是无法被仪器探测到的。一些人也许认为，解译任何望远镜的观测数据都应该保持这些未测量的谱灵敏度区域为零值，避免人为增加信息。然而，这些零值本身就是人为指定的，有一些值当然会是错误的。我们希望数据操控是在尽可能不人为增加细节的前提下，让未测量点的可见度取值最合理的，或符合最可能的强度分布。成像处理中，可以人为引入的合理特征包括辐射强度恒为正值，源的角结构尺度有限等。对未测量的 (u,v) 点隐性赋为非零值的图像重建技术包括 CLEAN、最大熵法和压缩感知，将在第 11 章介绍。

10.2.2 可见度数据的加权

为了对含有高斯噪声的测量数据求和时获得最佳信噪比，需要对数据进行加权，权值与数据的方差成反比。用正弦分量合成源图像也要加权，分量的幅度正比于相应的可见度点的数值。因此，为获得最佳信噪比，式（10.7）中的权值 w_i 应与其方差成反比。如果用均匀天线和接收机阵列获取数据，且所有数据点的平均时间相等，则所有分量的方差也相同，所有测量数据等权重合成的信噪比最优。这种方法称为自然加权（Natural Weighting）。许多阵列自然加权的

波束形状较差，且由于短基线分布相对密集，会在很大的角度范围内出现旁瓣。因此，通常在设置权值时包含一个与 (u,v) 域的测量点密度成反比的加权因子。测量点密度 $\rho_\sigma(u,v)$ 可以定义为：在 $u\pm\frac{1}{2}du$、$v\pm\frac{1}{2}dv$ 区域内的测量点数量等于 $\rho_\sigma(u,v)dudv$（Thompson and Bracewell，1974）。尽管任意给定点的 ρ_σ 与 du 和 dv 的步长有关，仍然有可能定义密度的相对变化，并对密度变化做修正。举个简单例子，利用东西向阵列观测高纬源，天线间距无冗余，且间距分布是单位基线的连续整数倍，此时可见度测量点分布在图 10.1 的同心圆上。如果以等时角步长对可见度进行测量，则任一圆环上的测量点密度与圆环半径成反比。令加权函数 $w(u,v)$ 与 $1/\rho_\sigma(u,v)$ 成正比，在以最大天线间距 u_{max} 为半径的圆内，数据的等效密度呈均匀分布。因此，合成波束近似为圆盘函数的傅里叶变换，以最大值做归一化，可得

$$\frac{2J_1(\pi l u_{max})}{\pi l u_{max}} \tag{10.8}$$

其中 J_1 是一阶第一类贝塞尔函数。$2J_1(x)/x$ 被称为金克（jinc）函数，模仿了辛克（sinc）函数的定义。合成波束的半高全宽为 $0.705u_{max}^{-1}$，第一旁瓣响应等于主瓣的 13.2%[①]。类似地，如果测量点的有效密度在尺寸为 $2u_{max}\times2v_{max}$ 的矩形区域内均匀分布，则合成波束近似为

$$\frac{\sin(2\pi u_{max}l)}{2\pi u_{max}l}\times\frac{\sin(2\pi v_{max}m)}{2\pi v_{max}m} \tag{10.9}$$

矩形分布的合成波束不是圆对称的，在通过波束中心的南北向和东西向剖面，第一旁瓣的最大值是主瓣的 22%。

采用均匀加权时，主波束附近较强的副瓣会遮蔽图像的低电平细节，因此测量的强度不可靠，降低了图像的强度动态范围，如图 10.2 所示。用加权函数乘以高斯函数或类似的锥化窗函数，可以减小式（10.8）和（10.9）的旁瓣，但合成波束的宽度会有所增加。图 10.2 给出可见度函数加窗后的效果，可以用锥化函数的幅度来定义窗函数，窗函数幅度从 (u,v) 原点到最长基线 u_{max} 逐渐减小；通常选择的锥化函数是使旁瓣减小到约−13dB。使用锥化函数时，加权函数 $w(u,v)$ 是两个函数之积：$w_u(u,v)$ 是获取均匀等效密度所需的加权函数，$w_t(u,v)$ 是锥化函数。因此，合成波束是 $W(u,v)w_u(u,v)w_t(u,v)$ 的傅里叶变换：

$$b_0(l,m)=\overline{W}(l,m)**\overline{w}_u(l,m)**\overline{w}_t(l,m) \tag{10.10}$$

[①]　不要将合成波束响应与均匀照射的、半径为 r 的圆口径天线的功率方向图混淆，功率方向图与 $\left[J_1(2\pi rl/\lambda)/(\pi rl/\lambda)\right]^2$ 成正比，半高全宽为 $0.514\lambda/r$，第一零点位于 $0.610\lambda/r$，第一旁瓣等于主瓣的 1.7%。天线方向图与均匀照射的圆孔径天线自相关函数的傅里叶变换成正比。

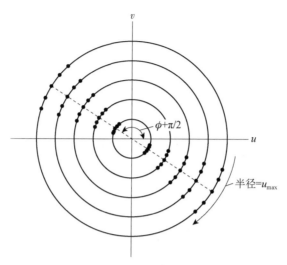

图 10.1 使用天线间距均匀增加的东西向阵列观测高赤纬源时，(u,v) 平面的传递函数（基线轨迹）。图中黑点代表可见度测量位置，用均匀时间间隔测量时，(u,v) 平面上的可见度测量点相对于原点对称。角度为 ϕ 的虚线代表在特定时角测量的所有数据。如果可见度数据的权值正比于轨迹半径，则在半径 u_{max} 范围内可见度数据是等效均匀分布

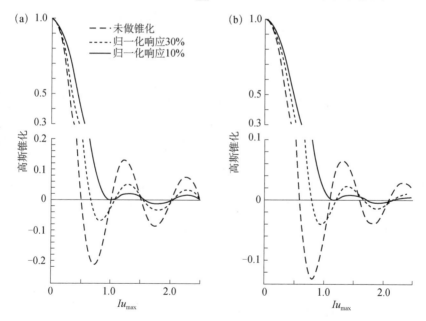

图 10.2 合成波束廓线图例。未做锥化的曲线对应于（a）宽度为 $2u_{max}$ 的矩形区域内，和（b）直径为 $2u_{max}$ 的圆形区域内均匀的可见度分布。未做加权的响应表达式分别为（a）式（10.9），和（b）式（10.8）。图中也给出将边缘可见度幅度锥化 30% 和 10% 的影响。注意纵坐标尺度的变化

上式中函数上方的横线代表傅里叶变换。$W(u,v)w_{\mathrm{u}}(u,v)$ 的傅里叶变换就是均匀等效密度情况下合成的波束，例如式（10.8）与式（10.9）。如果 $w_{\mathrm{t}}(u,v)$ 是二维高斯函数，其傅里叶变换仍为高斯函数。因此，在 (l,m) 域与高斯函数做卷积可以抑制副瓣。函数卷积时，其方差是加性的（Bracewell，2000），因此，从图 10.2 可以明显看出，与 $\bar{w}_{\mathrm{t}}$ 卷积后的波束宽度会比未锥化的波束宽。

均匀加权有一个有趣的性质，当保持未测量可见度值为零时，均匀加权反演的强度与真实强度的均方根偏差最小。这一性质可作如下理解。由于真实的强度分布 $I(l,m)$ 和可见度真值 $\mathcal{V}(u,v)$ 是傅里叶变换对，且加权的测量可见度与反演的强度分布 $I_0(l,m)$ 也是傅里叶变换对，因此，两个域中的这些量之差仍为傅里叶变换对，因此可以应用帕塞瓦尔定理。如前所述，$W(u,v)$ 是传递函数，$w_{\mathrm{u}}(u,v)$ 是使 (u,v) 平面的数据有效均匀分布的加权函数，$w_{\mathrm{t}}(u,v)$ 是锥函数。因此，可得

$$\iint_{\mathrm{meas}} \left| \mathcal{V}(u,v) - \mathcal{V}(u,v)W(u,v)w_{\mathrm{u}}(u,v)w_{\mathrm{t}}(u,v) \right|^2 \mathrm{d}u\,\mathrm{d}v$$

$$+ \iint_{\mathrm{unmeas}} \left| \mathcal{V}(u,v) \right|^2 \mathrm{d}u\,\mathrm{d}v$$

$$= \int_{-\infty}^{\infty}\int_{-\infty}^{\infty} \left| I(l,m) - I_0(l,m) \right|^2 \mathrm{d}l\,\mathrm{d}m \qquad (10.11)$$

式（10.11）中，第一行和第二行分别代表 (u,v) 平面内测量到的和未测量到的区域。测量到的区域内，$W(u,v)w_{\mathrm{u}}(u,v)=1$。均匀加权时，$w_{\mathrm{t}}=1$，因此第一行的积分为零。这种条件下，第三行的真实强度分布与反演强度分布之差的平方最小。如果 $I(l,m)$ 是不可分辨点源，则 $I_0(l,m)$ 等于合成波束。均匀加权使 4π 立体角内的合成波束与无限 (u,v) 覆盖下的点源响应之差的平方最小。从这个意义上来说，有时也可以说均匀加权使合成波束的旁瓣最小。然而，如图 10.2 所示，高斯锥函数可以降低主波束以外的旁瓣，但扩宽了主波束。对 (u,v) 域内测量的可见度数据做均匀加权所反演的图像被称为"主解"（Principal Solution）或"主响应"（Principal Response）（Bracewell and Robert，1954）。在光学成像领域，降低旁瓣的有关处理技术被称为衍射控像法（Apodization），有大量文献对此进行了研究，例如 Jacquinot 和 Roizen-Dossier（1964）以及 Slepian（1965）。

10.2.2.1　稳健加权

对于大型阵列来说，为了便于处理，必须如 5.2 节所述将可见度数据插值到均匀网格。最简单的方法被称为单元平均法（Cell Averaging），即将每个数据点与最近的 (u,v) 网格点相关联。随着 (u,v) 域距离的增加，一个单元内的平均数据点数减少，很多单元中甚至没有数据点。因此，在 (u,v) 平面上，可见度数据估计的方差变化会非常大。综合孔径成像时存在一个矛盾，即希望合成波束很窄且旁瓣很低，又希望弱源探测的灵敏度最优。对视场内的弱源进行探测时，最好的策略是采用自然加权，即做成像变换时采用方差加权。但是，如果信噪

比很高，就可以采用均匀加权得到较高的分辨率和较低的旁瓣。

　　Briggs（1995）提出了一种对数参数化方法，允许加权函数在均匀分布和方差加权之间连续变化。这种处理被称为"稳健加权"（Robust Weighting，中文也译为鲁棒加权）。设 (u,v) 平面上 (i,k) 单元的可见度数据的均方根误差为 σ_{ik}，其权重可以定义为

$$w_{ik} = \frac{1}{S^2 + \sigma_{ik}^2} \qquad (10.12)$$

其中 S 由下式定义：

$$S^2 = \frac{\left(5\times10^{-R}\right)^2}{\overline{w}} \qquad (10.13)$$

式中，R 是稳健因子；$\overline{w}$ 是图像中 n_c 个单元的方差加权因子的均值，

$$\overline{w} = \frac{1}{n_c}\sum\frac{1}{\sigma_{ik}^2} \qquad (10.14)$$

　　R 的标称范围从–2 到 2。当 $R=2$ 时，S 远小于 w，因此权值接近自然加权；当 $R=-2$ 时，S 值远大于 w，因此权值接近均匀加权。$R=0$ 时，均方根误差介于 $R=2$ 及 $R=-2$ 中间。随着 R 的增大，包含几个数据点的单元中一个坏点造成的影响变小，图像更不容易受定标误差或射频干扰误差的影响，因此 R 被称为稳健因子。图 10.3 展示了合成波束宽度和均方根噪声是如何随 R 变化的。在正常默认值 $R=0$ 附近，波束宽度和均方根噪声对 R 的变化更敏感。图 10.3 的示例中，从 $R=-0.5$ 变化到 $R=0.5$ 时，波束宽度增加了 5%，均方根噪声降低了 45%。对于 VLBI 等非均匀阵列，波束宽度稍有增加就可以显著提高灵敏度。

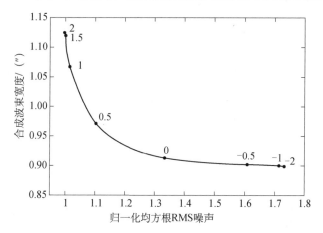

图 10.3　稳健因子从 $R=-2$ 变化到 $R=2$，图像的合成波束宽度与归一化均方根噪声电平的关系。计算采用了两条铁轨的澳大利亚望远镜（6A 和 6C 构型）对 1987A 源（赤纬=-69°）观测 7h 的数据

10.2.3　离散傅里叶变换成像

5.2 节简单讨论了离散傅里叶变换的快速算法，即对大幅图像计算具有很大优势的 FFT（Fast Fourier Transform）。然而，使用 FFT 除了会存在直接傅里叶变换的各种问题外，还引入了额外两个问题：①必须估计矩形网格上的可见度；②图像的部分区域有可能与观测视场外的源发生混叠。估计网格点上的可见度值通常被称为网格化（Gridding），经过网格化的可见度值可用下式代表：

$$\frac{w(u,v)}{\Delta u \Delta v}{}^2 \mathrm{III}\left(\frac{u}{\Delta u}, \frac{v}{\Delta v}\right)\{C(u,v) ** [W(u,v)\mathcal{V}(u,v)]\} \tag{10.15}$$

式中，可见度 $\mathcal{V}(u,v)$ 的测量点位置表示为传递函数 $W(u,v)$，可见度与函数 $C(u,v)$ 卷积生成连续的可见度分布。然后再以 Δu 和 Δv 为步长，在矩形网格点上进行重采样，这一过程也经常被称为卷积网格化（convolutional gridding）。这里用二维山函数 ${}^2\mathrm{III}$ 表征重采样（Bracewell，1956b），定义如下：

$$^2\mathrm{III}\left(\frac{u}{\Delta u}, \frac{v}{\Delta v}\right) = \Delta u \Delta v \sum_{i=-\infty}^{\infty} \sum_{k=-\infty}^{\infty} {}^2\delta(u - i\Delta u, v - k\Delta v) \tag{10.16}$$

其中 ${}^2\delta$ 是二维狄拉克函数。对重采样的数据做加权，可以优化波束。尽管这种方法的数学过程是卷积和重采样，但实际上只需要对网格点的数据做卷积运算。式（10.15）的傅里叶变换代表测量的强度分布：

$$I_{\text{meas}}(l,m) = {}^2\mathrm{III}(l\Delta u, m\Delta v) ** \overline{w}(l,m) ** \{\overline{C}(l,m)[\overline{W}(l,m) ** I(l,m)]\} \tag{10.17}$$

傅里叶变换等效于强度函数 $I(l,m)$ 与传递函数的傅里叶变换做卷积；再与卷积函数的傅里叶变换 $\overline{C}(l,m)$ 相乘；然后分别与加权函数和重采样函数的傅里叶变换做卷积。最后一步的卷积导致整幅图像在 l 方向以 Δu^{-1} 间隔和 m 方向以 Δv^{-1} 间隔复制。这两个间隔分别等于 (l,m) 域图像的二维尺寸；即图像为 $M \times N$ 矩阵时，$\Delta u^{-1} = M\Delta l$，$\Delta v^{-1} = N\Delta m$。$\overline{C}(l,m)$ 是锥化函数，如果在 $\overline{w}(l,m)$ 的宽度范围内 $\overline{C}(l,m)$ 变化不大——大幅图像通常如此，则式（10.17）中的 $\overline{w}(l,m)$ 可直接与 $\overline{W}(l,m) ** I(l,m)$ 做卷积，所以式（10.17）变为

$$I_{\text{meas}}(l,m) \approx {}^2\mathrm{III}(l\Delta u, m\Delta v) ** \{\overline{C}(l,m)[I(l,m) ** b_0(l,m)]\} \tag{10.18}$$

其中出现了合成波束 $b_0(l,m)$，源自式（10.6）。与式（10.5）比较，可看出网格化并重采样的效果是将图像乘以 $\overline{C}(l,m)$，并在空间域复制。复制图像导致了混叠。

再次回到网格点的可见度估值问题，我们希望存在某种形式的精确插值方法，能使网格点的可见度估值与该点的实际测量值相等。Thompson 和 Bracewell（1974）论述了一种精确插值方法。但是图像混叠的问题仍然存在，处理混叠问题最有效的方法是用 (l,m) 平面图像范围内缓慢变化但在图像边缘迅速减小的某

个函数的傅里叶变换与 (u,v) 平面的数据做卷积。因此，我们要寻找一个卷积函数 $C(u,v)$ ，其傅里叶变换 $\bar{C}(l,m)$ 具有上述性质。图像边缘无限陡峭的理想函数使得图像和其副本没有重叠，因此能够完全消除混叠。遗憾的是，这种理想的卷积函数在 (u,v) 平面上是无限延伸的，实际上无法实现。尽管如此，仔细挑选的卷积函数有可能将混叠抑制到可接受的程度。常用且方便的方法是用一次运算同时完成网格化和抗混叠卷积。但要注意， (u,v) 平面测量点上的函数 $C(u,v) ** [W(u,v)\mathcal{V}(u,v)]$ 通常不等于测量的可见度 $\mathcal{V}(u,v)$ 。因此，不能用插值来精确描述网格化处理。另外，由于卷积处理，采样点的值表征网格点局域可见度的均值，不再是该点可见度的样本。最后需要注意，尽管卷积能够抑制数据网格化造成的影响，但不能减小图像区域外的源的旁瓣或环瓣响应。

10.2.4 卷积函数与混叠

从前面的讨论可知，使用 FFT 算法的主要关注点是卷积函数的选取。Schwab（1984）对卷积函数进行了详细讨论。为方便分析，假设卷积函数可以分解成两个相同形式的一维函数，且分别为 u 和 v 的函数，即

$$C(u,v) = C_1(u)C_1(v) \tag{10.19}$$

下面讨论一些函数 C_1 的实例。

矩形函数。 矩形函数与 5.2 节用于单元平均的函数相同。可写成如下形式：

$$C_1(u) = (\Delta u)^{-1} \prod \left(\frac{u}{\Delta u} \right) \tag{10.20}$$

其中 $\prod$ 为单位矩形函数，定义如下：

$$\prod(x) = \begin{cases} 1, & |x| \le \dfrac{1}{2} \\ 0, & |x| > \dfrac{1}{2} \end{cases} \tag{10.21}$$

$C_1(u)$ 的傅里叶变换为

$$\bar{C}_1(l) = \frac{\sin(\pi \Delta u l)}{\pi \Delta u l} \tag{10.22}$$

合成图像的边缘处的 $l = (2\Delta u)^{-1}$ ，因此 $C_1(1/2\Delta u) = 2/\pi$ 。图像强度廓线在 l 和 m 两个方向上被辛克函数加权，并且在对角线方向被辛克函数的平方加权。式（10.22）的函数如图 10.4，可见图像边缘以外第一旁瓣的幅度是图像中心的 0.22。图 10.5（a）给出的 $\bar{C}_1(l)/\bar{C}_1[f(l)]$ 直观展示了混叠效应，其中 $f(l)$ 是 l 处的特征混叠到图像范围内 $[$ 即 $|f(l)| < (2\Delta u)^{-1}]$ 的位置 l 。这个量给出用锥函数 $\bar{C}_1(l)$ 修正后的图像中混叠特征的相对响应。显然，在矩形单元内简单的多点

平均对于抑制混叠的效果较差。

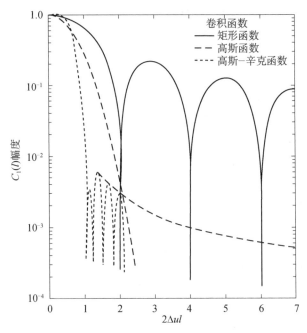

图 10.4　锥化函数 $\overline{C}_1(l)$ 的三个例子，$\overline{C}_1(l)$ 是卷积函数 $C_1(u)$ 的傅里叶变换。高斯卷积函数取 α =0.75；高斯-辛克卷积函数取 α_1 =1.55，α_2 =2.52，第 4 旁瓣以外只给出峰值的包络。图像中心的横坐标为 0，图像边缘横坐标为 1.0。高斯-辛克函数的数据由 F. R. Schwab 计算

高斯函数。高斯卷积函数为

$$C_1(u) = \frac{1}{\alpha\Delta u\sqrt{\pi}} \mathrm{e}^{-(u/\alpha\Delta u)^2} \tag{10.23}$$

其傅里叶变换为

$$\overline{C}_1(l) = \mathrm{e}^{-(\pi\alpha\Delta ul)^2} \tag{10.24}$$

改变常数 α 的取值，可以改变卷积函数的宽度。如果 α 值太小，$C_1(u)$ 会很窄，只有靠近网格点的可见度测量值才能在成像过程中有较大权重。如果 α 值过大，函数 $\overline{C}_1(u)$ 会使图像严重锥化。Westerbork 阵列早期使用的高斯卷积函数取 $\alpha = 2\sqrt{\ln 4}/\pi = 0.750$（Brouw，1971）。这种条件下，$C_1(u)$ 中的 $\mathrm{e}^{-(u/\alpha\Delta u)^2}$ 因子在 (u,v) 平面两个网格点对角线中间点的值等于 0.41。因此，反演图像时所有测量点的权重都很大，且图像边缘处锥化因子 $\overline{C}_1 = \dfrac{1}{4}$。高斯函数曲线如图 10.4 所示。

高斯-辛克函数。图像锥化函数 $\overline{C}_1(l)$ 的理想形式是矩形，相当于与辛克函

数做卷积，如式（10.22）。然而，辛克函数的包络随自变量增大而降低的过程是非常缓慢的，而且卷积所需的计算量很大。对辛克函数进行截断是不可取的，这是由于我们希望得到的是 l 域矩形函数，与截断函数的傅里叶变换做卷积会破坏图像边缘的陡峭度。较好的锥函数是将辛克函数与高斯函数相乘，得出如下卷积函数：

$$C_1(u) = \frac{\sin(\pi u / \alpha_1 \Delta u)}{\pi u} \mathrm{e}^{-(u/\alpha_2 \Delta u)^2} \tag{10.25}$$

及

$$\bar{C}_1(l) = \prod(\alpha_1 \Delta u l) * \left[\sqrt{\pi} \alpha_2 \Delta u \mathrm{e}^{-(\pi \alpha_2 \Delta u l)^2} \right] \tag{10.26}$$

当 $\alpha_1 = 1.55$ 且 $\alpha_2 = 2.52$，以及在约 $6\Delta u$ 的宽度范围做卷积，可以获得较好的性能。$\bar{C}_1(l)$ 对应的曲线和引起的混叠分别如图 10.4 和图 10.5（b）所示。高斯–辛克卷积函数的性能要比前两个函数好得多。

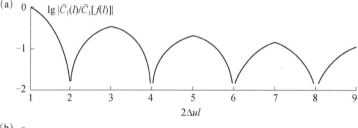

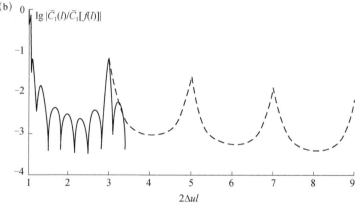

图 10.5　用对数表征的幅度混叠因子。当图像外的强度分布混叠进入图像时，进入图像的强度需乘以混叠因子。横坐标 1.0 代表图像边缘，2，4，6，…是较近的图像副本的中心。（a）宽度为 Δu（单元平均）的矩形卷积函数的混叠因子。（b）采用正文中优化参数的高斯–辛克卷积函数的混叠因子，虚线代表最大值的包络。数据由 F. R. Schwab 计算

　　球函数。还有各种其他函数也满足所需的卷积特性。为了评估混叠抑制的有效性，Brouw（1975）定义了下面的量：

$$\frac{\iint_{\text{image}}\left[\bar{C}(l,m)\right]^2 \mathrm{d}l\,\mathrm{d}m}{\int_{-\infty}^{\infty}\int_{-\infty}^{\infty}\left[\bar{C}(l,m)\right]^2 \mathrm{d}l\,\mathrm{d}m} \tag{10.27}$$

式（10.27）表征图像区域内对锥函数做幅度平方的定积分与无限区间积分之比。选取卷积函数的一个准则是使式（10.27）最大。这个准则启发了人们考虑使用长椭球波函数［例如参见 Slepian 和 Pollak（1961）］和球函数（Rhodes，1970）。Schwab（1984）研究发现，在所有研究的函数中，球函数是最逼近最优卷积函数的。球函数是某些微分方程的解，并且不能用简单的解析形式表达。用球函数与可见度数据做卷积时，要提前计算球函数并放入查找表。比较球函数与高斯-辛克函数可以发现，两个函数的混叠系数 $\bar{C}_1(l)/\bar{C}_1\left[f(l)\right]$ 从图像中心到边缘的滚降速度相当，但当 l 超出图像边缘时，球函数的混叠系数比高斯-辛克函数小一个或多个数量级（Briggs，1999）。运算能力会限制 (u,v) 平面内卷积运算的最大区域，因此会使最优卷积函数的选取变得更复杂。通常卷积区域为 6~8 个网格单元宽度，以被插值点作为区域中心。用锥函数去除旁瓣时，傅里叶变换的舍入误差会被放大，因此可能会限制图像边缘的锥化能力。

10.2.5　混叠与信噪比

从图像边缘以外混叠进入图像的成分不仅包括天空的亮温分布特征，也包括随机变化的系统噪声。如果我们考虑测量可见度中的噪声分量的直接傅里叶变换，从式（10.7）可以清楚地看出，任一 (l,m) 点的可见度数据都被一组模值相同的复指数因子加权。由于 (u,v) 平面上每个数据点的噪声是相互独立的，所以 (l,m) 平面整个图像范围内的噪声方差是统计常数。如果使用 FFT 算法，图像内的均方根噪声电平将与函数 $\bar{C}(l,m)$ 相乘，且图像边缘以外的细节将混叠进入图像内。需要注意的是，噪声对方差的贡献是加性的。因此，一维的噪声方差是 l 的函数，与下式成正比：

$$\mathrm{III}(l\Delta u)*\left|C_1(l)\right|^2 \tag{10.28}$$

FFT 导致的图像副本也可以写成求和式，则图像内 l 点的噪声方差正比于

$$\sum_{i=-\infty}^{\infty}\left|C_1\left(l+i\Delta u^{-1}\right)\right|^2 \tag{10.29}$$

通常 $\bar{C}_1(l)$ 随 l 的增加而快速降低，只有相邻的图像副本才对图像贡献混叠噪声。图像边缘的混叠最大，如图 10.6 所示。

如果使用高斯-辛克型卷积函数，从图 10.5（b）可以看出，除了 $2\Delta ul$ 值介于 1.0 和 1.1 之间的部分，其他区域的混叠幅度减小到 $<10^{-1}$，幅度平方减小到 $<10^{-2}$。因此，除了图像边缘的狭小区域，混叠并未显著增加噪声电平。

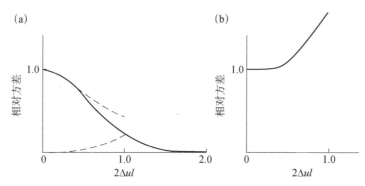

图 10.6 混叠对图像内噪声方差的影响。横坐标 l 是图像半宽度的归一化值；图像中心位于 0 点，边缘位于 1.0 点，相邻的图像副本中心位于 2.0 点。（a）实线代表高斯卷积函数 C_1 的锥化效果，虚线代表混叠的影响。（b）修正锥函数 C_1 后、含混叠分量的噪声方差。引自 Napier 和 Crane（1982）[也可参见（Crane and Napier，1989）]

另外一种极端的加权函数是单元平均，这种情况下混叠最为严重，$\bar{C}_1(u)$ 是式（10.22）给出的辛克函数。此时式（10.29）变为

$$\sum_{i=-\infty}^{\infty} \frac{\sin^2\left[\pi(\Delta ul+i)\right]}{\left[\pi(\Delta ul+i)\right]^2} = 1 \qquad (10.30)$$

上式表明混叠精确地抵消了锥化效应，噪声方差不随 l 而变化，即在对图像中的天文特征实施锥化修正之前，噪声方差是常数。从如下事实也可以推断出这一结论：在进行单元平均时，每个可见度测量值只对一个网格点有贡献，因此每个网格点的噪声分量是相互独立的。然而，由于天空中被测视场内的强度分布被函数 $C_1(l)$ 锥化，因此修正锥化效应时，会导致越靠近图像边缘的噪声越大。使用辛克函数进行锥化时，在 l 轴和 m 轴方向图像边缘噪声增加 $\pi/2$ 倍，在图像的顶角噪声增加 $(\pi/2)^2$ 倍。图 10.5 中，只有当 $2\Delta ul$ 等于偶数的点会为图像中心贡献混叠，且给出的两种锥函数的混叠因子 $\bar{C}_1(l)/\bar{C}_1\left[f(l)\right]$ 都减小到很小的数值。我们讨论的所有卷积函数都不会显著增加图像中心的噪声，且位于该点的源的信噪比由 6.2 节讨论的各项因子决定。

10.2.6 宽视场成像

一些大带宽、高灵敏度和全极化响应的新的大型设备在探测再电离时期（Epoch of Reionization，EoR)具有优势，这要求能够探测电平低至 EoR 天空背景辐射电平，且能够分离那些叠加在背景辐射上的独立射电源分量。这种观测所需的综合孔径视场可能远远大于几度的角度范围，因此图像不再是可见度函数的傅里叶变换。进行大视场分析的基本前提是需要一个能够测量亮温分布的

可见度方程，需包含单元天线的位置和特性、入射辐射穿过地球大气（含电离层）的路径效应以及大气辐射特性等全部细节。这种方程就是 4.8 节介绍的干涉仪测量方程（Interferometer Measurement Equation）。其基本形式描述了一对天线的响应，因此适用于任何特定的天线阵系统和亮温分布来计算每个天线对的可见度值。方程包含了方向依赖性效应，例如单元天线的主波束方向图、源相对于天线的各种极化匹配效应以及天线对的基线分布。考虑这些效应时，不能做小视场和其他假设。方向依赖性效应也可以包含大气和电离层的大尺度传播效应以及接收系统的响应。

利用测量的可见度数据计算图像的最优估计，即逆变换并不简单。对测量的可见度函数做傅里叶变换通常会产生物理失真的亮度分布函数，例如某些位置出现负亮温值。但是尽管如此，基于简单但具有物理意义的理想亮温模型，就可以用测量方程精确计算"应该"测量到的可见度值。通过比较模型值与观测值并调整亮温模型，有可能使模型可见度逼近实际观测值，重复迭代这一过程，可以得到与测量可见度吻合的、偏差小于噪声导致不确定性的图像。Rau 等（2009）介绍了用这一处理过程对射电源成像的实例，他们使用了迭代牛顿-拉弗森（Iterative Newton-Raphson）算法如下：

（1）观测已知位置和结构的源并校准干涉仪响应。这一步要测量平行极化和互极化两种情况（无论是圆极化还是线极化）。

（2）对被测天区进行观测，并用（1）获得的定标数据确定 (u,v) 平面上矩形网格点的（复）可见度数据。

（3）用测量方程计算（2）被测大区中心的模型源，获取（2）中被测天区中心的模型源在（2）中网格可见度测量 (u,v) 点上的模型可见度。可以基于被测源的任何先验知识建立模型，但点目标模型通常也能够满足要求。

（4）从（2）的测量值中减掉源模型计算的可见度值，对差值做傅里叶变换，可以得到天空与模型之差的亮温函数。

（5）使用（4）的亮温函数改进模型亮温函数，即使模型亮温函数逼近（2）的测量可见度值。具体方法是，将（4）的亮温函数乘以一个比例因子 γ 并加入模型，产生一个改进的源模型。γ 是迭代过程的环路增益。

（6）由（5）计算改进模型的可见度值（Vm_j），如果 Vm_j 足够逼近测量可见度值（Vo_j），则跳到（7）。否则，返回（4）并使用（5）改进源模型。比较观测和模型可见度要计算 $\chi^2 = \sum \left[\left(Vo_j - Vm_j\right)\left(Vo_j - Vm_j\right)^* \right]$，通过迭代使其最小。

（7）计算（6）中观测可见度与模型可见度值的残差，经傅里叶变换将其转化为亮温，并将其加入（6）中的模型。这一步确保了最终模型的傅里叶变换等于观测的可见度值。

　　所需的迭代次数（从第（6）步返回第（4）步）与第（5）步的 γ 值成反比。较小的步长，如 $\gamma = 0.5$ 或更小，可以逼近最优解。第（3）步源模型的选择并不重要。例如，如果源具有一定宽度但选择了点源模型，则与测量可见度值相比，第（3）步计算的模型可见度值在 (u,v) 域宽得多的范围内有显著值。但在第（4）步要减掉比例为 γ 的可见度增量，因此模型数据将在噪声限制下逐渐逼近测量数据。获得一个与测量可见度吻合的理想天空模型是综合孔径成像的基本目标。这种通过迭代使 χ^2 最小化的过程，是很多成像处理技术的基础。

10.3　闭合关系

　　构成封闭图形的基线测得的可见度值具有闭合关系，例如，天线单元位于三角形或四边形各个顶点的情况。由式（7.37）和（7.38），天线对 (m,n) 的相关器输出可以写为

$$r_{mn} = G_{mn} \mathcal{V}_{mn} = g_m g_n^* \mathcal{V}_{mn} \tag{10.31}$$

其中 G_{mn} 是天线对的复增益；g_m 和 g_n 为单个天线的增益因子。我们这里忽略了不能用单天线增益项表征的任何增益因子（见 7.3.3 节），即忽略依赖于基线的因子。

　　首先考虑相位关系，我们分别用 ϕ_{mn}、ϕ_m、ϕ_n 和 ϕ_{vmn} 代表 r_{mn}、g_m、g_n 和 $\mathcal{V}_{mn}$ 指数项的变量，可得

$$\phi_{mn} = \phi_m - \phi_n + \phi_{vmn} \tag{10.32}$$

对于三个天线 m,n,p，相位闭环关系为

$$\begin{aligned} \phi_{c_{mnp}} &= \phi_{mn} + \phi_{np} + \phi_{pm} \\ &= \phi_m - \phi_n + \phi_{vmn} \\ &\quad + \phi_n - \phi_p + \phi_{vnp} \\ &\quad + \phi_p + \phi_m + \phi_{vpm} \end{aligned} \tag{10.33}$$

或简化为

$$\phi_{c_{mnp}} = \phi_{vmn} + \phi_{vnp} + \phi_{vpm} \tag{10.34}$$

天线增益项 g_m 等包含了大气路径效应和设备效应，由于这几项没有在式（10.34）中出现，显然三个相关器输出的相位之和给出一个只依赖于可见度相位的可观测量。Jennison（1958）首先意识到并使用了这种相位闭合关系。

　　如果对点源进行观测，则可见度相位均为 0，且当接收机没有噪声时，闭合相位也为 0。注意，如果每条基线的均方根相位噪声为 σ，则闭合相位的均方根噪声为 $\sqrt{3}\sigma$。

　　为可视化表征相位闭合概念，考虑用 3 天线阵列观测点源，如图 10.7。图

中，我们用视线方向的大气延迟表征每个天线的设备相位。每条基线的可见度

相位为 $\phi_v = \dfrac{2\pi}{\lambda} \boldsymbol{D} \cdot \boldsymbol{s}$ 。因此，闭合相位为

$$\phi_{c_{mnp}} = \frac{2\pi}{\lambda}\left(\boldsymbol{D}_{mn} + \boldsymbol{D}_{np} + \boldsymbol{D}_{pm} \right) \cdot \boldsymbol{s} = 0 \qquad （10.35）$$

这是由于构成三角形的基线矢量之和等于 0。上式表明，即使点源并未处于相位
跟踪中心或天线有坐标误差，点源的闭合相位仍为 0。这一性质也必然导致只靠
闭合相位测量不能推断源的位置。

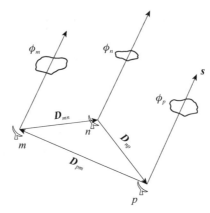

图 10.7　　m, n, p 三个天线构成的三角形基线。s 是指向源方向的单位矢量。用大气云团表征
每个天线增益因子的相位，小云团造成的增量相移分别为 ϕ_m, ϕ_n 和 ϕ_p

　　如果我们有 n_a 个天线并测量所有天线对的相关系数，独立相位闭环关系的
数量等于相关器输出相位的数量减去未知的设备相位的数量，其中一个设备相
位可以人为指定。如果没有冗余间距，则每个闭环关系给出不同的源结构信
息。相位闭环关系数量为

$$\frac{1}{2} n_a \left(n_a - 1 \right) - \left(n_a - 1 \right) = \frac{1}{2} \left(n_a - 1 \right) \left(n_a - 2 \right) \qquad （10.36）$$

通常，识别独立闭合三角形的集合是很重要的。如果直接用闭合相位做模型拟
合，就必须识别这种集合。可以用组合数学原理来做识别。n_a 个天线能够构成
多少个三角形这一问题，可以重新表述为：有 n_a 个元素，不考虑排列顺序的情
况下，有多少种唯一的方式取出其中三个元素？其解即为二项式系数（组合
数）：

$$n_{\mathrm{PT}} = \binom{n_a}{3} = \frac{n_a!}{(n_a - 3)! \, 3!} = \frac{n_a (n_a - 1)(n_a - 2)}{6} \qquad （10.37）$$

类似地，独立基线数量为

$$\binom{n_a}{2} = \frac{n_a(n_a-1)}{2} \qquad (10.38)$$

用下述流程可以找到独立三角形的集合。选择一个天线作为参考，如图 10.8 所示。独立三角形的集合是包含参考天线的全部三角形。非独立三角形是指那些不包含参考天线 1 的三角形，即

$$\phi_{c_{mnp}} = \phi_{mn} + \phi_{np} + \phi_{pm} \qquad (10.39)$$

其中 m, n, p 均不等于 1。由于

$$\phi_{c_{1nm}} = \phi_{1n} + \phi_{nm} + \phi_{m1}$$
$$\phi_{c_{1mp}} = \phi_{1m} + \phi_{mp} + \phi_{p1} \qquad (10.40)$$
$$\phi_{c_{1pn}} = \phi_{1p} + \phi_{pn} + \phi_{n1}$$

且 $\phi_{1n} = -\phi_{n1}$，$\phi_{1m} = -\phi_{m1}$ 和 $\phi_{1p} = -\phi_{p1}$，所以闭合相位之和等于

$$\phi_{nm} + \phi_{mp} + \phi_{pn} \qquad (10.41)$$

因此，独立闭合三角形的数量由下式给出：

$$n_{P\,indep} = \binom{n_a-1}{2} = \frac{(n_a-1)(n_a-2)}{2} \qquad (10.42)$$

与式（10.36）一致。利用阵列的相位闭合关系能够恢复的相位信息的占比为

$$f_P = n_{P\,indep}\,/\,n_b = \frac{(n_a-1)(n_a-2)}{2}\bigg/\frac{n_a(n_a-1)}{2} = 1 - \frac{2}{n_a} \qquad (10.43)$$

典型数据如表 10.1 所示。

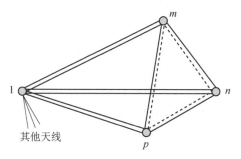

图 10.8 4 个天线构成的 4 个独立三角形。与参考天线（标注为 1）构成的三个独立三角形是互相独立的。由天线 m, n, p 构成的第四个相位闭合关系，可以由三个独立三角形的相位闭合关系推导得出

表 10.1 n_a 个单元构成的阵列中的基线数与闭合相位数 [a]

n_a	n_b	n_{PT}	$n_{P\,indep}$	f_P [b]
2	1	0	0	0
3	3	1	1	0.33

n_a	n_b	n_{PT}	$n_{P\,indep}$	$f_P{}^b$
4	6	4	3	0.50
5	10	10	6	0.60
8	28	56	21	0.75
10	45	120	36	0.80
27	351	2925	325	0.93
50	1225	19600	1176	0.96
100	4950	161700	4851	0.98

a $n_b = n_a(n_a-1)/2$，　$n_{PT} = n_a(n_a-1)(n_a-2)/6$，　$n_{P\,indep} = (n_a-1)(n_a-2)/2$，　$f_P = n_{P\,indep}/n_b = 1 - \dfrac{2}{n_a}$。

b 见图 11.4。

现在我们讨论幅度闭合关系。幅度闭合关系涉及四个天线对，需要使用四个天线 m, n, p, q：

$$\frac{\left|r_{mn}\right|\left|r_{pq}\right|}{\left|r_{mp}\right|\left|r_{nq}\right|} = \frac{\left|\mathcal{V}_{mn}\right|\left|\mathcal{V}_{pq}\right|}{\left|\mathcal{V}_{mp}\right|\left|\mathcal{V}_{nq}\right|} \tag{10.44}$$

利用式（10.31），将具有 $g_m g_n^* \mathcal{V}_{mn}$ 形式的项代入式（10.44）的左侧，可以证明上式。由于都包含所有四个 g 项的模值之积，分子和分母的模值相互抵消。四个天线单元可以构成六种幅度闭合关系，其中三个是另外三个的倒数，可以忽略。三种基本构型如图 10.9 所示。三个闭合幅度，即 $\left|r_{mn}\right|\left|r_{pq}\right|/\left|r_{mp}\right|\left|r_{nq}\right|$、$\left|r_{mp}\right|\left|r_{nq}\right|/\left|r_{mq}\right|\left|r_{nn}\right|$ 和 $\left|r_{mn}\right|\left|r_{pq}\right|/\left|r_{mq}\right|\left|r_{np}\right|$ 之积等于 1，因此三种关系中只有两种是独立的。n_a 个天线且基线无冗余时，独立的幅度闭合关系的数量等于测量的幅度的数量 $\frac{1}{2}n_a(n_a-1)$ 减去未知的天线增益因子的数量 n_a，即

$$n_{A\,indep} = \frac{1}{2}n_a(n_a-1) - n_a = \frac{1}{2}n_a(n_a-3) \tag{10.45}$$

利用幅度闭合关系能够恢复的幅度信息所占比例为

$$f_A = \frac{n-3}{n-1} \tag{10.46}$$

早期利用幅度闭合原理时，通过计算观测可见度幅度之比来消除设备增益，参见 Smith（1952）和 Twiss 等（1960）。闭合四边形的总数为

$$n_{AT} = 6\binom{n_a}{4} \tag{10.47}$$

总数为 n_a^4 量级。通过系统化设计方法，可以选出一个独立闭合关系的集合。幅度闭合结构的详细分析见 Lannes（1991）。

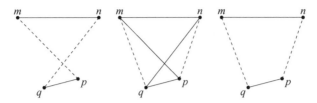

图 10.9　四个天线能够形成的三种幅度闭合关系［见式（10.34）］。（此处没有包含无效的倒数关系，即图中实线与虚线互换的情况。）每种构型中，实线表示闭合幅度关系的分子中的两个可见度模值，虚线表示分母中的两个可见度模值。三种闭合幅度之积等于 1，因此只有两个闭合幅度是独立的

　　注意，有效利用闭合关系的基本要求是在任意时刻，都能够用一个复增益因子来表征源到相关器的信号路径效应。因此，被测源范围内的大气效应必须保持稳定，即源的角宽度不能大于大气等晕面元（Isoplanatic Patch）的尺寸。等晕面元是天空中的一块区域，在其范围内入射波的路径长度基本一致，误差远小于波长，参见 11.8.4 节。等晕面元的尺寸随频率变化。频率在几百兆赫兹或更小时，天线波束范围内通常包含不止一个源，源之间的角距离有可能过大，每个源的电离层条件可能会不同。因此，每个源的闭合条件都不相同，与唯一源的情况相比，多源条件下闭合原理更加复杂。

　　做综合孔径成像时，闭合关系是非常重要的。观测不可分辨点源时，闭合相位应等于 0，闭合幅度应等于 1。因此，闭合关系对于验证定标精度和检测设备效应是非常有用的。观测可分辨源时，当难以通过定标源观测直接进行定标时，可以像一些 VLBI 观测一样，将闭合关系作为观测量。最重要的是，要求图像动态范围很高时，可以用闭合关系改善定标精度。由于可见度的幅度定标比相位定标更容易，因此使用幅度闭合关系的情况相对较少。但是，如果要求的幅度测量精度很高，幅度闭合关系可以提供一种有效的检验手段（Trotter et al.，1998；Bower et al.，2014；Ortiz-León et al.，2016）。

10.4　可见度模型拟合

　　射电干涉测量早期，特别是可见度相位定标很差或者数据覆盖不完整，难以使用傅里叶变换的情况下，广泛使用简单的强度模型来拟合可见度数据。简单的模型如图 1.5、图 1.10，以及图 1.14 中的高斯分量。

　　对于短毫米波观测的稀疏 VLBI 阵列来说，模型拟合一直是解译数据的唯一手段（Doeleman et al.，2008）。但是，即使是采样覆盖很好的大型阵列，也可以用模型拟合生成高质量的图像。生成图像的过程很复杂，包括可见度数据网格化插值、傅里叶变换、自定标或 CLEAN 等非线性反卷积算法，如第 11 章所

述。不同像素的噪声之间是相关的，会表现出难以解释的特征。反演图像不具有唯一性，可以理解为真实亮温分布的模型。因此，从图像域提取源参数可以描述为"对模型建模"（Modeling the Model）。

反之，阵列的基本数据产品是可见度数据，人们对可见度数据的噪声特性有很好的认知，即可见度噪声是方差已知的非相关高斯噪声。如果希望用特定的模型解译源辐射的结构特征，直接分析可见度数据通常是获取模型参数的最佳方法。模型拟合有一些重要应用，包括对幂律分布源的拟合，如 10.4.4 节所述。这些情况下，在图像域进行分析难以合理地估计总流量密度和其他参数。另一个应用是在分时观测且每次观测的 (u,v) 覆盖不相同时，可以用可见度模型拟合来确定源参数的变化。用同一模型对两个时间段的数据进行拟合，令感兴趣的参数可变，有可能给出源参数变化的最佳证据。一个有趣的观测案例是Masson（1986）测量的一个紧致行星状星云的角展宽。在不同时间段测量了几个数据集，用其中 (u,v) 覆盖最好的数据集反演图像，并用作模型来拟合其他数据集，这就避免了直接比较不同合成波束获取的图像。

Pearson（1999）对模型拟合的一般性原理进行了有益的讨论。利用贝叶斯方法估计大量参数的方法见 Lochner 等（2015）。基于 (u,v) 数据搜索瞬变源是具有优势的。

10.4.1　简单模型拟合的基本考虑

我们考虑小视场的情况（ $l,m \ll 1, A(l,m) \approx 1$ ），式（3.7）和（3.10）给出图像强度和可见度之间的变换公式，可写为如下形式：

$$\mathcal{V}(u,v) = \int_{-\infty}^{\infty} I(l,m)e^{-j2\pi(ul+vm)}\,\mathrm{d}l\,\mathrm{d}m \tag{10.48}$$

$$I(l,m) = \int_{-\infty}^{\infty} \mathcal{V}(u,v)e^{j2\pi(ul+vm)}\,\mathrm{d}u\,\mathrm{d}v \tag{10.49}$$

一种常用的简单源模型是以 (l_1,m_1) 为中心、峰值强度为 I_0，以及宽度参数为 a 的高斯强度分布：

$$I(l,m) = I_0 \exp\left[\frac{-(l-l_1)^2 - (m-m_1)^2}{2a^2}\right] \tag{10.50}$$

其半高全宽 $\theta_G = \sqrt{8\ln 2}a$。对应的模型可见度分布为

$$\mathcal{V}_m(u,v) = S_0 e^{-2\pi^2 a^2(u^2+v^2) - j2\pi(ul_1+vm_1)} \tag{10.51}$$

其中总流量密度 $S_0 = 2\pi I_0 a^2$。可见度的实部和虚部分量表现为正弦波纹，图像域上的波脊与指向点 (l_1,m_1) 的径向矢量垂直。可见度分量被以 (u,v) 域原点为中心的高斯函数幅度调制，高斯函数的宽度反比于 σ。因此，检验可见度的分布可以给出主要强度分量的形式和位置信息。这种模型拟合的早期案例和讨论见

Maltby 和 Moffet（1962）；Fomalont（1968），以及 Fomalont 和 Wright（1974）。在图像域拟合四个参数 (I_0, a, l_1, m_1) 或者在可见度域拟合 (S_0, a, l_1, m_1) 是非线性过程。拟合时需要对参数做初始估值。在图像域选择初始参数比在可见度域更容易，但最好在可见度域做最终的分析。

　　拟合模型参数时，必须选择一个拟合质量的判决准则。由于可见度的实部和虚部分量通常含有高斯噪声，从最大似然估计的角度（见附录12.1），最优准则应使模型与 n_d 点数据集之间的加权均方差最小，即 χ^2 准则：

$$\chi^2 = \sum_{i=1}^{n_d} \frac{\left[\mathcal{V}(u_i, v_i) - \mathcal{V}_m(u_i, v_i, \boldsymbol{p})\right]\left[\mathcal{V}(u_i, v_i) - \mathcal{V}_m(u_i, v_i, \boldsymbol{p})\right]^*}{\sigma_i^2} \quad (10.52)$$

其中 $\mathcal{V}(u_i, v_i)$ 是测量可见度，$\mathcal{V}_m(u_i, v_i, \boldsymbol{p})$ 是 $\boldsymbol{p}$ 含有 n_p 个参数的模型可见度，σ_i 是测量误差。完美拟合情况下，χ^2 的最小值为 $n_d - n_p$，χ^2 的标准差为 $\sqrt{2(n_d - n_p)}$。简化的 χ^2 等于 $\chi_r^2 = \chi^2 / (n_d - n_p)$，在良好拟合的情况下约等于1。$\chi_r^2 > 1$ 表示模型没能很好地参数化，或者存在误差估计错误。拟合过程需要对残差 $\left[\mathcal{V}(u_i, v_i) - \mathcal{V}_m(u_i, v_i, \boldsymbol{p})\right] / \sigma_i$ 进行检验，以排除任何不符合高斯分布的系统差。如果存在这种系统差，意味着模型需要使用更多参数或者应选择不同的参数。如果偏差符合高斯概率分布，则问题可能出在 σ_i 估值存在常因子误差，可以选择合适的常数因子使 $\chi_r^2 = 1$。另一个常见的问题是数据有噪声基底。这种情况下，可以用 $\sigma_i^2 + \sigma_f^2$ 代替 σ_i^2，其中 σ_f 代表噪底，通过适当选择 σ_f^2，使 $\chi_r^2 = 1$。当 $\sigma_f^2 > 0$ 且 σ_i 较小时，测量值的显著性会降低，当 $\sigma_f \gg \sigma_i$ 时，趋向于得到一个所有数据等权重且与 σ_i 无关的解。

　　注意，式（10.52）可以写为

$$\chi^2 = \sum_{i=1}^{n_d} \frac{\left(\mathcal{V}_{Ri} - \mathcal{V}_{mRi}\right)^2 + \left(\mathcal{V}_{Ii} - \mathcal{V}_{mIi}\right)^2}{\sigma_i^2} \quad (10.53)$$

其中 $\mathcal{V}_R$ 和 $\mathcal{V}_I$ 分别是 $\mathcal{V}$ 的实部和虚部；$\mathcal{V}_{mR}$ 和 $\mathcal{V}_{mI}$ 分别是 $\mathcal{V}_m$ 的实部和虚部。要拟合的数据可能包括可见度闭合幅度和闭合相位。这种情况下，χ^2 可以写为

$$\chi^2 = \sum_{i=1}^{n_d} \frac{\left[|\mathcal{V}| - |\mathcal{V}_m|\right]^2}{\sigma_{Ai}^2} + \sum_{i=1}^{n_c} \frac{(\phi_{ci} - \phi_{mci})^2}{\sigma_{ci}^2} \quad (10.54)$$

其中 σ_{Ai}^2 和 σ_{ci}^2 分别是闭合幅度和闭合相位的测量方差。在强信号条件下（见9.3.3节）：

$$\sigma_{Ai}^2 = \sigma_i^2, \quad \sigma_{ci}^2 = \left(\frac{\sigma_1}{\mathcal{V}_1}\right)^2 + \left(\frac{\sigma_2}{\mathcal{V}_2}\right)^2 + \left(\frac{\sigma_3}{\mathcal{V}_3}\right)^2 \quad (10.55)$$

在弱信号条件下，由于闭合相位和幅度的概率分布变成非高斯分布，用式

（10.54）可能无法得到最优解。特别是随着信噪比的降低，闭合幅度的概率分布会越来越扭曲。

用有限的闭合关系数据对可见度数据集做模型拟合的实例见 Akiyama 等（2015）；Fish 等（2016）和 Lu 等（2013）。

搜索 χ^2 的最小值的运算量是很惊人的。一种流行的方法是用大量计算资源直接计算，即基于贝叶斯定理的马尔可夫链蒙特卡罗（MCMC）算法。MCMC 算法可以在搜索 χ^2 的最小值时系统化地改变参数值。该方法还可以生成参数的后验概率函数（Sivia，2006）。

强度分布的矩和可见度的矩之间存在一个重要的关系。零阶矩等于流量密度 S，奇数阶矩贡献了可见度的虚部分量，偶数阶矩贡献了实部分量。如果源沿 l 方向对称分布，则奇数阶矩等于零。此外，如果源是略微可分辨的，则主要是二阶矩项导致 $\mathcal{V}$ 值减小。这种情况下，可以用具有适当二阶矩的对称源模型来表征源。

为简化起见，我们对一维问题进行分析：

$$\mathcal{V}_1(u) = \int_{-\infty}^{\infty} I_1(l) e^{-j2\pi ul} \, dl \tag{10.56}$$

其中 $\mathcal{V}_1(u) = \mathcal{V}_1(u, 0)$，且

$$I_1(l) = \int_{-\infty}^{\infty} I(l, m) \, dm \tag{10.57}$$

每次对 $\mathcal{V}_1$ 相对于 u 求导会引入一个 $-j2\pi l$ 因子，因此 n 阶导数可以写为

$$\mathcal{V}_1^{(n)}(u) = \int_{-\infty}^{\infty} (-j2\pi l)^n I_1 e^{-j2\pi ul} \, dl \tag{10.58}$$

或者

$$\mathcal{V}_1^{(n)}(0) = (-j2\pi)^n \int_{-\infty}^{\infty} l^n I_1(l) \, dl \tag{10.59}$$

$\mathcal{V}_1(u)$ 的泰勒展开为

$$\mathcal{V}_1(u) = \mathcal{V}_1(0) + \mathcal{V}_1'(0)u + \mathcal{V}_1''(0)\frac{u^2}{2} + \cdots + \mathcal{V}_1^{(n)}(0)\frac{u^n}{n!} + \cdots \tag{10.60}$$

或者

$$\mathcal{V}_1(u) = M_0 + \sum_{n=1}^{\infty} \frac{(-j2\pi)^n}{n!} M_n u^n \tag{10.61}$$

其中

$$M_n = \int_{-\infty}^{\infty} l^n I_1(l) \, dl \tag{10.62}$$

泰勒展开要求各阶矩为有限值。

10.4.2　模型参数拟合的例子

干涉测量最常遇到的模型是流量密度、源尺寸和位置未知的简单高斯分

布，如式（10.51）。由标准的非线性最小二乘分析过程可以估计 4 个模型参数 S_0, a, l_1 和 m_1（见附录 12.1）。分析流程需要对参数做初始估计。模型可以推广为用长轴和短轴长度以及位置角定义的椭圆高斯源（拟合六个参数）。

为评估简单模型推导的参数精度，考虑一个方位向对称且略微可分辨，但是位置未知的源，n_d 点观测数据集的噪声为 σ。当 SNR 很高时，我们可以分别分析可见度的幅度和相位。可见度的相位和幅度模型可以写为

$$\phi = 2\pi(u_1 l_1 + v_1 m_1) \tag{10.63}$$

$$|\mathcal{V}| = S_0 - bq^2 \tag{10.64}$$

其中 $q^2 = u^2 + v^2$，l_1, m_1 和 b 是待确定的模型参数。我们进一步假设 $m_1 = 0$。

图 10.10 给出仿真数据集。所用模型是参数 l_1、S_0 和 b 的线性函数。通过常用的线性求解方法，基于相位和幅度 χ^2 最小化方程可以估计这些参数［见附录 12.1 或参见 Bevington 和 Robinson（1992）］。l_1 的估计为

$$l_1 = \frac{\dfrac{1}{2\pi}\sum_{i=1}^{n_d}\phi_i u_i / \sigma_{\phi_i}^2}{\sum_{i=1}^{n_d} u_i^2 / \sigma_{\phi_i}^2} \tag{10.65}$$

其中 $\sigma_{\phi_i} \approx \sigma_i / |\mathcal{V}|_i$ 且 σ_i 由式（6.50）所定义。我们假设所有天线的灵敏度相同，因此 $\sigma_i = \sigma$，且假设 $|\mathcal{V}| \sim S_0$，所以 σ_{ϕ_i} 近似为常数。这种情况下：

$$\sigma_{l_1} = \frac{\sigma / S_0}{2\pi\left[\sum_{i=1}^{n_d} u_i^2\right]^{1/2}} \tag{10.66}$$

如果数据是以 Δu 为间隔均匀分布的，即 $u_i = i\Delta u$，当 $n_d \gg 1$ 时，$\sum u_i^2 = (\Delta u)^2 \sum i^2 = (\Delta u)^2 n_d(n_d+1)(2n_d+1)/6 \approx (\Delta u)^2 n_d^3/3$。因此

$$\sigma_{l_1} \approx \frac{1}{2\pi}\sqrt{\frac{3}{n_d}}\frac{\sigma}{S_0}\frac{1}{u_{\max}} \tag{10.67}$$

其中 $u_{\max} = n_d \Delta u$，或者也可以写成

$$\sigma_{l_1} \approx \frac{0.3}{\sqrt{n_d}}\frac{\sigma}{S_0}\frac{\lambda}{D_{\max}} \tag{10.68}$$

其中 $D_{\max} = \lambda u_{\max}$。上式近似于天体测量中的直接图像拟合公式［见式（12.16）］。

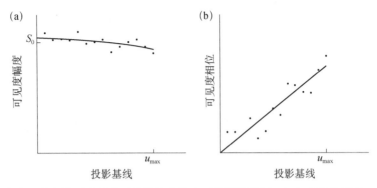

图 10.10　条纹可见度模型及略微可分辨且方位向对称源的数据。（a）条纹幅度呈二次函数下
　　　　降，表明源可以被分辨；（b）可见度相位表明源的位置偏移

S_0 和 b 及其误差 σ_{S_0} 和 σ_{b} 的估计公式如下：

$$S_0 = \frac{1}{\Delta}\left[\sum_{i=1}^{n_{\mathrm{d}}} q_i^4 \sum_{i=1}^{n_{\mathrm{d}}} |V|_i - \sum_{i=1}^{n_{\mathrm{d}}} q_i^2 \sum_{i=1}^{n_{\mathrm{d}}} |V|_i\, q_i^2 \right] \qquad （10.69）$$

$$\sigma_{S_0}^2 = \frac{\sigma^2}{\Delta} \sum_{i=1}^{n_{\mathrm{d}}} q_i^4 \qquad （10.70）$$

$$b = \frac{1}{\Delta}\left[n_{\mathrm{d}} \sum_{i=1}^{n_{\mathrm{d}}} |V|_i\, q_i^2 - \sum_{i=1}^{n_{\mathrm{d}}} q_i^2 \sum_{i=1}^{n_{\mathrm{d}}} |V|_i \right] \qquad （10.71）$$

$$\sigma_{\mathrm{b}}^2 = \frac{n_{\mathrm{d}}}{\Delta} \qquad （10.72）$$

其中 $\Delta = n_{\mathrm{d}} \sum q_i^4 - \left(\sum q_i^2 \right)^2$。如果数据在 0 到 $q_{\max} = n_{\mathrm{d}}\Delta q$ 之间以 Δq 为间隔均匀分布，并做 $\sum q_i^4 \approx n_{\mathrm{d}}^5/5$，$\sum q_i^2 \approx n_{\mathrm{d}}^3/3$ 近似，则 $n_{\mathrm{d}} \gg 1$ 时

$$\sigma_{S_0} \approx \frac{\sigma}{\sqrt{n_{\mathrm{d}}}} \qquad （10.73）$$

及

$$\sigma_{\mathrm{b}} \approx \sqrt{\frac{5}{n_{\mathrm{d}}}} \frac{1}{q_{\max}^2} \qquad （10.74）$$

对于高斯分布源，式（10.51）的泰勒展开（表 10.2）可得 $b = 2\pi^2 a^2 S_0$。由于半高全宽角直径 $\theta_{\mathrm{G}} = \sqrt{8\ln 2}\, a$，可得

$$\theta_{\mathrm{G}} = \left[\frac{4\ln 2}{\pi^2} \frac{b}{S_0} \right]^{1/2} \qquad （10.75）$$

θ_{G} 的不确定性 $\sigma_{\theta_{\mathrm{G}}}$，当 $\sigma_{\theta_{\mathrm{G}}} \ll \theta_{\mathrm{G}}$ 时，$\sigma_{\theta_{\mathrm{G}}}$ 为

$$\sigma_{\theta_G} \approx \frac{4\ln 2}{2\pi^2} \sqrt{\frac{5}{n_d}} \frac{\sigma}{S_0} \frac{1}{\theta_G q_{max}^2} \tag{10.76}$$

以 1σ 置信度能够实际测量的源最小尺寸为 $\theta_{min} \sim \sigma_{\theta_G} \sim \theta_G$，即

$$\theta_{min} \approx \frac{0.6}{\sqrt{\mathcal{R}_{sn}}} \frac{\lambda}{D_{max}} \tag{10.77}$$

其中信噪比 $\mathcal{R}_{sn} = S_0 \sqrt{n_d} / \sigma$ 且 $D_{max} = \lambda q_{max}$。Martí-Vidal 等（2012）给出不同显著性水平下更详细和一般性的分析。

注意，位置和角参数的估计精度可以达到只受 SNR 和模型置信度限制的程度。信噪比很高时，甚至可以确定远小于标称波束宽度的源尺寸。不能将模型拟合与超分辨反卷积混淆[①]。

10.4.3　方位向对称源的建模

方位向对称模型是一类非常重要的模型，即 $I(l, m) = I(r)$，其中 $r = \sqrt{l^2 + m^2}$。后续分析中，假设源位置已知。这种情况下，图像和可见度的傅里叶变换关系变成汉克尔变换（Hankel Transform）（Bracewell，1995，2000；Baddour，2009），即

$$\mathcal{V}(q) = 2\pi \int_0^\infty I(r) J_0(2\pi r q) r \, dr \tag{10.78}$$

$$I(r) = 2\pi \int_0^\infty \mathcal{V}(q) J_0(2\pi r q) q \, dq \tag{10.79}$$

其中 $q = \sqrt{u^2 + v^2}$。$\mathcal{V}(q)$ 是实函数，即可见度相位为零。

一种有用的模型是强度为 I_0、半径为 a 的均匀亮温圆盘。由于 $\int J_0(x) x \, dx = x J_1(x)$，

$$\mathcal{V}(q) = \pi a^2 I_0 \frac{J_1(2\pi a q)}{\pi a q} \tag{10.80}$$

其中 $q = 0$ 时 $J_1(2\pi a q) / \pi a q = 1$，且总流量密度 $\pi a^2 I_0 = S_0$。内外半径分别为 a_1 和 a_2 的环带的可见度可以表征为两个圆盘可见度函数之差

$$\mathcal{V}(q) = \pi a_2^2 I_0 \frac{J_1(2\pi a_2 q)}{\pi a_2 q} - \pi a_1^2 I_0 \frac{J_1(2\pi a_1 q)}{\pi a_1 q} \tag{10.81}$$

即两个面积归一化的 jinc 函数之差。这两个模型和其他一些模型的可见度函数如表 10.2 和图 10.11 所示。一个重要的经验是，较短的基线很难区分不同的圆对称模型，这种情况下可见度随着尺寸参数按二次函数降低。比较圆环和窄环

---

① 在一些领域中被称为"打破衍射屏障"（Breaking the Diffraction Barrier），例如（Betzig et al.，1991）。

表 10.2　方位向对称源分布的可见度函数 [a]

模型	$I(r)/I_0$	半高全宽	$\mathcal{V}(q)/I_0$	$\mathcal{V}(0)/I_0$	A [b]
冲激函数	$\delta(r)$	—	1	—	—
圆环	$\delta(r-a)$	$2a$	$J_0(2\pi aq)$	1	$\pi^2 a^2$
圆盘 [c]	$\Pi\left(\dfrac{r}{a}\right)$	$2a$	$\pi a^2 \dfrac{J_1(2\pi aq)}{\pi aq}$	πa^2	$\dfrac{\pi^2}{2}a^2$
环带 [d]	$\Pi\left(\dfrac{r}{a_2}\right) - \Pi\left(\dfrac{r}{a_1}\right)$	$2a_2$	$\pi a_2^2\left[\dfrac{J_1(2\pi a_2 q)}{\pi a_2 q}\right] - \pi a_1^2\left[\dfrac{J_1(2\pi a_1 q)}{\pi a_1 q}\right]$	$\pi(a_2^2 - a_1^2)$	$\dfrac{\pi^2}{2}\dfrac{a_2^4 - a_1^4}{a_2^2 - a_1^2}$
高斯	$e^{-r^2/2a^2}$	$\sqrt{8\ln 2}\,a$	$2\pi a^2 e^{-2\pi^2 a^2 q^2}$	$2\pi a^2$	$2\pi^2 a^2$
均匀球 [c]	$\sqrt{1-\left(\dfrac{r}{a}\right)^2}\,\Pi\left(\dfrac{r}{a}\right)$	$\dfrac{\sqrt{3}}{2}a$	$\sqrt{\dfrac{\pi}{2}}\left(2\pi a^2\right)\dfrac{J_{3/2}(2\pi aq)}{(2\pi aq)^{3/2}}$ $= \dfrac{2\pi a^2}{(2\pi aq)^3}\left[\sin(2\pi aq) - 2\pi aq\cos(2\pi aq)\right]$	$\dfrac{2\pi}{3}a^2$	$\dfrac{\pi^2 a^2}{4}$

a 其他模型和拟合算法参见 Lobanov（2015）, Ng 等（2008）和 Martí-Vidal 等（2014）。

b 泰勒展开：$\mathcal{V}(q) = \mathcal{V}(0)\left[1 - Aq^2\right]$。

c Π 为修正的单位矩形函数：$\Pi(x)=1, 0 < x \leqslant 1; \Pi(x)=0, x$ 为其他值。

d a_2 外径，a_1 内径。

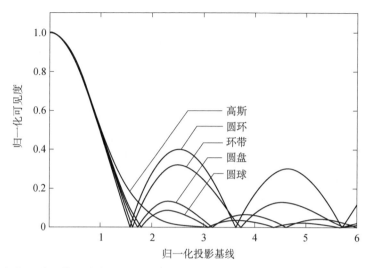

图 10.11　方位对称源模型（表 10.2）的归一化可见度模型 $|\mathcal{V}|/\mathcal{V}_0$ 与归一化投影基线长度 q 的关系

带模型的可见度函数是具有启发性的，如图 10.12 所示。只有当 q 接近圆环宽度的倒数时，二者的可见度函数才表现出显著区别。

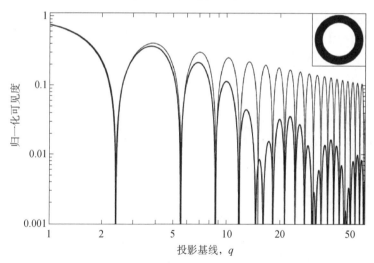

图 10.12　（细线）半径为 1 的圆环源的可见度幅度。（粗线）为内径和外径分别为 0.8 和 1.2 的环带源的可见度函数幅度。引自 Bracewell（2000）

　　分析方位向对称源的一种有用模型是在像空间叠加强度为 I_i、外径和内径分别为 a_i 和 a_{i-1} 的环带。最内侧环带的内径为 0，因此最内侧环带实际为圆盘。这种模型的可见度函数为

$$\mathcal{V}(q) = \pi I_0 a_0^2 \frac{J_1(2\pi a_0 q)}{\pi a_0 q} + \pi I_1 a_1^2 \frac{J_1(2\pi a_1 q)}{\pi a_1 q} - \pi I_1 a_0^2 \frac{J_1(2\pi a_0 q)}{\pi a_0 q}$$

$$+ \pi I_2 a_2^2 \frac{J_1(2\pi a_2 q)}{\pi a_2 q} - \pi I_2 a_1^2 \frac{J_1(2\pi a_1 q)}{\pi a_1 q} + \cdots$$

$$+ \pi I_n a_n^2 \frac{J_1(2\pi a_n q)}{\pi a_n q} - \pi I_n a_{n-1}^2 \frac{J_1(2\pi a_{n-1} q)}{\pi a_{n-1} q} \qquad (10.82)$$

在均匀圆盘情况下，所有环带的 I_i 都等于 I_0，且可以预期，可见度是半径为 a_n、强度为 I_0 的均匀圆盘的可见度

$$\mathcal{V}(q) = \pi a_n^2 \frac{I_0 J_1(2\pi a_n q)}{\pi a_n q} \qquad (10.83)$$

对式（10.82）重新排序可得

$$\mathcal{V}(q) = \pi \sum_{i=0}^{n-1} (I_i - I_{i+1}) a_i^2 \frac{J_1(2\pi a_i q)}{\pi a_i q} + \pi I_n a_n^2 \frac{J_1(2\pi a_n q)}{\pi a_n q} \qquad (10.84)$$

利用简单的坐标变换，式（10.84）也可以用于拟合椭圆对称源的数据。

10.4.4　超宽展源的建模

对于弥散对称源来说，可见度建模技术特别重要。虽然可以很好地定义其可见度函数，但这类源的模型通常不具有有限的矩。因此，10.4.3 节所述的在 $q = 0$ 将可见度函数做泰勒展开的方法不再适用。我们这里介绍两种重要的实例。

第一种射电辐射源自完全电离的恒星风，即围绕恒星的、温度为 T_e 的热等离子体。如果恒星风的扩散速度恒定，则电子密度与其到恒星距离的平方成反比。可以证明（Wright and Barlow，1975）这种源的强度分布可以写为

$$I(r) = I_0 \left[1 - e^{-(r/a)^3} \right]$$
$$\approx I_0, \qquad r \ll a$$
$$\approx I_0 (r/a)^3, \quad r \gg a \qquad (10.85)$$

其中 $I_0 = 2kT_e(v/c)^2$（即普朗克函数），a 是单位光学厚度处的角半径。图 10.13 很好地展示了这种强度廓线，其半高全宽约为 $1.25a$，且强度随 r^{-3} 滚降。流量密度为

$$S_0 = \frac{2\pi^2 a^2 I_0}{\sqrt{3}\Gamma(2/3)} \qquad (10.86)$$

其中 Γ 是伽马函数。S_0 等于半径为 a 的均匀亮源流量密度的 1.3 倍。这类源有个有趣的特性，其角尺寸随 $v^{0.7}$ 变化（由于 a 随 $v^{-2.1}$ 变化），流量密度随 $v^{0.6}$ 变化

（见图 1.1 中的例子 MWC349A）。但是，强度分布的二阶和高阶矩是无穷大的。尽管如此，仍然可以由式（10.78）计算可见度函数，如图 10.13 所示。这类源有趣的特点是可见度函数随 q 线性降低（而不是二次函数滚降），即

$$\mathcal{V}(q) \approx S_0(1 - bq) \qquad (10.87)$$

其中 $b = 2\pi / S_0$。实际上这类源是平滑延展到无穷远的，可以直观地理解这一特点。因此，随着基线长度逐渐减小到 0，相关的流量密度持续增加。用于测量的最短基线的数据观测到这种可见度曲线特征［例如 White 和 Becker（1982）和 Contreras 等（2000）］。由零间距的流量密度 $\mathcal{V}(0) = S_0$ 以及归一化可见度曲线的斜率 b，我们可以确定参考距离处的电子密度和电子温度（Escalante et al., 1989）。更实际的模型还包含离开恒星一定距离的等离子体截止效应对射电辐射的截断。令源有限展宽可以使所有矩和可见度函数为有限值，图 10.13（b）表明零基线值是二次项主导。这种情况下，由 $q = 0$ 点的可见度曲率可以计算源的外径以及密度参数和电子温度。

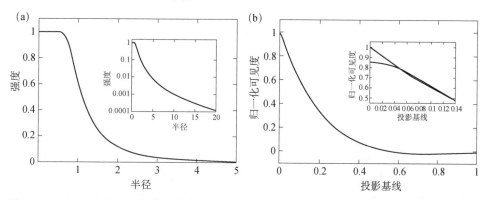

图 10.13　（a）式（10.85）定义的恒星风源强度分布，半径以 a 为单位。内嵌图以对数尺度给出强度。（b）该强度分布的可见度函数。内嵌图给出 $q = 0$ 附近的可见度函数，以及强度分布在 $r = 5a$ 处截断的可见度函数。注意，当 $q \lesssim 1/$ 截断半径时，截断的可见度函数偏离非截断的可见度函数，并在 q 趋于 0 时，以二次函数变化

　　第二个实例是在苏尼阿耶夫–泽尔多维奇（Sunyaev-Zeldovich）效应的建模应用。星系团中球形等温分布的电离气体会衰减宇宙微波背景。许多星系团的衰减廓线可以建模为

$$I(r) = \frac{I_0}{\sqrt{1 + \left(\dfrac{r}{a}\right)^2}} \qquad (10.88)$$

其中 I_0 是星系团中心的衰减值；a 为星系团核心区的角半径。这种分布的可见度函数具有解析表达式（Bracewell，2000）：

$$\mathcal{V}(q) = 2\pi a I_0 \frac{e^{-2\pi a q}}{2\pi a q} \tag{10.89}$$

随着 q 值减小，可见度快速增强，缺乏短间距的综合孔径图像很可能会低估 I_0 值。但是，利用式（10.89）拟合可见度数据可以便捷地估计 I_0 和 a 参数（Hasler et al., 2012; Carlstrom et al., 1996）。像恒星风源的星风一样，实际上星系团源也会在某个半径 r_c 被截断，这就保证了流量密度为有限值，且使基线短于 $1/r_c$ 的可见度函数表现为抛物线形。

10.5 谱 线 观 测

谱线观测的基本要求是接收系统带宽小于待测的谱线特征（或与其相当）。谱线相关器能够在接收通带内的很多频点独立测量可见度，因此可以获取谱线特征的强度分布。原理上，涉及的数据处理方法与连续谱成像相同，但一些实施细节有所不同。典型情况下，接收信号分割的频率通道数在 100～10000。本节的讨论主要基于 Ekers 和 van Gorkom（1984）以及 van Gorkom 和 Ekers（1989）。

为了获取精确的谱线数据，最重要的步骤也许就是设备通带响应的定标。一般来说，通道间差异的时间稳定性相对较好，不需要像接收机总增益的时变效应一样频繁地定标。除了很早期的系统，通道滤波器都是以数字滤波（见 8.8 节）方式实现，不容易受到环境温度变化或电压变化的影响。总增益变化需要通过周期地观测定标源做定标，与连续谱源观测的情况相同。增益定标通常使用各个频率通道的响应之和，如果对每个窄带通道做定标，就需要长得多的观测时间以获取足够高的信噪比。通带定标时，用较长时间对定标源做观测，就可以确定谱线通道的相对增益。由于通带细分成的不同通道的相对增益随时间的变化很小，只需要较少的通带定标次数，例如 8 小时观测周期只做 1 或 2 次定标。通道定标源应该是不可分辨源，其强度要足以为谱线通道提供足够的信噪比，且定标源频谱应足够平坦。但是，并不要求定标源位于被测源附近。

天线馈源与反射面之间的驻波会导致通带纹波，这对单天线全功率系统会产生严重影响，但对干涉仪影响就小得多。这是由于不同天线的设备噪声（包括天线旁瓣接收的地面热噪声）是不相关的。反之，数字相关器从延迟域到频率域的傅里叶变换导致的吉布斯纹波不会对自相关器产生影响。由于两个天线信号的互相关输出是实数但并不是关于延迟对称的函数，因此互功率谱是频率的函数，且为复数。（单天线信号的自相关函数是对称实函数，功率谱是实函数。）如 8.8.8 节的解释（图 8.18），互功率谱的虚部会在零点处改变符号，但实部符号不变。由于在频率域原点存在严重的非连续性，频谱虚部的纹波比实部的纹波大得多。虚部过冲的相对峰值为 18%（阶跃幅度的 9%）；也可参见 Bos（1984，1985）。图 10.14 给出计算的例子。实部与虚部之比取决于设备相位（此处分析未对设备相位做定标）和辐射源相对于视场相位中心的位置。

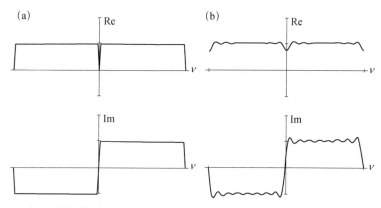

图 10.14　（a）连续谱源的互功率谱，人为选择适当的相位使实部和虚部的幅度相等。（b）计算的 16 通道互相关器对（a）频谱的响应。注意实部和虚部的纹波幅度之差。引自 D'Addario（1989），致谢太平洋天文学会（Astronomical Society of the Pacific）

增加延迟相关器的延迟数量或 FX 相关器 FFT 的点数能够改善谱分辨率，并能够将吉布斯纹波限制在通带边缘附近。由于纹波和频率响应边缘滚降的影响，有时会舍弃通带边缘的一些通道的数据。但较新的观测系统中，以数字形式进行信号处理并用数字滤波器定义通带，通带变化的影响不大。一种有效抑制纹波幅度的方法是对互相关函数做锥化，使互功率谱变得平滑。汉宁函数（表 8.5）经常被用作平滑函数。van Gorkom 和 Ekers（1989）提醒注意以下情况：

（1）如果成像区域只包含一个谱线源，不包含连续谱源，且谱线约束于接收通带的中心部分，则通带边缘不会出现频谱非连续现象。只有这种情况下，才推荐对谱线源和连续谱定标源做不同的互相关函数锥化。

（2）如果除了谱线源外，成像区域还包括一个连续谱点源，且点源和通带定标源分别位于各自视场的中心，则有可能对通带波纹进行精确定标。点源和定标源必须使用相同的加权函数。

（3）在较为复杂的情况下，例如在视场中包含一个谱线源和一个连续谱展源，两种情况的纹波是不一样的，这就不可能精确定标。推荐使用汉宁窗对谱线源和定标源进行频谱平滑。

10.5.1　VLBI 谱线观测

由于 VLBI 只能观测亮温非常高的源，VLBI 的谱线测量主要用于研究脉泽源和明亮的河外源辐射被分子云吸收的效应。经常观测的脉泽谱线包括 OH、H₂O、CH₃OH 和 SiO 产生的谱线。研究吸收效应时，由于背景源的辐射亮温能够满足观测需求，可以观测多种原子和分子。9.3 节描述了谱线信号的处理过程。12.7 节给出天体测量的特殊考虑。这里我们讨论光谱数据处理的几个实际问题。每个天线使用独立的频率标准会使得时序误差具有时间依赖性，并在通带内引入线性相位坡度。天线之间多普勒偏移的差别可能会很大，因此残留条纹率也可能会很大，可能需要采用较短的定标积分时间。观测脉泽源时，选择特定谱线特征作为参考源，一般可以实现相位定标。用每个天线接收数据的测量频谱可以实现幅度定标。处理谱线数据的更详细的过程可以参见 Reid（1995，1999）。

　　在谱线测量中，一般每小时内 VLBI 要观测几次紧致的连续谱定标源，如果源足够强，可以用 1 或 2 分钟的积分时间给出准确的条纹测量值。如果使用延迟相关器对信号做互相关处理，输出是时间和延迟的函数。式（9.21）中的 $\Delta\tau_g$ 和 θ_{21} 是时间的函数，该式表明互相关为时间和延迟的函数。通过傅里叶变换，可以分别将参数 t 和 τ 变换为共轭变量，即条纹频率 ν_f 和谱线特征的频率 ν。因此，相关器输出可以用 (t,τ)、(ν_f,τ)、(t,ν) 或 (ν_f,ν) 的函数来表示，通过傅里叶变换，可以在这些函数域之间互换。一些定标步骤最好在某个特定域中完成，因此这种性质是很重要的。需要注意的是，VLBI 观测的条纹频率主要取决于真实条纹频率与模型条纹频率之差，模型条纹频率用于消除条纹。首先考虑连续谱定标源的数据。对连续谱源做条纹拟合时，将可见度数据视作条纹频率 ν_f 和延迟 τ 的函数是非常有利于处理的，如图 9.7 所示。在 (ν_f,τ) 域，可见度数据是致密分布的，因此最容易识别噪声。在没有误差的情况下，可见度函数将集中在 (ν_f,τ) 域原点附近。沿 τ 轴偏离原点意味着时钟偏差或基线误差导致的时序误差。偏移量 $\Delta\tau$ 代表两个天线的误差之差。通过连续谱定标源观测可以确定 $\Delta\tau$ 值，并用于修正谱线数据。如果 $\Delta\tau$ 随时间变化，就需要通过做插值，确定观测谱线数据时的 $\Delta\tau$。连续谱数据还用于通带定标，以确定谱线通道的相对幅度和相位特性。

　　用条纹拟合谱线数据时，与连续谱情况相反，谱线数据包含很窄的频率特征，变换到 (t,ν) 域更有利于处理。所以在延迟域的互相关函数相应展宽，且频率域通常更加致密。需要注意的是，在 τ 到 ν 的变换中，ν 并不是天线接收的辐射频率，这是因为已经减掉了本振（或多个本地振荡器的组合）频率 ν_{LO}。因此，此处的 ν 代表采样、记录并发送到相关器的中频（IF）频率。在 (t,ν) 域也便于插入时序误差 $\Delta\tau$ 的修正量，用连续谱数据可以确定 $\Delta\tau$。修正是通过插入与频率成正比的相位偏置来实现的。因此，数据是 (t,ν) 的函数，将其乘以

$\exp(\mathrm{j}2\pi\Delta\tau\nu)$ [1]即可完成修正。如果是一个或两个天线的时钟频率误差导致的 $\Delta\tau$ 值随时间变化，则应对相应天线频率 ν_{LO} 的误差进行修正。将相关器输出数据乘以 $\exp(\mathrm{j}2\pi\Delta\tau\nu_{\mathrm{LO}})$ 可以修正时钟频率误差导致的相位误差。

由于很少通过天线本振频移来修正多普勒频移（见附录 10.2），就必须在相关器或后处理分析时进行修正。多普勒频移的日变化一般在相关前的天线站条纹旋转时，通过将信号延迟和频率偏置到地心参考点时去除。地球轨道运动和本地静止标准以及任何其他频率偏置效应导致的多普勒频率，可以在对相关数据做后处理时，利用移位定理方便地修正，也即将相关函数乘以 $\exp(\mathrm{j}2\pi\Delta\nu\tau)$，其中 $\Delta\nu$ 是需要修正的总频偏量。

将归一化可见度频谱乘以两个天线的系统等效流量密度（System Equivalent Flux Density，SEFD）的几何平均，可以将可见度频谱标定为流量密度，如 10.1.2 节所述。SEFD 的定义见式（1.7）。偶尔对天线进行补充测试并进行时间插值，可以确定天线的 SEFD。观测强源时，更好的方法是用每个天线的自相关函数数据计算源的全功率谱。此时必须修正通带响应，连续谱条纹定标源的自相关函数可以确定通带响应。特定谱线特征的幅度正比于 SEFD 的倒数。如果要求更高的灵敏度，可以用所有单天线数据的全局平均或阵列中灵敏度最高的天线的数据作为频谱模板，将每个天线的测量频谱与模板匹配。这种方法的难点在于很难频繁地获取通带频谱，难以确保弱源观测的基线校正精度。

如果接收系统用两个或多个中频通带覆盖总接收带宽，就必须修正中频通带的设备相位响应差异。利用连续谱定标源可以修正中频通带的差异，对每个中频通带内不同谱线通道的相位值做平均，并从相应谱线的可见度数据中减去均值就可以修正差异。

最后，还必须修正每个天线残留的设备相位和不同的大气与电离层相移，当天线相距很远时，路径相移可能会很大。对连续谱强源进行成像时，可以用 10.3 节所述的相位闭合关系来修正这些相位。测量脉泽点源的分布时也可以使用类似的方法，即选取一个能够被所有基线观测到的较强的谱分量，并假定该分量是一个点源。然后，假设任一选定天线测量的该谱线相位等于零，根据条纹相位就可以推断其他天线的相对相位。由于这些相位漂移被归因于每个天线上空不同的大气条件，因此可以对测量频谱范围内所有的频率分量做修正。12.7 节将详细讨论用一个脉泽分量作为相位参考的方法和条纹频率成图（Fringe Frequency Mapping），后者是一种确定大视场内主要脉泽分量位置的有效方法。

---

[1] 注意此式和本小节其他类似表达式中指数的符号可能为正或负，其取决于使用的符号定义规则。

10.5.2　通带内空间频率的变化

在 6.3.1 节讨论了用接收机通带的中心频率计算通带内所有频率的 u 和 v 值所造成的影响。例如，考虑一个独立的离散源，其可见度函数的最大值位于 (u,v) 原点，且 u 和 v 在一定范围内增大时，可见度函数单调递减。如果用通带中心频率 ν_0 计算通道高频端频率分量的 u 和 v 值，即 $\nu > \nu_0$，就会低估 u 和 v 值。此时，测量的可见度函数随 u 和 v 的增加而过快地降低，且可见度函数的中心峰将会过窄。因此，(l,m) 平面的图像宽度将过大。所以，如果源辐射的谱线位于通带蓝移端（高频端），就会高估角尺寸，并且类似地，谱线位于红移端（低频端），就会低估角尺寸。这种效应被称为色差（Chromatic Aberration）。

如 6.3 节所述，用（多通道）谱线相关器观测时，每个通道测量到的可见度可以表示为该通道频率对应的 (u,v) 的函数。这种方法可以修正色差，但会导致通带内可见度测量的 (u,v) 范围与频率成正比地扩大。因此，合成波束宽度（即角分辨率）与旁瓣的角比例随通带内的频率变化。必要时，可以通过可见度数据的截断或锥化做修正，将分辨率降低到通带最低频率对应的分辨率。

10.5.3　谱线测量精度

经过最后定标的图像的谱动态范围（Spectral Dynamic Range）是谱特征测量精度的估计，表示为谱特征与最大信号响应的相对变化。动态范围可以定义为不同通道对连续谱信号响应的变化除以最大响应，通道响应的变化是噪声和设备误差造成的。如果谱线的幅度只有连续谱的百分之几，例如复合线或弱吸收线，谱线特征的测量精度取决于连续谱响应与谱线响应的分离精度。这种情况下，要想实现 10%的谱线廓线测量精度，要求有 10^3 量级的动态范围。因此可见，精确的通带定标和色差修正是非常重要的。

人们已经采用了各种技术来去除图像中的连续谱响应。必须对接收机带宽进行选择，保证谱线特征以外的一些通道只包含连续谱响应。一种直接的方法是对不含谱线的通道数据做平均并反演连续谱图像，然后用每个含有谱线的通道来反演图像，并分别减掉连续谱图像。除非接收机的相对带宽很小，否则对连续谱成像时最好对色差进行修正。如果连续谱是由一些点源辐射出来的，用这些点源的位置和流量密度可以方便地建立模型。最高精度去除连续谱的方法是使用每个通道的频率来确定该通道的 (u,v) 值，并分别计算每个频谱通道的连续谱响应。要在可见度数据中减除连续谱响应。11.8.1 节简单讨论了利用反卷积算法去除连续谱的方法。

10.5.4 谱线观测的表征与分析

谱线数据可以表征为 (l,m,v) 空间的三维像素分布。为便于物理解译，频率维上的多普勒频移通常会变换为相对于该谱线静止频率的径向速度 v_r。附录 10.2 给出了频率和速度的关系。图 10.15 给出了一个三维分布模型。连续谱射电源由 (l,m) 面截面积恒定的柱函数表征。

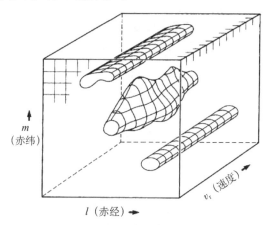

图 10.15 谱线数据在赤经、赤纬和频率域的三维表征。频率轴标定为谱线静止频率的多普勒频移所对应的径向速度。图中没有显示流量密度或辐射强度，但可用颜色或阴影来表示。连续谱射电源由垂直于速度轴、截面积恒等的柱状函数表示，图中标注的速度对连续谱源没有物理意义。谱线辐射由随速度变化的位置或强度来表示。引自 Roelfsema（1989），经 Astron. Soc. Pacific Conf. Ser 允许

包含每个通道图像的三维数据体可以想象成在二维 (l,m) 空间中表现每个像素的谱线廓线。为了简化图像的集合表达，通常画出一幅包含一些谱廓线特征的图像是有益的。这种特征可能是积分强度

$$\Delta v \sum_i I_i(l,m) \qquad (10.90)$$

其中 i 表明谱通道的积分范围，在频率维的间隔为 Δv。对于光学薄辐射介质，如中性氢，积分强度正比于辐射原子或分子的柱密度。强度加权平均速度是大尺度运动的示踪器，

$$\langle v_r(l,m) \rangle = \frac{\sum_i I_i(l,m) v_{ri}}{\sum_i I_i(l,m)} \qquad (10.91)$$

强度加权的速度色散

$$\sqrt{\frac{\sum_i I_i(l,m)(v_{ri} - \langle v_r \rangle)^2}{\sum_i I_i(l,m)}} \qquad (10.92)$$

是源内随机运动的示踪器。速度维求和要分别对 (l,m) 图像的每个像素独立求和。式（10.90）～（10.92）中的三个量中，强度值表征的是减除连续谱特征后的特定维度上的值。应注意的是，对这三个量做最优估计时，如果 (l,m,v_r) 区间包含了无法辨识的辐射，只会在结果中增加噪声。

天文学研究的关注点是 (l,m,v_r) 空间三个维度的图像之间的关系和辐射物质的三维分布。举一个简单例子，假设辐射物质呈球壳分布。如果物质是静止的，在 (l,m,v_r) 空间的零速度平面上应该是圆盘形，且外边缘更亮。如果球壳以相同的速度向所有方向扩张，在 (l,m,v_r) 空间应表现为空心椭球壳。解译旋转螺旋星系的观测数据会更加复杂。Roelfsema（1989）给出一个星系模型的例子，Burton（1988）对此进行了更全面的讨论。

10.6　其 他 事 项

10.6.1　测量强度的解译

综合孔径图像的测量量是射电强度，但通常用点源的等效流量密度来校准 $\mathcal{V}$，生成图像的强度单位是波束区间 Ω_0 内的流量密度，Ω_0 定义为

$$\Omega_0 = \iint_{\substack{\text{main}\\\text{lobe}}} \frac{b_0(l,m)\,\mathrm{d}l\,\mathrm{d}m}{\sqrt{1-l^2-m^2}} \tag{10.93}$$

扩展源的响应是天空强度分布 $I(l,m)$ 与合成波束 $b_0(l,m)$ 的卷积。需要注意的是，在 (u,v) 域原点处经常没有可见度测量值，因此 $b_0(l,m)$ 的全角度积分值等于零；也就是说没有强度电的平均值响应。与合成波束宽度相比，展源上任意一点的强度变化很缓慢，与 $b_0(l,m)$ 卷积得到的流量密度约等于 $I\Omega_0$。因此图像标尺也可解释为波束面积 Ω_0 内以流量密度定义的强度。宽源成像和低空间频率扩展分量的强度测量参见 11.5 节和 10.4 节。

10.6.2　鬼图像

图 10.14 描述了互功率谱的陡峭边缘导致通带出现了纹波，纹波是频率的函数并会影响可见度。Bos（1984）讨论了相关的效应，并引入观测数据反演成像"鬼"（ghost）图像的概念。鬼结构与真实结构相对于视场中心对称。每个频谱通道鬼结构的幅度正比于该通道纹波分量的幅度。因此，接收通带的边缘通道影响最严重，参见图 10.14（b）。

通过一个简单的例子可以很容易地解释鬼现象。假设在 $(l,m)=(l_1,0)$ 位置有一个单位强度的点源，$(0,0)$ 为视场中心，用一组基线 u 对点源进行观测。点源

的条纹可见度是 l_1 点冲激函数关于 l 的傅里叶变换[1]，即

$$\mathcal{V}_1(u) = \mathrm{e}^{-\mathrm{j}2\pi u l_1} = \cos(2\pi u l_1) - \mathrm{j}\sin(2\pi u l_1) \tag{10.94}$$

假设使用了多通道谱相关器，且每个谱通道都有可见度数据集。图 10.14 中频谱纹波的影响是使正弦分量和余弦分量的相对幅度不再像式（10.94）一样是相等的，因此我们将式（10.94）改写为

$$\mathcal{V}_1(u) = \cos(2\pi u l_1) - \mathrm{j}(1+\varDelta)\sin(2\pi u l_1) \tag{10.95}$$

式中的虚部分量增加了相对幅度分量 $\varDelta$，虚部纹波最严重。虚部纹波峰值所在的通道 $\varDelta$ 定义为正。为了分析 $-\mathrm{j}\varDelta\sin(2\pi u l_1)$ 项对图像的影响，我们做关于 u 的傅里叶变换，可得 $\varDelta[\delta(u+l_1)-\delta(u-l_1)]/2$。因此，纹波在图像 $-l_1$ 处增加了一个幅度为 $\varDelta/2$ 的冲激函数，也就是鬼结构，并在真实图像[2] l_1 处减去一个幅度相同的冲激函数。当源位于视场中心时，鬼图像和真图像重叠，能够正确测量源的强度。

由于谱线滤波之前通常不会对可见度数据做定标，接收系统的设备相位和源的结构特征都会影响式（10.94）实部和虚部分量的相对幅度。如果可见度定标后丢失了设备相位数据，就不可能精确去除鬼结构。尽管如此，在成像之前使用平滑函数对谱数据做平滑，仍然可以抑制纹波的影响，见前述讨论。如果在分配准确的 (u,v) 值之前就做谱数据平均以获取连续谱图像，则通带边缘通道较高的幅度纹波频差效应也许足以分离出鬼架构的两个分量，参见 Bos（1985）。如果每个谱通道都分配了单独的 (u,v) 值，就不能分离两个分量了。

Bos（1984）指出，在互相关之前对每个信号对做 $\pi/2$ 相位相对切换，可以去除或显著抑制鬼结构，并在可见度数据的傅里叶成像之前恢复相位。对于式（10.94）讨论的源，在一对天线引入 $\pi/2$ 相位后，可见度函数变为

$$\mathcal{V}_2(u) = \mathrm{j}\mathrm{e}^{-\mathrm{j}2\pi u l_1} = \mathrm{j}\cos(2\pi u l_1) + \sin(2\pi u l_1) \tag{10.96}$$

余弦分量构成上式的虚部，而式（10.94）中余弦分量构成实部。如式（10.95），在频谱的虚部加入纹波导致的可见度项，可得

$$\mathcal{V}_2(u) = \mathrm{j}\mathrm{e}^{-\mathrm{j}2\pi u l_1} = \mathrm{j}(1+\varDelta)\cos(2\pi u l_1) + \sin(2\pi u l_1) \tag{10.97}$$

为消除正交相位切换的影响，我们将式（10.96）乘以 j。因此，纹波引入的可见度项变为 $-\varDelta\cos(2\pi u l_1)$，且关于 u 做傅里叶变换后，可以发现纹波对图像的贡献为 $-\varDelta[\delta(u+l_1)+\delta(u-l_1)]/2$。同样地，在 $\pm l_1$ 位置都出现了冲激函数，但此

---

[1]　这里使用的傅里叶变换遵循 Bracewell（2000）提出的方法，他将狄拉克（冲激）函数定义为两个高斯函数 $|a|\mathrm{e}^{-\pi a^2 l^2}$ 和 $\mathrm{e}^{-\pi(u/a)^2}$（二者是傅里叶变换对）的极限变换（Transform in the Limit）。当 $a\to\infty$ 时，第一个高斯函数趋于 l 原点的狄拉克函数，第二个高斯函数趋于 1。当狄拉克函数位于 l_1，可以使用移位定理，即将函数乘以 $\mathrm{e}^{-2\pi u l_1}$。

[2]　Bos（1984，1985）将图像中纹波引入的分量称为"隐分量"（Hidden Component）。

时二者的符号相同。因此，对两个相位切换状态获得的图像作平均，可以消除鬼结构，但真实图像的幅度损失加倍。注意，我们在前述分析中假设相位切换引入的正交相移可以用式（10.96）中的 j 因子表征。如果相移符号用 −j 因子表征，则式（10.96）的右侧符号必须取反。如果符号选择错误，会导致鬼结构的幅度加倍，但真实图像的幅度得到恢复。

10.6.3　图像的误差

研究任何综合孔径图像、连续谱或谱线中可疑或反常的特征时，只对可疑特征本身做逆傅里叶变换（即从强度变回可见度）是非常有用的技术。如果反变换后数据集中在一条基线或拥有公用天线的一组基线上，则意味着设备存在问题。如果可疑数据集中在某个特定时角范围，表明存在偶发干扰。

熟练掌握傅里叶变换前后函数的性质，有助于识别错误特征；例如参见Bracewell（2000）和 Ekers（1999）的讨论。一个天线对（例如一个东西向间距）出现连续错误，误差会分布在以 (u,v) 原点为中心的椭圆环上，会在 (l,m) 平面引入椭圆特征，其径向廓线具有零阶贝塞尔函数的形式。一条基线出现短时误差会在 (u,v) 域引入两个狄拉克函数，分别是该点测量值及其共轭。在图像上，会引入 (l,m) 平面的正弦波纹。短时误差引入的图像特征幅度可能很小，这是因为可见度矩阵是 $M \times N$ 点，两个错误点的影响被削弱到 $2(MN)^{-1}$ 倍，通常在 $10^{-6} \sim 10^{-3}$ 量级。因此，如果短时误差对图像域的影响小于噪声的影响，一次短时误差是可接受的。

加性误差是与可见度值通过加法叠加的。误差分布 $\varepsilon_{\mathrm{add}}(u,v)$ 的傅里叶变换在图像中与强度分布相加，即

$$\mathcal{V}(u,v) + \varepsilon_{\mathrm{add}}(u,v) \leftrightarrow I(l,m) + \bar{\varepsilon}_{\mathrm{add}}(l,m) \tag{10.98}$$

加性噪声还包括干扰、天线间系统噪声互耦和相关器偏置误差。太阳比大多数射电源的辐射强度高几个数量级，且由于周日运动，太阳与地表源的干扰特征不同。对太阳的响应主要取决于主波束的旁瓣、太阳和目标源的条纹频率差异，以及带宽和可见度平均效应。太阳干扰对窄带低分辨率阵列影响最大。只有间距很小的天线会产生噪声互耦（串扰），且低仰角时天线可能发生遮挡，互耦最严重。

第二类误差与可见度以相乘的方式叠加，可写成如下形式：

$$\mathcal{V}(u,v)\varepsilon_{\mathrm{mul}}(u,v) \leftrightarrow I(l,m) ** \bar{\varepsilon}_{\mathrm{mul}}(l,m) \tag{10.99}$$

误差分布的傅里叶变换与强度分布做卷积，这种失真在图像中引入与主结构相关联的误差结构。与此相反，加性误差引入的误差分布与真实强度分布无关。乘性误差主要涉及各天线的增益常数和定标误差，包括天线指向误差以及 VLBI

系统中的射频干扰（见 16.4 节）。

第三类误差的特点是，离图像中心的距离越远，扭曲越严重。这类误差包括非共面基线（见 11.7 节）、带宽（见 6.3 节）和可见度平均（见 6.4 节）的影响。这些误差的影响是可预测的，因此本质上与前述两类误差不同。

10.6.4 观测的计划与降额

在一些领域，要基于经验方法来充分发挥综合孔径阵列及类似设备的效能，且数据分析的最优流程通常是基于经验的。一些特定设备的系统手册、会议论文集（Perley et al., 1989；Taylor et al., 1999）等提供了很多有用的信息。一些要点讨论如下。

选择适当的带宽做连续谱观测时并不一定用最大带宽提高视场边缘的点源信噪比，要考虑径向模糊效应。然后，选取数据平均时间时，使切向模糊约等于径向模糊即可。由式（6.75）和（6.80），观测高赤纬源要求的条件为

$$\frac{\Delta \nu}{\nu_0} \approx \omega_{\mathrm{e}} \tau_{\mathrm{a}} \qquad (10.100)$$

其中 ν_0 为观测通带的中心频率；$\Delta \nu$ 是观测带宽；ω_{e} 是地球自转速度；τ_{a} 为积分时间。如果试图检测角直径可测的弱源或展源辐射，要注意不能选取过高的角分辨率。如 6.2.3 节所述，展源的信噪比近似正比于 $I\Omega_0$。获取给定信噪比所需的观测时间正比于 Ω_0^{-2} 或 θ_{b}^{-4}，其中 θ_{b} 是合成波束宽度。

如果天线波束中有一个比被测特征强得多的源，只要强源是点源或可以精确建模的源，就可以去除强源响应。最好直接从测量可见度中减除模型计算的可见度，然后再做网格化和 FFT。这样减去的响应精确包含了合成波束的旁瓣效应。然而，如果源的响应受带宽、可见度平均及类似效应的严重影响，去除的精度就会退化，因此最好将待减除的源置于成像区域中心。观测非常弱的源时，建议将源置于偏离 (l,m) 原点几个波束宽度的地方，避免与相关器偏置电平的残留误差混淆。

做任何成像处理的过程中，生成一个能完整覆盖天线主波束区域的低分辨率图像都可能是有益的。在 (u,v) 域对这种图像做重度锥化以降低其分辨率也降低了计算量。这种大视场图像能够发现最终成像区域以外的源，经过 FFT 处理后这些源可能会产生混叠响应。减除这些源的可见度或使用适当的卷积函数可以抑制这些源的混叠。减除这些源的可见度还可以消除其旁瓣或环瓣响应，但 (u,v) 卷积是不能去除这些响应的。低分辨率图像还会突出低强度展源特征，否则这些特征可能会被忽视。

10.7　宇宙精细结构观测

10.7.1　宇宙微波背景

宇宙微波背景（CMB）辐射的各向异性（Anisotropy）是在 2.7K 平均温度上的 10^{-5} 涨落，首先由 COBE 任务（Smoot et al., 1992）发现，威尔金森微波各向异性探测器（Wilkinson Microwave Anisotropy Probe, WMAP）任务（Bennett et al., 2003）和普朗克（Planck）任务（Planck Collaboration, 2016）对其特征进行了非常详细的探测。这些任务采用全功率波束切换技术获取数据，揭示了背景涨落的角度谱主峰约为 1.6°。干涉测量对于研究各种高分辨率峰具有优势，像主峰一样，这些峰源自于早期"最终散射表面"（Surface of Last Scattering）的光子–重子等离子体的声波振荡。由于干涉仪不对非相干信号产生响应，例如地球大气产生的辐射，所以有可能利用地基干涉仪研究 CME 的精细角结构。为此开发了一些特殊的观测设备，重点探测 0.1°～3° 范围内的角结构。这些设备包括位于南极的度角尺度干涉仪（Degree Angular Scale Interferometer, DASI）（Leitch et al., 2002b; Pryke et al., 2002）；位于智利 Llano de Chajnantor 的宇宙背景成像仪（Cosmic Background Imager, CBI）（Padin et al., 2002; Readhead et al., 2004）；以及特内里费岛的甚小阵列（Very Small Array, VSA）（Watson et al., 2003; Scott et al., 2003）。这项研究主要使用 5.6.5 节讨论的平板阵列。

研究 CMB 涨落时，更关注温度变化的统计特征，以便与理论模型做比较，不太关注特定天区的图像。模型功率谱以球谐函数的形式给出，即温度变化的多极矩的幅度。用干涉测量的傅里叶分量就可以直接反演这种形式的 CMB 角度谱，而不需对天空的结构做成像。天空上的结构不存在特定的方向性，假设圆对称函数（旋转不变性）可以表征 CME 谱。因此，CMB 特征引领了一些与通用综合孔径阵列不同的设计思路。单元天线口径要足够大，以便在几分钟观测时间内能够用离散强源精确校准幅度和相位。阵列构型的主要需求是在 (u, v) 域沿径向 $q = \sqrt{u^2 + v^2}$ 进行采样，而不是成像所要求的二维均匀采样。为了在 q 方向精细采样，通常要成对考虑天线构型，离阵列中心最近的天线到最远的天线之间的间距要以小于天线直径的增量来填充。例如，可以用图 5.24 的 CBI 类似的曲臂构型。

CMB 测量的基本需求还包括要分离全部前景源的影响。利用谱特征可以识别前景源，如同步辐射和光薄热辐射的频谱与 CME 的黑体辐射谱不同。CMB 干涉测量的另一个要求是频率范围要足够大，能够覆盖要测量的谱特征。前面提到的三套设备都采用了 10GHz 接收带宽，频率范围 26～36GHz，并细分为多个通道。选择比较高的观测频率是由于 CMB 的流量密度是随频率增大的，并需要避开大气的 H_2O 和 O_2 吸收线。

DASI 使用 13 部 20cm 口径天线，基线范围 0.25～1.21m，能够测量的多极矩范围 $\ell = 100～900$。CBI 使用 13 部 90cm 口径的天线，基线范围 1～5.51m，能够测量的多极矩范围为 $\ell = 400～4250$。每个阵列的外包络或尺寸都要较小，能够整体安装在刚性结构面板上，面板做方位和俯仰扫描，保证其垂线能够跟踪被测视场中心。面板也可以绕轴线旋转，以控制干涉仪条纹模式在天空上的视差角。这种系统不需要延迟系统或条纹旋转，但要采用相位切换去除设备偏置。CBI 和 DASI 的阵列构型都满足三重对称，因此，面板每旋转 120°，阵列构型相对于天空是重复的（图 5.24）。这个性质非常重要，进行这种旋转后，阵列对天空的响应保持不变，但可以识别和去除残留串扰等无用效应导致的信号变化。

观测 CMB 结构需要有非常高的灵敏度，这就要进一步处理从天线旁瓣进入的地面和临近目标的热辐射。对于较近的天线对，这种效应会引入严重的无用响应，但随着天线间距增大，这种效应随之减小。这类观测的结果分析参见 Hobson 等（1995）和 White 等（1999），观测的更多细节参见 Leitch 等（2002a，b）和 Padin 等（2002）。

10.7.2 再电离时期

有可能通过中性氢谱线（1420MHz 静止频率）辐射的红移，探测到再电离（Epoch of Reionization，EoR）之前的宇宙早期。随着早期宇宙形成了恒星，大量中性氢变成电离态，因此这一时期被称为再电离时期。这一时期的红移可能不会高于 7 或 8（Morales and Wyithe，2010）。原理上，在 EoR 初期和更早期的红移频率上是可以测到中性氢谱线的，而且应该在全天空所有方向可以探测到。然而，由于存在宇宙背景辐射和银河系前景噪声，据估计，这些前景电平的强度超出遥远的氢线信号约 10^4 量级。与探测离散源不同，探测广阔的暗弱背景辐射时，可以用大量小天线使广域结构特征的灵敏度最大化。在图像域 (l, m) 要增加第三个变量，即频率 ν；在空间频率域 (u, v) 要相应地增加其共轭变量，即时间延迟。这种观测的基本考虑是在搜索再电离信号时，如何设计阵列冗余使不同角尺度的灵敏度最大化。Parsons 等（2010，2012，2014）、Zheng 等（2013）和 Dillon 等（2015）进一步讨论了 EoR 成像的挑战。

附录 10.1 用月亮边缘作为定标源

在干涉仪投入运行前的测试阶段，观测那些条纹信噪比很高的源是很有用的。频率大于~100GHz 时，这种源不是很多。相对于干涉仪条纹来说，太阳、月亮和行星的圆盘是可分辨的，尽管如此，它们陡峭的边缘仍能够提供显著的相关流量密度。以月亮边缘为例，并假设干涉仪单元天线的主波束远小于月亮的直径 30′。当天线波束跟踪月亮边缘时，视在源分布是天线方向图乘以一个阶跃函数，这里假设波束范围内月面的亮温是常量。将天线方向图近似为高斯函数，假设天线跟踪月亮西边缘的固定点，并忽略月亮边缘曲率，我可以将有效源分布表示为

$$I(x,y) = I_0 e^{-4(\ln 2)(x^2+y^2)/\theta_b^2}, \quad x \geqslant 0$$
$$= 0 \qquad\qquad\qquad, \quad x < 0 \tag{A10.1}$$

其中 x 和 y 是以波束主轴为原点的角坐标；θ_b 是波束的半功率全宽，在瑞利-金斯近似下 $I_0 = 2kT_m/\lambda^2$，其中 T_m 是月亮的温度。则可见度函数为

$$\mathcal{V}(u,v) = 2I_0 \left[\int_0^\infty e^{-4(\ln 2)x^2/\theta_b^2} (\cos 2\pi ux - j\sin 2\pi ux) dx \right]$$
$$\times \left[\int_0^\infty e^{-4(\ln 2)y^2/\theta_b^2} \cos 2\pi vy \, dy \right] \tag{A10.2}$$

余弦项积分可以直接计算，正弦项积分可以改写为退化超几何函数 $_1F_1$［见（Gradshteyn and Ryzhik, 1994)，式（3.896.3)］。计算结果为

$$\mathcal{V}(u,v) = I_0 S_0 e^{-\pi^2\theta_b^2(u^2+v^2)/4\ln 2} \left[1 - j\sqrt{\frac{\pi}{\ln 2}} (\theta_b u) \, _1F_1\left(\frac{1}{2}, \frac{3}{2}, \frac{\pi^2\theta_b^2 u^2}{4\ln 2}\right) \right] \tag{A10.3}$$

其中

$$S_0 = \frac{\pi k \tau_m \theta_b^2}{4\lambda^2 \ln 2} \tag{A10.4}$$

是月亮在半个高斯波束内的流量密度。当 $(u,v) \gg 0$ 时，如预期一样，可见度虚部等于零且 $\mathcal{V}(u,v) = S_0$。当 $T_m = 200K$ 且 $\theta_b = 1.2\lambda/d$，其中 d 是以米定义的干涉仪单元天线直径，则 $S_0 \approx 460000/d^2$ Jy。式（A10.2）对 x 的积分可以写成误差函数项。当 $u \gg d/\lambda$ 时，对误差函数做渐近展开，可得到好用的近似解：

$$\mathcal{V}(u, v=0) = j\sqrt{\frac{4\ln 2}{\pi^3}} \frac{S_0}{\theta_b u} \approx j0.41 \frac{kT_m}{dD} \tag{A10.5}$$

其中 D 是基线长度。因此我们可以发现一个有趣的现象，只要 $\theta_b \ll 30′$，给定基线长度的可见度随天线口径减小而增大。当 $D > 2d$ 时，式（A10.5）的近似值精度为 2%。完整的可见度函数是投影基线长度的函数，如图 A10.1 所示。需要注意的是，使用干涉仪东西向基线跟踪月亮的南边缘或北边缘时，可见度测量值本质上应为零。一般而言，跟踪与基线垂直的月亮边缘获取的条纹可见度最大。

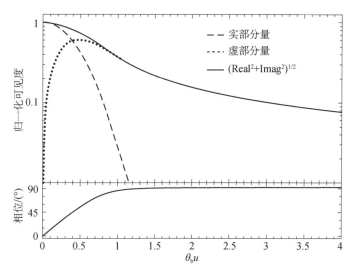

图 A10.1　用干涉仪的东西向基线观测月球西边缘跳变（$v=0$）时归一化条纹可见度与 $\theta_b u$ 的关系。天线半功率波束宽度 $\theta_b \approx 1.2\lambda/d$，$d$ 是天线直径，且 $u=D/\lambda$ 是用波长定义的基线。在水平轴上，$\theta_b u$ 近似等于 $1.2D/\lambda$。图中点虚线是可见度的虚部分量，短划线是可见度的实部分量，实线是可见度幅度。由于 $D/d<1$ 不可实现，测量的可见度几乎只有虚部。当 $d=6\,\mathrm{m}$ 且 $D/d=3$ 时，零间距的流量密度［式（A10.4）］等于 12700Jy，可见度约为 1000Jy ［见式（A10.5）］。引自 Gurwell（1998）

　　尽管月亮能产生强条纹，但并不是理想的定标源。第一，月球天平动使得难以精确跟踪月亮的边缘。第二，视在源分布由天线决定，跟踪误差会引入幅度和相位的波动。第三，月亮的温度取决于太阳的照射，相对于平均温度的变化很大，约为 200K，短波长更为严重。要精确定标，需要将月面温度的变化代入亮温模型。

附录 10.2　谱线的多普勒频移

多普勒频移（Rybicki and Lightman，1979）由下式给出：

$$\frac{\lambda}{\lambda_0}=\frac{\nu_0}{\nu}=\frac{1+\dfrac{v}{c}\cos\theta}{\sqrt{1-\left(\dfrac{v}{c}\right)^2}} \tag{A10.6}$$

其中 λ_0 和 ν_0 分别是源参考框架下测量的静止波长和频率，对应的无下标变量分别是观测者框架下的波长和频率；v 是源和观测者的相对速度大小；θ 是观测者框架下速度矢量和源到观测者之间视线方向的夹角（$\theta<90°$ 代表退行源）。式（A10.6）的分子是经典的由源和观测者之间距离变化引起的多普勒频移。分母

是相对论时间膨胀因子，将源静止框架和观测者静止框架下辐射波周期的差异考虑在内。

因为时间膨胀效应，即使垂直于视线方向运动，也存在二阶多普勒频移。在接下来的讨论中，我们只考虑径向速度，即 $\theta = 0°$ 或 $\theta = 180°$。这种情况下的多普勒频移公式为

$$\frac{\lambda}{\lambda_0} = \frac{\nu_0}{\nu} = \sqrt{\frac{1 + \dfrac{v_r}{c}}{1 - \dfrac{v_r}{c}}} \tag{A10.7}$$

其中 v_r 为径向速度（退行源的 v_r 为正）。求解速度可得

$$\frac{v_r}{c} = \frac{\nu_0^2 - \nu^2}{\nu_0^2 + \nu^2} \tag{A10.8}$$

或者

$$\frac{v_r}{c} = \frac{\lambda^2 - \lambda_0^2}{\lambda^2 + \lambda_0^2} \tag{A10.9}$$

对式（A10.8）和式（A10.9）做泰勒级数展开可得

$$\frac{v_r}{c} \approx -\frac{\Delta\nu}{\nu_0} + \frac{1}{2}\frac{\Delta\nu^2}{\nu_0^2}\cdots \tag{A10.10}$$

和

$$\frac{v_r}{c} \approx \frac{\Delta\lambda}{\lambda_0} - \frac{1}{2}\frac{\Delta\lambda^2}{\lambda_0^2}\cdots \tag{A10.11}$$

其中 $\Delta\nu = \nu - \nu_0$，$\Delta\lambda = \lambda - \lambda_0$。当 $\Delta\nu$ 为负时，速度为正且信号发生"红移"（Redshift）。由于 $\Delta\nu/\nu_0 \approx -\Delta\lambda/\lambda_0$，式（A10.10）和式（A10.11）中二阶项的幅度近似，但符号相反。

射频和光学频段光谱设备产生的数据通常在频率和波长上均匀分布。因此一阶近似时，对频率或波长轴做线性变换可以计算速度轴。不幸的是，这会得到两个不同的近似速度：

$$\frac{v_{r\,radio}}{c} = -\frac{\Delta\nu}{\nu_0} \tag{A10.12}$$

和

$$\frac{v_{r\,optical}}{c} = \frac{\Delta\lambda}{\lambda_0} \tag{A10.13}$$

注意到 $v_{r\,radio}/c = -\Delta\lambda/\lambda$，就可理解两个近似式的差异。用两个速度公式估计真实速度都会产生二阶误差，即射频公式低估了速度，而光学公式高估了速度，

但误差量相同。二者估计的速度差是速度的函数：

$$\delta v_{\rm r} = v_{\rm r\ optical} - v_{\rm r\ radio} \approx \frac{v_{\rm r}^2}{c} \qquad ({\rm A}10.14)$$

因此，观测河外射电源时，核实所用的速度公式是很重要的。例如，如果 $v_{\rm r} = 10000\,{\rm km\cdot s^{-1}}$，$\delta v_{\rm r} \approx 330\,{\rm km\cdot s^{-1}}$。用窄带观测并意识不到速度标尺之间的差异，会产生非常严重的问题。

为了解译谱线速度，必须以适当的惯性坐标系为参考。位于赤道的观测者相对于地心的旋转速度约为 $0.5\,{\rm km\cdot s^{-1}}$，地球环绕太阳的运动速度约为 $30\,{\rm km\cdot s^{-1}}$，太阳相对附近恒星的运动速度约为 $20\,{\rm km\cdot s^{-1}}$［临近恒星定义了本地静止标准（Local Standard of Rest，LSR）］；LSR 环绕银河中心的运动速度约为 $220\,{\rm km\cdot s^{-1}}$，银河系相对本星系群（Local Group）的速度为 $310\,{\rm km\cdot s^{-1}}$，本星系群相对于 CMB 的速度为 $630\,{\rm km\cdot s^{-1}}$。太阳系之外，最精确的参考框架是相对于 CMB 定义的。太阳相对于宇宙微波背景的速度是通过测量 CMB 的偶极各向异性来确定的（$v = cT_{\rm dipole}/T_{\rm CMB}$，其中 $T_{\rm dipole} = (3364.3 \pm 1.5)\mu{\rm K}$，$T_{\rm CMB} = (2.7255 \pm 0.0006){\rm K}$），据此可以极其精确地计算相对速度为 $(370.1 \pm 0.1)\,{\rm km\cdot s^{-1}}$，运动方向为 $\ell = 263.91° \pm 0.02°$ 及 $b = 48.265° \pm 0.002°$（Planck Collaboration，2016）。表 A10.1 列出了有关的各种参考框架信息。大多数观测都是相对于太阳系质心坐标系或 LSR 坐标系给出的。恒星和星系的速度一般由太阳系质心坐标系给出，银河系非恒星天体（如分子云）的观测一般使用 LSR 坐标系。银河系的旋转速度和结构的测量精度取决于 LSR 的认知精度。很多射电天文台的速度修正使用 DOP 程序（Ball（1969）；也可参见 Gordon（1976）），由于 DOP 没有考虑行星摄动，其精度约为 $0.01\,{\rm km\cdot s^{-1}}$。一些程序，例如天文图像处理系统（AIPS）中的 CVEL，是基于 DOP 开发的。用更精密的程序，如行星星历程序［Planetary Ephemeris Program（Ash，1972）］或 JPL 星历（Standish and Newhall，1996），能够获取的精度要高得多。要精确比较不同观测测量的速度，就要比较其动力计算方法。解译脉冲星计时测量数据也需要高精度的速度修正。

表 A10.1 谱线观测参考框架

名称	运动类型	速度/ （$\rm km\cdot s^{-1}$）	方向 [a]	
			$\ell/(°)$	$b/(°)$
地面	地球自转	0.5	—	—
地心	地球围绕地球/月球质心转动	0.013	—	—
日心	地球围绕太阳转动	30	—	—
太阳系质心	太阳围绕太阳系质心旋转（行星摄动）	0.012	—	—

续表

名称	运动类型	速度/ ($km \cdot s^{-1}$)	方向 [a]	
			$\ell /(°)$	$b/(°)$
本地静止标准（LSR）[b,c]	太阳相对于本地恒星的运动	20	57	23
银心 [b]	LSR 围绕银心运动	220	90	0
本星系静止标准 [d]	太阳相对于本星系团的运动	308	105	−7
宇宙微波背景（CMB）[e]	太阳相对于 CMB 运动	630	264	48

a 银河经度和纬度。

b 1985 年 IAU 采用的标准值（Kerr and Lynden-Bell，1986）。近期选用标准参见有关文献。

c 由朝向 $\alpha = 18^h, \delta = 30°$ 的速度 20km · s^{-1} 换算得出（1990）。更新的测量见有关文献。

d Cox（2000）。

e Planck 合作组（2016）。

有时将基带频率转换成真正的观测频率会产生混淆。利用傅里叶变换计算基带频谱时，使用 FFT 算法对数据流或相关函数进行变换，第一个频谱通道对应零频，通道频率增量为 $\Delta\nu_{IF}/N$，其中 $\Delta\nu_{IF}$ 是带宽（奈奎斯特采样率的一半），N 是频谱通道的总数。第 N 个通道对应的频率是 $\Delta\nu_{IF}(1-1/N)$。如果 N 是偶数（N 一般为 2 的幂），则第 $N/2$ 个频谱通道对应于基带的中心频率。对于上边带变频系统，第一通道对应的天空频率（在基带为零频）是各级本振频率之和。注意，上边带变频和下边带变频对应的速度轴指向相反（$v \propto -\nu$ 和 $v \propto \nu$）。

有时需要考虑几种并非是由多普勒运动引起的速度偏置。对于源自深势阱（Deep Potential Well）的谱线——例如黑洞附近——需要考虑时间膨胀项：

$$\gamma_G = \frac{1}{\sqrt{1 - \dfrac{r_s}{r}}} \tag{A10.15}$$

其中 r 是到黑洞中心的距离；r_s 是施瓦西半径（Schwarzschild Radius）（$r_s = 2GM/c^2$），当 $r \gg r_s$ 时上式成立。因此，总频率偏移量［将式（A10.6）做推广］为

$$\frac{\nu_0}{\nu} = \left(1 + \frac{v_r}{c}\cos\theta\right)\gamma_L\gamma_G \tag{A10.16}$$

其中 $\gamma_L = 1/\sqrt{1 - v_r^2/c^2}$ 被称为洛伦兹因子。例如，NGC4258 中的水脉泽辐射（图 1.23）围绕一个黑洞的旋转轨道半径为 $40000r_s$，导致的速度偏移约为 4km · s^{-1}。

在宇宙尺度下，源最重要的非多普勒频移是由宇宙膨胀导致的。距离较近的宇宙的速度偏移为

$$z = \frac{\lambda}{\lambda_0} - 1 \approx \frac{H_0 d}{c} \qquad \text{（A10.17）}$$

其中 H_0 是哈勃常数；d 是距离。H_0 约为 $70\text{km} \cdot \text{s}^{-1} \cdot \text{Mpc}^{-1}$（Mould et al.，2000）。当距离很远（$z > 1$）时，z 与距离及回退时间之间的关系由使用的宇宙模型决定（Peebles，1993）。然而，给定了 z 就可以由下式给出 z 和正确频率的关系：

$$v = \frac{v_0}{z+1} \qquad \text{（A10.18）}$$

Gordon 等（1992）讨论了宇宙尺度下谱线源观测的其他问题。宇宙距离尺度（$z=3.9$）下对分子云的早期光谱干涉观测可以参见 Downes 等（1999）文献。

附录 10.3 史　　料

附录 10.3.1　一维廓线成像

早期，用栅阵和复合干涉仪（图 1.13）等一维阵列对太阳和少数强源做成像观测。测量结果是以扇形波束扫描的形式呈现的。使用线阵观测时，任意时刻的可见度数据采样都沿着穿过 (u,v) 域原点的直线，如图 10.1 所示。沿一条直线采样的可见度数据的傅里叶变换给出一个波纹曲面，扇形波束扫描给出曲面的廓线，如图 A10.2 所示。一条直线测量的数据可以看作是二维图像的一个分量。天空中的波束角度随着地球转动而变化，将这些分量相加就可以构建二维图像。然而，这类阵列做扇形波束扫描时，每对天线给廓线贡献的权值相同，因此用这些廓线构建的图像会表现出自然加权的不良特性。19 世纪 50 年代，数字计算机还未普及，对这些数据做适当的加权来合成二维图像是非常耗费人力的。Christiansen 和 Warburton（1955）获取的太阳图像涉及了手工计算傅里叶变换、加权和数据的逆变换。后来，Bracewell 和 Riddle（1967）设计了一种不需要傅里叶变换的扇形波束扫描成像方法，它们用卷积来调节可见度的权值。在 2.4 节讨论了一维和二维响应的基本关系（Bracewell，1956b）。

附录 10.3.2　模拟傅里叶变换

可以用光学透镜作为模拟傅里叶变换的器件。早期，人们研究了基于光学、声学或电子束方法的模拟信号处理系统，但都没能证明可以用于综合孔径成像。模拟部件缺乏处理的灵活性，动态范围（Dynamic Range）有限，动态范围是图像中强度最高的电平与噪声电平之比。在任何迭代处理过程中，要保持图像质量都涉及对同样的数据连续做高精度的傅里叶变换和反变换，如一些反卷积处理（第 11 章）。Cole（1979）讨论了模拟傅里叶变换的可能性，但随着更强大的计算机普及，模拟算法已经落后了。

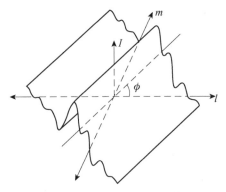

图 A10.2　在 (u,v) 域上，沿着与 u 轴夹角为 $\phi+\pi/2$ 的直线（如图 10.1 中的虚线）测量的可见度数据的傅里叶变换是 (l,m) 域的曲面

扩展阅读

Perley，R. A.，Schwab，F. R.，and Bridle，A. H.，Eds.，Synthesis Imaging in Radio Astronomy，Astron. Soc. Pacific Conf. Ser.，6（1989）

Sault，R. J.，and Oosterloo，T. A.，Imaging Algorithms in Radio Interferometry，in Review of Radio Science 1993-1996，Stone，W. R.，Ed.，Oxford Univ. Press，Oxford，UK（1996），pp. 883-912

Taylor，G. B.，Carilli，C. L.，and Perley，R. A.，Eds.，Synthesis Imaging in Radio Astronomy II，Astron. Soc. Pacific Conf. Ser.，180（1999）

Thompson，A. R.，and D'Addario，L. R.，Eds.，Synthesis Mapping，Proc. NRAO Workshop No. 5，National Radio Astronomy Observatory，Green Bank，WV（1982）

参考文献

Akiyama，K.，Lu，R. -S.，Fish，V. L.，Doeleman，S. S.，Broderick，A. E.，Dexter，J.，Hada，K.，Kino，M.，Nagai，H.，Honma，M.，and 28 coauthors，230 GHz VLBI Observations of M87: Event-Horizon-Scale Structure During an Enhanced Very-High-Energy Y-Ray State in 2012，Astrophys. J.，807: 150（11pp）（2015）

Ash，M. E.，Determination of Earth SatelliteOrbits，MIT Lincoln Laboratory Technical Note，1972-5（1972）

Baddour，N.，Operational and Convolution Properties of Two-Dimensional Fourier Transforms in Polar Coordinates，J. Opt. Soc. Am. A，26，1768-1778（2009）

Ball, J. A., Some Fortran Subprograms Used in Astronomy, MIT Lincoln Laboratory Technical Note, 1969-42 (1969)

Bennett, C. L., Bay, M., Halpern, M., Hinshaw, G., Jackson, C., Jarosik, N., Kogut, A., Limon, M., Meyer, S. S., Page, L., and five coauthors, The Microwave Anisotropy Probe Mission, Astrophys. J., 583, 1-23 (2003)

Betzig, E., Trautman, J. K., Harris, T. D., Weiner, J. S., and Kostelak, R. L., Breaking the Diffraction Barrier: Optical Microscopy on a Nanometric Scale, Science, 251, 1468-1470 (1991)

Bevington, P. R., and Robinson, D. K., Data Reduction and Error Analysis for the Physical Sciences, 2nd ed., McGraw-Hill, New York (1992)

Bos, A., On Ghost Source Mechanisms in Spectral Line Synthesis Observations with Digital Spectrometers, in Indirect Imaging, Roberts, J. A., Ed., Cambridge Univ. Press, Cambridge, UK (1984), pp. 239-243

Bos, A., "On Instrumental Effects in Spectral Line Synthesis Observations," Ph. D. thesis, Univ. of Groningen (1985), see section 10

Bower, G. C., Markoff, S., Brunthaler, A., Law, C., Falcke, H., Maitra, D., Clavel, M., Goldwurm, A., Morris, M. R., Witzel, G., Meyer, L., and Ghez, A. M., The Intrinsic Two-Dimensional Size of Sagittarius A*, Astrophys. J., 790: 1 (10pp) (2014)

Bracewell, R. N., Strip Integration in Radio Astronomy, Aust. J. Phys., 9, 198-217 (1956a)

Bracewell, R. N., Two-Dimensional Aerial Smoothing in Radio Astronomy, Aust. J. Phys., 9, 297-314 (1956b)

Bracewell, R. N., Two-Dimensional Imaging, Prentice-Hall, Englewood Cliffs, NJ (1995)

Bracewell, R. N., The Fourier Transform and Its Applications, McGraw-Hill, New York (2000) (earlier eds. 1965, 1978)

Bracewell, R. N., and Riddle, A. C., Inversion of Fan-Beam Scans in Radio Astronomy, Astrophys. J., 150, 427-434 (1967)

Bracewell, R. N., and Roberts, J. A., Aerial Smoothing in Radio Astronomy, Aust. J. Phys., 7, 615-640 (1954)

Briggs, D. S., "High Fidelity Deconvolution of Moderately Resolved Sources," Ph. D. thesis, New Mexico Institute of Mining and Technology (1995). http://www.aoc.nrao.edu/dissertations/dbriggs

Briggs, D. S., Schwab, F. R., and Sramek, R. A., Imaging, in Synthesis Imaging in Radio Astronomy II, Taylor, G. B., Carilli, C. L., and Perley, R. A., Eds., Astron. Soc. Pacific Conf. Ser., 180, 127-149 (1999)

Brouw, W. N., Data Processing for the Westerbork Synthesis Radio Telescope, Univ. of Leiden (1971)

Brouw, W. N., Aperture Synthesis, in Methods in Computational Physics, Vol. 14, Alder, B., Fernbach, S., and Rotenberg, M., Eds., Academic Press, New York (1975), pp. 131-

175

Burton, W. B., The Structure of Our Galaxy Derived from Observations of Neutral Hydrogen, in Galactic and Extragalactic Radio Astronomy, Verschuur, G. L., and Kellermann, K. I., Eds., Springer-Verlag, Berlin (1988), pp. 295-358

Carlstrom, J. E., Joy, M., and Grego, L., Interferometric Imaging of the Sunyaev-Zeldovich Effect at 30 GHz, Astrophys. J. Lett., 456, L75-L78 (1996)

Christiansen, W. N., and Warburton, J. A., The Distribution of Radio Brightness over the Solar Disk at a Wavelength of 21 cm. III. The Quiet Sun-Two-Dimensional Observations, Aust. J. Phys., 8, 474-486 (1955)

Cole, T. W., Analog Processing Methods for Synthesis Observations, in Image Formation from Coherence Functions in Astronomy, van Schooneveld, C., Ed., Reidel, Dordrecht, the Netherlands (1979), pp. 123-141

Contreras, M. E., Rodríguez, L. F., and Arnal, E. M., New VLA Observations of WR 6 (= HR 50896): A Search for an Anisotropic Wind, Rev. Mex. Astron. Astrof., 36, 135-139 (2000)

Cox, A. N., Ed., Allen's Astrophysical Quantities, 4th ed., AIP Press, Springer, New York (2000)

Crane, P. C., and Napier, P. J., Sensitivity, in Synthesis Imaging in Radio Astronomy, Perley, R. A., Schwab, F. R., and Bridle, A. H., Eds., Astron. Soc. Pacific Conf. Ser., 6, 139-165 (1989)

D'Addario, L. R., Cross Correlators, in Synthesis Imaging in Radio Astronomy, Perley, R. A., Schwab, F. R., and Bridle, A. H., Eds., Astron Soc. Pacific Conf. Ser., 6, 59-82 (1989)

Dillon, J. S., Tegmark, M., Lui, A., Ewall-Wice, A., Hewitt, J. N., Morales, M. F., Neben, A. R., Parsons, A. R., and Zheng, H., Mapmaking for Precision 2 km Cosmology, Phys. Rev. D, 91, 023002 (26 pp.) (2015)

Doeleman, S. S., Weintroub, J., Rogers, A. E. E., Plambeck, R., Freund, R., Tilanus, R. P. J., Friberg, P., Ziurys, L. M., Moran, J. M., Corey, B., and 18 coauthors, Event-Horizon-Scale Structure in the Supermassive Black Hole Candidate at the Galactic Centre, Nature, 455, 78-80 (2008)

Downes, D., Neri, R., Wiklind, T., Wilner, D. J., and Shaver, P. A., Detection of CO (4-3), CO (9-8), and Dust Emission in the Broad Absorption Line Quasar APM 08279+5255 at a Redshift of 3.9, Astrophys. J. Lett., 513, L1-L4 (1999)

Ekers, R. D., Error Recognition, in Synthesis Imaging in Radio Astronomy II, Taylor, G. B., Carilli, C. L., and Perley, R. A., Eds., Astron. Soc. Pacific Conf. Ser., 180, 321-334 (1999)

Ekers, R. D., and van Gorkom, J. H., Spectral Line Imaging with Aperture Synthesis Radio Telescopes, in Indirect Imaging, Roberts, J. A., Ed., Cambridge Univ. Press, Cambridge,

UK（1984），pp. 21-32

Escalante, V., Rodríguez, L. F., Moran, J. M., and Cantó, J., The Asymmetric Profile of the H76α Line Emission from MWC349, Rev. Mex. Astron. Astrof., 17, 11-14（1989）

Fish, V. L., Johnson, M. D., Doeleman, S. S., Broderick, A. E., Psaltis, D., Lu, R. -S., Akiyama, K., Alef, W., Algaba, J. C., Asada, K., and 62 coauthors, Persistent Asymmetric Structure of Sagittarius A* on Event Horizon Scales, Astrophys. J., 820: 90（11pp）（2016）

Fomalont, E. B., The East-West Structure of Radio Sources at 1425 MHz, Astrophys. J. Suppl., 15, 203-274（1968）

Fomalont, E. B., and Wright, M. C. H., Interferometry and Aperture Synthesis, in Galactic and Extragalactic Radio Astronomy, Verschuur, G. L., and Kellermann, K. I., Eds., Springer-Verlag, New York（1974），pp. 256-290

Gordon, M. A., Computer Programs for Radio Astronomy, in Methods of Experimental Physics, Vol. 12, Part C（Astrophysics: Radio Observations）, Meeks, M. L., Ed., Academic Press, New York（1976）

Gordon, M. A., Baars, J. W. M., and Cocke, W. J., Observations of Radio Lines from Unresolved Sources: Telescope Coupling, Doppler Effects, and Cosmological Corrections, Astron. Astrophys., 264, 337-344（1992）

Gradshteyn, I. S., and Ryzhik, I. M., Table of Integrals, Series, and Products, 5th ed., Academic Press, New York（1994）

Gurwell, M., Lunar and Planetary Fluxes at 230 GHz: Models for the Haystack 15-m Baseline, SMA Technical Memo 127, Smithsonian Astrophysical Observatory（1998）

Hasler, N., Bulbul, E., Bonamente, M., Carlstrom, J. E., Culverhouse, T. L., Gralla, M., Greer, C., Hawkins, D., Hennessy, R., Joy, M., and 12 coauthors, Joint Analysis of X-Ray and SunyaevZel'dovich Observations of Galaxy Clusters Using an Analytic Model of the Intracluster Medium, Astrophys. J., 748: 113（12pp）（2012）

Hobson, M. P., Lazenby, A. N., and Jones, M., A Bayesian Method for Analyzing Interferometer Observations of Cosmic Microwave Background Fluctuations, Mon. Not. R. Astron. Soc., 275, 863-873（1995）

Jacquinot, P., and Roizen-Dossier, B., Apodisation, in Progress in Optics, Vol. 3, Wolf, E., Ed., North Holland, Amsterdam（1964），pp. 29-186

Jennison, R. C., A Phase Sensitive Interferometer Technique for the Measurement of the Fourier Transforms of Spatial Brightness Distributions of Small Angular Extent, Mon. Not. R. Astron. Soc., 118, 276-284（1958）

Kazemi, S., Yatawatta, S., and Zaroubi, S., Clustered Calibration: An Improvement to Radio Interferometric Direction-Dependent Self-Calibration, Mon. Not. R. Astron. Soc., 430, 1457-1472（2013）

Kerr, F. J., and Lynden-Bell, D., Review of Galactic Constants, Mon. Not. R. Astron. Soc.,

221，1023-1038（1986）

Lannes，A.，Phase and Amplitude Calibration in Aperture Synthesis：Algebraic Structures，Inverse Problems，7，261-298（1991）

Leitch，E. M.，Kovac，J. M.，Pryke，C.，Carlstrom，J. E.，Halverson，N. W.，Holzapfel，W. L.，Dragovan，M.，Reddall，B.，and Sandberg，E. S.，Measurement of Polarization with the Degree Angular Scale Interferometer，Nature，420，763-771（2002a）

Leitch，E. M.，Pryke，C.，Halverson，N. W.，Kovac，J.，Davidson，G.，LaRoque，S.，Schartman，E.，Yamasaki，J.，Carlstrom，J. E.，Holzapfel，W. L.，and seven coauthors，Experiment Design and First Season Observations with the Degree Angular Scale Interferometer，Astrophys. J.，568，28-37（2002b）

Lobanov，A.，Brightness Temperature Constraints from Interferometric Visibilities，Astron. Astrophys.，574，A84（9pp）（2015）

Lochner，M.，Natarajan，I.，Zwart，J. T. L.，Smirnov，L.，Bassett，B. A.，Oozeer，N.，and Kunz，M.，Bayesian Inference for Radio Observations，Mon. Not. R. Astron. Soc.，450，1308-1319（2015）

Lu，R. -S.，Fish，V. L.，Akiyama，K.，Doeleman，S. S.，Algaba，J. C.，Bower，G. C.，Brinkerink，C.，Chamberlin，R.，Crew，G.，Cappallo，R. J.，and 23 coauthors，Fine-Scale Structure of the Quasar 3C279 Measured with 1. 3-mm Very Long Baseline Interferometry，Astrophys. J.，772：13（10pp）（2013）

Maltby，P.，and Moffet，A. T.，Brightness Distribution in Discrete Radio Sources. III. The Structure of the Sources，Astrophys. J. Suppl.，7，141-163（1962）

Martí-Vidal，I.，Pérez-Torres，M. A.，and Lobanov，A. P.，Over-Resolution of Compact Sources in Interferometric Observations，Astron. Astrophys.，541，A135（4pp）（2012）

Martí-Vidal，I.，Vlemmings，W. H. T.，Mueller，S.，and Casey，S.，UVMULTIFIT：A Versatile Tool for Fitting Astronomical Radio Interferometric Data，Astron. Astrophys.，563，A136（9pp）（2014）

Masson，C. R.，Angular Expansion and Measurement with the VLA：The Distance to NGC 7027，Astrophys. J. Lett.，302，L27-L30（1986）

Morales，M. F.，and Wyithe，J. S. B.，Reionization and Cosmology with 21-cm Fluctuations，Ann. Rev. Astron. Astrophys.，48，127-171（2010）

Mould，J. R.，Huchra，J. P.，Freedman，W. L.，Kennicutt，R. C.，Jr.，Ferrarese，L.，Ford，H. C.，Gibson，B. K.，Graham，J. A.，Hughes，S. M. G.，Illingworth，G. D.，and seven coauthors，The Hubble Space Telescope Key Project on the Extragalactic Distance Scale. XXVIII. Combining the Constraints on the Hubble Constant，Astrophys. J.，529，786-794（2000）

Napier，P. J.，and Crane，P. C.，Signal-to-Noise Ratios，in Synthesis Mapping，Proc. NRAO Workshop No. 5，Thompson，A. R.，and D'Addario，L. R.，Eds.，National Radio Astronomy Observatory，Green Bank，WV（1982），pp. 3-1-3-28

Ng, C. -Y., Gaensler, B. M., Staveley-Smith, L., Manchester, R. N., Kesteven, M. J., Ball, L., and Tzioumis, A. K., Fourier Modeling of the Radio Torus Surrounding SN 1987A, Astrophys. J., 684, 481-497 (2008)

Ortiz-León, G. N., Johnson, M. D., Doeleman, S. S., Blackburn, L., Fish, V. L., Loinard, L., Reid, M. J., Castillo, E., Chael, A. A., Hernández-Gómez, A., and 12 coauthors, The Intrinsic Shape of Sagittarius A* at 3. 5-mm Wavelength, Astrophys. J., 824: 40 (10pp) (2016)

Padin, S., Shepherd, M. C., Cartwright, J. K., Keeney, R. G., Mason, B. S., Pearson, T. J., Readhead, A. C. S., Schaal, W. A., Sievers, J., Udomprasert, P. S., and six coauthors, The Cosmic Background Imager, Publ. Astron. Soc. Pacific, 114, 83-97 (2002)

Parsons, A., Backer, D. C., Foster, G. S., Wright, M. C. H., Bradley, R. F., Gugliucci, N. E., Parashare, C. R., Benoit, E. E., Aguirre, J. E., Jacobs, D. C., and five coauthors, The Precision Array for Probing the Epoch of Reionization: Eight Station Results, Astron. J., 139, 1468-1480 (2010)

Parsons, A., Pober, J., McQuinn, M., Jacobs, D., and Aguirre, J., A Sensitivity and Array Configuration Study for Measuring the Power Spectrum of 21-cm Emission from Reionization, Astrophys. J., 753: 81 (16pp) (2012)

Parsons, A. R., Lui, A., Aguirre, J. E., Ali, Z. S., Bradley, R. F., Carilli, C. L., DeBoer, D. R., Dexter, M. R., Gugliucci, N. E., Jacobs, D. C., and seven coauthors, New Limits on 21 cm Epoch of Reionization from PAPER-32 Consistent with an X-Ray Heated Intergalactic Medium at z = 7.7, Astrophys. J., 788: 106 (21pp) (2014)

Pearson, T. J., Non-Imaging Data Analysis, in Synthesis Imaging in Radio Astronomy II, Taylor, G. B., Carilli, C. L., and Perley, R. A., Eds., Astron. Soc. Pacific Conf. Ser., 180, 335-355 (1999)

Peebles, P. J. E., Principles of Physical Cosmology, Princeton Univ. Press, Princeton, NJ (1993)

Perley, R. A., Schwab, F. R., and Bridle, A. H., Eds., Synthesis Imaging in Radio Astronomy, Astron. Soc. Pacific Conf. Ser., 6 (1989)

Planck Collaboration, Planck 2015 Results. XIII. Cosmological Parameters, Astron. Astrophys., 594, A13 (63pp) (2016)

Pryke, C., Halverson, N. W., Leitch, E. M., Kovac, J., Carlstrom, J. E., Holzapfel, W. L., and Dragovan, M., Cosmological Parameter Extraction from the First Season of Observations with the Degree Angular Scale Interferometer, Astrophys. J., 568, 46-51 (2002)

Rau, U., Bhatnagar, S., Voronkov, M. A., and Cornwell, T. J., Advances in Calibration and Imaging Techniques in Radio Interferometry, Proc. IEEE, 97, 1472-1481 (2009)

Readhead, A. C. S., Myers, S. T., Pearson, T. J., Sievers, J. L., Mason, B. S., Contaldi, C. R., Bond, J. R., Bustos, R., Altamirano, P., Achermann, C., and 16 coauthors,

Polarization Observations with Cosmic Background Imager，Science，306，836-844（2004）

Reid，M. J.，Spectral-Line VLBI，in Very Long Baseline Interferometry and the VLBA，Zensus，J. A.，Diamond，P. J.，and Napier，P. J.，Eds.，Astron. Soc. Pacific Conf. Ser.，82，209-225（1995）

Reid，M. J.，Spectral-Line VLBI，in Synthesis Imaging in Radio Astronomy II，Taylor，G. B.，Carilli，C. L.，and Perley，R. A.，Eds.，Astron. Soc. Pacific Conf. Ser.，180，481-497（1999）

Rhodes，D. R.，On the Spheriodal Functions，J. Res. Natl. Bureau of Standards B，74，187-209（1970）

Roelfsema，P.，Spectral Line Imaging I：Introduction，in Synthesis Imaging in Radio Astronomy，Perley，R. A.，Schwab，F. R.，and Bridle，A. H.，Eds.，Astron. Soc. Pacific Conf. Ser.，6，315-339（1989）

Rybicki，G. B.，and Lightman，A. P.，Radiative Processes in Astrophysics，Wiley-Interscience，New York（1979）（reprinted 1985）

Schwab，F. R.，Optimal Gridding of Visibility Data in Radio Interferometry，in Indirect Imaging，Roberts，J. A.，Ed.，Cambridge Univ. Press，Cambridge，UK（1984），pp. 333-346

Scott，P. F.，Carreira，P.，Cleary，K.，Davies，R. D.，Davis，R. J.，Dickinson，C.，Grainge，K.，Gutiérrez，C. M.，Hobson，M. P.，Jones，M. E.，and 16 coauthors，First Results from the Very Small Array. III. The Cosmic Microwave Background Power Spectrum，Mon. Not. R. Astron. Soc.，341，1076-1083（2003）

Sivia，D. S.，with Skilling，J.，Data Analysis：A Bayesian Tutorial，2nd. ed.，Oxford Univ. Press，Oxford，UK（2006）

Slepian，D.，Analytic Solution of Two Apodization Problems，J. Opt. Soc. Am.，55，1110-1115（1965）

Slepian，D.，and Pollak，H. O.，Prolate Spheroidal Wave Functions，Fourier Analysis and Uncertainty. I. Bell Syst. Tech. J.，40，43-63（1961）

Smith，F. G.，The Measurement of the Angular Diameter of Radio Stars，Proc. Phys. Soc. B，65，971-980（1952）

Smoot，G. F.，Bennett，C. L.，Kogut，A.，Wright，E. L.，Aymon，J.，Boggess，N. W.，Cheng，E. S.，De Amici，G.，Gulkis，S.，Hauser，M. G.，and 18 coauthors，Structure in the COBE Differential Microwave Radiometer First-Year Maps，Astrophys. J. Lett.，396，L1-L5（1992）

Standish，E. M.，and Newhall，X. X.，New Accuracy Levels for Solar System Ephemerides，in Dynamics，Ephemerides，and Astrometry of Solar System Bodies，IAU Symp. 172，Kluwer，Dordrecht，the Netherlands，（1996），pp. 29-36

Taylor，G. B.，Carilli，C. L.，and Perley，R. A.，Eds.，Synthesis Imaging in Radio Astronomy II，Astron. Soc. Pacific Conf. Ser.，180（1999）

Thompson, A. R., and Bracewell, R. N., Interpolation and Fourier Transformation of Fringe Visibilities, Astron. J., 79, 11-24 (1974)

Trott, C. M., Wayth, R. B., Macquart, J. -P. R., and Tingay, S. J., Source Detection in Interferometric Visibility Data. I. Fundamental Estimation Limits, Astrophys. J., 731: 81 (14pp) (2011)

Trotter, A. S., Moran, J. M., and Rodríguez, L. F., Anisotropic Radio Scattering of NGC6334B, Astrophys. J., 493, 666-679 (1998)

Twiss, R. Q., Carter, A. W. L., and Little, A. G., Brightness Distribution Over Some Strong Radio Sources at 1427 Mc/s, Observatory, 80, 153-159 (1960)

van Gorkom, J. H., and Ekers, R. D., Spectral Line Imaging. II. Calibration and Analysis, in Synthesis Imaging In Radio Astronomy, Perley, R. A., Schwab, F. R., and Bridle, A. H., Eds., Astron. Soc. Pacific Conf. Ser., 6, 341-353 (1989)

Watson, R. A., Carreira, P., Cleary, K., Davies, R. D., Davis, R. J., Dickinson, C., Grainge, K., Gutiérrez, C. M., Hobson, M. P., Jones, M. E., and 16 coauthors, First Results from the Very Small Array. I. Observational Methods, Mon. Not. R. Astron. Soc., 341, 1057-1065 (2003)

White, M., Carlstrom, J. E., Dragovan, M., and Holzapfel, W. L., Interferometric Observations of Cosmic Microwave Background Anisotropies, Astrophys. J., 514, 12-24 (1999)

White, R. L., and Becker, R. H., The Resolution of P Cygni's Stellar Wind, Astrophys. J., 262, 657-662 (1982)

Wright, A. E., and Barlow, M. J., The Radio and Infrared Spectrum of Early-Type Stars Undergoing Mass Loss, Mon. Not. R. Astron. Soc., 170, 41-51 (1975)

Zheng, H., Tegmark, M., Buza, V., Dillon, J., Gharibyan, H., Hickish, J., Kunz, E., Liu, A., Losh, J., Lutomirski, A., and 28 coauthors, Mapping Our Universe in 3D with MITEoR, Proc. IEEE International Symposium on Phased Array Systems and Technology, Waltham, MA (2013), pp. 784-791

11 高级成像技术

本章主要讨论利用反卷积的非线性处理技术，反卷积能够尽可能减除对可见度测量的限制。可见度数据存在两个主要缺陷，限制了综合孔径成像的精度。其一是 (u,v) 域上有限的空间频率分布，其二是可见度数据存在误差。利用洁化（CLEAN）算法等反卷积处理可以改善空间频率的有限覆盖，在满足图像的常规约束情况下，反卷积允许那些未测量的可见度取非零值。利用自适应技术从可见度数据中提取天线增益和反演图像，可以改善定标精度。本章还讨论宽视场成像、多频成像和压缩感知技术。

11.1 CLEAN 反卷积算法

Högbom（1974）设计的 CLEAN 算法是最成功的反卷积算法之一。该算法大体上是图像 (l,m) 域的数值反卷积过程，已经成为用不完整的 (u,v) 数据集反演图像的基本工具。处理过程是将强度分布分解为原始成像处理的点源响应，然后将每个点源响应替换为相应的无旁瓣波束。CLEAN 算法可以理解为一种压缩感知算法（见 11.8.6 节）。

11.1.1 CLEAN 算法

算法的主要处理步骤如下：

（1）对可见度做傅里叶变换计算图像，对加权空间传递函数做傅里叶变换计算点源响应。合成的强度函数和波束函数通常被分别称为"脏图"（Dirty Image）和"脏波束"（Dirty Beam）。(l,m) 平面上采样点的间距不宜超过合成波束宽度的三分之一。

（2）找到图像的最强点并减去该点的点源响应，即以该点为中心且包含全部旁瓣的脏波束。减去的点源响应的峰值幅度等于图像中该点强度的 γ 倍。γ 称为环路增益，类似于电子系统中的负反馈，其值一般为几十分之一。在模型中插入一个狄拉克函数分量，用来标记被减除分量的位置和幅度，最终得到的模型就是洁化图像。

（3）返回步骤（2），重复迭代过程，直至图像中所有主要的源结构都被减除。几个可能的指标可以用来评估是否完成减除。例如，可以比较最大峰值与残留强度分布的均方根电平，首次发现减除一个点源响应后不能再使均方根电平减小，或者开始减除大量的负分量时，意味着源结构已经完成减除。

（4）将洁化模型中的狄拉克函数与洁波束响应做卷积，即用幅度相同的洁波束函数替代每个狄拉克函数。洁波束通常选择半幅度宽度等于原始合成波束（脏波束）宽度的高斯函数，或一些没有负值的类似函数。

（5）将残差（步骤（3）的残留强度）加回洁波束图像，即得到输出图像。（加入残差后，图像的傅里叶变换等于测量的可见度。）

这里假设每个被减除的脏波束响应代表一个点源的响应。如 4.4 节所讨论，点源的可见度函数是一对实部和虚部正弦波纹，在 (u,v) 域延伸至无限远。用空间传递函数在 (u,v) 域采样得到的可见度函数相同的任何强度特征，在图像中都会产生一样的点源响应。Högbom（1974）指出大部分天空是冷背景下的随机点源分布，开发 CLEAN 算法起初就是为了处理这种场景。然而经验表明，CLEAN 算法对于展源和复杂源也是有效的。

上述给出的 CLEAN 过程中前三步的结果可以用一组狄拉克函数构成的模型强度分布表征，狄拉克函数的幅度和相位表征被减除的分量。由于每个狄拉克函数傅里叶变换的模在 (u,v) 域上都均匀延伸至无限远，可以根据需求将可见度函数外插到传输函数截断区域以外。

对射电天文研究而言，狄拉克函数分量并不能给出令人满意的模型。一群间距不大于波束宽度的狄拉克函数实际上也许表征了一个展源。在第（4）步中，用洁波束与狄拉克函数模型做卷积，可以消除过度解译的风险。因此，CLEAN 操作实际上在 (u,v) 平面进行了插值。我们期望的洁波束的特征是没有旁瓣，特别是不能有负值旁瓣，且洁波束的傅里叶变换在 (u,v) 平面的采样区域内应为常数，在采样区域外应快速下降到很低的电平。在 (u,v) 域上快速截断会在 (l,m) 域引入振荡，因此本质上，我们期望的这些特征是不兼容的。通常的折中方案是用高斯波束在 (u,v) 平面做高斯锥化。由于高斯函数对测量的数据和 CLEAN 生成的未测量数据都进行了锥化，因此反演的强度分布不再与测量的可见度数据一致。然而，高斯函数没有较大的近旁瓣，所以改善了图像的动态范围，即增大了能够可靠测量的图像结构的强度范围。

如第 10 章所述，由于加权空间传递函数在测量区域以外截断为零，我们不能在式（10.4）右侧直接除以加权空间传递函数。CLEAN 处理时，将测量的可见度解析为正弦可见度分量可以去除截断效应，可以覆盖整个 (u,v) 域，因此解决了截断问题。在 (l,m) 域选取最大峰值等价于在 (u,v) 域选取最大的复正弦分量。

停止减除分量的时候，一般假设残留强度分布主要是噪声。类似于与洁波束进行卷积获得图像，保留图像中的残留分布是非理想过程，是防止错误解译最终图像的必要步骤。如果不在第（5）步添加残留分布，低于最小被减除分量的结构会出现幅度截断。另外，给出背景起伏也指示了强度值的电平不确定度。图 11.1 展示了 CLEAN 算法处理效果的实例。

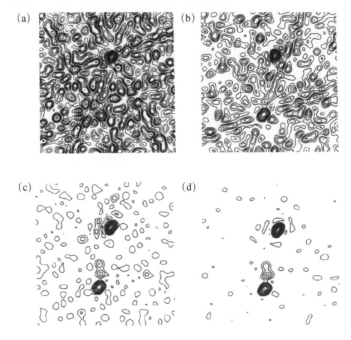

图 11.1　利用 Green Bank 干涉仪和非常稀疏的 (u,v) 覆盖，在 2695MHz 观测的 3C224.1 图像，用以说明 CLEAN 处理过程。（a）合成"脏"图；（b）环增益 $\gamma=1$ 并一次迭代后的图像；（c）二次迭代后的图像；（d）六次迭代后的图像。所有图像中都用洁波束恢复被减除的分量。廓线电平分别是最大值的 5%、10%、15%、20% 和 30% 等。引自 Högbom（1974），经 Astron. Astrophys. Suppl 允许

11.1.2　CLEAN 算法的应用与性能

作为一种减除旁瓣响应的处理过程，CLEAN 算法是容易理解的。然而，作为一种高度非线性的处理方法，CLEAN 算法不能给出完备的数学解析。Schwarz（1978，1979）推导了一些结论，表明 CLEAN 算法收敛的条件是合成波束必须是对称的，其傅里叶变换——即加权传递函数必须是非负的。通常，综合成像过程能满足这些条件。Schwartz 的分析还指出，如果 CLEAN 模型中狄拉克函数分量的个数不超过独立可见度数据的个数，则 CLEAN 算法的收敛解，即狄拉克函数分量的傅里叶变换是测量可见度的最小二乘拟合（LSMF）。可见度函数数据的实部和虚部或其共轭值（但不能同时选择原值和其共轭值）要独

立计数。使用快速傅里叶（FFT）算法成像时，(u,v) 域和 (l,m) 域的网格点数是相同的，但并非所有 (u,v) 网格点上都有可见度测量值。为保证收敛条件，通常只对原始图像的有限区域或"窗区"应用 CLEAN 算法。

为了洁化一幅给定尺寸的图像，必须计算比图像尺寸大一倍的脏波束方向图，以确保可以减除图像中任意位置的点源。但是，如果图像和波束尺寸相同，通常会更方便处理。这种情况下，只能正确处理图像中心的 1/4 区域。因此，一般建议初始傅里叶变换获取的图像尺寸应为最终图像尺寸的两倍。如上所述，对图像中较小的窗区进行处理，也有助于确保移除分量的数量不超过可见度数据的数目，并且在没有噪声的情况下，窗区内的残差趋于零。

人为选取的几个参数会影响 CLEAN 处理的结果，包括参数 γ、窗区尺寸以及停止迭代的准则。要注意的是，只有以某个像元为中心的点源分量才能用 CLEAN 算法从图像中一步减除。这是选取 $\gamma \ll 1$ 的重要原因。一般 γ 取值在 $0.1 \sim 0.5$，普遍经验表明，环路增益较小时 CLEAN 对展源的响应更佳。随着 γ 值减小，所需的减除周期的数量增加，因此 CLEAN 的计算时间急剧增加。假设信噪比为 $\mathcal{R}_{sn}$，则减除一个点源所需要的循环次数为 $-\lg \mathcal{R}_{sn} / \lg(1-\gamma)$。例如，如果 $\mathcal{R}_{sn} = 100$ 且 $\gamma = 0.2$，减除一个点源需要 21 个周期。

CLEAN 算法存在一个众所周知的问题，即会在展源特征上调制一个散点或波脊形式的杂散结构。Clark（1982）对这一效应的解释具有启发性。如图 11.2 所示，算法定位了一个宽结构中的最大值，并从中减除了一个点源分量。由于脏波束存在负旁瓣，减负值会增加一个新的极大值，并在后续周期被选中，因此，分量减除趋向于在合成（脏）波束第一旁瓣的位置选中新的最大值。CLEAN 算法会在图像中人为引入波浪起伏，是符合测量可见度数据的。Cornwell（1983）提出了一种改进的 CLEAN 算法，以抑制这种无用调制。原始 CLEAN 算法是使下式最小：

$$\sum_k w_k \left| \mathcal{V}_k^{\text{meas}} - \mathcal{V}_k^{\text{model}} \right|^2 \tag{11.1}$$

其中 $\mathcal{V}_k^{\text{meas}}$ 是在 (u_k, v_k) 点的测量可见度；w_k 是该点的权值；$\mathcal{V}_k^{\text{model}}$ 是 CLEAN 算出的模型的可见度。上式要对所有非零可见度数据点（变换后即为脏图）进行求和。Cornwell 的算法是使下式最小：

$$\sum_k w_k \left| \mathcal{V}_k^{\text{meas}} - \mathcal{V}_k^{\text{model}} \right|^2 - \kappa s \tag{11.2}$$

其中 s 是平滑性的测度；κ 是可调参数。Cornwell 发现，加上负号的模型均方强度是 s 的有效度量。

可见度锥化会同时影响原图和波束，因此 CLEAN 过程中减除分量的幅度和位置应与锥函数无关。但是，锥化会降低分辨率，因此通常对 CLEAN 处理的图像做均匀可见度加权。反之，对于扩展平滑结构等难以处理的情况，通过锥化降低旁瓣可能会改善 CLEAN 的性能。

图 11.2　在 CLEAN 处理过程中，减除一个宽结构特征最大值处的点源响应（虚线）。引自 Clark（1982）

　　Clark（1980）提出了一种降低 CLEAN 计算量的重要方法。该方法在 (u,v) 域减除点源响应，并用 FFT 在 (u,v) 域和 (l,m) 域之间交换数据。处理过程由小循环和主循环组成，只使用合成脏波束的一小部分（包含主波束和较大的旁瓣）近似减除点源，并用一系列小循环定位那些要减除的分量。然后在主循环中，从 (u,v) 域中无近似地移除所有被定位的点源响应。也就是说，通过傅里叶变换的乘积来实现狄拉克函数与脏波束的卷积。多次重复一系列的小循环和主循环，直至满足停止条件。Clark 设计的技术用于处理 VLA 数据，并发现与原始 CLEAN 算法相比，计算量是原来的 1/10～1/2。

　　人们还开发了各种改进的 CLEAN 算法，广泛使用的改进型包括 Cotton-Schwab 算法［Schwab（1984）第 Ⅳ 节］，是 Clark 算法的一种改进。该方法在主循环中对未网格化的可见度数据做减除，这就消除了网格化导致的混叠。算法设计上还允许对临近视场做联合处理，这些视场在小循环中是独立分开处理的，但在主循环中可以从所有区域统一减除。

　　我们对 CLEAN 算法的性质做一个总结，定性地理解 CLEAN 算法是很简单的，实现方法是比较直接的，而且实践表明这种方法是有效的。但是，对算法响应做全面分析是很困难的。CLEAN 算法的响应不是唯一的，而且会产生伪结构。有时要与模型拟合技术相结合，例如，对于行星图像可以先去除一个圆盘模型，再用 CLEAN 算法处理残留的强度分布。为处理展源目标，开发了一种更稳定和高效的改进版 CLEAN 算法，被称为多尺度（Multiscale）CLEAN 算法（Wakker and Schwarz，1988；Cornwell，2008）。其基本思路是首先识别和去除展源辐射分量。为了处理展源辐射，正在开发一些更精密的处理方法（Junklewitz et al.，2016）。CLEAN 算法也被用于更复杂的图像重建技术中。在本章后面部分将对此内容进行描述。包括一些应用技巧在内的更多细节参见文献 Cornwell（1999），展源目标处理参见 Cornwell（2008）。

11.2 最大熵法（MEM）

11.2.1 MEM 算法

一类重要的图像重建算法是在约束成像结果使某些图像质量的测度最大化的同时，生成与测量可见度的吻合度达到噪声电平的图像。这些方法中，最大熵法（Maximum Entropy Method，MEM）在射电天文中受到特别的关注。如果 $I'(l,m)$ 是 MEM 反演的强度分布，定义一个函数 $F(I')$ 表征分布的熵。I' 是固体角的函数，由 I' 的分布可以完全确定 $F(I')$，不需要考虑图像的结构形状。图像重建时，在保证 I' 的傅里叶变换与测量可见度值吻合的条件下，使 $F(I')$ 最大化。

在天文成像领域，Friden（1972）早期应用了 MEM 来处理光学图像。在射电天文领域，Ponsonby（1973）和 Ables（1974）最早进行了讨论。如 Ables 所述，这一技术的目标是获取与所有有关数据一致但受缺失数据影响最小的图像。因此，选取 $F(I')$ 时，要使合理先验信息的贡献最大化，同时使未测量区域的可见度假设值引入的细节最小化。

几种 $F(I')$ 函数已经在实践中应用，其中包括如下几种形式：

$$F_1 = -\sum_i \frac{I_i'}{I_s'} \lg\left(\frac{I_i'}{I_s'}\right) \tag{11.3a}$$

$$F_2 = -\sum_i \lg I_i' \tag{11.3b}$$

$$F_3 = -\sum_i I_i' \ln\left(\frac{I_i'}{M_i}\right) \tag{11.3c}$$

其中 $I_i' = I'(l_i, m_i)$，$I_s' = \sum_i I_i'$，M_i 表征某个先验模型，公式需要对图像中的所有像素 I_i 求和。式（11.3c）中，由于强度值是相对于模型定义的，因此 F_3 可称为相对熵。

很多文章从理论和哲学角度推导了熵的表达式。Jaynes（1968，1982）使用贝叶斯统计进行了分析。Gull 和 Daniell（1979）考虑了天空随机散射总强度分布，推导出 F_1 的形式，Friden（1972）也采用了这种形式。Ables（1974）和 Wernecke 等（1977）推导出了第二种熵的形式 F_2。另外一些研究者采用了实用的方法表征 MEM（Högbom，1979；Subrahmanya，1979；Niyananda and Narayan，1982）。尽管在选择限制条件时并没有给出物理或信息论原理，他们仍然认为 MEM 为一种有效的算法。Högbom（1979）指出，F_1 和 F_2 都包含了所需的数学性质：当 I' 趋于零时一阶导数趋于无穷，因此最大化 F_1 或 F_2 对成像有正贡献。二阶导数处处为负，促使强度均匀分布。Narayan 和 Nityananda （1984）考虑了一类具有 $d^2F/dI'^2 < 0$ 和 $d^3F/dI'^3 > 0$ 性质的 F 函数。上述讨论的 F_1 和 F_2 属于这一类函数。

最大化熵表达式 $F(I')$ 的过程中，通过 χ^2 统计来计算反演强度模型与测量可见度数据一致的限制条件。这里的 χ^2 是测量可见度值 $\mathcal{V}_k^{\text{meas}} = \mathcal{V}(u_k, v_k)$ 与对应的模型可见度值 $\mathcal{V}_k^{\text{model}}$ 的均方差的测度：

$$\chi^2 = \sum_k \frac{\left| \mathcal{V}_k^{\text{meas}} - \mathcal{V}_k^{\text{model}} \right|^2}{\sigma_k^2} \tag{11.4}$$

其中 σ_k^2 是 $\mathcal{V}_k^{\text{meas}}$ 中噪声的方差，要对全部可见度数据集做求和。求解上式需要通过迭代过程，参见 Wernecke 和 D'Addario（1977）；Wernecke（1977）；Gull 和 Daniel1（1978）；Skilling 和 Bryan（1984）以及 Narayan 和 Nityananda（1984）。例如，Cornwell 和 Evans（1985）通过最大化下式的参量 J 来求解：

$$J = F_3 - \alpha\chi^2 - \beta S_{\text{model}} \tag{11.5}$$

其中 F_3 的定义见式（11.3c）。S_{model} 是模型的总流量密度，人们发现，为了使处理能收敛到一个满意的结果，必须包含一个限制条件，即模型的总流量密度必须等于测量的流量密度，因此引入该参数。α 和 β 是拉格朗日乘子（Lagrange Multiplier），通过改变乘子的值，使模型拟合的 χ^2 和 S_{model} 等于预期值。通过使用 F_3，可将先验信息引入到最终图像中。为实现 MEM 所开发的各种算法，通常用熵和 χ^2 的梯度来决定每次迭代周期中如何调整模型。

最大熵法反演图像的特征是点源响应会随点源位置而变化，因此图像内的角度分辨率不是恒定的。与直接傅里叶变换反演的图像相比，最大熵法反演的图像通常会具有更高的角度分辨率。在更常规的成像技术中，可见度值外插可以在一定程度上提高角分辨。

11.2.2 CLEAN 与 MEM 比较

CLEAN 算法是用处理流程定义的，因此容易实现，但由于采用了非线性处理，对结果做噪声分析是非常困难的。相反，MEM 算法是用与数据拟合精度达到噪声电平的图像定义的，并且要限定图像的某些参数最大化。MEM 算法中的噪声是通过 χ^2 统计纳入考虑的，因此更容易分析 MEME 处理的噪声效应，例如参见 Bryan 和 Skilling（1980）。二者其他方面的对比如下：

• 实现 MEM 算法要有一个初始源模型，而 CLEAN 算法不需要。

• 对于小幅图像，CLEAN 算法一般比 MEM 算法更快。但对于较大的图像，MEM 算法更快。Cornwell 等（1999）给出两种算法的速度平衡点约为 10^6

个像素。

● CLEAN 处理的图像趋于表现出小尺度粗糙特征，这是由于 CLEAN 的基本原理是用点源的集合对所有图像建模。使用 MEM 算法时，对分辨率的限制使得其解更突出图像的平滑性。

● 较宽、较平滑的特征最好用 MEM 做反卷积，这是因为 CLEAN 算法可能会引入条带和其他错误的细节。MEM 算法不能很好地处理点源，特别是叠加在平滑背景上的点源，平滑背景会抵消负旁瓣，因此脏图中不会出现负强度。

为说明 CLEAN 和 MEM 过程的特点，图 11.3 给出模型喷流结构的处理实例，模型引自 Cornwell（1995）以及 Cornwell，Braun 和 Briggs（1999），并由 Briggs 的模型算法进行计算。基于与 M87 相似的结构建立喷流模型，实际模型与图 11.3（e）具有相同的廓线电平。喷流结构的左侧有一个点源，按照模拟观测的分辨率进行了平滑。在观测频率为 1.66GHz，且全程跟踪 50°赤纬源的情况下，计算了 VLBA 的 (u,v) 覆盖（Napier et al.，1994）的模型可见度值。计算加入了热噪声，但假设实现了精确定标。可见度数据的傅里叶变换和空间传递函数分别提供了脏图和脏波束。脏图能够展现基本结构，但精细结构被旁瓣淹没。图 11.3（a）～（c）给出了 CLEAN 算法的处理效果。CLEAN 反卷积过程中循环增益设为 0.1，共减除了 20000 个分量。图（a）给出用 CLEAN 算法处理整幅图像的结果，图（b）给出仅对源周围局部区域内的分量做处理的结果［这种技术有时称之为箱区法（Box）或窗区法（Window）］。注意图（b）的质量有所改善，这是增加了"窗区外无辐射"这一限制信息的结果。廓线近似表现了强度从最低值 0.05%开始以 2 次幂增加。图（c）与图（b）展示的是同一幅图像，但最低廓线强度值是图（b）的 1/10。低电平廓线有肉眼可见的粗糙起伏，这体现了 CLEAN 的特点，计算时对每个点源分量独立做处理，在处理机制上每个分量的处理结果与相邻分量无关，而 MEM 算法中则引入了平滑限制。图（d）～（f）是 MEM 处理的结果。图（d）给出的结果是使用与图（b）相同的局部区域做 MEM 反卷积，并经过 80 次迭代。背景中出现了以点源为中心的虚假圆形图案，明显表明 MEM 算法对这种特征的处理能力不足。图（e）先利用 CLEAN 算法减除点源，然后用与图（d）相同的约束区间做 MEM 反卷积，最后把点源放回原位。图（f）与图（e）的响应相同，但最低电平廓线与图（c）的电平相同。低电平廓线能够展示观测和处理贡献的结构信息。MEM 算法处理的图像廓线比 CLEAN 算法处理的更平滑。图（c）与图（f）的图像保真度（Fidelity）相当，即重建原始模型的精度相当。处理复杂图像时，有时候结合多种方法是具有优势的，例如使用 CLEAN 算法减除图像中的点源响应，再利用 MEM 算法处理较宽的背景特征。

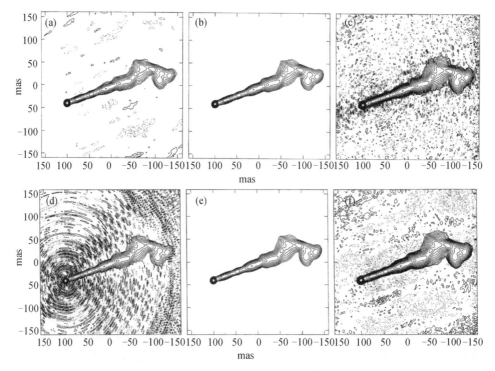

图 11.3　用反卷积过程处理喷流结构模型的例子，模型左侧包含一个点源。图（a）给出用 CLEAN 算法对整幅图像进行处理的结果，图（b）是仅对源附近的局部分量进行处理的结果，注意到（b）改进了图像质量。电平廓线近似表明强度从最低值 0.05%，以 2 次幂增大。图（c）与（h）是同一幅图像，但最低电平廓线是图（b）的 1/10，从低电平廓线肉眼可见 CLEAN 处理产生的粗糙特征。图（d）给出用与（b）相同的局部约束做 MEM 反卷积，并迭代 80 次的结果。以点源为圆心的虚假圆形结构表明 MEM 算法对锐化特征的处理能力的不足。图（e）先用 CLEAN 算法减除图像中的点源，然后用与（d）相同的局部区域约束做 MEM 反卷积，再把点源放回原位。图（f）与（e）的响应相同，但最低电平廓线与（c）相同，注意 MEM 算法反演图像的低电平廓线比 CLEAN 算法的更平滑。图（c）与（f）两幅图像与模型的保真度相当。六幅图像均引自 Cornwell（1995），由太平洋天文协会提供

11.2.3　高级反卷积过程

Briggs（1995）用了非负最小二乘（Non-Negative，Least-Squares，NNLS）算法做反卷积。NNLS 由 Lawson 和 Hanson（1974）开发，用来求解 $AX = B$ 形式的矩阵方程，射电天文应用中，A 代表脏波束，B 代表脏图。基于非负值约束，算法能够给出强度 X 的最小二乘解。但与 MEM 算法不同的是，NNLS 不包含平滑准则。NNLS 解比 CLEAN 或 MEM 解要求的算力更高，但 Brigg 的研究表明，NNLS 算法性能优异，特别是反演那些宽度仅为几个合成波束的致密目标源。研究发现 NNLS 能够将残留分布抑制到接近系统观测噪声的水平。某些情况下，NNLS 比 CLEAN 在混合成像和自定标（见 11.3 节）方面处理的效

率更高，并能得到更高的动态范围。MEM 算法的残差可能不是完全随机的，并可能在图像域具有相关性，这种效应会在 (u,v) 域引入偏置，并限制了动态范围。CLEAN 算法的表现类似，除非允许 CLEAN 迭代次数足够多，将残差降低到噪声电平。进一步讨论参见 Briggs（1995）和 Cornwell 等（1999）。

11.3　自适应定标与成像

可见度幅度定标一般能达到百分之几甚至更高的精度，但以弧度定义的相位误差可能会大得多，有时受电离层或对流层扰动的影响。尽管如此，用一定数量基线同时测量的未定标可见的相对值包含了强度分布信息，可以第 10 章式（10.34）和式（10.44）的闭合关系提取强度分布。遵循 Schwab（1980）的定义，本书使用术语"自适应定标"（Adaptive Calibration）来代表利用闭合关系的混合成像和自定标技术。仅使用幅度数据的成像方法也会进行研究并简要介绍。

11.3.1　混合成像

19 世纪 70 年代早期，Rogers 等（1974）重新发现了闭合相位可以用来推导 VLBI 数据的模型参数，重燃了对闭合技术的兴趣。Fort 和 Yee（1976）及之后的几个团队结合了闭合关系数据和迭代成像技术，其中 Readhead 等（1980）的处理流程如下：

（1）基于可见度幅度及任何先验数据，例如不同波长或不同时期的图像，获取初始试验图像。如果试验图像不准确，收敛会很慢，但必要时任意设置试验图像，例如单个点源，通常也能满足要求。

（2）在每个可见度积分周期，确定独立幅度和/或相位闭合方程的全集。对每个全集，用模型计算足够数量的可见度值，当加入闭合关系时，使得独立闭合关系方程数等于天线间距数。

（3）求解每个天线间距的复可见度，并通过傅里叶变换用可见度数据做成像。

（4）用 CLEAN 过程处理第（3）步的图像，但忽略残差。

（5）应用正值和区域约束（删除那些强度为负或位置超出源范围的分量）。

（6）检验收敛性并在必要时返回步骤（2），并用步骤（5）得到的图像作为新模型。

由于在步骤（5）引入正值和区域限制约束，迭代可以改善解。这些非线性处理可以视为将模型反演可见度值的误差扩散到全部可见度数据，因此在下一次迭代周期与观测值合成时，误差被稀释。

上述介绍的处理过程及各种变形过程中，图像是用一些模型数据和一些直接测量数据合成的，遵循 Baldwin 和 Warner（1978）的定义，有时用术语"混合"（Hybrid）成像（或成图）来描述这类过程。使用相位闭合关系不能测量绝对位置，但图像的位置角是无模糊的。使用幅度闭合关系只能确定强度的相对电平，但通常数据强度定标并不困难，足以建立起强度标尺。很多情况下，观测的幅度数据是足够精确的，只需使用相位闭合关系。Readhead 和 Wilkinson（1978）介绍了一版只使用相位闭合关系的程序。Cotton（1979）和 Rogers（1980）开发了其他处理版本，主要区别是一些细节的处理。如 Rogers 讨论的，如果有一些冗余基线，就可以减少自由参数的数量，这是具有优势的。

使用闭合关系成像的过程中，天线数量 n_a 会影响数据的利用效率，这显然是个重要因子。我们可以用闭合数据的数量与可能做完整定标的数据数量的比值，将数据利用效率量化为 n_a 的函数。独立闭合数据的数量由式（10.42）和式（10.45）给出。完整定标数据的数量等于基线的数量，如果假设阵列无冗余，基线数量为 $\frac{1}{2}n_a(n_a-1)$。对于相位数据，该比值为

$$\frac{\frac{1}{2}(n_a-1)(n_a-2)}{\frac{1}{2}n_a(n_a-1)}=\frac{n_a-2}{n_a} \tag{11.6}$$

对于幅度数据，该比值为

$$\frac{\frac{1}{2}n_a(n_a-3)}{\frac{1}{2}n_a(n_a-1)}=\frac{n_a-3}{n_a} \tag{11.7}$$

这两个比值也等于混合成像过程中观测数据和总数据（观测数据+每次迭代时模型推导的数据）之比。式（11.6）和式（11.7）的曲线如图 11.4 所示。当 $n_a=4$ 时，闭合数据只占总相位数据的 50% 和总幅度数据的 33%；当 $n_a=10$ 时，比值将增大到 80% 和 78%。因此，对于参考源定标精度受限于大气和设备相位的任何阵列，都希望天线数量至少为 10 个，且越多越好。混合成像技术求解所需的迭代次数取决于源结构的复杂性、天线数量、初始模型的精度和包括算法细节在内的其他因子。

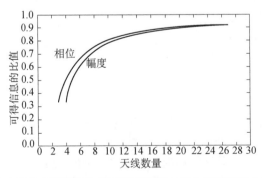

图 11.4　利用自适应定标技术能够获取的可见度数据与完全校准阵列全部可测可见度数量的比值。图中曲线对应于式（11.6）和式（11.7）

11.3.2 自定标

混合成像基本上已经被一种更通用的方法取代，即自定标（Self-Calibration）。这种方法中，天线复增益和强度一样被视为直接推导的自由参数。在某些场景下，很容易解释自定标过程。例如，对包含一个致密分量的展源（很多射电星系都是这样）成像时，宽结构对于较长天线间距来说是可分辨的，只有致密源是不可分辨的。致密源可以用作定标源，为长间距天线对确定相对相位，但由于致密源的位置是未知的，因此不能用作绝对相位定标。此外，如果阵列中有足够数量的长间距，只用长间距即可获取各个天线的相对增益因子。但这种方法并不是只能处理这种特殊的源分布，通过自定标技术，任何源几乎都可以作为它自身的定标源。Schwab（1980）及 Cornwell 和 Wilkinson（1981）开发了这种程序。Pearson 和 Readhead（1984）及 Cornwell（1989）做了技术综述。

自定标过程是用最小二乘法使测量可见度 v_{mn}^{meas} 与模型可见度 v_{mn}^{model} 之差的模方最小化。要做最小化的公式如下：

$$\sum_{\mathrm{time}} \sum_{m<n} w_{mn} \left| v_{mn}^{\mathrm{meas}} - g_m g_n^* v_{mn}^{\mathrm{model}} \right|^2 \tag{11.8}$$

通常选择的加权系数 w_{mn} 与 v_{mn}^{meas} 的方差成反比，且式中所有量都是观测周期内的时间函数。式（11.8）可写成如下形式：

$$\sum_{\mathrm{time}} \sum_{m<n} w_{mn} \left| v_{mn}^{\mathrm{model}} \right|^2 \left| X_{mn} - g_m g_n^* \right|^2 \tag{11.9}$$

其中

$$X_{mn} = \frac{v_{mn}^{\mathrm{meas}}}{v_{mn}^{\mathrm{model}}} \tag{11.10}$$

如果模型是准确的，则未定标的测量可见度与模型预测的可见度之比 X_{mn} 与 u 和 v 坐标无关，但与天线增益成正比。因此，X_{mn} 模拟了定标源响应，能用来确定增益。然而，由于初始模型只是近似的，必须通过迭代来逼近所期望的结果。

自定标过程如下：

（1）为混合成像创建一个初始图像；

（2）在观测期内的每个可见度积分周期计算 X_{mn} 因子；

（3）为每个积分周期确定天线的增益因子；

（4）用增益因子校准观测可见度值并做成像；

（5）用 CLEAN 算法并选择正值和区域约束下的图像分量；Cornwell（1982）建议忽略 $|I(l,m)|$ 小于负值特征绝对值的最大值的所有特征；

（6）测试收敛性，必要时返回步骤（2）。

　　跟混合成像一样，上述过程使用的独立数据的数量等于独立闭合关系的数量，即式（10.45）幅度闭合数量 $n_a(n_a-3)/2$ 和式（10.36）相位闭合数量 $(n_a-1)(n_a-2)/2$。混合成像和自定标过程基本上是等效的，但方法和实现的细节有所区别。两种方法的数据利用效率都是天线数量的函数（图11.4）。图11.5 和图11.6 示例说明了自定标技术的性能。

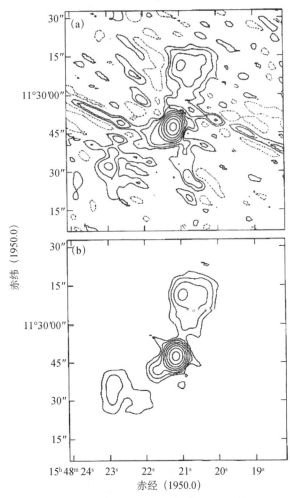

图 11.5　对 VLA 观测的类行星 1548+115 射电图像做自定标后的效果。（a）用标准定标技术获得的图像，图中伪细节的电平约为峰值强度的 1%。（b）用自定标技术获得的图像，伪细节电平低于峰值强度的 0.2%。（a）和（b）中最低电平廓线均为 0.6%。引自 Napier 等（1983）；© 1983 IEEE

　　自定标将基本未知量，即增益因子视为自由参数，是一种比混合定标更直接的处理方法。用数据全集可以实现设备因子的全局估计。Cornwell（1982）指

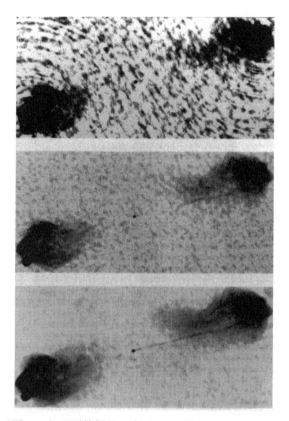

图 11.6　天鹅座 A（图 1.18）观测数据的三步还原。上图是对校准的可见度数据做 FFT 处理的结果。定标源与天鹅座 A 距离约为 3°。中图是用 MEM 还原的图像。这种方法主要弥补了空间频率欠采样，因此去除了合成波束的旁瓣。图像与 CLEAN 算法处理性能相当。下图展示了以最大熵图像作为初始模型并做自定标处理的效果。第三步处理将动态范围改善了 3 倍。对于初始定标不如本例一样好的观测，自定标的改善效果通常会更明显。视场的长边为 2.1′并包含约 1000 个像素。致谢 R. A. Perley，J. W. Dreher 和 J. J. Cowan。NRAO/AUI 许可复制

出，混合成像是单独处理幅度和相位的，而自定标将复可见度作为矢量处理，更容易正确地处理噪声。噪声是加性矢量合成的，合成后呈高斯分布，而幅度和相位中的噪声是更为复杂的莱斯分布（Rice Distribution），如式（6.63）。Cornwell 和 Wilkinson（1981）开发了一种自适应定标方法，将不同天线（含系统噪声）的幅度和相位波动概率分布的不同考虑在内。这种方法应用于包含不同尺寸和设计的天线的英国焦德雷尔班克 MERLIN 阵列（Thomasson，1986）。天线有关误差的概率分布作为合理的先验信息，阵列的误差分布可以根据经验确定。

　　经验表明，在很多情况下即使只用单点源作为初始模型，自适应定标技术

也可以收敛到满意的结果，尽管不准确的初始模型会增加所需的迭代次数。点源是强度对称分布源的很好的相位模型，但也许是较差的幅度模型。另外，必须要记住，闭合关系的精度取决于天线之间频率响应和极化参量的匹配精度，如 7.3 节和 7.4 节的讨论。一般情况下，不能用单天线的唯一增益因子表征的任何效应都会降低闭合精度。

使用自适应定标技术时，数据积分周期不能大于相位变化的相干时间（Coherence Time），否则可见度幅度可能会退化。相干时间可能主要受分钟尺度（见 13.4 节）的大气变化的影响。为保证成像处理的效果，观测区域内必须包含足够精细的结构作为相位参考，且亮度要足够大，保证在相关周期获得足够的信噪比。因此，自适应定标并不能解决所有问题，且不能用于检测冷背景下的弱源。

11.3.3　只用可见度幅度数据成像

一些早期研究都是关注只用可见度幅度值做成像的可行性。可见度模方的傅里叶变换等于强度分布的自相关函数 $I \star \star I$：

$$|\mathcal{V}(u,v)|^2 = \mathcal{V}(u,v)\mathcal{V}^*(u,v) \leftrightarrow I(l,m) \star \star I(l,m) \tag{11.11}$$

右侧也可以写成卷积 $I(l,m)**I(-l,-m)$。只用 $|\mathcal{V}|$ 成像的主要问题是如何解译用 I 的自相关函数反演的图像。没有相位数据就不能确定视场中心的位置，且图像位置角存在 180° 的旋转模糊。

关于不用相位数据做成像的相关研究参见 Bates（1969，1984），Napier（1972）和 Fienup（1978）。Napier 和 Bates（1974）对一些研究结果进行了回顾。仅有正值约束通常不足以提供一维廓线的唯一解，但某些情况下可以提供二维图像的唯一解（Bruck and Sodin，1979）。Baldwin 和 Warner（1978，1979）考虑了二维源分布，在用自相关函数生成源图像的研究中取得了一些进展。尽管这些方法解译射电干涉数据有一定的前景，但并未广泛应用。更重要的是，技术发展使人们在不能很好地校准的情况下，仍可以利用闭合关系获取可见度相位，提供有用的数据。

11.4　高动态范围成像

图像的动态范围（Dynamic Range）一般定义为：最大强度与图像内冷空背景区域的均方根噪声电平之比。这里假设均方根电平表征最小可测强度。图像保真度（Image Fidelity）代表图像对天空源的表达精度。图像保真度不是真实源的直接可测量，但对模型源的仿真观测和可见度还原可以用来比较反演图像和模型。这是一种研究阵列构型、处理方法和其他细节的方法。Perley（1989，1999a）详细讨论了有关需求和技术。

高动态范围要求高精度定标、剔除任何错误数据，并慎重地做反卷积。换言之，高动态范围要求高精度可见度测量和非常好的 (u,v) 覆盖。相位误差 $\Delta\phi$ 可以视为在可见度数据中引入与真实可见度正交的相对幅度误差分量 $\sin\Delta\phi$。幅度误差 $\varepsilon_a\%$ 可以视为在可见度中引入相对幅度为 $\varepsilon_a\%$ 的误差分量。因此，例如，$10°$ 相位误差最多相当于 17% 的幅度误差引入的误差分量。除非存在很强的大气衰减，多数情况下 17% 的幅度误差是比较罕见的。但 $10°$ 相位误差是相对比较常见的，特别是在电离层和对流层不规则体影响很大的频段。相关器输出的相位误差 $\Delta\phi$（弧度）在图像中引入的误差分量的均方根相对幅度为 $\Delta\phi/\sqrt{2}$。当 $n_a(n_a-1)/2$ 条基线都有类似误差时，快视成像的动态范围被限制在 $\sim n_a/\Delta\phi$。

增益误差最小化过程的关键步骤是自校准。但完成基于天线的增益因子校准后，还可以对残留的基于基线的小误差做校准。基线误差源自天线之间频率通带或极化以及类似效应的变化。注意，对于灵敏度非常高的低频阵列，在存在背景源的情况下，系统噪声限定了所能达到的动态范围下限。包含大量阵元的阵列有助于分辨独立源（Lonsdale et al.，2000）。Braun（2013）详细分析了综合孔径成像的动态范围，并给出几个大型阵列的分析结论。

获取尽可能高的动态范围需要关注特定设备的特殊细节。VLA 用下列数字作为良好观测的粗略原则。基本校准后动态范围在 $1000:1$ 量级。自适应定标后动态范围可能达到 $\sim 20000:1$ 量级。精确修正基于基线的误差后，动态范围量级可能还会提高几倍。用谱线相关器可以避免正交网络误差并放宽对延迟精度的要求，通过精细处理并假设信噪比足够高，动态范围可能会达到 $\sim 200000:1$ 量级（Perley，1989）。

11.5　图像拼接

图像拼接是一种能够对大于阵元波束宽度的天区进行成像的技术。毫米波段的天线波束相对较窄，因此拼接技术非常重要。尽管毫米波射电天文天线的口径一般比厘米波天线口径小，但由于波长短得多，毫米波天线的波束宽度通常更窄一些。例如阿塔卡马大型毫米波/亚毫米波阵列（Atacama Large Millimeter/Submillimeter Array，ALMA）最高工作频率达 950GHz，12m 口径天线在这个频率的波束宽度最小到 $\sim 6''$。

假定对边长等于 n 倍天线主波束宽度的一个方形区域成像。我们可以将方形

区域分成 n^2 个子区，子区大小等于波束尺寸，并对每个子区独立成像。可以像马赛克一样将 n^2 个波束区域的图像拟合在一起，以覆盖需要观测的完整视场。可以想见，获取均匀的可见度是存在困难的，特别是马赛克接缝处，但显然这种方法具有可行性。根据 5.2 节描述的采样定理，要获得一个覆盖 n^2 个波束区域的图像，所需的 (u,v) 域可见度采样点的数量等于只覆盖一个波束区域的图像所需采样点的 n^2 倍。视场拼接增加的数据是用 n^2 个不同的天线指向获取的。因此，在 (u,v) 域的采样间隔必须等于波束尺寸对应视场所需采样间隔的 $1/n$，这个间隔通常会小于天线直径。尽管如此，仍然有可能确定可见度在小于天线直径的尺度上是如何变化的，讨论如下。

　　图 5.9 给出两个跟踪源位置的天线。垂直于源方向的天线间距投影为 u，天线直径为 d_λ，两个量均以波长归一化。在 u 方向上，干涉仪对 $(u-d_\lambda)$ 到 $(u+d_\lambda)$ 范围内的空间频率有响应，这是由于天线孔径内包含这些间距。测量这一基线范围内可见度的变化可以提供拼接所需的精细采样。从源到两个天线孔径的路径长度差为 w 个波长，当天线跟踪时，w 的变化在相关器输出引入条纹。由于天线孔径与源方向始终保持垂直，两个孔径各自一点（无论其间距是多大）构成的一对点的路径差 w 及其变化率都相同。因此由于跟踪运动，两个天线孔径上任意一对这样的点接收的信号都会在相关器输出引入一个条纹频率相同的分量。因此，不能利用傅里叶分析分离这样的分量，在空间频率 $(u-d_\lambda)$ 到 $(u+d_\lambda)$ 范围内的可见度变化信息丢失。然而，图像拼接时天线波束在视场内扫描，既可以周期性地指向不同子视场中心，也可以连续扫描，例如光栅式扫描。扫描的同时仍然跟踪源在天空的运动。从图 5.9 可以看出，如果天线突然转动一个小角度 $\Delta\theta$，点 B 的位置沿视线方向变化 $\Delta u\Delta\theta$ 个波长。这会在条纹分量中引入一个 $2\pi\Delta u\Delta\theta$ 的相位变化，对应的间距为 $(u+\Delta u)$，例如点 A_1 和 B 的间距。由于这种相位变化线性正比于 Δu，对相关器输出做关于指向偏移 $\Delta\theta$ 的傅里叶变换，就可以获取空间频率 $(u-d_\lambda)$ 到 $(u+d_\lambda)$ 范围内的可见度变化。因此，指向变化诱发了条纹相位变化，而相位变化依赖于天线孔径内入射射线的间距，利用这种效应可以获取可见度的变化信息。

　　Rots（1979）利用数学分析方法首次给出上述结论，即天线扫描运动可以获取一定范围的可见度值信息，分析方法如下。考虑间距为 (u_0,v_0)、指向为 $(l_\mathrm{p},m_\mathrm{p})$ 的一对天线。随着指向角变化，被测区域的有效强度分布可以表征为 $I(l,m)$ 与归一化天线波束 $A_\mathrm{N}(l,m)$ 的卷积。观测的条纹可见度是对 $I(l,m)$ 与特定指向的天线响应之积做关于 u 和 v 的傅里叶变换：

$$\mathcal{V}\left(u_0,v_0,l_\mathrm{p},m_\mathrm{p}\right)=\iint A_\mathrm{N}\left(l-l_\mathrm{p},m-m_\mathrm{p}\right)I(l,m)\mathrm{e}^{-\mathrm{j}2\pi(u_0 l+v_0 m)}\,\mathrm{d}\,l\,\mathrm{d}\,m \qquad （11.12）$$

假设天线波束是对称的，式（11.12）可写成

$$\mathcal{V}\left(u_0,v_0,l_{\mathrm{p}},m_{\mathrm{p}}\right)=\iint A_{\mathrm{N}}\left(l_{\mathrm{p}}-l,m_{\mathrm{p}}-m\right)I(l,m)\mathrm{e}^{-\mathrm{j}2\pi(u_0l+v_0m)}\,\mathrm{d}l\,\mathrm{d}m \qquad (11.13)$$

上式具有二维卷积的形式：

$$\mathcal{V}\left(u_0,v_0,l_{\mathrm{p}},m_{\mathrm{p}}\right)=\left[I(l,m)\mathrm{e}^{-\mathrm{j}2\pi(u_0l+v_0m)}\right]**A_{\mathrm{N}}(l,m) \qquad (11.14)$$

现在我们做 $\mathcal{V}$ 关于 u 和 v 的傅里叶变换，这表征用全部指向角集合的方法获取的全视场可见度数据：

$$\begin{aligned}\mathcal{V}(u,v)&=\iint\left[I(l,m)\mathrm{e}^{-\mathrm{j}2\pi(u_0l+v_0m)}\right]**A_{\mathrm{N}}(l,m)\mathrm{e}^{\mathrm{j}2\pi(ul+vm)}\,\mathrm{d}l\,\mathrm{d}m\\&=\left[\mathcal{V}(u,v)**^2\delta\left(u_0-u,v_0-v\right)\right]\overline{A}_{\mathrm{N}}(u,v)\end{aligned} \qquad (11.15)$$

其中 $\overline{A}(u,v)$ 是 $A_{\mathrm{N}}(l,m)$ 的傅里叶变换，即单个天线孔径场分布的自相关函数，称之为天线的传递函数（Transfer Function）或空间灵敏度（Spatial Sensitivity Function）函数。二维狄拉克函数 $^2\delta\left(u-u_0,v-v_0\right)$ 是 $\mathrm{e}^{-\mathrm{j}2\pi(u_0l+v_0m)}$ 的傅里叶变换。最后从式（11.15）得到

$$\mathcal{V}(u,v)=\mathcal{V}\left[\left(u_0-u\right),\left(v_0-v\right)\right]\overline{A}_{\mathrm{N}}(u,v) \qquad (11.16)$$

从式（11.16）可得出结论：如果我们用一定数量的指向观测一个几倍波束宽度的视场，并对每个天线对的可见度做关于指向的傅里叶变换，就能获取 $\overline{A}_{\mathrm{N}}(u,v)$ 允许的 (u,v) 区域内的可见度值。对于直径等于 d 的圆形反射面天线，$\overline{A}_{\mathrm{N}}(u,v)$ 在直径为 $2d$ 的圆内有非零值。因此，如果 $\overline{A}_{\mathrm{N}}(u,v)$ 是精确已知的，即波束方向图的定标精度足够高，就可以获取全视场成像所需要的中间点的可见度。

实际利用拼接技术还原可见度时，通常不会直接做关于指向的傅里叶变换。上述讨论的重要性在于，如果天线相对于源做扫描，无论是连续运动还是离散指向，数据中都蕴藏了所需的间距信息。通常，可见度还原为强度分布是通过非线性反卷积算法实现的。

Cornwell（1988）指出，利用傅里叶变换的采样定理（见 5.2.1 节）可以推断所需的指向中心的角间距。采样定理的一般形式说明如下：如果函数 $f(x)$ 只在 x 坐标上宽度为 Δ 的间隔内有非零值，如果在 s 坐标以不大于 Δ^{-1} 的间隔对其傅里叶变换 $F(s)$ 做采样，就可以完全定义 $f(x)$。如果采样比 Δ^{-1} 稀疏会产生混叠，就不能从样本中重新恢复原函数。这里，我们假设天线波束指向一个宽度足以覆盖大部分接收方向图的源，即源能覆盖主波束和主要旁瓣。将天线波束移动到不同的指向角以覆盖源时，我们就对源和天线波束的卷积进行了有效采样。波束方向图等于天线孔径场分布的自相关函数的傅里叶变换。场在宽度为 d_λ 个波长的孔径边缘处截断。因此，自相关函数在宽度为 $2d_\lambda$ 处截断。采样定理指出，为了对源与波束的卷积做完整采样，指向间隔 Δl_{p} 不能大于 $1/(2d_\lambda)$。

在实际中，天线照射函数很可能做边缘锥化，使得自相关函数在截断宽度 $2d_\lambda$ 之前就会滚降到低电平。因此，即使 Δl_p 稍微超出 $1/(2d_\lambda)$，引入的误差可能也不会很大。

11.5.1　生成拼接图像的方法

拼接方法基本步骤如下：

（1）观测一组适当的指向中心的可见度函数；

（2）独立还原每个指向中心的数据以生成一组图像，每幅图像近似覆盖一个天线波束面积；

（3）合成多个波束区域的图像，获取所需的全视场图像。

在步骤（2）中，最好对每个波束区域的图像做综合波束响应反卷积，以去除旁瓣效应，反卷积可采用 CLEAN 或 MEM 算法。用这些非线性算法可以填充一些天线阵列覆盖缺失的空间频率分量。Cornwell（1988）和 Cornwell 等（1993）介绍了两种拼接成像步骤。第一种被称为线性拼接（Linear Mosaicking），本质上包含上述三个步骤并用最小二乘法算法对第（3）步的独立指向图像做合成。尽管对每个波束区域的图像进行了非线性反卷积，但图像拼接是线性过程。第二种方法的区别在于对多幅图像做联合反卷积，被称为非线性拼接（Nonlinear Mosaicking）并用到 MEM 等非线性算法。如果全部视场是用不同指向角的集合进行覆盖，对全部数据同时做反卷积可以提供未测量可见度数据的最优估计，效果比独立处理每个主波束区域更好。考虑一个位于波束区域边缘的、同时出现在两个或多个独立波束图像中的不可分辨强度分量，可以说明区域拼接图像联合反卷积的优势。波束边缘处的响应是快速变化的，位于波束边缘的分量幅度确定精度不高，但在拼接数据中，这种误差趋于被平均掉。应用拼接技术时，可以认为最大熵合成的图像能够保持与不同指向的所有可见度数据吻合，并将不确定性减小到噪声水平。

Cornwell（1988）讨论了用 Cornwell 和 Evans（1985）的 MEM 算法做拼接。11.2.1 节［见式（11.5）］对这种算法做了简单介绍。除了确定 χ^2 及其梯度的几个额外步骤外，处理步骤本质上与单指向图像的处理步骤相同。如式（11.4），χ^2 是表征模型偏离测量可见度值的统计量，这里表示为

$$\chi^2 = \sum_p \sum_k \frac{\left| \mathcal{V}_{kp}^{\,\text{meas}} - \mathcal{V}_{kp}^{\,\text{model}} \right|^2}{\sigma_{kp}^2} \tag{11.17}$$

其中下标 k 和 p 分别代表第 k 个可见度值和第 p 个指向位置；σ_{kp}^2 为可见度的方差。最大熵算法需要初始模型，Cornwell（1988）介绍了包含下述步骤的处理

流程：

（1）对于第一个指向中心，用当前试验模型与测量过程中该指向的天线波束相乘，并做关于 (l,m) 的傅里叶变换，获取可见度的预测值。

（2）从模型可见度中减去测量可见度，获得残差可见度集。将残差可见度代入式（11.17）的累积 χ^2 函数。

（3）用与方差成反比的权值对残差可见度做加权，并用傅里叶变换转换为强度分布。用天线波束方向图乘以强度分布做锥化，并保存为尺寸等于全 MEM 模型的数据矩阵。

（4）对每个指向重复步骤（1）～（3）。在步骤（2），将 χ^2 值与本周期其他指向计算的 χ^2 相加。在步骤（3），将残差强度值加到数据矩阵中。数据矩阵的累积值用于获取相对于 MEM 图像的 χ^2 梯度。

步骤（3）将残差分布与波束函数做额外的相乘处理是为了抑制相邻指向区域的主波束旁瓣落入本区域引入的无用旁瓣响应。另外，相乘处理等效于用信噪比加权数据。完成 MEM 处理可能需要循环上述步骤数十个周期，才能收敛到最终图像。完成处理之前，建议用宽度等于阵列分辨率的二维高斯波束进行平滑，以减小图像内不同位置的分辨率不同所带来的影响。

Sault 等（1996）介绍了一种略有不同的非线性拼接流程。这种方法不对波束区域图像单独做反卷积，而是做线性合成，然后对合成图像整体做非线性反卷积。线性合成时，合成图像中每个像素都是独立波束区域对应像素的加权和。举一个例子，Sault 等也展示了用澳大利亚望远镜的致密构型和 320 个指向观测小麦哲伦星云（Small Magellanic Cloud）的拼接结果。他们证明，即使先对子区图像做独立反卷积，再做线性合成，其性能也不如非线性拼接方法的联合反卷积。他们还展示了这种方法和 Cornwell（1988）方法的反卷积，得出的结论是两种方法性能相当。

11.5.2 短基线测量

对比天线波束还要宽的源做成像时，用比天线直径还要小的 (u,v) 增量获取可见度值是非常重要的。用上述讨论的不同指向位置观测，数据本质上在 u 和 v 是连续覆盖的。两个天线的最小间距受限于机械结构，两个天线孔径中心形成最小间距，在半个最小间距附近存在缝隙或低灵敏度区。这被称为"短间距问题"（Short-Spacing Problem）。

最小间距取决于天线设计，一般情况下，除非仅限于天顶观测，两个直径为 d 的天线的间距不能小于 $1.4\,d$，或者通过特殊设计，不能小于 $1.25\,d$。否则会存在机械碰撞的风险，特别是当天线并不永远指向相同的方向时。原则上，用单天线做全功率观测可以提供 0 到 d/λ 范围的间距，但一些天线对反射面做锥化照射，天线的空间灵敏度函数在边缘降低到很低电平，大于 $\sim 0.5d/\lambda$ 的空间频率测量是不可靠的。缺失 (u,v) 值较小的数据导致合成波束有较宽的负值旁瓣，因此使波束受到浅碗形抑制。特别是当被测视场很大，导致中心区域存在几个 (u,v) 空洞时，这种效应最明显。

　　传递函数 $\overline{A}_N(u)$ 是天线孔径场分布的自相关函数，取决于天线的具体设计，包括馈源的照射方向图。图 11.7 中的实线给出均匀照射圆形孔径的 $\overline{A}_N$，可以认为是一种理想情况。反射面天线通常做一些照射锥化，实际上 $\overline{A}_N$ 通常比所示曲线更快滚降。图 11.7 中的函数 $\overline{A}_N$ 正比于直径为 d 的两个圆的重合面积，横坐标是二者的圆心距。这个函数的三维形式有时被称为"中国帽"（Chinese Hat）函数，Bracewell（1995）讨论了其性质。图 11.7 中虚线所示是两个直径为 d 的均匀照射圆孔径天线所构成干涉仪的相对空间灵敏度。曲线 1 是孔径中心距为 $1.4d$ 的空间灵敏度，曲线 2 是孔径中心距为 $1.25d$ 的空间灵敏度。如果能同时获取为全功率和干涉仪数据，就可以发现间距约为天线间距一半时，灵敏度最低。

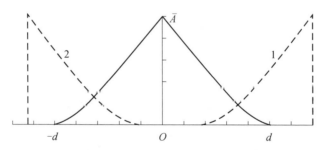

图 11.7　以原点为中心的实线展示了直径为 d 的单天线的空间灵敏度函数 $\overline{A}_N$。曲线对应于均匀激励天线口面的情况。这条曲线给出单天线全功率测量的空间频率相对灵敏度。虚线给出直径为 d、孔径均匀激励的二元干涉仪的空间灵敏度。曲线 1 对应的天线中心距为 $1.4d$，曲线 2 对应的天线中心距为 $1.25d$。如果对孔径照射做锥化，曲线滚降速度会比图中更快

　　一种改善空间频率覆盖的最低灵敏度的方法是增加一个口径更大天线的全功率测量（Bajaja and van Albada，1979；Welch and Thornton，1985；Stanimirovic，2002）。Stanimirovic 论证了用单口径天线测量条纹可见度的需要并给出结论：天线直径应至少大于所需可见度值对应间距的 1.5 倍。但要注意的是，天线成本大约与 $d^{2.7}$ 成正比（见 5.7.2.2 节），预计直径 $1.5d$ 的天线造价约为直径 d 天线的 4.4 倍。融合全功率和干涉数据的处理过程有时被称为"羽化"（Feathering）。

　　覆盖缺失的空间频率的另一种可能办法是使用一对或多对小天线，例如直

径为 $d/2$ ，间距约为 $0.7d$ 。与一对标准天线相比，一对直径为 $d/2$ 的天线有 $1/4$ 的接收面积，所以对精细结构有 $1/4$ 的灵敏度。由于小天线的波束立体角是标准天线的 4 倍，所需指向数量是标准天线的 $1/4$ ，且每个指向的积分时间增加 4 倍。Cornwell 等（1993）给出证据，证明同样天线构成的阵列可以获得满意的拼接性能，即阵列中所有天线的尺寸相同。这需要进行全功率观测和一些间距尽可能小的天线干涉测量。数据还原时的反卷积步骤有助于填充剩余的 (u,v) 空洞。

在几百吉赫兹频率，天线波束为角分量级，1°尺寸目标的图像需要的指向数量在 $10^2 \sim 10^4$ 量级。对任何特定指向都不能很快重复观测，因此依靠地球自转来填充 (u,v) 覆盖小空洞有时是不现实的。因此，为大目标拼接设计的阵列要有很好的瞬时 (u,v) 覆盖。在这样高的频率，还希望避免过大的天顶角以减小大气的影响。

一种替代离散指向中心跟踪的方法是使波束在天空被测区域做光栅扫描运动。这种技术被称为"移动"（On-the-Fly）拼接。这种方法有几个优点：

- 视场内所有点的 (u,v) 覆盖均匀性最大化，因此合成图像内的综合波束均匀并因此简化了图像处理。
- 视场内每个点都尽可能地被快速多次观测，因此具有利用地球自转填充 (u,v) 覆盖的优势。
- 如果做全功率测量，可以用波束扫描运动去除大气效应，类似于大型单口径望远镜使用的波束切换方法。
- 消除了波束从一个指向中心转移到下一个指向中心浪费的观测时间。

用移动拼接观测时，相关器输出的实时积分时间某种程度上必须小于波束扫过视场内任意一点的时间，并因此生成大量具有独立指向位置的可见度数据。

11.6　多频综合

在几个不同的射电频率进行观测是改善 (u,v) 域可见度采样的有效方法。这种技术被称为多频综合（Multifrequency Synthesis）或带宽综合（Bandwidth Synthesis）。通常，频率范围约为中心频率的 ±15%。这个范围可以非常有效地填充 (u,v) 覆盖的空洞，由于频率范围不是很大，可避免源结构随频率的较大变化（例如参见 Conway 等（1990））。然而，源结构随频率的变化也可能会限制动态范围，除非采取一些步骤进行抑制，如下述讨论。主要的连续谱射电辐射机制产生的射电谱是随频率缓慢变化的（图 1.1），其强度一般随频率按幂律变化：

$$I(v) = I(v_0)\left(\frac{v}{v_0}\right)^{\alpha} \tag{11.18}$$

其中 α 是随 (l,m) 变化的谱指数。如果频谱不满足幂律，我们可将其写为

$$\alpha = \frac{v}{I}\frac{\partial I}{\partial v} \tag{11.19}$$

如果整个源的谱指数是常数，就可以去除谱效应。尽管实际情况通常并非如此，先修正图像全部结构的平均（Mean）或特征（Representative）谱指数也可以抑制数据的谱效应。这种情况下，α 代表强度分布与其一阶修正分布的偏差的谱指数。考虑可以用一个线性项近似表征强度变化的情况：

$$
\begin{aligned}
I(v) &= I(v_0) + \frac{\partial I}{\partial v}(v - v_0) \\
&= I(v_0) + \alpha I(v_0)\frac{(v - v_0)}{v} \\
&\approx I(v_0) + \alpha I(v_0)\frac{(v - v_0)}{v_0}
\end{aligned}
\tag{11.20}
$$

其中参考频率 v_0 近似为所用频率范围的中心频率。式（11.20）表示为单频项和频谱项之和。为确定工作在多频模式下阵列的合成波束，首先考虑阵列对频谱如式（11.20）的点源的响应。对空间传递函数做傅里叶变换可以获取单频项的响应。测量每个可见度的传递函数是 (u,v) 域的狄拉克函数。所用的每个频率都会贡献一组不同的狄拉克函数。将传递函数乘以 $(v-v_0)/v_0$ 并做傅里叶变换，可以获取频谱项的响应。如果我们令单频和频谱响应分别为 b_0' 和 b_1'，则合成波束等于：

$$b_0(l,m) = b_0'(l,m) + \alpha(l,m)b_1'(l,m) \tag{11.21}$$

式中第一个分量是传统的合成波束，第二个分量是无用的伪响应。测量可见度的傅里叶变换可以获取测量的强度分布为

$$I_0(l,m) = I(l,m)**b_0'(l,m) + \alpha(l,m)I(l,m)**b_1'(l,m) \tag{11.22}$$

式中，$I(l,m)$ 是天空的真实强度。Conway 等（1990）以及 Sault 和 Wieringa（1994）均开发了基于 CLEAN 算法的反卷积处理，对 b_0' 和 b_1' 都做反卷积。第一个团队的方法是交替去除两个波束分量。第二个团队的方法中，每个被去除的分量都代表两个波束。用这些方法能得到源强度和谱指数分布，二者是频率的函数。Conway 等还考虑了用对数而不是线性形式来表征相对于 v_0 的频率偏置。这些分析表明，频率扩展约 ±15% 时，b_1' 分量的典型响应幅度为 1%，有时可忽略。去除 b_1' 分量可以将谱效应抑制到 ~0.1%。

11.7 非共面基线

3.1 节已经讨论过，除了东西向线阵以外，当地球自转时，综合孔径阵列的基线无法保持在一个平面内。同时，当视场角尺寸很小时（近似由式（3.12）给出），可见度和强度的傅里叶变换可以很好地表征两个域的关系。然而小视场假设并不总是成立，特别是观测频率低于几百兆赫兹的情况。在米波段，天线主波束很宽，例如，25m 直径天线在 2m 波长观测时主波束宽度为～6°。另外，米波段天空中强源的密度很高，需要对全波束做成像以避免混淆。现在我们考虑式（3.12）（$\theta_f < \frac{1}{3}\sqrt{\theta_b}$）条件不适用，不能做二维求解的情况。下面的方法遵循 Sramek 和 Schwab（1989）及其他人的研究过程。我们从式（3.7）的精确求解开始，该式如下：

$$\mathcal{V}(u,v,w) = \int_{-\infty}^{\infty}\int_{-\infty}^{\infty} \frac{A_N(l,m)I(l,m)}{\sqrt{1-l^2-m^2}}$$
$$\times \exp\{-j2\pi[ul+vm+w(\sqrt{1-l^2-m^2}-1)]\}\,\mathrm{d}l\,\mathrm{d}m \qquad (11.23)$$

其中可见度 $\mathcal{V}(u,v,w)$ 是三维空间频率的函数；$A_N(l,m)$ 为天线的归一化主波束方向图；$I(l,m)$ 是待测的二维强度分布。

下一步是将式（11.23）改写为三维傅里叶变换的形式，这涉及到相对于 w 轴定义的第三个方向余弦 n。可见度 $\mathcal{V}(u,v,w)$ 的相位是相对于相位参考点处（假想）点源的可见度定义的。这就会在式（11.23）右侧指数项引入一个 $e^{j2\pi w}$ 因子，如式（3.7）下面的文字所述。如 6.1.6 节所述，通过条纹旋转可以插入相应的相移。由于引入了 $e^{j2\pi w}$ 因子，我们用 $n' = n-1$ 作为 w 的共轭变量以便做三维傅里叶变换。n' 的函数也用"'"符号标识。因此，式（11.23）可改写为

$$\mathcal{V}(u,v,w) = \int_{-\infty}^{\infty}\int_{-\infty}^{\infty}\int_{-\infty}^{\infty} \frac{A_N(l,m)I(l,m)}{\sqrt{1-l^2-m^2}}\delta\left(\sqrt{1-l^2-m^2}-n'-1\right)$$
$$\times \exp\{-j2\pi(ul+vm+wn')\}\,\mathrm{d}l\,\mathrm{d}m\,\mathrm{d}n' \qquad (11.24)$$

引入狄拉克函数 $\delta\left(\sqrt{1-l^2-m^2}-n'-1\right)$ 以保留 $n = \sqrt{1-l^2-m^2}$ 条件，并允许 n' 作为傅里叶变换中的独立变量进行处理。实际观测中，只能在采样函数 $W(u,v,w)$ 的非零点对 $\mathcal{V}$ 进行测量。采样可见度的傅里叶变换定义了三维强度函数 I'_3 如下：

$$I'_3(l,m,n') = \int_{-\infty}^{\infty}\int_{-\infty}^{\infty}\int_{-\infty}^{\infty} W(u,v,w)\mathcal{V}(u,v,w)e^{j2\pi(ul+vm+wn')}\,\mathrm{d}u\,\mathrm{d}v\,\mathrm{d}w \qquad (11.25)$$

上式是 $W(u,v,w)$ 和 $\mathcal{V}(u,v,w)$ 两个函数之积的傅里叶变换，根据卷积定理，此式

等于两个函数傅里叶变换的卷积，即

$$I_3'(l,m,n') = \left\{\frac{A_\mathrm{N}(l,m)I(l,m)\delta\left(\sqrt{1-l^2-m^2}-n'-1\right)}{\sqrt{1-l^2-m^2}}\right\} ***\overline{W}'(l,m,n') \quad (11.26)$$

其中 $\overline{W}'(l,m,n')$ 是三维采样函数 $W(u,v,w)$ 的傅里叶变换，三重星号代表三维卷积。完成傅里叶变换后，我们可以将 n' 替换成 $(n-1)$，则式（11.26）变成

$$I_3(l,m,n) = \left\{\frac{A_\mathrm{N}(l,m)I(l,m)\delta(\sqrt{1-l^2-m^2}-n)}{\sqrt{1-l^2-m^2}}\right\} ***\overline{W}(l,m,n) \quad (11.27)$$

由于狄拉克函数只有在球面上有非零值，因此式（11.27）右侧大括号中的表达式被限制在单位球表面 $n=\sqrt{1-l^2-m^2}$。参与卷积的 $\overline{W}$ 函数是采样函数的傅里叶变换，实质上是三维脏波束。卷积具有使表达式展宽的效应，导致 I_3 沿球的径向有限扩展。图 11.8（a）给出以 (l,m,n) 坐标原点 R 为中心的单位球。传统二维分析的 (l,m) 平面与单位球相切于 O 点，该点处 $n=1$ 且 $n'=0$。注意，由于 l, m 和 n 表示方向余弦，(l,m,n) 域的单位球是数学概念，而不是实际空间中的球体。

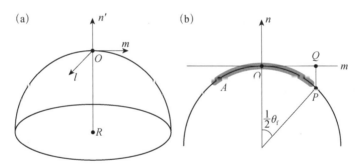

图 11.8　（a）(l,m,n) 坐标系中的半个单位球。点 R 是 (l,m,n) 坐标原点。O 是 (l,m,n') 坐标原点，也是相位参考点。（b）单位球的 (m,n) 切面。阴影区代表展宽的函数 I_3。在 (l,m) 平面做二维分析时，A 点处的源会消失或被大幅度衰减。如果观测覆盖了很大时角范围，则 w 方向和 l, m 方向的采样函数覆盖范围相当，因此三维"波束"在 n 向的宽度也和 l、m 向相当（与图 3.5 的情况非常类似，但由于所有测量都在 $w'=0$ 平面内，强度函数不会被限制在球面上）

　　用几种方法可能获取无失真的宽视场图像（Cornwell and Perley，1992）。

　　（1）三维变换。用三维推广的 CLEAN 算法对 $I_3(l,m,n)$ 做反卷积。由于实际上 w 轴上的可见度采样不如 u 和 v 轴上采样良好，反卷积是非常复杂的。由图 3.4 可知，目标源的天顶角很大时，才会有较大的 w 值。在图 11.8（b）中，视场的角宽度为 θ_f。必须在 (l,m) 域这个视场范围和 n 方向的 PQ 范围内做变换。Cornwell 和 Perley（1992）建议使用直接傅里叶变换（而不是离散傅里叶变

换）进行 n 到 w 的变换，否则较差的 n 方向采样会导致严重的旁瓣和混叠。因此，需要在一系列垂直于 n 轴的平面内分别做二维 FFT 变换。所需要的平面数量等于 PQ 除以要求的 n 采样间隔。w 方向上，宽度为 $2|w|_{max}$ 的范围内可以测量可见度值，根据采样定理，如果以 $(2|w|_{max})^{-1}$ 间隔做 n 向采样，就可以完全定义 n 向的强度函数。PQ 的距离约等于 $\frac{1}{8}\theta_f^2 \approx \frac{1}{2}|l^2+m^2|_{max}$ ［注意 $\angle POQ = \theta_f/4$ 且 $(\theta_f/2)^2 = |l^2+m^2|_{max}$ ］。因此，必须计算二维强度的平面数量等于 $|l^2+m^2|_{max}|w|_{max}$。［从三维函数简化为二维函数时，式（3.8）中的相位项被忽略，如果以半相位周期的奈奎斯特间隔对相位项做采样也可以得到同样的结果。］w 项的最大可能值是 D_{max}/λ，其中 D_{max} 是阵列中的最长基线。如果 θ_f 受直径为 d 的天线的波束宽度限制，此时波束中心到第一零点的角距离为 $\sim \lambda/d$，则所需的平面数量为 $\sim (\lambda/d)^2 \times D_{max}/\lambda = \lambda D_{max}/d^2$。Cornwell 和 Perley（1992）给出了用这种方法获取的图像。

（2）多面体成像。可以将需要成像的单位球区域划分成一定数量的子区，并用小视场假设对每个子区独立成像。每个子区图像都是与单位球相切于不同点的平面上的二维图像。这些切点是独立子区的相位中心。对每个子区成像时，必须将整个数据库的可见度相位及其 (u,v,w) 坐标调整到特定的相位中心。用类似拼接的方法（包括联合反卷积）可以合成子区图像。由于不同的像平面构成多面体的表面，这种方法被称为多面体成像（Polyhedron Imaging）。成像实例仍可参见 Cornwell 和 Perley（1992）。

（3）快视合成。大多数综合孔径阵列天线都安装在近似平坦的场地上，因此任意时刻天线都近似位于同一平面。这种情况下，可以将长周期观测分解为一系列"快视观测"（Snapshot），每次快视观测都满足基线共面的条件。应该有可能通过合成一系列快视响应来成像。随着源在天空中移动，(u,v) 覆盖是逐渐变化的，因此每次快视表征真实强度分布与不同脏波束的卷积。理想情况下，应该对快视观测的合成响应做反卷积优化，而不是对每一个快视响应做优化。应该注意，任何一次快视观测时，基线所处的平面一般不与目标源方向垂直。因此，图 11.8（a）单位球面上的点到 (l,m) 平面的投影角并不平行于 n 轴，并随天空中的源位置不同而变化。快视图像中，(l,m) 域的源位置存在偏置，相位中心处偏置为零，但随着偏离相位中心，偏置增大。合成之前应对图像的这种效应做修正。由于所需要的修正量是随源的时角变化的，在长时间观测时这种效应会导致视场边缘处的源细节模糊。Perley（1999b）讨论了这种效应及其修正。Bracewell（1984）讨论了一种类似于上述过程的快视合成方法。

（4）基于可变点源响应的反卷积。一些情况下，二维傅里叶变换的效应主要是使视场边缘的点源响应失真，但不会导致严重的响应衰减。因此，一种可能的方法是用随视场位置变化的点源响应（脏波束）做反卷积，以匹配计算的点源响应（McClean，1984）。Waldram 和 McGilchrist（1990）用这种方法分析了剑桥低频综合孔径望远镜（Cambridge Low-Frequency Synthesis Telescope）的巡天观测，望远镜工作频率为 151MHz 并利用地球自转进行测量，干涉基线与东西向的夹角为 3°。先计算视场内网格点的点源响应，并通过插值获取任意一点的响应。二维变换可以识别图像中的源，反卷积的主要要求是获取准确的位置和流量密度。用适当的理论波束响应拟合每个源位置，就能修正含位置偏置在内的波束扭曲。在计算机时代，这种处理是相对简单的。

（5）W-投影。W-投影（Cornwell et al.，2008）是处理非共面基线问题更有效的方法。当综合视场宽度很大，不能忽略可见度精确方程 [（3.7）和（11.23）] 中的 w 项时，会出现基线非共面问题。为了做 w 投影，我们首先重写式（11.23）的可见度方程如下：

$$\mathcal{V}(u,v,w) = \int_{-\infty}^{\infty}\int_{-\infty}^{\infty} \frac{A_N(l,m)I(l,m)}{\sqrt{1-l^2-m^2}} G(l,m,w)\mathrm{e}^{[-\mathrm{j}2\pi(ul+vm)]}\bigg] \mathrm{d}l\,\mathrm{d}m \qquad (11.28)$$

其中

$$G(l,m,w) = \mathrm{e}^{-\mathrm{j}2\pi w(\sqrt{1-l^2-m^2}-1)} \qquad (11.29)$$

所以 $G(l,m,w)$ 项包含了 w 依赖性，式（11.28）的其他部分表征 $\mathcal{V}(u,v,w=0)$。如果 $G(l,m,w)$ 和 $\mathcal{G}(u,v,w)$ 是关于 (l,m) 和 (u,v) 的傅里叶变换，式（11.28）可以写为 (u,v) 域的一维卷积，

$$\mathcal{V}(u,v,w) = \mathcal{V}(u,v,w=0) ** \mathcal{G}(u,v,w) \qquad (11.30)$$

同样，我们可以将 (u,v,w) 空间视为垂直于 w 并逐渐升高的一组 (u,v) 平面。测量的可见度值位于一个 (u,v,w) 空间块内，块的尺寸受限于最长天线间距和观测几何。通常来说，对观测进行设计时，会优化 u 和 v 方向的可见度函数采样均匀性，w 向采样相对稀疏。w 投影是将三维可见度数据投影到 $(u,v,w=0)$ 平面，再用二维傅里叶变换生成 (l,m) 域的图像。$(u,v,w=0)$ 平面平行于与天球视场中心的切面，这种数据表征视场中心源的射线到一对天线的路径长度相等。w 不等于零的数据的射线路径长度相差 w 个波长。用这种数据获取 $(u,v,w=0)$ 平面上的可见度时，必须考虑每对天线中的一个天线的增量路径长度。点源辐射在空间中额外传播一段距离会由于衍射而展宽，因此 (u,v,w) 空间的一个点会展宽为 $w=0$ 处的衍射模式。这种模式展宽是由于式（11.30）中卷积函数 $\mathcal{G}(u,v,w)$ 是宽度有限的，展宽的宽度近似正比于 $|w|$。

如果做近似 $\sqrt{1-l^2-m^2} \approx 1-\left(l^2+m^2\right)/2$，式（11.29）变为

$$G(l,m,w) \approx e^{-j\pi w(l^2+m^2)} \tag{11.31}$$

经过傅里叶变换，得到

$$\mathcal{G}(u,v,w) \approx \frac{j}{w} e^{-j\pi(u^2+v^2)/w} \tag{11.32}$$

$\mathcal{V}(u,v,w=0)$ 与 $\mathcal{G}$ 做卷积就可以完全确定 $\mathcal{V}(u,v,w)$。因此，$\mathcal{V}(u,v,w=0)$ 包含了精确成像所需的全部数据，只受限于合成（脏）波束。图像从三维变换到二维的过程本质上没有信息丢失。同样的卷积函数 $\mathcal{G}$ 可以用于双向投影，既适用于从 $\mathcal{V}(u,v,w=0)$ 到 $\mathcal{V}(u,v,w)$ 的投影，反之也适用。注意，每个 (u,v,w) 数据点的卷积函数都是不同的。Cornwell 等（2008）指出，由于原始亮温是限制在天球的二维表面上，因此这种二维和三维可见度之间的卷积关系成立。他们还讨论了沿 w 轴的电场衍射的影响。

w-投影成像过程如下。首先，对可见度数据在 (u,v,w) 空间做网格化，然后投影到 $(u,v,w=0)$ 平面。投影时，卷积使得数据在 (u,v) 空间散布[①]，因此需要在 $(u,v,w=0)$ 平面重新进行网格化。然后，用二维傅里叶变换生成脏图，然后必须用 CLEAN 或其他过程对脏波束做反卷积。CLEAN 需要在可见度域和图像域之间进行大量的数据转换。从模型图像转换到可见度时，用二维变换计算 $\mathcal{V}(u,v,w=0)$，再通过投影获取 (u,v,w) 点的可见度值，并与观测数据做比较。重新网格化要利用球函数或其他网格化函数进行卷积。由于卷积处理是可交换并可结合的，先计算球函数和投影函数 $\mathcal{G}$ 的卷积并保存合成的卷积函数，然后用于每个 (u,v,w) 网格点，能够提高计算效率。$\mathcal{G}$ 与球函数的卷积的额外贡献是，当 $w \rightarrow 0$ 时，可以抑制 $\mathcal{G}$ 的展宽效应。

Cornwell 等（2008）还介绍了用 w-投影进行宽视场成像的仿真细节。他们比较了像平面镶嵌法（Image Plane Facet，类似于多面体成像）和 uvw 空间镶嵌法（uvw-Space Facet，类似于拼接法），后者将 (u,v) 空间投影到小切面，而不是将图像空间投影到小切面。迄今为止，镶嵌法可能是最广泛使用的宽视场成像方法。Cornwell 等给出结论，从计算量角度，低动态范围成像时镶嵌法与 w-投影法的计算量大致相当，但要求高灵敏度和高动态范围成像时，w-投影法的效率更高。

还有一种计算效率更高的 w-投影法的变种，被称为 w-拼接（w-stacking）（Offringa et al.，2014）。

---

① Cornwell 等（2008）指出一个有趣的现象，这种 (u,v) 空间散布表明，一般情况下一对天线对应于一个空间频率范围，除非 $w=0$（即基线垂直于入射波前）。

11.8　一些特殊的图像分析技术

11.8.1　谱线数据的 CLEAN 和自定标

van Gorkom 和 Ekers（1989）找到一种用反卷积算法 CLEAN 精确分离连续谱和谱线特征的方法。尽管如此，如果对不同的频率通道单独应用 CLEAN 算法处理图像，不同通道的 CLEAN 处理误差可能不同，可能会与真实谱线特征混淆。在用 CLEAN 算法处理谱线数据之前，减除连续谱可以避免这种误差。首先，对只包含连续谱的通道的均值做 CLEAN 处理，并从这些通道减除可见度分量，同时从包含谱线特征的通道的可见度中也减除这些可见度分量。另外，从谱线数据中还要去除 CLEAN 处理残差。这样得到的谱线通道图像应该只包含谱线本身的数据，可以单独做反卷积。注意，连续谱在谱线通道可能存在吸收效应，谱线减连续谱后，所成的图像可能会同时包含正值和负值强度特征。因此，MEM 等依赖于强度正值约束的算法可能很难用于这种情况。

用自定标消除谱线数据的相位误差时，一般可以假设通道之间的相位差和幅度差随时间的变化很小，并已经用通带定标去除。大气和设备效应都满足这种假设。因此，可以用被测视场中最强的谱线特征确定相位定标解，随后用于校准所有通道。

11.8.2　*A*-投影

对最遥远的宇宙进行观测要去除前景辐射的影响，需要以最高的精度做观测，因此要精确校准设备效应。单个天线响应的定标包括修正图像反卷积过程的 DD（方向依赖的）增益，参见 Bhatnagar 等（2008），Smirnov（2011a，b）和其他参考文献。DD 增益[1]包括设备和大气效应，这些效应影响天线响应的指向和极化。修正 DD 效应要考虑天线相对天空的旋转，方位俯仰跟踪机构存在这种现象。每个单元天线的 DD 效应可以用独立的 2×2 琼斯矩阵表征图像中的每个像素。每个互相关天线对的两个信号之积用两个琼斯矩阵的外积表征，这就为每个像素提供了一个 4×4 穆勒矩阵。穆勒矩阵的对角线元素表征每个天线的两个互极化项（两个线极化或两个圆极化）的主积。非对角线元素的值很小，是由互极化调整误差和极化泄漏导致的。如果要求成像精度优于～1%，就必须考虑非对角线元素的影响。这种处理过程被称为窄带 *A*-投影（Narrowband *A*-Projection）算法，其中 *A* 指代元素 $A_{i,j}$，是天线 i 和 j 的孔径照射模式的复卷

---

[1]　不依赖于方向的增益（Direction-Independent Gain）。例如接收机系统增益一般是比较容易修正的。

积。互积的细节取决于特定阵列的细节，Bhatnagar 等（2008）考虑了 VLA 的情况，馈源支架的遮挡是用离轴项表征的因子之一。从观测数据反演图像涉及到 χ^2 迭代最小化，其中 χ 代表观测可见度和反演模型的可见度之差。计算 χ^2 的梯度有助于最小化迭代次数。

Bhatnagar 等（2013）对这些概念进行了推广以覆盖更宽的频带，并开发了一种模型参数是频率的函数的 A-投影算法。大带宽比（如 2 : 1）能够改善观测灵敏度，但需要精细分析波束响应的边缘部分随频率的快速变化。宽带、宽视场成像还可以参见 Rau 和 Cornwell（2011）。Sullivandendr（2012）开发了一种特别适用于超宽视场观测的扩展 A-投影技术，称为快速全息反卷积（Fast Holographic Deconvolution）。

11.8.3 剥离技术

射电源的同步辐射通常随频率降低而增强，因此天空中强源的密度通常也随着频率降低而增加。在低频段观测，对整个天线波束范围做成像以避免混叠导致的源混淆通常非常重要。另外，反射面天线的主波束增益随着频率降低而减小，如果使用相控偶极子阵列，要保持高增益，就要求阵列规模非常大。所以与高频观测不同的是，位于旁瓣的源也许不能得到有效抑制。数据分析时，位置已知的强源的无用响应可以被去除。这种处理被称为剥离（Peeling），可以将强源响应抑制到旁瓣最低可定标电平（Noordam，2004；van der Tol et al.，2007）。这种方法通常先处理视场中最强的源，再处理次强源，直至全部处理完成。可以在可见度域去除强源响应。观测最弱的源和再电离时期的信号（见10.7.2 节）时，这类处理过程是非常关键的。关于剥离法的进一步讨论参见Bhatnagar 等（2008），Mitchell 等（2008）和 Bernardi 等（2011）。

11.8.4 低频成像

除了源混叠，宽视场成像的复杂性还体现在视场内电离层效应的变化上（见 14.1 节）。电离层的路径长度增量与 ν^{-2} 成正比，因此引入的相位变化与 ν^{-1} 成正比。等晕面元（Isoplanatic Patch）用来表示在天空中入射波路径长度的变化远小于波长的一块区域。厘米波和更短波段综合孔径阵列的反射面天线的波束一般小于等晕面元（表 14.1）。因此，波束范围内电离层（或对流层）不规则体的影响恒定，并且每个天线都可以用一个相位调整量来修正，例如采用自定标。但米波段天线波束可能是电离层等晕面元的几倍大。Erickson（1999）用新墨西哥州的 VLA 在 74MHz 频率观测估计电离层等晕面元为 3°～4°，而这一频率下 25m 直径天线的波束宽度为～13°。此后的低频设备采用了相控阵天线，形成的天线波束要窄很多。这些低频设备包括频率范围为 15～80MHz 和 110～

240MHz（de Vos et al.，2009）的 LOFAR；频率范围 80～300MHz（Lonsdale et al.，2009）的默奇森宽场阵；以及频率范围 10～88MHz（Ellingson et al.，2009）的长波阵列。

虽然米波段通常使用偶极子或类似天线构成阵列，而不是使用反射面天线，但 Kassim 等（1993）使用 VLA 的 25m 天线进行的早期观测也是很有趣的。包括用 74MHz 和 330MHz 同时测量一些强源，并利用相位参考过程校准低频相位。在 74MHz 的相位抖动主要受电离层影响，相位变化率高达每秒 1°。这些特性排除了常规定标方法的可行性。但 330MHz 的相位变化率较小，足以对强源成像。观测的 330MHz 相位按比例变换到 74MHz 并用于去除同步记录的 74MHz 数据中的电离层分量。获取 74MHz 图像的基本过程如下。

（1）同时在 74MHz 和 330MHz 观测强源，用 330MHz 周期观测定标源。

（2）用标准技术（即类似于厘米波段选择定标源）反演 330MHz 的目标源图像。所得图像用作 330MHz 数据的自定标初始模型。

（3）通过自定标校准每个天线的 330MHz 相位，相位值比例变换至 74MHz，并用于去除 74MHz 数据中的电离层变化，电离层相位变化与频率成反比。

（4）由于电缆长度不同等，每个天线的 330MHz 和 74MHz 设备相位是不同的。为了校准设备相位，在 330MHz 和 74MHz 频率同时观测不可分辨定标源。用第（3）步的方法从 74MHz 定标源相位中去除电离层的变化。

（5）用校准后的相位数据获取 74MHz 的目标源图像。用自定标去除 74MHz 数据的残余相位漂移，330MHz 图像是可用的初始模型。

对于最强的一些源，平均时间不大于 10s 就可以获得很好的信噪比，大多数情况下 74MHz 自定标就足够了。尽管只有八个 VLA 天线配备了 74MHz 通道，对几个源成像的动态范围也能优于 20dB。由于源非常紧致，满足二维成像要求，测量中不存在非共面基线问题。

11.8.5　Lensclean 算法

自从 Walsh 等（1979）发现星系引力场会扭曲类星体或射电星系的图像以来，已经发现了很多这样的案例。源视线方向与透镜星系相交或非常接近。一些情况下，引力透镜导致出现单点源类星体的多个图像，还有一些情况会导致结构展宽，例如参见 Narayan 和 Wallington（1992）。研究引力透镜效应时，引力场结构对天体物理研究具有重要影响。透镜洁化（Lensclean）指代一种（及其多个变种）分析方法，可以利用综合孔径成像确定透镜场。这类方法的基本原理类似于自定标，即可见度测量是以超定图像时，就有可能同时确定天线的复增益。透镜洁化算法可以同时确定引力场的模式。额外的复杂性在于辐射源中的每个点源都会为图像贡献不止一个点。

原始 Lensclean 算法（Kochanek and Narayan，1992）是对 CLEAN 算法的改造。其基本原理介绍如下。考虑用透镜成像的源包含扩展结构。选择一个初始透镜模型。源中的每个点为图像贡献了几个点，用透镜模型定义这种从源到图像的映射过程。理想情况下，源中每个点映射到图像中的所有点的强度都应该相同，这是因为成像只涉及源辐射的几何弯曲，跟光学系统一样。假设第 j 个源像素映射为图像中的 n_j 个像素。实际上，由于透镜模型的缺陷和图像噪声的影响，图像中这些像素的强度并不相等。源像素强度的最优估计等于图像中多个对应像素的平均强度。因此，我们可以用 CLEAN 的办法减除图像中的分量并构建源的图像。对 $n_j > 1$ 的每个源像素，计算其对应的图像像素与 $n_j > 1$ 个像素的平均强度的均方强度偏差 σ_j^2。如果透镜模型较好，源像素 σ_j^2 的均值不应大于图像中噪声的方差 σ_{noise}^2。如果取源图像的自由度数量等于像素数量，则透镜模型质量的统计测度为 $\chi^2 = \sum \left(\sigma_j^2 / \sigma_{\text{noise}}^2 \right)$，其中求和要涵盖 j 个源像素。因此，可以改变透镜参数使 χ^2 最小化。实际的处理过程比上面的描述更加复杂。图像的分辨率有限，每个源像素的贡献会散步到一定数量的图像像素，要考虑这个效应改进处理过程。另外，对于源中的任何不可分辨结构，图像中对应结构的强度取决于透镜的放大倍数。

Ellithorpe 等（1996）介绍了一种可见度透镜洁化（Visibility Lensclean）方法，该方法在透镜模型约束下从未网格化的可见度值中减除 CLEAN 分量。用模型测量的可见度方差来确定 χ^2 统计。测量可见度的方差用于评价拟合质量，且自由度的数量等于 $2N_{\text{vis}} - 3N_{\text{src}} - N_{\text{lens}}$。其中 N_{vis} 是测量可见度的数量（每个可见度有两个自由度），N_{src} 是源模型（位置和幅度共有三个自由度）中独立 CLEAN 分量的数量，N_{lens} 是透镜模型参数的数量。Ellithorpe 等比较了原始透镜洁化算法和可见度透镜洁化算法，发现后者的效果最好，如果增加自定标步骤还能进一步改善效果。Wallington（1994）研究了用 MEM 算法代替 CLEAN 的处理方法。

11.8.6　压缩感知

压缩感知（Compressed Sensing，还被称为 Compressive Sensing，Compressive Sampling 和 Sparse Sampling）是一种广泛应用的信号处理技术，通常用于在不损失信息的情况下压缩数据集（如图像）的尺寸。以奈奎斯特间隔采样可以提供最普适、最完整的图像表达。但如果图像本身是稀疏的，即图像大部分区域是空白，只有一些孤立的分量，或者可以用少量的基函数如小波表征图像，则有可能将图像尺寸压缩或减小到远小于奈奎斯特采样的尺寸。压缩感知理论要求图像具有稀疏性并做非相干采样。在干涉成像领域，非相干采样对应于 (u, v) 域的随机采样。在这种条件下，从稀疏可见度测量数据集精确反演图像的概率是很高的。射电干涉测量不能很好地满足这些限制条件。尽管如此，压缩感知技术仍然具有很强的借鉴意义（Li et al., 2011a, b）。

干涉成像应用中，压缩感知是用某种公式从不完整的 (u, v) 域采样数据集获取准确的图像。该方法的可用性取决于 (u, v) 域的信噪比和能够补充的、可以限制图像解并与 (u, v) 域测量值吻合的信息量。最简单的限制信息包括图像域的非负性、致密性和平滑性。换句话说，先验信息量越多，压缩感知越有效。应用于射电干涉数据处理的压缩感知及专用算法参见 Wiaux 等（2009），Wenger 等（2010），Li 等（2011），Hardy（2013），Carrillo 等（2012），Garsden 等（2015）和 Dabbech 等（2015）。压缩感知用作一种信号处理工具的一般性介绍参见 Candès 和 Wakin（2008），应用于图像重建参见 Candès 等（2006a，b）。压缩感知广泛应用于医学成像领域（Lustig et al., 2008）。

为了简要概述压缩感知方法和一些关键概念，考虑线性矢量方程如下：

$$\mathcal{V} = AX \tag{11.33}$$

其中 $\mathcal{V}$ 代表可见度，X 代表图像亮温，A 是从图像参数推导可见度的算子，即傅里叶变换核。

图像重建处理中重要的量是 L_p 范数，定义如下：

$$L_p \equiv \| X \|_p = \left[\sum_{n=1}^{N} |X_n|^p \right]^{1/p}, \qquad p > 0 \tag{11.34}$$

其中 X_n 是 X 中的元素。当 $p = 0$ 时，可以定义伪范数 L_0 为

$$L_0 = \| X \|_0 = \sum_{n=1}^{N} |X_n|^0 \tag{11.35}$$

其中定义 $0^0 \equiv 0$。在本书讨论范畴内，L_0 是图像中幅度不为零的像元数。假设对点源进行观测。不存在测量噪声时，可见度的归一化模值均为 1。对于式（11.33）约束的图像，最小化 L_0 会恢复一个狄拉克函数形式的源分布。注意，主图像解正比于脏图。L_0 最小化趋向于去除高旁瓣响应。

不利的是，搜索 L_0 范数的计算量是非常大的。Candès 和 Tao（2006）及 Donoho（2006）这两篇奠基压缩感知理论的论文表明，基于合理的一般性条件，L_1 范数，即

$$L_1 = \| X \|_1 = \sum_{n=1}^{N} |X_n| \tag{11.36}$$

能够替代 L_0 范数，并且更易于计算。L_1 范数是正亮度源的总流量密度。实际上压缩感知的所有处理都基于 L_1 最小化。干涉测量情况下，求解过程可以描述为

$$\text{最小化} \|\boldsymbol{X}\|_1, \quad \text{在} \|\boldsymbol{\mathcal{V}} - \boldsymbol{AX}\|_2^2 < \epsilon \text{条件下} \qquad (11.37)$$

其中ϵ是测量本身决定的噪声门限；$\|\boldsymbol{\mathcal{V}} - \boldsymbol{AX}\|_2^2$是可见度残差的平方和或拟合质量。等效的优化方程可以写为

$$\text{minimize}\{\|\boldsymbol{\mathcal{V}} - \boldsymbol{AX}\|_2^2 + \Lambda\|\boldsymbol{X}\|_2\} \qquad (11.38)$$

其中Λ是正则化参数，决定了L_1最小化和测量残差的相对显著性。统计学中，这种方法被称为最小绝对收敛和选择算子（Least Absolute Shrinkage Selection Operator，LASSO），由 Tibshirani（1996）提出。

另一种广泛使用的约束信息是基于总扰动（Total Variation，TV），二维图像通常用下式计算 TV：

$$\text{TV} = \sum_{i,j}\left[\left(X_{i-1,j} - X_{i,j}\right)^2 + \left(X_{i,j+1} - X_{i,j}\right)^2\right]^{1/2} \qquad (11.39)$$

TV 也被称为相邻像素之差的L_1范数。TV 最小化就是使梯度最小化，更容易获得平滑的图像。TV 最小化可以加入式（11.38），作为另一个Λ项。注意，MEM 算法也施加了类似的平滑性约束（见 11.2.1 节）。此外，还可以增加非负性约束。应用上述这些限制的处理统称为正则化（Regularization）。

Honma 等（2014）研究了以优于衍射极限的精细度重建源结构的可能性。图 11.9 给出这一应用的实例。随着像平面越来越稀疏，即接近"全黑"图像时，实现超分辨的可能性越大（Starck et al.，2002）。

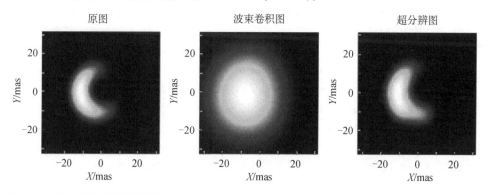

图 11.9 用六单元事件视界望远镜（Event Horizon Telescope，EHT）阵列仿真观测 M87 黑洞阴影源，并重建的图像。（左图）仿真图像，（中图）分辨率等于脏波束宽度的 CLEAN 图像，（右图）用压缩感知正则化方法重建的图像。用仿真数据测试过的方法也许难以直接应用于实际观测。引自 M. Honma 等（2014），经 Oxford University Press 允许（扫描封底二维码可看彩图）

前述方法的一种变形是将图像表达为基函数集（如小波基），更加适用于处理展源分布［参见 Starck 和 Murtagh（1994）和 Starck 等（1994）］。如果在这种基空间表达是稀疏的，L_1最小化就可以给出较好的结果［例如 Li 等（2011a，b）

和 Garsden 等（2015）]。

从可见度数据最高效、最可靠地生成图像是持续发展的主题。随着 MEM 算法的问世，研究者通常希望展示多个与 (u,v) 域测量值吻合的图像。

扩 展 阅 读

Roberts，J. A.，Ed.，Indirect Imaging，Cambridge Univ. Press，Cambridge，UK（1984）

Taylor，G. B.，Carilli，C. L.，and Perley，R. A.，Eds.，Synthesis Imaging in Radio Astronomy II，Astron. Soc. Pacific Conf. Ser.，180（1999）

van Schooneveld，C.，Ed.，Image Formation from Coherence Functions in Astronomy，Reidel，Dordrecht（1979）

参 考 文 献

Ables，J. G.，Maximum Entropy Spectral Analysis，Astron. Astrophys. Suppl.，15，383-393（1974）

Bajaja，E.，and van Albada，G. D.，Complementing Aperture Synthesis Radio Data by Short Spacing Components from Single Dish Observation，Astron. Astrophys.，75，251-254（1979）

Baldwin，J. E.，and Warner，P. J.，Phaseless Aperture Synthesis，Mon. Not. R. Astron. Soc.，182，411-422（1978）

Baldwin，J. E.，and Warner，P. J.，Fundamental Aspects of Aperture Synthesis with Limited or No Phase Information，in Image Formation from Coherence Functions in Astronomy，van Schooneveld，C.，Ed.，Reidel，Dordrecht（1979），pp. 67-82

Bates，R. H. T.，Contributions to the Theory of Intensity Interferometry，Mon. Not. R. Astron. Soc.，142，413-428（1969）

Bates，R. H. T.，Uniqueness of Solutions to Two-Dimensional Fourier Phase Problems for Localized and Positive Images，Comp. Vision，Graphics，Image Process.，25，205-217（1984）

Bernardi，G.，Mitchell，D. A.，Ord，S. M.，Greenhill，L. J.，Pindor，B.，Wayth，R. B.，and Wyithe，J. S. B.，Subtraction of Point Sources from Interferometric Radio Images Through an Algebraic Modelling Scheme，Mon. Not. R. Astron. Soc.，413，411-422（2011）

Bhatnagar，S.，Cornwell，T. J.，Golap，K.，and Uson，J. M.，Correcting Direction-Dependent Gains in the Deconvolution of Radio Images，Astron. Astrophys.，487，419-429（2008）

Bhatnagar，S.，Rau，U.，and Golap，K.，Wide-Field Wide-Band Interferometric Imaging: A WB A-Projection and Hybrid Algorithms，Astrophys. J.，770: 91（9pp）（2013）

Bracewell，R. N.，Inversion of Nonplanar Visibilities，in Indirect Imaging，Roberts，J. A.，

Ed., Cambridge Univ. Press, Cambridge, UK (1984), pp. 177-183

Bracewell, R. N., Two-Dimensional Imaging, Prentice-Hall, Englewood Cliffs, NJ (1995)

Braun, R., Understanding Synthesis Imaging Dynamic Range, Astron. Astrophys., 551, A91 (26 pp.) (2013)

Briggs, D. S., "High Fidelity Deconvolution of Moderately Resolved Sources," Ph. D. thesis, New Mexico Institute of Mining and Technology (1995). http://www.aoc.nrao.edu/dissertations/dbriggs

Bruck, Y. M., and Sodin, L. G., On the Ambiguity of the Image Reconstruction Problem, Opt. Commun., 30, 304-308 (1979)

Bryan, R. K., and Skilling, J., Deconvolution by Maximum Entropy, as Illustrated by Application to the Jet of M87, Mon. Not. R. Astron. Soc., 191, 69-79 (1980)

Candès, E. M., Romberg, J., and Tao, T., Robust Uncertainty Principles: Exact Signal Reconstruction from Highly Incomplete Frequency Information, IEEE Trans. Inf. Theory, 52, 489-509 (2006a)

Candès, E. M., Romberg, J., and Tao, T., Stable Signal Recovery from Incomplete and Inaccurate Measurements, Comm. Pure Appl. Math., 59, 1207-1223 (2006b)

Candès, E. M., and Tao, T., Near-Optimal Signal Recovery from Random Projections: Universal Encoding Strategies?, IEEE Trans. Inf. Theory, 52, 5406-5425 (2006)

Candès, E. J., and Wakin, M. B., An Introduction to Compressive Sampling, IEEE Signal Proc. Mag., 25, 21-30 (2008)

Carrillo, R. E., McEwen, J. D., and Wiaux, Y., Sparsity Averaging Reweighted Analysis (SARA): A Novel Algorithm for Radio-Interferometric Imaging, Mon. Not. R. Astron. Soc., 426, 1223-1234 (2012)

Clark, B. G., An Efficient Implementation of the Algorithm "CLEAN," Astron. Astrophys., 89, 377-378 (1980)

Clark, B. G., Large Field Mapping, in Synthesis Mapping, Proc. NRAO Workshop No. 5, Thompson, A. R., and D'Addario, L. R., Eds., National Radio Astronomy Observatory, Green Bank, WV (1982)

Conway, J. E., Cornwell, T. J., and Wilkinson, P. N., Multi-Frequency Synthesis: A New Technique in Radio Interferometric Imaging, Mon. Not. R. Astr. Soc., 246, 490-509 (1990)

Cornwell, T. J., Self Calibration, in Synthesis Mapping, Proc. of NRAO Workshop No. 5, Thompson, A. R., and D'Addario, L. R., Eds., National Radio Astronomy Observatory, Green Bank, WV (1982)

Cornwell, T. J., A Method of Stabilizing the Clean Algorithm, Astron. Astrophys., 121, 281-285 (1983)

Cornwell, T. J., Radio-Interferometric Imaging of Very Large Objects, Astron. Astrophys., 202, 316-321 (1988)

Cornwell, T. J., The Applications of Closure Phase to Astronomical Imaging, Science, 245,

263-269（1989）

Cornwell，T. J.，Imaging Concepts，in Very Long Baseline Interferometry and the VLBA，Zensus，J. A.，Diamond，P. J.，and Napier，P. J.，Eds.，Astron. Soc. Pacific Conf. Ser.，82，39-56（1995）

Cornwell，T. J.，Multiscale CLEAN Deconvolution of Radio Synthesis Images，IEEE J. Selected Topics in Signal Proc. 2，793-801（2008）

Cornwell，T. J.，Braun，R.，and Briggs，D. S.，Deconvolution，in Synthesis Imaging in Radio Astronomy II，Taylor，G. B.，Carilli，C. L.，and Perley，R. A.，Eds.，Astron. Soc. Pacific Conf. Ser.，180，151-170（1999）

Cornwell，T. J.，and Evans，K. F.，A Simple Maximum Entropy Deconvolution Algorithm，Astron. Astrophys.，143，77-83（1985）

Cornwell，T. J.，Golap，K.，and Bhatnagar，S.，The Non-Coplanar Baselines Effect in Radio Astronomy. The W Projection Algorithm，IEEE J. Selected Topics Signal Proc.，2，647-657（2008）

Cornwell，T. J.，Holdaway，M. A.，and Uson，J. M.，Radio-Interferometric Imaging of Very Large Objects：Implications for Array Design，Astron. Astrophys.，271，697-713（1993）

Cornwell，T. J.，and Perley，R. A.，Radio-Interferometric Imaging of Very Large Fields，Astron. Astrophys.，261，353-364（1992）

Cornwell，T. J.，and Wilkinson，P. N.，A New Method for Making Maps with Unstable Radio Interferometers，Mon. Not. R. Astron. Soc.，196，1067-1086（1981）

Cotton，W. D.，A Method of Mapping Compact Structure in Radio Sources Using VLBI Observations，Astron. J.，84，1122-1128（1979）

Dabbech，A.，Ferrari，C.，Mary，D.，Slezak，E.，Smirnov，O.，and Kenyon，J. S.，MORESANE：MOdel REconstruction by Synthesis-ANalysis Estimators：A Sparse Deconvolution Algorithm for Radio Interferometric Imaging，Astron. Astrophys.，576，A7（16pp）（2015）

de Vos，M.，Gunst，A. W.，and Nijboer，R.，The LOFAR Telescope：System Architecture and Signal Processing，Proc. IEEE，97，1431-1437（2009）

Donoho，D. L.，Compressed Sensing，IEEE Trans. Inf. Theory，52，1289-1306（2006）

Ekers，R. D.，and Rots，A. H.，Short Spacing Synthesis from a Primary Beam Scanned Interferometer，in Image Formation from Coherence Functions in Astronomy，van Schoonveld，C.，Ed.，Reidel，Dordrecht（1979），pp. 61-63

Ellingson，S. W.，Clarke，T. E.，Cohen，A.，Craig，J.，Kassim，N. E.，Pihlström，Y.，Rickard，L. J.，and Taylor，G. B.，The Long Wavelength Array，Proc. IEEE，97，1421-1430（2009）

Ellithorpe，J. D.，Kochanek，C. S.，and Hewitt，J. N.，Visibility Lensclean and the Reliability of Deconvolved Radio Images，Astrophys. J.，464，556-567（1996）

Erickson，W. C.，Long Wavelength Interferometry，in Synthesis Imaging in Radio Astronomy

II, Taylor, G. B., Carilli, C. L., and Perley, R. A., Eds., Astron. Soc. Pacific Conf. Ser., 180, 601-612 (1999)

Fienup, J. R., Reconstruction of an Object from the Modulus of Its Fourier Transform, Opt. Lett., 3, 27-29 (1978)

Fort, D. N., and Yee, H. K. C., A Method of Obtaining Brightness Distributions from Long Baseline Interferometry, Astron. Astrophys., 50, 19-22 (1976)

Frieden, B. R., Restoring with Maximum Likelihood and Maximum Entropy, J. Opt. Soc. Am., 62, 511-518 (1972)

Garsden, H., Girard, J. N., Starck, J. L., Corbel, S., Tasse, C., Woiselle, A., McKean, J. P., van Amesfoort, A. S., Anderson, J., Avruch, I. M., and 71 coauthors, LOFAR Sparse Image Reconstruction, Astron. Astrophys., 575, A90 (18 pp) (2015)

Gull, S. F., and Daniell, G. J., Image Reconstruction from Incomplete and Noisy Data, Nature, 272, 686-690 (1978)

Gull, S. F., and Daniell, G. J., The Maximum Entropy Method, in Image Formation from Coherence Functions in Astronomy, van Schooneveld, C., Ed., Reidel, Dordrecht (1979), pp. 219-225

Hardy, S. J., Direct Deconvolution of Radio Synthesis Images Using L_1 Minimization, Astron. Astrophys., 557, A134 (10pp) (2013)

Högbom, J. A., Aperture Synthesis with a Non-Regular Distribution of Interferometer Baselines, Astron. Astrophys. Suppl., 15, 417-426 (1974)

Högbom, J. A., The Introduction of A Priori Knowledge in Certain Processing Algorithms, in Image Formation from Coherence Functions in Astronomy, van Schooneveld, C., Ed., Reidel, Dordrecht (1979), pp. 237-239

Honma, M., Akiyama, K., Uemura, M., and Ikeda, S., Super-Resolution Imaging with Radio Interferometry Using Sparse Modeling, Publ. Astron. Soc. Japan, 66, 95 (14pp) (2014)

Jaynes, E. T., Prior Probabilities, IEEE Trans. Syst. Sci. Cyb., SSC-4, 227-241 (1968)

Jaynes, E. T., On the Rationale of Maximum-Entropy Methods, Proc. IEEE, 70, 939-952 (1982)

Junklewitz, H., Bell, M. R., and Enßelin, T., A New Approach to Multifrequency Synthesis in Radio Interferometry, Astron. Astrophys., 581, A59 (11pp) (2015)

Junklewitz, H., Bell, M. R., Selig, M., and Enßelin, T., RESOLVE: A New Algorithm for Aperture Synthesis Imaging of Extended Emission in Radio Astronomy, Astron. Astrophys., 586, A76 (21pp) (2016)

Kassim, N. E., Perley, R. A., Erickson, W. C., and Dwarakanath, K. S., Subarcminute Resolution Imaging of Radio Sources at 74 MHz with the Very Large Array, Astron. J., 106, 2218-2228 (1993)

Kochanek, C. S., and Narayan, R., Lensclean: An Algorithm for Inverting Extended,

Gravitationally Lensed Images with Application to the Radio Ring Lens PKS 1830-211, Astrophys. J., 401, 461-473 (1992)

Lawson, C. L., and Hanson, R. J., Solving Least Squares Problems, Prentice-Hall, Englewood Cliffs, NJ (1974)

Li, F., Brown, S., Cornwell, T. J., and de Hoog, F., The Application of Compressive Sampling to Radio Astronomy. 2. Faraday Rotation Measure Synthesis, Astron. Astrophys., 531, A126 (8pp) (2011a)

Li, F., Cornwell, T. J., and de Hoog, F., The Application of Compressive Sampling to Radio Astronomy. 1. Deconvolution, Astron. Astrophys., 528, A31 (10pp) (2011b)

Lonsdale, C. J., Cappallo, R. J., Morales, M. F., Briggs, F. H., Benkevitch, L., Bowman, J. D., Bunton, J. D., Burns, S., Corey, B. E., deSouza, L., and 38 coauthors, The Murchison Widefield Array: Design Overview, Proc. IEEE, 97, 1497-1506 (2009)

Lonsdale, C. J., Doeleman, S. S., Capallo, R. J., Hewitt, J. N., and Whitney, A. R., Exploring the Performance of Large-N Radio Astronomical Arrays, in Radio Telescopes, Butcher, H. R., Ed., Proc. SPIE, 4015, 126-134 (2000)

Lustig, M., Donoho, D. L., Santos, J. M., and Pauly, J. M., Compressed Sensing MRI, IEEE Signal Proc. Mag., 25, 72-82 (2008)

McClean, D. J., A Simple Expansion Method for Wide-Field Mapping, in Indirect Imaging, Roberts, J. A., Ed., Cambridge Univ. Press, Cambridge, UK (1984), pp. 185-191

Mitchell, D. A., Greenhill, L. J., Wayth, R. B., Sault, R. J., Lonsdale, C. J., Capallo, R. J., Morales, M F., and Ord, S. M., Real-Time Calibration of the Murchison Widefield Array, IEEE J. Selected Topics Signal Proc., 2, 707-717 (2008)

Napier, P. J., The Brightness Temperature Distributions Defined by a Measured Intensity Interferogram, NZ J. Sci., 15, 342-355 (1972)

Napier, P. J., Bagri, D. S., Clark, B. G., Rogers, A. E. E., Romney, J. D., Thompson, A. R., and Walker, R. C., The Very Long Baseline Array, Proc. IEEE, 82, 658-672 (1994)

Napier, P. J., and Bates, R. H. T., Inferring Phase Information from Modulus Information in TwoDimensional Aperture Synthesis, Astron. Astrophys. Suppl., 15, 427-430 (1974)

Napier, P. J., Thompson, A. R., and Ekers, R. D., The Very Large Array: Design and Performance of a Modern Synthesis Radio Telescope, Proc. IEEE, 71, 1295-1320 (1983)

Narayan, R., and Nityananda, R., Maximum Entropy—Flexibility vs. Fundamentalism, in Indirect Imaging, Roberts, J. A., Ed., Cambridge Univ. Press, Cambridge, UK (1984), pp. 281-290

Narayan, R., and Wallington, S., Introduction to Basic Concepts of Gravitational Lensing, in Gravitational Lenses, Kayser, R., Schramm, T., and Nieser, L., Eds., Springer-Verlag, Berlin (1992), pp. 12-26

Nityananda, R., and Narayan, R., Maximum Entropy Image Reconstruction-A Practical

NonInformation-Theoretic Approach, J. Astrophys. Astron., 3, 419-450 (1982)

Noordam, J. E., LOFAR Calibration Challenges, in Ground-Based Telescopes, Oschmann, J. M., Jr., Ed., Proc. SPIE, 5489, 817-825 (2004)

Offringa, A. R., McKinley, B., Hurley-Walker, N., Briggs, F. H., Wayth, R. B., Kaplan, D. L., Bell, M. E., Feng, L., Neben, A. R., Hughes, J. D., and 43 coauthors, WSCLEAN: An Implementation of a Fast, Generic Wide-Field Imager for Radio Astronomy, Mon. Not. R. Astron. Soc., 444, 606-619 (2014)

Pearson, T. J., and Readhead, A. C. S., Image Formation by Self-Calibration in Radio Astronomy, Ann. Rev. Astron. Astrophys., 22, 97-130 (1984)

Perley, R. A., High Dynamic Range Imaging, in Synthesis Imaging in Radio Astronomy, Perley, R. A., Schwab, F. R., and Bridle, A. H., Eds., Astron. Soc. Pacific Conf. Ser., 6, 287-313 (1989)

Perley, R. A., High Dynamic Range Imaging, in Synthesis Imaging in Radio Astronomy II, Taylor, G. B., Carilli, C. L., and Perley, R. A., Eds., Astron. Soc. Pacific Conf. Ser., 180, 275-299 (1999a)

Perley, R. A., Imaging with Non-Coplanar Arrays, in Synthesis Imaging in Radio Astronomy II, Taylor, G. B., Carilli, C. L., and Perley, R. A., Eds., Astron. Soc. Pacific Conf. Ser., 180, 383-400 (1999b)

Ponsonby, J. E. B., An Entropy Measure for Partially Polarized Radiation and Its Application to Estimating Radio Sky Polarization Distributions from Incomplete "Aperture Synthesis" Data by the Maximum Entropy Method, Mon. Not. R. Astron. Soc., 163, 369-380 (1973)

Rau, U., and Cornwell, T. J., A Multi-Scale Multi-Frequency Deconvolution Algorithm for Synthesis Imaging in Radio Astronomy, Astron. Astrophys., 532, A71 (17pp) (2011)

Readhead, A. C. S., Walker, R. C., Pearson, T. J., and Cohen, M. H., Mapping Radio Sources with Uncalibrated Visibility Data, Nature, 285, 137-140 (1980)

Readhead, A. C. S., and Wilkinson, P. N., The Mapping of Compact Radio Sources from VLBI Data, Astrophys. J., 223, 25-36 (1978)

Rogers, A. E. E., Methods of Using Closure Phases in Radio Aperture Synthesis, Soc. Photo-Opt. Inst. Eng., 231, 10-17 (1980)

Rogers, A. E. E., Hinteregger, H. F., Whitney, A. R., Counselman, C. C., Shapiro, I. I., Wittels, J. J., Klemperer, W. K., Warnock, W. W., Clark, T. A., Hutton, L. K., and four coauthors, The Structure of Radio Sources 3C273B and 3C84 Deduced from the "Closure" Phases and Visibility Amplitudes Observed with Three-Element Interferometers, Astrophys. J., 193, 293-301 (1974)

Sault, R. J., Stavely-Smith, L., and Brouw, W. N., An Approach to Interferometric Mosaicing, Astron. Astrophys. Supp., 120, 375-384 (1996)

Sault, R. J., and Wieringa, M. H., Multi-Frequency Synthesis Techniques in Radio Interferometric Imaging, Astron. Astrophys. Supp., 108, 585-594 (1994)

Schwab, F. R., Adaptive Calibration of Radio Interferometer Data, Soc. Photo-Opt. Inst. Eng., 231, 18-24 (1980)

Schwab, F. R., Relaxing the Isoplanatism Assumption in Self Calibration: Applications to LowFrequency Radio Astronomy, Astron. J., 89, 1076-1081 (1984)

Schwarz, U. J., Mathematical-Statistical Description of the Iterative Beam Removing Technique (Method CLEAN), Astron. Astrophys., 65, 345-356 (1978)

Schwarz, U. J., The Method "CLEAN" —Use, Misuse, and Variations, in Image Formation from Coherence Functions in Astronomy, van Schooneveld, C., Ed., Reidel, Dordrecht (1979), pp. 261-275

Skilling, J., and Bryan, R. K., Maximum Entropy Image Reconstruction: General Algorithm, Mon. Not. R. Astron. Soc., 211, 111-124 (1984)

Smirnov, O. M., Revisiting the Radio Interferometer Measurement Equation. I. A Full-Sky Jones Formalism, Astron. Astrophys., 527, A106 (2011a)

Smirnov, O. M., Revisiting the Radio Interferometer Measurement Equation. II. Calibration and Direction-Dependent Effects, Astron. Astrophys., 527, A107 (2011b)

Sramek, R. A., and Schwab, F. R., Imaging, in Synthesis Imaging in Radio Astronomy, Perley, R. A., Schwab, F. R., and Bridle, A. H., Eds., Astron. Soc. Pacific Conf. Ser., 6, 117-138 (1989)

Stanimirović, S., Short Spacings Correction from the Single-Dish Perspective, in Single-Dish Radio Astronomy: Techniques and Applications, Stanimirović, S., et al., Eds., Astron. Soc. Pacific Conf. Ser., 278, 375-396 (2002)

Starck, J. -L., Bijaoui, A, Lopez, B., and Perrier, C., Image Reconstruction by the Wavelet Transform Applied to Aperture Synthesis, Astron. Astrophys, 283, 349-360 (1994)

Starck, J. -L., and Murtagh, F., Image Restoration with Noise Suppression Using the Wavelet Transform, Astron. Astrophys, 228, 342-348 (1994)

Starck, J. -L., Pantin, E., and Murtagh, F., Deconvolution in Astronomy: A Review, Publ. Astron. Soc. Pacific, 114, 1051-1069 (2002)

Subrahmanya, C. R., An Optimum Deconvolution Method, in Image Formation from Coherence Functions in Astronomy, van Schooneveld, C., Ed., Reidel, Dordrecht (1979), pp. 287-290

Sullivan, I. S., Morales, M. F., Hazelton, B. J., Arcus, W., Barnes, D., Bernardi, G., Briggs, F. H., Bowman, J. D., Bunton, J. D., Cappallo, R. J., and 41 coauthors, Fast Holographic Deconvolution: A New Technique for Precision Radio Interferometry, Astrophys. J., 759: 17 (6pp) (2012)

Thomasson, P., MERLIN, Quart. J. R. Astron. Soc., 27, 413-431 (1986)

Tibshirani, R., Regression Shrinkage and Selection via the Lasso, J. R. Statis. Soc. B, 58, 267-288 (1996)

van der Tol, S., Jeffs, B. D., and van der Veen, A. -J., Self-Calibration for the LOFAR Radio

Astronomical Array, IEEE Trans. Signal Proc., 55, 4497-4510 (2007)

van Gorkom, J. H., and Ekers, R. D., Spectral Line Imaging II: Calibration and Analysis, in Synthesis Imaging in Radio Astronomy, Perley, R. A., Schwab, F. R., and Bridle, A. H., Eds., Astron. Soc. Pacific Conf. Ser., 6, 341-353 (1989)

Wakker, B. P., and Schwarz, J. J., The Multi-Resolution Clean and Its Application to the ShortSpacing Problem in Interferometry, Astron. Astrophys., 200, 312-322 (1988)

Waldram, E. M., and McGilchrist, M. M., Beam-Sets: A New Approach to the Problem of Wide-Field Mapping with Non-Coplanar Baselines, Mon. Not. R. Astron. Soc., 245, 532-541 (1990)

Wallington, S., Narayan, R., and Kochanek, C. S., Gravitational Lens Inversion Using the Maximum Entropy Method, Astrophys. J., 426, 60-73 (1994)

Walsh, D., Carswell, R. F., and Weymann, R. J., 0957+561A, B: Twin Quasistellar Objects or Gravitational Lens?, Nature, 279, 381-384 (1979)

Welch, W. J., and Thornton, D. D., An Introduction to Millimeter and Submillimeter Interferometry and a Summary of the Hat Creek System, in Int. Symp. Millimeter and Submillimeter Wave Radio Astronomy, International Scientific Radio Union, Institut de Radio Astronomie Millimétrique, Granada, Spain (1985), pp. 53-64

Wenger, S., Magnor, M., Pihlström, Y., Bhatnagar, S., and Rau, U., SparseRI: A Compressed Sensing Framework for Aperture Synthesis Imaging in Radio Astronomy, Publ. Astron. Soc. Pacific, 122, 1367-1374 (2010)

Wernecke, S. J., Two-Dimensional Maximum Entropy Reconstruction of Radio Brightness, Radio Sci., 12, 831-844 (1977)

Wernecke, S. J., and D'Addario, L. R., Maximum Entropy Image Reconstruction, IEEE Trans. Comput., C-26, 351-364 (1977)

Wiaux, Y., Jacques, L., Puy, G., Scaife, A. M. M., and Vandergheynst, P., Compressed Sensing Imaging Techniques for Radio Interferometry, Mon. Not. R. Astron. Soc., 395, 1733-1742 (2009)

12 天体和大地测量的干涉仪技术

本章主要关注以尽可能高的精度测量射电源的角位置，以及针对源位置、基线和大地测量（Geodetic）[①]参数优化的干涉仪设计。

去除延迟跟踪效应后的干涉仪总条纹相位可以用基线矢量 $\boldsymbol{D}$ 和源位置矢量 s 的内积表征

$$\phi = \frac{2\pi}{\lambda} \boldsymbol{D} \cdot s = \frac{2\pi}{\lambda} D \cos\theta \tag{12.1}$$

其中 θ 为 $\boldsymbol{D}$ 和 s 的夹角。本章之前，我们一直假设这些参数能够用精度很高的常数来描述。然而，测量源位置的精度优于 1mas 就需要考虑地球自转矢量等参数的变化。可以测量的基线精度与地壳运动引起的天线位置的变化量相当。一次持续一天或多天的观测周期可以同时实现基线定标和源位置测量。以数月或数年的间隔重复这个过程可以获取大地测量数据，可以揭示基线和地球转动参数的变化。

"米"从基本物理量重新定义为导出量，对于通过干涉数据推导的基线长度单位是具有重要意义的。干涉仪测量信号波前到达两个天线的相对时间，即几何延迟。因此，用干涉数据确定的基线是以光的传播时间定义的。过去，转换成"米"依赖于光速 c 的取值。然而 1983 年的国际计量大会（Conférence Générale des Poids et Mesures）采纳了新的"米"的定义："光在真空中 1/299792458 秒传播的路径长度等于 1 米"。现在，秒和光速是基本物理量，米是导出量，因此可以用"米"无模糊地定义基线长度。有关基本物理量的讨论见 Petley（1983）。

12.1 天体测量的要求

我们首先探求如何能够确定基线和源位置参数，12.2 节给出了更正式的讨论。

跟踪型干涉仪条纹方向图的相位可以用极坐标（图 4.2）表示如下：

$$\phi(H) = 2\pi D_\lambda [\sin d \sin\delta + \cos d \cos\delta \cos(H - h)] + \phi_{\text{in}} \tag{12.2}$$

其中 D_λ 是以波长定义的基线长度；H 和 δ 是源的时角和赤纬；h 和 d 是基线的

时角和赤纬；ϕ_{in} 是设备相位项。为便于讨论，我们假设 ϕ_{in} 是定值常数，不受大气和电子起伏影响。时角与赤经 α 由下式关联：

$$H = t_s - \alpha \qquad (12.3)$$

其中 t_s 是恒星时（VLBI 中 t_s 和 H 以格林尼治子午线为参考，互连型干涉测量通常以本地子午线为参考）。考虑一个精确的东西向排列的短基线干涉仪，即 $d=0$，$h=\dfrac{\pi}{2}$ [参见 Ryle 和 Elsmore（1973）]。则

$$\phi(H) = -2\pi D_\lambda \cos\delta \sin H + \phi_{in} \qquad (12.4)$$

并且一个恒星日相位变化一个正弦振荡周期。假设源位于天极附近，即 24 小时都在地平线以上。全天连续观测 ϕ，可以无相位模糊地跟踪 ϕ 的 2π 跳变。式（12.4）中的三角几何项的平均值为零，因此可以估计并去除 ϕ_{in}。当源穿越本地子午线时，$H=0$，修正的相位等于零，且由穿越时刻和式（12.3）可以确定赤经 α。

观测天赤道附近的源 $|\delta| \sim 0$，相位对 δ 的依赖性很小，可以确定基线长度。利用上述方法对 D_λ 和 ϕ_{in} 进行定标后，就可以确定其他源的位置，即利用中心条纹的穿越时刻确定其赤经，利用 $\phi(H)$ 的日振幅确定其赤纬。由 $H=0$ 时的相位变化率也可以确定源的赤纬。这一相位变化率为

$$\left.\frac{d\phi}{dt}\right|_{H=0} = 2\pi D_\lambda \omega_e \cos\delta \qquad (12.5)$$

其中 $\omega_e = dH/dt$，是地球的转动速度。由式（12.5）可以容易地发现，如果存在误差 $(d\phi/dt)_{H=0} = \sigma_f$，则位置误差为

$$\sigma_\delta \approx \frac{1}{2\pi D_\lambda \omega_e \sin\delta} \sigma_f \qquad (12.6)$$

注意，用天赤道附近的源推导赤纬的精度较差。Smith（1952）对这些技术的应用进行了详细的综述。

干涉仪观测确定的赤经是相对测量值，即不同源的赤经之差。赤经零度的定义是经过天极以及特定时期天赤道与黄道面过春分点的交线构成的大圆。春分点是太阳视位置从南半天球向北半天球运动穿越天赤道的点。太阳的运动方向可用行星的运动来定义，行星是通过光学观测而准确定义的目标。赤经已经跟一些明亮恒星的位置相关联，恒星位置为光学观测天球位置提供了参考系统。关联射电测量和零赤经并不容易，太阳系中的目标通常很弱，或者其射电结构不包含足够尖锐的特征。20 世纪 70 年代，通过月掩 3C273B 源（Hazard et al., 1971）和测量临近恒星如 Algol（β Persei，大陵五）的弱射电辐射（Ryle and Elsmore, 1973；Elsmore and Ryle, 1976）确定位置。

　　在天体测量中，还原干涉仪测量数据时，基本是用点源位置解译可见度数据的。数据处理过程实际上等效于用狄拉克函数强度分量模型拟合可见度函数，如 4.4 节的讨论。基本的位置数据是用校准的可见度相位确定的，一些 VLBI 观测是通过最大化信号的互相关系数（即利用带宽方向图）来测量几何延迟和条纹频率确定的。由于位置信息是包含在可见度相位中的，在天体测量和大地测量中，10.3 节讨论的闭合相位测量只能提供一种修正源结构效应的手段。由于通常不需要很高的动态范围，(u,v) 覆盖的均匀性不如成像观测的要求高。不可分辨源的位置确定性取决于干涉测量的相位定标精度，并需要足够数量的基线以避免源位置模糊。

12.1.1　参考框架

　　与基于恒星位置的参考框架相比，可以期望基于河外星系目标的参考框架的时间稳定性更好，并更接近于惯性框架条件。惯性框架是指相对于绝对空间保持静止或匀速运动，并且处于不加速也不旋转的状态，例如参见 Mueller（1981）。牛顿第一定律在惯性坐标系下成立。Johnston 和 de Vegt（1999）给出了天文参考框架的详细说明。国际天文联合会（International Astronomical Union，IAU）采纳的国际天球参考系统（International Celestial Reference System，ICRS）定义了天球位置坐标系的原点和坐标轴的方向。在参考坐标系下测量的一组参考目标的位置提供了国际天球参考框架（International Celestial Reference Frame，ICRF）。因此，ICRF 为坐标系内测量的其他目标位置提供了参考点。

　　最精确的天球位置测量是基于 VLBI 观测选定的一些河外星系源。为了测地学和天体测量学研究，建立了这类高分辨率观测的大型数据库。系统性测量天体坐标主要从 1979 年开始，用双频（2.3GHz 和 8.4GHz）VLBI 系统实现对电离层效应的定标。天体位置主要用 8.4GHz 数据确定。1998 年，IAU 采纳了第一个源位置表，现在称为 ICRF1（Ma et al.，1998）。这种框架取代了较早期基于恒星光学位置的框架，最近使用的光学框架是 FK5 和伊巴谷（Hipparcos）星表。ICRF1 是 1979~1995 年，对 608 个源进行的 $1.6×10^6$ 次群延迟测量建立的。排除一个源的准则包括：位置测量前后矛盾，有证据表明源在运动，或表现出扩展结构。研究发现 212 个源满足以上所有准则；294 个源不满足其中一项准则；其他 102 个源（包括 3C273）不满足几项准则。最佳星表中的 212 个源用于定义参考框架。表中只有 27% 位于南半天球。全局求解可以同时确定源位置、天线位置，以及各种测地和大气参数。212 个基准源中的大部分在赤经和赤纬两个方向上的位置误差小于 0.5mas，几乎所有源的位置误差都小于

1mas。

2009 年，更新的参考框架即 ICRF2，发布并被 IAU 采纳。ICRF2 包含了 3414 个源的位置，是 30 多年间的 6.5×10⁶ 次群延迟测量获取的。ICRF2 数据中约 28%是 VLBA 获取的数据。基于 295 个源建立并维护了 ICRF2 的核心参考框架，这些源的天球分布比 ICRF1 均匀得多。位置精度约 40μas，比 ICRF1 提高了约 5 倍。

ICRF 中约有 50%的源红移超过 1.0。基于这些遥远的目标定义参考框架，天体测量的不确定性比恒星光学测量的框架至少改善了一个量级。这种框架的极限精度可能依赖于射电源结构的稳定性，例如参见（Fey and Charlot，1997；Fomalont et al.，2011）。关联射电和光学框架的不确定度本质上等于光学定位的不确定度。用射电方法测量一些比较近的恒星，可以提供一种比较射电和光学框架的手段。Lestrade（1991）和 Lestrade 等（1990，1995）用 VLBI 测量了约 10 个恒星的位置，测量精度为 0.5～1.5mas。这些结果可以用于关联 ICRF 与伊巴谷星表中的恒星位置。参考框架源中已知光学对应体的光学星等在 15～21 范围，其中，星等小于 18 的目标的精确位置可能很难确定。

有几种方法可以关联河外星系参考框架和日心参考框架。通过时序测量和 VLBI 测量可以反演脉冲星的位置（Bartel et al.，1985；Fomalont et al.，1992；Madison et al.，2013）。时序分析本质上是与日心框架关联的。围绕太阳系内天体运动的空间 VLBI 探测器也有助于关联这两种框架（Jones et al.，2015）。对小行星的射电观测也许会有帮助（Johnston et al.，1982）。

12.2　基线矢量和源位置矢量求解

本节我们更正式地讨论如何从相位、条纹率或群延迟测量同时估计干涉仪基线和源位置。这些技术的早期实践参见 Elsmore 和 Mackay（1969），Wade（1970）和 Brosche 等（1973）。优秀的教材参见 Fomalont（1995）。

12.2.1　相位测量

考虑用任意基线的二元跟踪干涉仪观测不可分辨源。令 D_λ 是假定的、以波长定义的基线矢量，且 $(D_\lambda - \Delta D_\lambda)$ 是真实的基线矢量。类似地，令 s 是指向源假定位置的单位矢量，且 $(s - \Delta s)$ 是源的真实位置矢量。注意，这里约定了 Δ 项=（近似值或假定值）-（真实值）。基于假定位置，期望获得的条纹相位为 $2\pi D_\lambda \cdot s$。期望相位与观测相位之差是源时角 H 的函数，由下式给出：

$$\Delta\phi(H) = 2\pi\left[\boldsymbol{D}_\lambda \cdot \boldsymbol{s} - \left(\boldsymbol{D}_\lambda - \Delta\boldsymbol{D}_\lambda\right) \cdot \left(\boldsymbol{s} - \Delta\boldsymbol{s}\right)\right] + \phi_{\text{in}}$$
$$= 2\pi\left(\Delta\boldsymbol{D}_\lambda \cdot \boldsymbol{s} + \boldsymbol{D}_\lambda \cdot \Delta\boldsymbol{s}\right) + \phi_{\text{in}} \tag{12.7}$$

由于假设 $\boldsymbol{D}_\lambda$ 和 $\boldsymbol{s}$ 的相对误差都很小，因此上式忽略了二阶项 $\Delta\boldsymbol{D}_\lambda \cdot \Delta\boldsymbol{s}$。

基于 4.1 节介绍的坐标系，基线矢量可表示为

$$\boldsymbol{D}_\lambda = \begin{bmatrix} X_\lambda \\ Y_\lambda \\ Z_\lambda \end{bmatrix}, \qquad \Delta\boldsymbol{D}_\lambda = \begin{bmatrix} \Delta X_\lambda \\ \Delta Y_\lambda \\ \Delta Z_\lambda \end{bmatrix} \tag{12.8}$$

其中 X_λ、Y_λ 和 Z_λ 构成右手定则坐标系；Z_λ 平行于地球自转轴；X_λ 位于干涉仪子午面内。根据式（4.2），在 $(X_\lambda, Y_\lambda, Z_\lambda)$ 坐标系可以用源的时角 H 和赤纬 δ 定义源的位置矢量：

$$\boldsymbol{s} = \begin{bmatrix} s_X \\ s_Y \\ s_Z \end{bmatrix} = \begin{bmatrix} \cos\delta\cos H \\ -\cos\delta\sin H \\ \sin\delta \end{bmatrix} \tag{12.9}$$

对式（12.9）做微分可得

$$\Delta\boldsymbol{s} \approx \begin{bmatrix} -\sin\delta\cos H\Delta\delta + \cos\delta\sin H\Delta\alpha \\ \sin\delta\sin H\Delta\delta + \cos\delta\cos H\Delta\alpha \\ \cos\delta\Delta\delta \end{bmatrix} \tag{12.10}$$

其中 $\Delta\alpha$ 和 $\Delta\delta$ 分别是赤经和赤纬的角误差。注意 $\Delta\alpha = -\Delta H$［参见式（12.3）］。

考虑有一个源表，并假设其中源的位置精确已知。大多数单元互连型阵列如 ALMA、VLA、SMA 和 IRAM，其天线基座数量都远多于天线数量，因此阵列可以重新配置以获取不同的分辨率。每次重新配置阵列时，由于将天线安装在其他基座的结构误差，必须重新确定基线。只存在基线误差时，即 $\Delta\boldsymbol{s} = 0$ 时，残差相位［将式（12.8）和（12.9）代入式（12.7）］为

$$\Delta\phi(H) = \phi_0 + \phi_1\cos H + \phi_2\sin H \tag{12.11}$$

其中

$$\phi_0 = 2\pi\sin\delta\Delta Z_\lambda + \phi_{\text{in}}$$
$$\phi_1 = 2\pi\cos\delta\Delta X_\lambda \tag{12.12}$$
$$\phi_2 = -2\pi\cos\delta\Delta Y_\lambda$$

长时间跟踪一个源可以拟合为关于 H 的正弦函数，函数包含三个自由参数 ϕ_0、ϕ_1 和 ϕ_2。由 ϕ_1 和 ϕ_2 可以分别获取 ΔX_λ 和 ΔY_λ。为了从 ΔZ_λ 中分离出设备项，必须对几个源进行观测。简单的图形分析时画出这些源的 ϕ_0 与 $\sin\delta$ 关系；由斜率 $\mathrm{d}\phi_0 / \mathrm{d}(\sin\delta)$ 可以给出 ΔZ_λ，由 $\sin\delta = 0$ 的交点可以给出 ϕ_{in}。

通常，VLBI 的测地应用必须要确定基线和源的位置。这里的残余相位［将式（12.8）～（12.10）代入式（12.7）］与式（12.11）相同，但其中，

$$\phi_0 = 2\pi(\sin\delta\Delta Z_\lambda + Z_\lambda\cos\delta\Delta\delta) + \phi_{in}$$
$$\phi_1 = 2\pi(\cos\delta\Delta X_\lambda + Y_\lambda\cos\delta\Delta\alpha - X_\lambda\sin\delta\Delta\delta) \qquad (12.13)$$
$$\phi_2 = 2\pi(-\cos\delta\Delta Y_\lambda + X_\lambda\cos\delta\Delta\alpha + Y_\lambda\sin\delta\Delta\delta)$$

需要在～12 小时周期内交错观测一组源。可以为每个源推导三个参数（ϕ_0、ϕ_1 和 ϕ_2）。如果观测 n_s 个源，则可以获取 $3n_s$ 个参数。定义 n_s 个位置、基线和设备相位（假设为常数）要求解的未知量总数为 $2n_s + 3$；其中一个源的赤经可以任意指定。因此，如果 $n_s \geqslant 3$，就有可能求解全部未知量。注意，源的赤纬范围应尽可能大，以便从式（12.12）中的 ϕ_{in} 分离出 ΔZ。用最小二乘法可以同时求解设备参数和源位置。通常观测的源数量远多于三个，因此可以用冗余信息求解时变的设备相位和其他参数。附录 12.1 中讨论了最小二乘分析法。

大多数天文学家关注的是用基线定标良好的干涉仪测量感兴趣的源相对于临近定标源的位置，定标源可以从 ICRF 或其他星表中选取。这种情况下，式（12.11）中的相位项为

$$\phi_0 = 2\pi Z_\lambda\cos\delta\Delta\delta + \phi_{in}$$
$$\phi_1 = 2\pi(Y_\lambda\cos\delta\Delta\alpha - X_\lambda\sin\delta\Delta\delta) \qquad (12.14)$$
$$\phi_2 = 2\pi(X_\lambda\cos\delta\Delta\alpha + Y_\lambda\sin\delta\Delta\delta)$$

然而，位于 $l = \Delta\alpha\cos\delta$ 且 $m = \Delta\delta$ 的点源的条纹可见度为

$$V = V_0 e^{-j2\pi(ul+vm)} = V_0 e^{-j\Delta\phi(H)} \qquad (12.15)$$

所以，通常的干涉技术可以对点源成像，并利用图像域的高斯（或类似函数）廓线拟合确定点源位置。这种方法的位置确定精度受限于热噪声，约等于

$$\sigma_\theta \approx \frac{1}{2}\frac{\theta_{res}}{\mathcal{R}_{sn}} \qquad (12.16)$$

其中 θ_{res} 是干涉仪的分辨率；$\mathcal{R}_{sn}$ 是信噪比（SNR）［Reid et al.，1988；Condon，1997；也可参见方程（10.68）］。如附录 12.1.3 所述，成像使用的傅里叶变换等效于用 α 和 δ 的试验值做格点参数搜索。但是，如果要搜索基线参数或者分析复数集，就必须在 (u,v) 域进行数据分析。

12.2.2 用 VLBI 系统进行测量

每个天线使用独立本地振荡器的 VLBI 系统难以实现条纹相位的绝对定标。在 VLBI 中，最早用于获取位置信息的方法是条纹频率（条纹率）分析。条纹频率是干涉仪相位的时间变化率。因此，由式（12.2）可得条纹频率为

$$\nu_f = \frac{1}{2\pi}\frac{\mathrm{d}\phi}{\mathrm{d}t} = -\omega_e D_\lambda \cos d \cos\delta \sin(H-h) + \nu_{\mathrm{in}} \tag{12.17}$$

其中 ω_e 是地球转动角速度 $(\mathrm{d}H/\mathrm{d}t)$；$\nu_{\mathrm{in}}$ 是设备项且等于 $\mathrm{d}\phi_{\mathrm{in}}/\mathrm{d}t$。$\nu_{\mathrm{in}}$ 分量主要受氢脉泽频率标准的残差影响，氢脉泽为天线本地振荡器提供频率参考。

$D_\lambda \cos d$ 是基线在赤道面内的投影，用 D_E 表示。因此式（12.17）可改写为

$$\nu_f = -\omega_e D_E \cos\delta \sin(H-h) + \nu_{\mathrm{in}} \tag{12.18}$$

基线的极轴分量（基线在极轴方向的投影）并没有出现在条纹频率公式中。基线平行于地球转轴的干涉仪的等相位线平行于天赤道，并且干涉仪相位不随时角变化。所以，条纹频率分析不能确定基线的极轴分量。

通常的 VLBI 实践是相对于格林尼治（Greenwich）子午面定义时角的。我们遵照这种惯例并使用 X 轴位于格林尼治子午面、Z 轴指向北天极的右手定则坐标系。因此，用笛卡儿坐标定义基线，式（12.18）变成如下形式：

$$\nu_f = -\omega_e \cos\delta (X_\lambda \sin H + Y_\lambda \cos H) + \nu_{\mathrm{in}} \tag{12.19}$$

对式（12.19）关于 δ、H、X_λ 和 Y_λ 做差分，并包含未知量 ν_{in}，我们可以计算得出观测和期望的条纹频率之差 $\Delta\nu_f$，即残差条纹频率。因此可得

$$\Delta\nu_f = a_1 \cos H + a_2 \sin H + \nu_{\mathrm{in}} \tag{12.20}$$

其中

$$a_1 = \omega_e \left(Y_\lambda \sin\delta\,\Delta\delta + X_\lambda \cos\delta\,\Delta\alpha - \cos\delta\,\Delta Y_\lambda\right) \tag{12.21}$$

和

$$a_2 = \omega_e \left(X_\lambda \sin\delta\,\Delta\delta - Y_\lambda \cos\delta\,\Delta\alpha - \cos\delta\,\Delta X_\lambda\right) \tag{12.22}$$

注意 $\Delta\nu_f$ 是周日正弦函数，且 $\Delta\nu_f$ 的均值等于设备项 ν_{in}。源位置和基线信息只能从 a_1 和 a_2 两个参数获取。因此，与能够获取三个参数的条纹相位[式（12.11）]不同，用条纹频率数据不能同时求解源和基线的参数。例如，观测 n_s 个源可以获取 $2n_s+1$ 个量，但未知量总数为 $2n_s+3$（2 个基线参数，$2n_s$ 个源参数和 ν_{in}）。如果一个源的位置已知，则可以确定其余源的位置和 X_λ、Y_λ、ν_{in}。注意，由于式（12.21）和式（12.22）中 $\sin\delta$ 因子的影响，接近天赤道的源的赤纬测量精度会退化。

为说明条纹频率观测涉及的各个参数的幅度量级，假设两个天线间距的赤道分量为 1000km，观测波长为 3cm。则 $D_E \approx 3\times10^7$ 个波长，低纬源的条纹频率约为 2kHz。假设独立频率标准的相干时间约为 10 分钟。这一时间内包含 10^6 个条纹周期。如果假设相位测量精度为 0.1 个周期，则 ν_f 的测量精度为 $1/10^7$。相应的 D_E 误差和角位置误差分别为 10cm 和 0.02″。

为了突破条纹频率分析的局限性，开发了一些精确测量天线信号相对群延

迟的技术。9.8 节讨论了用带宽综合改善延迟测量精度。群延迟理论上等于几何延迟 τ_g，但群延迟测量包含了天线时钟偏置和大气信号路径差所引入的无用分量。用单元互连型干涉仪在频率 ν 测量的条纹相位为 $2\pi\nu\tau_g$，因此，除了电离层色散，群延迟包括了条纹相位信息，但不存在 2π 模限制的相位模糊。因此，可以用之前讨论的单元互连型系统的类似方法，由群延迟测量求解基线和源位置，但必须单独处理时钟偏置。

比较群延迟和条纹频率（或者等效的相位延迟变化速率）测量的相对精度是有益的。附录 12.1［式（A12.27）和式（A12.34）］推导了测量两种方法的固有精度，可写为

$$\sigma_f = \sqrt{\frac{3}{2\pi^2}}\left(\frac{T_S}{T_A}\right)\frac{1}{\sqrt{\Delta\nu\tau^3}} \qquad (12.23)$$

及

$$\sigma_\tau = \frac{1}{\sqrt{8\pi^2}}\left(\frac{T_S}{T_A}\right)\frac{1}{\sqrt{\Delta\nu\tau}\Delta\nu_{rms}} \qquad (12.24)$$

其中 σ_f 和 σ_τ 分别是条纹频率和延迟的均方根误差；T_S 和 T_A 分别是系统温度和天线温度；$\Delta\nu$ 是中频带宽；τ 是积分时间，$\Delta\nu_{rms}$ 是 9.8 节引入的均方根带宽［另见式（A12.32）和附录 12.1 的相关文字］。$\Delta\nu_{rms}$ 的典型值是带宽跨度的 40%。对于单矩形射频通带，$\Delta\nu_{rms} = \Delta\nu/\sqrt{12}$。为了以角度表征测量误差，回想几何延迟的定义

$$\tau_g = \frac{D}{c}\cos\theta \qquad (12.25)$$

其中 θ 是源矢量与基线矢量的夹角。因此，角度变化相对于延迟的灵敏度为

$$\frac{\Delta\tau_g}{\Delta\theta_\tau} = \frac{D}{c}\sin\theta \qquad (12.26)$$

其中 τ_g 增量为 $\Delta\tau_g$ 时，θ 的增量是 $\Delta\theta_\tau$。类似地，由于 $\nu_f = \nu(\mathrm{d}\tau_g/\mathrm{d}t)$，东西向基线测量的角度变化相对于条纹频率的灵敏度为

$$\frac{\Delta\nu_f}{\Delta\theta_f} = D_\lambda\omega_e\sin\theta \qquad (12.27)$$

其中 ν_f 增量为 $\Delta\nu_f$ 时，θ 的增量是 $\Delta\theta_f$。因此，令 $\Delta\nu_f = \sigma_f$ 且 $\Delta\tau_g = \sigma_\tau$，并忽略几何因子，可得等式

$$\frac{\Delta\theta_\tau}{\Delta\theta_f} \approx 2\pi\frac{\tau/t_e}{\Delta\nu/\nu} \qquad (12.28)$$

其中 $\tau_e = 2\pi/\omega_e$ 是地球自转周期。式（12.28）给出了延迟和条纹频率测量的相对精度。实际上，由于大气引入噪声，延迟测量一般更精确。条纹频率测量对

大气路径长度的时间导数很敏感，湍流大气的这个导数会很大，虽然平均路径长度相对恒定。要注意的是，条纹频率和延迟测量是互补的。例如，使用基线和设备参数已知的 VLBI 系统，可以从一次观测的延迟和条纹频率确定源的位置，这是由于这两个量在近似正交的方向上限制了源的位置。Cohen 和 Shaffer（1971）及 Hinteregger 等（1972）最早分析了用条纹频率和延迟测量来确定源位置和基线的方法。

用群延迟测量源位置的精度正比于带宽的倒数 $1/\Delta\nu$。类似地，用相位确定源位置的精度正比于观测频率的倒数 $1/\nu$。由于比例常数近似相等，两种技术的相对精度等于 $\nu/\Delta\nu$。观测频率与带宽（包括带宽综合效应）之比通常为一到两个数量级。另外，VLBI 的天线间距比单元互连型阵列的天线间距大一到两个数量级。因此，VLBI 系统用群延迟测量与单元互连型阵列（间距小得多）用条纹相位测量估计的源位置精度相当。VLBI 用相位参考测量的位置是射电方法中精度最高的，如下所述。

大气限定了地基干涉测量的极限。双频带测量能有效去除电离层的相位噪声（见 14.1.3 节）。基线小于几千米时，对流层引入的均方根相位噪声随 $d^{5/6}$ 增大，其中 d 是基线投影长度[见式（13.101）和表 13.3]。在这种情况下，增加基线长度只能缓慢地改善角度测量精度。基线大于～100km 时，干涉仪单元上空的对流层效应是不相关的，增加基线长度可能会如同预期的快速改善角度测量精度。然而，当单元间距很大时，天顶角会有显著差别，因此大气模型（AM）变得非常重要。

12.2.3　相位参考（位置）

用 VLBI 测量相距很近的源的相对位置时，有可能测量得到相对条纹相位，因此位置测量精度与长基线固有的极高角分辨率相当。当源相距很近，都落在天线波束内，例如参见（Marcaide and Shapiro，1983；Rioja et al.，1997）或源间距不超过几度，使得对流层和电离层效应非常相似时（Shapiro et al.，1979；Bartel et al.，1984；Ros et al.，1999），可以达到最高的测量精度。这种情况类似于单元互连阵列的相位参考，一个源可以用作定标源。在 VLBI 中，这种处理过程被称为相位参考（Phase Referencing）。利用相位参考可以对流量密度很低，难以做自定标的源进行成像。这里介绍的过程引自 Alef（1989）及 Beasley 和 Conway（1995）对相位参考过程的综述。

做相位参考观测时，要交替测量目标源和临近的定标源，每个源的观测周期在分钟级。[注意，定标源也被称为相位参考源（Phase Reference Source）。]测量期间，两次测量定标源期间的相位变化率必须足够小，要能够无 2π 模糊的相位插值。因此，必须用精细的建模技术去除大地和大气效应，包括大地板块运动、极移、固体潮、海潮负荷，并要精确修正进动和章动对源位置的影响。可能还要考虑一些较弱的效应；例如单元互连型阵列的天线结构的重力形变趋于互相抵消，而间距很远的 VLBI 天线的仰角不同，会影响 VLBI 基线。随着接收系统的灵敏度和相位稳定性越来越好，这些效应的模型越来越精确，相位参考的作用也越来越大。

假设如下情况，在 t_1 时刻观测定标源，之后在 t_2 时刻观测目标源，然后在 t_3 时刻再次观测定标源。三次观测中，任意一次的测量相位为

$$\phi_{meas} = \phi_{vis} + \phi_{inst} + \phi_{pos} + \phi_{ant} + \phi_{atmos} + \phi_{ionos} \qquad (12.29)$$

其中右侧各项分别为源可见度的相位分量、设备效应（电缆、时钟误差等）、源假定位置误差、天线假定位置误差、中性大气效应以及电离层效应。为了修正目标源的相位，我们需要对 t_1 和 t_3 时刻测量的定标源相位插值到 t_2 时刻，以估计 t_2 时刻的定标源相位，然后从目标源测量相位中减掉插值相位。如果目标源与定标源在天空中的位置很近（相距不超过几度），从任一天线到两个源的视线穿过相同的等晕面元，因此可以忽略大气和电离层项之差。我们可以假设很小的位置变化不会显著地影响设备项，且定标源是不可分辨的，因此定标源可见度相位等于零。如果定标源是部分可分辨的，则定标源应足够强以可以做自定标并修正相位来成像。因此，目标源的修正相位退化为

$$\phi^t - \tilde{\phi}^c = \phi_{vis}^t + \left(\phi_{pos}^t - \tilde{\phi}_{pos}^c\right) \qquad (12.30)$$

其中上标 t 和 c 分别代表目标源和定标源；波浪线代表插值。式（12.30）右侧只依赖于目标源的结构和位置以及定标源的位置。图 12.1 给出相位参考的例子，对参考源的数据做条纹拟合，即确定了基线误差、测站时间标准的偏置，以及设备相位。图中用十字符表示相位参考源（定标源）的相位，插值得到目标源观测时刻的相位和相位率数据修正量，目标源数据用方框表示。目标源的修正相位如图 12.1 所示。条纹拟合希望有一个信号强度很大的不可分辨源，因此如果目标源很弱或为可分辨源，要选择满足上述条件的相位参考源。

式（12.29）中用相位参考去除的各种效应中，随时间变化最快的是各种大气效应，当频率超过几个吉赫兹时，大气效应主要受对流层而不是电离层影响。因此，在厘米波段，对流层变化限制了目标源和定标源的允许观测周期。13.1.6 节介绍了对流层移动屏（Moving Screen）模型导致的变化；柯尔莫哥洛夫（Kolmogorov）湍流理论（Tatarski，1961）描述了变化特征。射线以距离差 d_{tc} 穿过大气时，目标源和定标源的相对均方根相位变化正比于 $d_{tc}^{5/6}$：

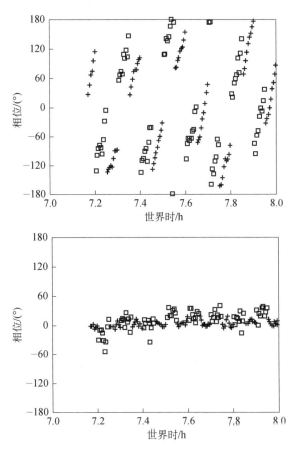

图 12.1　VLBA 的相位参考例子。数据由 Brewster-Pie Town 基线在 8.4GHz 频段观测获得。上图给出两个源 1638+398（目标源，方框所示）和 1641+399（相位参考源，十字所示）的未定标数据。下图给出 1641+399 的条纹拟合数据和用 1641+399 作为参考源处理的 1638+398 数据。引自 Beasley 和 Conway（1995），由太平洋天文学会提供

$$\sigma = \sigma_0 d_{\mathrm{tc}}^{5/6} \qquad (12.31)$$

其中 σ_0 是射线间距 1km 的相位变化。为了能够在两次定标源观测之间做 VLBI 相位参考插值且不产生整周期模糊，连续两次定标源观测的均方根路径长度的变化不能超过 $\sim \lambda/8$。这种情况下，假设散射屏以速度 v_{s} 水平运动，上述准则就限制了目标源和定标源的一次观测周期 t_{cyc}。为计算观测周期限制，令 $d_{\mathrm{tc}} = v_{\mathrm{s}} t_{\mathrm{cyc}}$，由式（12.31）可得

$$t_{\mathrm{cyc}} < \left(\frac{\pi}{8\sigma_0} \right)^{6/5} v_{\mathrm{s}}^{-1} \qquad (12.32)$$

上式可以说明切换周期的时间限制。表 13.4 中的经验数据表明，对于 VLA 测

站，当 $\lambda = 6\text{cm}$（频率为 5GHz）且 $d_{tc} = 1\text{km}$ 时，均方根路径延迟的典型值约为 1mm。6cm 波长对应的 σ_0 值为 6°，当 $v_s = 0.01\,\text{km}\cdot\text{s}^{-1}$ 时，$t_{cyc} < 19\,\text{min}$。这是 VLA 典型条件下的结果。Sramek（1990）研究了同一站点但处于剧烈扰动（Very Turbulent）条件下，1km 射线间距的均方根路径偏差为 7.5mm。这种条件下 6cm 波长的 σ_0 值为 45°，导致 $t_{cyc} < 1.7\,\text{min}$。后一次观测的源仰角不小于 60°，因此低仰角情况下要求的切换时间会更短。Ulvestad（1999）特别推荐了 VLBI 应用的切换时间。

当频率小于～1GHz 时，电离层变成了限制因子，而且运动速度约 100～300m·s^{-1} 且波长高达几百千米的中尺度电离层行波扰动（Medium-Scale Traveling Ionospheric Disturbance，MSTID）会产生很大影响（Hocke and Schlegel，1996）。频率近似在 5～15GHz 范围内，电离层或对流层引起的相位波动最小，在这一频段用相位参考做 VLBI 观测的性能很好。

另外，即使大气相位条件很稳定，随着定标源和目标源切换角度的增加，引入的误差也会增加，因此限制了角度切换范围。Reid 等（2009）及 Reid 和 Honma（2014）验证了 3°相位参考距离的精度是 50μas。

干涉仪几何参数的偏差和不确定性会引入正比于目标源和参考源角间距的残差。一阶近似时，定标源位置偏差会直接传递到目标源的位置估计。这是由于目标源和定标源分隔几度或更小时，可以认为它们的 (u,v) 域坐标相同。然而，有时也有必要进行二阶修正。总条纹相位[见式（12.1）]为 $2\pi D_\lambda \cos\theta$。当目标源位于 θ_t 方向且定标源位于 θ_c 方向时，二者的干涉仪相位之差为

$$\Delta\phi = \phi_t - \phi_c = 2\pi D_\lambda \left(\cos\theta_t - \cos\theta_c\right) \qquad (12.33)$$

由于 $\cos\theta_c \approx \cos\theta_t - \sin\theta_t(\theta_c - \theta_t)$，

$$\Delta\phi \simeq 2\pi D_\lambda \sin\theta_t \theta_{sep} \qquad (12.34)$$

其中 $\theta_{sep} = \theta_t - \theta_c$。

现在我们引入基线误差 ΔD_λ 导致的相位变化效应，二阶相位项定义为

$$\Delta^2\phi \approx 2\pi\Delta D_\lambda \sin\theta_t \theta_{sep} \qquad (12.35)$$

或忽略三角几何因子时，

$$\Delta^2\phi \approx 2\pi\Delta D_\lambda \theta_{sep} \qquad (12.36)$$

这就是影响天体测量精度的相位。因此，基线误差对相位的影响减小到原来的 $1/\theta_{sep}$。相位偏差等效的位置偏差为

$$\Delta\theta \approx \frac{\Delta^2\phi}{2\pi D_\lambda} \approx \frac{\Delta D}{D}\theta_{sep} \qquad (12.37)$$

当 $D = 8000\text{km}$，$\lambda = 4\text{cm}$，$\theta_{sep} = 1°$（0.017rad）时，$D_\lambda = 10^8$，角分辨率为

$\theta_s = 1/D_\lambda = 1\text{mas}$。2cm 的基线误差会导致 3° 的相位误差，对应的角度误差为 9μas。

式（12.37）是评估天体测量精度的大拇指规则（Rule of Thumb，一种经验法则），并且 $\Delta D / D$ 可以理解为基线旋转角度误差或可以用 $c\Delta\tau$ 替代 ΔD，其中 $\Delta\tau$ 可能表征大气延迟误差。

类似地，如果定标源存在位置误差 $\Delta\theta_c$，则由式（12.34），可以推导相位误差为

$$\Delta^2\phi \approx 2\pi D_\lambda \cos\theta_t \Delta\theta_c \theta_{\text{sep}} \tag{12.38}$$

其中我们假设 $\sin\theta_t \approx \sin\theta_c$。同样，忽略三角几何因子可得

$$\Delta^2\phi \approx 2\pi D_\lambda \Delta\theta_c \theta_{\text{sep}} \approx 2\pi \frac{\Delta\theta_c \theta_{\text{sep}}}{\theta_{\text{res}}} \tag{12.39}$$

如果用阵列探测并在图像域做天体测量，则会存在式（12.38）定义的相位误差等于幅度，但阵列中不同基线的余弦因子不同，可以视为均方根相位噪声。当 $\Delta^2\phi \sim 1$ 时，图像质量将严重恶化。在 $D = 8000\text{km}$，$\lambda = 4\text{cm}$，$\theta_{\text{sep}} = 1°$ 条件下，为了满足上述准则，定标源的位置精度要达到约 10mas。均方根相位误差为 1rad 时，点源的可见度降低约 $\exp(-2\phi^2/2) \sim 0.6$。相位误差为 2rad 时，图像将被彻底破坏。相位偏差如式（12.39）时，等效的角度偏差为

$$\Delta\theta \approx \Delta\theta_c \theta_{\text{sep}} \tag{12.40}$$

注意，$\Delta\theta_c$ 与式（12.37）中 $\Delta D / D$ 的作用相同。因此，天体测量精度为 10μas，就要求定标源的位置误差小于等于150μas。基于 (u, v) 域的分析参见附录 12.2。

12.2.4　相位参考（频率）

在毫米波段，用相位参考测量位置变得更加困难，与较低频段相比，毫米波定标源更加微弱且天空分布更加稀疏。另外，毫米波段的相干时间也更短，例如 100GHz 以上频段的相干时间只有几十秒，位置切换定标就要求天线指向快速变化。在这种情况下，对目标源做频率切换是一种重要的定标技术。频率切换的目的是去除与频率成比例的条纹相位效应，例如非色散或延迟恒定的特征。用较低频率（ν_c）测量的相位 ϕ_c 校准较高频率（ν_t）的相位 ϕ_t，可以计算下式的量：

$$\phi = \phi_t - R\phi_c \tag{12.41}$$

其中 R 是频率比 ν_t / ν_c。频率参考可以去除大气和频率标准的效应，但无法去除电离层或其他色散过程的效应。注意，在低频段，双频定标的目标是去除电离

层延迟，且式（12.41）中的 R 要替换为 $1/R$（例如参见 12.6 节和 14.1.3 节）。为了避免处理相位缠绕问题，选择 R 为精确整数通常会比较方便。为说明这一问题，要注意表征对流层增量路径长度的 L 项。此处 $\phi_c = 2\pi \nu_c L / c + 2\pi n_c$ 且 $\phi_t = 2\pi \nu_t L / c + 2\pi n_t$，其中 n_c 和 n_t 均为表征相位缠绕的整数。因此校准的相位为

$$\phi = 2\pi \left(n_c - R n_t \right) \tag{12.42}$$

当 R 为整数时，ϕ 是 2π 的整数倍。Middelberg 等（2005）对这一技术做了早期验证，他们用 14.375GHz 的相位去校准 86.25GHz（$R=6$）的相位。电离层和本地振荡器链路电子漂移导致的残差相位的时间尺度比对流层变化的时间尺度长得多。Rioja 和 Dodson（2011），Rioja 等（2014，2015）及 Jung 等（2011）验证了这种双重切换技术的功效。如果在两个频段上源结构都包含紧致核，如许多 AGN 源，源的不透明效应会导致位置随频率漂移，这可以作为一种重要的物理诊断手段。用频率/位置切换定标可以精确地测量这种漂移。

12.3 地球的时间和运动

我们现在考虑地球转动矢量的幅度和方向变化效应对干涉测量的影响。这些变化会导致源的天球视坐标、天线基线矢量和世界时的变化。地球自转变化可分为以下三类：

（1）由于旋转体的进动和章动，旋转轴的方向会发生变化。由于自转轴方向定义了天球坐标系中的极点位置，因此会导致天球目标的赤经和赤纬变化。

（2）自转轴相对于地球表面的轻微变化，即自转轴与地球表面交点的位置发生变化。这种效应称为极移（Polar Motion）。4.1 节引入 (X, Y, Z) 坐标系定义基线，取地轴方向作为 Z 轴，极移会导致测量的基线矢量变化（但基线长度不变）。极移还会导致世界时发生变化。

（3）大气和地壳效应会使地球转速发生变化，这种变化也会引起世界时的变化。

我们仅简单地介绍这些效应。基于地球物理学视角的详细讨论见 Lambeck（1980）。

12.3.1 进动与章动

太阳、月亮和行星的引力效应会导致非理想球体的地球轨道运动和自转运动的各种扰动。要考虑这些效应，就必须知道因此导致的黄道面和天赤道的变化，黄道面由地球公转轨道面定义，天赤道由地球自转运动定义。太阳和月亮的引力效应造成地球赤道区隆起（四极矩），会导致地轴围绕黄道面极

点的进动。

地球自转矢量相对于其轨道面（黄道面）极点倾斜约为 23.5°。所引起的进动周期约为 26000 年，相当于自转矢量每年运动 $20''$[每年 $2\pi\sin(23.5°)/26000$ 弧度]。由于行星的影响，倾角 23.5° 不是恒定值，但目前仅以每世纪 $47''$ 的速度减小，倾角减小会进一步引入一个进动分量。日月和行星的进动效应以及较小的相对论性进动统称为总岁差（General Precession）。进动会导致黄道面与天赤道的交线产生运动。交线被称为交点线，定义了春分点、秋分点和零度赤经，并以每年 $50''$ 的速率进动。此外，时变的日月引力效应还会引起地轴的章动，章动周期约为 18.6 年，章动总幅度约为 $9''$。黄道面与赤道面的主要扰动如上所述，但也存在其他较小的效应。计算位置变化的总精度优于 1mas（Herring et al.，1985）。进动的表达式参见 Lieske 等（1977），章动的表达式参见 Wahr（1981）。推导过程参见球面天文学相关文献，如 Woolard 和 Clemence（1966），Taff（1981）和 Seidelmann（1992）等。

由于进度和章动引起天球坐标变化，低赤纬目标的坐标变化最大可达每年 $50''$，无论是否做天体测量，几乎所有观测工作者都必须考虑这些效应。因此，星表中的天体位置要还原到 B1900.0、B1950.0 或 J2000.0 标准纪元坐标。这些日期表征贝塞尔年或儒略（Julian，J）年的岁首，分别用字母 B 和 J 表示。天体位置相对于特定纪元的平赤道和平春分点定义，其中"平"（Mean）指代考虑总岁差的赤道和交点，但不包括章动的影响。Seidelmann（1992）进一步解释了标准纪元和纪元之间的转换。此外，还要修正视偏差，即有限光速和观测者运动引入的视位置移动。视偏差包括两个分量，一是地球轨道运动产生的周年视偏差，最大值约为 $20''$；二是地球自转产生的周日视偏差，最大值为 $0.3''$。VLBI 数据还原中的钝化基线概念（9.3 节）就是考虑了周日视偏差。对于较近的恒星，还要修正其自行运动（即恒星在空间中的实际运动），在某些情况下，还需要修正地球沿轨道位置变化引起的视差（见 12.5 节）。射电技术，特别是 VLBI 改良了经典表达式和参数。以极高精度测量位置时，还必须考虑太阳引力场对电磁波的弯曲效应（见 12.6 节）。

12.3.2　极移

极移（Polar Motion）这一术语指代地球自转极点（即地理极点）相对于地壳的变化。极移导致了不同于进动和其他运动的天极运动分量。极移主要（但不完全）是地球物理原点的运动。地理极点围绕地球形状极点的运动是不规则的，但 20 世纪这两个极点游走了 $0.5''$，或在地球表面游走了 15m。一年内形状极点的典型运动为 6m 或更少。极移可以解析为几个分量，一些分量是规则运动，一些是高度不规则的，且并不是所有分量都能认知。两个主要分量的周期分别为 12 个月和 14 个月，周期为 12 个月的分量是水体和大气角动量的周年重分配引入的受迫运动，不具有任何简谐性。周期为 14 个月的分量被称为钱德勒摆动（Chandler，1891），是一种未知力驱动的谐频运动。详细介绍参见 Wahr（1996）。

自转极点的运动可以用 x 和 y 方向的角度或距离来测量，如图 12.2 所示。(x,y) 原点是 1900～1905 年的平均极点，被称为国际协议原点（Conventional International Origin，CIO），x 轴位于格林尼治子午面内（Markowitz and Guinot，1968）。因为极移是一种很小的角效应，成像观测时通常忽略，特别是在定标源距离成像视场中心只有几度的情况下。

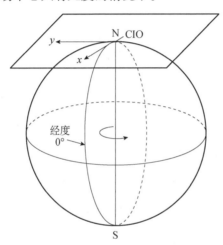

图 12.2　极移测量坐标系。x 轴在格林尼治子午面内，y 轴向西旋转 90°，
CIO 是国际协议原点

12.3.3　世界时

像地球运动一样，基于地球自转的定时系统也是个复杂的主题，详细讨论可参见 Smith（1972）或上述讨论进动和章动的相关内容。这里只简要综述一些重点内容。太阳时（Solar Time）是用地球相对太阳的运动定义的。实际上恒星是更易于测量的目标，因此太阳时是通过测量恒星转动来推导的。测量太阳时要修正进动、章动和其他因素导致的恒星或射电源位置变化，且测量的时间只依赖于地球角速度和极移。这些测量转换成太阳时即为世界时（Universal Time，UT），称为 UT0；由于极移的影响，这并不是真正的"世界"时，受天文台所在位置的影响，最大误差约为 35ms。对 UT0 进行极移修正后，得到的时间被称为 UT1。UT1 是地球相对固定天球目标转动的测度，因此 UT1 是天文观

测，包括干涉测量分析、导航和巡天观测所需的时间格式。尽管如此，UT1 仍然包含地球转动速率微小变化的效应，转动速率变化主要归因于地球物理效应，例如地表和大气中水分布的季节性变化。一年周期内日长度的典型波动约为 1ms。为了给出更均匀的时间测度，从 UT1 中尝试去除了季节性变化并得到 UT2。UT2 很少被使用。UT1 和 UT2 都包含地球转速缓慢减小的效应。这种效应使得 UT1/UT2 的日长度比国际原子时（International Atomic Time，IAT）略长，IAT 是基于铯谱线频率定义的（见 9.5.4 节）。IAT 秒是另一种 UT 形式的基础，即协调世界时（Coordinated Universal Time，UTC），UTC 与 IAT 的偏差满足 $|\text{UT1}-\text{UTC}|<1\text{s}$。根据需要，在一年中的某几天在 UTC 插入 1s（Leap Second，闰秒）来维护上述关系。

许多天文台实际上只用原子频标维护 UTC 或 IAT，然后用发布的 $\Delta\text{UT1}=\text{UT1}-\text{UTC}$ 来获取 UT1。由于 ΔUT1 是测量值而非计算值，理论上只能事后确定。但是，外推 1~2 个星期的预测精度可能是令人满意的，因此可以实时应用 UT1。ΔUT1 值可以从国际时间局（Bureau International de L'Heure，BLH）和美国海军天文台获取，为了协调国际授时，巴黎天文台在 1912 年成立了国际时间局。从这些机构可以获取适合时间外插的快速服务数据。

12.3.4　极移测量和 UT1

测量极移和 UT1 的传统光学方法是测量位置已知的恒星穿越子午面的时间。要确定全部三个参数（x，y，ΔUT1），就必须在不同经度观测不同赤纬的恒星。20 世纪 70 年代，射电干涉显然已经可以执行这种天体测量任务（McCarthy and Pilkington，1979）。

对这类测量，我们用 4.1 节的 (X,Y,Z) 坐标系定义干涉仪基线分量，旋转坐标系使 X 轴位于本初子午面而不是本地子午面。令 ΔX、ΔY 和 ΔY 为极移 (x,y) 引入的额基线分量的变化，并令时间变化（UT1-UTC）对应的极移为 Θ 弧度。然后可写下式：

$$\begin{bmatrix} \Delta X \\ \Delta Y \\ \Delta Z \end{bmatrix} = \begin{bmatrix} 0 & -\Theta & x \\ \Theta & 0 & -y \\ -x & y & 0 \end{bmatrix} \begin{bmatrix} X \\ Y \\ Z \end{bmatrix} \qquad (12.43)$$

式中的方矩阵是小角度转动条件下的三维旋转矩阵。Θ、x 和 y 分别是相对于 Z、Y 和 X 轴的旋转角。从式（12.43）可得

$$\begin{aligned} \Delta X &= -\Theta Y + xZ \\ \Delta Y &= \Theta X - yZ \\ \Delta Z &= -xX + yY \end{aligned} \qquad (12.44)$$

　　因此，如果我们周期地观测一些源并确定基线参数的变化量，就可以用式（12.44）确定 UT1 和极移。用一条东西向基线（ $Z=0$ ）的干涉仪，可以确定角 Θ 但不能区分 x 和 y 的影响。位于格林尼治子午线的东西向基线干涉仪（ $X=Z=0$ ）可以测量 Θ 和 y ，但不能测量 x 。如果基线有南北向分量（ $Z\neq0$ ），我们仍然可以测量 y ，但不能区分 Θ 和 x 的影响。总之，我们不能用一条基线测量所有三个参数，这是由于只需要两个参数就能够定义一个方向。适于完整求解三个参数的系统可以是经度相差约 90° 的两个东西向干涉仪，或者是非共线的三元干涉仪。用 VLBI 测量极点的例子参见图 12.3。全球定位系统（Global Positioning System，GPS）也可以用于测量极点位置［例如参见（Herring，1999）］。

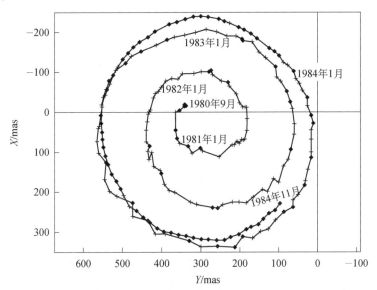

图 12.3　用 VLBI 确定的极点位置。菱形符代表用三个或更多测站进行观测，能够确定极点的两个坐标。十字符代表只用一条基线，因此只能测量极点的 x 分量，对应的 y 分量是 BLH 发布的。注意，图中 100mas 对应于 3.2m。引自 Carter 等（1985），© John Wiley & Sons

　　上面介绍的方法适用于相位可以校准的单元互连型干涉仪观测，也适用于带宽很大、能够精确测量群延迟的 VLBI 观测。用 VLBI 确定日长度的例子如图 12.4。数据表明日长度变化约 2ms，这由南北半球的陆地质量不同，地球和大气之间发生的角动量交换所致，例如参见（Paek and Huang，2012）。其长期变化趋势被认为是地核和地幔之间的角动量交换所致。从数据中还能看出厄尔尼诺事件（El Niño Events）的影响（Gipson and Ma，1999）。用 VLBI、卫星激光测距，以及 BLH 对标准天体测量数据比较几种方法确定的 UT1 和极移，参见

Robertson 等（1983）和 Carter 等（1984）。

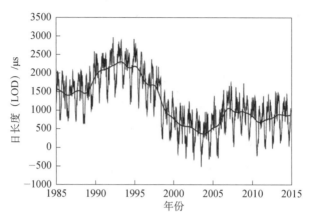

图 12.4　用 VLBI 在 1980～2015 年测量的日长度（Length of Day，LOD）与标准日长度 86400s 的相对变化。数据去除了月球潮汐效应。典型测量精度为 20μs，对应于赤道上 2mm 距离。图中粗实线所示为两年（三角加权）滑动平均的 LOD 数据。数据由 NASA/GSFC 的 John Gipson 提供

VLBI 是研究很多地球动力学现象的独特工具。例如，估计自由核章动的周期和幅度（Krásná et al.，2013）。

12.4　大 地 测 量

某些地球物理现象，例如固体潮（Earth Tide）（Melchior，1978）和板块运动（Plate Motion）会导致 VLBI 系统的基线矢量发生变化。基线长度变化显然是由这些现象导致的，而极移和自转的变化也会导致基线方向变化。板块运动影响的幅度为每年 1～10cm 量级，固体潮影响为（每天）30cm。因此可以用 VLBI 技术测量这些效应。Shapiro 等（1974）首次探测到固体地球潮，Herring 等（1983）报道了更精细的测量结果。除固体潮外，水体的潮汐移动会导致陆地质量的位移[称之为海洋负荷（Ocean Loading）]也是可测量的。现代板块运动理论最早的证据是 Herring 等（1986）发现的，他们基于 1980～1984 年的数据，发现马萨诸塞州 Westford 测站与瑞典 Onsala 测站的基线长度每年增加了 (17±2)mm。Westford-Onsala 基线的大量测量数据如图 12.5 所示。VLB 大地测量应用的综述见 Shapiro（1976），Counselman（1976），Clark 等（1985），Carter 和 Robertson（1993）及 Sovers 等（1998）。

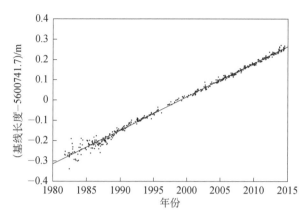

图 12.5 马萨诸塞州 Westford 测站与瑞典 Onsala 测站之间的基线长度，数据包含了 1981～2015 年的 499 次 VLBI 观测。近期的典型测量误差小于 1mm。数据拟合的直线斜率为 (16.34±0.04)mm/a。基线长度数据的短期系统趋势分析参见 Titov（2002）。有关数据引自国际 VLBI 测地和天体测量服务网站（http：//ivscc.gsfc.nasa.gov/products-data）

12.5 自行与视差测量

由于地球围绕太阳的周年运动，临近恒星或射电源的位置会相对于遥远的背景变化。这种效应被称为周年视差（Annual Parallax）。基于这种效应，可以用传统的三角测量法测定距离，Bessel（1838）首次用光学观测天鹅座 61 恒星验证了这种方法。视差角 Π 定义为天体视在位置年变化量的一半。用简单的小角度三角几何方法可得目标距离为

$$D = \frac{1}{\Pi} \tag{12.45}$$

视差角为 1″ 的天体到地球的距离定义为 1 秒差距（parsec）。因此，1 秒差距等于 206265（一弧度内的角秒数）乘以日地距离[天文单位（Astronomical Unit，AU）]，或 $3.1×10^{18}$cm。测量行星和飞行器的距离可以确定 AU，AU 被称为宇宙距离阶梯（Cosmic Distance Ladder）的第一级。AU 等于 $1.4959787070000×10^{13}$cm，精度约为 $1/(5×10^{10})$（Pitjeva and Standish，2009）。临近天体的本征运动也是可测的。本征运动被称为自行运动（Proper Motion）。精密的 VLBI 天文测量已经极大地拓展了自行运动和视差的可测距离。如果视差测量精度为 σ_Π，对式（12.45）做差分 $\Delta D = \Pi^{-2}\Delta\Pi$ 可以得到距离测量的不确定度为 $\sigma_D = D^2\sigma_\Pi$。因此，相对距离精度为

$$\left(\frac{\sigma_D}{D}\right) = D\sigma_\Pi \tag{12.46}$$

上式给出一个重要结论：如果位置精度保持不变，相对距离精度随距离增加而变差。因此，要求相对距离测量精度为 10%时，$\sigma_\Pi = 0.01″$（地面光学测量）可

以测量的目标距离为 10pc；$\sigma_\Pi = 1\text{ms}$（伊巴谷卫星）可以测量的目标距离为 100pc；$\sigma_\Pi = 10\mu\text{as}$（VLBI）可以测量的目标距离为 10^4pc。

视差测量精度优于 10%，即 $\sigma_\Pi / \Pi < 0.1$ 时，距离估计 $D = \dfrac{1}{\Pi} \pm \dfrac{\sigma_\Pi}{\Pi^2}$ 本质上是无偏估计。当测量精度较低时，情况会复杂得多。如果视差测量的概率分布为

$$p(\Pi) = \frac{1}{\sqrt{2\pi}\sigma_\Pi} e^{-\frac{(\Pi - \Pi_0)^2}{2\sigma_\Pi^2}} \qquad (12.47)$$

其中 Π_0 是未知的真视差，则 D 的概率分布函数 $p(D) = p(\Pi)\left|\dfrac{\mathrm{d}\Pi}{\mathrm{d}D}\right|$ 等于

$$p(D) = \frac{1}{\sqrt{2\pi}\sigma_\Pi} \frac{1}{D^2} e^{-\frac{\left(\frac{1}{D} - \Pi_0\right)^2}{2\sigma_\Pi^2}} \qquad (12.48)$$

随着 σ_Π / Π 增大，$p(D)$ 变得越来越不对称，D 值很大时会出现很长的拖尾。式（12.47）关于 $D = \dfrac{1}{\Pi}$ 做泰勒展开，可以计算 D（即 $\dfrac{1}{\Pi}$）的期望值，

$$\langle D \rangle \approx \frac{1}{\Pi_0}\left[1 + \frac{\sigma_\Pi^2}{\Pi_0^2}\right] \qquad (12.49)$$

对于单点源情况，一种可接受的策略是对位置–时间数据做马尔可夫链蒙特卡罗（Markov Chain Monte Carlo，MCMC）分析，将 D 作为一个参数并用适当的先验分布来估计最终分布 $p(D)$。低信噪比条件下，视差分析存在的困难包括 Lutz-Kelker 效应（Lutz and Kelker，1973），Bailer-Jones（2015）及 Verbiest 和 Lorimer（2014）对此做了讨论。

用视差法已经测量了很多脉冲星（Verbiest et al.，2010，2012）。视差测量结果可以与色散测量和星系电子密度模型等间接估计结果做比较。用脉冲星时序测量来探测引力辐射时，精确的视差测量可能会发挥重要作用［参见（Madison et al.，2013）］。到脉冲星 PSR J2222-0137 的距离测定为 $267.3^{+1.2}_{-0.9}$pc，精度为 0.4%（Deller et al.，2013）。

恒星 IM Peg 的射电辐射是可检测到的，可以作为 VLBI 精确视差测量的例子（Bartel et al.，2015）。在 6 年内的 39 个不同时期对该恒星的位置进行了精确测量，因此可以用作物理试验引力探针 B 计划（Gravity Probe B）的导星（Everitt et al.，2011）。图 12.6 给出了该射电星的位置。位置漂移主要受自行运动影响。如果将自行运动建模为恒定的速度矢量并去除，可以容易地看出年视差，如图 12.7 所示。

表明 VLBI 视差测量能力稳定提高的范例是对猎户星云（Orion Nebula）的研究，猎户星云是天文学中极其重要的星系目标。表 12.1 给出在很宽频率范围内对各类连续谱和谱线源的测量结果，获取的距离精度达到 1.5%。这相当于视差精度［式（12.46）］30μas。

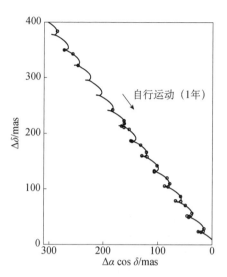

图 12.6　从 1991 至 2005 年，用 VLBI 对射电星 IM Peg 进行了 39 次位置测量。齿状结构展示了年视差效应，并叠加在较大的自行运动上，自行运动约为 $34\text{mas} \cdot \text{a}^{-1}$（用箭头表示）。引自 Ratner 等（2012）经©AAS. 允许复制

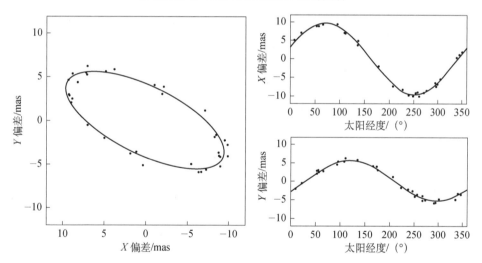

图 12.7　（左图）去除自行和轨道运动后 IM Peg 的运动。视差角 Π 是椭圆的半长轴。（右图）赤纬（上图）和赤经（下图）相对于太阳经度的变化。图中数据引自 Ratner 等（2012）

表 12.1　VLBI 测量的猎户星云视差距离 [a]

视差法 [b]	阵列	源类型 [c]	测量次数	频率/GHz	距离/pc	参考文献
扩展视差	VLBI[d]	H_2O	5	22	480 ± 80	Genzel 等（1981）
年度视差	VLBA	YSO	5	15	389 ± 24	Sandstrom 等（2007）
年度视差	VERA	H_2O	16	22	437 ± 19	Hirota 等（2007）

续表

视差法[b]	阵列	源类型[c]	测量次数	频率/GHz	距离/pc	参考文献
年度视差	VLBA	YSO	4	8	414 ± 7	Menten 等（2007）
年度视差	VERA	SiO	7	43	418 ± 6	Kim 等（2008）
年度视差	VLBA	YSO	5	5	383 ± 5	Kounkel 等（2016）

　　a 研究中使用的所有源都位于猎户星云团（ONC）$\pm 10''$ 范围内，或投影距离 2pc 以内。1980 年前测量的距离在 300～540pc，伊巴谷卫星测量的一颗恒星的距离为 361^{+168}_{-87} pc（Bertout et al.，1999）。

　　b 扩展视差法使用了 21 个脉泽分量的内对称扩张模型。

　　c H_2O=水汽脉泽；YSO=GMR 星表中初期恒星体的非热辐射（Garay et al.，1987）；SiO=一氧化硅脉泽。

　　d 临时构建的四站 VLBI 阵列。

　　还有其他一些值得关注的视差测量例子。Melis 等（2014）用 VLBI 测量的昂宿星团（Pleiades Cluster）的距离为 (136.2 ± 1.2)pc，解决了其距离估计长期不一致的问题。VLBI 还用于探测银心射电源 Sgr A^*相对于河外背景的视运动，视运动是由银河系的旋转产生的。图 12.8 给出结果。这些数据以及 VLBA、VERA 和 EVN 对一百多个脉泽源的视差测量给出的银河系结构参数为 $R_0 = (8.34 \pm 0.16)$pc 及 $\theta_0 = (240 \pm 8)$km·s^{-1}（Reid et al.，2014）。

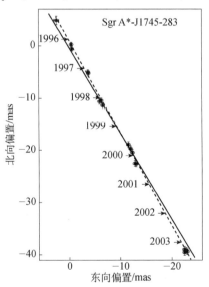

图 12.8　用 VLBA 在 43GHz 的八年观测数据测量的银心射电源 Sgr A^*相对于河外星系定标源 J1745-283 的视位置。环绕测量点的椭圆表示 Sgr A^*的散射展宽尺寸（图 14.10）。图中还给出了 1σ 误差棒。虚线是方差加权数据的最小二乘拟合，实线给出银盘的方向。由于太阳距离银心 (8 ± 0.5)kpc 且围绕银心运动速度为 (241 ± 15)km·s^{-1}，Sgr A^*几乎完全是沿银经运动。Sgr A^* 的运动残差比投影距离在 0.02pc 范围内的恒星运动残差小了近两个数量级。这些恒星的运动暗示在 Sgr A^*附近 0.02 pc 范围内包含了 $4.1 \times 10^6 M_\odot$ 的物质，没有检测到 Sgr A^*自身的运动暗示至少有 $10^3 M_\odot$ 的物质是与射电源 Sgr A^*相关的。与 VLA 测量的比较研究参见 Backer 和 Sramek（1999）。引自 Reid 和 Brunthaler（2004）. © AAS 许可复制

12.6　太阳引力弯曲

广义相对论（General Relativity, GR）的参数化后牛顿（PPN）方法中用参数 γ 来描述电磁辐射经过大质量物体被弯曲的现象，一般表示为，例如参见（Misner et al., 1973；Will, 1993）

$$\Delta = (1+\gamma)\frac{GM}{pc^2}(1+\cos\epsilon) \qquad (12.50)$$

其中 G 是引力常数。M 是扰动天体的质量，这里是太阳的质量；p 是影响因子（未受扰动的射线距离太阳的最近点）；ϵ 是太阳距角（观测者看到的源方向和太阳方向的夹角）。源无穷远时式（12.50）成立。这种参数化反映了牛顿物理学预测的弯曲恰好是广义相对论预测值的一半，即广义相对论预测 $\gamma=1$，牛顿物理学预测 $\gamma=0$。GM/c^2 被称为引力半径（Gravitational Radius），太阳的引力半径为 1.48km。射线路径非常接近太阳时 $\epsilon \ll 1$，式（12.50）可以近似为

$$\Delta\epsilon = (1+\gamma)\frac{2GM}{pc^2} \qquad (12.51)$$

当射线擦过太阳表面时，$p = r_0$（对应于 $\epsilon=0.267°$）且 r_0 是太阳半径，则弯曲角等于1.75″。

由于 $p = R_0\sin\epsilon$，其中 R_0 是日地距离，可以改写式（12.50）以消除 p。经过一些三角变换后，弯曲角可以表示为

$$\Delta\epsilon = (1+\gamma)\frac{GM}{R_0c^2}\sqrt{\frac{1+\cos\epsilon}{1-\cos\epsilon}} \qquad (12.52)$$

如图 12.9 所示，$\Delta\epsilon$ 随 ϵ 单调递减，当 $\gamma=1$，$\epsilon=90°$ 时 $\Delta\epsilon$ 等于 4.07mas；$\epsilon=150°$ 时 $\Delta\epsilon$ 等于 1mas；$\epsilon=180°$ 时 $\Delta\epsilon$ 等于 0。此外，$\epsilon=90°$ 附近且角度差为 1° 的两个源，其相对位置会偏移70μas。

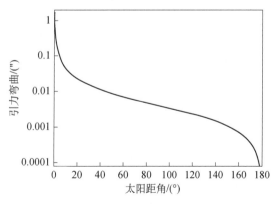

图12.9　距角为 α 的射电波经过太阳附近时产生的引力弯曲 $\Delta\alpha$，由式（12.52）且 $\gamma=1$ 计算

　　Shapiro（1967）首先提出观测太阳附近的射电波弯曲来验证广义相对论。这仅是 1919 年爱丁顿进行的著名光学试验（Dyson et al., 1920）的射电版。长期以来，射电天文试验都基于对 3C279 和 3C273 两个源的观测，二者相距约 10°，且每年 10 月角度都会短时接近太阳。实际上，3C279 会在 10 月 8 日被太阳遮掩。测量这些源相对位置的变化可以估计 γ。这种测量的挑战是要克服太阳周围的等离子体效应，即离太阳越远影响越小，且与 λ^2 成比例的日冕和太阳风效应（见 14.3.1 节）。注意，太阳等离子体导致的射线弯曲与 GR 导致的射线弯曲符号相反，即等离子体弯曲使源看起来离太阳更近，而 GR 弯曲使源看起来离太阳更远。

　　第一次射电干涉试验是在 1969 年源接近太阳时实施的，一次试验是用欧文斯山谷射电天文台（OVRO）的两个天线构成干涉仪，观测频率 9.1GHz，基线长度 1.4km；另一次试验用了 JPL（喷气推进实验室）Goldstone 的设施，观测频率 2.4GHz，基线长度 21km。两个团队都用两个幂指数分量对太阳等离子体建模，并由观测数据估计幅度参数（见 14.3.1 节）。两组试验的结果以约 30% 的精度验证 GR，其中 JPL 仪器具有基线长、分辨率高的优势，而 OVRO 设备具有较高的观测频率。随着设备灵敏度提高，技术更加精密，这种试验又重复进行了多次，结果如表 12.2。第一次 VLBI 试验由 Counselman 等（1974）发表，试验使用了 Haystack 和 NRAO 之间的 845km 基线。每个测站都用两部天线构成两个相干干涉仪，以同时跟踪两个源。

　　另一个主要技术进步是使用双频观测。这样可以通过 ν_1 和 ν_2 两个频率测量的相位 ϕ_1 和 ϕ_2 来观测相位（或延迟），

$$\phi_c = \phi_2 - \left(\frac{\nu_1}{\nu_2}\right)\phi_1 \tag{12.53}$$

用上式基本可以去除太阳等离子体（和电离层）的色散效应（见 14.1.3 节）。迄今为止，3C279/3C273 观测试验的最佳结果是由 VLBA 在 15GHz、23GHz 和 43GHz 观测得出的 $\gamma = 0.9998 \pm 0.0003$（Fomalont et al., 2009）。需要注意的是，这一结果主要是由 43GHz 频段数据得出的，这一频段的等离子体效应被极大地削弱。未来还要做各种改进，有望将观测精度提高四倍（即相对精度优于 $1/10^4$）。

　　此外，巨型的 VLBI 大地测量数据库也用于估计 γ，结果如表 12.2 所示。Lambert 和 Le PoncinLafitte（2011）用 5055 次观测任务（1979～2010 年）对 3706 个源的 700 万次延迟进行了分析。后处理拟合延迟残差为 23ps，$\gamma = 0.9992 \pm 0.0001$。随着测地数据的持续积累，未来将会获得更优的结果。迄今为止，卡西尼卫星 2002 年路过太阳时，分析其跟踪延迟残差获得的结果最好，$\gamma = 1.000021 \pm 0.000023$（Bertotti et al., 2003）。

表 12.2　基于射电干涉测量太阳引力弯曲

设备	测量量[a]	基线/km	频率/GHz	年代	γ	参考文献
				3C279/3C273		
OVRO	P	1.1	9.6	1969[b]	1.01±0.24[c]	Seielstad 等（1970）
JPL	P	21.5	2.4	1969	1.08±0.30[c]	Muhleman 等（1970）
Green Bank	P	2.7	2.7/8.1	1970	0.80±0.1[c,d]	Sramek（1971）
Cambridge	P	1.4	2.7/5	1970	1.03±0.034[c]	Hill（1971）
Green Bank	P	27	2.7/8.1	1971	0.94±0.16[c]	Sramek（1974）
Cambridge	P	5	5	1972	1.02±0.16[c]	Riley（1973）
WSRT[e]	P	1.4	5	1972	0.98±0.10[c]	Weiler 等（1974）
Haystack/Green Bank[f]	P	845	8.1	1972	0.98±0.06	Counselman 等（1974）
WSRT[e]	P	1.4	1.4/5	1973	1.02±0.066	Weiler 等（1975）
Green Bank	P	35	2.7/8.1	1974/5	1.003±0.018	Fomalont 和 Sramek（1976，1977）
Haystack/OVRO	D	3930	2.4/8.6/23	1987	0.9996±0.0017	Lebach 等（1995）
VLBA[g]	P	8610	15/23/43	2005	0.9998±0.00030	Fomalont 等（2009）
				0116+08/0111+02		
Green Bank	P	35	2.7/8.1	1974	1.030±0.022	Fomalont 和 Sramek（1975）
				全天大地测量数据库		
IVS	D	10000	2.4/8.6	1979~1990	1.000±0.002	Robertson 等（1991）
IVS	D	10000	2.4/8.6	1979~1999	0.9998±0.0004	Shapiro 等（2004）
IVS	D	10000	2.4/8.6	1979~2010	0.9992±0.00012	Lambert 和 Le Poncin-Lafitte（2011）

a P=相位；D=群延迟。

b 典型的 10 天试验，3C279 最接近太阳时做包围式曝光。

c 这些试验报道的结果表征为 $\gamma' =$（观测的弯曲）/（广义相对论预测的弯曲）$=(\gamma+1)/2$。本表中所有结果以 γ 表征。注意 $\sigma_\gamma = 2\sigma_{\gamma'}$。

d 误差由 Sramek（1974）更新。

e 拆分并列以保证同时跟踪 3C273 和 3C279。

f 首次 VLBI 测量。每个测站用两站天线同时跟踪 3C273 和 3C279。

g 3C279 和另外三个源。

12.7　天体脉泽成像

在新恒星形成区、快速演化恒星区和活动星系核（AGN）的吸积盘中，脉泽过程会产生 H_2O 和 OH 等分子的射电辐射。辐射频谱通常很复杂，由于气体云运动的视向速度不同，会包括许多谱线特征或分量。强脉泽源图像揭示了上百个亮度高达 10^{15}K、角尺寸小至 10^{-4} 角秒、流量密度高达 10^6Jy 的紧致分量。通常这些紧致分量分布在直径几角秒的区域内，多普勒速度在 $10\sim300$km·s^{-1} 范围（H_2O 脉泽跃迁的 22GH 线红移至 $0.7\sim200$MHz）。独立特征的线宽约为1km·s^{-1} 或更窄（22GHz 的线宽为 74kHz）。Reid 和 Moran（1988），Elitzur（1992）和 Gray（2012）讨论了脉泽的物理机制及特征。由于带宽与谱线分辨率之比很大（$10^2\sim10^4$），处理和分析脉泽数据需要使用大型相关器系统。由于视场与空间分辨率之比很大（$10^2\sim10^4$），还需要使用庞大的图像处理系统。举个极端例子，W49 在 $3''$ 内分布着数百个 H_2O 脉泽特征（Gwinn et al.，1992）。如果以 10^{-3} 角秒分辨率、每个分辨间隔 3 个像素对该源完整成像，就要生成 600 幅图像，每幅图像至少包含 10^8 个像素。但是，图像的大多数像元不包含辐射信息。因此，通常的处理过程是用条纹频率分析粗略测量特征的位置，然后用傅里叶综合技术对这些位置做小视场成像。用条纹频率分析成像的例子参见 Walker 等（1982）；用相位分析成像的例子参见 Genzel 等（1981）及 Norris 和 Booth（1981）；用傅里叶综合成像的例子参见 Reid 等（1980），Norris 等（1982）及 Boboltz 等（1997）。我们将简要讨论脉泽成像的一些技术及其精度。注意，由于脉泽谱线带宽很窄，不能用几何（群）延迟做准确测量。

在脉泽成像中，我们必须明确考虑条纹可见度的频率依赖性。我们假设脉泽源是由一定数量的点源组成的。此外，我们假设是用 VLBI 系统进行测量，并需要将射频通道变频到一个基带通道。利用式（9.28），我们可以将一个频率为 ν 的脉泽分量的残差条纹相位写为

$$\Delta\phi(\nu) = 2\pi\left[\nu\Delta\tau_g(\nu) + (\nu - \nu_{LO})\tau_e + \nu\tau_{at}\right] + \phi_{in} + 2\pi n \qquad (12.54)$$

其中 τ_e 是时钟偏差导致的相对延迟误差；τ_{at} 是大气延迟之差；$\Delta\tau_g(\nu)$ 是源的真几何延迟 τ_g 与期望的（参考）延迟之差；ν_{LO} 是本振频率；ϕ_{in} 是包括本振频差在内的设备相位，是时间的快变函数；$2\pi n$ 代表相位模糊。通常，可以找到一个只包含一个不可分辨脉泽分量的频率，可以用这个脉泽分量作为相位参考。使用脉泽参考是所有脉泽分析的基础，可以保证图像中脉泽分量的相对位置精度很高。频率为 ν 的脉泽特征与频率为 ν_R 的参考特征的残差条纹相位之差为

$$\Delta^2\phi(\nu) = \Delta\phi(\nu) - \Delta\phi(\nu_R) \qquad (12.55)$$

将式（12.54）代入上式可得

$$\Delta^2\phi(v) = 2\pi\left\{v\left[\tau_g(v) - \tau_g(v_R)\right]\right.$$
$$\left. + (v - v_R)\left[\tau_g(v_R) - \tau_g'(v_R)\right] + (v - v_R)\left[\tau_e + \tau_{at}\right]\right\} \qquad （12.56）$$

其中 $\tau_g'(v_R)$ 是参考特征的期望延迟；$\tau_g(v_R)$ 是真延迟。在式（12.56）中，频率无关项 ϕ_{in} 和 $2\pi n$ 互相对消。但是，式（12.56）包含与待测特征和参考特征频率之差成正比的残差项。这是由于式（12.55）中不同频率相位的相减。遵循式（12.7）的标记法，即 Δ 项=（假设值）−（真值）的习惯，我们将式（12.56）写为

$$\Delta^2\phi(v) = \frac{2\pi v}{c}\boldsymbol{D}\cdot\Delta\boldsymbol{s}_{vR} - \frac{2\pi v}{c}\Delta\boldsymbol{D}\cdot\Delta\boldsymbol{s}_{vR}$$
$$- \frac{2\pi}{c}\left[(v - v_R)(\Delta\boldsymbol{D}\cdot\boldsymbol{s}_R + \boldsymbol{D}\cdot\Delta\boldsymbol{s}_R)\right] + 2\pi(v - v_R)(\tau_e + \tau_{at}) \qquad （12.57）$$

其中 $\boldsymbol{D}$ 是假设的基线；$\Delta\boldsymbol{D}$ 是基线误差；$\boldsymbol{s}_R$ 是参考特征的假定位置；$\Delta\boldsymbol{s}_R$ 是参考特征的位置误差。$\Delta\boldsymbol{s}_{vR}$ 是频率为 v 的特征与参考特征的间距矢量，因此频率为 v 的特征的实际位置为 $\boldsymbol{s}_R - \Delta\boldsymbol{s}_R + \Delta\boldsymbol{s}_{vR}$。

由式（12.57）右侧第一项可以确定被测特征与参考特征的相对位置，是希望得到的量，其余项分别表征基线、源位置、时钟偏差和大气延迟等不确定性引入的相位误差。将相位误差除以 $c/2\pi vD$，可以近似转换为角度误差。例如，基线分量的 0.3m 误差会给式（12.57）中的 $\Delta\boldsymbol{D}\cdot\boldsymbol{s}_R$ 项带来约 1ns 的延迟误差，为相差 1MHz 的特征带来 10^{-3} 周期的相位误差。这一误差相当于 2500km 基线在 22GHz 的标称误差是 10^{-6} 角秒，这一误差条件下的条纹间距是 10^{-3} 角秒。同样，1ns 的时钟或大气误差也会导致同样大的位置误差。同样的基线误差还会为 $\Delta\boldsymbol{D}\cdot\Delta\boldsymbol{s}_{vR}$ 项带来额外的位置误差，脉泽特征的间距每增加 1 角秒，误差增加 10^{-7} 角秒。Genzel 等（1981）深入讨论了这种定标方法引入的成像误差。

另一种条纹相位定标方法是对参考特征的相位按比例变换到待定标特征的频率。即

$$\Delta^2\phi(v) = \Delta\phi(v) - \Delta\phi(v_R)\frac{v}{v_R} \qquad （12.58）$$

由于上式不包含与 $v - v_R$ 成比例的误差项，这种定标方法比式（12.55）更准确。但是，这种方法增加了与相位模糊和设备相位有关的附加项。因此，只有能够精细跟踪条纹相位、避免引入相位模糊时，才能应用这种定标方法。

与相位数据相比，用条纹频率数据成图的精度和灵敏度较差。假设干涉仪定标良好。频率为 v 的特征与参考特征的条纹频率之差，即差分条纹频率可以写为［由式（12.20）］

$$\Delta^2 v_f(v) \approx \dot{u}\Delta\alpha'(v) + \dot{v}\Delta\delta(v) \qquad （12.59）$$

其中 $\dot{u}$ 和 $\dot{v}$ 分别是基线投影分量的时间导数；$\Delta\alpha'(v)$ 和 $\Delta\delta(v)$ 分别是与参考特征的坐标偏差，且 $\Delta\alpha'(v) = \Delta\alpha(v)\cos\delta$。用式（12.59）拟合一组在不同时角测量的条纹频率可以获取脉泽特征的相对位置。Moran 等（1968）对 OH 脉泽成图时首次使用了这项技术。条纹频率测量误差随 $\tau^{3/2}$ 减小[见式（A12.27）]，其中 τ 是观测时长，但由于 $\ddot{u}$ 和 $\ddot{v}$ 不等于零，τ 值很大时差分条纹频率 $\Delta^2 v_\mathrm{f}(v)$ 并不是常数。因此，能用条纹频率测量精确成图的视场范围是有限的。令均方根条纹频率误差[式（A12.27）]等于 τ 乘以差分条纹频率的时间导数，可以估计视场范围。所以，对于东西向基线

$$D_\lambda \omega_\mathrm{e}^2 \Delta\theta\tau\cos\theta \approx \sqrt{\frac{3}{2\pi^2}}\left(\frac{T_\mathrm{S}}{T_\mathrm{A}}\right)\frac{1}{\sqrt{\Delta v\tau^3}} \qquad (12.60)$$

其中 $\Delta\theta$ 是视场范围。当 $\sqrt{2\pi^2/3}\cos\theta \approx 1$ 时，视场为

$$\Delta\theta \approx \frac{T_\mathrm{S}}{D_\lambda T_\mathrm{A}\omega_\mathrm{e}^2\tau^2\sqrt{\Delta v\tau}} \qquad (12.61)$$

或

$$\Delta\theta \approx \frac{1}{\mathcal{R}_\mathrm{sn}D_\lambda\omega_\mathrm{e}^2\tau^2} \qquad (12.62)$$

其中 $\mathcal{R}_\mathrm{sn}$ 是信噪比。设 $\mathcal{R}_\mathrm{sn}=10$ 及 $\tau=100\mathrm{s}$。视场约等于 2000 倍条纹间距。这一限制条件一般是严格的。通常，当发现一个特征后，要将视场的相位中心移动到该特征的估计位置，再重新确定该特征的位置。只有一次观测中所有基线都检测到的分量，才能使用条纹频率成图技术对其做成像。因此，条纹频率成图不如综合孔径成像灵敏，综合孔径成像可以实现全相干灵敏度。

条纹频率分析过程也可以推广用于处理一个频率通道内存在许多点源分量的情况。计算每个观测（即一条基线持续测量几分钟）的条纹频率谱。多个点源分量将表现为独立的条纹频率特征，如图 12.10 所示。每个特征的条纹频率在 $(\Delta\alpha', \Delta\delta)$ 空间定义了一条直线，脉泽分量位于该直线上。直线的斜率等于 $\arctan(\dot{v}/\dot{u})$。投影基线变化时，直线的斜率也跟着变化。直线的交点就定义了源的位置（图 12.10）。应用这种方法的前提是分量间隔要足够大，能在条纹频率谱中产生独立的峰。条纹频率分辨率约为 τ^{-1}，这就定义了有效波束宽度

$$\Delta\theta_\mathrm{f} = \frac{1}{D_\lambda\omega_\mathrm{e}\tau\cos\theta} \qquad (12.63)$$

条纹频率成图的详细讨论可以参见 Walker（1981），对于包含 RadioAstron 这类天线的阵列，条纹频率成图仍然是一种有用的技术。

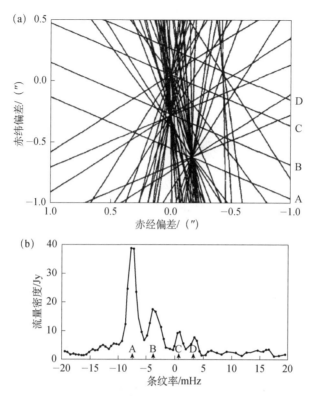

图 12.10　图（b）是在某一特定时角的脉泽射电谱的一个频率上获取的 W49N 中的水汽脉泽的条纹频率谱。纵坐标是流量密度。频率谱有四个峰，每个峰对应着天空上的独立特征。图（a）给出多次扫描的直线。用 A～D 标记下图的峰及其在上图对应的直线。这些数据所在频率上至少有 4 个独立的特征。多条直线相交的位置就标记了特征所在的位置。直线 D 对应的特征离相位中心很远，在 20 分钟积分时间内，条纹频率发生很大变化，致使特征位置的估计精度明显降低。能够确定精确位置的窗区范围为 0.5″赤经和 2″赤纬。移动数据的相位中心可以移动窗区位置。引自 Walker（1981）

附录 12.1　最小二乘分析

最小二乘分析原理在天体测量中发挥着重要的作用，其目标是从一组有噪测量中提取一定数量的参数。我们仅简单讨论基本原理，忽略其数学细节，并用其解决干涉测量中碰到的问题。数据统计分析的深入讨论参见 Bevington 和 Robinson（1992）及 Hamilton（1964）。如何详尽地拟合一条直线强烈建议参考 Hogg 等（2010）。

附录 12.1.1　线性分析

假设我们要测量一个量 m。我们测量一组 y_i，y_i 等于待测量 m 和噪声贡献 n_i 之和：

$$y_i = m + n_i \tag{A12.1}$$

其中 n_i 是均值等于零、方差为 σ_i^2 的高斯随机变量。第 i 次测量得到一个任意特定 y_i 值的概率由概率（密度）函数给出：

$$p(y_i) = \frac{1}{\sqrt{2\pi}\sigma_i} e^{-(y_i-m)^2/2\sigma_i^2} \tag{A12.2}$$

如果所有测量都是独立的，则一次试验得到一组 N 个测量 $y_1, y_2, \cdots, y_N$ 的概率为

$$L = \prod_{i=1}^{N} p(y_i) \tag{A12.3}$$

其中 $\prod$ 表示 $p(y_i)$ 项之积。L 被视为 m 的函数，称为似然函数（Likelihood Function）。最大似然法的基础是假设 m 的最优估计是使 L 最大的值。使 L 最大等同于使 $\ln L$ 最大，其中，

$$\ln L = \sum_{i=1}^{N} \ln \frac{1}{\sqrt{2\pi}\sigma_i} - \frac{1}{2} \sum_{i=1}^{N} \frac{(y_i-m)^2}{\sigma_i^2} \tag{A12.4}$$

因为式（A12.4）中右侧第一个求和项等于常数，且第二个求和项与 $-\dfrac{1}{2}$ 因子相乘，使 L 最大等价于使式（A12.4）中第二个求和项关于 m 最小。因此，我们希望使下式中 χ^2 最小，

$$\chi^2 = \sum_{i=1}^{N} \frac{(y_i-m)^2}{\sigma_i^2} \tag{A12.5}$$

在附录后续讨论的更普遍的问题中，将用描述系统模型的一个或多个参数的函数替代 m。做一般性推广时，式（A12.5）将作为加权最小二乘法的基本方程。加权最小二乘法是使测量方差加权的测量与模型之差的平方和最小化来确定模型参数的。表征拟合质量的量 χ^2 是一个随机变量，当模型能够充分描述测量时，χ^2 的均值等于数据点数减去参数数量。当噪声为高斯随机过程时最小二乘法适用，最小二乘法是更具一般性的最大似然法的特殊情况。高斯为了估计行星和彗星的轨道参数，可能早在 1795 年就发明了最小二乘法，论证方法与本节给出的类似（Gauss，1809）。勒让德（Legendre）也在 1806 年独立开发了这种方法（Hall，1970）。

回到式（A12.5），令 χ^2 关于 m 的导数等于零，我们可以估计 m。估计出来的 m 值用 m_e 表示，即

$$m_{e} = \frac{\sum \dfrac{y_i}{\sigma_i^2}}{\sum \dfrac{1}{\sigma_i^2}} \qquad (A12.6)$$

其中求和范围从 $i=1$ 到 N。由式（A12.2），并注意到 $\langle y_i \rangle = m$ 和 $\langle y_i^2 \rangle = m^2 + \sigma_i^2$。因此，计算式（A12.6）的期望值时，显然 $\langle m_e \rangle = \langle y_i \rangle = m$，并容易得出

$$\langle m_e^2 \rangle = m^2 + \left(\sum \frac{1}{\sigma_i^2} \right)^{-1} \qquad (A12.7)$$

因此估计值 m_e 的方差为

$$\sigma_m^2 = \langle m_e^2 \rangle - \langle m_e \rangle^2 = \left(\sum \frac{1}{\sigma_i^2} \right)^{-1} \qquad (A12.8)$$

式（A12.8）表明，当低质量或高噪声的数据与高质量数据相加时，σ_m 的值可能仅略微减小。如果每次测量的统计误差 σ_i 都等于 σ，则式（A12.8）退化为众所周知的公式：

$$\sigma_m = \frac{\sigma}{\sqrt{N}} \qquad (A12.9)$$

且 m_e 为测量的均值。在很多情况下 σ 是未知的。σ 的估计为

$$\sigma_e^2 = \frac{1}{N} \sum (y_i - m)^2 \qquad (A12.10)$$

然而，m 也是未知的，只能获得其估计值 m_e。如果用 m_e 代替式（A12.10）中的 m，则 σ_e^2 会被低估，这是由于 m_e 是通过最小化 χ^2 求得的。σ^2 的无偏差估计为

$$\sigma_e^2 = \frac{1}{N-1} \sum (y_i - m_e)^2 \qquad (A12.11)$$

将式（A12.6）代入式（A12.11）容易发现 $\langle \sigma_e^2 \rangle = \sigma^2$。式（A12.11）中出现了 $N-1$ 项，该项被称为自由度（Degrees of Freedom）数量，式中有 N 个数据点和一个自由参数，所以自由度数量等于 $N-1$。

考虑一个用函数 $f(x; p_1, \cdots, p_n)$ 描述的模型，其中 x 是独立变量，在采样点 $i=1$ 到 N 的值为 x_i，且 $p_1, \cdots, p_n$ 为一组参数。我们假设独立变量的值是精确已知的。如果函数 f 是能正确描述测量系统的模型，则测量集为

$$y_i = f(x; p_1, \cdots, p_n) + n_i \qquad (A12.12)$$

其中 n_i 代表测量误差。一般性问题是要搜索一组参数值，使通用公式（A12.5）

中的 χ^2 最小，即

$$\chi^2 = \sum \frac{\left[y_i - f(x_i) \right]}{\sigma_i^2} \qquad （A12.13）$$

这一问题的简单例子是用直线拟合一个数据集。设

$$f(x;a,b) = a + bx \qquad （A12.14）$$

其中 a 和 b 为要搜索的参数。解下列两个方程可以实现 χ^2 最小化

$$\frac{\partial \chi^2}{\partial a} = -\sum \frac{2(y_i - a - bx_i)}{\sigma_i^2} = 0 \qquad （A12.15a）$$

和

$$\frac{\partial \chi^2}{\partial b} = -\sum \frac{2(y_i - a - bx_i)x_i}{\sigma_i^2} = 0 \qquad （A12.15b）$$

用矩阵表示可得

$$\begin{bmatrix} \sum \dfrac{y_i}{\sigma_i^2} \\[2mm] \sum \dfrac{x_i y_i}{\sigma_i^2} \end{bmatrix} = \begin{bmatrix} \sum \dfrac{1}{\sigma_i^2} & \sum \dfrac{x_i}{\sigma_i^2} \\[2mm] \sum \dfrac{x_i}{\sigma_i^2} & \sum \dfrac{x_i^2}{\sigma_i^2} \end{bmatrix} \begin{bmatrix} a_e \\[2mm] b_e \end{bmatrix} \qquad （A12.16）$$

这里用下标 e 区分参数的真值和估计值。求解可得

$$a_e = \frac{1}{\Delta} \left[\left(\sum \frac{x_i^2}{\sigma_i^2} \right) \left(\sum \frac{y_i}{\sigma_i^2} \right) - \left(\sum \frac{x_i}{\upsilon_i^2} \right) \left(\sum \frac{x_i y_i}{\sigma_i^2} \right) \right] \qquad （A12.17）$$

和

$$b_e = \frac{1}{\Delta} \left[\left(\sum \frac{1}{\sigma_i^2} \right) \left(\sum \frac{x_i y_i}{\sigma_i^2} \right) - \left(\sum \frac{x_i}{\sigma_i^2} \right) \left(\sum \frac{y_i}{\sigma_i^2} \right) \right] \qquad （A12.18）$$

其中 Δ 是式（A12.16）方阵的行列式，由下式给出：

$$\Delta = \left(\sum \frac{1}{\sigma_i^2} \right) \left(\sum \frac{x_i^2}{\sigma_i^2} \right) - \left(\sum \frac{x_i}{\sigma_i^2} \right)^2 \qquad （A12.19）$$

用式（A12.17）和（A12.18）可以计算参数 a_e 和 b_e 误差的估计，由下面两式给出：

$$\sigma_a^2 = \langle a_e^2 \rangle - \langle a_e \rangle^2 = \frac{1}{\Delta} \sum \frac{x_i^2}{\sigma_i^2} \qquad （A12.20）$$

和

$$\sigma_b^2 = \langle b_e^2 \rangle - \langle b_e \rangle^2 = \frac{1}{\Delta} \sum \frac{1}{\sigma_i^2} \qquad （A12.21）$$

注意 a_e 和 b_e 是随机变量，一般情况下 $\langle a_e b_e \rangle$ 不为零，因此参数的估计是相

关的。式（A12.20）和式（A12.21）的误差估计包含了参数相关带来的不利影响。具体到本例，可以通过调整 x 轴原点使 $\sum\left(x_i/\sigma_i^2\right)=0$，进而使相关系数等于零。

用上述分析方法可以估计干涉仪条纹频率和延迟测量的精度。条纹相位随时间的变化率，即条纹频率

$$v_f = \frac{1}{2\pi}\frac{\partial\phi}{\partial t} \qquad （A12.22）$$

可以用一条直线拟合时间均匀间隔的相位测量序列来估计条纹频率。条纹频率正比于直线的斜率。假设以间隔 T 在 t_i 时刻进行 N 次测量，相位记为 ϕ_i，每次测量的均方根误差均为 σ_ϕ，测量时间从 $-NT/2$ 到 $NT/2$，总观测时间为 $\tau=NT$。由式（A12.21）和上述定义，包括式（A12.22），可得条纹频率估计误差为

$$\sigma_f^2 = \frac{\sigma_\phi^2}{(2\pi)^2\sum t_i^2} \qquad （A12.23）$$

因为 $\sum t_i=0$，$\sum t_i^2$ 项由下式近似给出：

$$\sum t_i^2 \approx \frac{1}{T}\int_{-\tau/2}^{\tau/2} t^2 dt = \frac{1}{T}\frac{\tau^3}{12} = \frac{N\tau^2}{12} \qquad （A12.24）$$

$\tau/\sqrt{12}$ 可以认为是数据的均方根时间跨度。因此，式（A12.23）变成

$$\sigma_f^2 = \frac{12\sigma_\phi^2}{(2\pi)^2 N\tau^2} \qquad （A12.25）$$

当源是不可分辨的且处理无损耗时，式（6.64）给出的 σ_ϕ 表达式变成

$$\sigma_\phi = \frac{T_S}{T_A\sqrt{2\Delta v T}} \qquad （A12.26）$$

其中 T_S 是系统温度，T_A 是源贡献的天线温度，Δv 是带宽。将式（A12.26）代入式（A12.25）可得

$$\sigma_f = \sqrt{\frac{3}{2\pi^2}}\left(\frac{T_S}{T_A}\right)\frac{1}{\sqrt{\Delta v\tau^3}}(\text{Hz}) \qquad （A12.27）$$

注意，这一结果与分析过程的细节无关，例如 N 的选取。等效地，我们也可以通过搜索条纹频率谱的峰来估计条纹频率，即 $e^{j\phi}$ 的傅里叶变换的峰。

延迟是相位随频率的变化率，

$$\tau = \frac{1}{2\pi}\frac{\partial\phi}{\partial v} \qquad （A12.28）$$

因此，延迟是频率的函数，用一条直线拟合相位测量序列，并搜索直线的斜率可以估计延迟。对于单通道系统，用互功率谱——即互相关函数的傅里叶变换

可以获取这样的数据。假设在 N 个频率 v_i 测量相位，每个频率的带宽为 $\Delta v/N$ 且相位误差为 σ_ϕ。此处分析中，只有相对频率是重要的。为方便分析，设置频率轴的零点满足 $\sum v_i = 0$。延迟误差［由式（A12.19）、（A12.21）和（A12.28）］为

$$\sigma_\tau^2 = \frac{\sigma_\phi^2}{(2\pi)^2 \sum v_i^2} \qquad （A12.29）$$

采用类似式（A12.24）的方法计算 $\sum v_i^2$，我们可以把式（A12.29）写为

$$\sigma_\tau^2 = \frac{12\sigma_\phi^2}{(2\pi)^2 N\Delta v^2} \qquad （A12.30）$$

因此，将式（A12.26）（积分时间为 τ，带宽为 $\Delta v/N$）代入式（A12.30）可得

$$\sigma_\tau = \sqrt{\frac{3}{2\pi^2}}\left(\frac{T_S}{T_A}\right)\frac{1}{\sqrt{\Delta v^3 \tau}} \qquad （A12.31）$$

我们可以把均方根带宽定义为

$$\Delta v_{\mathrm{rms}} = \sqrt{\frac{1}{N}\sum v_i^2} \qquad （A12.32）$$

并由式（A12.26）和式（A12.29）可得 9.8 节[式（9.159）]引用的结果

$$\sigma_\tau = \frac{1}{\zeta}\left(\frac{T_S}{T_A}\right)\frac{1}{\sqrt{\Delta v_{\mathrm{rms}}^3 \tau}} \qquad （A12.33）$$

其中 $\xi - \pi(768)^{1/4}$。（注意，9.8 节的 σ_ϕ 适用于全带宽 Δv。）式（A12.30）、式（A12.31）和式（A12.33）中 σ_τ 的表达式包含了 $\Delta v_{\mathrm{rms}} = \Delta v/\sqrt{12}$ 条件，并适用于带宽为 Δv 的连续通带。

9.8 节介绍带宽综合时，测量系统包含 N 个带宽为 $\Delta v/N$ 的通道，这些通道通常是不连续的。将式（A12.26）和式（A12.32）代入式（A12.29），可得均方根延迟误差为

$$\sigma_\tau = \frac{1}{\sqrt{8\pi^2}}\left(\frac{T_S}{T_A}\right)\frac{1}{\sqrt{\Delta v \tau}\Delta v_{\mathrm{rms}}} \qquad （A12.34）$$

其中 Δv_{rms} 由式（A12.32）给出，Δv 是总带宽。Δv_{rms} 通常等于总频率跨度的 40%。

当模型函数 f 是参数 p_k 的线性函数，即

$$f(x:p_1,\cdots,p_n) = \sum_{k=1}^{n}\frac{\partial f}{\partial p_k}p_k \qquad （A12.35）$$

其中 n 为参数的数量，可以得到线性最小二乘的通用求解方程。例如，如果模型是三次多项式：

$$f(x:p_0,p_1,p_2,p_3) = p_0 + p_1 x + p_2 x^2 + p_3 x^3 \qquad (\text{A}12.36)$$

这种情况下 $\partial f / \partial p_k = x^k$，$k = 0$，1，2 和 3。如果参数是线性乘法因子，则最小化式（A12.13）可得一组 n 个方程，方程形式如下：

$$\frac{\partial \chi^2}{\partial p_k} = 0, \quad k = 1,2,\cdots,n \qquad (\text{A}12.37)$$

将式（A12.13）代入式（A12.37），并由式（A12.35）可得 n 个方程，

$$D_k = \sum_{j=1}^{n} T_{jk} p_j, \quad k = 1,2,\cdots,n \qquad (\text{A}12.38)$$

其中

$$D_k = \sum_{i=1}^{n} \frac{y_i}{\sigma_i^2} \frac{\partial f(x_i)}{\partial p_k} \qquad (\text{A}12.39)$$

和

$$T_{kj} = \sum_{i=1}^{n} \frac{1}{\sigma_i^2} \frac{\partial f(x_i)}{\partial p_j} \frac{\partial f(x_i)}{\partial p_k} \qquad (\text{A}12.40)$$

求和式对 N 个独立测量做累加。用矩阵形式表示式（A12.38）如下：

$$[D] = [T][P_e] \qquad (\text{A}12.41)$$

其中 $[D]$ 是元素 D_k 的列矩阵；$[P_e]$ 是包含参数估计 p_{ek} 的列矩阵；$[T]$ 是元素 T_{kj} 的对称方矩阵。基于明显的原因，$[T]$ 有时被称为正规方程（Normal Equation）。注意式（A12.41）是式（A12.16）的一般形式。矩阵 $[T]$ 和 $[D]$ 有时写成其他矩阵之积（Hamilton，1964，第 4 章）。令 $[M]$ 为方差矩阵（大小为 $N \times N$），对角元素为 σ_i^2，非对角元素为零；令 $[F]$ 是包含数据 y_i 的列矩阵；并令 $[A]$ 为偏导矩阵（大小为 $n \times N$），其元素为 $\partial f(x_i) / \partial p_k$。我们可得 $[T] = [A]^T [M]^{-1} [A]$ 和 $[D] = [A]^T [M]^{-1} [F]$，其中 $[A]^T$ 是 $[A]$ 的转置矩阵，$[M]^{-1}$ 是 $[M]$ 的逆矩阵。上述分析可以一般化推广，以包含测量误差具有相关性的情形。这种情况下，修正 $[M]$ 以包含非对角线元素 $\sigma_i \sigma_j \rho'_{ij}$，其中 ρ'_{ij} 是第 i 次和第 j 次测量的相关系数。

式（A12.41）的解为

$$[P_e] = [T]^{-1} [D] \qquad (\text{A}12.42)$$

其中 $[T]^{-1}$ 是 $[T]$ 的逆矩阵，$[P_e]$ 是包含参数估计的列矩阵。$[T]^{-1}$ 中的元素标记为 T'_{jk}。直接计算就可以发现，参数误差的估计 σ_{ek}^2 是 $[T]^{-1}$ 的对角线元素，$[T]^{-1}$ 被称为协方差矩阵。因此，

$$\sigma_{ek}^2 = T'_{kk} \qquad (\text{A}12.43)$$

参数 p_k 在真值 $\pm \sigma_k$ 以内的概率为 0.68，等于一维高斯概率分布在 $\pm \sigma_k$ 区间的积

分值。如果相关系数适中，所有 n 个参数均落在真值的 $\pm\sigma$ 区间［即 n 维空间的误差区间（Error "Box"）］内的概率近似等于 0.68^n。

参数之间的归一化相关系数正比于 $[T]^{-1}$ 的非对角线元素：

$$\rho_{jk} = \frac{\langle(p_{ej}-p_j)(p_{ek}-p_k)\rangle}{\sigma_{ek}\sigma_{ej}} = \frac{T'_{jk}}{\sqrt{T'_{jj}T'_{kk}}} \tag{A12.44}$$

任意两个参数的误差分布都可以用二维高斯概率分布来描述：

$$p(\epsilon_j,\epsilon_k) = \frac{1}{2\pi\sigma_j\sigma_k\sqrt{1-\rho_{jk}^2}}\exp\left\{-\frac{1}{2(1-\rho_{jk}^2)}\left[\frac{\epsilon_j^2}{\sigma_j^2}+\frac{\epsilon_k^2}{\sigma_k^2}-\frac{2\rho_{jk}\epsilon_j\epsilon_k}{\sigma_j\sigma_k}\right]\right\} \tag{A12.45}$$

其中 $\epsilon_k = p_{ek}-p_k$ 且 $\epsilon_j = p_{ej}-p_j$。 $p(\epsilon_k,\epsilon_j) = p(0,0)\mathrm{e}^{-1/2}$ 廓线定义了一个椭圆，如图 A12.1 所示，被称为误差椭圆（Error Ellipse）。在误差椭圆区间对式（A12.45）做积分可得两个参数都落在误差椭圆内的概率，等于 0.46。误差椭圆的方向由下式给出：

$$\psi_{jk} = \frac{1}{2}\arctan\left(\frac{2\rho_{jk}\sigma_j\sigma_k}{\sigma_j^2-\sigma_k^2}\right) \tag{A12.46}$$

参数 p_k 的误差可以完全由矩阵 $[T]^{-1}$ 和式（A12.43）~（A12.45）确定。$[T]^{-1}$ 中的元素仅依赖于模型函数的偏导数和测量误差值，通常可以根据测量设备的特性提前预测测量误差。因此，只要规划好试验，就可以用 $[T]^{-1}$ 预测参数误差，而不需参考观测数据。因此，$[T]$ 有时被称为设计矩阵（Design Matrix）。研究具体试验的设计矩阵可能会发现两个参数的相关性很大，致使参数估计的误差很大。通常，可以修改试验获得更多数据，以降低相关性。通过数据分析可以计算 χ^2 值。如果模型与数据拟合得很好，χ^2 应近似等于 $N-n$，即测量的数量减去参数的数量。如果模型与数据拟合得不好，通常问题是估计 σ_i 不正确或模型不足以描述测量系统，也就是说模型参数太少或不正确。即使 $\chi^2 \approx N-n$，由式（A12.43）推导的误差也可能是不真实的，称为"形式误差"（Formal Error）。形式误差用于描述参数估计的准确度（Precision）。参数测量的精度（Accuracy）是参数估计与参数真值的偏差。测量精度一般是很难确定的。例如，一次试验中可能会发现与一个模型参数的函数依赖性高度相似的未知效应。尽管模型看起来很好，但某个模型参数的精度是有问题的，由于未建模的效应引入了系统误差，估计精度会比期望值差很多。

我们可以设想大型天体测量试验是如何应用最小二乘分析原理的。考虑用三站阵列执行一个假想的 VLBI 试验。假设用一整天（一个时期，即 Epoch）观测 20 个源，每个源测量 10 次。在 5 年期间，每年重复观测 6 次。观测数据集

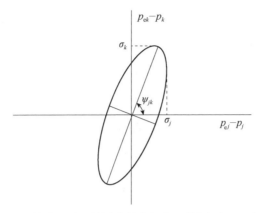

图 A12.1 参数 p_k 和 p_j 估计的误差椭圆或联合概率函数[式（12.45）]的 e^{-1} 电平廓线。
$p_{ek} - p_k$ 和 $p_{ej} - p_j$ 是参数估计值减去真值。角 ψ_{jk} 的定义见式（A12.46）

包含 18000 次（20 个源 × 10 次测量 × 3 条基线 × 30 个时期）延迟和条纹频率测量，即总计 36000 次测量。分析时可以合并延迟和条纹频率测量，这是由于最小二乘分析的量是测量值的平方除以其方差，为无量纲量，如式（A12.13）。现在我们可以核算分析模型中参数的数量：39 个源坐标（其中一个赤经为固定值）、测站的 9 个坐标、90 个大气参数（每站每时期 1 个天顶路径长度增量）、120 个时钟参数（每时期要知道两个站的时钟误差和时钟率误差），90 个极移和 UT1-UTC 参数，和其他一些进动、章动、地球固体潮、太阳引力弯曲、测站的移动，以及天线轴偏差（见 4.6.1 节）等其他效应的模型参数。参数总数约为 360 个。每个观测时期，受公共时钟和大气参数的影响，参数之间是关联的。由于基线、进动和章动参数的影响，不同观测时期的参数也是关联的。很自然地，用数据子集应该可以获取部分解，然后再尝试获取大型全局解。不需要对尺寸等于参数总数的大型矩阵求逆，也有办法获取全局解［例如参见（Morrison，1969）］。一些本书所述规模以及更大规模的试验已经完成［例如参见（Fanselow et al.，1984；Herring et al.，1985；Ma et al.，1998）］。

附录 12.1.2 非线性分析

通过简明的方法可以将线性最小二乘分析的讨论做推广，以包含非线性函数。假设 $f(x; p)$ 有一个非线性参数 p_n。为方便讨论，我们可以将 f 分解成线性 $f_L(x; p_1, \cdots, p_{n-1})$ 和非线性 $f_{NL}(x; p_n)$ 两部分，并将非线性函数近似为泰勒展开的前两项：

$$f_{NL}(x; p_n) \approx f_{NL}(x, p_{0n}) + \frac{\partial f_{NL}}{\partial p_n} \Delta p_n \qquad （A12.47）$$

其中 p_{0n} 是参数 p_n 的初始估值，且 $\Delta p_n = p_n - p_{0n}$。我们假设初始参数估计足够精确，式（A12.47）可以适用。我们用 $y_i - f_{NL}(x_i; p_{0n})$ 替代数据，并用含 $\partial f_{NL}/\partial p_n$ 的偏导计算矩阵 $[D]$ 和 $[T]$ 中的元素。式（A12.42）中 $[p_e]$ 矩阵的第 n 个参数变成式（A12.47）定义的差分参数 Δp_n。求解时要以参数 $p_{0n} + \Delta p_n$ 为中心重新做泰勒展开并迭代。因此，通过线性化处理可以对非线性函数做分析，但要对非线性参数做初始估计，并通过迭代来求解。有些情况下，非线性估计问题可能会带来困难，参见文献（Lampton et al., 1976; Press et al., 1992）。近期，马尔可夫链蒙特卡罗（MCMC）方法几乎变成通用方法。

附录 12.1.3 (u, v) 域拟合与图像域拟合

用基线和设备相位精确已知，即精确校准的干涉仪观测的最后一个问题是估计射电源的坐标。这种情况下，由式（12.2）可得干涉仪差分相位为

$$\Delta\phi = 2\pi D_\lambda \{[\sin d \cos\delta - \cos d \sin\delta \cos(H-h)]\Delta\delta$$
$$+ \cos d \cos\delta \sin(H-h)\Delta\alpha\} \tag{A12.48}$$

用投影基线分量表征三角几何量，可以将式（A12.48）写为

$$\Delta\phi = 2\pi(u\Delta\alpha' + v\Delta\delta) \tag{A12.49}$$

其中 $\Delta\alpha' = \Delta\alpha \cos\delta$。用最小二乘法分析一条或几条基线的测量相位集可以确定 $\Delta\alpha'$ 和 $\Delta\delta$。偏导数分别为 $\partial f/\partial p_1 = 2\pi u$ 及 $\partial f/\partial p_2 = 2\pi v$，其中 $p_1 = \Delta\alpha'$ 及 $p_2 = \Delta\delta$。由式（A12.40）和式（A12.49）可得正规方程矩阵为

$$[T] = \frac{4\pi^2}{\sigma_\phi^2}\begin{bmatrix} \sum u_i^2 & \sum u_i v_i \\ \sum u_i v_i & \sum v_i^2 \end{bmatrix} \tag{A12.50}$$

其中假设所有测量的不确定性都为 σ_ϕ，由式（A12.26）给出。$[T]$ 的逆矩阵为

$$[T]^{-1} = \frac{1}{\Delta}\begin{bmatrix} \sum v_i^2 & -\sum u_i v_i \\ -\sum u_i v_i & \sum u_i^2 \end{bmatrix} \tag{A12.51}$$

其中 Δ 是式（A12.50）矩阵的行列式，

$$\Delta = \frac{4\pi^2}{\sigma_\phi^2}\Big[\sum u_i^2 \sum v_i^2 - \big(\sum u_i v_i\big)^2\Big] \tag{A12.52}$$

式（A12.44）定义的相关系数为

$$\rho_{12} = \frac{-\sum u_i v_i}{\sqrt{\sum u_i^2 \sum v_i^2}} \tag{A12.53}$$

参数估计的方差由式（A12.51）的对角元素给出，

$$\sigma_{\alpha'}^2 = \frac{\sigma_\phi^2 \sum v_i^2}{4\pi^2\Big[\sum v_i^2 \sum u_i^2 - \big(\sum u_i v_i\big)^2\Big]} \tag{A12.54}$$

及

$$\sigma_\delta^2 = \frac{\sigma_\phi^2 \sum u_i^2}{4\pi^2 \left[\sum v_i^2 \sum u_i^2 - \left(\sum u_i v_i \right)^2 \right]} \tag{A12.55}$$

如果 (u,v) 轨迹很长（即观测覆盖了一天中相当长的时间），则 $\sum u_i v_i$ 远小于 $\sum u_i^2$ 和 $\sum v_i^2$，因此，

$$\sigma_{\alpha'} \approx \frac{\sigma_\phi}{2\pi \sqrt{\sum u_i^2}} \tag{A12.56}$$

且

$$\sigma_\delta \approx \frac{\sigma_\phi}{2\pi \sqrt{\sum v_i^2}} \tag{A12.57}$$

此外，如果只用一条基线观测一个高纬源，则 $u_i \approx v_i \approx D_\lambda$，并且两项误差均退化为更直观的形式

$$\sigma_{\alpha'} \approx \sigma_\delta \approx \frac{\sigma_\phi}{2\pi \sqrt{N} D_\lambda} \tag{A12.58}$$

另一种方法是用可见度数据的傅里叶变换确定源位置。这种方法可以看作是图像域拟合，或者看作是将可见度数据乘以指数因子 $\exp[2\pi(u_i \Delta\alpha' + v_i \Delta\delta)]$ 并求和。得到的"函数"关于 $\Delta\alpha'$ 和 $\Delta\delta$ 最大。后一种解译是比较容易理解的，（本质上）图像域拟合（即不对数据做锥化或网格化）是一种搜索点源位置的最大似然估计过程，因此完全等效于最小二乘法。N 次测量的合成波束 b_0 为

$$b_0(\Delta\alpha', \Delta\delta) = \frac{1}{N} \sum \cos\left[2\pi(u_i \Delta\alpha' + v_i \Delta\delta) \right] \tag{A12.59}$$

对式（A12.59）做二阶展开可以得到 b_0 峰值附近的形状

$$b_0(\Delta\alpha', \Delta\delta) \approx 1 - \frac{2\pi^2}{N} \left(\Delta\alpha'^2 \sum u_i^2 + \Delta\delta^2 \sum v_i^2 - 2\Delta\alpha' \Delta\delta \sum u_i v_i \right) \tag{A12.60}$$

从式（A12.60）容易看出，合成波束的廓线正比于式（A12.45）、（A12.46）和式（A12.53）～（A12.55）定义的误差椭圆。注意，最小二乘法只在高信噪比、可以分辨相位模糊的情况下适用。但是，任何情况下傅里叶综合法都适用。

附录 12.2 相位参考的二级效应

这里我们给出定标源位置误差如何影响目标源的位置确定的更一般性的分析。假设干涉仪的相位以其跟踪中心为参考[对应于式（12.33）中的 θ_c]。如果

定标源的坐标误差分别为 $x_c = \Delta\alpha_c \cos\delta_c$ 和 $y_c = \Delta\delta_c$ ，则残差相位为

$$\Delta\phi_{c1} = 2\pi(u_c x_c + v_t y_c) \tag{A12.61}$$

这导致目标源位置的相位偏置为

$$\Delta\phi_{c2} = 2\pi(u_t x_c + v_t y_c) \tag{A12.62}$$

由于定标源和目标源的 (u,v) 坐标略有不同，引入一个二级相移 $\Delta^2\phi = \Delta\phi_{c2} - \Delta\phi_{c1}$ ，即

$$\Delta^2\phi = 2\pi\left[(u_t - u_c)x_c + (v_1 - v_2)y_c\right]$$
$$= 2\pi(\Delta u x_c + \Delta v y_c)$$

这就推导出了与式（12.39）相同的近似关系。用式（4.3）计算差分量 Δu 和 Δv ，可以推导出式（12.63）的完整表达式。

扩　展　阅　读

Enge, P., and Misra, P., Eds., Proc. IEEE, Special Issue on Global Positioning System, 87, No. 1（1999）

Jespersen, J., and Hanson, D.W., Eds., Proc. IEEE, Special Issue on Time and Frequency, 79, No. 7（1991）

Johnston, K.J., and de Vegt, C., Reference Frames in Astronomy, Ann. Rev. Astron. Astrophys., 37, 97-125（1999）

NASA, Radio Interferometry Techniques for Geodesy, NASA Conf. Pub. 2115, National Aeronau-tics and Space Administration, Washington, DC（1980）

Petit, G., and Luzum, B., Eds., IERS Conventions（2010）, IERS Technical Note 36, International Earth Rotation and Reference Systems Service, Verlag des Bundesamts für Kartographie und Geodäsie, Frankfurt am Main（2010）

Reid, M.J., and Honma, M., Microarcsecond Radio Astrometry, Ann. Rev. Astron. Astrophys., 52, 339-372（2014）

参　考　文　献

Alef, W., Introduction to Phase-Reference Mapping, in Very Long Baseline Interferometry：Techniques and Applications, Felli, M., and Spencer, R. E., Eds., Kluwer, Dordrecht（1989）, pp. 261-274

Backer, D. C., and Sramek, R. A., Proper Motion of the Compact, Nonthermal Radio Source in the Galactic Center, Sagittarius A*, Astrophys. J., 524, 805-815（1999）

Bailer-Jones, C. A. L., Estimating Distances from Parallaxes, Publ. Astron. Soc. Pacific, 127, 994-1009（2015）

Bartel, N., Bietenholz, M. F., Lebach, D. E., Ransom, R. R., Ratner, M. I., and Shapiro, I. I., VLBI for Gravity Probe B: The Guide Star, IM Pegasi, Class. Quantum Grav., 32, 224021 (21pp) (2015)

Bartel, N., Ratner, M. I., Shapiro, I. I., Cappallo, R. J., Rogers, A. E. E., and Whitney, A. R., Pulsar Astrometry via VLBI, Astron. J., 90, 318-325 (1985)

Bartel, N., Ratner, M. I., Shapiro, I. I., Herring, T. A., and Corey, B. E., ProperMotion of Components of the Quasar 3C345, in VLBI and Compact Radio Sources, Fanti, R., Kellermann, K., and Setti, G., Eds., IAU Symp. 110, Reidel, Dordrecht (1984), pp. 113-116

Beasley, A. J., and Conway, J. E., VLBI Phase-Referencing, in Very Long Baseline Interferometry and the VLBA, Zensus, J. A., Diamond, P. J., and Napier, P. J., Eds., Astron. Soc. Pacific Conf. Ser., 82, 327-343 (1995)

Bertotti, B., Iess, L., and Tortora, P., A Test of General Relativity Using Radio Links with the Cassini Spacecraft, Nature, 425, 372-376 (2003)

Bertout, C., Robichon, N., and Arenou, F., Revisiting Hipparcos Data for Pre-Main Sequence Stars, Astron. Astrophys., 352, 574-586 (1999)

Bessel, F. W., On the Parallax of 61 Cygni, Mon. Not. R. Astron. Soc., 4, 152-161 (1838)

Bevington, P. R., and Robinson, D. K., Data Reduction and Error Analysis for the Physical Sciences, 2nd ed., McGraw-Hill, New York (1992)

Boboltz, D. A., Diamond, P. J., and Kemball, A. J., R Aquarii: First Detection of Circumstellar SiO Maser Proper Motions, Astrophys. J. Lett., 487, L147-L150 (1997)

Brosche, P., Wade, C. M., and Hjellming, R. M., Precise Positions of Radio Sources. IV. Improved Solutions and Error Analysis for 59 Sources, Astrophys. J., 183, 805-818 (1973)

Carter, W. E., and Robertson, D. S., Very-Long-Baseline Interferometry Applied to Geophysics, in Developments in Astrometry and Their Impact on Astrophysics and Geodynamics, Mueller, I. I., and Kolaczek, B., Eds., Kluwer, Dordrecht (1993), pp. 133-144

Carter, W. E., Robertson, D. S., and MacKay, J. R., Geodetic Radio Interferometric Surveying: Applications and Results, J. Geophys. Res., 90, 4577-4587 (1985)

Carter, W. E., Robertson, D. S., Pettey, J. E., Tapley, B. D., Schutz, B. E., Eanes, R. J., and Lufeng, M., Variations in the Rotation of the Earth, Science, 224, 957-961 (1984)

Chandler, S. C., On the Variation of Latitude, Astron. J., 11, 65-70 (1891)

Clark, T. A., Corey, B. E., Davis, J. L., Elgered, G., Herring, T. A., Hinteregger, H. F., Knight, C. A., Levine, J. I., Lundqvist, G., Ma, C., and 11 coauthors, Precise Geodesy Using theMark-III Very-Long-Baseline Interferometer System, IEEE Trans. Geosci. Remote Sensing, GE-23, 438-449 (1985)

Cohen, M. H., and Shaffer, D. B., Positions of Radio Sources from Long-Baseline Interferometry, Astron. J., 76, 91-100 (1971)

Condon, J. J., Errors in Elliptical Gaussian Fits, Publ. Astron. Soc. Pacific, 109, 166-172

（1997）

Counselman, C. C., III, Radio Astrometry, Ann. Rev. Astron. Astrophys., 14, 197-214
（1976）

Counselman, C. C., III, Kent, S. M., Knight, C. A., Shapiro, I. I., Clark, T. A.,
Hinteregger, H. F., Rogers, A. E. E., and Whitney, A. R., Solar Gravitational Deflection of
Radio Waves Measured by Very Long Baseline Interferometry, Phys. Rev. Lett., 33, 1621-
1623（1974）

Deller, A. T., Boyles, J., Lorimer, D. R., Kaspi, V. M., McLaughlin, M. A., Ransom,
S., Stairs, I. H., and Stovall, K., VLBI Astrometry of PSR J2222-0137: A Pulsar Distance
Measured to 0. 4%Accuracy, Astrophys. J., 770: 145（9pp）（2013）

Dyson, F. W., Eddington, A. S., and Davidson, C., A Determination of the Deflection of Light
by the Sun's Gravitational Field, from Observations Made at the Total Eclipse of May 29,
1919, Phil. Trans. R. Soc. Lond. A, 220, 291-333（1920）

Elitzur, M., Astronomical Masers, Kluwer, Dordrecht（1992）

Elsmore, B., and Mackay, C. D., Observations of the Structure of Radio Sources in the 3C
Catalogue. III. The Absolute Determination of Positions of 78 Compact Sources, Mon. Not. R.
Astron. Soc., 146, 361-379（1969）

Elsmore, B., and Ryle, M., Further Astrometric Observations with the 5-km Radio Telescope,
Mon. Not. R. Astron. Soc., 174, 411-423（1976）

Everitt, C. W. F., DeBra, D. B., Parkinson, B. W., Turneaure, J. P., Conklin, J. W.,
Heifetz, M. I., Keiser, G. M., Silbergleit, A. S., Holmes, T., Kolodziejczak, J., and 17
coauthors, Gravity Probe B. Final Results of a Space Experiment to Test General Relativity,
Phys. Rev. Lett., 106, 221101-1-221101-5（2011）

Fanselow, J. L., Sovers, O. J., Thomas, J. B., Purcell, G. H., Jr., Cohen, E. J.,
Rogstad, D. H., Skjerve, L. J., and Spitzmesser, D. J., Radio Interferometric Determination
of Source Positions Utilizing Deep Space Network Antennas—1971 to 1980, Astron. J., 89,
987-998（1984）

Fey, A. L., and Charlot, P., VLBA Observations of Radio Reference Frame Structures. II.
Astrometric Suitability Based on Observed Structure, Astrophys. J. Suppl., 111, 95-142
（1997）

Fey, A. L., Gordon, D., and Jacobs, C. S., Eds., The Second Realization of the International
Celestial Reference Frame by Very Long Baseline Interferometry, IERS Technical Note 35,
International Earth Rotation and Reference Systems Service, Verlag des Bundesamts für
Kartographie und Geodäsie, Frankfurt am Main（2009）

Fey, A. L., Gordon, D., Jacobs, C. S., Ma, C., Gamme, R. A., Arias, E. F., Bianco,
G., Boboltz, D. A., Böckmann, S., Bolotin, S., and 31 coauthors, The Second Realization
of the International Celestial Reference Frame by Very Long Baseline Interferometry, Astrophys.
J., 150: 58（16 pp）（2015）

Fomalont, E., Astrometry, in Very Long Baseline Interferometry and the VLBA, Zensus, J. A., Diamond, P. J., and Napier, P. J., Eds., Astron. Soc. Pacific Conf. Ser., 82 (1995), pp. 363-394

Fomalont, E. B., Goss, W. M., Lyne, A. G., Manchester, R. N., and Justtanont, K., Positions and Proper Motions of Pulsars, Mon. Not. R. Astron. Soc., 258, 479-510 (1992)

Fomalont, E., Johnston, K., Fey, A., Boboltz, D., Oyama, T., and Honma, M., The Position/Structure Stability of Four ICRF2 Sources, Astron. J, 141, 91 (19pp) (2011)

Fomalont, E., Kopeikin, S., Lanyi, G., and Benson, J., Progress in Measurements of the Gravitational Bending of Radio Waves Using the VLBA, Astrophys. J., 699, 1395-1402 (2009)

Fomalont, E. B., and Sramek, R. A., A Confirmation of Einstein's General Theory of Relativity by Measuring the Bending of Microwave Radiation in the Gravitational Field of the Sun, Astrophys. J., 199, 749-755 (1975)

Fomalont, E. B. and Sramek, R. A., Measurements of the Solar Gravitational Deflection of Radio Waves in Agreement with General Relativity, Phys. Rev. Lett., 36, 1475-1478 (1976)

Fomalont, E. B., and Sramek, R. A., The Deflection of Radio Waves by the Sun, Comments Astrophys., 7, 19-33 (1977)

Garay, G., Moran, J. M., and Reid, M. J., Compact Continuum Radio Sources in the Orion Nebula, Astrophys. J., 314, 535-550 (1987)

Gauss, K. F., Theoria Motus, 1809; repr. in transl. as Theory of the Motion of the Heavenly Bodies Moving about the Sun in Conic Sections, Dover, New York (1963), p. 249

Genzel, R., Reid, M. J., Moran, J. M., and Downes, D., Proper Motions and Distances of H_2O Maser Sources. I. The Outflow in Orion-KL, Astrophys. J., 244, 884-902 (1981)

Gipson, J. M., and Ma, C., Signature of El Niño in Length of Day as Measured by VLBI, in The Impact of El Niño and Other Low-Frequency Signals on Earth Rotation and Global Earth System Parameters, Salstein, D. A., Kolaczek, B., and Gambis, D., Eds., IERS Technical Note 26, International Earth Rotation Service, Observatoire de Paris (1999), pp. 17-22

Gray, M., Maser Sources in Astrophysics, Cambridge Univ. Press, Cambridge, UK (2012)

Gwinn, C. R., Moran, J. M., and Reid, M. J., Distance and Kinematics of the W49N H_2O Maser Outflow, Astrophys. J., 393, 149-164 (1992)

Hall, T., Karl Friedrich Gauss, MIT Press, Cambridge, MA (1970), p. 74

Hamilton, W. C., Statistics in Physical Science, Ronald, New York (1964)

Hazard, C., Sutton, J., Argue, A. N., Kenworthy, C. M., Morrison, L. V., and Murray, C. A., Accurate Radio and Optical Positions of 3C273B, Nature Phys. Sci., 233, 89-91 (1971)

Herring, T. A., Geodetic Applications of GPS, Proc. IEEE, Special Issue on Global Positioning System, 87, No. 1, 92-110 (1999)

Herring, T. A., Corey, B. E., Counselman, C. C., III, Shapiro, I. I., Rogers, A. E. E.,

Whitney, A. R., Clark, T. A., Knight, C. A., Ma, C., Ryan, J. W., and seven coauthors, Determination of Tidal Parameters from VLBI Observations, in Proc. Ninth Int. Symp. Earth Tides, Kuo, J., Ed., E. Schweizerbart'sche Verlagsbuchhandlung, Stuttgart (1983), pp. 205-211

Herring, T. A., Gwinn, C. R., and Shapiro, I. I., Geodesy by Radio Interferometry: Corrections to the IAU 1980 Nutation Series, in Proc. MERIT/COTES Symp., Mueller, I. I., Ed., Ohio State Univ. Press, Columbus, OH (1985), pp. 307-325

Herring, T. A., Shapiro, I. I., Clark, T. A., Ma, C., Ryan, J. W., Schupler, B. R., Knight, C. A., Lundqvist, G., Shaffer, D. B., Vandenberg, N. R., and nine coauthors, Geodesy by Radio Interferometry: Evidence for Contemporary Plate Motion, J. Geophys. Res., 91, 8344-8347 (1986)

Hill, J. M., A Measurement of the Gravitational Deflection of Radio Waves by the Sun, Mon. Not. R. Astron. Soc., 153, 7p-11p (1971)

Hinteregger, H. F., Shapiro, I. I., Robertson, D. S., Knight, C. A., Ergas, R. A., Whitney, A. R., Rogers, A. E. E., Moran, J. M., Clark, T. A., and Burke, B. F., Precision Geodesy Via Radio Interferometry, Science, 178, 396-398 (1972)

Hirota, T., Bushimata, T., Choi, Y. K., Honma, M., Imai, H., Iwadate, K., Jike, T., Kameno, S., Kameya, O., Kamohara, R., and 27 coauthors, Distance to Orion KL Measured with VERA, Pub. Astron. Soc. Japan, 59, 897-903 (2007)

Hocke, K., and Schlegel, K. A Review of Atmospheric Gravity Waves and Travelling Ionospheric Disturbances: 1982-1995, Ann. Geophysicae, 14, 917-940 (1996)

Hogg, D, W., Bovy, J, and Lang, D., Data Analysis Recipes: Fitting a Model to Data (2010), arXiv: 1008.4686

Johnston, K. J., and de Vegt, C., Reference Frames in Astronomy, Ann. Rev. Astron. Astrophys., 37, 97-125 (1999)

Johnston, K. J., Seidelmann, P. K., and Wade, C. M., Observations of 1 Ceres and 2 Pallas at Centimeter Wavelengths, Astron. J., 87, 1593-1599 (1982)

Jones, D. L., Folkner, W. M., Jacobson, R. A., Jacobs, C. S., Dhawan, V., Romney, J., and Fomalont, E., Astrometry of Cassini with the VLBA to Improve the Saturn Ephemeris, Astron. J., 149, 28 (7pp) (2015)

Jung, T., Sohn, B. W., Kobayashi, H., Sasao, T., Hirota, T., Kameya, O., Choi, Y. K., and Chung, H. S., First Simultaneous Dual-Frequency Phase Referencing VLBI Observation with VERA, Publ. Astron. Soc. Japan, 63, 375-385 (2011)

Kim, M. K., Hirota, T., Honma, M., Kobayashi, H., Bushimata, T., Choi, Y. K., Imai, H., Iwadate, K., Jike, T., Kameno, S., and 22 coauthors, SiO Maser Observations Toward Orion-KL with VERA, Pub. Astron. Soc. Japan, 60, 991-999 (2008)

Kounkel, M., Hartmann, L., Loinard, L., Ortiz-León, G. N., Mioduszewski, A. J., Rodríguez, L. F., Dzib, S. A., Torres, R. M., Pech, G., Galli, P. A. B., and five coauthors, The Gould's Belt Distances Survey (Gobelins). III. Distances and Structure Towards the OrionMolecular Clouds, Astrophys. J., accepted (2016). arXiv: 1609. 04041v2

Krásná, H., Böhm, J., and Schuh, H., Free Core Nutation Observed by VLBI, Astron. Astrophys., 555, A29 (5pp) (2013)

Lambeck, K., The Earth's Variable Rotation: Geophysical Causes and Consequences, Cambridge Univ. Press, Cambridge, UK (1980)

Lambert, S. B., and Le Poncin-Lafitte, C., Improved Determination of by VLBI, Astron. Astrophys, 529, A70 (4 pp) (2011)

Lampton, M., Margon, B., and Bowyer, S., Parameter Estimation in X-Ray Astronomy, Astrophys. J., 208, 177-190 (1976)

Lebach, D. E., Corey, B. E., Shapiro, I. I., Ratner, M. I., Webber, J. C., Rogers, A. E. E., Davis, J. L., and Herring, T. A., Measurements of the Solar Deflection of Radio Waves Using Very Long Baseline Interferometry, Phys. Rev. Lett., 75, 1439-1442 (1995)

Lestrade, J.-F., VLBI Phase-Referencing for Observations of Weak Radio Sources, Radio Interferometry: Theory, Techniques and Applications, Cornwell, T. J., and Perley, R. A., Eds., Astron. Soc. Pacific Conf. Ser., 19, 289-297 (1991)

Lestrade, J.-F., Jones, D. L., Preston, R. A., Phillips, R. B., Titus, M. A., Kovalevsky, J., Lindegren, L., Hering, R., Froeschlé, M., Falin, J.-L., and five coauthors, Preliminary Link of the Hipparcos and VLBI Reference Frames, Astron. Astrophys, 304, 182-188 (1995)

Lestrade, J.-F., Rogers, A. E. E., Whitney, A. R., Niell, A. E., Phillips, R. B., and Preston, R. A., Phase-Referenced VLBI Observations of Weak Radio Sources: Milliarcsecond Position of Algol, Astron. J., 99, 1663-1673 (1990)

Lieske, J. H., Lederle, T., Fricke, W., and Morando, B., Expressions for the Precession Quantities Based upon the IAU (1976) System of Astronomical Constants, Astron. Astrophys., 58, 1-16 (1977)

Lutz, T. E., and Kelker, D. H., On the Use of Trigonometric Parallaxes for the Calibration of Luminosity Systems: Theory, Publ. Astron. Soc. Pacific, 85, 573-578 (1973)

Ma, C., Arias, E. F., Eubanks, T. M., Fey, A. L., Gontier, A.-M., Jacobs, C. S., Sovers, O. J., Archinal, B. A., and Charlot, P., The International Celestial Reference Frame as Realized by Very Long Baseline Interferometry, Astron. J., 116, 516-546 (1998)

Madison, D. R., Chatterjee, S., and Cordes, J. M., The Benefits of VLBI Astrometry to Pulsar Timing Array Searches for Gravitational Radiation, Astrophys. J., 777: 104 (14pp) (2013)

Marcaide, J. M., and Shapiro, I. I., High Precision Astrometry via Very-Long-Baseline Radio Interferometry: Estimate of the Angular Separation between the Quasars 1038+528A and B, Astron. J., 88, 1133-1137 (1983)

Markowitz, W., and Guinot, B., Eds., Continental Drift, Secular Motion of the Pole, and Rotation of the Earth, IAU Symp. 32, Reidel, Dordrecht (1968), pp. 13-14

McCarthy, D. D., and Pilkington, J. D. H., Eds., Time and the Earth's Rotation, IAU Symp. 82, Reidel, Dordrecht（1979）（see papers on radio interferometry）Melchior, P., The Tides of the Planet Earth, Pergamon Press, Oxford（1978）

Melis, C., Reid, M. J., Mioduszewski, A. J., Stauffer, J. R., and Bower, G. C., A VLBI Resolution of the Pleiades Distance Controversy, Science, 345, 1029-1032（2014）

Menten, K. M., Reid, M. J., Forbrich, J., and Brunthaler, A., The Distance to the Orion Nebula, Astron. Astrophys., 474, 515-520（2007）

Middelberg, E., Roy, A. L., Walker, R. C., and Falcke, H., VLBI Observations of Weak Sources Using Fast Frequency Switching, Astron. Astrophys., 433, 897-909（2005）

Misner, C. W., Thorne, K. S., and Wheeler, J. A., Gravitation, Freedman, San Francisco（1973）, Sec. 40.3

Moran, J. M., Burke, B. F., Barrett, A. H., Rogers, A. E. E., Ball, J. A., Carter, J. C., and Cudaback, D. D., The Structure of the OH Source in W3, Astrophys. J. Lett., 152, L97-L101（1968）

Morrison, N., Introduction to Sequential Smoothing and Prediction, McGraw-Hill, New York（1969）, p. 645

Mueller, I. I., Reference Coordinate Systems for Earth Dynamics: A Preview, in Reference Coordinate Systems for Earth Dynamics, Gaposchkin, E. M., and Kołaczek, B., Eds., Reidel, Dordrecht（1981）, pp. 1-22

Muhleman, D. O., Ekers, R. D., and Fomalont, E. B., Radio Interferometric Test of the General Relavistic Light Bending Near the Sun, Phys. Rev. Lett., 24, 1377-1380（1970）

Norris, R. P., and Booth, R. S., Observations of OH Masers in W3OH, Mon. Not. R. Astron. Soc., 195, 213-226（1981）

Norris, R. P., Booth, R. S., and Diamond, P. J., MERLIN Spectral Line Observations ofW3OH, Mon. Not. R. Astron. Soc., 201, 209-222（1982）

Paek, N., and Huang, H.-P., A Comparison of the Interannual Variability in Atmospheric Angular Momentum and Length-of-Day Using Multiple Reanalysis Data Sets, J. Geophys. Res., 117, D20102（9pp）（2012）

Petley, B. W., New Definition of the Metre, Nature, 303, 373-376（1983）

Pitjeva, E. V., and Standish, E. M., Proposals for the Masses of the Three Largest Asteroids, the Moon-Earth Mass Ratio, and the Astronomical Unit, Celest. Mech. Dyn. Astron., 103, 365-372（2009）.

Press, W. H., Teukolsky, S. A., Vetterling, W. T., and Flannery, B. P., Numerical Recipes, 2nd ed., Cambridge Univ. Press, Cambridge, UK（1992）

Ratner, M. I., Bartel, N., Bietenholz, M. F., Lebach, D. E., Lestrade, J.-F., Ransom, R. R., and Shapiro, I. I., VLBI for Gravity Probe B. V. Proper Motion and Parallax of the Guide Star IM Pegasi, Astrophys. J. Suppl., 201: 5（16pp）（2012）. doi: 10. 1088/0067-0049/201/1/5

Reid, M. J., and Brunthaler, A., The Proper Motion of Sagittarius A*. II. The Mass of Sagittarius A*, Astrophys. J., 616, 872-884（2004）. doi: 10. 1086/424960

Reid, M. J., Haschick, A. D., Burke, B. F., Moran, J. M., Johnston, K. J., and Swenson, G. W., Jr., The Structure of Interstellar Hydroxyl Masers: VLBI Synthesis Observations of W3（OH）, Astrophys. J., 239, 89-111（1980）

Reid, M. J., and Honma, M., Microarcsecond Radio Astrometry, Ann. Rev. Astron. Astrophys., 52, 339-372（2014）

Reid, M. J., Menten, K. M., Brunthaler, A., Zheng, X. W., Dame, T. M., Xu, Y., Wu, Y., Zhang, B., Sanna, A., Sato, M., and six coauthors, Trigonometric Parallaxes of High-Mass Star-Forming Regions: The Structure and Kinematics of the MilkyWay, Astrophys. J., 783: 130（14pp）（2014）

Reid, M. J., Menten, K. M., Brunthaler, A., Zheng, X. W., Moscadelli, L., and Xu, Y., Trigonometric Parallaxes of Massive Star-Forming Regions. I. S 252 and G232. 6+1. 0, Astrophys. J., 693, 397-405（2009）

Reid, M. J., and Moran, J. M., Astronomical Masers, in Galactic and Extragalactic Radio Astronomy, 2nd ed., Verschuur, G. L., and Kellermann, K. I., Eds., Springer-Verlag, Berlin（1988）, pp. 255-294

Reid, M. J., Schneps, M. H., Moran, J. M., Gwinn, C. R., Genzel, R., Downes, D., and Rönnäng, B., The Distance to the Center of the Galaxy: H2O Maser Proper Motions in Sagittarius B2（N）, Astrophys. J., 330, 809-816（1988）

Riley, J. M., A Measurement of the Gravitational Deflection of Radio Waves by the Sun During 1972 October, Mon. Not. R. Astron. Soc., 161, 11p-14p（1973）

Rioja, M., and Dodson, R., High-Precision Astrometric Millimeter Very-Long-Baseline Interferometry Using a New Method for Atmospheric Calibration, Astron. J., 141, 114（15pp）（2011）

Rioja, M. J., Dodson, R., Jung, T., and Sohn, B. W., The Power of Simultaneous Multi-Frequency Observations for mm-VLBI: Astrometry Up to 130 GHz with the KVN, Astron. J., 150: 202（14pp）（2015）

Rioja, M. J., Dodson, R., Jung, T., Sohn, B. W., Byun, D.-Y., Agudo, I., Cho, S.-H., Lee, S.-S., Kim, J., Kim, K.-T., and 16 coauthors, Verification of the Astrometric Performance of the Korean VLBI Network, Using Comparative SFPR Studies with the VLBA at 14/7 mm, Astron. J., 148, 84（15pp）（2014）

Rioja, M. J., Marcaide, J. M., Elósegui, P., and Shapiro, I. I., Results from a Decade-Long VLBI Astrometric Monitoring of the Pair of Quasars 1038+528 A and B, Astron. Astrophys., 325, 383-390（1997）

Robertson, D. S., Carter, W. E., and Dillinger, W. H., New Measurement of Solar Gravitational Deflection of Radio Signals Using VLBI, Nature, 349, 768-770（1991）

Robertson, D. S., Carter, W. E., Eanes, R. J., Schutz, B. E., Tapley, B. D., King, R.

W., Langley, R. B., Morgan, P. J., and Shapiro, I. I., Comparison of Earth Rotation as Inferred from Radio Interferometric, Laser Ranging, and Astrometric Observations, Nature, 302, 509-511（1983）

Ros, E., Marcaide, J. M., Guirado, J. C., Ratner, M. I., Shapiro, I. I., Krichbaum, T. P., Witzel, A., and Preston, R. A., High Precision Difference Astrometry Applied to the Triplet of S5 Radio Sources B1803+784/Q1928+738/B2007+777, Astron. Astrophys., 348, 381-393（1999）

Ryle, M., and Elsmore, B., Astrometry with the 5-km Telescope, Mon. Not. R. Astron. Soc., 164, 223-242（1973）

Sandstrom, K. M., Peek, J. E. G., Bower, G. C., Bolatto, A. D., and Plambeck, R. L., A Parallactic Distance of 389^{+24}_{-21} Parsecs to the Orion Nebula Cluster from Very Long Baseline Array Observations, Astrophys. J., 667, 1161-1169（2007）

Seidelmann, P. K., Ed., Explanatory Supplement to the Astronomical Almanac, University Science Books, Mill Valley, CA（1992）

Seielstad, G. A., Sramek, R. A., and Weiler, K. W., Measurement of the Deflection of 9. 602-GHz Radiation from 3C279 in the Solar Gravitational Field, Phys. Rev. Lett., 24, 1373-1376（1970）

Shapiro, I. I., New Method for the Detection of Light Deflection by Solar Gravity, Science, 157, 806-808（1967）

Shapiro, I. I., Estimation of Astrometric and Geodetic Parameters, in Methods of Experimental Physics, Vol. 12, Part C（Astrophysics: Radio Observations）, Meeks, M. L., Ed., Academic Press, New York（1976）, pp. 261-276

Shapiro, I. I., Robertson, D. S., Knight, C. A., Counselman, C. C., III, Rogers, A. E. E., Hinteregger, H. F., Lippincott, S., Whitney, A. R., Clark, T. A., Niell, A. E., and Spitzmesser, D. J., Transcontinental Baselines and the Rotation of the Earth Measured by Radio Interferometry, Science, 186, 920-922（1974）

Shapiro, I. I., Wittels, J. J., Counselman, C. C., III, Robertson, D. S., Whitney, A. R., Hinteregger, H. F., Knight, C. A., Rogers, A. E. E., Clark, T. A., Hutton, L. K., and Niell, A. E., Submilliarcsecond Astrometry via VLBI. I. Relative Position of the Radio Sources 3C345 and NRAO512, Astron. J., 84, 1459-1469（1979）

Shapiro, S. S., Davis, J. L., Lebach, D. E., and Gregory, J. S., Measurement of the Solar Gravitational Deflection of Radio Waves Using Geodetic Very-Long-Baseline Interferometry Data, 1979-1999, Phys. Rev. Lett., 92, 121101-1-121101-4（2004）

Sivia, D. S. with Skilling, J., Data Analysis: A Bayesian Tutorial, 2nd ed., Oxford Univ. Press, Oxford, UK（2006）

Smith, F. G., The Determination of the Position of a Radio Star, Mon. Not. R. Astron. Soc., 112, 497-513（1952）

Smith, H. M., International Time and Frequency Coordination, Proc. IEEE, 60, 479-487

（1972）

Sovers, O. J., Fanselow, J. L., and Jacobs, C. S., Astrometry and Geodesy with Radio Interferometry: Experiments, Models, Results, Rev. Mod. Phys., 70, 1393-1454（1998）

Sramek, R. A., A Measurement of the Gravitational Deflection of Microwave Radiation Near the Sun, 1970 October, Astrophys. J. Lett., 167, L55-L60（1971）

Sramek, R., The Gravitational Deflection of Radio Waves, in Experimental Gravitation, Proc. International School of Physics "Enrico Fermi," Course 56, B. Bertotti, Ed., Academic Press, New York and London（1974）

Sramek, R. A., Atmospheric Phase Stability at the VLA, in Radio Astronomical Seeing, Baldwin, J. E., and Wang, S., Eds., International Academic Publishers and Pergamon Press, Oxford（1990）, pp. 21-30

Taff, L. G., Computational Spherical Astronomy, Wiley, New York（1981）

Tatarski, V. I., Wave Propagation in a Turbulent Medium, transl. by Silverman, R. A., McGraw-Hill, New York（1961）

Titov, O., Spectral Analysis of the Baseline Length Time Series from VLBI Data, International VLBI Service for Geodesy and Astrometry: General Meeting Proceedings, Goddard Space Flight Center, Greenbelt, MD, National Technical Information Service（2002）, pp. 315-319

Ulvestad, J., Phase-Referencing Cycle Times, VLBA Scientific Memo 20, National Radio Astronomy Observatory（1999）

Verbiest, J. P. W., and Lorimer, D. R., Why the Distance of PSR J0218+4232 Does Not Challenge Pulsar Emission Theories, Mon. Not. R. Astron. Soc., 444, 1859-1861（2014）

Verbiest, J. P. W., Lorimer, D. R., and McLaughlin, M. A., Lutz-Kelker Bias in Pulsar Parallax Measurements, Mon. Not. R. Astron. Soc., 405, 564-572（2010）

Verbiest, J. P. W., Weisberg, J. M., Chael, A. A., Lee, K. J., and Lorimer, D. R., On Pulsar Distance Measurements and Their Uncertainties, Astrophys. J., 755: 39（9pp）（2012）

Wade, C. M., Precise Positions of Radio Sources. I. Radio Measurements, Astrophys. J., 162, 381-390（1970）

Wahr, J. M., The Forced Nutations of an Elliptical, Rotating, Elastic, and Oceanless Earth, Geophys. J. R. Astron. Soc., 64, 705-727（1981）

Wahr, J. M., Geodesy and Gravity, Samezdot Press, Golden, CO（1996）

Walker, R. C., The Multiple-Point Fringe-Rate Method of Mapping Spectral-Line VLBI Sources with Application to H_2O Masers in W3-IRS5 and W3（OH）, Astron. J., 86, 1323-1331（1981）. doi: 10. 1086/113013

Walker, R. C., Matsakis, D. N., and Garcia-Barreto, J. A., H_2O Masers in W49N. I. Maps, Astrophys. J., 255, 128-142（1982）

Weiler, K. W., Ekers, R. D., Raimond, E., and Wellington, K. J., A Measurement of Solar Gravitational Microwave Deflection with the Westerbork Synthesis Telescope , Astron.

Astrophys., 30, 241-248（1974）

Weiler, K. W., Ekers, R. D., Raimond, E., and Wellington, K. J., Dual-Frequency Measurement of the Solar Gravitational Microwave Deflection, Phys. Rev. Lett., 35, 134-137 （1975）

Will, C. M., Theory and Experiment in Gravitational Physics, Cambridge Univ. Press, Cambridge, UK（1993）, ch. 7

Woolard, E. W., and Clemence, G. M., Spherical Astronomy, Academic Press, New York （1966）

13 传播效应：中性介质

大气层的中性大气对信号传播有重要影响。我们主要关注三种类型的效应。第一，介质中的大尺度结构产生的折射效应。这种效应会使得射电波弯曲并改变其传播速度，可以用几何光学和费马原理分析其效应。第二，辐射的吸收效应。第三，介质中湍流结构的散射效应。散射现象导致闪烁，或影响视宁度（Seeing）。

对流层中的水汽对射电传播有特别重要的影响。射电波段水汽的折射率比近红外或光学波段大 20 倍。厘米波、毫米波和亚毫米波射电干涉仪的相位抖动主要是由水汽分布的波动引起的。对流层中水汽的混合是不均匀的，不能用地面气象测量手段精确地遥感水汽的总柱密度。水汽含量的不确定性严重制约了 VLBI 测量的精度。如果不使用波前修正技术，水汽分布的小尺度波动（<1km）会限制单元互连型干涉仪的角分辨率。另外，水汽谱线导致了频率 100GHz 以上的大量吸收，并且通常致使对流层在 $1\sim10THz$（$300\sim30\mu m$）频率范围内高度不透明。因此，讨论任何中性大气效应都必须重点关注水汽的影响。Crane（1981）和 Bohlander 等（1985）从无线电通信角度讨论了中性大气中的传播问题。

我们关注传播介质是由于介质对射电源的干涉测量产生了影响。反之，观测射电源也可以用于探测传播介质的特性。射电干涉测量已经广泛应用于介质特性探测。

13.1 原　　理

大气层的温度廓线如图 13.1 所示。从地表向上，低层大气温度以 $6.5K \cdot km^{-1}$ 的速率单调减小，偶尔会有小幅度反转，在中纬度地区直至大约 12km 高度达到 210K。高度最低的这层大气称为对流层（Troposphere）。在 12km 以上大约 10km 范围内温度相对恒定，称为对流层顶（Tropopause）。在对流层顶以上为平流层（Stratosphere），由于存在臭氧，温度开始随高度增加，在 45km 高度达到 260K。在平流层以上的中间层（Mesosphere），大气温度随高度增加而降低，然后在高层大气，中性大气变为电离层，温度再次升高。在中性大气中，射电波的传播主要受到对流层影响。在详细讨论射电波在对流层中的折射、吸收和散射之前，我们先介绍一些基本物理概念。

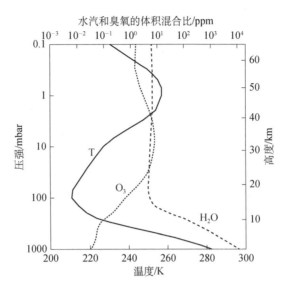

图13.1 2005～2014年北半球中纬和南半球中纬的平均温度（实线）垂直廓线、水汽（H_2O）（虚线）和臭氧（O_3）（点线）的体积混合比，汇编自NASA的研究与应用的现代回顾性分析计划（Modern-Era Retrospective Analysis for Research and Application，MERRA）的再分析资料（Rienecker et al.，2011）。平均值记录了日变化和年变化
1bar=10^5Pa，1ppm=10^{-6}

13.1.1 基础物理

考虑一个平面波在均匀耗散电介质中沿y方向传播，用以下方程表示：

$$E(y,t) = E_0 e^{j(kny-2\pi\nu t)} \quad (13.1)$$

其中k是自由空间中的传播常数且等于$2\pi\nu/c$，c为光速，E_0是电场强度。$n=n_R+jn_I$，是复折射指数。如果折射指数的虚部为正，则波呈指数衰减。功率吸收系数定义为

$$\alpha = \frac{4\pi\nu}{c}n_I \quad (13.2)$$

单位为m^{-1}。大气中的传播常数等于k乘以折射指数的实部，可写为

$$kn_R = \frac{2\pi n\nu}{c} = \frac{2\pi\nu}{v_p} \quad (13.3)$$

其中$n=n_R$，是忽略吸收效应的折射指数；v_p是相速度。低层大气中波的相速度c/n比c慢约0.03%。在折射指数为$n(y)$的介质中传播所需时间比自由空间中传播相同距离所需时间增加了

$$\Delta t = \frac{1}{c}\int (n-1)\,\mathrm{d}y \quad (13.4)$$

其中我们假设实际射线路径与直线路径的物理长度之差的影响可忽略不计。增

量（Excess）路径长度定义为 $c\Delta t$，或者

$$\mathcal{L} = 10^{-6}\int N(y)\mathrm{d}y \qquad (13.5)$$

其中引入了折射率（Refractivity）N，定义为 $N = 10^{6}(n-1)$。注意，本章中大量使用的增量路径长度概念并不是一个实际物理路径。

广泛采用的射频折射率表达式为（Rüeger，2002）

$$N = 77.6890\frac{p_{\mathrm{D}}}{T} + 71.2952\frac{p_{\mathrm{V}}}{T} + 375463\frac{p_{\mathrm{V}}}{T^2} \qquad (13.6)$$

其中 T 是温度，单位为 K；p_{D} 是干大气的分压；p_{V} 是水汽的分压，单位为毫巴（1mbar=100N·m^2=100Pa=1hPa；1 个标准大气压=1013mbar）。式（13.6）右侧的前两项是由空气气体成分（N_2、O_2、CO_2 和 H_2O）的位移偏振引入的。第三项是由水汽的固有偶极矩引入的。式（13.6）被正式称为"零频"极限折射率，但频率低于 100GHz 时，精度优于 1%。在 100GHz 以下，由于谐振产生的折射率色散分量的贡献很小。在 100～1000GHz，折射率会明显偏离 1（参见13.1.4 节的讨论）。

根据理想气体定律（Ideal Gas Law），可以用气体密度来表示折射率：

$$p = \frac{\rho RT}{\mathcal{M}} \qquad (13.7)$$

其中 p 和 ρ 是任一气体成分的分压和密度；R 是普适气体常数（Universal Gas Constant），等于 $8.314\,\mathrm{J\cdot mol^{-1}\cdot K^{-1}}$；$\mathcal{M}$ 是分子重量，对流层干大气的分子重量 $\mathcal{M}_{\mathrm{D}} = 28.96\,\mathrm{g\cdot mol^{-1}}$，水汽的分子重量为 $\mathcal{M}_{\mathrm{V}} = 18.02\,\mathrm{g\cdot mol^{-1}}$。因此，$p_{\mathrm{D}} = \rho_{\mathrm{D}}RT/\mathcal{M}_{\mathrm{D}}$ 且 $p_{\mathrm{V}} = \rho_{\mathrm{V}}RT/\mathcal{M}_{\mathrm{V}}$，其中 ρ_{D} 和 ρ_{V} 分别为干大气和水汽的密度。由于总压强 P 等于分压之和，总密度 ρ_{T} 等于成分气体密度之和，式（13.7）可写成 $P = \rho_{\mathrm{T}}RT/\mathcal{M}_{\mathrm{T}}$，其中，

$$\mathcal{M}_{\mathrm{T}} = \left(\frac{1}{\mathcal{M}_{\mathrm{D}}}\frac{\rho_{\mathrm{D}}}{\rho_{\mathrm{T}}} + \frac{1}{\mathcal{M}_{\mathrm{V}}}\frac{\rho_{\mathrm{V}}}{\rho_{\mathrm{T}}}\right)^{-1} \qquad (13.8)$$

以适当形式将式（13.7）和公式 $\rho_{\mathrm{D}} = \rho_{\mathrm{T}} - \rho_{\mathrm{V}}$ 代入式（13.6）可得

$$N = 0.2228\rho_{\mathrm{T}} + 0.076\rho_{\mathrm{V}} + 1742\frac{\rho_{\mathrm{V}}}{T} \qquad (13.9)$$

其中 ρ_{T} 和 ρ_{V} 的单位为 $\mathrm{g\cdot m^{-3}}$。由于式（13.9）右侧的第二项远小于第三项，可以并入第三项，当 T=280K 时

$$N \approx 0.2228\rho_{\mathrm{T}} + 1763\frac{\rho_{\mathrm{V}}}{T} = N_{\mathrm{D}} + N_{\mathrm{V}} \qquad (13.10)$$

式（13.10）分别定义了干折射率 N_{D} 和湿折射率 N_{V}。各类文献中的定义并不完全相同。注意 N_{D} 正比于总密度，因此水汽的诱导偶极矩（Induced Dipole

Moment）对其也有贡献。图 13.2 给出了世界各地水汽柱密度分布的均值。水汽气候学的相关讨论参见 Peixoto 和 Oort（1996）。

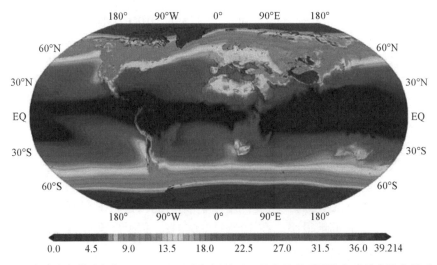

图 13.2　全球大气模式框架 2005～2014 十年间基于卫星和地基观测的全球总水汽含量（w）分布。色标代表柱密度，单位为 kg·m^{-2}（相当于毫米级降水量）。注意，地图的分辨率不足以展示低水汽含量的小局域，如莫纳克亚山。数据来自 NASA MERRA 计划。参见 Rienecker 等（2011）（扫描封底二维码可看彩图）

　　大气层是处于高度准确的流体静力平衡状态（Andrews，2000）。压强和重力静平衡状态的一团气体符合如下方程：

$$\frac{\mathrm{d}P}{\mathrm{d}h} = -\rho_{\mathrm{T}} g \qquad (13.11)$$

其中 g 是重力加速度，约等于 980cm·s^{-2}；h 是距离地面的高度。利用式（13.7）的理想气体定律，假设温度廓线和混合比的具体形式，我们可以对式（13.11）进行积分。如果等温大气的混合比是常数，温度为 290K，则 ρ_{T} 是标高 $RT/\mathcal{M}_{\mathrm{g}} \approx 8.5$km 的指数函数，实际观测的标高与此接近。Hess（1959）介绍了其他一些模型。在流体静力平衡条件下，折射率的干大气分量引入的增量路径长度与总密度或温度的高程分布无关，只依赖于表面气压 P_0。假设 g 不随高度变化，对式（13.11）做积分可得表面气压

$$P_0 = g \int_0^\infty \rho_{\mathrm{T}}(h) \mathrm{d}h \qquad (13.12)$$

由式（13.5）、（13.10）和（13.12），可得天顶方向的干大气增量路径长度为

$$\mathcal{L}_{\mathrm{D}} = 10^{-6} \int_0^\infty N_{\mathrm{D}} \mathrm{d}h = A P_0 \qquad (13.13)$$

其中 $A = 77.6 R / g \mathcal{M}_{\mathrm{D}} = 0.228$cm·mbar^{-1}。在 $P_0 = 1013$mbar 的标准条件下，$\mathcal{L}_{\mathrm{D}}$ 等

于 231cm。

水汽在大气中混合不充分，因此与地基气象参数的相关性差（Reber and Swope，1972）。水汽平均密度表现为标高 2km 的指数分布，这种关系可以用下述分析来理解。由式（13.7），水汽的分压和密度之间的关系为

$$\rho_V = \frac{217 p_V}{T} \, (\mathrm{g \cdot m^{-3}}) \tag{13.14}$$

根据克劳修斯-克拉佩龙方程（Clausius-Clapeyron Equation）（Hess，1959），在 240～310K 温度范围内用下面的方程计算温度为 T 的饱和大气的水汽分压 p_{VS}，近似精度优于 1%（Crane，1976）

$$p_{VS} = 6.11 \left(\frac{T}{273} \right)^{-5.3} \mathrm{e}^{25.2(T-273)/T} \, (\mathrm{mb}) \tag{13.15}$$

相对湿度等于 p_V / p_{VS}。克劳修斯-克拉佩龙方程的这一近似方程几乎是温度的指数函数，温度从 280K 降低到 266K 时，分压从 10.0mbar 减小到 3.7mbar（减小到 e^{-1}）。温度以 $6\mathrm{K \cdot km^{-1}}$ 递减的条件下，水汽密度廓线非常接近于标高 2.5km 的指数函数。本书讨论情境下，我们采用符合一般观测的简单的湿大气模型，即标高为 2.0km 的等温分布。

由式（13.10）可得水汽的固有偶极矩引入的路径长度分量为

$$\mathcal{L}_V = 1736 \times 10^{-6} \int_0^\infty \frac{\rho_V(h)}{T(h)} \mathrm{d}h \tag{13.16}$$

其中 $\mathcal{L}_V$ 与 h 的单位相同。因此，基于上述近似条件可得

$$\mathcal{L}_V \approx 350 \frac{\rho_{V0}}{T} \, (\mathrm{cm}) \tag{13.17a}$$

或

$$\mathcal{L}_V = 7.6 \times 10^4 \times \frac{p_{V0}}{T^2} \, (\mathrm{cm}) \tag{13.17b}$$

其中 ρ_{V0} 和 p_{V0} 分别是地表的水汽密度和分压。因此，温度为 280K 时，路径长度等于 $\mathcal{L}_V = 1.26 \rho_{V0} = 0.97 p_{V0}$。

积分水汽密度或大气水汽柱高度（Height of the Column of Water Condensed From the Atmosphere）由下式给出

$$w = \frac{1}{\rho_w} \int_0^\infty \rho_V(h) \mathrm{d}h \tag{13.18}$$

其中 ρ_w 等于 $10^6 \mathrm{g \cdot m^{-3}}$，是水的密度。因此，对于 280K 的等温大气，从式（13.16）可得

$$\mathcal{L}_V \approx 6.3w \tag{13.19}$$

文献中广泛适用这一公式，频率低于 100GHz 时具有非常好的近似性。在频率大于 100GHz 时，$\mathcal{L}_\mathrm{v}/w$ 可能从 6.3 变化到 8（见图 13.9 和相关讨论）。利用以上公式可以计算温度适度的海平面测站在极端条件下的 $\mathcal{L}_\mathrm{v}$ 值。当 $T=303\mathrm{K}$（30℃）且相对湿度为 0.8 时，可得 $p_{v0}=34\mathrm{mbar}$，$\rho_{v0}=24\mathrm{g\cdot m^{-3}}$，$w=4.9\mathrm{cm}$ 及 $\mathcal{L}_\mathrm{v}=28\mathrm{cm}$。当 $T=258\mathrm{K}$（−15℃）且相对湿度为 0.5 时，可得 $p_{v0}=1.0\mathrm{mbar}$，$\rho_{v0}=0.8\mathrm{g\cdot m^{-3}}$，$w=0.15\mathrm{cm}$，$\mathcal{L}_\mathrm{v}=1.1\mathrm{cm}$。基于式（13.13）和（13.19），下式给出天顶增量路径总长度为

$$\mathcal{L} \approx 0.228P_0 + 6.3w \text{ (cm)} \tag{13.20}$$

其中 P_0 的单位为 mbar，w 的单位为 cm。由于低层大气温度和水汽标高的相对变化通常小于 10%，用式（13.20）进行估计的精度是比较好的。但是在毫米波段，该式预测的路径长度通常难以准确到亚波长量级。

13.1.2　折射和传播延迟

如果温度和水汽压强的垂直分布已知，就可以用射线追踪（Ray Tracing）来精确估计以任意角度射入大气的射线的增量传播时间和到达角（Angle of Arrival）。为了推导一些简单的解析表达式，我们这里仅考虑几种基本情况。最简单的情况是干涉仪位于均匀大气或平行分层大气，如图 13.3 所示。射线折射满足斯涅耳定律（Snell's Law），即

$$n_0 \sin z_0 = \sin z \tag{13.21}$$

其中 z 为大气层顶（此处 $n=1$）的天顶角，且 z_0 为地表（此处 $n=n_0$）的天顶角。如第 2 章所定义，干涉仪的几何延迟为

$$\tau_\mathrm{g} = \frac{n_0 D}{c}\sin z_0 = \frac{D}{c}\sin z \tag{13.22}$$

由地表的到达角 z_0 和光速 c/n_0，或者由自由空间的 z 和光速可以计算 τ_g。因此，如果忽略地球曲率且大气是均匀的，则几何延迟与自由空间中的相同。为了确保天线能正确跟踪射电源，需要计算折射角。由式（13.21）折射角 $\Delta z = z - z_0$ 可写成

$$\Delta z = z - \arcsin\left(\frac{1}{n_0}\sin z\right) \tag{13.23}$$

在 $n_0 - 1$ 处对上式做泰勒级数展开，一阶近似为

$$\Delta z \approx (n_0 - 1)\tan z \tag{13.24}$$

由于地球表面处的 $n_0 - 1 \approx 3\times10^{-4}$，式（13.24）可写为

$$\Delta z(\mathrm{arcmin}) \approx \tan z \tag{13.25}$$

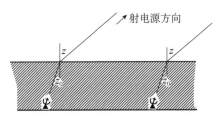

图 13.3   位于均匀平层大气模型中的二单元干涉仪。几何延迟与自由空间干涉仪的
几何延迟相同

更实际的情况下也可以计算折射角。忽略地球曲率，并假设大气是由大量平行层构成，分别标记为第 0 层到第 m 层，如图 13.4 所示。设地表的折射指数为 n_0，顶层的折射指数为 $n_m = 1$。用斯涅耳定律计算每一层，可得以下方程组：

$$n_0 \sin z_0 = n_1 \sin z_1$$
$$n_1 \sin z_1 = n_2 \sin z_2$$
$$\cdots\cdots \tag{13.26}$$
$$n_{m-1} \sin z_{m-1} = \sin z$$

其中 $z = z_m$。从这些方程可见，$n_0 \sin z_0 = \sin z$。这一结论与均匀大气的结果是一样的。因此，无论折射指数是如何垂直分布的，折射角均由式（13.21）给出，其中 n_0 为地表的折射指数值。基于费马原理的基本应用也可以获得同一结论。这一结论有一个有用的应用，如果 $n_0 = 1$，相当于将测量设备放置于地表的真空室内，就没有净折射，即 $z_0 = z$。

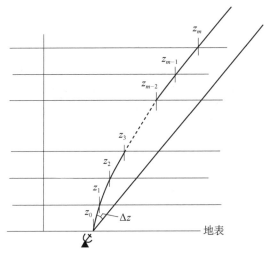

图 13.4   用一组薄的均匀平层对大气建模。顶层的入射角 z_m 等于自由空间的天顶角 z，
地表的入射角为 z_0。总弯曲角为 $\Delta z = z - z_0$

球面层构成的大气的折射角由下式给出（Smart，1977）：

$$\Delta z = r_0 n_0 \sin z_0 \int_1^{n_0} \frac{\mathrm{d}n}{n\sqrt{r^2 n^2 - r_0^2 n_0^2 \sin^2 z_0}} \tag{13.27}$$

其中 r 是地球中心到折射指数为 n 的球面层的距离；r_0 是地球半径。由球坐标斯涅耳定律 $nr \sin z = $ 常数（Smart，1977）可以推导上式。小天顶角条件下，对式（13.27）进行展开可得

$$\Delta z \approx (n_0 - 1)\tan z_0 - a_2 \tan z_0 \sec^2 z_0 \tag{13.28}$$

其中 a_2 为常数。式（13.28）也可写成如下形式：

$$\Delta z \approx a_1 \tan z_0 - a_2 \tan^3 z_0 \tag{13.29}$$

标准条件下的干大气有 $a_1 \approx 56''$，$a_2 \approx 0.07''$ [COESA（标准大气扩展委员会），1976]。地平线方向的折射角约为 $0.46°$（图 13.6）。详细分析参见 Saastamoinen（1972a）。

大气的水平分层导致源到每个天线的天顶角不同，为干涉仪引入了差分延迟。考虑两个间距很小的天线。如果天顶方向的增量路径为 $\mathcal{L}_0$，则其他方向的增量路径近似等于 $\mathcal{L}_0 \sec z$。这种近似在大天顶角情况下是不准确的。一阶展开后增量路径之差 $\Delta\mathcal{L}$ 为

$$\Delta\mathcal{L} \approx \mathcal{L}_0 \Delta z \frac{\sin z}{\cos^2 z} \tag{13.30}$$

其中 Δz 是两个天线的天顶角之差。

若天线位于赤道且源的赤纬为零，则 Δz 等于经度之差，近似等于 D/r_0，其中 D 是天线间距。这种情况下：

$$\Delta\mathcal{L} \approx \frac{\mathcal{L}_0 D}{r_0} \frac{\sin z}{\cos^2 z} \tag{13.31}$$

若 $D = 10\text{km}$，$\mathcal{L}_0 = 230\text{cm}$，$r_0 = 6370\text{km}$ 且 $z = 80°$，则 $\Delta\mathcal{L}$ 为 12cm。用如下方法可以将增量路径之差的计算做一般化推广。设 r_1 和 r_2 是从地球中心到两个天线的矢量。几何延迟等于 $(r_1 \cdot s - r_2 \cdot s)/c$，其中 s 为指向源方向的单位矢量。由 $\cos z_1 = (r_1 \cdot s)/r_0$ 且 $\cos z_2 = (r_2 \cdot s)/r_0$，其中 z_1 和 z_2 是两个天线的天顶角，几何延迟可写成如下形式：

$$\tau_g = \frac{r_0}{c}(\cos z_1 - \cos z_2) \approx \frac{r_0}{c}\Delta z \sin z \tag{13.32}$$

由式（13.32）推导 Δz 并代入式（13.30）可得到增量路径长度之差的表达式，该式适用于短基线干涉仪和中等天顶角的情况：

$$\Delta\mathcal{L} \approx \frac{c\tau_g \mathcal{L}_0}{r_0} \sec^2 z \tag{13.33}$$

对于甚长基线干涉仪，表达式（13.30）不再适用。增量路径长度之差近似为 $\Delta\mathcal{L} = \mathcal{L}_1 \sec z_1 - \mathcal{L}_2 \sec z_2$，其中 $\mathcal{L}_1$、$\mathcal{L}_2$、z_1 和 z_2 分别是两个天线的天顶增量路径长度和天顶角。现在我们可以推导每个天线增量路径长度更准确的表达式。观测几何如图 13.5 所示。假设折射指数是标高 h_0 的指数分布。增量路径长度为

$$\mathcal{L} = 10^{-6} N_0 \int_0^\infty \exp\left(-\frac{h}{h_0}\right) \mathrm{d}y \qquad (13.34)$$

其中 N_0 是地表大气的折射率；h 是距离地表的高度；$\mathrm{d}y$ 是沿射线路径的差分长度，忽略射线弯曲效应。由图 13.5 的几何关系，可得 $(h + r_0)^2 = r_0^2 + y^2 + 2r_0 y \cos z$。用二次方程的二阶展开 $(1+\Delta)^{1/2} \approx 1 + \Delta/2 - \Delta^2/8$，其中 $\Delta = (y^2 + 2yr_0 \cos z)/r_0^2$，可得

$$h \approx y \cos z + \frac{y^2}{2r_0} \sin^2 z \qquad (13.35)$$

因此

$$\mathcal{L} \approx 10^{-6} N_0 \int_0^\infty \exp\left(-\frac{y}{h_0} \cos z\right) \exp\left(-\frac{y^2}{2r_0 h_0} \sin^2 z\right) \mathrm{d}y \qquad (13.36)$$

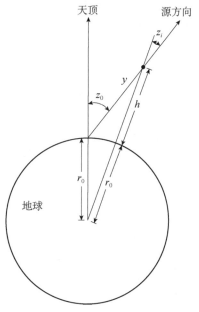

图 13.5 考虑地球曲面情况下的传播延迟观测几何。假设 y 轴方向的射线路径是直线。z_i 角是在高度 h 处射线的天顶角。计算电离层增量路径长度时需要用到 z_i 角

式（13.36）最右侧指数函数的自变量很小，可以对这项指数函数做泰勒级数展开，则上式变为

$$\mathcal{L} \approx 10^{-6} N_0 \int_0^\infty \exp\left(-\frac{y}{h_0}\cos z\right) \times \left(1 - \frac{y^2}{2r_0 h_0}\sin^2 z \cdots\right) dy \qquad （13.37）$$

对式（13.37）求积分可得

$$\mathcal{L} \approx 10^{-6} N_0 h_0 \sec z\left(1 - \frac{h_0}{r_0}\tan^2 z\right) \qquad （13.38）$$

式（13.38）也可写成如下形式：

$$\mathcal{L} \approx 10^{-6} N_0 h_0\left[\left(1 + \frac{h_0}{r_0}\right)\sec z - \frac{h_0}{r_0}\sec^3 z\right] \qquad （13.39）$$

因此，$\mathcal{L}$ 是 $\sec z$ 的奇次幂函数，而式（13.29）给出的折射角是 $\tan z$ 的奇次幂函数。当 z 接近 $90°$ 时，式（13.38）和（13.39）均会发散。当 z 等于 $90°$ 时，由式（13.35）可得 $h \approx y^2/2r_0$。因此，当 $r_0 =6370km$ 及 $h_0 =2km$ 时，直接对式（13.34）做积分可得地平线方向的增量路径长度为

$$\mathcal{L} \approx 10^{-6} N_0 \sqrt{\frac{\pi r_0 h_0}{2}} \approx 70\mathcal{L}_0 \approx 14 N_0 (cm) \qquad （13.40）$$

将式（13.38）代入式（13.13）的干大气分量和式（13.17）的湿大气分量，可得同时包含标高 $h_D = 8km$ 的干大气和标高 $h_V = 2km$ 的湿大气的统一模型。其结果为

$$\mathcal{L} \approx 0.228 P_0 \sec z\left(1 - 0.0013\tan^2 z\right)$$
$$+ \frac{7.5 \times 10^4 \, p_{V0} \sec z}{T^2}\left(1 - 0.0003\tan^2 z\right) \qquad （13.41）$$

Marini（1972）、Saastamoinen（1972b）、Davis 等（1985）、Niell（1996）和其他学者还推导了更加精密的模型。图 13.6 给出近似公式（13.41）、简化的 $\sec z$ 模型和射线追踪解的比较。

13.1.3　吸收

晴空大气条件下，大气衰减主要源于水汽、氧气和臭氧的分子谐振。对流层中水汽和氧气的分子谐振表现出很强的压力展宽效应，导致远离谐振频率仍然有衰减效应。图 13.7 给出吸收与频率的关系。30GHz 以下的吸收主要是由 H_2O 的 6_{16}-5_{23} 的 22.2GHz 弱跃迁（Liebe，1969）。天顶方向的 22.2GHz 吸收很少超过 20%（22.2GHz 吸收线的研究历史参见附录 13.1）。

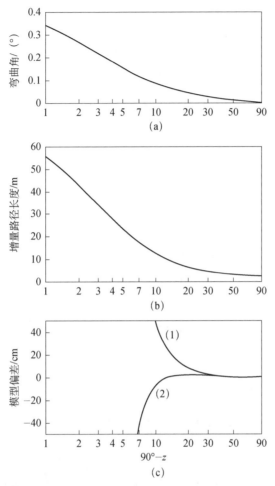

图 13.6　（a）用射线追踪算法和标准干大气（COESA，1976）计算的弯曲角与 $90° - z$ 的关系曲线，其中 z 是无折射情况下的射线天顶角。（b）用射线追踪算法计算的增量路径长度与 $90° - z$ 的关系曲线。天顶的增量路径长度为 2.31m。（c）增量路径长度与（1）$\mathcal{L}_0 \sec z$ 模型和（2）式（13.41）模型之间的偏差；两种条件下均设 $\rho_{v0} = 0$ 且天顶增量路径长度与（b）相同

　　50～70GHz 频段的氧气吸收线相当强，这一频段内无法进行地基天文观测。118GHz 存在一个独立的氧气吸收线，使 116～120GHz 的频段也不能进行天文观测。频率更高时，在 183GHz、325GHz、380GHz、448GHz、475GHz、557GHz、621GHz、752GHz、1097GHz 和更高频率有一系列强的水汽吸收线（Liebe，1981）。在干燥的地方，通常是在高海拔地区，可以在吸收线之间的窗区频段进行观测。Waters（1976）详细讨论了大气吸收物理，Liebe（1981，1985，1989）给出了 1000GHz 以下频段的大气吸收模型。这里只关注大气吸收

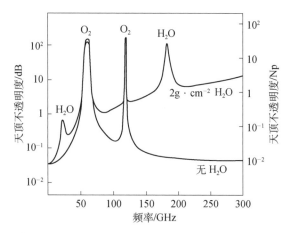

图 13.7　天顶大气不透明度。忽略了窄带臭氧吸收线。引自 Waters（1976）。300GHz 以上频率的天顶不透明度参见 Liebe（1981，1989）。注意 $2\text{g} \cdot \text{cm}^{-2}$ 水汽密度相当于 $w=2\text{cm}$

现象及其定标。吸收系数取决于温度、气体密度和总气压。例如，22GHz 的 H_2O 吸收线的吸收系数可写为（Staelin，1966）

$$\alpha = \left(3.24 \times 10^{-4}\, e^{-644/T}\right) \frac{\nu^2 P \rho_V}{T^{3.125}} \left(1 + 0.0147 \frac{\rho_V T}{P}\right)$$

$$\times \left[\frac{1}{(\nu - 22.235)^2 + \Delta\nu^2} + \frac{1}{(\nu + 22.235)^2 + \Delta\nu^2}\right]$$

$$+ 2.55 \times 10^{-8}\, \rho_V \nu^2 \frac{\Delta\nu}{T^{3/2}}\ (\text{cm}^{-1}) \tag{13.42}$$

其中 $\Delta\nu$ 近似等于吸收廓线的半高度半宽，单位为 GHz，由下式给出：

$$\Delta\nu = 2.58 \times 10^{-3} \left(1 + 0.0147 \frac{\rho_V T}{P}\right) \frac{P}{(T/318)^{0.625}} \tag{13.43}$$

频率 ν 的单位为 GHz；温度 T 的单位为 K；总压强 P 的单位为 mbar；水汽密度 ρ_V 的单位为 $\text{g} \cdot \text{m}^{-3}$。式（13.42）定义的线形为 Van Vleck-Weisskopf 剖面，与经验数据的吻合度似乎优于其他理论剖面（Hill，1986）。其他参数化线剖面模型参见 Pol 等（1998）。

　　穿过吸收介质的射线强度服从辐射传输方程。我们假设介质处于温度为 T 的局部热力学平衡状态且忽略散射效应。在普朗克方程的瑞利–金斯近似条件下强度正比于亮度温度，辐射传输方程可写成（Rybicki and Lightman，1979）

$$\frac{dT_B}{dy} = -\alpha(T_B - T) \tag{13.44}$$

其中 T_B 为亮度温度；α 为吸收系数，由式（13.2）和（13.42）定义。沿 y 轴辐射传输的式（13.44）的解为

$$T_B(\nu) = T_{B0}(\nu)e^{-\tau_\nu} + \int_0^\infty \alpha(\nu, y)T(y)e^{-\tau_\nu'}\,dy \qquad (13.45)$$

其中 T_{B0} 是没有吸收的亮度温度，包含宇宙背景分量，

$$\tau_\nu' = \int_0^y \alpha(\nu, y')dy' \qquad (13.46)$$

且

$$\tau_\nu = \int_0^\infty \alpha(\nu, y')dy' \qquad (13.47)$$

这里 y 是到观测者的距离。τ_ν 被称为光学厚度（Optical Depth）或不透明度（Opacity）。式（13.45）右侧第一项描述了信号的吸收效应，第二项描述了大气辐射的贡献。式（13.45）说明了基本定律，即吸收介质必定有发射。如果整个介质中 $T(y)$ 为常数，则式（13.45）可写成

$$T_B(\nu) = T_{B0}(\nu)e^{-\tau_\nu} + T\left(1 - e^{-\tau_\nu}\right) \qquad (13.48)$$

介质吸收会对系统性能产生非常重要的影响。如果接收机温度为 T_R，则 T_R 与大气的亮度温度之和（忽略地表辐射），即系统温度为

$$T_S = T_R + T_{at}\left(1 - e^{-\tau_\nu}\right) \qquad (13.49)$$

其中 T_{at} 是大气温度。在没有源的情况下，天线温度等于天空的亮度温度。进而，如果亮温与大气层外一点亮温的比例因子等于测量亮温[见式（13.48）]与 e^{τ_ν} 之积，则有效系统温度为 $T_S e^{\tau_\nu}$，或

$$T_S' = T_R e^{\tau_\nu} + T_{at}\left(e^{\tau_\nu} - 1\right) \qquad (13.50)$$

实际上，大气衰减是用接收机输入端的等效衰减器建模的。假设 $T_R = 30\text{K}$，$T_{at} = 290\text{K}$，$\tau_\nu = 0.2$，则有效系统温度为 100K。在这种情况下，大气衰减使系统的灵敏度恶化 3 倍以上。注意，灵敏度损失主要是由于系统温度升高，而不是信号衰减，信号只衰减了 20%。大气辐射引入分布式天线的信号不相关，因此只会增加干涉仪输出的噪声。

射电望远镜测量时可以直接估计吸收效应。Dicke 等（1946）介绍了一种倾斜扫描（Tipping-Scan Method）技术，由大气辐射可以确定大气的不透明度。如果天线从天顶扫描到地平，在没有背景源的情况下，不透明度正比于穿过大气的路径长度，近似随 $\sec z$ 变化，因此观测亮温依赖于天顶角。所以，大气亮度温度为

$$T_B = T_{at}\left(1 - e^{-\tau_0 \sec z}\right) \qquad (13.51)$$

其中 τ_0 为天顶不透明度。当 $\tau_0 \sec z \ll 1$ 时，

$$T_B \approx T_{at}\tau_0 \sec z \qquad (13.52)$$

对于窄波束天线，天线温度即为式（13.52）计算的亮温。对于宽波束天线，计算天线亮温需要对式（13.51）做天顶角加权。假设 T_{at} 为表面温度，由 T_B 与 $\sec z$ 关系曲线的斜率可以确定不透明度。这种方法的精度受到旁瓣接收的地面

辐射影响，旁瓣是天顶角变化的函数。

在一定天顶角范围内测量射电源的吸收也可以确定不透明度。观测源时的天线温度减去以同样天顶角偏离射电源的天线温度，可以去除大气辐射[见式（13.48）]

$$\Delta T_{\mathrm{A}} = T_{\mathrm{S0}} \mathrm{e}^{-\tau_0 \sec z} \tag{13.53}$$

其中 T_{S0} 是无大气时源贡献的天线温度分量。由式（13.53）

$$\ln \Delta T_{\mathrm{A}} = \ln T_{\mathrm{S0}} - \tau_0 \sec z \tag{13.54}$$

因此，如果 $\sec z$ 范围足够大，就可以在未知 T_{S0} 的情况下确定 τ_0。这种方法的精度受天线增益随天顶角的变化影响。

毫米波波段通常适用于另外一种技术，被称为斩波轮（Chopper-Wheel）法。在馈源前方放置一个由开窗和吸波截面组成的转轮。当轮子转动时，辐射计交替观测天空和吸波截面，并且同步测量天线温度之差，且斩波轮的温度为 T_0。因此，指向源和偏离源的天线温度分别为

$$\Delta T_{\mathrm{on}} = T_{\mathrm{S0}} \mathrm{e}^{-\tau_\nu} + T_{\mathrm{at}} \left(1 - \mathrm{e}^{-\tau_\nu} \right) - T_0 \tag{13.55}$$

及

$$\Delta T_{\mathrm{off}} = T_{\mathrm{at}} \left(1 - \mathrm{e}^{-\tau_\nu} \right) - T_0 \tag{13.56}$$

结合两次测量可获取 T_{S0}，从而消除了大气吸收效应。当 $T_0 = T_{\mathrm{at}}$ 时，

$$T_{\mathrm{S0}} = \left(\frac{\Delta T_{\mathrm{off}} - \Delta T_{\mathrm{on}}}{\Delta T_{\mathrm{off}}} \right) T_0 \tag{13.57}$$

当强调灵敏度时，斩波轮法只用于定标偏离源的输出信号。此时，用 $T_{\mathrm{off}} - T_{\mathrm{on}}$ 代替式（13.57）的分子 $\Delta T_{\mathrm{off}} - \Delta T_{\mathrm{on}}$。$T_{\mathrm{S0}}$ 的测量可以提供源的流量密度，流量密度决定了 (u, v) 域原点的可见度。

无法获取其他资料时，也可以用地表的气象测量数据来估计不透明度。这种方法不如上述的直接辐射测量精度高，但不占用观测时间是有优势的。Waters（1976）用公式 $\tau_0 = \alpha_0 + \alpha_1 \rho_{\mathrm{v0}}$ 做数据拟合，分析了海平面台站不同频率的吸收和表面水汽密度数据的关系。系数 α_0 和 α_1 如表13.1所示。

表13.1　用表面绝对湿度估计不透明度的经验参数 [a]

ν /GHz	α_0 /Np	α_1 /(Np·m³·g⁻¹)
15	0.013	0.0009
22.2	0.026	0.011
35	0.039	0.0030
90	0.039	0.0090

数据来自：Waters（1976）；

a 用公式 $\tau_0 = \alpha_0 + \alpha_1 \rho_{\mathrm{v0}}$ 拟合无线电探空仪的不透明度数据和表面绝对湿度 ρ_{v0}(g·m⁻³)。

13.1.4 折射的起源

为了便于分析，我们已经分别讨论了中性大气的传播延迟和吸收效应。但是，延迟和吸收是用大气层中的气体介电常数的实部和虚部推导的，因此二者是密切相关的。介电常数的实部和虚部并不是相互独立的，而是由克拉默斯–克勒尼希（Kramers-Kronig）关系关联的，这种关系类似于数学上的希尔伯特变换（Van Vleck et al.，1951；Toll，1956）。现在我们从经典色散理论的角度讨论这一物理关系。通过这种分析，可以更容易地理解为何大气引入的延迟本质上与频率无关，即使在显著吸收的谱线附近也是如此。

稀薄的分子气体可以用束缚振荡器建模。每个分子中有一个质量为 m 、电荷为 $-e$ 的电子被谐振束缚在原子核上，电子的运动由谐振频率 ν_0 和衰减系数 $2\pi\Gamma$ 表征。电磁波的电场产生谐振驱动力 $-eE_0\mathrm{e}^{-\mathrm{j}2\pi\nu t}$ ，驱动的电子运动方程为

$$m\ddot{x} + 2\pi m\Gamma\dot{x} + 4\pi^2 m\nu_0^2 x = -eE_0\mathrm{e}^{-\mathrm{j}2\pi\nu t} \tag{13.58}$$

其中 x 是束缚电子的位移；E_0 和 ν 是外加电场的幅度和频率；点符指代时间导数。稳态解具有 $x = x_0\mathrm{e}^{-\mathrm{j}2\pi\nu t}$ 的形式，其中

$$x_0 = \frac{eE_0 / 4\pi^2 m}{\nu^2 - \nu_0^2 + \mathrm{j}\nu\Gamma} \tag{13.59}$$

单位体积的偶极矩 P 等于 $-n_\mathrm{m}ex_0$ ，其中 n_m 是气体分子密度。介电常数[①] ε 等于 $1 + P/(\epsilon_0 E)$ ，因此

$$\varepsilon = 1 - \frac{n_\mathrm{m}e^2 / 4\pi^2 m\epsilon_0}{\nu^2 - \nu_0^2 + \mathrm{j}\nu\Gamma} \tag{13.60}$$

经典模型既不能预测谐振频率，也不能预测振荡的绝对幅度。需要利用量子力学彻底解决这一问题。对多谐振系统进行适当的量子力学计算得到的结果与式（13.60）相似 [例如参见（Loudon，1983）]：

$$\varepsilon = 1 - \frac{n_\mathrm{m}e^2}{4\pi^2 m\epsilon_0}\sum_i\frac{f_i}{\nu^2 - \nu_{0i}^2 + \mathrm{j}\nu\Gamma_i} \tag{13.61}$$

其中 f_i 是第 i 个谐振的振子强度。f_i 值满足加法准则，即 $\sum f_i = 1$ 。

介电常数（ $\varepsilon = \varepsilon_\mathrm{R} + \mathrm{j}\varepsilon_\mathrm{I}$ ）和折射指数（ $n = n_\mathrm{R} + \mathrm{j}n_\mathrm{I}$ ）通过麦克斯韦方程建立联系：

$$n^2 = \varepsilon \tag{13.62}$$

---

① 在本节和 13.3 节我们用国际单位系统（System International，SI），也称为有理化米–千克–秒单位（Rationalized MKS Unit）。在这种系统中，位移矢量 D 、电场矢量 E 和极化矢量 P 的本构关系为 $D = \epsilon_0 E + P = \epsilon E$ ，其中 ϵ_0 是自由空间的介电常数（Permittivity），ϵ 是介质的介电常数。相对介电常数 $\varepsilon = \epsilon / \epsilon_0$ 。不同单位系统的比较和电磁方程可以参见 Jackson（1999）。

因此，$\varepsilon_R = n_R^2 - n_I^2$ 及 $\varepsilon_I = 2n_I n_R$ 。稀薄气体 $n_R \approx 1$ 且 $n_I \ll 1$ ，我们有 $n_R \approx \sqrt{\varepsilon_R}$ 且 $n_I \approx \varepsilon_I / 2$ 。因此，对于单谐振气体有

$$n_R \approx 1 - \frac{n_m e^2 \left(v^2 - v_0^2\right) / 8\pi^2 m\epsilon_0}{\left(v^2 - v_0^2\right)^2 + v^2 \Gamma^2} \qquad (13.63)$$

及

$$n_I \approx \frac{n_m e^2 v\Gamma / 8\pi^2 m\epsilon_0}{\left(v^2 - v_0^2\right)^2 + v^2 \Gamma^2} \qquad (13.64)$$

谐振通常很尖锐，即 $\Gamma \ll v_0$ ，且仅考虑谐振频率 v_0 附近的特性时，n_R 和 n_I 的表达式可以简化为

$$v^2 - v_0^2 = \left(v + v_0\right)\left(v - v_0\right) \approx 2v_0\left(v - v_0\right) \qquad (13.65)$$

因此有

$$n_R \approx 1 - \frac{2b\left(v - v_0\right)}{\left(v - v_0\right)^2 + \Gamma^2 / 4} \qquad (13.66)$$

及

$$n_I \approx \frac{b\Gamma}{\left(v - v_0\right)^2 + \Gamma^2 / 4} \qquad (13.67)$$

其中 $b = n_m e^2 / 32\pi^2 m\epsilon_0 v_0$ 。

式（13.67）定义的 n_I 有非归一化的洛伦兹廓线，关于频率 v_0 对称且半高全宽为 Γ ，峰值幅度为 $4b/\Gamma$ 。函数 $n_R - 1$ 关于频率 v_0 反对称，且在频率 $v_0 \pm \Gamma/2$ 处分别有极值 $\pm 2b/\Gamma$ 。函数 n_R 和 n_I 的曲线见图 13.8 。注意折射指数实部峰值与 1 的偏差 Δn 等于 n_I 峰值的一半，标记为 n_{Imax} 。因此，由式（13.2）我们可以发现，峰值吸收系数 $\alpha_m = 4\pi n_{Imax} v_0 / c$ 与 Δn 的关系如下：

$$\Delta n = \frac{\alpha_m \lambda_0}{8\pi} \qquad (13.68)$$

其中 λ_0 等于谐振波长 c/v_0 。折射指数实部的幅度等于 $\lambda_0/8\pi$ 距离上的峰值吸收。另外，式（13.66）表明折射指数的实部并不是关于 v_0 理想对称的，即当 v 趋于 ∞ 时，n_R 趋于 1 ，且当 v 趋于零时，n_R 趋于 $1 + 2b/v_0 = 1 + \Delta n\Gamma / v_0 = 1 + \left(\lambda_0 \alpha_m / 8\pi\right)\left(\Gamma / v_0\right)$ 。因此，折射指数穿过谐振峰的渐进值变化 δn 为

$$\delta n = \frac{\alpha_m \Gamma \lambda_0^2}{8\pi c} \qquad (13.69)$$

因此有 $\delta n / \Delta n = \gamma / v_0$ ，但除非谐振非常强，Δn 和 δn 均可忽略不计。考虑 22GHz 水汽吸收线，当 $\rho_V = 7.5 \mathrm{g \cdot m^{-3}}$ 时大气衰减为 $0.15\ \mathrm{dB \cdot km^{-1}}$ ，因此 $\alpha_m = 3.5 \times 10^{-7} \mathrm{cm^{-1}}$ 。用式（13.68）可以预测 $\Delta n = 1.9 \times 10^{-8}$ 或 $\Delta n = 0.019$ ，这与

实验室测量值一致（Liebe，1969）。对于相同的 ρ_V 值，由式（13.10）可得所有水汽跃迁对低频（ $10^{-6} N_V$ ）折射指数的贡献等于 4.4×10^{-5} 。因此，在 22GHz 吸收线附近折射率变化只有 1/2500 。渐进值的变化更小。在海平面处，有 $\Gamma = 2.6\text{GHz}$ 且 $\delta n = 2.2 \times 10^{-8}$ 。557GHz 水汽吸收线（ $1_{10} - 1_{01}$ 跃迁）的吸收系数为 29000dB·km^{-1} 或 0.069cm^{-1} 。 Δn 和 δn 的值分别为 1.44×10^{-6} 和 0.7×10^{-6} 。只有空气非常干燥的站点才有可能在频率大于 400GHz 的大气窗口进行射电天文观测，这个频段的折射指数与低频段差异明显。归一化折射率如图 13.9 所示。

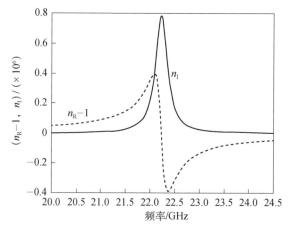

图 13.8 单谐振条件下折射指数的实部和虚部与频率的关系，由式（13.63）和（13.64）给出。本图给出的是 $\rho_V = 7.5\text{g}\cdot\text{m}^{-3}$ 的纯水汽的 $6_{16} - 5_{23}$ 跃迁。标准海平面大气压 1013mbar 下，谱线展宽到 2.6GHz（Liebe，1969）。 $n_R - 1$ 曲线的峰值偏差为 Δn [参见式（13.68）]，且折射指数穿过谐振峰的电平变化为 δn [参见式（13.69）]

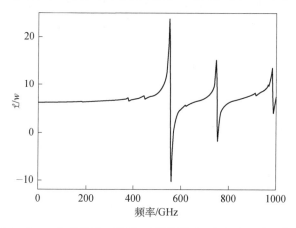

图 13.9 根据 Liebe（1989）的公式，当 $T = 270\text{K}$ 且 $P = 750\text{mbar}$ 时，水汽单位柱密度和频率对预测的增量路径长度的影响。引自 Sutton 和 Hueckstaedt（1996）

式（13.68）是一个非常普适的重要结论。我们用特定的模型[式（13.58）]推导得出吸收谱为近似洛伦兹廓线。实际上，谱线与洛伦兹廓线稍有区别，精确拟合实际谱线需要更加精细的模型。尽管如此，利用 Kramers-Kronig 关系是可以推导出式（13.68）和（13.69）的。

式（13.9）给出的低频折射指数值包含了所有高频跃迁的贡献。用 Δn_i、Γ_i、α_{mi} 和 ν_{0i} 参数化表征每个谱线，并对所有谱线的贡献求和[见式（13.69）]，我们可以获取低频折射指数值：

$$n_S = 1 + \sum_i \frac{\alpha_{mi}\lambda_{0i}^2 \Gamma_i}{8\pi c} = 1 + \sum_i \frac{\Delta n_i \Gamma_i}{\nu_{0i}} \qquad (13.70)$$

水汽分子在 10μm 到 0.3mm 波段（30THz 到 1000GHz）有大量的强转动跃迁。由于这些谱线的存在，该波段大部分区间内大气是不透明的，这些谱线贡献了约 98% 的低频折射率。其余贡献源自 557GHz 谱线。

Grischkowsky 等（2013）证明，基于 Van Vleck-Weisskopf 线形并考虑了 22.2GHz 到 30THz 范围内的全部谱线，对式（13.70）做完整的理论计算得到的结果与折射率的经验表达式一致，不需要进行任何特殊的修正。Pardo 等（2001a）和 Paine（2016）开发了大气吸收和折射计算的完整计算机代码。

13.1.5 射电折射率

国际大地测量协会（International Association of Geodesy）的工作组报告详细讨论了射电折射率方程（Rüeger，2002）。结合了实验室测试的前期工作包括 Bean 和 Dutton（1966），Thayer（1974），Hill 等（1982）和 Bevis 等（1994）。Debye（1929）的经典文献表明，具有诱导偶极跃迁的分子折射率随压强及 T^{-1} 变化，而具有永久偶极矩的分子折射率随压强及 T^{-2} 变化。大气的主要成分——氧气分子 O_2 和氮气分子 N_2 是同核的，没有永久电偶极矩。但是，H_2O 分子和其他微量示踪成分则具有永久偶极矩。因此，折射率方程的一般形式为

$$N = \frac{K_1 p_D}{T \mathcal{Z}_D} + \frac{K_2 p_V}{T \mathcal{Z}_V} + \frac{K_3 p_V}{T^2 \mathcal{Z}_V} \qquad (13.71)$$

其中 p_D 和 p_V 分别是干大气和水汽的分压；K_1、K_2 和 K_3 是常数；$\mathcal{Z}_D$ 和 $\mathcal{Z}_V$ 分别是干大气和水汽的压缩因数（Compressibility Factor），用来修正大气条件下的非理想气体特性，与 1 的偏差小于千分之一。Owens（1967）给出了这些压缩因数，但通常假设其值等于 1，并将其效应并入到 K 系数。

式（13.71）中的第一项和第二项分别是干大气分子和水汽诱导偶极矩的紫外电子跃迁引入的，第三项是水汽永久偶极矩的红外旋转跃迁引入的。Rüeger（2002）对 2002 年之前全部可用的试验数据做了加权平均，给出的最优参数值

为：$K_1=77.6898$，$K_2=71.2952$，$K_3=375463$。这些参数值是 IUGG 和 IAG 工作组的成果。因此，与式（13.6）一样，

$$N = 77.6890\frac{p_D}{T} + 71.2952\frac{p_V}{T} + 375463\frac{p_V}{T^2} \tag{13.72}$$

上式在零频极限的精度保守估计为 p_D 项为 0.02%，p_V 项为 0.2%。我们可以用总气压（$P = p_D + p_V$）重写式（13.72）如下：

$$N = 77.7\frac{P}{T} - 6.4\frac{p_V}{T} + 375463\frac{p_V}{T^2} \tag{13.73}$$

当温度在 280K 左右，式（13.73）右侧的后两项可以合并，这就是在无线电科学领域广泛适用的、著名的二项史密斯–温特劳布方程（Smith-Weintraub Equation）（Smith and Weintraub，1953）。利用 1953 年可获得的最优参数，史密斯–温特劳布方程为

$$N \approx \frac{77.6}{T}\left(P + 4810\frac{p_V}{T}\right) \tag{13.74}$$

在频率大于零时，增加一个随频率单调增加、表征红外跃迁的扩展翼效应（图 13.9）的小项，可以改善式（13.73）和（13.74）的精度。Hill 和 Clifford（1981）的研究表明，由于扩展翼效应，在 100GHz 湿折射率增加约 0.5%，在 200GHz 增加约 2%。

对射电波段和光学波段的折射率进行比较是有必要的。正比于 T^{-2} 的项是由 H_2O 的永久偶极矩引入的，不会影响光学折射率。反之，正比于 T^{-1} 的项是由氧气、氮气和水汽的紫外诱导偶极矩谐振引入的。因此，我们可以忽略式（13.72）中的永久偶极矩项来初步近似光学折射率，估计的光学折射率为

$$N_{opt} \approx 77.7\frac{p_D}{T} + 71.3\frac{p_V}{T} \tag{13.75}$$

Cox（2000）和 Rüeger（2002）更精细的研究提供了更精确的 N_{opt} 值，包括一些有波长依赖的小项来表征紫外跃迁扩展翼的效应，波长从 1μm 变化到 0.3μm 时，小项导致折射率增加约 3%。忽略式（13.72）和式（13.75）中的干大气项，可以获取射电和光学波段的湿折射率之比为：$N_{V\,rad} / N_{V\,opt} \approx 1 + 5830/T$。当 $T \approx 280$K 时，比值约等于 22。因此，水汽对射电波段的影响比光学波段严重得多。

13.1.6 相位扰动

在射电波段，对流层中最重要的非均匀分布量是水汽密度。非均匀的对流层水汽分布移动穿过干涉仪视场时，会导致相位扰动，因此降低测量性能。在光学波段，温度的变化，而不是水汽含量，是造成相位扰动的主要因素。影响

机制如图 13.10 所示。临界尺度等于第一菲涅耳区的尺寸 $\sqrt{\lambda h}$ ，其中 h 是观测者与对流层屏之间的距离。当 $\lambda = 1$cm 且 $h = 1$km 时，菲涅耳区尺寸约为 3m。大气引起的这一尺度的相位波动很小（$\ll 1$rad）。这种情况下，相位扰动会导致图像失真，但不会引起幅度波动（如幅度闪烁）。这就是所谓的弱散射区（Regime of Weak Scattering）。星际介质中的等离子体散射则属于强散射区，其影响要复杂得多（见 14.4 节）。

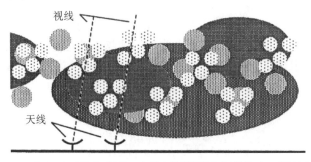

图 13.10　对流层屏下的二元干涉仪草图，水汽不规则体有各种尺度。屏以平行于基线的速度 v_s 在干涉仪上空移动。讨论 13.2 节所述的相位补偿方案时，这些不规则体的分布是很重要的因素。注意，尺度大于基线的扰动同时覆盖两个天线，因此不会明显影响干涉仪相位。引自 Masson（1994a），由太平洋天文学会提供

初始平面波前穿过大气层后的扰动可以用所谓的相位结构函数（Structure Function of the Phase）表征。函数定义如下：

$$D_\phi(d) = \left\langle \left[\Phi(x) - \Phi(x-d) \right]^2 \right\rangle \tag{13.76}$$

其中 $\Phi(x)$ 是点 x 处的相位；$\Phi(x-d)$ 是点 $x-d$ 处的相位；尖括号代表集合平均。实际应用中，必须用适当时长的时间平均来近似集合平均。假设 D_ϕ 只与测量点之间的距离有关，即干涉仪的投影基线长度 d 。干涉仪相位的均方根偏差为

$$\sigma_\phi = \sqrt{D_\phi(d)} \tag{13.77}$$

为便于阐述，我们假定一种简单的 σ_ϕ 函数形式：

$$\sigma_\phi = \frac{2\pi a d^\beta}{\lambda}, \quad d \leqslant d_m \tag{13.78a}$$

且

$$\sigma_\phi = \sigma_m, \quad d > d_m \tag{13.78b}$$

其中 a 为常数，且 $\sigma_m = 2\pi a d_m^\beta / \lambda$ 。图 13.11（a）给出式（13.78）的曲线。假设相位波动谱符合多尺度幂律模型，就可以推导这一函数形式。d_m 有一个数千米尺度的极限距离——大致是云的尺度，大于这一尺度时相位波动不会显著增

加。这一极限被称为扰动的外尺度长度（Outer Scale Length）。超过这一尺度，不同天线路径长度的扰动不再相关。

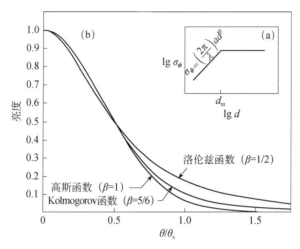

图 13.11 （a）对流层引起基线长度为 d 的干涉仪的均方根相位扰动的简单模型，如式（13.78）给出。（b）在 $d < d_m$ 条件下，对可见度做傅里叶变换获取的不同幂指数模型的点源响应函数 $\bar{w}_a(\theta)$。每种模型的 $\bar{w}_a(\theta)$ 的半高全宽值 θ_s 为：高斯函数（ $\beta = 1$ ）， θ_s 值为 $\sqrt{8\ln 2}a$ ；修正洛伦兹函数（ $\beta = 1/2$ ）， θ_s 值为 $1.53\pi\lambda^{-1}a^2$ ；Kolmogorov 函数（ $\beta = 5/6$ ）， θ_s 值为 $2.75\lambda^{-1/5}a^{6/5}$ 。λ 为波长， a 是式（13.78a）定义的常数

首先，考虑干涉仪基线长度小于 d_m 的情况。测量可见度 $\mathcal{V}_m$ 与可见度真值 $\mathcal{V}$ 之间的关系由下式给出：

$$\mathcal{V}_m = \mathcal{V}e^{j\phi} \qquad (13.79)$$

其中 $\phi = \varPhi(x) - \varPhi(x-d)$ 是表征大气引入相位抖动的随机变量。如果我们假设 ϕ 是零均值的高斯随机变量，则可见度的期望值为

$$\langle \mathcal{V}_m \rangle = \mathcal{V}\langle e^{j\phi} \rangle = \mathcal{V}e^{-\sigma_\phi^2/2} = \mathcal{V}e^{-D_\phi/2} \qquad (13.80)$$

考虑概念性的案例 $\beta = 1$ 。我们定性考虑一种情况，大气是由尺度大于基线长度的非均匀波脊构成的，此时 $\beta = 1$ 。这种情况下， σ_ϕ 与 d 成正比，常数 a 无量纲。将式（13.78a）代入式（13.80）可得

$$\langle \mathcal{V}_m \rangle = \mathcal{V}e^{-2\pi^2 a^2 q^2} \qquad (13.81)$$

其中 $q = \sqrt{u^2 + v^2} = d/\lambda$ 。因此，测量可见度的平均值是真实可见度乘以大气加权函数 $w_a(q)$ ：

$$w_a(q) = e^{-2\pi^2 a^2 q^2} \qquad (13.82)$$

在图像域反演得到的图形是真实源分布与 $w_a(q)$ 傅里叶变换的卷积， $w_a(q)$ 的傅里叶变换为

$$\overline{w}_a(\theta) \propto e^{-\theta^2/2a^2} \tag{13.83}$$

其中 θ 是 q 的共轭变量。$\overline{w}_a(\theta)$ 的半高全宽为 θ_s，由下式给出：

$$\theta_s = \sqrt{8\ln 2}\, a \tag{13.84}$$

由于反演的图像是与宽度为 θ_s 的高斯波束的卷积，因此图像分辨率将恶化（还包括 10.2.2 节介绍的任何其他加权函数的效应）。θ_s 是视宁角（Seeing Angle）。用 11.3 节介绍的自适应定标过程通常可以获取分辨率优于 θ_s 的图像。此处，从式（13.78a）可得

$$a = \frac{\sigma_\phi \lambda}{2\pi d} = \frac{\sigma_d}{d} \tag{13.85}$$

其中 $\sigma_d = \sigma_\phi \lambda / 2\pi$，是路径长度的均方根不确定度。因此可得

$$\theta_s = 2.35 \frac{\sigma_d}{d} （弧度） \tag{13.86}$$

由于 σ_d / d 是常数，所以 θ_s 与波长无关。这种独立性是由于假设式（13.78a）中 $\beta = 1$。射频波段内，1km 基线的 σ_d 约为 1mm，所以 $a \approx 10^{-6}$，且 $\theta_s \approx 0.5''$。设基线长度为 d_0，$\sigma_d = 1\text{rad}$。将式（13.85）代入式（13.84）可得

$$\theta_s = \frac{\sqrt{2\ln 2}}{\pi} \frac{\lambda}{d_0} \approx 0.37 \frac{\lambda}{d_0} \tag{13.87}$$

对于任意 β 值的情况，我们将式（13.78a）代入式（13.80）可得 $\overline{w}_a(\theta)$，并将二维傅里叶变换写成汉克尔变换（Bracewell，2000）的形式。因此，

$$\overline{w}_a(\theta) \propto \int_0^\infty \exp\left[-2\pi^2 a^2 \lambda^{2(\beta-1)} q^{2\beta}\right] J_0(2\pi q\theta) q\,\mathrm{d}q \tag{13.88}$$

其中 J_0 为零阶贝塞尔函数；a 的量纲为 $\text{cm}^{(1-\beta)}$。通常无法对 $\overline{w}_a(\theta)$ 做解析求解。但是，对式（13.88）做适当的变量代换容易得出 $\theta_s \propto a^{1/\beta} \lambda^{(\beta-1)/\beta}$。一种能够解析分析的特例是 $\beta = 1/2$。这种情况下我们可得（Bracewell，2000，p.338）

$$\overline{w}_a(\theta) \propto \frac{1}{\left[\theta^2 + \left(\pi a^2 / \lambda\right)^2\right]^{3/2}} \tag{13.89}$$

此式是 3/2 次幂的洛伦兹廓线，并且有很宽的杂散。$\overline{w}(\theta)$ 的半高全宽为

$$\theta_s = \frac{1.53\pi a^2}{\lambda} \tag{13.90}$$

或者

$$\theta_s = \frac{0.77}{2\pi} \frac{\lambda}{d_0} \approx 0.12 \frac{\lambda}{d_0} \tag{13.91}$$

本节后续将讨论的 Kolmogorov 湍流情况下，$\beta = 5/6$。式（13.88）的数值积分给出：

$$\theta_{\rm s} \approx 2.75 a^{6/5} \lambda^{-1/5} \approx 0.30 \frac{\lambda}{d_0} \qquad (13.92)$$

图 13.11（b）给出相位扰动的不同幂律模型的 $\bar{w}_{\rm a}(\theta)$ 曲线。

现在考虑干涉仪基线大于 $d_{\rm m}$ 的情况，此时 σ_ϕ 是等于 $\sigma_{\rm m}$ 的常数。VLBI 阵列或大型单元互连型阵列都属于这种情况。如果相位扰动的时间尺度远小于观测周期，则所有可见度测量的平均值都会乘以一个常数因子 $e^{-\sigma_{\rm m}^2/2}$。因此，这种大气扰动并不会降低分辨率。但测量的平均流量密度是真值的 $e^{-\sigma_{\rm m}^2/2}$。如果扰动的时间尺度远大于观测周期，则每个可见度测量都会存在一个相位误差 $e^{{\rm j}\phi}$。假设对流量密度为 S 的点源做 K 次可见度测量。为简便起见只考虑一维情况，点源的图像为

$$\bar{w}_{\rm a}(\theta) = \frac{S}{K} \sum_{i=1}^{K} e^{{\rm j}\phi_i} e^{{\rm j}2\pi u_i \theta} \qquad (13.93)$$

当 $\theta = 0°$ 时，$\bar{w}_{\rm a}(\theta)$ 的期望值为

$$\langle \bar{w}_{\rm a}(0) \rangle = S e^{-\sigma_{\rm m}^2/2} \qquad (13.94)$$

测量的流量密度小于 S。［注意：$\langle \bar{w}_{\rm a}(0) \rangle / S$ 有时被称为干涉仪的相干因子（Coherence Factor）。］损失的流量密度分散在图像中。根据帕塞瓦尔定理，这也是很显然的：

$$\sum_i |\bar{w}_{\rm a}(\theta_i)|^2 = \frac{1}{K} \sum_i |\mathcal{V}(u_i)|^2 = S^2 \qquad (13.95)$$

因此，对图像域响应的平方做积分可以获取总流量密度。测量 $\theta = 0°$ 处点源的峰值响应可得流量密度的均方根值偏差为 $\sqrt{\langle \bar{w}_{\rm a}^2(\theta) \rangle - \langle \bar{w}_{\rm a}(\theta) \rangle^2}$，称之为 $\sigma_{\rm s}$。由式（13.93）可以计算 $\sigma_{\rm s}$ 如下：

$$\sigma_{\rm s} = \frac{S}{\sqrt{K}} \sqrt{1 - e^{-\sigma_{\rm m}^2}} \qquad (13.96)$$

当 $\sigma_{\rm m} \ll 1$ 时，上式可简化为 $\sigma_{\rm s} \approx S\sigma_{\rm m}/\sqrt{K}$。

13.1.7 Kolmogorov 湍流

Tatarski（1961，1971）的研讨会文献深入分析了扰动中性大气的传播理论。这一理论经历了持续发展，并广泛用于光学视宁问题（Roddier，1981；Woolf，1982；Coulman，1985）和红外干涉测量（Sutton et al.，1982）。我们这里的讨论聚焦于与相位结构函数有关的一些核心思想，并指出如何关联相位结构函数与其他描述大气湍流特性的函数。

当雷诺数（Reynolds Number，一种表征黏性的无量纲数，一种特征尺度，

也表征流速）超过临界值，流动就变成了湍流。大气中的雷诺数几乎总是很高，湍流可以完全发展。在 Kolmogorov 湍流模型中，大尺度湍动的动能会转化为尺度越来越小的湍流，直至由于黏滞摩擦最后耗散为热能。如果湍流是完全发展的并具有各向同性，则相位扰动（或折射指数）的二维功率谱随 $q_s^{-11/3}$ 变化，其中 q_s（周期数·米$^{-1}$）是空间频率（类似于 q 是 θ 的共轭变量，q_s 是 d 的共轭变量）。折射指数的结构函数 $D_n(d)$ 与式（13.76）相位结构函数的定义相似，即间距为 d 的两点的折射指数之差的均方差，或

$$D_n(d) = \left\langle \left[n(x) - n(x-d) \right]^2 \right\rangle$$

。注意，对于各向同性湍流，只有间距 d 是有影响的。在上述条件下，D_n 可由下式给出：

$$D_n(d) = C_n^2 d^{2/3}, \quad d_{in} \ll d \ll d_{out} \tag{13.97}$$

其中 d_{in} 和 d_{out} 分别被称为湍流的内尺度（Inner Scale）和外尺度（Outer Scale），内尺度可能小于 1cm，外尺度可能达到几千米。参数 C_n^2 表征湍流强度。注意，水汽是折射指数扰动的主要原因并且在对流层中混合不佳，因此只能作为动力学湍流的近似示踪气体。

　　由式（13.97）给出的折射指数的结构函数推导相位结构函数的详细过程参见附录 13.2。推导表明，厚度为 L 的均匀湍流层的 $D_\phi(d)$ 有几个主要的幂指数分段：

$$
\begin{aligned}
D_\phi(d) &\sim d^{5/3}, \quad d_r < d < d_2 \\
&\sim d^{7/3}, \quad d_2 < d < d_{out} \\
&\sim d^0, \quad d_{out} < d
\end{aligned}
\tag{13.98}
$$

d_r 是衍射效应显著的极限。由于 $d_r \approx \sqrt{L\lambda}$，对于 $L = 2\text{km}$ 厚度的大气层，波长 λ 从 1mm 到 1m 范围内，d_r 从 1.4m 变为 40m。这一内湍流尺度 d_{in} 相当小，只对光波波段有影响。d_2 表征受到分层厚度的约束，湍流从三维跃变到二维。Stotskii（1973，1976）首先认识到这种跃变对射电阵列的重要性。d_{out} 表征超过该距离扰动不再相干，如 13.1.6 节所述。d_{out} 是云的标称尺度，约为数千米。但是，直到气象系统尺度甚至更远，仍会保留一定的相干性。

　　结构函数的正规表达是集合平均。为便于实际应用，假定大气分层在阵列上空移动时湍流涡旋保持不变。这就是冻屏假设（Frozen-Screen Hypothesis），有时候归功于 Taylor（1938）。实际上，均方根相位扰动随着时间增加而增大，直到转折时间 $t_c = d / v_s$，其中 v_s 是与长度为 d 的基线方向平行的风速。t_c 被称为折点时间（Corner Time），超过这一时间的均方根扰动变得平坦并可以估计 $D_\phi(d)$。尺度大于 d 且覆盖两个接收单元的大气扰动不会对结构函数产生影响。结构函数是时间的函数，用卫星测量的 ALMA 台站的 300m 基线台站测试干涉

仪的实测数据如图 13.12。$t_c \sim 20s$，意味着风速约为 $15m \cdot s^{-1}$。

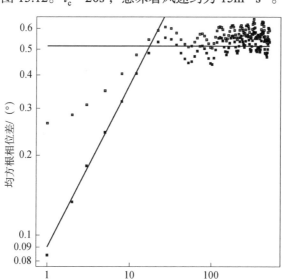

图 13.12 在用卫星测量的 ALMA 台站 300m 基线台站测试干涉仪在 11GHz 的均方根相位偏差。空心符表示实际测试数据；实心符是去除设备噪声的数据。穿过数据的直线斜率为 0.6，与 Kolmogorov 定理［见式（13.108）］的估计近似。数据斜率的折点对应时刻为设备转折时间 t_c。当 $t > t_c$ 时，可以估计结构函数的集合平均。引自 Holdaway 等（1995a）

本节我们继续讨论主要的三维湍流情况，即 $D_\phi \sim d^{5/3}$，然后将结果推广至其他幂律指数的情况。如附录 13.2 的推导步骤，对于均匀湍流层，

$$D_\phi(d) = 2.91 \left(\frac{2\pi}{\lambda} \right)^2 C_n^2 L d^{5/3} \qquad （13.99）$$

在 $\sqrt{L\lambda} \ll d \ll L$ 范围内，上式成立。d 的下限等效于衍射效应可忽略的极限。注意，2.91 因子是无量纲常数，C_n^2 的单位是 $L^{-2/3}$。用式（13.97）定义的 D_n 进行计算会出现这一因子（该因子有时也会被并入 C_n^2）。

我们可以把式（13.99）做推广，用来分析分层湍流。从地表到总高度 L, C_n^2 随高度变化的大气相位结构函数为

$$D_\phi(d) = 2.91 \left(\frac{\lambda}{2\pi} \right)^2 d^{5/3} \int_0^L C_n^2(h) \mathrm{d}h \qquad （13.100）$$

均方根相位偏差等于相位结构函数的平方根，或者当 C_n^2 为常数时，

$$\sigma_\phi = 1.71 \left(\frac{2\pi}{\lambda} \right) \sqrt{C_n^2 L} d^{5/6} \qquad （13.101）$$

满足 $\sigma_\phi = 1$ 的基线长度定义为 d_0，由下式给出：

$$d_0 = 0.058\lambda^{6/5}\left(C_n^2 L\right)^{-3/5} \qquad (13.102)$$

另外一种尺度长度正比于 d_0，被称为弗里德长度（Fried Length）d_f（Fried，1966）。讨论圆孔径望远镜的湍流效应时，这种尺度长度特别有用，并且光学文献广泛采用这种尺度。相位结构函数可写成 $D_\phi = 6.88(d/d_f)^{5/3}$，其中 $2[(24/5)\Gamma(6/5)]^{5/6}$ 近似等于因子 6.88（Fried，1967）。因此，由式（13.99）和式（13.102）可得 $d_f = 3.18d_0$。弗里德长度的定义为：在 Kolmogorov 湍流条件下，使均匀照射的大型圆孔径望远镜的有效接收面积为 $\pi d_f^2 / 4$ 的尺度长度。因此，对于口径远小于 d_f 的望远镜，分辨率主要取决于孔径的衍射效应；口径远大于 d_f 的望远镜，分辨率主要受限于湍流并近似等于 λ / d_f。由式（13.92）可以推导后一种情况的精确解，可得分辨率为 $\theta_s = 0.97\lambda / d_f$。另外，直径等于 d_f 的孔径的均方根相位误差等于 1.01rad。d_f 大于 d_0 的原因是二维孔径中的长基线减权（Downweighting）效应[见式（15.13）及相关讨论]。对于直径为 d_f 的孔径，接收面积与几何面积之比等于 0.45，在光学文献中该比值被称为斯特列尔比（Strehl Ratio）（Fried，1965）。

式（13.102）表明 d_0 正比于 $\lambda^{6/5}$，因此角度分辨率或视宁极限（$\sim\lambda/d_0$）正比于 $\lambda^{-1/5}$[见图 13.11 和式（13.92）]。当 C_n^2 是常数时，这一关系可能在很宽的波段范围内均适用。在光学波段，C_n^2 受温度扰动的影响；而在射电频段，C_n^2 主要受水汽湍流的影响。一个非常有趣的巧合是，观测条件比较好的测站的光学和射电波段的视宁角都约为 1″。重要区别是波动的时间尺度 τ_{cr}。假设临界波动尺度为 1rad，则 $\tau_{cr} \approx d_0 / v_s$，其中 v_s 是平行于基线的对流层屏速度分量。任何自适应光学补偿的时间尺度都必须远小于 τ_{cr}。由式（13.92），τ_{cr} 可以用下式表示：

$$\tau_{cr} \approx 0.3\frac{\lambda}{\theta_s v_s} \qquad (13.103)$$

当 $v_s = 10\text{m·s}^{-1}$ 且 $\theta_s = 1″$ 时，在 0.5μm 波长 τ_{cr}=3ms，在 1cm 波长 τ_{cr}=60s。

相位的二维功率谱 $S_2(q_x, q_y)$ 是相位的二维自相关函数 $R_\phi(d_x, d_y)$ 的傅里叶变换。如果 R_ϕ 仅为 d 的函数，其中 $d^2 = d_x^2 + d_y^2$，则 S_2 是 q_s 的函数，其中 $q_s^2 = q_x^2 + q_y^2$，并且 $S_2(q_s)$ 和 $R_\phi(d)$ 是汉克变换对。由于 $D_\phi(d) = 2\left[R_\phi(0) - R_\phi(d)\right]$，因此可得

$$D_\phi(d) = 4\pi\int_0^\infty \left[1 - J_0(2\pi q_s d)\right]S_2(q_s)q_s dq_s \qquad (13.104)$$

其中 J_0 是零阶贝塞尔函数。当 $D_\phi(d)$ 如式（13.100）给出时，$S_2(q_s)$ 为

$$S_2(q_s) = 0.0097\left(\frac{2\pi}{\lambda}\right)^2 C_n^2 L q_s^{-11/3} \qquad (13.105)$$

研究大气湍流引起的时域变化通常是非常有用的。我们借助冻结屏假设来关联时间域和空间域变化。由 $\mathcal{S}_2(q_s)$ 可以计算相位扰动的一维时域谱 $\mathcal{S}'_\phi(f)$（双边谱），

$$\mathcal{S}'_\phi(f) = \frac{1}{v_s} \int_{-\infty}^{\infty} \mathcal{S}_2\left(q_x = \frac{f}{v_s}, q_y\right) \mathrm{d}q_y \qquad (13.106)$$

其中 v_s 的单位是 $\mathrm{m \cdot s^{-1}}$。将式（13.105）代入式（13.106）可得

$$\mathcal{S}'_\phi(f) = 0.016\left(\frac{2\pi}{\lambda}\right)^2 C_n^2 L v_s^{5/3} f^{-8/3} \left(\mathrm{rad^2 \cdot Hz^{-1}}\right) \qquad (13.107)$$

水汽扰动时域谱的例子可以参见 Hogg 等（1981）和 Masson（1994a）（图 13.17）。时域结构函数 $D_\tau(\tau) = \left\langle \left[\phi(t) - \phi(t-\tau)\right]^2 \right\rangle$ 与空间结构函数通过公式 $D_\tau(\tau) = D_\phi(d = v_s\tau)$ 相关联。因此，对于 Kolmogorov 湍流，我们由式（13.99）可得

$$D_\tau(\tau) = 2.91\left(\frac{2\pi}{\lambda}\right)^2 C_n^2 L v_s^{5/3} \tau^{5/3} \qquad (13.108)$$

$D_\tau(\tau)$ 和 $\mathcal{S}'_\phi(f)$ 通过类似式（13.104）的转化方程关联。Treuhaft 和 Lanyi（1987）及 Lay（1997a）讨论了如何用时域结构函数估计干涉仪的扰动效应。

阿伦方差 $\sigma_y^2(\tau)$ 是间隔 τ 内的相对频率稳定性，9.5.1 节定义了 $\sigma_y^2(\tau)$ 与 $\mathcal{S}'_\phi(f)$ 的关系。将式（9.119）代入式（9.131）可以计算阿伦方差：

$$\sigma_y^2(\tau) = \left(\frac{2}{\pi v_0 \tau}\right)^2 \int_0^{\infty} \mathcal{S}'_\phi(f) \sin^4(\pi\tau f) \mathrm{d}f \qquad (13.109)$$

将式（13.107）代入式（13.109）并注意到

$$\int_0^{\infty} \left[\sin^4(\pi x)\right]/x^{8/3} \mathrm{d}x = 4.61$$

可得

$$\sigma_y^2(\tau) = 1.3 \times 10^{-17} C_n^2 L v_s^{5/3} \tau^{-1/3} \qquad (13.110)$$

Armstrong 和 Sramek（1982）给出任意幂指数下 $\mathcal{S}_2$、$\mathcal{S}'_\phi$、D_ϕ 和 σ_y 之间关系的通用表达式。如果 $\mathcal{S}_2 \propto q^{-\alpha}$，则 $D_\phi(d) \propto d^{\alpha-2}$，$\mathcal{S}'_\phi \propto f^{1-\alpha}$ 且 $\sigma_y^2 \propto \tau^{\alpha-4}$。这些关系汇总如表 13.2。

表 13.2 湍流的幂律关系

物理量		指数	
		3D 湍流（$\alpha=11/3$）	3D 湍流（$\alpha=8/3$）
2D、3D 功率谱 $\mathcal{S}_2(q_s)$，$\mathcal{S}(q_s)$	$-\alpha$	$-11/3$	$-8/3$

续表

物理量		指数	
		3D 湍流（$\alpha=11/3$）	3D 湍流（$\alpha=8/3$）
结构函数	$D_\phi(d)$	$\alpha-2$	5/3	2/3
时域相位谱	$S'_\phi(f)$	$1-\alpha$	$-8/3$	$-5/3$
阿伦方差	$\sigma_y^2(\tau)$	$\alpha-4$	$-1/3$	$-4/3$
时域结构函数	$D_\tau(\tau)$	$\alpha-2$	5/3	2/3

注：选自 Wright（1996，p526）。

　　大气的实际特性比前面描述的复杂得多，但发展的这些理论可以提供一般性指引。VLA 测量的相位结构函数如图 13.13 所示（也可参见 ALMA 测量的类似结果，如图 13.22）。从图中可以明显看出三个幂律区间，三个幂指数都接近于期望值。Rogers 和 Moran（1981）及 Rogers 等（1984）讨论了相位噪声对 VLBI 观测的影响。图 9.17 所示为 Rogers 和 Moran 计算的阿伦标准差。

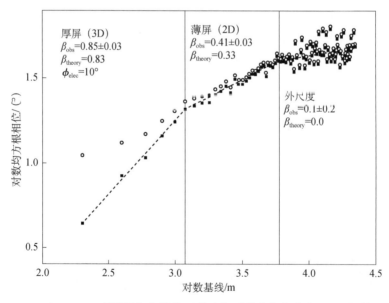

图 13.13　VLA 在 22GHz 观测的相位结构函数之根（均方根相位）。空心圆符所示是观测 0748+240 源 90 分钟测量的均方根相位变化与基线长度的关系。实心方块符是去除接收机引入的均方根值为 10° 的常数分量后的数据。用竖线（分别在 1.2km 和 6km 处）区分相位结构函数的三个区间。注意，此例中 $\beta=\alpha/2$。引自 Carilli 和 Holdaway（1999），由美国地球物理联合会提供

13.1.8 不规则折射

很多毫米波射电望远镜的波束宽度非常小，可以检测到大气的相位波动效应。位于 Pico de Veleta 的 30m 口径毫米波望远镜第一次注意到这种效应，在某些气象条件下，望远镜观测的一些不可分辨源的视位置在几秒时间尺度下游走了约 5″[例如参见（Altenhoff et al., 1987；Downes and Altenhoff, 1990；Coulman, 1991）]。这种游走是由水汽湍流层流动穿越望远镜视场造成的，与准静态大气的折射效应不同，因此被称为不规则折射（Anomalous Refraction）。用 13.1.7 节发展的理论可以简单地理解这种效应。大气的折射程度主要受到尺寸等于天线孔径的湍流面元影响。这些面元可以想象为一些穿过天线孔径的折射楔（Refractive Wedge）。这样一个楔的均方根差分相移等于间隔为天线直径的结构函数的方根 $\sqrt{D_\phi(d)}$。因此，天顶观测的均方根不规则折射值为

$$\epsilon = \frac{\sqrt{2D_\phi(d)}}{d} \qquad (13.111)$$

其中结构函数以长度为单位，因子 2 表征方位和俯仰两个方向的运动。注意，通常情况下结构函数的幂指数小于 2，尺度大于 d 的扰动影响不大。在三维湍流情况下，ϵ 随 $\sqrt{\sec z}$ 变化。如果我们将均方根相位扰动表示为 $\sigma = \sigma_0(d/100\text{m})^{5/6}$（$\sigma_0$ 值参见表 13.4），不规则折射角与波束宽度 $\theta_b \sim 1.2\lambda/d$ 之比为

$$\epsilon / \theta_b \approx 1.2 \frac{\sigma_0}{\lambda} \left(\frac{d}{100\text{m}}\right)^{5/6} \qquad (13.112)$$

例如，ALMA 台站 σ_0 的季度中值在 0.045～0.17mm 范围。由于 ALMA 天线的直径为 12m，由式（13.111）可得 ϵ 的范围为 0.2″～0.6″，与波长无关。这种效应的时间尺度为 d/v_s，其中 v_s 为风速。1mm 波长的波束宽度约 20″，因此比值 ϵ/θ_b 的范围在 1%～3%。由于相位扰动是由接近地面的分层造成的，不会影响入射电场的强度。尽管如此，波束半宽点的天线增益相对变化会在 1%～5%，某些情况下会影响阵列观测反演图像的拼接质量。更多细节参见 Holdaway 和 Woody（1998）。Lamb 和 Woody（1998）提出了一些实时修正不规则折射的方法。

13.2 站址评估和数据定标

13.2.1 不透明度测量

在毫米和亚毫米波段，大气的吸收和路径长度扰动限制了综合孔径成像的性能。本节关注选择最优址时的大气参数监测和通过大气定标减小相位误差的

方法。随着主要的毫米波和亚毫米波观测设备的发展，这一问题已引起更多关注。

　　给定大气参数时，可以用 Liebe（1989），Pardo 等（2001a）或 Paine（2016）传输模型，计算天顶不透明度（光学厚度）τ_0，τ_0 是频率的函数。图 13.14 给出 2124m 海拔、4mm 可降水量和 5000m 海拔、1mm 可降水量的传输曲线 $\exp(-\tau_0)$，分别对应于 VLA 和 ALMA 台站。为选择合适的天文台站址，就必须详细监测大气的日变化和年变化。我们假设天顶不透明度具有如下形式：

$$\tau_\nu = A_\nu + B_\nu w \qquad (13.113)$$

其中 A_ν 和 B_ν 是依赖于频率、海拔和气象条件的经验常数。表 13.3 挑选给出一些常数的测量值。

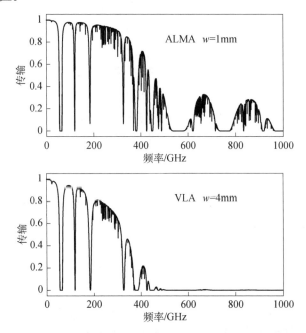

图 13.14　（上图）ALMA 台站（海拔 5000m，可降水量约 1mm）的天顶大气传输（等于 e^τ）。此外，在 1100GHz、1300GHz 和 1500GHz 附近也存在约为 0.3% 的传输窗口。（下图）VLA 台站（海拔 2124m，可降水量约 4mm）的天顶大气传输。注意，由于吸收线的压力展宽，大气传输依赖于海拔。因为压力展宽效应，当 w 值相同时，对于大气窗口中任意频点，海拔越低，大气传输越小。图中许多窄带吸收特征（线宽约 100MHz）是源于平流层的氧线。吸收线列表参见 Lichtenstein 和 Gallagher（1971）。射电天文观测时可以通过精细的通带定标去除这些吸收线的效应。这里给出的传输图是使用 am 代码（Paine，2016），并基于中纬度平均大气条件进行计算的

表 13.3 天顶不透明度是水汽柱高的函数

ν /GHz	地点 [a]	海拔/m	A_ν /Np	B_ν /Np^{-1}	方法 [b]	参考文献 [c]
15	海平面	0	0.013	0.002	1	[1]
22.2	海平面	0	0.026	0.02	1	[1]
35	海平面	0	0.039	0.006	1	[1]
90	海平面	0	0.039	0.018	1	[1]
225	南极	2835	0.030	0.069	2	[2]
225	Mauna Kea	4070	0.01	0.04	2	[3]
225	Chajnantor	5000	0.006	0.033	2	[4]
225	Chajnantor	5000	0.007	0.041	2	[5]
493	南极	2835	0.33	1.49	2	[6]

a 地点：南极=Amundsen-Scott 站；Mauna Kea= Mauna Kea 的亚毫米波望远镜；Chajnantor= Llano de Chajnantor，阿塔卡马沙漠，智利。

b 方法：①无线电探空仪数据反演不透明度，由表面湿度和 2km 标高估计水汽；②倾斜扫描辐射计反演不透明度，无线电探空数据反演水汽柱高。

c 参考文献：[1]Waters（1976）；[2]Chamberlin 和 Bally（1995）；[3]Masson（1994a）；[4]Holdaway 等（1996）；[5]Delgado 等（1998）；[6]Chamberlin 等（1997）。

设计用来测量不透明度的一种典型的站址测试辐射计使用小抛物面主反射面，225MHz 的波束宽度约 3°。在主反射面和副反射面之间插入一个装有叶片的轮子，叶片起到反射平面的作用，叶片顺序地将天线输出、45℃ 参考负载和 65℃ 定标负载导向接收机输入端口。信号放大后馈入功率线性检波器，然后送给同步检波器输出电压。一种状态下电压正比于天线与 45℃ 负载之差，作为辐射计输出；另一种状态下电压正比于 45℃ 负载与 65℃ 负载之差，可以用于定标。在一定的天顶角范围内，测量天线温度。当接收机导向天线时，这种系统测量的噪声温度 T_{meas} 包含三个分量：

$$T_{meas} = T_{const} + T_{at}\left(1-e^{-\tau_0 \sec z}\right) + T_{cmb}e^{-\tau_0 \sec z} \qquad (13.114)$$

其中 T_{const} 代表不随天线仰角变化的噪声分量之和，即接收机噪声、天线与接收机输入之间的插损引起的热噪声、辐射计检波器的任何偏置以及类似的分量。式（13.114）的第二项代表大气噪声分量：T_{at} 是大气温度，z 是天顶角。$T_{cmb} \approx 2.7K$ 代表宇宙微波背景辐射。根据普朗克或 Callen-Welton 方程（见 7.1.2 节），可以假设 T_{at} 和 T_{cmb} 代表的亮温是与物理温度关联的。如果已知 T_{at}，可以直接由 T_{meas} 确定 z 的函数 τ_0。假设大气温度从地表环境温度 T_{amb} 以恒定递减率（Lapse Rate）l 降低。因此，高度 h 处的温度为 $T_{amb} - lh$。我们要获取的是以水汽密度正比加权的平均温度，是标高 h_0 的指数函数：

$$T_{at} = T_{amb} - \frac{l\int_0^\infty h e^{h/h_0} dh}{\int_0^\infty e^{h/h_0} dh} = T_{amb} - lh_0 \qquad (13.115)$$

空气上升过程中的绝热膨胀导致的递减率为 $9.8\,\mathrm{K\cdot km^{-1}}$，可以用作近似值，但如前所述，典型测量值约为 $6.5\,\mathrm{K\cdot km^{-1}}$。水汽的标高近似为 2km，因此，典型情况下 T_{at} 比 T_{amb} 低约 13～20K。

图 13.15 展示了 Mauna Kea 站的实测数据表现出的日变化和季节变化效应。图 13.16 给出智利的 Cerro Chajnantor、Llano de Chajnantor，Mauna Kea 和南极在 225GHz 和 850GHz 的天顶不透明度的累积分布。平均不透明度测量是计算信号吸收导致的灵敏度损失和大气贡献的噪声［见式（13.50）］的基础。不透明度有日变化和年变化，为了可靠地比较不同站点，就需要以数小时间隔测试一年或更长时间。气候效应（如厄尔尼诺现象）导致的长期变化会很显著。表 13.3 给出测站海拔对不透明度的影响。A_ν 与 B_ν 的测量值的比较表明，由于气压展宽效应，这两个参数都随海拔增加而减小。利用宽带傅里叶谱仪可以比较不同频率下的不透明度（Hills et al.，1978；Matsushita et al.，1999；Paine et al.，2000；Pardo et al.，2001b）。

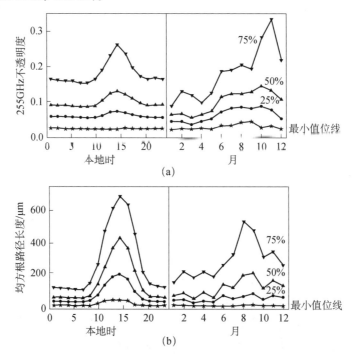

图 13.15　（a）基于 Mauna Kea（海拔 4070m）CSO 站三年周期（1989 年 8 月～1992 年 7 月）内 14900 次测量，计算的 225GHz 天顶不透明度的日变化和季节变化。图中给出最小值、25%、50% 和 75% 位线。白天不透明度增大是由于下午时逆温层升到山上引起的。（b）在 Mauna Kea 利用 100m 基线在 11GHz 观测静止轨道卫星确定的均方根路径长度的日变化和季节变化。引自 Masson（1994a），由太平洋天文学会提供

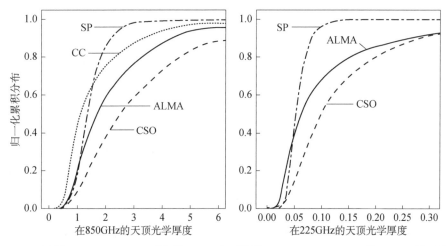

图 13.16　智利 Cerro Chajnantor（海拔 5612m）、智利 Llano de Chajnantor 的 ALMA 站（海拔 5060m）、夏威夷 Mauna Kea 的加州理工学院亚毫米波天文台（CSO）站（海拔 4100m）和南极站（海拔 2835m）分别在 1995 年 4 月～1999 年 4 月、1997 年 1 月～1999 年 7 月和 1992 年 1 月～1992 年 12 月测量的 850GHz（左图）和 225GHz（右图）天顶光学厚度的累积分布。注意，与 CSO 同时期观测的 Mauna Kea 的 VLBA（海拔 3720m）测得的 225GHz 不透明度中位数中间值为 0.13。VLA 站（海拔 2124m）1990～1998 年的不透明度中间值等于 0.3（Butler，1998）。低海拔测站的观测条件相对更差。例如，海平面高度的马萨诸塞州剑桥站在 1994～1997 年每年冬季的 6 个月在 115GHz 观测，推断的 225GHz 不透明度为 0.5。南极 Dome C（海拔 3260m）的观测条件要比南极点好得多（Calisse et al.，2004），南极高原的 Ridge A（海拔 4050m）可能是全球水汽含量最低的地方（Sims et al.，2012）。引自 Radford 和 Peterson（2016）

13.2.2　直接测量相位稳定性的站址测试

干涉仪观测提供了一种直接测定大气相位扰动的方法。测试通常选择静止轨道卫星，这是由于较小的非跟踪天线接收的信号就很强。这种方法被称为卫星跟踪干涉测量，是由 Ishiguro 等（1990）、Masson（1994a）和 Radford 等（1996）开发的技术。在夏威夷 Mauna Kea 的 SAO 亚毫米波阵列、智利 Llano de Chajnantor 的阿塔卡马大型毫米波/亚毫米波阵列以及 SKA 的候选站址都用卫星跟踪干涉测量仪（Satellite-Tracking Interferometry，STI）进行了测试。在 11GHz 附近提供固定卫星业务和广播卫星业务的几个静止轨道卫星是可用的。两个 1.8m 直径的商用卫星电视天线可以提供接近 60dB 的信噪比。一些 100～300m 范围的基线曾用于测量大气相位抖动。卫星运动残差和任何温度变化都会导致无用的相位漂移。与大气效应相比，这些效应通常变化很缓慢，可以通过减均值和数据斜率去除这些效应。系统噪声导致的抖动方差也是可以测定并从测量的相位方差中减除的。测试干涉仪提供了一个投影基线值 d 的相位结构函数 $D_\phi(d)$ 的测度［参见图 13.15（b）］。

　　有时候，比较不同基线和天顶角卫星跟踪干涉测量是有利于评估测站质量的。对于 100m 左右的基线（也可参见图 A13.4），合理的尺度因子为

$$\sigma_\phi \sim \sigma_0 d^{5/6} \sqrt{\sec z} \qquad (13.116)$$

对于更长的基线，其他幂指数会更适当。

　　在冻屏近似条件下，由抖动的功率谱可以确定幂指数。图 13.17 给出一个例子［也可参见（Bolton et al., 2011）］。因此，从单基线测量值外推 $D_\phi(d)$ 时，并不是必须依赖 d 指数的理论值，也可用测量的 $D_\phi(\tau)$ 确定幂指数的范围与变化［见式（13.108）和表 13.2］。图 13.17 给出的例子中，频率高于 0.01Hz 的幂指数斜率为 2.5，略小于 Kolmogorov 湍流模型预测的 8/3 或 2.67。由于干涉仪的滤波效应，频率低于 0.01Hz 的频谱变得平坦。大于基线长度的抖动对相位的影响很小，此例中基线为 100m。由拐点频率 $f_c = v_s / d$ 可以推断基线方向的风速约为 $1\mathrm{m \cdot s^{-1}}$。

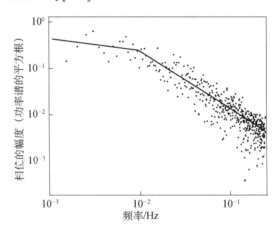

图 13.17　在 Mauna Kea（CSO 站）用 100m 基线测量的时域功率谱的平方根。由功率谱拐点可以
　　　　　计算基线方向的对流层风速。引自 Masson（1994a），由太平洋天文学会提供

　　表 13.4 汇集了 100m 基线的结构函数测量数据。100m 基准基线的数值区间旨在反映冬季夜晚和夏季白天的中值条件。表中测量数据是通过卫星干涉测量和天文测量两种手段获取的。图 13.18 给出最佳条件下的均方根相位噪声与测站海拔的关系。明显可见均方根噪声随海拔而减小。假设湍流 C_n^2 正比于水汽密度且水汽是标高 h_0 的指数分布，我们由式（13.100）可得出下面的结论

$$\sigma = \sigma_0 \mathrm{e}^{-h/2h_0} \qquad (13.117)$$

（因子 2 是基于 $\sigma_\phi = \sqrt{D_\phi}$ 的事实引入的。用该方程拟合了图 13.18 中的直线。）2.2km 的标高 h_0 接近于标称值 2km，且 σ_0 =0.05mm。从完全不同的来源提取信息是很困难的，给出的这些结果旨在强调海拔的重要性，而不是用于区分不同

表 13.4　测站相位稳定性参数

地点	ID	高度/m	基线/m	频率/GHz	类型 [a]	天数	日期	σ [b]/mm	β [c]	文献 [d]
英国剑桥		17	1000	5	A	50	1969年1~9月	0.12~0.5	0.6	[1]
澳大利亚莫奇森	MRO	370	200	11.7	S	180	2011年6~9月	0.15~0.38	—	[2]
美国绿岸		840	2400	2.7	A	25	1965年3~8月	0.2~0.8	—	[3]
美国金石（A）	DSN	952	190	12.5	S	700	2011年1月~2012年12月	0.12~0.31	0.7	[4]
美国哈特克里克		1043	6~850	86	A	10	1993年11月~1995年2月	0.11~0.3	0.4~0.7	[5]
美国金石（V）		1070	256	20.2	S	700	2011年1月~2012年12月	0.083~0.22	0.6	[4]
南非卡鲁	RSA	1081	200	11.7	S	180	2011年3~10月	0.12~0.25	—	[6]
日本野边山		1350	50~500	22	A	2	1985年2~5月	0.15~0.4	0.8	[7]
美国 VLA		2124	50~8000	5.15	A	109	1983年12月~1985年12月	0.09~0.22	0.1~0.6	[8]
美国 VLA	VLA	2124	300	11.3	S	350	1998年9月~1999年8月	0.065~0.26	—	[9]
法国布雷高原	PdB	2552	24~290	86	A	200	1990年2~8月	0.10~0.6	0.7	[10]
美国 Mauna Kea		4070	33~260	12	S	60	2011年11~12月	0.095	0.6	[11]
美国 Mauna Kea	SMA	4070	100	11.7	S	600	1990年12月~1992年9月	0.065~0.17	0.75	[12]
智利 Pampa la Bola	PlaB	4800	300	11.7	S	1000	1996年7月~1999年3月	0.056~0.22	—	[13]
智利 ALMA	ALMA	5000	300	11.7	S	1000	1996年7月~1999年3月	0.045~0.17	—	[13]

a A＝天文观测数据；S＝卫星跟踪干涉测量（STI）数据。

b 100m 基线的均方根相位差偏差范围通常表征从冬季晚到夏季白天的相位差偏差相对于中位值的跨度。

c 幂指数的基线长度依赖性。天文观测数据的 β 值由时域功率谱推导得出。卫星跟踪干涉测量数据的 β 值由空间域谱推导得出。三维湍流的 $\beta=5/6$ 或 0.833，二维湍流的 $\beta=2/3$ 或 0.667。

d 参考文献：[1]Hinder（1970），Hinder 和 Ryle（1971），Hinder（1972）；[2]Millenaar（2011a）；[3]Baars（1967）；[4]Morabito 等（2013）；[5]Wright（1996），也可参见 Wright 和 Welch（1990），Bieging 等（1984）；[6]Millenaar（2011b），也可参见 Ishiguro 等（1990），[8]Sramek（1990），也可参见 Sramek（1983），Carilli 和 Holdaway（1999），Armstrong 和 Sramek（1982）；[9]Butler 和 Desai（1999）；[10]Olmi 和 Downes（1992）；[11]Kimberk 等（2012）；[12]Masson（1994a）；[13]Butler 等（2001）。

天文台的小差异。台站的本地条件也可能会有很大影响。更多讨论参见 Masson（1994b）。

　　观测到的幂指数范围很大（表 13.4）。在 0.33～0.833 的大部分变化是由于对流层中的薄散射分层效应，这种效应实际上移动或模糊了 2D 湍流向 3D 湍流的转化（Bolton et al.，2011）。Beaupuits 等（2005）使用了两台 183GHz 水汽辐射计（WVR）研究这一问题，两台辐射计的波束在海拔 1500m 处交叉。通过分析辐射计信号之间的延迟，他们识别了一个 600m 高度的强湍流层。

　　如果不修正大气相位噪声，就会造成干涉仪的相干损失。对于图 13.18 的模型，基线的相干因子 C 由式（13.80）定义且等于测量可见度除以真实可见度，则由式（13.117）可以推导基线长度为

$$d_c = 100\left[-\frac{\ln C}{2\pi^2}\left(\frac{\lambda}{\sigma_0}\right)^2 e^{h/h_0}\right]^{3/5} \tag{13.118}$$

例如，当 $\sigma_0 = 0.10\text{mm}$，$h_0 = 2200\text{m}$，$h = 5000\text{m}$，$\lambda = 1.3\text{mm}$，且 $C = 0.9$ 时，有 $d_c = 80\text{m}$。

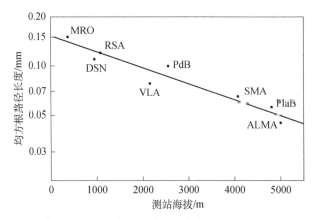

图 13.18　使用 100m 基线天顶观测的均方根路径长度与测站海拔的关系。数据是在良好天气条件，即冬季的夜晚测量的（测站标识参见表 13.4）。直线是标高 2200m 的最优指数拟合，海平面截距 0.15

13.3　利用大气辐射定标

　　一种估计大气相位扰动的实用方法是在每个天线波束方向上测量水汽积分量。这通常要使用辅助辐射计在每个天线处测量天空亮温。即便是在远离水汽吸收线的频率上，水汽仍是射电频段（除 50～70GHz 和 118GHz 的氧气吸收带）不透明的主要原因，见图 13.7。远离谱线中心时，红外跃迁的远翼吸收会

影响大气透明度。除了谱线的影响，与 v^2 成正比的水汽连续谱吸收分量也有重要影响（Rosenkranz，1998）。连续谱吸收分量涉及水分子的二聚体等各种量子力学效应（Chylek and Geldart，1997）。通常需要用经验参数对这种分量进行建模。此外，如 13.3.2 节所述，以云和雾形态存在的水滴及冰晶也会贡献与 v^2 成比例的吸收效应。因此，有两种不同的定标方法：在谱线之间的通带（连续谱）测量天空亮温，或在谱线附近进行测量（Welch，1999）。表 13.5 给出一些选定频率传播延迟的亮温灵敏度。

表 13.5 海拔分别为 0 和 5km 条件下，不同频率、不同可降水量 [a] 的亮温灵敏度 dT_b / dw（$K \cdot mm^{-1}$）

v/GHz	不透明度的原因	0km 海拔		5km 海拔	
		w=0mm	w=15mm	w=0mm	w=15mm
22.2	谱线中心（$6_{16} - 5_{23}$）	1.9	1.7	2.8	2.8
90.0	连续吸收	1.8	2.1[b]	1.2	1.2
183.3	谱线中心（$3_{13} - 2_{20}$）	294	0.0	527	51.4
185.0	谱线翼展（$3_{13} - 2_{20}$）	222	0.1	280	91.2
230.0	连续吸收	15.9	7.3	11.4	9.8
690.0	连续吸收	380	0.0	297	82.5

a 表中各项均是用 am 模型（Paine，2016）对中纬度大气廓线进行计算的。注意 w = 0mm 和 w = 15mm 分别近似于中纬度地区海拔 0km 和 5km 的实测值。显然可见气压展宽效应。例如，当 w = 0mm 时，海平面的 22.2GHz 和 183.3GHz 谱线 dT_b / dw 小于海拔 5km 的值；而连续吸收的情况相反。183GHz 跃迁线附近的亮温灵敏度详见图 13.21。

b 由于水线的自展宽效应，比 w = 0mm 情况灵敏度更高。

13.3.1 连续谱定标

如 Zivanovic 等（1995）首先提出的，在 90GHz 或 225GHz 谱段测量天空亮温的连续谱具有几个优势。用于射电天文观测的辐射计也可以用来测量天空亮温。在 225GHz，如果要求相位定标的精度达到二十分之一波长，由表 13.5 给出的灵敏度可得亮温测量精度应达到 0.1K。如果系统温度为 200K，要达到这一精度就要求增益稳定度为 5×10^{-4}。通常要对低温接收机的温度稳定性做特殊设计才能达到这样的稳定度。此外，还要对增益进行精确定标。进入天线的地表辐射的变化可能会被错误解译为天空亮温的变化。如果天空有云，其中的液态水会影响大气不透明度，也会影响这种定标方法的性能。图 13.19 的例子表明这种定标方法是可行的。Bremer（2002）介绍了 Plateau de Bure 干涉仪如何应用这种定标方法。更多讨论参见 Matsushita 等（2002）。

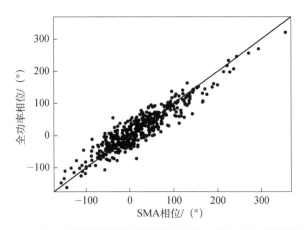

图 13.19　用 230GHz 全功率辐射计测量数据预测的干涉相位与干涉仪测量相位的相关性。测量数据选自 Mauna Kea 亚毫米波阵列（SMA）的一条 140m 基线，测试周期 20 分钟。用包含自由参数的线性模型和每个天线接收的全部功率（即天线亮温）估计相位。拟合的直线斜率为 1 且截距为 0。均方根相位误差从 72° 改善到 27°，对应于路径长度残差从 260μm 改善到 98μm 。引自 Battat 等（2004），© AAS. 允许复制

13.3.2　22GHz 水汽辐射测量

　　Barrett 和 Chung（1962）首先研究了在 22GHz 谱线附近的几个频点测量亮温并确定大气水汽垂直分布的原理。Westwater（1967）和 Schaper 等（1970）进一步开发了传播路径增量的测量技术。要利用湿路径长度与亮度温度之间的相关性，我们需要检验这些量的压强、水汽密度和温度的依赖性。这里我们考虑 22.2GHz 谐振峰附近测量数据的解译。式（13.42）给出的吸收系数比较复杂，但在谱线中心可以近似为

$$\alpha_{\mathrm{m}} \approx 0.36 \frac{\rho_{\mathrm{V}}}{PT^{1.875}} \mathrm{e}^{-644/T} \qquad （13.119）$$

其中 T 的单位为 K，且忽略了式（13.42）除第一项以外的所有项。我们假设式（13.47）给出的不透明度很小，当忽略背景温度 T_{B0} 以及云的贡献时，式（13.45）定义的亮度温度可写成如下形式：

$$T_{\mathrm{B}} \approx 1.78 \int_0^\infty \frac{\rho_{\mathrm{V}}}{PT^{0.875}} \mathrm{e}^{-644/T} \mathrm{d}h \qquad （13.120）$$

回忆一下式（13.16）：

$$\mathcal{L}_{\mathrm{V}} = 1763 \times 10^{-6} \int_0^\infty \frac{\rho_{\mathrm{V}}(h)}{T(h)} \mathrm{d}h \qquad （13.121）$$

因此，如果 P 和 T 不随高度变化且分别等于 1013mbar 和 280K，我们可以用式（13.19）给出的 $\mathcal{L}_{\mathrm{V}} \approx 6.3w$ ，并由式（13.120）可得 $T_{\mathrm{B}} \approx 12.7w$ ，其中 w 为水汽柱高[见式（13.18）]。所以，基于上述近似，我们可得

$$T_B(22.2\text{GHz})(\text{K}) \approx 2.1\mathcal{L}_V \text{ (cm)} \tag{13.122}$$

注意，在海平面高度上，上式近似成立。由于气压展宽，亮温与大气总压成反比[见式（13.120）]，海拔5000m的台站气压约为540mbar，式（13.122）的系数增大为3.9。亮度温度测量数据与无线电探空廓线估计的路径长度表明式（13.122）是很好的近似（Moran and Rosen，1981）。前面介绍了 ρ_V 近似为标高2km的指数分布。平均而言，温度每千米降低约2%。这一变化只影响式（13.120）中的指数因子，且导致温度的幂指数略有不同，进而影响 T_B 和 $\mathcal{L}_V$ 之间的比例关系。因此，温度的影响很小。压强每千米减小10%，因此高海拔水汽贡献的 T_B 比辐射测量估计的大。频率偏离谐振点至跃迁半功率点频率时，T_B 的压强灵敏度随之减小。这是由于随着压强增加，廓线展宽而廓线积分保持不变。因此，谱线中心吸收率降低，谱线两翼的吸收率增加。Westwater（1967）证明，频率为20.6GHz时吸收率几乎不受压强影响。这一特殊频率被称为"折点"（Hinge Point）。折点频率的不透明度小于谱线中心的不透明度，因此 T_B 与不透明度之间的非线性关系影响较小。

上述讨论都是假设在晴空条件下测量 T_B。云或雾中的水滴成分会导致吸收显著增大，但与水汽相比，对折射指数的影响很小。幸运的是，双频组合测量可以消除云的影响。非降雨云中的水滴尺寸一般小于100μm，波长大于几个毫米时，散射很小且主要由吸收效应导致衰减。吸收系数由经验公式给出（Staelin，1966）：

$$\alpha_{\text{clouds}} \approx \frac{\rho_L 10^{0.0122(291-T)}}{\lambda^2} \left(\text{m}^{-1}\right) \tag{13.123}$$

其中 ρ_L 是液态水滴的密度，单位为 $\text{g}\cdot\text{m}^{-3}$；$\lambda$ 为波长，单位为m；T 的单位为K。当 λ 大于3mm时，水滴尺寸远小于 $\lambda/(2\pi)$，上式成立。波长更短时，吸收系数小于式（13.123）的预测值（Freeman，1987；Ray，1972）。湿度很大的积雨云的水密度为 $1\text{g}\cdot\text{m}^{-3}$，1km厚度的吸收系数为 $7\times10^{-5}\text{m}^{-1}$，且22GHz的亮度温度约为20K。温度为 $T=280$K 的液态水在22GHz的折射指数约为5（Goldstein，1951）。由于液态水的影响，穿过云的传播路径实际增量约为4mm，但式（13.122）预测的路径增量为10cm。因此，当存在云时，不能用单频亮度温度可靠地估计路径增量长度。为消除云贡献的亮度温度，必须在 ν_1 和 ν_2 两个频点进行测量，其中一个频点要接近水线，另一个频点要远离水线。亮度温度为

$$T_{Bi} = T_{BVi} + T_{BCi} \tag{13.124}$$

其中 T_{BVi} 和 T_{BCi} 分别是频点 i 处水汽和云的亮度温度。这里忽略大气中 O_2 的影响。从式（13.123）可知 $T_{BC} \propto \nu^2$，所以我们可以用下式给出观测量的关系

$$T_{B1} - T_{B2}\frac{\nu_1^2}{\nu_2^2} = T_{BV1} - T_{BV2}\frac{\nu_1^2}{\nu_2^2} \tag{13.125}$$

这就消除了云的影响。基于式（13.45）和式（13.16）的计算模型可以估计 $T_{BV1} - T_{BV2} \times \nu_1^2/\nu_2^2$ 与 $\mathcal{L}_V$ 之间的相关性。远离吸收线的频点 ν_2 一般选在 31GHz 附近。寻找两个最优频点和选取适当的相关系数预测 $\mathcal{L}_V$ 已被广泛讨论（Westwater，1978；Wu，1979；Westwater and Guiraud，1980）。用双频技术也可以测量云中的液态成分[例如参见（Snider et al.，1980）]。

Guiraud 等（1979）、Elgered 等（1982）、Resch（1984）、Elgered 等（1991）及 Tahmoush 和 Rogers（2000）讨论了应用多频微波辐射测量定标湿路径长度的方法。Tanner 和 Riley（2003）讨论了高性能接收机的设计。结果表明，$\mathcal{L}_V$ 的估计精度可以优于几毫米。这对于定标 VLBI 的延迟测量数据和延长相关时间是非常有意义的。测量短基线干涉仪天线的 T_B 对于修正干涉仪的相位是有益的。包含其他频段的测量可以更精确地预测 $\mathcal{L}_V$ 或干涉仪相位。例如，在 50GHz 频段测量大气氧气吸收线的翼区可以探测对流层的垂直温度结构[例如参见（Miner et al.，1972；Snider，1972）]。Solheim 等（1998）分析了这些方法的精度。

22GHz 谱线观测提供了一种对增益变化和地表辐射不敏感的定标技术。利用多频观测可以修正云和随高度变化的水汽分布[见式（12.125）]。对于相对干燥的毫米波观测台站，22GHz 谱线定标也许是最佳选择[见 Bremer（2002）介绍的 Plateau de Bure 使用的系统]。利用该谱线进行相位修正的实例参见图 13.20。

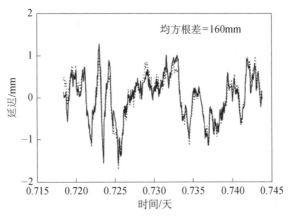

图 13.20 （实线）是欧文斯山谷射电天文台干涉仪的一条基线在 3mm 波长测量的干涉相位随时间的变化，单位为延迟量；（虚线）为使用 22GHz 水汽辐射计预测的延迟量随时间的变化。两种测量方法的均方根偏差为 160μm。观测的源为 3C273。引自 Welch（1999）；另见 Woody 等（2000）

13.3.3 183GHz 水汽辐射测量

对于非常干燥的台站，183GHz 线可能会给出更好的结果（Lay，1998；Wiedner and Hills，2000）。183GHz 线本质上比 22GHz 线灵敏 30 倍。但是，183GHz 线比 22GHz 线更容易饱和（即 183GHz 不透明度大于 1）。

Nikolic 等（2013）介绍了一种为 ALMA 望远镜开发的 183GHz 相位修正系统。阵列中的每个天线都配备视向辐射计，用 4 个接收通道对 183GHz 廓线进行部分采样。辐射计是双边带系统，4 个通道相对于廓线中心对称，分别偏置 0.5GHz、3.1GHz、5.2GHz 和 8.3GHz。不同可降水量 w ［见式（13.18）］对应的理论廓线如图 13.21 所示。当 w 很小，例如 0.3mm 时，线中心的灵敏度 dT_B / dw 最大。当饱和时线中心的灵敏度降低为零。随着 w 增大，偏离线中心的通道的灵敏度增大。对各个通道的测量值进行适当的统计加权，就可以在宽泛的条件范围内准确估计传播路径。实际的灵敏系数是基于经验推导的。减小相位噪声的实例见图 13.22。

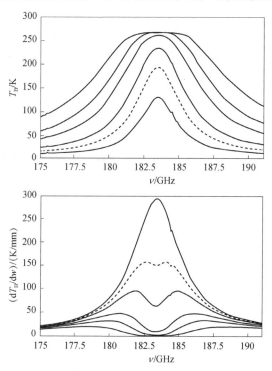

图 13.21 （上图）海拔 5000m 测站六个不同 w 值的 183GHz 水汽跃迁的理论亮温廓线，自下而上水汽柱密度分别为 0.3mm、0.6mm、1mm、2mm、3mm、5mm。184.4GHz 可见的小尖峰是高层大气臭氧的 $10_{0\,10} - 9_{1\,9}$ 跃迁，此处的压力展宽效应很弱。随着 w 增大，亮温廓线越来越明显地饱和为大气温度［见式（13.48）］。（下图）六个 w 值（自上而下增大）的亮温随水汽柱密度的变化 dT_B / dw。当 $w = 5mm$ 时，水汽柱密度的亮温灵敏度在谱线中心几乎为零，且偏离谱线中心 5GHz 才出现比较宽的最大值

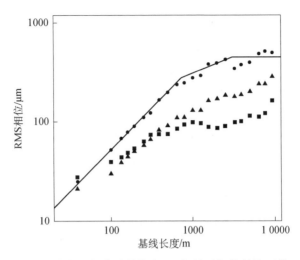

图 13.22　投影基线长度与均方根相位（单位为 μm）差（相位结构函数 D_ϕ 的平方根）的关系。测量是在 230GHz 对 3C138 观测 15 分钟的数据。水汽柱密度为 1.4mm，地表风速为 7m·s^{-1}。图中圆点给出未定标数据的结果。为了便于分析，用三段幂律进行了数据拟合。670m 处的折点标志 3D 湍流向 2D 湍流的过渡且表明湍流层厚度约为 2km[见式（A13.17）]。3km 处的折点表明湍流的外尺度。图中三角符号给出水汽辐射计修正后的均方根相位差。方块给出用角距 1.3°的定标源做相位参考定标（目标源/定标源切换周期为 20s）后的均方根相位差。引自 ALMA 合作组（2015）

当天空有云时会增加一个与 ν^2 成正比的亮温[见式（13.123）]，因此不能很好地用于定标。对廓线的两翼进行独立测量可以估计云的贡献。当 w 值很小时存在一个未建模的扰动，这是由折射率的干大气分量造成的。在每个天线站辅助测量总气压可能修正这些扰动。

183GHz 谱线已经在大气遥感领域用于估计 w（Racette et al.，2005）。

13.4　利用定标减小大气相位误差

大气相位误差对图像的影响可以看作单天线相位误差的影响。11.4 节已经给出瞬时成像的动态范围近似等于

$$\frac{\sqrt{n_a\left(n_a-1\right)}}{\phi_{rms}} \tag{13.126}$$

其中 ϕ_{rms} 是所有天线对（基线）测量的均方根相位误差，单位为 rad；n_a 是天线数量。例如，如果 ϕ_{rms} 为 1rad 且 n_a =30，动态范围约为 30。作为一种粗略的估计，ϕ_{rms} 从 0.5rad 恶化到 1rad，阵列性能将从正常恶化到勉强可用状态。长时间积分对图像的改善受限于相位扰动谱。

厘米波段的相位定标通常以 20～30min 周期观测相位定标源。毫米波段通常不能采用这种方法，这是由于在毫米波段大气的相位扰动严重得多。下面介绍毫米波段和亚毫米波段减小大气相位扰动效应的一些定标过程。这些方法与光波波段的自适应光学类似。

自定标　如 10.3 节和 11.3 节所述，自定标是去除大气相位扰动效应最简单的方法。自定标基于三个或更多个天线子集合的相位闭合关系。应用这种方法的前提是必须对相关器输出数据做长时间积分，确保源信号是可检测的；也就是说，测量的可见度相位主要受目标源影响，而不是受仪器噪声影响。然而，积分时间是受限于相位扰动率的，因此，自定标不适用于需要长时间积分才能检测到的源。

频繁定标（快速切换）　利用目标源（待测源）附近的不分辨源频繁进行相位定标可以显著减小大气相位误差（Holdaway et al., 1995；Lay, 1997b）。为确保定标源与目标源测量的大气相位尽可能一致，两个源的角距离不能超过几度。观测两个源的时间差必须小于 1 分钟，因此要求在目标源和定标源之间进行快速位置切换。天线到目标源和定标源的两条视线穿过水汽集中分层的穿越点之间的距离为 d_{tc}。对于 1km 的标称屏高，有 $d_{tc} \approx 17\theta$，其中 θ 为目标源–定标源之间的角距，单位为（°），d_{tc} 的单位为 m。在任意时刻，单天线的两条视线的均方根相位差为 $\sqrt{D_\phi(d_{tc})}$。如果完成一次目标源和定标源观测的完整周期为 t_{cyc}，则测量这两个源的平均时间差为 $t_{cyc}/2$。在 $t_{cyc}/2$ 时间内，大气的移动距离为 $v_s t_{cyc}/2$。因此，两条视线的测量相位差实际上等于 $D_\phi(d_{tc} + v_s t_{cyc}/2)$。由于这里对 d_{tc} 和 v_s 对应的两个矢量直接做了标量求和，因此这是最坏情况的估计。干涉仪两个天线测量路径差的均方根值是单天线相位均方根的 $\sqrt{2}$ 倍，因此测量可见度中的大气相位残差为

$$\phi_{rms} = \sqrt{2D_\phi(d_{tc} + v_s t_{cyc}/2)} \tag{13.127}$$

注意 ϕ_{rms} 与基线无关，因此相位误差不随基线长度的增加而增大。对两个源进行观测的完整周期等于目标源和定标源观测时间之和，加上天线的两次转动时间和停止转动并再次开始数据记录的两次准备时间。每个源所需的观测时间取决于源本身的流量密度和设备灵敏度。确定定标源时，可能需要在临近的弱源和较远的强源之间做抉择，较远的强源需要较少的观测时间，但需要较长的天线转向时间。若将定标源用作大气相位问题的通用定标方案，就要求天空上任意位置的几度范围内都有适用的定标源。由于定标源的流量密度一般随频率增加而减小，也许需要在低于目标源观测的频率上观测定标源。从目标源相位中减除定标源相位之前，必须将测量的定标源相位乘以 v_{source}/v_{cal}（因为对流层本质上是非色散的），因此对定标源相位的精度要求更高。所以，定标源的观测频率不能太低，90GHz 左右定标可能比较适用于高达数百吉赫兹的目标源观测。

图 13.23 的数据验证了快速切换定标的有效性。注意，300s 平均时间对应的曲线的折点在 1500m，表明风速约为 $2 \times 1500/300 = 10(\mathrm{m \cdot s^{-1}})$（Carilli and Holdaway，1999）。Asaki 等（2014）介绍了 ALMA 快速切换的有效性。

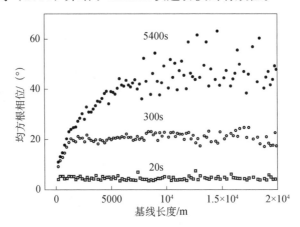

图 13.23　VLA 在 22GHz 不同平均时间观测数据的相位结构的均方根与基线长度的关系。这些数据展示了快速定标的有效性。这些测试选用 0748+240 作为目标源和定标源。实心方块（标识为 5400s）给出未做切换定标的均方根相位扰动（与图 13.13 数据相同）。圆圈和星号分别给出 300s 和 20s 周期的均方根相位偏差。引自 Carilli 和 Holdaway（1999），由美国地球物理联合会提供

天线对或天线簇　用相距较近的成对天线可以代替目标源和定标源之间的快速移动。用其中一个天线连续观测目标源，另一个连续观测定标源。用这种方法，式（13.127）中的 t_{cyc} 等于零，但应包含成对天线的间距 d_{p}。此时，可见度相位中的均方根大气残差变成如下形式：

$$\phi_{\mathrm{rms}} = \sqrt{2D_\phi \left(d_{\mathrm{tc}} + d_{\mathrm{p}} \right)} \qquad (13.128)$$

和式（13.127）一样，由于我们取 d_{tc} 和 d_{p} 两个矢量的标量和，ϕ_{rms} 是最差估计值。当目标源和定标源的位置差为 2°，且水汽的有效高度为 1km 时，有 $d_{\mathrm{tc}} = 35\mathrm{m}$。工作频率 300GHz 以下的天线典型直径约 10m，为了避免天线口面的严重遮挡，d_{p} 应为 15m 左右，该值小于快速切换方案中的 $v_s t_{\mathrm{cyc}} / 2$，这是由于典型的 v_s 为 6~12 $\mathrm{m \cdot s^{-1}}$，t_{cyc} 通常大于等于 10s。因此，成对天线定标方法的相位残差略小于快速定标方法。另外，也不会因为天线转动和设置而浪费观测时间。尽管如此，采用快速切换方案要用一半时间观测目标源，而采用成对天线定标要用半数天线观测目标源，因此后者的灵敏度比前者恶化 ~$\sqrt{2}$ 倍。有些情况下，阵列中会使用一些成对天线。如果除了"科学观测阵列"，还有独立的"参考阵列"，则不会损失"科学观测阵列"的能力。Carilli 和 Holdaway（1999）用 VLA 进行了技术验证，Asaki 等

（1996）用野边山射电天文台（NRO）进行了技术验证。另一个例子是 6m 和 10m 天线构成的毫米波天文研究联合阵列（CARMA）。其参考阵列由 3.5m 口径天线构成，Peréz 等（2010）和 Zauderer 等（2016）介绍了这一系统。

附录 13.1　第二次世界大战雷达发展中 22GHz 线的重要影响

22GHz 水汽跃迁线的研究历史是相当有趣的。水汽分子三个转轴具有不同的惯性矩，因此其转动谱是很复杂的，如图 A13.1 所示。Randall 等（1937）首先通过测量红外谱确定了各个转动能级。Van Vleck 注意到，MIT 辐射实验室的报告指出，两个近乎相等的相邻转动阶梯有机会辐射 1.2～1.5cm（20～25GHz）范围的微波谱线（Van Vleck，1942）。微波谱线比基态能级高 447cm^{-1}，对应 640K 的温度，在大气温度下该谱线的玻尔兹曼种群因子约为 0.1。由于 H_2O 吸收和 O_2 线翼展区的吸收会影响短毫米波雷达的工作，因此 Van Vleck 计算了水平路径方向的大气不透明度。然而，当时几乎没有这些线宽[见式（13.43）和图 13.7]的压力展宽常数的经验数据，Van Vleck 使用的估计值几乎是实际值的三倍。因此，他过高估计了 1.25cm 波长的 O_2 吸收，且过低估计了 H_2O 的吸收率。尽管如此，他提出了曾被忽略的重要问题。稍后他估计的大气吸收更加精确一些（Van Vleck，1945，1947）。

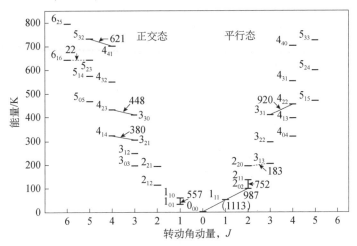

图 A13.1　轴对称旋转 H_2O 分子的基态振动能级。量子数标记为 $J_{K-1, K+1}$。正交态的 $K-1$，$K+1$ 分别是偶数/奇数，平行态的 $K-1$，$K+1$ 分别是偶数/偶数和奇数/奇数。水汽压力 1mm 时，频率小于 1THz（图 13.14）的 7 个最重要的跃迁影响 ALMA 台站的大气不透明效应，图中标注了跃迁频率（380GHz、448GHz、557GHz、621GHz、752GHz、920GHz 和 987GHz）以及 1113GHz 基态跃迁。水汽辐射测量使用的 22GHz 和 183GHz 特征谱线（见 13.3.2 节和 13.3.3 节）用点线给出。其他不透明度较高的分子线包括 60GHz 的 O_2 线和 118GHz 的 O_3 线。

数据引自 Splatalogue（2016）

第二次世界大战后期，3cm 机载雷达发挥了重大作用。为了用相同的天线口径获取更高的分辨率，随着功率更大的微波信号源研发成功，人们计划开发一种 1.25cm 波长的雷达系统。尽管 Van Vleck 和 Townes 警告称，水汽吸收效应会对这种雷达系统造成困难（Townes，1952，1999；Buderi，1996；Sullivan，2009），但开发工作仍在继续。令人极度失望的是，新系统在水平方向的典型探测距离只有 20km 甚至更小。原因很快被定位于水汽的吸收效应。1945 年，Dicke 等（1946）在佛罗里达基于大气亮温测量推算出水汽吸收线的形状，确定了其波长 1.34cm（$\nu = 22.2$GHz）及其吸收廓线和吸收系数。计划在湿润的南大西洋战区部署的雷达系统被取消。Townes 和 Merritt（1946）在低压实验室对该跃迁进行了高精度测量（$\nu = (22237 \pm 5)$ MHz，波长为 1.349cm）。超精细跃迁线加权的现代标准跃迁频率为 22235.080MHz（Kukolich，1969）。

附录 13.2　推导对流层相位结构函数

本节从湍流介质的折射指数结构函数推导对流层相位结构函数。推导过程遵循 Tatarski（1961）。

相位结构函数的定义为

$$D_\phi = \left\langle \left[\phi_1(x_1) - \phi_2(x_2) \right]^2 \right\rangle \tag{A13.1}$$

其中 x_1 和 x_2 为两个测量点，如图 A13.2 所示，本节分析中，从厚度为 L 的均匀散射层之外看来，这两个点构成一个垂直于入射波方向的单基线干涉仪。湍流沿 x 轴运动时，可以视为处在"冻结"状态。集合平均通常由长度为 T 的时间平均来近似，其中 T 远大于湍流单元的穿越时间，即 $T \gg d / v_s$，其中 v_s 是沿基线方向的风速分量。初始状态的平面相位波前被湍流介质所扭曲，如图 A13.2 右侧所示。相位结构函数仅取决于两点间的距离 $d = |x_1 - x_2|$。Kolmogorov 湍流的折射指数的结构函数的一般表达式为

$$D_n = C_n^2 r^{2/3} \tag{A13.2}$$

其中 r 为湍流介质中两点的间距矢量。假设介质分布是均匀且各向同性的，则结构函数仅为标量距离 r 的函数，

$$D_n = C_n^2 r^{2/3} \tag{A13.3}$$

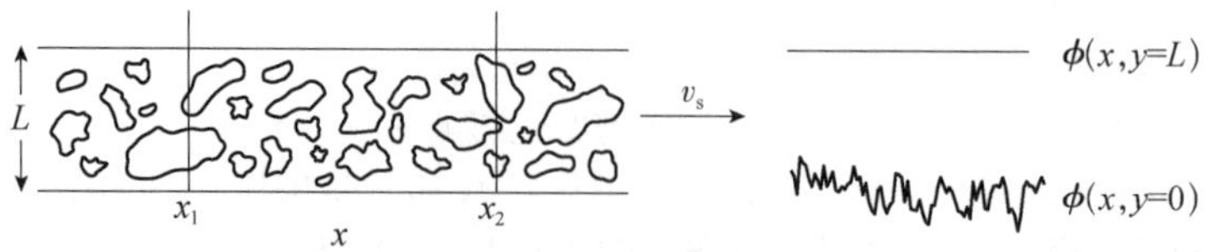

图 A13.2　（左图）对流层冻结湍流层沿 x 轴以速度 v_s 运动的示意图。在 x_1 和 x_2 两点测量结构函数。（右图）散射层底部和定标的点源入射信号相位

基于严格的射线追踪运算，某一时刻的相位表示如下：

$$\phi_1 = \frac{2\pi}{\lambda} \int_0^L n(y, x_1)\, \mathrm{d}y$$
$$\phi_2 = \frac{2\pi}{\lambda} \int_0^L n(y, x_2)\, \mathrm{d}y$$

（A13.4）

其中 n 是沿垂直于基线的 y 轴方向的折射指数，λ 是波长。除了非常干燥的测站，折射指数波动主要源于水汽密度的变化。因此 x_1 点和 x_2 点的相位差为

$$\phi_1 - \phi_2 = \frac{2\pi}{\lambda} \int_0^L \big[n(y, x_1) - n(y, x_2) \big]\, \mathrm{d}y$$

（A13.5）

且相位差的平方为

$$(\phi_1 - \phi_2)^2 = \left(\frac{2\pi}{\lambda}\right)^2 \int_0^L \big[n(y_a, x_1) - n(y_a, x_2) \big]\, \mathrm{d}y_a$$
$$\times \int_0^L \big[n(y_b, x_1) - n(y_b, x_2) \big]\, \mathrm{d}y_b$$

（A13.6）

或

$$(\phi_1 - \phi_2)^2 = \left(\frac{2\pi}{\lambda}\right)^2 \int_0^L \int_0^L \big[n(y_a, x_1) - n(y_a, x_2) \big]$$
$$\times \big[n(y_b, x_1) - n(y_b, x_2) \big]\, \mathrm{d}y_a\, \mathrm{d}y_b$$

（A13.7）

我们可以将式（A13.7）的积分展开为不同位置的 n 的互积形式。然而，我们期望得到的最终结果是结构函数，而不是相关函数。因此我们利用代数等式

$$(a-b)(c-d) = \frac{1}{2}\big[(a-d)^2 + (b-c)^2 - (a-c)^2 - (b-d)^2 \big]$$

（A13.8）

并将式（A13.7）代入式（A13.1），求每一项的期望值，可得

$$D_\phi(d) = \frac{1}{2}\left(\frac{2\pi}{\lambda}\right)^2 \int_0^L \int_0^L \Big\{ \big\langle \big[n(y_a, x_1) - n(y_b, x_2) \big]^2 \big\rangle$$
$$+ \big\langle \big[n(y_a, x_2) - n(y_b, x_1) \big]^2 \big\rangle$$
$$- \big\langle \big[n(y_a, x_1) - n(y_b, x_1) \big]^2 \big\rangle$$
$$- \big\langle \big[n(y_a, x_2) - n(y_b, x_2) \big]^2 \big\rangle \Big\}\, \mathrm{d}y_a\, \mathrm{d}y_b$$

（A13.9）

上式中的四项即为不同距离下折射指数的结构函数，如式（A13.3）所定义。注意，前两项的距离为 $[(y_a - y_b)^2 + (x_1 - x_2)^2]^{1/2}$，而后两项的距离为 $|y_a - y_b|$。因此，相位结构函数可以写为

$$D_\phi(d) = \left(\frac{2\pi}{\lambda}\right)^2 \int_0^L \int_0^L \left[D_n\left(\sqrt{(y_a - y_b)^2 + (x_1 - x_2)^2}\right) \right.$$
$$\left. - D_n\left(|y_a - y_b|\right) \right] \mathrm{d}y_a \mathrm{d}y_b \tag{A13.10}$$

由于 D_n 中的变量仅是 $y_a - y_b$ 的函数，式（A13.10）中的积分可以化简。注意，下式形式的积分

$$I = \int_0^L \int_0^L f(y_a - y_b) \mathrm{d}y_a \mathrm{d}y_b \tag{A13.11}$$

可以通过变量代换 $y = y_a - y_b$ 和 y_b 化简（图 A13.3）。当 $f(y_a - y_b)$ 是偶函数时，式（A13.11）变为

$$I = 2\int_0^L (L - y) f(y) \mathrm{d}y \tag{A13.12}$$

基于上式的关系，相位结构函数变为

$$D_\phi(d) = 2\left(\frac{2\pi}{\lambda}\right)^2 \int_0^L (L - y) \left[D_n\left(\sqrt{y^2 + d^2}\right) - D_n(y) \right] \mathrm{d}y \tag{A13.13}$$

将式（A13.3）代入式（A13.13）可得

$$D_\phi(d) = 2\left(\frac{2\pi}{\lambda}\right)^2 C_n^2 \int_0^L (L - y) \left[(y^2 + d^2)^{1/3} - y^{2/3} \right] \mathrm{d}y \tag{A13.14}$$

大多数讨论通常以上式作为起点［参见（Tatarski，1961）中的式 6.27］。Stotskii（1973，1976）首先研究了射电干涉测量领域中的 $d \ll L$ 和 $d \gg L$ 两种主要情况，Dravskikh 和 Finkelstein（1979）及 Coulman（1990）做了进一步讨论。

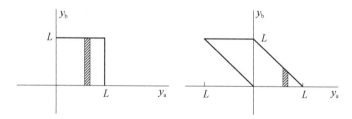

图 A13.3　将积分变量从 y_a，y_b 变换为 y，y_b，其中式（A13.12）推导中 $y = y_a - y_b$

　　$d \ll L$ 情况被称为"三维"或 3D 湍流解。式（A13.14）中的被积函数在 $y = 0$ 有最大值 $Ld^{2/3}$，且随着 y 的增加，单调递减到零。当 $y < d$ 时，被积函数缓慢减小；当 y 很大时，随 $y^{-4/3}$ 减小。因此，当 y 介于 0 和 d 之间时，积分函数近似不变，且总积分也主要由这一积分范围贡献。所以，由式（A13.14），$D_\phi \sim Ld^{2/3} \times d \sim Ld^{5/3}$。根据 Tatarski（1961，式 6.65）基于解析近似，给出了比例常数约为 2.91。因此，

$$D_\phi(d) = 2.91\left(\frac{2\pi}{\lambda}\right)^2 C_n^2 L d^{5/3}, \qquad d_f, d_{in} < d \ll L \qquad （A13.15）$$

$d \gg L$ 的情况被称为"二维"或 2D 湍流情况。式（A13.14）严格对各向同性湍流有效，Stotskii（1973）和 Coulman（1990）展示了该式可以用于二维湍流的原因。当 $d \gg L$ 时，式（A13.14）方括号中的量变为 $\sim d^{2/3} - y^{2/3}$，且式（A13.14）直接可积。积分式中的主要项为 $\frac{1}{2}L^2 d^{2/3}$，因此可得

$$D_\phi(d) \approx \left(\frac{2\pi}{\lambda}\right)^2 C_n^2 L^2 d^{2/3}, \quad L \ll d < L_{out} \qquad （A13.16）$$

当 $d > L_{out}$ 时，D_n 与距离无关，因此 D_ϕ 变得平坦。

注意到，式（A13.15）和式（A13.16）给出的两个结构函数相交于某个距离

$$d_2 = L / 2.9 \qquad （A13.17）$$

这个距离可以认为是 3D 和 2D 湍流的标称转移点。标高为 2km 时，标称转移点约为 700m。Treuhaft 和 Lanyi（1987）对式（A13.14）进行了数值积分。图 A13.4 给出一个数值积分实例。注意，由 2D 向 3D 结构函数的转移是相当缓慢的。这大概可以解释为什么观测数据报告的幂律指数变化很大。

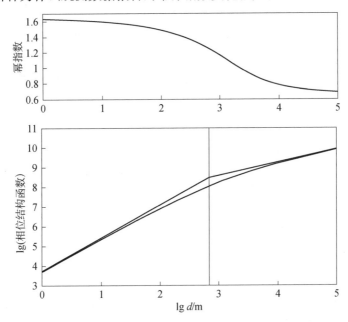

图 A13.4 （下图）相位结构函数与基线长度（d）的关系及其幂指数近似，湍流层厚度为 2km，湍流参数 $C_n^2 = 1$。两个幂指数分量的交点位于 $d = L / 2.9 = d_2$，约为 700m，用细垂线标注。（上图）相位结构函数的幂指数是基线长度的函数

上述推导的结果可以推广应用于传播角与基线非垂直，即存在一个入射角 y 的情形。此时，用 $L\sec y$ 代替 L 以描述平行大气。因此，式（A13.15）和式（A13.16）表明，3D 和 2D 湍流的结构函数分别随 $\sec y$ 和 $\sec^2 y$ 变化。

扩 展 阅 读

Andrews, D. G., An Introduction to Atmospheric Physics, Cambridge Univ. Press, Cambridge, UK（2000）

Baldwin, J. E. and Wang, S., Eds., Radio Astronomical Seeing, International Academic Publishers and Pergamon Press, Oxford, UK（1990）

Janssen, M. A., Atmospheric Remote Sensing by Microwave Radiometry, Wiley, New York（1993）

Mangum, J. G., and Wallace, P., Atmospheric Refractive Electromagnetic Wave Bending and Propagation Delay, Pub. Astron. Soc. Pacific, 127, 7491,（2015）

Proc. RadioNet Workshop on Measurement of Atmospheric Water Vapour：Theory, Techniques, Astronomical, and Geodetic Applications, Wettzell/Hoellenstein, Germany, Oct. 911（2006）. http：//bit. ly/1Knb11E

Tatarski, V. I., Wave Propagation in a Turbulent Medium, Dover, New York（1961）

Westwater, R., Ed., Specialist Meeting on Microwave Radiometry and Remote Sensing Applications, National Oceanic and Atmospheric Administration, U. S. Dept. Commerce（1992）

参 考 文 献

ALMA Partnership, Fomalont, E. B., Vlahakis, C., Corder, S., Remijan, A., Barkats, D., Lucas, R., Hunter, T. R., Brogan, C. L., Asaki, Y., and 239 coauthors, The 2014 ALMA Long Baseline Campaign：An Overview, Astrophys. J. Lett., 808, L1（11 pp）（2015）

Altenhoff, W. J., Baars, J. W. M., Downes, D., and Wink, J. E., Observations of Anomalous Refraction at Radio Wavelengths, Astron. Astrophys., 184, 381385（1987）

Andrews, D. G., An Introduction to Atmospheric Physics, Cambridge Univ. Press, Cambridge, UK（2000）, p. 24

Armstrong, J. W., and Sramek, R. A., Observations of Tropospheric Phase Scintillations at 5 GHz on Vertical Paths, Radio Sci., 17, 15791586（1982）

Asaki, Y., Matsushita, S., Kawabe, R., Fomalont, E., Barkats, D., and Corder, S., ALMA Fast Switching Phase Calibration on Long Baselines, in Ground-Based and Airborne Telescopes V, L. M. Stepp, R. Gilmozzi, and H. J. Hall, Eds., Proc. SPIE, 9145, 91454K-

1（2014）

Asaki，Y.，Saito，M.，Kawabe，R.，Morita，K.-I.，and Sasao，T.，Phase Compensation Experiments with the Paired Antennas Method，Radio Sci.，31，16151625（1996）

Baars，J. W. M.，Meteorological Influences on Radio Interferometer Phase Fluctuations，IEEE Trans. Antennas Propag.，AP-15，582584（1967）

Barrett，A. H.，and Chung，V. K.，A Method for the Determination of High-Altitude Water-Vapor Abundance from Ground-Based Microwave Observations，J. Geophys. Res.，67，42594266（1962）

Battat，J. B.，Blundell，R.，Moran，J. M.，and Paine，S.，Atmospheric Phase Correction Using Total Power Radiometry at the Submillimeter Array，Astrophys. J. Lett.，616，L71L74（2004）

Bean，B. R.，and Dutton，E. J.，Radio Meteorology，National Bureau of Standards Monograph 92，U. S. Government Printing Office，Washington，DC（1966）

Beaupuits，J. P. P.，Rivera，R. C.，and Nyman，L.-A.，Height and Velocity of the Turbulence Layer at Chajnantor Estimated from Radiometric Measurements，ALMA Memo 542（2005）

Bevis，M.，Businger，S.，Chiswell，S.，Herring，T. A.，Anthes，R. A.，Rocken，C.，and Ware，R. H.，GPS Meteorology：Mapping Zenith Wet Delays onto Precipitable Water，J. Appl. Meteor.，33，379386（1994）

Bieging，J. H.，Morgan，J.，Welch，W. J.，Vogel，S. N.，Wright，M. C. H.，Interferometer Measurements of Atmospheric Phase Noise at 86 GHz，Radio Sci.，19，15051509（1984）

Bohlander，R. A.，McMillan，R. W.，and Gallagher，J. J.，Atmospheric Effects on Near-Millimeter-Wave Propagation，Proc. IEEE，73，4960（1985）

Bolton，R.，Nikolic，B.，and Richer，J.，The Power Spectrum of Atmospheric Path Fluctuations at the ALMA Site from Water Vapour Radiometer Observations，ALMA Memo 592（2011）

Bracewell，R. N.，The Fourier Transform and Its Applications，3rd ed.，McGraw-Hill，New York（2000）（earlier eds. 1965，2000）

Bremer，M.，Atmospheric Phase Correction for Connected-Element Interferometry and for VLBI，in Astronomical Site Evaluation in the Visible and Radio Range，J. Vernin，Z. Benkhaldoun，and C. Muñoz-Tuñón，Eds.，Astron. Soc. Pacific Conf. Ser.，266，238245（2002）

Buderi，R.，The Invention That Changed the World，Simon and Schuster，New York（1996），pp. 261 and 340.

Butler，B.，Precipitable Water at the VLA—19901998，MMA Memo 237，National Radio Astronomy Observatory（1998）

Butler，B.，and Desai，K.，Phase Fluctuations at the VLA Derived from One Year of Site Testing Interferometer Data，VLA Test Memo 222，National Radio Astronomy Observatory（1999）

Butler，B. J.，Radford，S. J. E.，Sakamoto，S.，Kohno，K.，Atmospheric Phase Stability at Chajnantor and Pampa la Bola，ALMA Memo 365（2001）

Calisse, P. G., Ashley, M. C. B., Burton, M. G., Phillips, M. A., Storey, J. W. V., Radford, S. J. E., and Peterson, J. B., Submillimeter Site Testing at Dome C, Antarctica, Pub. Astron. Soc. Austr., 21, 256263 (2004)

Carilli, C. L., and Holdaway, M. A., Tropospheric Phase Calibration in Millimeter Interferometry, Radio Sci., 34, 817840 (1999)

Chamberlin, R. A., and Bally, J., The Observed Relationship Between the South Pole 225-GHz Atmospheric Opacity and the Water Vapor Column Density, Int. J. Infrared and Millimeter Waves, 16, 907920 (1995)

Chamberlin, R. A., Lane, A. P., and Stark, A. A., The 492 GHz Atmospheric Opacity at the Geographic South Pole, Astrophys. J., 476, 428433 (1997)

Chylek, P., and Geldart, D. J. W., Water Vapor Dimers and Atmospheric Absorption of Electromagnetic Radiation, Geophys. Res. Lett., 24, 20152018 (1997)

COESA, U. S. Standard Atmosphere, 1976, NOAA-S/T 76-1562, U. S. Government Printing Office, Washington, DC (1976)

Coulman, C. E., Fundamental and Applied Aspects of Astronomical "Seeing," Ann. Rev. Astron. Astrophys., 23, 1957 (1985)

Coulman, C. E., Atmospheric Structure, Turbulence, and Radioastronomical "Seeing," in Radio Astronomical Seeing, J. E. Baldwin and S. Wang, Eds., International Academic Publishers and Pergamon Press, Oxford, UK (1990), pp. 1120

Coulman, C. E., Tropospheric Phenomena Responsible for Anomalous Refraction at Radio Wavelengths, Astron. Astrophys., 251, 743750 (1991)

Cox, A. N., Ed., Allen's Astrophysical Quantities, 4th ed., AIP Press, Springer, New York (2000), Sec. 11. 20, p. 262

Crane, R. K., Refraction Effects in the Neutral Atmosphere, in Methods of Experimental Physics, Vol. 12, Part B (Astrophysics: Radio Telescopes), Meeks, M. L., Ed., Academic Press, New York (1976), pp. 186200

Crane, R. K., Fundamental Limitations Caused by RF Propagation, Proc. IEEE, 69, 196209 (1981)

Davis, J. L., Herring, T. A., Shapiro, I. I., Rogers, A. E. E., and Elgered, G., Geodesy by Radio Interferometry: Effects of Atmospheric Modeling Errors on Estimates of Baseline Length, Radio Sci., 20, 15931607 (1985)

Debye, P., Polar Molecules, Dover, New York (1929)

Delgado, G., Otárola, A., Belitsky, V., and Urbain, D., The Determination of Precipitable Water Vapour at Llano de Chajnantor from Observations of the 183 GHz Water Line, ALMA Memo 271 (1998)

Dicke, R. H., Beringer, R., Kyhl, R. L., and Vane, A. B., Atmospheric Absorption Measurements with a Microwave Radiometer, Phys. Rev., 70, 340348 (1946)

Downes, D., and Altenhoff, W. J., Anomalous Refraction at Radio Wavelengths, in Radio

Astronomical Seeing, Baldwin, J. E., and Wang, S., Eds., International Academic Publishers and Pergamon Press, Oxford, UK (1990), pp. 3140

Dravskikh, A. F., and Finkelstein, A. M., Tropospheric Limitations in Phase and Frequency Coordinate Measurements in Astronomy, Astrophys. Space Sci., 60, 251265 (1979)

Elgered, G., Davis, J. L., Herring, T. A., and Shapiro, I. I., Geodesy by Radio Interferometry: Water Vapor Radiometry for Estimation of the Wet Delay, J. Geophys. Res., 96, 65416555 (1991)

Elgered, G., Rönnäng, B. O., and Askne, J. I. H., Measurements of Atmospheric Water Vapor with Microwave Radiometry, Radio Sci., 17, 12581264 (1982)

Freeman, R. L., Radio System Design for Telecommunications (1100GHz), Wiley, New York (1987)

Fried, D. L., Statistics of a Geometric Representation of Wavefront Distortion, J. Opt. Soc. Am., 55, 14271435 (1965)

Fried, D. L., Optical Resolution Through a Randomly Inhomogeneous Medium for Very Long and Very Short Exposures, J. Opt. Soc. Am., 56, 13721379 (1966)

Fried, D. L., Optical Heterodyne Detection of an Atmospherically Distorted Signal Wave Front, Proc. IEEE, 55, 5767 (1967)

Goldstein, H., Attenuation by Condensed Water, in Propagation of Short Radio Waves, MIT Radiation Laboratory Ser., Vol. 13, Kerr, D. E., Ed., McGraw-Hill, New York (1951), pp. 671-692

Grischkowsky, D., Yang, Y., and Mandehgar, M., Zero-Frequency Refractivity of Water Vapor: Comparison of Debye and Van VleckWeisskopf Theory, Optics Express, 21, 1889918908 (2013)

Guiraud, F. O., Howard, J., and Hogg, D. C., A Dual-Channel Microwave Radiometer for Measurement of Preciptable Water Vapor and Liquid, IEEE Trans. Geosci. Electron., GE-17, 129136 (1979)

Hess, S. L., Introduction to Theoretical Meteorology, Holt, Rinehart, Winston, New York (1959)

Hill, R. J., Water Vapor-Absorption Line Shape Comparison Using the 22-GHz Line: The Van VleckWeisskopf Shape Affirmed, Radio Sci., 21, 447451 (1986)

Hill, R. J., and Clifford, S. F., Contribution of Water Vapor Monomer Resonances to Fluctuations of Refraction and Absorption for Submillimeter through Centimeter Wavelengths, Radio Sci., 16, 7782 (1981)

Hill, R. J., Lawrence, R. S., and Priestley, J. T., Theoretical and Calculational Aspects of the Radio Refractive Index of Water Vapor, Radio Sci., 17, 12511257 (1982)

Hills, R. E., Webster, A. S., Alston, D. A., Morse, P. L. R., Zammit, C. C., Martin, D. H., Rice, D. P., and Robson, E. I., Absolute Measurements of Atmospheric Emission and Absorption in the Range 1001000 GHz, Infrared Phys., 18, 819825 (1978)

Hinder, R. A., Observations of Atmospheric Turbulence with a Radio Telescope at 5 GHz, Nature, 225, 614617（1970）

Hinder, R. A., Fluctuations of Water Vapour Content in the Troposphere as Derived from Interferometric Observations of Celestial Radio Sources, J. Atmos. Terr. Phys., 34, 11711186（1972）

Hinder, R. A., and Ryle, M., Atmospheric Limitations to the Angular Resolution of Aperture Synthesis Radio Telescopes, Mon. Not. R. Astron. Soc., 154, 229253（1971）

Hogg, D. C., Guiraud, F. O., and Sweezy, W. B., The Short-Term Temporal Spectrum of Precipitable Water Vapor, Science, 213, 11121113（1981）

Holdaway, M. A., Ishiguro, M., Foster, S. M., Kawabe, R., Kohno, K., Owen, F. N., Radford, S. J. E., and Saito, M., Comparison of Rio Frio and Chajnantor Site Testing Data, MMA Memo 152, National Radio Astronomy Observatory（1996）

Holdaway, M. A., Radford, S. J. E., Owen, F. N., and Foster, S. M., Data Processing for Site Test Interferometers, ALMA Memo 129（1995a）

Holdaway, M. A., Radford, S. J. E., Owen, F. N., and Foster, S. M., Fast Switching Phase Calibration: Effectiveness at Mauna Kea and Chajnantor, MMA Memo 139, National Radio Astronomy Observatory（1995b）

Holdaway, M. A., and Woody, D., Yet Another Look at Anomalous Refraction, MMA Memo 223, National Radio Astronomy Observatory（1998）

Ishiguro, M., Kanzawa, T., and Kasuga, T., Monitoring of Atmospheric Phase Fluctuations Using Geostationary Satellite Signals, in Radio Astronomical Seeing, Baldwin, J. E., and Wang, S., Eds., International Academic Publishers and Pergamon Press, Oxford, UK（1990）, pp. 6063

Jackson, J. D., Classical Electrodynamics, 3rd ed., Wiley, New York（1999）, pp. 775784

Kasuga, T., Ishiguro, M., and Kawabe, R., Interferometric Measurement of Tropospheric Phase Fluctuations at 22 GHz on Antenna Spacings of 27 to 540m, IEEE Trans. Antennas Propag., AP-34, 797803（1986）

Kimberk, R. S., Hunter, T. R., Leiker, P. S., Blundell, R., Nystrom, G. U., Petitpas, G. R., Test, J., Wilson, R. W., Yamaguchi, P., and Young, K. H., A Multi-Baseline 12GHz Atmospheric Phase Interferometer with One Micron Path Length Sensitivity, J. Astron. Inst., 1, 1250002（2012）

Kukolich, S. G., Measurement of the Molecular g Values in H_2O and D_2O and Hyperfine Structure in H_2O, J. Chem. Phys., 50, 37513755（1969）

Lamb, J. W., and Woody, D., Radiometric Correction of Anomalous Refraction, MMA Memo 224, National Radio Astronomy Observatory（1998）

Lay, O. P., The Temporal Power Spectrum of Atmospheric Fluctuations Due toWater Vapor, Astron. Astrophys. Suppl., 122, 535545（1997a）

Lay, O. P., Phase Calibration and Water Vapor Radiometry for Millimeter-Wave Arrays, Astron.

Astrophys. Suppl., 122, 547557（1997b）

Lay, O. P., 183 GHz Radiometric Phase Correction for the Millimeter Array, MMA Memo 209, National Radio Astronomy Observatory（1998）

Lichtenstein, M., and Gallagher, J. J., Millimeter Wave Spectrum of Ozone, J. Molecular Spectroscopy, 40, 1026（1971）

Liebe, H. J., Calculated Tropospheric Dispersion and Absorption Due to the 22-GHz Water Vapor Line, IEEE Trans. Antennas Propag., AP-17, 621627（1969）

Liebe, H. J., Modeling Attenuation and Phase of Radio Waves in Air at Frequencies below 1000GHz, Radio Sci., 16, 11831199（1981）

Liebe, H. J., An Updated Model for Millimeter Wave Propagation in Moist Air, Radio Sci., 20, 10691089（1985）

Liebe, H. J., MPM: An Atmospheric Millimeter-Wave Propagation Model, Int. J. Infrared and Millimeter Waves, 10, 631650（1989）

Loudon, R., The Quantum Theory of Light, 2nd ed., Oxford Univ. Press, London（1983）

Marini, J. W., Correction of Satellite Tracking Data for an Arbitrary Tropospheric Profile, Radio Sci., 7, 223231（1972）

Masson, C. R., Atmospheric Effects and Calibrations, in Astronomy with Millimeter and Submillimeter Wave Interferometry, Ishiguro, M., and Welch, W. J., Eds., Astron. Soc. Pacific Conf. Ser., 59, 8795（1994a）

Masson, C. R., Seeing, in Very High Angular Resolution Imaging, IAU Symp. 158, Robertson, J. G., and Tango, W. J., Eds., Kluwer, Dordrecht, the Netherlands（1994b）, pp. 110

Matsushita, S., Matsuo, H., Pardo, J. R., and Radford, S. J. E., FTS Measurements of Submillimeter-Wave Atmospheric Opacity at Pampa la Bola II: Supra-Terahertz Windows and Model Fitting, Pub. Ast. Soc. Japan, 51, 603610（1999）

Matsushita, S., Matsuo, H., Wiedner, M. C., and Pardo, J. R., Phase Correction Using Submillimeter Atmospheric Continuum Emission, ALMA Memo 415（2002）

Millenaar, R. P., Tropospheric Stability at Candidate SKA Sites: Australia Edition, SKA Doc. WP3-040. 020. 001-TR-003（2011a）

Millenaar, R. P., Tropospheric Stability at Candidate SKA Sites: South Africa Edition, SKA Doc. WP3-040. 020. 001-TR-002（2011b）

Miner, G. F., Thornton, D. D., and Welch, W. J., The Inference of Atmospheric Temperature Profiles from Ground-Based Measurements of Microwave Emission from Atmospheric Oxygen, J. Geophys. Res., 77, 975991（1972）

Morabito, D. D., D'Addario, L. R., Acosta, R. J., and Nessel, J. A., Tropospheric Delay Statistics Measured by Two Site Test Interferometers at Goldstone, California, Radio Sci., 48, 110（2013）

Moran, J. M., and Rosen, B. R., Estimation of the Propagation Delay through the Troposphere from Microwave Radiometer Data, Radio Sci., 16, 235244（1981）

Niell, A. E., Global Mapping Functions for the Atmospheric Delay at Radio Wavelengths, J. Geophys Res., 101, 32273246（1996）

Nikolic, B., Bolton, R. C., Graves, S. F., Hills, R. E., and Richter, J. S., Phase Collection for ALMA with 183 GHz Water Vapour Radiometers, Astron. Astrophys., 552, A104（11pp）（2013）

Olmi, L., and Downes, D., Interferometric Measurement of Tropospheric Phase Fluctuations at 86 GHz on Antenna Spacings of 24m to 288m, Astron. Astrophys., 262, 634643（1992）

Owens, J. C., Optical Refractive Index of Air: Dependence on Pressure, Temperature, and Composition, Appl. Opt., 6, 5158（1967）

Paine, S., The am Atmospheric Model, SMA Technical Memo 152, Smithsonian Astrophysical Observatory, Cambridge, MA（2016）

Paine, S., Blundell, R., Papa, D. C., Barrett, J. W., and Radford, S. J. E., A Fourier Transform Spectrometer for Measurement of Atmospheric Transmission at Submillimeter Wavelengths, Publ. Astron. Soc. Pacific, 112, 108118（2000）

Pardo, J. R., Cernicharo, J., and Serabyn, E., Atmospheric Transmission at Microwaves（ATM）: An Improved Model for Millimeter/Submillimeter Applications, IEEE Trans. Antennas Propag., 49, 16831694（2001a）

Pardo, J. R., Serabyn, E., and Cernicharo, J., Submillimeter Atmospheric Transmission Measurements on Mauna Kea During Extremely Dry El Niño Conditions, J. Quant. Spect. Rad. Trans., 68, 419433（2001b）

Peixoto, J. P., and Oort, A. H., The Climatology of Relative Humidity in the Atmosphere, J. Climate, 9, 34433463（1996）

Peréz, L. M., Lamb, J. W., Woody, D. P., Carpenter, J. M., Zauderer, B. A., Isella, A., Bock, D. C., Bolatto, A. D., Carlstrom, J., Culverhouse, T. L., and nine coauthors, Atmospheric Phase Correction Using CARMA-PACs: High-Angular-Resolution Observations of the Fu Orionis Star PP 13S*, Astrophys. J., 724, 493501（2010）

Pol, S. L. C., Ruf, C. S., and Keihm, S. J., Improved 20- to 32-GHz Atmospheric Absorption Model, Radio Sci., 33, 13191333（1998）

Racette, P. E., Westwater, E. R., Han, Y., Gasiewski, A. J., Klein, M., Cimini, D., Jones, D. C., Manning, W., Kim, E. J., Wang, J. R., Leuski, V., and Kiedron, P., Measurement of Low Amounts of Precipitable Water Vapor Using Ground-Based Millimeter-Wave Radiometry, J. Atmos. Oceanic Tech., 22, 317337（2005）

Radford, S. J. E., and Peterson, J. B., Submillimeter Atmospheric Transparency at Maunakea, at the South Pole, and at Chajnantor, Publ. Astron. Soc. Pacific, 128: 075001（13pp）（2016）

Radford, S. J. E., Reiland, G., and Shillue, B., Site Test Interferometer, Publ. Astron. Soc. Pacific, 108, 441445（1996）

Randall, H. M., Dennison, D. M., Ginsburg, N., and Weber, L. R., The Far Infrared Spectrum of Water Vapor, Phys. Rev., 52, 160174 (1937)

Ray, P. S., Broadband Complex Refractive Indices of Ice and Water, Applied Optics, 11, 18361843 (1972)

Reber, E. E., and Swope, J. R., On the Correlation of Total Precipitable Water in a Vertical Column and Absolute Humidity, J. Appl. Meteor., 11, 13221325 (1972)

Resch, G. M., Water Vapor Radiometry in Geodetic Applications, in Geodetic Refraction: Effects of Electromagnetic Wave Propagation Through the Atmosphere, Brunner, F. K., Ed., Springer-Verlag, Berlin (1984), pp. 5384

Rienecker, M. M., Suarez, M. J., Gelaro, R., Todling, R., Bacmeister, J., Liu, E., Bosilovich, M. G., Schubert, S. D., Takacs, L., Kim, G.-K., and 19 coauthors, MERRA: NASA's Modern Era Retrospective Analysis for Research and Applications, J. Climate, 24, 36243648 (2011)

Roddier, F., The Effects of Atmospheric Turbulence in Optical Astronomy, in Progress in Optics XIX, E. Wolf, Ed., North-Holland, Amsterdam (1981), pp. 281376

Rogers, A. E. E., and Moran, J. M., Coherence Limits for Very-Long-Baseline Interferometry, IEEE Trans. Instrum. Meas., IM-30, 283286 (1981)

Rogers, A. E. E., Moffet, A. T., Backer, D. C., and Moran, J. M., Coherence Limits in VLBI Observations at 3-Millimeter Wavelength, Radio Sci., 19, 15521560 (1984)

Rosenkranz, P. W., Water Vapor Microwave Continuum Absorption: A Comparison of Measurements and Models, Radio Sci., 33, 919928 (1998)

Rüeger, J. M., Refractive Indices of Light, Infrared, and Radio Waves in the Atmosphere, Unisurv Report S-68, School of Surveying and Spatial Information Systems, University of New South Wales, Sydney, Australia (2002)

Rybicki, G. B., and Lightman, A. P., Radiative Processes in Astrophysics, Wiley-Interscience, New York (1979) (reprinted 1985)

Saastamoinen, J., Introduction to Practical Computation of Astronomical Refraction, Bull. Géodésique, 106, 383397 (1972a)

Saastamoinen, J., Atmospheric Correction for the Troposphere and Stratosphere in Radio Ranging of Satellites, in The Use of Artificial Satellites for Geodesy, Geophys. Monograph 15, American Geophysical Union, Washington, DC (1972b), pp. 247251

Schaper, Jr. L. W., Staelin, D. H., and Waters, J. W., The Estimation of Tropospheric Electrical Path Length by Microwave Radiometry, Proc. IEEE, 58, 272273 (1970)

Sims, G., Kulesa, C., Ashley, M. C. B., Lawrence, J. S., Saunders, W., and Storey, J. W. V., Where is Ridge A?, in Ground-Based and Airborne Telescopes IV, Proc. SPIE, 8444, 84445H-184445H-9 (2012)

Smart, W. M., Textbook on Spherical Astronomy, 6th ed., revised by R. M. Green, Cambridge Univ. Press, Cambridge, UK (1977)

Smith, Jr. E. K., andWeintraub, S., The Constants in the Equation for Atmospheric Refractive Index at Radio Frequencies, Proc. IRE, 41, 10351037（1953）

Snider, J. B., Ground-Based Sensing of Temperature Profiles from Angular and Multi-Spectral Microwave Emission Measurements, J. Appl. Meteor., 11, 958967（1972）

Snider, J. B., Burdick, H. M., and Hogg, D. C., Cloud Liquid Measurement with a Ground-Based Microwave Instrument, Radio Sci., 15, 683693（1980）

Solheim, F., Godwin, J. R., Westwater, E. R., Han, Y., Keihm, S. J., Marsh, K., and Ware, R., Radiometric Profiling of Temperature, Water Vapor, and Cloud Liquid Water Using Various Inversion Methods, Radio Sci., 33, 393404（1998）

Sramek, R., VLA Phase Stability at 22 GHz on Baselines of 100 m to 3 km, VLA Test Memo 143, National Radio Astronomy Observatory（1983）

Sramek, R. A., Atmospheric Phase Stability at the VLA, in Radio Astronomical Seeing, Baldwin, J. E., and Wang, S., Eds., International Academic Publishers and Pergamon Press, Oxford, UK（1990）, pp. 2130

Staelin, D. H., Measurements and Interpretation of the Microwave Spectrum of the Terrestrial Atmosphere near 1-Centimeter Wavelength, J. Geophys. Res., 71, 28752881（1966）

Stotskii, A. A., Concerning the Fluctuation Characteristics of the Earth's Troposphere, Radiophys. and Quantum Elect., 16, 620622（1973）

Stotskii, A. A., Tropospheric Limitations of the Measurement Accuracy on Coordinates of Cosmic Radio Source, Radiophys. and Quantum Elect., 19, 11671169（1976）

Sullivan, W. T., III, Cosmic Noise: A History of Early Radio Astronomy, Cambridge Univ. Press, Cambridge, UK（2009）

Sutton, E. C., and Hueckstaedt, R. M., Radiometric Monitoring of Atmospheric Water Vapor as It Pertains to Phase Correction inMillimeter Interferometry, Astron. Astrophys. Suppl., 119, 559-567（1996）

Sutton, E. C., Subramanian, S., and Townes, C. H., Interferometric Measurements of Stellar Positions in the Infrared, Astron. Astrophys. 110, 324331（1982）

Tahmoush, D. A., and Rogers, A. E. E., Correcting Atmospheric Variations in Millimeter Wavelength Very Long Baseline Interferometry Using a Scanning Water Vapor Radiometer, Radio Sci., 35, 12411251（2000）

Tanner, A. B., and Riley, A. L., Design and Performance of a High-StabilityWater Vapor Radiometer, Radio Sci., 38, 8050（17pp）（2003）

Tatarski, V. I., Wave Propagation in a Turbulent Medium, Dover, New York（1961）

Tatarski, V. I., The Effects of the Turbulent Atmosphere on Wave Propagation, National Technical Information Service, Springfield, VA（1971）

Taylor, G. I., Spectrum of Turbulence, Proc. R. Soc. London A, 164, 476490（1938）

Thayer, G. D., An Improved Equation for the Radio Refractive Index of Air, Radio Sci., 9, 803807（1974）

Toll, J. S., Causality and the Dispersion Relation: Logical Foundations, Phys. Rev., 104, 17601770（1956）

Townes, C. H., Microwave Spectroscopy, Am. Scientist, 40, 270290（1952）

Townes, C. H., How the Laser Happened, Oxford Univ. Press, Oxford, UK（1999）, p. 40

Townes, C. H., and Merritt, F. R., Water Spectrum Near One-Centimeter Wave-Length, Phys. Rev., 70, 558-559（1946）

Treuhaft, R. N., and Lanyi, G. E., The Effect of the Dynamic Wet Troposphere on Radio Interferometric Measurements, Radio Sci., 22, 251-265（1987）

Van Vleck, J. H., Atmospheric Absorption of Microwaves, MIT Radiation Laboratory Report 43-2（1942）

Van Vleck, J. H., Further Theoretical Investigations of the Atmospheric Absorption ofMicrowaves, MIT Radiation Laboratory Report 664（1945）

Van Vleck, J. H., The Absorption of Microwaves by Uncondensed Water Vapor, Phys. Rev., 71, 425-433（1947）

Van Vleck, J. H., Purcell, E. M., and Goldstein, H., Atmospheric Attenuation, in Propagation of Short Radio Waves, MIT Radiation Laboratory Ser., Vol. 13, D. E. Kerr, Ed., McGraw-Hill, New York（1951）, pp. 641-692

Waters, J. W., Absorption and Emission by Atmospheric Gases, in Methods of Experimental Physics, Vol. 12, Part B（Astrophysics: Radio Telescopes）, Meeks, M. L., Ed., Academic Press, New York（1976）, pp. 142-176

Welch, W. J., Correcting Atmospheric Phase Fluctuations by Means ofWater-Vapor Radiometry, in The Review of Radio Science, 1996-1999, Stone, W. R., Ed., Oxford Univ. Press, Oxford, UK（1999）, pp. 787-808

Westwater, E. R., An Analysis of the Correction of Range Errors Due to Atmospheric Refraction by Microwave Radiometric Techniques, ESSA Technical Report IER 30-ITSA 30, Institute for Telecommunication Sciences and Aeronomy, Boulder, CO（1967）

Westwater, E. R., The Accuracy of Water Vapor and Cloud Liquid Determination by Dual-Frequency Ground-Based Microwave Radiometry, Radio Sci., 13, 677-685（1978）

Westwater, E. R., and Guiraud, F. O., Ground-Based Microwave Radiometric Retrieval of Precipitable Water Vapor in the Presence of Clouds with High Liquid Content, Radio Sci., 15, 947-957（1980）

Wiedner, M. C., and Hills, R. E., Phase Correction on Mauna Kea Using 183 GHz Water Vapor Monitors, in Imaging at Radio through Submillimeter Wavelengths, Mangum, J. G., and Radford, S. J. E., Eds., Astron. Soc. Pacific Conf. Ser., 217, 327-335（2000）

Woody, D., Carpenter, J., and Scoville, N., Phase Correction at OVRO Using 22 GHz Water Line, in Imaging at Radio through Submillimeter Wavelengths, Mangum, J. G., and Radford, S. J. E., Eds., Astron. Soc. Pacific Conf. Ser., 217, 317-326（2000）

Woolf, N. J., High Resolution Imaging from the Ground, Ann. Rev. Astron. Astrophys., 20, 367-398

（1982）

Wright, M. C. H., Atmospheric Phase Noise and Aperture-Synthesis Imaging at Millimeter Wavelengths, Publ. Astron. Soc. Pacific, 108, 520-534（1996）

Wright, M. C. H., and Welch, W. J., Interferometer Measurements of Atmospheric Phase Noise at 3 mm, in Radio Astronomical Seeing, Baldwin, J. E., and Wang, S., Eds., International Academic Publishers and Pergamon Press, Oxford, UK（1990）, pp. 71-74

Wu, S. C., Optimum Frequencies of a Passive Microwave Radiometer for Tropospheric Path-Length Correction, IEEE Trans. Antennas Propag., AP-27, 233-239（1979）

Zauderer, B. A., Bolatto, A. D., Vogel, S. N., Carpenter, J. M., Peréz, L. M., Lamb, J. W., Woody, D. P., Bock, D. C.-J., Carlstrom, J. E., Culverhouse, T. L., and 12 coauthors, The CARMA Paired Antenna Calibration System: Atmospheric Phase Correction for Millimeter-Wave Interferometry and Its Application to Mapping the Ultraluminous Galaxy Arp 193, Astron. J., 151, 18（19pp）（2016）

Zivanovic, S. S., Forster, J. R., and Welch, W. J., A New Method for Improving the Interferometric Resolution by Compensating for the Atmospherically Induced Phase Shift, Radio Sci., 30, 877-884（1995）

14 传播效应：电离介质

三种不同的电离介质（或等离子体）会影响射电信号在其中的传播：地球电离层、行星际介质（也被称为太阳风）和银河系星际介质。其他星系或者星系间介质的散射通常影响不大。中性介质和电离介质对电磁波传播的影响有一些本质区别。中性介质的折射率大于 1，且不受磁场影响。电离介质的折射指数小于 1，且会受到磁场的严重影响。大多数等离子体效应的尺度与 ν^{-2} 成正比，如果希望避免或消除等离子体效应，可以在比较高的频率进行观测。中性介质的吸收具有重要影响，但大部分射电天文观测频率远高于等离子体频率，因此电离介质的吸收效应很小。两种类型介质的散射现象都是用 Kolmogorov 理论来描述的。然而，由于湍流层与观测者的距离很近，描述中性对流层要简单得多，只需要研究相位扰动。电离介质与观测者的距离很远，当信号到达观测者时，波前的幅度和相位通常都会存在扰动。

14.1 电 离 层

自 Appleton 和 Bamett（1925）及 Breit 和 Tuve（1926）的先驱性试验之后，电离层得到了广泛研究，相关文献极多。Ratcliffe（1962）和 Budden（1961）对电离层相关的磁离子传输理论进行了深入的研究；Schunk 和 Nagy（2009）介绍了电离层的一般性物理化学过程；Davies（1965）给出了电离层传播问题的通用处理方法。Evans 和 Hagfors（1968）及 Hagfors（1976）总结了电离层对射电天文的特殊影响。Beynon（1975）给出电离层早期研究的重大里程碑。本节仅讨论电离层对干涉测量的有害影响。表 14.1 给出白天和夜晚电离层各种传播效应的量级。这些效应大部分与 ν^{-2} 成正比，可通过提高观测频率来减小这种影响。小天顶角情况下，典型的电离层路径增量近似等于中性大气在 2GHz 的路径增量，但等效频率可能在 1～5GHz 范围变化。因此，在 20GHz 且小天顶角条件下，电离层的增量路径长度一般只有对流层增量路径的 1%。尽管如此，当天顶角很大——即接近水平观测时，约 300MHz 频率处二者的效应相当。

表 14.1　100MHz 频率、60°天顶角 [a] 时电离层效应的最大可能值

效应	最大值 [b]（白天）	最小值 [c]（夜晚）	频率依赖性
法拉第旋转	15 周期	1.5 周期	ν^{-2}
群延迟	12μs	1.2μs	ν^{-2}
路径增量	3500m	350m	ν^{-2}
相位变化	7500rad	750rad	ν^{-1}
相位稳定度（峰–峰值）	±150rad	±15rad	ν^{-1}
频率稳定度（rms）	±0.04Hz	±0.004Hz	ν^{-1}
吸收（D 区和 F 区）	0.1dB [d]	0.01dB	ν^{-2}
折射角（环境）	0.05°	0.005°	ν^{-2}
等晕面元	—	~5°	ν

注：改自 Evans 和 Hagfors（1968）。

a 表中数值（除折射外）除以 $\sec z_i$［约等于 1.7，见式（14.14）］可得天顶参数。表中数值除以 2 可得典型参数（而非最大值）。

b 电子总量=$5 \times 10^{17} m^{-2}$。

c 电子总量=$5 \times 10^{16} m^{-2}$。

d 1dB=0.230Np。

14.1.1　基础物理

高层大气的电离是由太阳的紫外辐射引起的。典型的白天和夜间电子密度廓线如图 14.1 所示。电子分布和电子总量还随地磁纬度、季节以及太阳黑子周期而变化。电离层还有很强的风、行扰和不规则体等现象。电离层沉浸在地球的准偶极磁场中。电磁波在电离层中的传播遵循有碰撞的磁等离子体波理论。

我们考虑一些简单情况，推导电磁波在电离层中传播的基本性质。首先，考虑线极化单频平面波在电子密度为 n_e 的均匀等离子体中传播，且忽略磁场和粒子碰撞。电子会随电场而振动，但质子由于质量较大，受电场的扰动相对较小。计算感应电流或偶极矩可以得到折射指数。两种方法得出的结果相同。我们采用后一种方法，与 13.1.4 节利用束缚振荡模型计算水汽折射指数的方法相同。等离子体中的自由电子运动方程为

$$m\ddot{x} = -eE_0 e^{-j2\pi \nu t} \qquad (14.1)$$

其中 m、e 和 x 分别是电子的质量、电荷量和位移；E_0 和 ν 是入射波电场 E 的幅度和频率。只要电子的速度远小于光速 c，平面波磁场对电子的影响就可以忽略，且电场对质子运动的影响也可忽略。式（14.1）的稳态解为

$$x = \frac{e}{(2\pi \nu)^2 m} E_0 e^{-j2\pi \nu t} \qquad (14.2)$$

注意感应电流密度为 $i = n_e e\dot{x}$，其中粒子速度 $\dot{x}$ 与驱动电场有 90° 相移。因此波对粒子做的功 $\langle i \cdot E \rangle$ 等于零，且由于式（14.1）中没有耗散项，波如预期一样无损传播。单位体积 P 的偶极矩等于 $n_e e x_0$，其中 x_0 为振荡幅度。介电常数 ε

等于 $1+\left(\boldsymbol{P}/\boldsymbol{E}_0\right)/\epsilon_0$，其中 ϵ_0 是自由空间的介电常数，所以

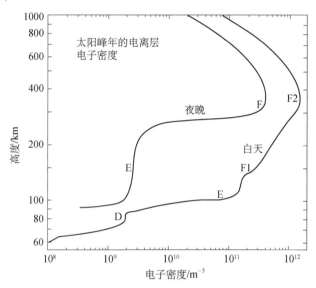

图 14.1　地球电离层电子密度的理想分布。曲线给出太阳黑子最大年中纬度区的电子密度。太阳黑子峰年的周期为 11 年，最近的峰年是 2001 年（第 23 太阳活动周）和 2012 年（第 24 太阳活动周）。第 24 周延迟约 1 年，太阳活动很弱［参见 Janardhan 等（2015）］。引自 J. V. Evans 和 T. Hagfors 编写的《雷达天文学》（1968）

$$\varepsilon = 1 - \frac{n_e e^2}{4\pi^2 \nu^2 \epsilon_0 m} \tag{14.3}$$

由于诱导偶极与驱动电场有 180° 相位差，介电常数为实数且小于 1。

折射指数 n 等于 ε 的平方根，这里 ε 为实数，因此

$$n = \sqrt{1 - \frac{\nu_p^2}{\nu^2}} \tag{14.4}$$

其中

$$\nu_p = \frac{e}{2\pi}\sqrt{\frac{n_e}{\epsilon_0 m}} \approx 9\sqrt{n_e} \quad (\text{Hz}) \tag{14.5}$$

n_e 是每立方米的电子数。ν_p 为等离子体频率，也是等离子体中机械振荡的本征频率［例如参见 Holt 和 Haskell（1965）］。电离层（图 14.1）的等离子频率通常小于 12MHz。频率小于 ν_p 的电磁波垂直入射等离子体会被完全反射。$\nu > \nu_p$ 的波在等离子体中的相速度 c/n 大于光速 c，波群的群速度 cn 小于光速 c。

现在考虑等离子体处于平面波传播方向的静磁场 $\boldsymbol{B}$ 中。电子运动矢量方

程，即洛伦兹方程为

$$m\dot{\boldsymbol{v}} = -e\big[\boldsymbol{E} + \boldsymbol{v} \times \boldsymbol{B}\big] \tag{14.6}$$

其中 $\boldsymbol{v}$ 为速度矢量。设入射场为圆极化波。如果 $\boldsymbol{B}$ 为零，则粒子将跟随电场矢量尖端沿圆轨道运动。如果 $\boldsymbol{B}$ 不为零，则向心加速度必须平衡径向力项 $\boldsymbol{v} \times \boldsymbol{B}$ 与电场力项之和。因此，左旋极化波和右旋极化波的 $\boldsymbol{v} \times \boldsymbol{B}$ 项符号相反，这两种状态决定了等离子体本质上是各向异性的。由力平衡方程 $eE_0 \pm evB = mv^2 / R_e$ 可以推导电子圆轨道的半径 R_e，其中标量速度 $v = 2\pi\nu R_e$，B 为磁场强度，加号和减号分别代表左旋和右旋圆极化。因此，我们可得

$$R_e = \frac{eE_0}{4\pi^2 m v^2 \mp 2\pi\nu eB} \tag{14.7}$$

按照式（14.2）类似的过程，我们可以发现折射指数由如下方程给出：

$$n^2 = 1 - \frac{\nu_p^2}{\nu(\nu \mp \nu_B)} \tag{14.8}$$

其中 ν_B 为旋转频率（Gyrofrequency）或回旋频率（Cyclotron Frequency），定义为

$$\nu_B = \frac{eB}{2\pi m} \tag{14.9}$$

回旋频率是电子围绕磁力线螺旋运动且不产生任何电磁辐射的频率。在无阻尼状态下，如果施加电场的频率为 ν_B，R_e 将趋于无穷大。电离层中地球磁场（$\sim 0.5 \times 10^{-4}\,\mathrm{T}$）的旋转频率约为 1.4MHz。

式（14.8）给出纵向磁场的折射指数，即场与波的传播方向平行。横向磁场情况下的解是不同的。用 $B\cos\theta$ 代替 B 可以求解准纵向磁场的情况，其中 θ 为传播矢量与磁场方向的夹角。角 θ 满足下面不等式时，有准纵向解（Ratcliffe，1962）

$$\frac{1}{2}\sin\theta\tan\theta < \frac{\nu^2 - \nu_p^2}{\nu\nu_B} \tag{14.10}$$

当 $\nu > 100\mathrm{MHz}$、$\nu_p \approx 10\mathrm{MHz}$ 且 $\nu_B \approx 1.4\mathrm{MHz}$ 时，在 $|\theta| < 89°$ 范围有准纵向解，即几乎所有情况都有解。因此，当 $\nu \gg (\nu_p$ 和 $\nu_B)$ 时，将式（14.8）展开如下，可得很高的近似精度

$$n \approx 1 - \frac{1}{2}\frac{\nu_p^2}{\nu^2} \mp \frac{1}{2}\frac{\nu_p^2 \nu_B}{\nu^3}\cos\theta \tag{14.11}$$

其中我们忽略了 ν^4 及高阶项。波沿 $\boldsymbol{B}$ 方向传播时，左旋圆极化波的折射指数小于右旋圆极化波的折射指数。

左旋圆极化波和右旋圆极化波折射指数的不同导致了著名的法拉第旋转现

象，因此线极化波在等离子体中传播时极化面发生旋转。位置角为 ψ 的线极化波可分解成幅度相等、相位差 2ψ 的左旋圆极化波和右旋圆极化波。在等离子体中沿 y 方向传播时，两个圆极化波的相位分别等于 $2\pi\nu n_r y/c$ 和 $2\pi\nu n_l y/c$，其中 n_r 和 n_l 分别代表右旋圆极化模和左旋圆极化模的折射指数。两个圆极化波的相位差等于 $2\pi\nu\left(n_r-n_l\right)y/c$。由式（14.11），可得 $n_r-n_l=\nu_p^2\nu_B\nu^{-3}\cos\theta$，显然极化平面旋转了角度

$$\Delta\psi=\frac{\pi}{cv^2}\int\nu_p^2\nu_B\cos\theta\mathrm{d}y \tag{14.12}$$

其中 ν_p、ν_B 和 θ 都可能是 y 的函数。

对于磁场和电子密度恒定的情况，式（14.12）可写成

$$\Delta\psi=2.6\times10^{-13}n_eB\lambda^2L\cos\theta \tag{14.13}$$

其中 $\Delta\psi$ 的单位为 rad；n_e 的单位为 m^{-3}；B 的单位为 T 且磁场指向观测者时 B 值为正，λ 是用米定义的波长，L 是用米定义的路径长度。指向观测者的磁场使位置角增大（即从地球表面看过去，入射辐射的极化平面沿逆时针旋转）。

14.1.2　折射和传播延迟

电离层折射与对流层折射的情况不同。对流层折射发生在距地面 10km 以内，大部分对流层效应至少可以通过平层介质的一阶近似进行理解。由于折射指数略大于 1，入射射线将向天顶弯曲。反之，产生电离层折射的分层距离地面数百千米，如图 14.2 所示。如果用平行层模型对电离层建模，则入射射线以某一天顶角进入平行层时会弯曲远离法线方向，并在穿出平行层时以相同的弯曲角恢复入射方向。这种情况下，就不存在天顶角的净变化。然而，地球曲率和折射率小于 1 这两种特征，导致射线向天顶的净偏转，其效应与对流层折射类似。对于全天空或超宽视场成像，一个重要的概念是静态电离层的作用类似于一个消色差球面镜，会将入射射线向天顶弯曲（Vedantham et al.，2014）。

为了理解电离层折射，考虑一条射线穿过图 14.2 所示的简化电离层。注意，电离层底部的射线天顶角与观测者位置的射线天顶角有很大不同。二者的关系受正弦定理约束，

$$z_i=\arcsin\left[\left(\frac{r_0}{r_0+h_i}\right)\sin z_0\right] \tag{14.14}$$

我们可以用正弦定理和斯涅耳定律求解包含电离层上边界在内的三角几何，计算所关注的弯曲角，$\Delta z=z-z_0$，其中 $z=z_{2r}+\theta_1+\theta_2$，且 z_{2r}、θ_1、θ_2 定义如图 14.2。Δz 恒大于 0。附录 14.1 给出 Δz 的详细计算过程。

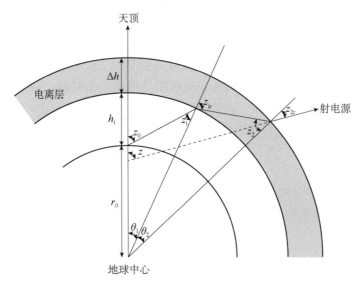

图 14.2　射线穿越 h_i 到 $h_i + \Delta h$ 的夸大的各向同性电离层示意图。由于地球曲率，$z_{ir} = z_2 + \theta_2 \neq z_2$，净弯曲角 $\Delta z = z - z_0$ 为正值，与对流层效应类似（基于单层模型推导 Δz 的过程参见附录 14.1）。注意当 $z_2 > 90°$ 时，射线将完全在电离层内部反射，不能到达地球表面。附录 14.1 也讨论了这种内部反射情况对有效地平面的影响。图中所示的夸大模型中，$z_0 = 60°$，$n = 0.8$ 且 $z = 63°$。比较现实的参数见附录 14.1

对于沿径向分层的电离层，可以将式（13.27）改写成如下形式（细节参见 Sukumar，1987）进行处理

$$\Delta z = \frac{A \sin z_0}{r_0} \frac{1}{\nu^2} \int_0^\infty \frac{\left[1 + \dfrac{h}{r_0} \right] n_e(h) \mathrm{d}h}{\left[\left(1 + \dfrac{h}{r_0} \right)^2 - \sin^2 z_0 \right]^{3/2}} \qquad (14.15)$$

其中 r_0 是地球半径；$n_e(h)$ 是随高度 h 变化的电子密度廓线，且 $A = e^2 / 8\pi^2 m \varepsilon_0$。注意，由于 $\nu_p^2 = A n_e$ [式（14.5）]，因此式（14.15）可以写作 ν_p 的垂直分布函数。还要注意，天顶方向 $\Delta z = 0$，且当 r_0 趋于无穷大时，Δz 也如预期趋于 0。由于 $h \ll r_0$，当 $z_0 \ll 1$ 时，偏角近似等于

$$\Delta z = \frac{A \sin z_0}{r_0} \frac{1}{\nu^2} \int_0^h n_e(h) \mathrm{d}h \qquad (14.16)$$

如 Bailey（1948）所述，当 $|h - h_m| \leqslant 1/\sqrt{2}$ 时，用式（14.17）抛物线形式对电子密度分布建模可以达到适当的精度，

$$n_e(h) = n_{e0}\left[1 - \frac{2(h-h_m)^2}{\Delta h^2}\right] \tag{14.17}$$

其中 h_m 是电子密度峰值 n_{e0} 对应的高度；Δh 为电离层厚度。这种情况下的弯曲角近似为

$$\Delta z = \frac{\Delta h \sin z}{3r_0}\left(\frac{\nu_p}{\nu}\right)^2\left(1 + \frac{h_m}{r_0}\right)\left(\cos^2 z + \frac{2h_m}{r_0}\right)^{-3/2} \tag{14.18}$$

利用式（14.5）和式（14.11），并假设 $\nu \gg (\nu_p$ 和 $\nu_B)$，可以计算天顶方向的增量路径长度（参见式（13.4）和式（13.5））。结果如下：

$$\mathcal{L}_0 \approx -\frac{1}{2}\int_0^\infty\left[\frac{\nu_p(h)}{\nu}\right]^2 dh \approx -\frac{40.3}{\nu^2}\int_0^\infty n_e(h)dh \tag{14.19}$$

其中 ν 的单位是 Hz；$n_e(h)$ 和 $\nu_p(h)$ 分别是电子密度（m^{-3}）和等离子体频率，二者都是高度的函数。式（14.19）的电子密度高度积分被称为电子总量（Total Electron Content，TEC）或柱密度（Column Density）。路径增量对应于相位延迟，电离层相位延迟为负。若将电离层近似成高度 h_i 的薄层，则增量路径长度正比于随射线穿越电离层的天顶角的正割。因此有

$$\mathcal{L} \approx \mathcal{L}_0 \sec z_i \tag{14.20}$$

其中 z_i（参见图 14.2）由式（14.14）给出。由于 n_e 存在日变化，对于特定站点而言，也许有必要选用电离层透射坐标（由图 14.2 中 θ_1 和 θ_2 定义）来计算式（14.19）的 $\mathcal{L}_0$。

当 $z=90°$ 且 $h_i=400km$ 时，$\sec z_i$ 仅为 3 左右。正割定律是估计电离层增量路径长度的适当模型。更复杂的模型参见 Spoelstra（1983）。图 14.3 展示了射线追踪计算的 Δz，由式（14.18）和（14.20）计算及由射线追踪计算的 $\mathcal{L}$。

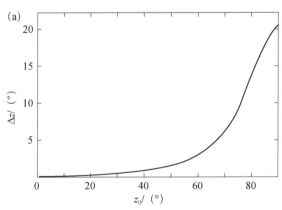

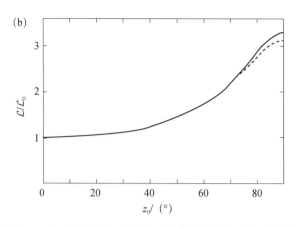

图 14.3 （a）依据图 14.1 的日间电子密度廓线，并采用射线追踪算法计算得到 1000MHz 的电离层弯曲角与天顶角的关系。参数为 $\nu_p = 12\text{MHz}$，$h_i = 350\text{km}$，$\Delta h = 225\text{km}$ 和 $r_0 = 6370\text{km}$ 时，由式（14.18）计算的弯曲角与图中曲线的差别不超过 5%。（b）对同一电子密度廓线，采用射线追踪计算（实线）和公式（14.20）（虚线）预测的归一化电离层增量路径长度与天顶角的关系。电子总量为 $6.03 \times 10^{17}\,\text{m}^{-2}$，天顶方向的增量路径长度为 24.3m。弯曲角和路径长度增量与 ν^{-2} 成比例。各个函数形式与图 13.6 的对流层函数明显不同

一些应用中，必须修正电离层延迟效应对条纹频率测量的影响。电离层诱导的单天线频率漂移为 $(\nu/c)\mathrm{d}\mathcal{L}/\mathrm{d}t$。增量路径长度随时间的变化率 $\mathrm{d}\mathcal{L}/\mathrm{d}t$ 有两个分量：一个分量是由天顶角的时间变化率 $\mathrm{d}z/\mathrm{d}t$ 导致的，另外一个分量是由 $\mathcal{L}_0$ 的时间变化率 $\mathrm{d}\mathcal{L}_0/\mathrm{d}t$ 导致的。很多时刻，特别是在日出和日落时，后一个分量可能起主要作用（Mathur et al.，1970；Hagfors，1976）。

14.1.3　电离层延迟的定标

在一些需要精确测量射电源位置或干涉基线的试验中，必须尽可能精确地定标电离层增量路径长度。三种可能的定标方法包括：第一种方法基于地磁纬度、太阳时、季节和太阳活动等参数建立电离层模型。其中两种模型为国际参考电离层（International Reference Ionosphere，IRI）模型（Bilitza，1997）和参数化电离层模型（Parametrized Ionosphere Model，PIM）（Daniell et al.，1995）。

第二种方法测量全球定位系统（GPS）的双频信号，并估计电子总量（Ho et al.，1997；Mannucci et al.，1998）。GPS 已经取代了电离层测高仪、卫星信号的法拉第旋转测量以及非相干后向散射雷达等传统方法（Evans，1969）。VLA 测试了用 GPS 信号修正阵列数据相位的有效性（Erickson et al.，2001）。测试使用四个 GPS 接收机，阵列中心和每个干涉臂的末端各自安装了一个接收机。GPS 接收机用来测量 GPS 卫星视线方向的 TEC。通过与 330MHz 干涉相位进行比对，证明 GPS 系统可以有效预测电离层大尺度结构（>1000km）造成的波前

倾斜。GPS 方法也已经用于 VLBI 观测数据的定标。

第三种方法是在相隔较远的两个频率 ν_1 和 ν_2 同时进行天文观测，可以有效消除不可分辨源的路径差效应。假设两个频率的干涉仪相位分别为 ϕ_1 和 ϕ_2，则等式

$$\phi_c = \phi_2 - \left(\frac{\nu_1}{\nu_2}\right)\phi_1 \qquad (14.21)$$

保留了源位置信息，实际上不受电离层延迟的影响。这种方法不仅可以修正电离层效应，还可以修正视线方向的全部等离子体效应。两个不同频率的折射指数高阶项和射线穿过电离层的路径略有不同，因此用上式修正后还存在小的残差。天体测量可以忽略源的结构，因此射电干涉测量广泛使用双频观测[例如参见 12.6 节；Fomalont and Sramek，1975；Kaplan et al.，1982；Shapiro，1976]。注意，通过测量 $\phi_2 - (\nu_2/\nu_1)\phi_1$，可以估计干涉仪不同单元的射线路径上的 TEC 之差。用类似的双频系统可以将本地振荡器参考信号传递到天基 VLBI 站[例如参见 Moran（1989）和本书 9.10 节]。

14.1.4 吸收

电离层吸收是由电子碰撞离子和中性粒子引起的。当频率远大于 ν_p 时，电离层功率吸收系数为

$$\alpha = 2.68 \times 10^{-7} \frac{n_e \nu_c}{\nu^2} \left(\ \mathrm{m}^{-1}\right) \qquad (14.22)$$

其中 ν_c 为碰撞频率；n_e 是每立方米电子数量。以 Hz 为单位的碰撞频率近似为

$$\nu_c \approx 6.1 \times 10^{-9} \left(\frac{T}{300}\right)^{-3/2} n_i + 1.8 \times 10^{-14} \left(\frac{T}{300}\right)^{1/2} n_n \qquad (14.23)$$

其中 n_i 为离子密度；n_n 为中性粒子密度，单位均为 m^{-3}（Evans and Hagfors，1968）。吸收系数值如表 14.1 所示。Rogers 等（2015）对电子温度和不透明度都进行了辐射测量。

14.1.5 小尺度和大尺度不规则体

电子密度分布的小尺度不规则体使穿越其中的电磁波波前发生随机变化。因此，频率小于几百兆赫兹的干涉仪能够很容易观测到条纹幅度和相位的扰动。在射电天文的早期，就已经观测到天鹅座 A 以及其他致密源的信号存在 $0.1\sim 1\mathrm{min}$ 时间尺度的扰动。最初认为这是源的固有扰动（Hey et al.，1946），但稍后用分布式接收机观测发现，当接收机距离超过数千米后，扰动变得不相关（Smith et al.，1950）。这一现象给出结论，即电离层不规则体扰动了宇宙信

号。电离化不规则体的尺寸主要集中在几千米或更小。扰动的时间尺度表明，电离层风速范围为 50～300m·s^{-1}。频率范围 20～200MHz 的电离层波动效应得到了广泛研究，并在最高 7GHz 频率观测到扰动效应（Aarons et al., 1983）。图 14.4 给出早期干涉仪测量的电离层扰动实例。Hewish（1952），Booker（1958）和 Lawrence 等（1964）回顾了早期研究结果和观测技术。电离层理论与扰动观测的全面综述见文献 Crane（1977），Fejer 和 Kelley（1980）及 Yeh 和 Liu（1982）。Aarons（1982）和 Aarons 等（1999）总结了电离层全球形态。用 GPS 测量可以非常有效地监测电离层扰动（Ho et al., 1996；Pi et al., 1997）。Spoelstra 和 Kelder（1984）描述了电离层闪烁对综合孔径望远镜的影响。Loi 等（2015a）全面报道了 150MHz 测量的电离层诱导源位置游走，Loi 等（2015b）验证了用视差技术确定扰动层的高度。在 14.2 节将要讨论的闪烁理论不仅适用于电离层，也适用于行星际和星际介质的效应。

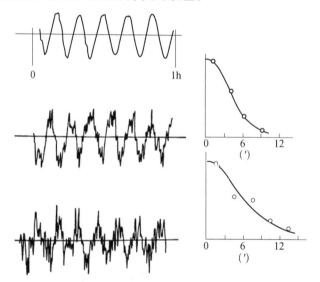

图 14.4　（左图）英格兰剑桥相位切换干涉仪相关器的三种典型输出，干涉仪基线 1km，工作波长为 8m。电离层扰动导致了图中的不规则响应。（右图）到达角概率分布，是由相关器响应的零点穿越次数推导的。来自文献 Hewish（1952）

　　视线方向积分电子密度的大尺度变化是行进电离层扰动（Traveling Ionospheric Disturbance，TID）所致。TID 表现了高层大气的声重力波，是准周期、大尺度的电子密度波动。大气具有固有浮力，因此，一团气体的垂直位移和释放将以布维（Brunt-Väisälä）频率或浮力（Buoyancy）频率振动。在电离层高度，浮力频率为 0.5～2mHz（周期为 10～20min）。对大于浮力频率的波动，恢复力是压力（声波）；对小于浮力频率的波动，其恢复力是重力（重力波）。

Hunsucer（1982）及 Hocke 和 Schlegel（1996）对声重力波文献做了综述。TID 有很多潜在源，包括极光加热、极端天气锋面、地震和火山爆发。中尺度 TID 的长度尺度为 100～200km，时间尺度为 10～20min，引起 TEC 变化 0.5%～5%。中尺度 TID 经常会出现。大尺度 TID 相对不常见，其长度尺度为 1000km，时间尺度为数小时，可使 TEC 最大变化 8%。VLBI 观测到一次火山爆发激励的大尺度 TID 现象（Roberts et al.，1982）。用 VLA 观测紧致源的方法研究了各种电离层扰动现象（Helmboldt et al.，2012；Helmboldt，2014）。

14.2 等离子体不规则体散射

在很多领域，理解随机介质中的辐射传输是重要的问题。来自宇宙射电源的信号会穿过几种随机介质，包括银河系的电离化星际气体、太阳风和电离层。在观测者平面会产生两种效应。首先，幅度随观测者位置不同而变化，如果源、散射介质和观测者之间存在相对运动，会导致时域幅度变化。其次，具有频率依赖性的源图像失真。大部分等离子体散射研究是为了理解脉冲星的可观测特性，例如参见（Gupta，2000）。扰动对流层的传播效应已在第 13 章介绍。

14.2.1 高斯屏模型

为了介绍这一问题的多种特性，我们先考虑一个简化模型。Booker 等（1950）首先用这一模型解释电离层闪烁现象，Ratcliffe（1956）对模型进行了改进。Scheuer（1968）将其用于脉冲星观测。这一模型假设不规则介质被约束在一个薄屏内，且不规则体（等离子体泡）具有一个特征尺度 a。忽略不规则介质内的衍射效应，只考虑介质导致的相位变化。在不规则介质与接收机之间的自由空间区域计入衍射效应。

图 14.5 给出模型的几何关系。薄屏假设并不是特别严格的限定条件，但薄屏内的等离子体泡具有唯一的特征尺度是严格限定的假设，并因此与假定存在一定范围的特征尺度的幂律模型区分开来。由式（14.5）和式（14.1），等离子体的折射指数可写成

$$n \approx 1 - \frac{r_e n_e \lambda^2}{2\pi} \qquad (14.24)$$

其中 r_e 是经典电子半径，等于 $e^2/4\pi\epsilon_0 mc^2$ 或 $2.82 \times 10^{-15}\,\mathrm{m}$，式中忽略了 ν_B 项。因此，穿越一个等离子体泡的增量相移（这种情况下为相位超前）等于

$$\Delta\phi_1 = r_e \lambda a \Delta n_e \qquad (14.25)$$

其中 Δn_e 是等离子泡相对于环境电子密度的增量密度。如果屏的厚度为 L，则电

磁波会穿过 L/a 个等离子泡，均方根相差 $\Delta\phi = \Delta\phi_1\sqrt{L/a}$ ，或

$$\Delta\phi = r_e\lambda\Delta n_e\sqrt{La} \tag{14.26}$$

透射薄屏后的波出现褶皱，即幅度保持不变，但相位不再相同，且均方根相差具有 $\Delta\phi$ 的随机波动。因此，透射波可以分解为传播角度不同的角度波谱。假设随机介质是由一组使波前在距离 a 内倾斜 $\pm\Delta\phi\lambda/2\pi$ 的折射楔构成，可以估计角度波谱的全宽 θ_s。因此，

$$\theta_s = \frac{1}{\pi}r_e\lambda^2\Delta n_e\sqrt{\frac{L}{a}} \tag{14.27}$$

如果源不是位于无限远，则入射波不是平面波。在此情况下，观测到的散射角 θ_s' 依赖于薄屏相对于源和观测者的位置。因为 θ_s 和 θ_s' 角度很小，满足图 14.6 的几何关系

$$\theta_s' = \frac{R'}{R+R'}\theta_s \tag{14.28}$$

其中 R 和 R' 的定义见图 14.6。因此，如果薄屏向源方向移动，散射屏的影响变小。对天体物理观测而言，这种杠杆效应非常重要。基于这种效应可以区分穿过同一散射屏的河内源和河外星系源（Lazio and Cordes，1998）。

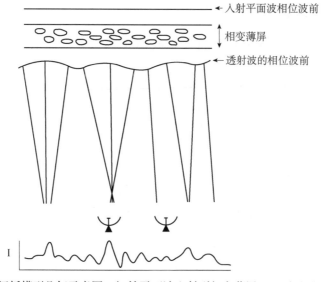

图 14.5　薄屏闪烁模型几何示意图。初始平面波入射到相变薄屏上。透过后波前是不规则的。当波传播到观测者时，由于射线交叉导致幅度扰动。天线下面给出沿波前的强度-位置关系图。
　　如果屏与观测者之间有相对运动，这种空间波动会使接收功率或条纹可见度出现时域波动

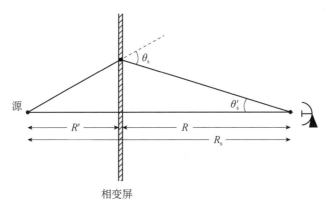

图 14.6　薄屏模型中射线的折射路径。均方根散射角 θ_s 由式（14.27）给出

随着波穿透后远离屏，逐渐建立幅度波动。如果相位波动较大，即 $\Delta\phi > 1$，则射线交叉时会产生明显的幅度波动（图 14.5）。能够观测到明显幅度波动的临界距离为

$$R_f \approx \frac{a}{\theta_s'} \qquad （14.29）$$

注意如果 $\Delta\phi = 2\pi$，则 R_f 是等离子体泡尺寸等于第一菲涅耳区尺寸时的距离。在垂直于传播方向的平面上的地球电场随机分布被称为衍射模式。衍射模式的特征相关长度 d_c 为

$$d_c \approx \frac{\lambda}{\theta_s'} \qquad （14.30）$$

如果屏在垂直于波传播方向上以相对速度 v_s 运动，使得衍射模型横扫过观测者，则变化的时间尺度为

$$\tau_d \approx \frac{d_c}{v_s}\frac{R'}{R + R'} \approx \frac{\lambda}{\theta_s v_s} \qquad （14.31）$$

相对于非散射信号，沿散射射线路径传播到达观测者的信号延迟量为

$$\tau_c \approx \frac{RR'\theta_s^2}{2c(R + R')} \qquad （14.32）$$

相对于直射波，散射波的相位为 $2\pi\nu\tau_c$，这两种波的干涉导致了闪烁。相对相位变化 2π 所对应的带宽被称为相关带宽 $\Delta\nu_c$。相关带宽是 τ_c 的倒数，且当 $R = R'$ 时，

$$\Delta\nu_c \approx \frac{8c}{R_s\theta_s^2} \qquad （14.33）$$

其中 R_s 是源与观测者之间的距离。如果用带宽远大于 $\Delta\nu_c$ 的接收机进行观测，幅度抖动会极大地降低。由式（14.33）和式（14.27）可知，$\Delta\nu_c$ 随 λ^{-4}

变化。

最后，如果源包含两个幅度相等、距离为 ℓ 的分量，则每个分量都会生成相同的衍射模式，但在地球上这两个模式将存在距离为 $\ell R/R'$ 的位移。如果这一距离大于 d_c，则衍射模式将被平滑，且幅度抖动也会减小。因此，如果源尺寸远大于临界尺度 θ_c，由于不同源分量的衍射模式重叠且被平滑，幅度抖动将显著减小。根据式（14.28）和式（14.30），θ_c 可写成

$$\theta_c = \frac{\lambda}{R\theta_s} \qquad (14.34)$$

因此，只有小角径的源会表现出闪烁。在光学领域，类似现象为星光闪烁，但通常行星不表现出闪烁。Frail 等（1997）巧妙地利用式（14.34）来确定伽马爆伴生的射电源的角尺寸展宽。他们假设射电辐射的幅度抖动是由星际散射引起的，并确定爆发后最初几周停止了闪烁，表明当时源直径增大到超过 $3\mu as$ 的临界尺度。

存在闪烁时，干涉仪测量的集合平均条纹可见度 $\mathcal{V}_m$ 是一个非常重要的量。假设相位屏上距离为 d 的两点的相位 ϕ_1 和 ϕ_2 是方差为 $\Delta\phi^2$ 的联合高斯分布随机变量，归一化相关函数为 $\rho(d)$。$\rho(d)$ 是相位或折射指数可变分量的相关函数。沿波前的相位的联合概率密度函数为

$$p(\phi_1,\phi_2) = \frac{1}{2\pi\Delta\phi^2\sqrt{1-\rho(d)^2}}\exp\left[-\frac{\phi_1^2+\phi_2^2-2\rho(d)\phi_1\phi_2}{2\Delta\phi^2\left[1-\rho(d)^2\right]}\right] \qquad (14.35)$$

其中相位波动的相关函数 $\rho(d) = \langle\phi_1\phi_2\rangle/\Delta\phi^2$。$e^{j(\phi_1-\phi_2)}$ 的期望值为

$$\left\langle e^{j(\phi_1-\phi_2)}\right\rangle = \iint e^{j(\phi_1-\phi_2)}p(\phi_1,\phi_2)\,d\phi_1 d\phi_2 \qquad (14.36)$$

利用式（14.35）可以直接计算上式结果为

$$\left\langle e^{j(\phi_1-\phi_2)}\right\rangle = e^{-\Delta\phi^2[1-\rho(d)]} \qquad (14.37)$$

对于流量密度为 S 的点源，其条纹可见度的集合平均

$$\left\langle\mathcal{V}_m\right\rangle = S\left\langle e^{j\phi_1}e^{-j\phi_2}\right\rangle \qquad (14.38)$$

或

$$\left\langle\mathcal{V}_m\right\rangle = Se^{-\Delta\phi^2[1-\rho(d)]} \qquad (14.39)$$

如果源的本征可见度为 $\mathcal{V}_0$，则集合平均为

$$\left\langle\mathcal{V}_m\right\rangle = \mathcal{V}_0 e^{-\Delta\phi^2[1-\rho(d)]} \qquad (14.40)$$

Ratcliffe（1956）和 Mercier（1962）最先推导出这一结论。注意相位结构函数 $D_\phi(d) = 2\Delta\phi^2[1-\rho(d)]$，因此式（14.40）等效于式（13.80）。在大多数早期射电天文文献中，假设 $\rho(d)$ 为高斯函数

$$\rho(d) = e^{-d^2/2a^2} \tag{14.41}$$

其中特征尺度长度 a 对应于前述讨论的等离子泡尺度。这种模型被称为高斯屏模型，由于等离子体泡毫无疑问地会存在多种尺度，因此这种模型的限制条件是不符合实际的。当 $\Delta\phi \gg 1$ 时，随着 d 增大，$\mathcal{V}_m$ 迅速减小，因此我们只需要考虑 $d \ll a$ 情况。然后，将式（14.41）代入式（14.40）可得

$$\langle \mathcal{V}_m \rangle \approx \mathcal{V}_0 e^{-\Delta\phi^2 d^2/2a^2} \tag{14.42}$$

因此，透过高斯屏进行观测，点源的强度分布是高斯分布，其直径（半高全宽）为

$$\theta_s \approx \sqrt{2\ln 2}\,\frac{\Delta\phi\lambda}{\pi a} = \frac{\sqrt{2\ln 2}}{\pi}r_e\lambda^2\Delta n_e\sqrt{\frac{L}{a}} \tag{14.43}$$

θ_s 的这一表达式基本与式（14.27）等价。在 $\Delta\phi \ll 1$ 情况下，当 $d \gg a$ 时，归一化可见度函数从 1 降到 $e^{-\Delta\phi^2}$。因此，点源的强度分布是一个晕包围的不可分辨内核。晕与内核的流量密度之比为 $e^{-\Delta\phi^2}-1$。

14.2.2 幂律模型

电离化天体物理等离子体中的电子密度抖动谱通常用幂律建模

$$P_{ne} = C_{ne}^2 q^{-\alpha} \tag{14.44}$$

其中 q 是三维空间频率（周期数·m^{-1}），$q^2 = q_x^2 + q_y^2 + q_z^2$，且 C_{ne}^2 表征扰动的强度。不同文献中 C_{ne}^2 的定义不同，取决于是用作扰动谱中的常数，还是用作结构函数。二维相位功率谱[$\Delta\phi$ 与 Δn_e 之间的关系参见式（14.22）]

$$p_\phi(q) = 2\pi r_e^2\lambda^2 L P_{ne} \tag{14.45}$$

因此，由式（13.104）可得相位结构函数为

$$D_\phi(d) = 8\pi^2 r_e^2\lambda^2 L\int_0^\infty [1 - J_0(qd)]P_{ne}(q)q\mathrm{d}q \tag{14.46}$$

对于式（14.44）形式的幂律谱，结构函数为

$$D_\phi(d) = 8\pi^2 r_e^2\lambda^2 C_{ne}^2 L f(\alpha)d^{\alpha-2} \tag{14.47}$$

其中 $f(\alpha)$ 是不明显大于 1 的数。Kolmogorov 湍流的指数 α 一般取值 11/3，此时 $f(\alpha)=1.45$[其他 $f(\alpha)$ 值参见 Cordes 等（1986）]。干涉可见度的集合平均[见式（13.80）]为

$$\langle \mathcal{V} \rangle = \mathcal{V}_0 e^{-D_\phi/2} \tag{14.48}$$

或

$$\langle \mathcal{V} \rangle = \mathcal{V}_0 e^{-4\pi^2 r_e^2\lambda^2 C_{ne}^2 L f(\alpha)d^{\alpha-2}} \tag{14.49}$$

式（14.49）的傅里叶变换，即观测的强度分布与高斯分布略有不同，由

图 13.11（b）可见。由强度分布的宽度获取的散射角（半高全宽）为

$$\theta_s \approx 4.1 \times 10^{-13} \left(C_{ne}^2 L \right)^{3/5} \lambda^{11/5} \ ('') \tag{14.50}$$

其中 λ 的单位为 m；$C_{ne}^2 L$ 的单位为 $m^{-17/3}$。因此，幂律模型与高斯屏模型的区别在于，幂律模型的 θ_s 正比于 $\lambda^{2.2}$，高斯屏模型的 θ_s 正比于 λ^2，其中 θ_s 是用一定数量基线的可见度数据的傅里叶变换计算得到的。注意，如果仅用一条基线测量 $\langle \mathcal{V} \rangle$（即 d 为固定值），且通过比较测量可见度函数与高斯强度分布的期望可见度函数来估计 θ_s，则两种模型给出的 θ_s 都随 λ^2 变化。

可见度测量必须持续足够长的积分时间才能近似集合平均，这样式（14.48）、（14.49）和式（14.50）才能适用（Cohen and Cronyn，1974）。Narayan（1992）详细讨论了等效集合平均所必须的平均时间（也可参见 14.4.3 节）。

对于等离子体，我们可以认为从内尺度 q_0 和外尺度 q_1 区间内幂指数不变，即长度尺度小于 $\ell_{inner} = 1/q_1$ 或大于 $\ell_{outer} = 1/q_0$ 范围内没有抖动。当 $qd \ll 1$，即基线小于内长度尺度时，式（14.46）中的贝塞尔函数变成 $1 - q^2 r^2 / 4$，直接积分得到

$$D_\phi(d) = \frac{2\pi^2 r_e^2 \lambda^2 L C_{ne}^2}{4 - \alpha} \left(q_1^{4-\alpha} - q_0^{4-\alpha} \right) d^2 \tag{14.51}$$

这一非常重要的结果衍生出两个有趣的结论。首先，无论 α 如何取值，结构函数都随 d^2 变化。其次，当 $\alpha < 4$，结构函数主要受最小尺度不规则体的影响，而当 $\alpha > 4$，结构函数主要受最大尺度不规则体的影响。这一结果也意味着等离子体现象有 $\alpha < 4$ 和 $\alpha > 4$ 两个重要分类。$\alpha < 4$ 情况称为 Type A（浅谱），$\alpha > 4$ 情况称为 Type B（陡谱）（Narayan，1988）。

考虑到波动谱有三个区间的情况：

$$\begin{aligned} p_{ne} &= C_{ne}^2 q_0^{-\alpha}, && q < q_0 \\ &= C_{ne}^2 q^{-\alpha}, && q_0 < q < q_1 \\ &= 0, && q > q_1 \end{aligned} \tag{14.52}$$

将式（14.52）代入式（14.46）可得

$$\begin{aligned} D_\phi(d) &\approx c_1 d^2, && d < 1/q_1 = \ell_{inner} \\ &\approx \left(\frac{d}{d_0} \right)^{\alpha-2}, && 1/q_1 < d < 1/q_0 \\ &\approx c_2, && d > 1/q_0 = \ell_{outer} \end{aligned} \tag{14.53}$$

其中 c_1 和 c_2 是常数，并如 13.1.7 节讨论对流层一样，引入归一化因子 d_0，使得 $D_\phi(d_0) = 1$。这里我们还假设 $1/q_1 < d_0 < 1/q_0$。幂律的常数因子 $c_1 = q_1^{4-\alpha} d_0^{-2}$ 和 $c_2 = (q_0 d_0)^{1-\alpha}$。模型的谱与结构函数见图 14.7。

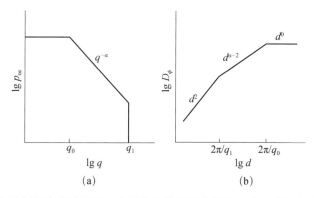

图 14.7　（a）电子密度波动谱模型，内尺度和外尺度分别为 q_0 和 q_1 的。（b）相应的相位结构函数：见式（14.52）和式（14.53）。注意 $\ell_{inner} = 2\pi/q_1$ 且 $\ell_{outer} = 2\pi/q_0$。引自 Moran（1989），由科鲁维尔科学出版社提供。经授权复制

14.3　行星际介质

14.3.1　折射

经过太阳附近时，无线电波会由于离子化的日冕和太阳风而弯曲。日冕和太阳风的一般特性参见 Winterhalter 等（1996）。计算延展的太阳大气中的无线电波折射对于理解太阳的低频射电辐射是非常重要的，此时产生的弯曲角很大（Kundu，1965），对于检验电磁辐射经过太阳附近的广义相对论弯曲，也是非常重要的（见 12.6 节）。

电子密度与太阳距离的函数关系有多种测量方法。通过分析日食期间对汤姆孙散射的光学观测，可以给出电子密度模型

$$n_e = \left(1.55 r^{-6} + 2.99 r^{-16}\right) \times 10^{14} \left(\mathrm{m}^{-3}\right) \tag{14.54}$$

其中 r 小于 4，是以太阳半径为单位的径向距离。式（14.54）即为著名的艾伦–鲍姆巴赫方程（Allen-Baumbach Formula）（Allen，1947）。

卫星可以跟踪太阳射电爆发期间的等离子频率，所以可以确定很大径向距离范围内的电子密度廓线。例如，Wind 卫星可以观测 14MHz 到数 kHz 频段的辐射，用下面的模型可以合理表征 $1.2 < r < 215$ 范围内的电子密度（Leblanc et al.，1998）

$$n_e = 3.3 \times 10^{11} r^{-2} + 4.1 \times 10^{11} r^{-4} + 8.0 \times 10^{13} r^{-6} (\mathrm{m}^{-3}) \tag{14.55}$$

在 $r = 217$（1AU）处，$n_e = 7.2 \times 10^6\,\mathrm{m}^{-3}$。这一模型是基于太阳黑子极小期的观测数据建立的，图 14.8 给出一些不同时期的电子密度。用地基设备观测太阳遮掩的射电源（例如蟹状星云的闪烁）（Erickson，1964；Evans and Hagfors，

1968），以及脉冲星色散测量（Counselman and Rankin，1972；Counselman et al.，1974），给出 $r > 10$ 范围内的结果与式（14.55）一致。

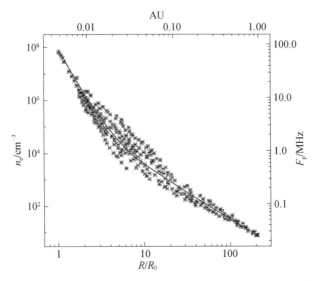

图 14.8　由 Wind 卫星（位于 1AU 距离）观测的太阳射电爆得到的电子密度与太阳径向距离的关系。11 个不同时期的观测数据具有一定的离散性，表明太阳风条件不同。其他探测数据和原位测量数据参见 Bougeret 等（1984）。引自 Leblanc 等（1998），由太阳物理杂志提供。经斯普林格授权

　　如果射线经过太阳附近的折射角较小，可以很方便地计算这一角度。球坐标系中，射线遵循斯涅耳折射定律，即 $nr \sin z =$ 常数（Smart，1977），其中 n 是折射指数，z 是射线与日心视线的夹角，如图 14.9 所示。根据这一关系，可得弯曲角为

$$\theta_b = \pi - 2\int_{r_m}^{\infty} \frac{\mathrm{d}r}{r\sqrt{(nr/p)^2 - 1}} \qquad (14.56)$$

其中 r_m 是射线与太阳的最近距离；p 是影响参数（图 14.9）。假设电子密度具有单一幂律分布

$$n_e = n_{e0} r^{-\beta} \qquad (14.57)$$

其中 n_{e0} 是一个太阳半径处的电子密度，单位为 m^{-3}；β 是常数。完全电离的太阳风具有恒定的质量损失率常数和速度，β 等于 2。这一条件适用于 $r \gtrsim 10$ 的情况（图 14.8）。将式（14.57）和式（14.5）代入式（14.11）并忽略 ν_B 项，可得折射指数。Jaeger 和 Westfold（1950）给出大弯曲角情况下式（14.56）的图形解。对于小弯曲角情况，利用变量代换 $nr/p = \sec\theta$ 可得式（14.56）的近似解，

$$\theta_b \approx 80.6\sqrt{\pi}\,\frac{n_{e0}}{v^2}\,\frac{\Gamma\left(\dfrac{\beta+1}{2}\right)}{\Gamma\left(\dfrac{\beta}{2}\right)}\,p^{-\beta} \tag{14.58}$$

其中 p 的单位为太阳半径；Γ 是伽马函数。注意，射线是弯曲偏离太阳的。式（14.55）模型的弯曲角（仅使用四次项）为

$$\theta_b \approx 2.4\lambda^2 p^{-2}\ (') \tag{14.59}$$

其中 λ 为波长，单位为 m。对于多幂指数电子密度模型，例如式（14.54）和式（14.55），在弯曲角较小的情况下，每个分量的弯曲角可以累加。

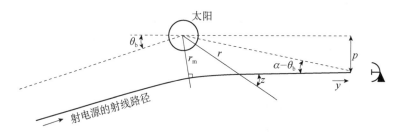

图 14.9　射线穿越太阳周围电离气体的路径。p 是影响参数，
α 是太阳距角——即没有太阳弯曲时太阳与源的视向夹角

教学时，可以用另一种有趣的方法来确定弯曲角，即利用增量传播路径随影响参数的变化。由式（14.19），不考虑路径弯曲效应时，射线穿过日冕的路径（相位）增量为

$$\mathcal{L} \approx -\frac{40.3}{v^2}\int_{-\infty}^{\infty} n_e \mathrm{d}y \tag{14.60}$$

其中 y 沿射线路径积分，如图 14.9 所示。式（14.57）给出的幂律模型的增量路径为

$$\mathcal{L} \approx -\frac{40.3 n_{e0}}{v^2}\int_{-\infty}^{\infty} \frac{\mathrm{d}y}{\left(p^2+y^2\right)^{\beta/2}} \tag{14.61}$$

积分后可得

$$\mathcal{L} \approx -\frac{40.3\sqrt{\pi}}{v^2}\,\frac{\Gamma\left(\dfrac{\beta-1}{2}\right)}{\Gamma\left(\dfrac{\beta}{2}\right)}\,n_{e0}\,p^{1-\beta} \tag{14.62}$$

$\mathcal{L}$ 随 p 变化，说明波前出现倾斜，这就是弯曲角，因此 $\theta_b \approx \mathrm{d}\mathcal{L}/\mathrm{d}p$（Bracewell et al.，1969）。式（14.62）关于 p 的微分可得到式（14.58）。

我们在这里提到的广义相对论效应使波经过太阳附近产生弯曲，这种效应

可以利用经典的有效折射指数 $1+2GM_\odot/rc^2$ 进行描述，其中 G 为引力常数，$M_\odot$ 为太阳质量。p 值较小时，弯曲角为（Weinberg，1972）

$$\theta_{GR} \approx -1.75\, p^{-1}\ ('') \qquad (14.63)$$

式中负号表明射线是向太阳方向弯曲的，与行星际介质效应的弯曲方向相反。12.6 节更具体地介绍了太阳广义相对论弯曲的测量。

14.3.2 行星际闪烁（IPS）

Clarke（1964）首先观测到太阳风不规则体导致的河外射电源闪烁，Hewish 等（1964）报道了这种现象。Clarke 用剑桥一英里干涉仪在 178MHz 研究了 3C 源表中的 88 个源。注意到，仅有的三个角径小于 2″ 的源表现出异常的快速（<1s）闪烁，这无法用电离层效应来解释。这三个源与太阳的角距都在 30° 以内。由于行星际闪烁的时间尺度[式（14.31）]和临界源尺寸[式（14.34）]分别约为 1s 和 0.5″，而电离层闪烁的对应参数分别为 30s 和 10′，行星际闪烁是很容易与电离层闪烁区分开来的。Cohen 等（1967a）进一步观测了行星际闪烁，并基于式（13.34）分析发现源 3C273B 的角尺寸小于 0.02″。这一发现以及长基线干涉测量的结果驱动了 VLBI 的发展。用现代低频阵列可以研究行星际闪烁[例如 Kaplan 等（2015）]。

Salpeter（1967）、Young（1971）和 Scott 等（1983）全面讨论了行星际闪烁的物理机制。粗略计算时，行星际介质引入的散射角近似为（Erickson，1964）

$$\theta_s \approx 50\left(\frac{\lambda}{p}\right)^2\ (') \qquad (14.64)$$

其中 λ 的单位为 m，影响参数 p 的单位为太阳半径。这一关系是建立在 1960～1961 年，在 11m 波长测量的 5～50 太阳半径之间的影响参数基础上。1991 年，VLBI 在 3.6cm 和 6cm 波长获取了 10～50 太阳半径的影响参数，给出的 C_{ne}^2 模型为 $C_{ne}^2 = 1.5 \times 10^{14} \left(r/R_{SUN}\right)^{-3.7}$（Spangler and Sakurai，1995）。注意，基于 C_{ne}^2 正比于电子密度的方差，且方差正比于电子密度的平方这一基本认识，幂指数的期望值约为 −4。当太阳风速度恒定时，电子密度正比于 r^{-2}，因此 C_{ne}^2 与 r^{-4} 成正比。由于磁场强度具有径向依赖性，且磁场驱动了太阳风扰动，因此幂指数偏离了 4。对 C_{ne}^2 进行视向积分，并利用式（14.50），我们可以推导出散射角估计值为 $\theta_s = 3100\left(p/\lambda\right)^{-2.2}$ 角秒，与式（14.64）的结果相当。

扩展源不像点源那样明显闪烁[见式（14.34）]这一概念可以推广，以获取源结构的更多信息。我们假设距离地球 R 处的薄屏导致了闪烁，如图 14.6 所示，其中 $R \ll R_{\mathrm{s}}$ 且到达地球的强度为 $I(x,y)$ ，x 和 y 是平行于图 14.5 所示薄屏的平面上的坐标。函数 $\Delta I(x,y)$ 等于 $I(x,y)-\langle I(x,y)\rangle$ ，其中 $\langle I(x,y)\rangle$ 为平均强度。点源的功率谱为 $\mathcal{S}_{\mathrm{I0}}(q_x,q_y)$ ，扩展源的功率谱为 $\mathcal{S}_{\mathrm{I}}(q_x,q_y)$ ，其中 q_x 和 q_y 为空间频率（周期数·m^{-1}）。如果源的可见度为 $\mathcal{V}(q_xR,q_yR)$ ，则可得如下关系式（Cohen，1969）

$$\mathcal{S}_{\mathrm{I}}(q_x,q_y)=\mathcal{S}_{\mathrm{I0}}(q_x,q_y)\left|\mathcal{V}(q_xR,q_yR)\right|^2 \tag{14.65}$$

其中 q_xR 和 q_yR 是投影基线坐标 u 和 v 。源 m_{s} 的闪烁指数定义为

$$m_{\mathrm{s}}^2 = \frac{\langle \Delta I(x,y)^2 \rangle}{\langle I(x,y)\rangle^2} = \frac{1}{\langle I(x,y)\rangle^2}\int_{-\infty}^{\infty}\int_{-\infty}^{\infty}\mathcal{S}_{\mathrm{I}}(q_x,q_y)\mathrm{d}q_x\mathrm{d}q_y \tag{14.66}$$

理论上，用大量分散的接收机同时测量 $\Delta I(x,y)$ 可以计算 $\mathcal{S}_{\mathrm{I}}(q_x,q_y)$ 。在实际中，太阳风的运动使衍射模式扫过某一望远镜，由测量的 $\Delta I(t)$ 可以计算时域功率谱 $\mathcal{S}(f)$ 。如果衍射模式沿着 x 方向以速度 v_{s} 运动，则根据 $q_x=f/v_{\mathrm{s}}$ ，可以关联 $\mathcal{S}(f)$ 与空间频谱

$$\mathcal{S}(f)=\frac{1}{v_{\mathrm{s}}}\int_{-\infty}^{\infty}\mathcal{S}_{\mathrm{I}}\left(q_x=\frac{f}{v_{\mathrm{s}}},q_y\right)\mathrm{d}q_y \tag{14.67}$$

理论上，相对于太阳风矢量以不同方向观测射电源，就可以由式（14.65）还原 $|\mathcal{V}|^2$ 。与月掩观测相比（见 17.2 节），除了不能获取可见度相位，两种情况完全一样。由时域功率谱宽度（Cohen et al.，1967b）或由闪烁指数［式（14.66）］（Little and Lewish，1966），可以估计源直径。

除了靠近太阳的方向，行星际散射通常较弱。一个有趣的现象是闪烁指数 m_{s} 随着影响参数的减小而单调增大，对于小角径源，$p \sim 0.1$ 时 $m_{\mathrm{s}} \sim 1$ ，然后随着 p 进一步减小而减小，例如参见（Armstrong and Coles，1978；Gapper et al.，1982；Manoharan et al.，1995）。在散射很强时，屈光散射效应（见 14.4 节和 15.3 节）有重要影响，Narayan 等（1989）对此进行了研究。

过去几十年，人们通过观测射电源的闪烁，对行星际介质的三维特征进行了大量研究。乌塔（Ooty）射电望远镜的观测参见 Manoharan（2012），名古屋大学日地环境实验室的研究参见 Asai 等（1998）和 Tokumaru 等（2012）。Janardhan 等（2015）讨论了长期发展趋势。

14.4 星 际 介 质

表 14.2 列出星际介质各种效应的典型幅度和尺度。下面几个小节单独进行

讨论。

表14.2　星际介质对100MHz辐射的典型效应值 [a]

效应	公式序号	幅度 [a]	频率依赖性 [b]
角度展宽 [c]	14.43	0.3 ″	v^{-2}
脉冲展宽 [c]	14.43	10^{-4}s	v^{-4}
闪烁带宽 [c]	14.43	10^4Hz	v^4
频谱展宽 [c]	—	1Hz	v^{-1}
闪烁时间尺度 [c]	14.41	10s	v
闪烁时间尺度 [d]	—	10^6s	v^{-2}
自由光学厚度	14.22	0.01	v^{-2}
法拉第旋转	14.71	10rad	v^{-2}

注：引自 Cordes（2000）。

a 以银道面上距离 1kpc 处的源。实际值可能会有一个数量级的差异。

b 当 $D_\phi(d) \sim d^2$ 时，对高斯屏模型或幂律扰动模型有效[参见式（14.46）]。

c 衍射。

d 屈光散射（见 14.4.3 节）。

14.4.1　色散和法拉第旋转

银河系中平滑的、电离的星际介质分量引起波传播的延迟和法拉第旋转。脉冲星等的辐射脉冲到达时间为

$$t_p = \int_0^L \frac{dy}{v_g} \qquad (14.68)$$

其中 L 是传播路径；$v_g - cn$ 为群速度，n 由式（14.11）给出，这里我们忽略磁场效应。对式（14.68）做微分可得

$$\frac{dt_p}{dv} \approx -\frac{e^2}{4\pi\epsilon_0 mcv^3}\int_0^L n_e dy \qquad (14.69)$$

n_e 沿着路径长度的积分被称为色散度（Dispersion Measure），

$$\mathrm{DM} = \int_0^L n_e dy \qquad (14.70)$$

这个量就是电子总量。在不同频率测量脉冲星的脉冲到达时间，可以由式（14.69）计算色散度。如果脉冲星的距离已知，则可以计算平均电子密度。银盘的 $\langle n_e \rangle$ 典型值为 0.03cm^{-1}（Weisberg et al.，1980）。反之，如果脉冲星的距离未知，则用估计的 n_e 平均值，由式（14.69）可以估计脉冲星的距离。

银河系磁场导致河外射电源辐射的极化面发生法拉第旋转。式（14.12）可改写为

$$\Delta\psi = \lambda^2 \mathrm{RM} \qquad (14.71)$$

其中 RM 为旋转度（Rotation Measure），由下式给出

$$RM = 8.1 \times 10^5 \int_0^L n_e B_{\parallel} \mathrm{d}y \qquad (14.72)$$

其中 RM 的单位为 $rad \cdot m^{-2}$；λ 的单位为 m；$B_{\parallel}$ 为磁场的纵向分量，单位为 Gs（$1Gs=10^{-4}T$）；n_e 单位为 cm^{-3}，$\mathrm{d}y$ 的单位为秒差距 pc（$1pc=3.1 \times 10^{16}m$）。用旋转度除以色散度，可以估计星际磁场。用这种方法估计的磁场强度典型值为 $2\mu G$（Heiles，1976）。如果磁场方向与视线方向相反，这种方法会低估磁场。用下式可以粗略估计星系磁场导致的旋转量（Spitzer，1978）

$$RM \approx -18|\cot b|\cos(\ell - 94°) \qquad (14.73)$$

其中 ℓ 和 b 为银经和银纬。将旋转度作为方向的函数进行的大量测量参见（Oppermann et al.，2012）。

射电源内部的法拉第旋转使其发出的辐射去极化。这是由于从不同深度发出的辐射会产生不同程度的法拉第旋转。这类源可能是发射极化同步辐射的相对论性气体，由于浸没在热等离子中，导致法拉第旋转。忽略自吸收时，用傅里叶变换关系可以简洁地描述观测的辐射极化度。我们首先引入线极化度复函数 M，定义如下

$$M = m_1 \mathrm{e}^{\mathrm{j}2\psi} = \frac{Q + \mathrm{j}U}{I} \qquad (14.74)$$

其中 m_1 为线极化度；ψ 为电场的位置角；Q、U 和 I 是斯托克斯参量，如 4.7 节定义。如果 y 是深入源的直线距离，$\psi(y)$ 是深度 y 处辐射的本征位置角，$j_\nu(y)$ 是源的体辐射率，且 $\lambda^2\beta(y)$ 是深度 y 处的辐射所经历的法拉第旋转，则观测的辐射极化度可写为

$$M(\lambda^2) = \frac{\int_0^\infty m_1(y)j_\nu(y)\mathrm{e}^{\mathrm{j}2[\psi(y)+\lambda^2\beta(y)]}\mathrm{d}y}{\int_0^\infty j_\nu(y)\mathrm{d}y} \qquad (14.75)$$

式（14.75）中的分母为总强度。$\beta(y)$ 为法拉第深度，只要纵向磁场方向不变，$\beta(y)$ 随深度单调递增。在任何情况下，我们都可以将同一法拉第深度的辐射叠加，并将式（14.75）中关于 y 的积分写为关于 β 的积分，可得

$$M(\lambda^2) = \int_{-\infty}^\infty F(\beta)\mathrm{e}^{\mathrm{j}2\lambda^2\beta}\mathrm{d}\beta \qquad (14.76)$$

其中

$$F(\beta) = \frac{m_1(y)j_\nu(y)\mathrm{e}^{\mathrm{j}2\psi(y)}}{\int_0^\infty j_\nu(y)\mathrm{d}y} \qquad (14.77)$$

因此，$M(\lambda^2)$ 和 $F(\beta)$ 构成傅里叶变换对。$F(\beta)$ 有时称为法拉第色散函数（Faraday Dispersion Function）。不幸的是，由于不能测量 λ^2 负区间的 M 值，因

此通常无法获取 $F(\beta)$。这样就很难应用傅里叶变换，一般是用模型拟合来估计 $F(\beta)$。尽管如此，如果 $\psi(y)$ 是常数，则 $M(-\lambda^2) = M^*(\lambda^2)$，用傅里叶变换可以求解 $F(\beta)$。

考虑 m_1、ψ 和 j_ν 均为常数的简单源模型。由式（14.76）可得

$$M(\lambda^2) = M(0)\left[\frac{\sin \lambda^2 RM}{\lambda^2 RM}\right]e^{j\lambda^2 RM} \qquad (14.78)$$

其中 RM 是穿过整个源的法拉第旋转度。如果在源的前方发生法拉第旋转，则复极化度为

$$M(\lambda^2) = M(0)e^{j2\lambda^2 RM} \qquad (14.79)$$

这种情况不会发生去极化，且法拉第旋转是式（14.78）的两倍，式（14.78）的源是均匀分布在全部介质中的。关于本征法拉第旋转的详细讨论见 Burn（1966）、Gardner 和 Whiteoak（1966）及 Brentjens 和 de Bruyn（2005）。

14.4.2　衍射散射

通过观测脉冲星和致密河外射电源，衍射星际散射得到广泛研究。观测脉冲星可以测量脉冲的时域展宽[式（14.32）]、去相关带宽[式（14.33）]和角度展宽[式（14.27）]。用薄屏模型解译，可得 $\Delta n_e / n_e \approx 10^{-3}$，且导致闪烁的结构尺度为 10^{11}cm。观测者和脉冲星相对于准静态的星际介质的运动造成脉冲星信号的时域变化或闪烁。测量去相关带宽可以估计散射角[式（14.33）]。用这种方法估计散射角，并测量衰减的时间尺度（在 408MHz 频率为 $10^2 \sim 10^3$s），则可以用式（14.31）来估计散射屏的相对速度。由散射屏的相对速度，可以计算脉冲星的横向速度。用这种方法估计的脉冲星速度（并进而获取的自行）（Lyne and Smith，1982）与直接用干涉仪测量的结果，例如参见（Campbell et al.，1996）一致。脉冲双星轨道速度的横向分量也成功地进行了测量（Lyne，1984）。

观测表明，用幂律谱可以描述电子密度的扰动，幂指数约为 3.7±0.3，与 Kolmogorov 湍流的幂指数 11/3 接近（Rickett，1990；Cordes et al.，1986）。幂律谱覆盖很宽的范围，尺度从小于 10^{10}cm 到大于 10^{15}cm。内尺度可能由质子回旋频率（$\sim 10^7$cm）限制，外尺度由银河系的标高（$\sim 10^{20}$cm）限制。Spangler 和 Gwinn（1990）给出内尺度的观测证据。

Harris 等（1970）、Readhead 和 Hewish（1972）、Cohen 和 Cronyn（1974）、Duffett-Smith 和 Readhead（1976）等基于高斯屏模型，用大量的河外射电源角尺寸测量数据推导了 θ_s 的近似公式[见式（14.27）]

$$\theta_s \approx \frac{15}{\sqrt{|\sin b|}}\lambda^2 (\text{mas}), \qquad |b| > 15° \tag{14.80}$$

其中 b 为银纬；λ 为波长，单位为 m。Cordes（1984）用幂律模型解译了脉冲星数据，得到 θ_s 的近似公式：

$$\theta_s \approx 7.5\lambda^{11/5}\ (''), \qquad\qquad |b| \leqslant 0.6°$$

$$\approx 0.5|\sin b|^{-3/5}\ \lambda^{11/5}\ (''), \qquad 0.6° < |b| < 3°\sim 5°$$

$$\approx 13|\sin b|^{-3/5}\ \lambda^{11/5}\ (\text{mas}), \qquad |b| \geqslant 3°\sim 5° \tag{14.81}$$

式（14.81）的精度随 $|b|$ 的减小而降低。特别是低纬度 $|b| < 1°$ 的散射角在很大数值范围内离散（Cordes et al.，1984）。Taylor 和 Cordes（1993）用 23 个参数表征银河系的电子分布，建立的模型要精细得多。现在该模型已经被 NE2001 模型替代（Cordes and Lazio，2002，2003）。为了表征扰动强度，他们定义了一种散射的测度

$$\text{SM} = \int_0^L C_n^2 \mathrm{d}y \tag{14.82}$$

其中 C_n^2 如式（14.44）所定义。根据这一定义，河外射电源的角度展宽为

$$\theta_s \approx 71\nu^{-11/5}\text{SM}^{3/5} \tag{14.83}$$

其中 ν 以 GHz 为单位。银河系中有几个异常高散射区（Cordes and Lazio，2001）。其中散射最强的源是银河 H II 区 NGC6334B 视线方向的类星体，其在 1.5GHz 的角尺寸为 3″。发现的大多数星际脉泽源位于低银纬，星际脉泽源的视尺寸有时是被星际散射限制的（Gwinn et al.，1988）。

位于银河系动力学中心的 Sgr A* 是遭受星际介质强烈散射的致密射电源之一。在 30cm 波长（1.5GHz），该源的角尺寸约为 1.0″[式（14.81）的预测值为 0.5″]。在 0.3～30cm 整个测量范围内，角尺寸近似随波长的平方变化，如图 14.10 所示。Doeleman 等（2008）的测量结果表明，在 1.3mm 波长，该源的本征尺寸大于散射尺寸。如果能像 Sgr A* 一样精确地对散射进行建模，理论上是可以从图像中去除散射效应的。测量的可见度 $\mathcal{V}_m$ 等于真实可见度乘以 $\mathcal{V}_s = \mathrm{e}^{-D_\phi^2/2}$ [见式（14.48）]。例如，基线小于湍流内尺度时，假设 $D_\phi = a\lambda^2 d^2$ 是适当的，则 $\mathcal{V}_s$ 是简单的高斯函数，真实可见度可以用下式还原：

$$\mathcal{V} = \mathcal{V}_m / \mathcal{V}_s = \mathcal{V}_m \mathrm{e}^{a\lambda^2 d^2/2} \tag{14.84}$$

显然，是否能够有效还原是取决于信噪比的。关于"去模糊"技术的进一步讨论见 Fish 等（2014）。

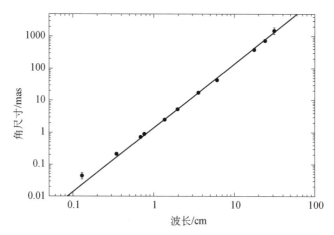

图 14.10 通过观测银河系中心的紧致源（Sgr A*）的角尺寸，直观展示了星际散射的效应。观测使用了几个干涉阵列（Jodrell Bank 两个最长波段，事件视界望远镜的最短波段和 VLBA 的中间波段）。全部分析中，都采用高斯廓线拟合可见度或图像数据确定主轴（半高全宽）。有些符号的误差棒不可见，是因为误差小于符号尺寸。波长大于 6cm 的数据用直线做近似拟合，具有 λ^2 形式。数据的 λ^2 依赖性表明，如果是 Kolmogorov 湍流介质导致了散射，则湍流具有内尺度，且内尺度大于观测阵列的尺度[见式（14.51）和（14.53）]。本图采用的角尺寸数据引自 Davies 等（1976）、Bower 等（2004，2006），Shen 等（2005）和 Doeleman 等（2008）。在 0.13cm 波长，本征源尺寸大于散射尺寸。Davies 等（1976）首先认证了星际散射是 Sgr A* 图像展宽的原因之一

14.4.3 折射散射

Sieber（1982）首先认识到，在数天到数月时间尺度内，脉冲星幅度闪烁的特征周期与其色散度有关，这启发 Rickett 等（1984）识别了星际介质湍动的另一个重要尺度的尺寸，即折射尺度 d_{ref}。在强散射区（$d_0 < d_{\text{Fresnel}} = \sqrt{\lambda R}$）折射散射的影响很大，其中 d_0 是由 $D_\phi(d_0) = 1$ 定义的折射尺度的尺寸。折射尺度是衍射散射盘的尺寸，衍射散射盘是辐射散射锥在到距离观测者 R 的散射屏上的投影。衍射散射盘的直径为 $R\theta_s$。散射盘代表屏上的辐射被散射并到达观测者的最大范围。根据不规则体的幂律分布，最大允许尺度的不规则体的折射最大，且影响最大。因此，折射尺度 $d_{\text{ref}} \approx R\theta_s$。由于 $\theta_s = \lambda/d_0$，我们可得

$$d_{\text{ref}} = \frac{\lambda R}{d_0} \tag{14.85}$$

或

$$d_{\text{ref}} = \frac{d_{\text{Fresnel}}^2}{d_0} \tag{14.86}$$

d_{ref} 与 d_0 这两个尺度长度差别很大。因此，与屏速度 v_s 相关的闪烁散射的

时间尺度 $t_{ref} = d_{ref} / v_s$ ，是远远大于与衍射散射相关的时间尺度 $t_{dif} = d_0 / v_s$ 的。假设透过距离 1kpc 的散射屏，以 0.5m 波长观测 $b \approx 20°$ 的源。这种情况下，衍射尺度的长度等于 2×10^9cm，菲涅耳尺度等于 4×10^{11}cm，折射尺度等于 8×10^{13}cm。与星际介质相关的典型速度为 50km·s^{-1}（地球轨道运动和太阳相对于本地静止标准运动的速度之和，见表 A10.1）。这一速度下，衍射和折射的幅度闪烁时间尺度分别为 6 分钟和 6 个月。Sgr A*除了表现出衍射散射效应外，其可见度函数表明其还具有折射散射效应（图 14.11）。

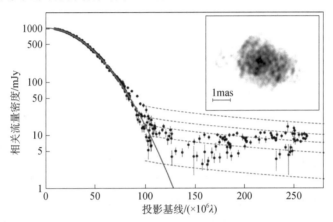

图 14.11 由 23.8GHz 条纹可见度（相关流量密度）与投影基线的关系，可见 Sgr A*的折射星际散射效应。阵列由 VLBA、相控 VLA 和 GBT（绿岸望远镜）构成。注意，流量密度使用了对数标尺。计算了投影基线，以便去除源拉伸效应。数据误差为 1σ。穿过数据的实线给出直径为 735mas 的高斯衍射散射盘的可见度模型（图 14.10），大于 $100 \times 10^6 \lambda$ 的几条虚线给出当时的折射散射分量的期望可见度分别小于 97%、75%、50%、25% 和 3% 的时间百分比。内嵌图给出 Sgr A*的仿真图像，基于 Johnson 和 Gwinn（2015）介绍的算法给出的折射亚结构（$t_{ref} > t_{int} > t_{dif}$），并平滑到 0.3mas。数据引自 Gwinn 等（2014）

米波和十米波观测一些脉冲星和类星体时，会发现缓慢的幅度变化，这种现象被认为是折射散射造成的。这种认知解决了长期无法解释的"长波变量"的特性问题，该特性不能根据同步辐射的本征变率模型进行解释。认识到星际介质有两种尺度，有力支撑了幂律模型。由于功率谱越陡峭，折射散射的相对显著性越大，这两种尺度提供了一种估计幂指数的方法。值得指出的是，两种尺度是根据幂律现象提出的，而幂律现象并没有本征尺度。两种尺度与传播过程相关，并依赖于波长和屏的距离。

折射散射除了导致幅度闪烁，还造成源的视位置随时间游走。游走的幅度和时间尺度分别约等于 θ_s 和 t_{ref}。游走的特征依赖于扰动的幂指数。根据图像中几簇脉泽源相对位置游走的幅度，已经建立了幂指数的限制（Gwinn et al.，1988）。

一些河外源的强度偶尔会发生剧烈变化，被称为费德勒事件（Fiedler Event）或极端散射事件（Extreme Scattering Event）（Fiedler et al., 1987），这就可能是由星际介质的折射散射造成的。一个典型例子是，河外源 0954+658 在一个月时间内流量密度先增加 30%，然后再下降 50%，此后又恢复到对称形态。这大概是由于源与地球之间的大尺度等离子体云漂移，其聚焦和折射效应导致流量密度变化。

由于星际介质的强散射有两种时间尺度，以时间尺度 t_{int} 获取干涉数据并重建图像时，三种不同的数据平均时间是非常重要的。分别为 $t_{int} > t_{ref}$（总体平均图像）、$t_{ref} > t_{int} > t_{dif}$（平均图像）和 $t_{int} < t_{dif}$（瞬时图像）。Narayan（1992），Narayan 和 Goodman（1989）以及 Goodman 和 Narayan（1989）介绍了这些图像的特性。对于总体平均[见式（14.48）～式（14.50）]，图像本质上是与适当的"视宁"函数的卷积。图 14.11 中 Sgr A* 的仿真图像给出平均图像的例子。不同时间尺度图像的详细分析和仿真参见 Johnson 和 Gwinn（2015）。基于瞬时图像有可能恢复图像。在这一时间尺度，应该有可能以 λ/d_{ref} 的分辨率实现源成像，远远优于地基干涉仪可能达到的分辨率。这种情况下，散射屏的作用类似于干涉仪的孔径。由于折射散射提供了多径传播，能将散射屏上相距很远的不同区域的辐射汇聚到观测者，有效基线会很长。进一步讨论以及 Wolszczan 和 Cordes（1987）进行的观测，参见 15.3 节。

附录 14.1 电离层的折射弯曲

在本附录中，我们将证明射线入射到电离层会被弯曲，因此射线达到地面的天顶角变小，如图 14.2 所示。将正弦定理应用于两个张角分别为 θ_1 和 θ_2 的三角形可得

$$\frac{\sin z_i}{r_0} = \frac{\sin z_0}{r_0 + h_i} \qquad (A14.1)$$

以及

$$\frac{\sin z_{ir}}{r_0 + h_i + \Delta h} = \frac{\sin z_2}{r_0 + h_i} \qquad (A14.2)$$

斯涅耳定律给出如下关系

$$n \sin z_{ir} = \sin z_i \qquad (A14.3)$$

以及

$$\sin z_{2r} = n \sin z_2 \qquad (A14.4)$$

联立式（A14.1）～（A14.4）可得

$$\sin z_{2r} = n \sin z_2$$

$$= \frac{r_0 + h_i}{r_0 + h_i + \Delta h} n \sin z_{ir}$$

$$= \frac{r_0 + h_i}{r_0 + h_i + \Delta h} \sin z_i$$

$$= \frac{r_0}{r_0 + h_i + \Delta h} \sin z_0 \qquad (A14.5)$$

注意 z_0 与 z_{2r} 直接相关，与 n 无关。由于 $z = z_{2r} + \theta_1 + \theta_2$，净弯曲角为

$$\Delta z = z - z_0 = z_{2r} + \theta_1 + \theta_2 - z_0 \qquad (A14.6)$$

由于 $\theta_2 = z_{ir} - z_2$，

$$\theta_2 = \arcsin\left\{\frac{1}{n}\frac{r_0}{r_0 + h_i}\sin z_0\right\} - \arcsin\left\{\frac{1}{n}\frac{r_0}{r_0 + h_i + \Delta h}\sin z_0\right\} \qquad (A14.7)$$

由于 $\theta_1 = z_0 - z_i$，

$$\theta_1 = z_0 - \arcsin\left\{\frac{r_0}{r_0 + h_i}\sin z_0\right\} \qquad (A14.8)$$

最终 Δz 是 $\sin z_0$ 的函数

$$\Delta z = \arcsin\left\{\frac{r_0}{r_0 + h_i + \Delta h}\sin z_0\right\} - \arcsin\left\{\frac{r_0}{r_0 + h_i}\sin z_0\right\}$$

$$+ \arcsin\left\{\frac{1}{n}\frac{r_0}{r_0 + h_i}\sin z_0\right\} - \arcsin\left\{\frac{1}{n}\frac{r_0}{r_0 + h_i + \Delta h}\sin z_0\right\} \qquad (A14.9)$$

注意

$$\Delta z = (z_{2r} - z_2) + (z_{ir} - z_i) \qquad (A14.10)$$

例如，我们假设 $h_i = 300km$，$\Delta h = 200km$，$r_0 = 6370km$，$n_e = 3 \times 10^{11} m^{-3}$，且 $\nu = 50MHz$。由式（14.4）和式（14.5），可得 $\nu_p = 4.9MHz$ 及 $n = 0.9951$。当 $z_0 = 75°$ 时，其他角度分别为 $z_i = 67.29°$，$z_{ir} = 67.98°$，$z_2 = 64.16°$，$z_{2r} = 63.59°$，$\theta_1 = 7.71°$，$\theta_2 = 3.81°$，$z = 75.11°$ 及 $\Delta z = 0.11°$。式（14.15）也给出同样结果。这就证明了一个反直觉的结论，即电离层和对流层天顶角变化的符号相同。

当 $z_0 = 90°$ 时，可得 $z = 90.22°$，因此理论上可以接收到低于地平线 $0.22°$ 的辐射信号。

当 $z_{ir} = 90°$ 时会发生内反射现象。这就定义了临界天顶角 z_c 如下式，低于临界天顶角的射线无法到达观测者，

$$\sin z_c = \frac{r_0 + h_i}{r_0} n \qquad (A14.11)$$

受这种效应影响，$z_c = 90°$ 对应的频率为

$$\nu \approx \sqrt{\frac{r_0}{z_{h_i}}}\nu_p \approx 4\nu_p \qquad （A14.12）$$

正常折射和临界角联合定义了射电地平线。图 A14.1 给出射电地平线的例子。Vedantham 等（2014）提出，射电地平线可能会影响宇宙再电离研究。

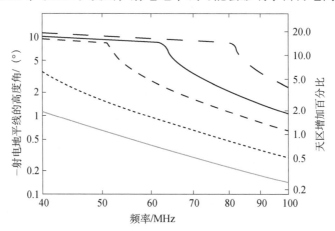

图 A14.1　200～400km 高度范围（近似为 F 层）内均匀分布的电子密度与射电地平线高度角的关系。自上而下的几条曲线分别对应电子密度值为 $5\times10^{12}m^{-3}$、$3\times10^{12}m^{-3}$、$2\times10^{12}m^{-3}$、$1\times10^{12}m^{-3}$ 和 $0.5\times10^{12}m^{-3}$，对应的等离子频率分别为 20.1MHz、15.6MHz、12.7MHz、9.0MHz 和 6.4MHz。曲线的拐点（仅在电子密度较高的曲线出现）位于 $\nu\sim4\nu_p$［式（A14.12）］。当频率大于拐点频率时，由式（A14.8）给出 $z_0=90°$ 条件下的射电地平线。当频率小于拐点频率时，射电地平线受到内反射的限制，由式（A14.11）给出。引自 Vedantham 等（2014），由皇家天文学会提供

扩 展 阅 读

Cordes, J. M., Rickett, B. J., and Backer, D. C., Eds., Radio Wave Scattering in the Interstellar Medium, Am. Inst. Physics Conf. Proc., 174, New York（1988）

Lazio, T. J. W., Cordes, J. M., de Bruyn, A. G., and Macquart, J. -P., The Microarcsecond Sky and Cosmic Turbulence, New Astron. Rev., 48, 1439-1457（2004）

Narayan, R., The Physics of Pulsar Scintillation, Phil. Tran. R. Soc. Lond. A, 341, 151-165（1992）

Schunk, R., and Nagy, A., Ionospheres: Physics, Plasma Physics, and Chemistry, 2nd ed., Cambridge Univ. Press, Cambridge, UK（2009）

参 考 文 献

Aarons, J., Global Morphology of Ionospheric Scintillations, Proc. IEEE, 70, 360-378 (1982)

Aarons, J., Klobuchar, J. A., Whitney, H. E., Austen, J., Johnson, A. L., and Rino, C. L., Gigahertz Scintillations Associated with Equatorial Patches, Radio Sci., 18, 421-434 (1983)

Aarons, J., Mendillo, M., Lin, B., Colerico, M., Beach, T., Kintner, P., Scali, J., Reinisch, B., Sales, G., and Kudeki, E., Equatorial F-Region Irregularity Morphology during an Equinoctial Month at Solar Minimum, Space Science Reviews, 87, 357-386 (1999)

Allen, C. W., Interpretation of Electron Densities from Corona Brightness, Mon. Not. R. Astron. Soc., 107, 426-432 (1947)

Appleton, E. V., and Barnett, M. A. F., On Some Direct Evidence for Downward Atmospheric Reflection of Electric Rays, Proc. R. Soc. Lond. A, 109, 621-641 (1925)

Armstrong, J. W., and Coles, W. A., Interplanetary Scintillations of PSR 0531+21 at 74MHz, Astrophys. J., 220, 346-352 (1978)

Asai, K., Kojima, M., Tokumaru, M., Yokobe, A., Jackson, B. V., Hick, P. L., and Manoharan, P. K., Heliospheric Tomography Using Interplanetary Scintillation Observations. 3. Correlation Between Speed and Electron Density Fluctuations in the Solar Wind, J. Geophys. Res., 103, 1991-2001 (1998)

Bailey, D. K., On a New Method of Exploring the Upper Atmosphere, J. Terr. Mag. Atmos. Elec., 53, 41-50 (1948)

Beynon, W. J. G., Marconi, Radio Waves, and the Ionosphere, Radio Sci., 10, 657-664 (1975)

Bilitza, D., International Reference Ionosphere—Status 1995/96, Adv. Space Res., 20, 1751-1754 (1997)

Booker, H. G., The Use of Radio Stars to Study Irregular Refraction of Radio Waves in the Ionosphere, Proc. IRE, 46, 298-314 (1958)

Booker, H. G., Ratcliffe, J. A., and Shinn, D. H., Diffraction from an Irregular Screen with Applications to Ionospheric Problems, Philos. Tran. R. Soc. Lond. A, 242, 579-607 (1950)

Bougeret, J. -L., King, J. H., and Schwenn, R., Solar Radio Burst and In Situ Determination of Interplanetary Electron Density, Solar Phys., 90, 401-412 (1984)

Bower, G. C., Falcke, H., Herrnstein, R. M., Zhao, J. -H., Goss, W. M., and Backer, D. C., Detection of the Intrinsic Size of Sagittarius A* Through Closure Ampitude Imaging, Science, 304, 704-708 (2004)

Bower, G. C., Goss, W. M., Falcke, H., Backer, D. C., and Lithwick, Y., The Intrinsic Size of Sagittarius A* from 0. 35 to 6 cm, Astrophys. J. Lett., 648, L127-L130 (2006)

Bracewell, R. N., Eshleman, V. R., and Hollweg, J. V., The Occulting Disk of the Sun at Radio Wavelengths, Astrophys. J., 155, 367-368（1969）

Breit, G., and Tuve, M. A., A Test of the Existence of the Conducting Layer, Phys. Rev., 28, 554-575（1926）

Brentjens, M. A., and de Bruyn, A. G., Faraday Rotation Measure Synthesis, Astron. Astrophys., 441, 1217-1228（2005）

Budden, K. G., Radio Waves in the Ionosphere, Cambridge Univ. Press, Cambridge, UK （1961）

Burn, B. J., On the Depolarization of Discrete Radio Sources by Faraday Dispersion, Mon. Not. R. Astron. Soc., 133, 67-83（1966）

Campbell, R. M., Bartel, N., Shapiro, I. I., Ratner, M. I., Cappallo, R. J., Whitney, A. R., and Putnam, N., VLBI-Derived Trigonometric Parallax and Proper Motion of PSR B2021+51, Astrophys. J. Lett., 461, L95-L98（1996）

Clarke, M., "Two Topics in Radiophysics," Ph. D. thesis, Cambridge Univ. （1964）（see App. II）

Cohen, M. H., High-Resolution Observations of Radio Sources, Ann. Rev. Astron. Astrophys., 7, 619-664（1969）

Cohen, M. H., and Cronyn, W. M., Scintillation and Apparent Angular Diameter, Astrophys. J., 192, 193-197（1974）

Cohen, M. H., Gundermann, E. J., Hardebeck, H. E., and Sharp, L. E., Interplanetary Scintillations. II. Observations, Astrophys. J., 147, 449-466（1967a）

Cohen, M. H., Gundermann, E. J., and Harris, D. E., New Limits on the Diameters of Radio Sources, Astrophys. J., 150, 767-782（1967b）

Cordes, J. M., Interstellar Scattering, in VLBI and Compact Radio Sources, IAU Symp. 110, Fanti, R., Kellermann, K., and Setti, G., Eds., Reidel, Dordrecht, theNetherlands, （1984）, pp. 303-307

Cordes, J. M., Interstellar Scattering: Radio Sensing of Deep Space Through the Turbulent Interstellar Medium, in Radio Astronomy at Long Wavelengths, Stone, R. G., Weiler, K. W., Goldstein, M. L., and Bougeret, J. -L., Eds., GeophysicalMonograph 119, Am. Geophys. Union, pp. 105-114（2000）

Cordes, J. M., Ananthakrishnan, S., and Dennison, B., Radio Wave Scattering in the Galactic Disk, Nature, 309, 689-691（1984）

Cordes, J. M., and Lazio, T. J. W., Anomalous Radio-Wave Scattering from Interstellar Plasma Structures, Astrophys. J., 549, 997-1010（2001）

Cordes, J. M., and Lazio, T. J. W., NE2001. I. A New Model for the Galactic Distribution of Free Electrons and Its Fluctuations（2002）, astro-ph/0207156

Cordes, J. M., and Lazio, T. J. W., NE2001. II. Using Radio Propagation Data to Construct a Model for the Galactic Distribution of Free Electrons（2003）, astro-ph/0301598

Cordes, J. M., Pidwerbetsky, A., and Lovelace, R. V. E., Refractive and Diffractive Scattering in the Interstellar Medium, Astrophys. J., 310, 737-767 (1986)

Counselman, C. C., III, Kent, S. M., Knight, C. A., Shapiro, I. I., Clark, T. A., Hinteregger, H. F., Rogers, A. E. E., and Whitney, A. R., Solar Gravitational Deflection of Radio Waves Measured by Very-Long-Baseline Interferometry, Phys. Rev. Lett., 33, 1621-1623 (1974)

Counselman, C. C., III, and Rankin, J. M., Density of the Solar Corona from Occultations of NP0532, Astrophys. J., 175, 843-856 (1972)

Crane, R. K., Ionospheric Scintillation, Proc. IEEE, 65, 180-199 (1977)

Daniell, R. E., Brown, L. D., Anderson, D. N., Fox, M. W., Doherty, P. H., Decker, D. T., Sojka, J. J., and Schunk, R. W., Parameterized Ionospheric Model: A Global Ionospheric Parameterization Based on First Principles Models, Radio Sci., 30, 1499-1510 (1995)

Davies, K., Ionospheric Radio Propagation, National Bureau of Standards Monograph 80, U. S. Government Printing Office, Washington, DC (1965)

Davies, R. D., Walsh, D., and Booth, R. S., The Radio Source at the Galactic Nucleus, Mon. Not. R. Astron. Soc., 177, 319-333 (1976)

Doeleman, S. S., Weintroub, J., Rogers, A. E. E., Plambeck, R., Freund, R., Tilanus, R. P. J., Friberg, P., Ziurys, L. M., Moran, J. M., Corey, B., and 18 coauthors, Event-Horizon-Scale Structure in the Supermassive Black Hole Candidate at the Galactic Center, Nature, 455, 78-80 (2008)

Duffett-Smith, P. J., and Readhead, A. C. S., The Angular Broadening of Radio Sources by Scattering in the Interstellar Medium, Mon. Not. R. Astron. Soc., 174, 7-17 (1976)

Erickson, W. C., The Radio-Wave Scattering Properties of the Solar Corona, Astrophys. J., 139, 1290-1311 (1964)

Erickson, W. C., Perley, R. A., Flatters, C., and Kassim, N. E., Ionospheric Corrections for VLA Observations Using Local GPS Data, Astron. Astrophys., 366, 1071-1080 (2001)

Evans, J. V., Theory and Practice of Ionosphere Study by Thomson Scatter Radar, Proc. IEEE, 57, 496-530 (1969)

Evans, J. V., and Hagfors, T., Radar Astronomy, McGraw-Hill, New York (1968)

Fejer, B. G., and Kelley, M. C., Ionospheric Irregularities, Rev. Geophys. Space Sci., 18, 401-454 (1980)

Fiedler, R. L., Dennison, B., Johnston, K. J., and Hewish, A., Extreme Scattering Events Caused by Compact Structures in the Interstellar Medium, Nature, 326, 675-678 (1987)

Fish, V. L., Johnson, M. D., Lu, R. -S., Doeleman, S. S., Bouman, K. L., Zoran, D., Freeman, W. T., Psaltis, D., Narayan, R., Pankratius, V., Broderick, A. E., Gwinn, C. R., and Vertatschitch, L. E., Imaging an Event Horizon: Mitigation of Scattering Toward Sagittarius A*, Astrophys. J., 795: 134 (7pp) (2014)

Fomalont, E. B., and Sramek, R. A., A Confirmation of Einstein's General Theory of Relativity by Measuring the Bending of Microwave Radiation in the Gravitational Field of the Sun, Astrophys. J., 199, 749-755（1975）

Frail, D. A., Kulkarni, S. R., Nicastro, L., Ferocl, M., and Taylor, G. B., The Radio Afterglow from the -Ray Burst of 8 May 1997, Nature, 389, 261-263（1997）

Gapper, G. R., Hewish, A., Purvis, A., and Duffett-Smith, P. J., Observing Interplanetary Disturbances from the Ground, Nature, 296, 633-636（1982）

Gardner, F. F., and Whiteoak, J. B., The Polarization of Cosmic Radio Waves, Ann. Rev. Astron. Astrophys., 4, 245-292（1966）

Goodman, J., and Narayan, R., The Shape of a Scatter-Broadened Image: II. Interferometric Visibilities, Mon. Not. R. Astron. Soc., 238, 995-1028（1989）

Gupta, Y., Pulsars and Interstellar Scintillations, in Pulsar Astrometry—2000 and Beyond, M. Kramer, N. Wex, and R. Wielebinski, Eds., Astron. Soc. Pacific Conf. Ser., 202, 539-544（2000）

Gwinn, C. R., Kovalev, Y. Y., Johnson, M. D., and Soglasnov, V. A., Discovery of Substructure in the Scatter-Broadened Image of Sgr A*, Astrophys. J. Lett., 794: L14（5pp）（2014）

Gwinn, C. R., Moran, J. M., Reid, M. J., and Schneps, M. H., Limits on Refractive Interstellar Scattering Toward Sagittarius B2, Astrophys. J., 330, 817-827（1988）

Hagfors, T., The Ionosphere, in Methods of Experimental Physics, Vol. 12, Part B（Astrophysics: Radio Telescopes）, M. L. Meeks, Ed., Academic Press, New York（1976）, pp. 119-135

Harris, D. E., Zeissig, G. A., and Lovelace, R. V., The Minimum Observable Diameter of Radio Sources, Astron. Astrophys., 8, 98-104（1970）

Heiles, C., The Interstellar Magnetic Field, Ann. Rev. Astron. Astrophys., 14, 1-22（1976）

Helmboldt, J. F., Drift-Scan Imaging of Traveling Ionospheric Disturbances with the Very Large Array, Geophys. Res. Lett., 41, 4835-4843（2014）

Helmboldt, J. F., Lane, W. M., and Cotton, W. D., Climatology of Midlatitude Ionospheric Disturbances from the Very Large Array Low-Frequency Sky Survey, Radio Sci., 37, RS5008（19pp）（2012）

Hewish, A., The Diffraction of Galactic Radio Waves as a Method of Investigating the Irregular Structure of the Ionosphere, Proc. R. Soc. Lond. A, 214, 494-514（1952）

Hewish, A., Scott, P. F., and Wills, D., Interplanetary Scintillation of Small Diameter Radio Sources, Nature, 203, 1214-1217（1964）

Hey, J. S., Parsons, S. J., and Phillips, J. W., Fluctuations in Cosmic Radiation at Radio Frequencies, Nature, 158, 234（1946）

Ho, C. M., Mannucci, A. J., Lindqwister, U. J., Pi, X., and Tsurutani, B. T., Global Ionospheric Perturbations Monitored by the Worldwide GPS Network, Geophys. Res. Lett.,

23, 3219-3222 (1996)

Ho, C. M., Wilson, B. D., Mannucci, A. J., Lindqwister, U. J., and Yuan, D. N., A Comparative Studyof Ionospheric Total Electron Content Measurements Using Global Ionospheric Maps of GPS, TOPEX Radar, and the Bent Model, Radio Sci., 32, 1499-1512 (1997)

Hocke, K., and Schlegel, K., A Review of Atmospheric Gravity Waves and Travelling IonosphericDisturbances: 1982-1995, Ann. Geophysicae, 14, 917-940 (1996)

Holt, E. H., and Haskell, R. E., Foundations of Plasma Dynamics, Macmillan, New York (1965), p. 254

Hunsucker, R. D., Atmospheric Gravity Waves Generated in the High-Latitude Ionosphere: A Review, Rev. Geophys. Space Phys., 20, 293-315 (1982)

Jaeger, J. C., and Westfold, K. C., Equivalent Path and Absorption for Electromagnetic Radiation in the Solar Corona, Aust. J. Phys., 3, 376-386 (1950)

Janardhan, P., Bisoi, S. K., Ananthakrishnan, S., Tokumaru, M., Fujiki, K., Jose, L., and Sridharan, R., A Twenty-Year Decline in Solar Photospheric Magnetic Fields: Inner-Heliospheric Signatures and Possible Implications, J. Geophys. Res.: Space Phys., 120, 5306-5317 (2015)

Johnson, M. D., and Gwinn, C. R., Theory and Simulations of Refractive Substructure in Resolved Scatter-Broadened Images, Astrophys. J., 805: 180 (15pp) (2015)

Kaplan, D. L., Tingay, S. J., Manoharan, P. K., Macquart, J.-P., Hancock, P., Morgan, J., Mitchell, D. A., Ekers, R. D., Wayth, R. B., Trott, C., and 27 coauthors, Murchison Widefield Array Observations of Anomalous Variability: A Serendipitous Nighttime Detection of Interplanetary Scintillation, Astrophys. J. Lett., 809: L12 (7pp) (2015)

Kaplan, G. H., Josties, F. J., Angerhofer, P. E., Johnston, K. J., and Spencer, J. H., Precise Radio Source Positions from Interferometric Observations, Astron. J., 87, 570-576 (1982)

Kundu, M. R., Solar Radio Astronomy, Wiley-Interscience, New York (1965), p. 104

Lawrence, R. S., Little, C. G., and Chivers, H. J. A., A Survey of Ionospheric Effects upon Earth-Space Radio Propagation, Proc. IEEE, 52, 4-27 (1964)

Lazio, T. J. W., and Cordes, J. M., Hyperstrong Radio-Wave Scattering in the Galactic Center. I. A Survey for Extragalactic Sources Seen through the Galactic Center, Astrophys. J. Suppl., 118, 201-216 (1998)

Leblanc, Y., Dulk, G. A., and Bougeret, J.-L., Tracing the Electron Density from the Corona to 1 AU, Solar Phys., 183, 165-180 (1998)

Little, L. T., and Hewish, A., Interplanetary Scintillation and Relation to the Angular Structure of Radio Sources, Mon. Not. R. Astron. Soc., 134, 221-237 (1966)

Loi, S. T., Murphy, T., Bell, M. E., Kaplan, D. L., Lenc, E., Offinga, A. R., Hurley-Walker, N., Bernardi, G., Bowman, J. D., Briggs, F., and 32 coauthors, Quantifying Ionospheric Effects on Time-Domain Astrophysics with the Murchison Widefield Array, Mon.

Not. R. Astron. Soc., 453, 2731-2746（2015a）

Loi, S. T., Murphy, T., Cairns, I. H., Menk, F. W., Waters, C. L., Erickson, P. J., Trott, C. M., Hurley-Walker, N., Mortan, J., Lenc, E., and 31 coauthors, Real-Time Imaging of Density Ducts Between the Plasmasphere and Ionosphere, Geophys. Res. Lett., 42, 3707-3714（2015b）

Lyne, A. G., Orbital Inclination and Mass of the Binary Pulsar PSR0655+64, Nature, 310, 300-302（1984）

Lyne, A. G., and Smith, F. G., Interstellar Scintillation and Pulsar Velocities, Nature, 298, 825-827（1982）

Mannucci, A. J., Wilson, B. D., Yuan, D. N., Ho, C. H., Lindqwister, U. J., and Runge, T. F., A Global Mapping Technique for GPS-Derived Ionospheric Total Electron Content Measurements, Radio Sci., 33, 565-582（1998）

Manoharan, P. K., Three-Dimensional Evolution of Solar Wind During Solar Cycles 22-24, Astrophy. J., 751: 128（13pp）（2012）

Manoharan, P. K., Ananthakrishnan, S., Dryer, M., Detman, T. R., Leinbach, H., Kojima, M., Watanabe, T., and Kahn, J., Solar Wind Velocity and Normalized Scintillation Index from Single-Station IPS Observations, Solar Phys., 156, 377-393（1995）

Mathur, N. C., Grossi, M. D., and Pearlman, M. R., Atmospheric Effects in Very Long Baseline Interferometry, Radio Sci., 5, 1253-1261（1970）

Mercier, R. P., Diffraction by a Screen Causing Large Random Phase Fluctuations, Proc. R. Soc Lond. A, 58, 382-400（1962）

Moran, J. M., The Effects of Propagation on VLBI Observations, in Very Long Baseline Interferometry: Techniques and Applications, Felli, M., and Spencer, R. E., Eds., Kluwer, Dordrecht, the Netherlands,（1989）, pp. 47-59

Narayan, R., From Scintillation Observations to a Model of the ISM-The Inverse Problem, inRadio Wave Scattering in the Interstellar Medium, Cordes, J. M., Rickett, B. J., and Backer, D. C., Eds., Am. Inst. Physics Conf. Proc., 174, New York（1988）, pp. 17-31

Narayan, R., The Physics of Pulsar Scintillation, Phil. Tran. R. Soc. Lond. A, 341, 151-165（1992）

Narayan, R., Anantharamaiah, K. R., and Cornwell, T. J., Refractive Radio Scintillation in the Solar Wind, Mon. Not. R. Astron. Soc., 241, 403-413（1989）

Narayan, R., and Goodman, J., The Shape of a Scatter-Broadened Image: I. Numerical Simulations and Physical Principles, Mon. Not. R. Astron. Soc., 238, 963-994（1989）

Oppermann, N., Junklewitz, H., Robbers, G., Bell, M. R., Enßlin, T. A., Bonafede, A., Braun, R., Brown, J. C., Clarke, T. E., Feain, I. J., and 21 coauthors, An Improved Map of the Galactic Faraday Sky, Astron. Astrophys., 542, A93（14pp）（2012）

Pi, X., Mannucci, A. J., Lindqwister, U. J., and Ho, C. M., Monitoring of Global Ionospheric Irregularities Using the Worldwide GPS Network, Geophys. Res. Lett., 24, 2283-

2286（1997）

Ratcliffe, J. A., Some Aspects of Diffraction Theory and Their Application to the Ionosphere, Rep. Prog. Phys., 19, 188-267（1956）

Ratcliffe, J. A., The Magneto-Ionic Theory and Its Application to the Ionosphere, Cambridge Univ. Press, Cambridge, UK（1962）

Readhead, A. C. S., and Hewish, A., Galactic Structure and the Apparent Size of Radio Sources, Nature, 236, 440-443（1972）

Rickett, B. J., Radio Propagation Through the Turbulent Interstellar Medium, Ann. Rev. Astron. Astrophys., 28, 561-605（1990）

Rickett, B. J., Coles, W. A., and Bourgois, G., Slow Scintillation in the Interstellar Medium, Astron. Astrophys., 134, 390-395（1984）

Roberts, D. H., Rogers, A. E. E., Allen, B. R., Bennet, C. L., Burke, B. F., Greenfield, P. E., Lawrence, C. R., and Clark, T. A., Radio Interferometric Detection of a Traveling Ionospheric DisturbanceExcited by the Explosion of Mt. St. Helens, J. Geophys. Res., 87, 6302-6306（1982）

Rogers, A. E. E., Bowman, J. D., Vierinen, J., Monsalve, R., and Mozdzen, T., Radiometric Measurements of Electron Temperature and Opacity of Ionospheric Perturbations, Radio Sci., 50, 130-137（2015）

Ros, E., Marcaide, J. M., Guirado, J. C., Sardón, E., and Shapiro, I. I., A GPS-Based Method to Model the Plasma Effects in VLBI Observations, Astron. Astrophys., 356, 357-362 （2000）

Salpeter, E. E., Interplanetary Scintillations. I. Theory, Astrophys. J., 147, 433-448（1967）

Scheuer, P. A. G., Amplitude Variations in Pulsed Radio Sources, Nature, 218, 920-922 （1968）

Schunk, R., and Nagy, A., Ionospheres: Physics, Plasma Physics, and Chemistry, 2nd ed., Cambridge Atmospheric and Space Science Series, Cambridge Univ. Press, Cambridge, UK, （2009）

Scott, S. L., Coles, W. A., and Bourgois, G., Solar Wind Observations Near the Sun Using Interplanetary Scintillation, Astron. Astrophys., 123, 207-215（1983）

Shapiro, I. I., Estimation of Astrometric and Geodetic Parameters, in Methods of Experimental Physics, Vol. 12, Part C（Astrophysics: Radio Observations）, Meeks, M. L., Ed., Academic Press, New York（1976）, pp. 261-276

Shen, Z. -Q., Lo, K. Y., Liang, M. -C., Ho, P. T. P. and Zhao, J. -H., A Size of ∼1 AU for the Radio Source Sgr A* at the Center of the Milky Way, Nature, 438, 62-64（2005）

Sieber, W., Causal Relationship Between Pulsar Long-Term Intensity Variations and the Interstellar Medium, Astron. Astrophys., 113, 311-313（1982）

Smart, W. M., Textbook on Spherical Astronomy, 6th ed., revised by Green, R. M., Cambridge Univ. Press, Cambridge, UK（1977）

Smith, F. G., Little, C. G., and Lovell, A. C. B., Origin of the Fluctuations in the Intensity of Radio Waves from Galactic Sources, Nature, 165, 422-424（1950）

Spangler, S. R., and Gwinn, C. R., Evidence for an Inner Scale to the Density Turbulence in the Interstellar Medium, Astrophys. J. Lett., 353, L29-L32（1990）

Spangler, S. R., and Sakurai, T., Radio Interferometry of Solar Wind Turbulence from the Orbit of Helios to the Solar Corona, Astrophys. J., 445, 999-1061（1995）

Spitzer, L., Physical Processes in the Interstellar Medium, Wiley-Interscience, New York（1978）, p. 65

Spoelstra, T. A. T., The Influence of Ionospheric Refraction on Radio Astronomy Interferometry, Astron. Astrophys., 120, 313-321（1983）

Spoelstra, T. A. T., and Kelder, H., Effects Produced by the Ionosphere on Radio Interferometry, Radio Sci., 19, 779-788（1984）

Sukumar, S., Ionospheric Refraction Effects on Radio Interferometer Phase, J. Astrophys. Astr., 8, 281-294（1987）

Taylor, J. H., and Cordes, J. M., Pulsar Distances and the Galactic Distribution of Free Electrons, Astrophys. J., 411, 674-684（1993）

Tokumaru, M., Kojima, M., and Fujiki, K., Long-Term Evolution in the Global Distribution of Solar Wind Speed and Density Fluctuations During 1997—2009, J. Geophys. Res., 117, A06108（14 pp）（2012）

Trotter, A. S., Moran, J. M., and Rodríguez, L. F., Anisotropic Radio Scattering of NGC6334B, Astrophys. J., 493, 666-679（1998）

Vedantham, H. K., Koopmans, L. V. E., de Bruyn, A. G., Wijnholds, A. J., Ciardi, B., and Brentjens, M. A., Chromatic Effects in the 21-cm Global Signal from the Cosmic Dawn, Mon. Not. R. Astron. Soc., 437, 1056-1059（2014）

Weinberg, S., Gravitation and Cosmology: Principles and Applications of the General Theory of Relativity, Wiley, New York（1972）, p. 188

Weisberg, J. M., Rankin, J., and Boriakoff, V., HI Absorption Measurements of Seven Low Latitude Pulsars, Astron. Astrophys., 88, 84-93（1980）

Winterhalter, D., Gosling, J. T., Habbal, S. R., Kurth, W. S., and Neugebauer, M., Eds., Solar Wind Eight, Proc. 8th Int. Solar Wind Conf., Vol. 382, Am. Inst. Physics, New York（1996）

Wolszczan, A., and Cordes, J. M., Interstellar Interferometry of the Pulsar PSR 1237+25, Astrophys. J. Lett., 320, L35-L39（1987）

Yeh, K. C., and Liu, C. H., Radio Wave Scintillations in the Ionosphere, Proc. IEEE, 70, 324-360（1982）

Young, A. T., Interpretation of Interplanetary Scintillations, Astrophys. J., 168, 543-562（1971）

15 范西泰特–策尼克定理、空间相干和散射

本章主要讨论范西泰特–策尼克定理，考察其推导过程中的各种假设、源的空间非相干要求以及干涉仪对相干源的响应。本节使用了一些光学术语，例如互相干（Mutual Coherence），复可见度（Complex Visibility）。本节还简要讨论了一些传播介质中不规则体的散射问题。电磁辐射的相干以及类似概念的理论发展大多可以在光学文献中找到。射电干涉领域中使用的术语有时与光学领域不同，但物理意义大多是相似或一致的。然而，尽管相似性很高，但文献表明，射电天文发展早期很少提到光学领域的经验。Bracewell（1958）引用了Zernike（1938）的复相干度概念是个例外。范西泰特–策尼克定理包含了电磁场的相干原理的简单形式。

15.1 范西泰特–策尼克定理

第 2 章和第 3 章我们介绍了，分开一定距离的两个天线接收信号的互相关的傅里叶变换可以反演遥远宇宙的源强度分布图像。这一关系是范西泰特–策尼克定理的一种形式，源自光学领域。定理建立在范西泰特 1934 年发表的研究，几年后策尼克给出了更简洁的推导。Born 和 Wolf（1999，第 10 章）介绍了范西泰特和策尼克建立的理论体系。定理的原始形式并未涉及强度和互相干的傅里叶变换关系，其基本过程如下。

如图 15.1（a）所示，考虑一个准单频且非相干的扩展源，在垂直于源方向的平面上的两点 P_1 与 P_2 测量辐射的互相干。假设用形状及尺寸都相同的孔径替换源，并用空间相干的波前从孔径后面进行照射。孔径上的电场强度分布正比于源的强度分布。在包含 P_1 和 P_2 的平面上可观测到孔径的夫琅禾费衍射模式。这两种情况下，P_1 与 P_2 点的相对位置保持不变，但孔径场的几何构型满足 P_2 位于衍射模式的最大值点。此时，将非相干源的互相干关于 P_1 与 P_2 间距为零的互相干做归一化，等于孔径衍射模式场 P_1 点的复幅度关于 P_2 点（最大值）归一化值。

这样，基于互相干和夫琅禾费衍射两种情况都可以用傅里叶变换关系表征这个事实，就可以得到范西泰特–策尼克定理。对定理进行推导可以检验涉及的假设，推导过程如下。分析过程与 Born 和 Wolf 给出的过程类似，但是当源为天文距离时可以修改为简化的几何关系。首先，我们注意到在光学领域，在点 1

和 2 测量的电场 $E(t)$ 的互相干函数表示为

$$\Gamma_{12}(u,v,\tau)=\lim_{T\to\infty}\frac{1}{2T}\int_{-T}^{T}E_1(t)E_2^*(t-\tau)\mathrm{d}t \qquad (15.1)$$

其中 u 和 v 是两个测量点间距的坐标，单位为波长。零时延的互相干函数 $\Gamma_{12}(u,v,0)$ 等效于射电领域的复可见度函数 $\mathcal{V}(u,v)$。

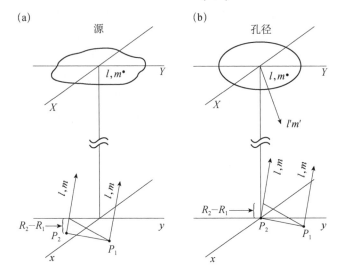

图 15.1　（a）遥远的空间非相干源以及在两点 P_1 与 P_2 测量辐射互相干的几何关系。源平面 (X,Y) 平行于测量平面 (x,y)，但距离很远。（b）测量 (X,Y) 平面上孔径的辐射场的类似几何关系，相干波前从 (x,y) 平面上方照射。P_2 点处辐射场强度最大。方向余弦 (l,m) 是相对于测量平面上的 (x,y) 轴定义的，方向余弦 (l',m') 是相对于孔径平面上的 (X,Y) 轴定义的

15.1.1　非相干源的互相干函数

图 15.1（a）给出非相干源的几何构型。考虑源位于距离很远的平面 (X,Y) 内。在平行于 (X,Y) 的平面 (x,y) 内，在 P_1 和 P_2 两点对辐射场进行测量。在射电领域，这些点就是干涉仪天线的位置。为便于分析，用相对于 (x,y) 轴的方向余弦 (l,m) 来定义 (X,Y) 平面内点的位置。源的距离足够远时，使得从 P_1 和 P_2 测量源内任意一点的方向都相等。源内 (l,m) 点的分量在 P_1 和 P_2 处贡献的场强为

$$E_1(l,m,t)=\mathcal{E}\left(l,m,t-\frac{R_1}{c}\right)\frac{\exp\left[-\mathrm{j}2\pi\nu\left(t-R_1/c\right)\right]}{R_1} \qquad (15.2)$$

和

$$E_2(l,m,t)=\mathcal{E}\left(l,m,t-\frac{R_2}{c}\right)\frac{\exp\left[-\mathrm{j}2\pi\nu\left(t-R_2/c\right)\right]}{R_2} \qquad (15.3)$$

其中 $\mathcal{E}(l,m,t)$ 是源内点 (l,m) 分量的电场复幅度的相量表达，R_1 和 R_2 分别是该分量到 P_1 和 P_2 的距离，c 为光速。式（15.2）和式（15.3）中的指数项代表从源到 P_1 和 P_2 传播路径导致的相位变化。

当时间偏差为零时，点 (l,m) 辐射分量在 P_1 和 P_2 两点贡献的场电压的复相关为

$$
\begin{aligned}
&\left\langle E_1(l,m,t)E_2^*(l,m,t)\right\rangle\\
&=\left\langle\mathcal{E}\left(l,m,t-\frac{R_1}{c}\right)\mathcal{E}^*\left(l,m,t-\frac{R_2}{c}\right)\right\rangle\\
&\quad\times\frac{\exp\left[-\mathrm{j}2\pi\nu\left(t-R_1/c\right)\right]\exp\left[\mathrm{j}2\pi\nu\left(t-R_2/c\right)\right]}{R_1R_2}\\
&=\left\langle\mathcal{E}(l,m,t)\mathcal{E}^*\left(l,m,t-\frac{R_2-R_1}{c}\right)\right\rangle\frac{\exp\left[\mathrm{j}2\pi\nu\left(R_1-R_2\right)/c\right]}{R_1R_2}
\end{aligned}\tag{15.4}
$$

其中星号上标代表复共轭，尖括号 $\langle\ \rangle$ 代表时间平均。注意，这里假设源是空间不相干的，这意味着具有 $\left\langle E_1\left(l_p,m_p,t\right)E_2^*\left(l_q,m_q,t\right)\right\rangle$ 形式的项等于零，其中 p 和 q 代表源内的不同分量。如果 $(R_2-R_1)/c$ 远小于接收机带宽的倒数，则可忽略式（15.4）尖括号中的 $(R_2-R_1)/c$ 项，该项出现在幅度 $\mathcal{E}$ 中。则式（15.4）变为

$$
\left\langle E_1(l,m,t)E_2^*(l,m,t)\right\rangle=\frac{\left\langle\mathcal{E}(l,m,t)\mathcal{E}^*(l,m,t)\right\rangle\exp\left[\mathrm{j}2\pi\nu\left(R_1-R_2\right)/c\right]}{R_1R_2}\tag{15.5}
$$

量 $\left\langle\mathcal{E}(l,m,t)\mathcal{E}^*(l,m,t)\right\rangle$ 是源的时间平均强度 $I(l,m)$ 的一个测度。为获得 P_1 和 P_2 两点电场的互相干函数，我们对源做积分，用 $\mathrm{d}s$ 代表 (X,Y) 平面内的一个面元：

$$
\Gamma_{12}(u,v,0)=\int_{\text{source}}\frac{I(l,m)\exp\left[\mathrm{j}2\pi\nu\left(R_1-R_2\right)/c\right]}{R_1R_2}\mathrm{d}s\tag{15.6}
$$

其中 u 和 v 分别是 P_1 和 P_2 间距矢量的 x 和 y 分量，单位为波长。注意，(R_1-R_2) 是源内 (l,m) 点到 P_1 和 P_2 的路径长度之差。P_1 和 P_2 两点坐标分别为 (x_1,y_1) 和 (x_2,y_2)，因此 $u=(x_1-x_2)\nu/c$，$v=(y_1-y_2)\nu/c$，其中 c/ν 是波长。由此，我们可得 $(R_2-R_1)=(ul+vm)c/\nu$。由于源的距离远大于 P_1 和 P_2 之间的距离，保留的 R 项都可以近似为 $R_1\approx R_2\approx R$，其中 R 是 (X,Y) 原点到 (x,y) 原点的距离。则 $\mathrm{d}s=R^2\mathrm{d}l\mathrm{d}m$，由式（15.6）可得

$$
\Gamma_{12}(u,v,0)=\iint_{\text{source}}I(l,m)\mathrm{e}^{-\mathrm{j}2\pi(ul+vm)}\mathrm{d}l\mathrm{d}m\tag{15.7}
$$

由于式（15.7）中，源边界以外的积分函数为零，因此积分范围可以扩展到无限大，复可见度 $\mathcal{V}(u,v)$ 与互相干 $\varGamma_{12}(u,v,0)$ 等价，都是源强度分布 $I(l,m)$ 的傅里叶变换。这一结论通常称为范西泰特-策尼克定理（van Cittert-Zernike theorem）。尽管如此，本节一开始用孔径的衍射模式来检验该定理的定义，也是很有意义的。

15.1.2 孔径衍射和天线响应

孔径的夫琅禾费衍射场是角度的函数，可利用图 15.1（b）的几何关系进行分析。这里，用幅度等于 $\mathcal{E}(l,m,t)$ 的电磁场照射孔径，我们再次使用关于 x 和 y 轴的方向余弦来定义从 P_1 和 P_2 看过去的孔径内的点。对于孔径内任意点，(x,y) 平面都满足波前的远场条件，因此 $P_1 P_2$ 距离内的波前可以认为是平面。孔径以 (X,Y) 平面原点为中心，且垂直于 (X,Y) 原点到 P_2 的连线。假设孔径上的相位是相等的，则 P_2 点处的场分量同相叠加。因此，(x,y) 平面内 P_2 点的场强最大。现在，考虑坐标为 (x,y) 的 P_1 点处的场。式（15.2）给出孔径内 (l,m) 面元的辐射为 P_1 点贡献的场分量。源内 (l,m) 点到 P_1 和 P_2 的距离分别为 R_1 和 R_2，且 $R_2 - R_1 = lx + my$。因此，由式（15.2）可得

$$E_1(l,m,t) = \frac{e^{-j2\pi\nu(t-R_2/c)}}{R_1}\mathcal{E}\left(l,m,t-\frac{R_1}{c}\right)e^{-j2\pi\nu(xl+ym)/c} \qquad (15.8)$$

同样，对式中保留的 R 项，我们有 $R_1 \approx R_2 \sim R$。则孔径积分可以给出 P_1 点的总场，

$$E(x,y) = \frac{e^{-j2\pi\nu(t-R/c)}}{R}\int_{\text{aperture}}\mathcal{E}\left(l,m,t-\frac{R}{c}\right)e^{-j2\pi[(x/\lambda)l+(y/\lambda)m]}ds \qquad (15.9)$$

其中 λ 为波长，面元 ds 正比于 $dl\,dm$。等式右侧积分式以外的项是传播因子，代表了从源到 P_2 点的路径上的幅度和相位变化，如图 15.1（b）所示。应用上式计算孔径的辐射方向图时，我们要用均方根场强 $\bar{E}$ 和 $\bar{\mathcal{E}}$ 分别替换时间依赖函数 E 和 $\mathcal{E}$，可得

$$\bar{E}(x,y) \propto \iint_{\text{aperture}} \bar{\mathcal{E}}(l,m)e^{-j2\pi[(x/\lambda)l+(y/\lambda)m]}dl\,dm \qquad (15.10)$$

此处忽略了式（15.9）中的传播因子。比较式（15.7）和（15.10），可以理解本节一开始介绍的范西泰特-策尼克定理。非相干强度和相干场幅度之间具有特定的比例因子，因此

$$\frac{\varGamma_{12}(u,v,0)}{\varGamma_{12}(0,0,0)} = \frac{\bar{E}(x,y)}{\bar{E}(0,0)} \qquad (15.11)$$

在式（15.7）和式（15.10）中，被积函数在源或孔径之外为零。因此，两

种情况下的积分范围都可以扩展到 ±∞，两个公式都具有傅里叶变换的形式。由于两种情况的几何关系和数学近似均相同，源的互相干计算和孔径的辐射方向图计算给出类似的结果。但是需要强调的是，两者的物理意义是不同的。第一种情况下，源表面是空间非相干的，而第二种情况下，孔径上的场是完全相干的。

式（15.10）的结果也可以给出具有该种激励孔径的天线的角辐射方向图。应用于天线时，如果辐射方向图是以辐射角方向 (l', m')，而不是用点 P_1 的位置来表征，且以长度单位，而不是角度单位来定义孔径上的场分布，使用式（15.10）将更方便。(l', m') 是相对于 (X, Y) 轴的方向余弦。由于关注的角度范围很小，将 $x = Rl'$，$y = Rm'$，$l = X/R$，$m = Y/R$，$\mathrm{d}l = \mathrm{d}X/R$ 和 $\mathrm{d}m = \mathrm{d}Y/R$ 代入式（15.10），可得

$$\bar{E}'(l', m') \propto \iint_{\text{aperture}} \bar{\mathcal{E}}_{XY}(X, Y) \mathrm{e}^{-\mathrm{j}2\pi[(X/\lambda)l' + (Y/\lambda)m']} \mathrm{d}X \mathrm{d}Y \qquad (15.12)$$

这就是一个孔径上的夫琅禾费衍射所形成的场分布表达式 [例如见 Silver（1949）]。上式也可以描述一个焦点处的辐射源照射抛物面反射面的发射天线。如果用一个这样的天线进行接收，则接收的 (l', m') 方向的源的电压正比于式（15.12）的右侧。因此，3.3.1 节介绍的接收电压方向图 $V_{\mathrm{A}}(l', m')$ 正比于式（15.12）的右侧。

为获取一个天线的功率辐射方向图，我们需要 $\left| \bar{E}'(l', m') \right|^2$ 形式的天线响应。由傅里叶变换的自相关定理，$\bar{E}'(l', m')$ 的幅度平方等于 $\bar{E}'(l', m')$ 傅里叶变换的自相关 [例如见 Bracewell（2000），并注意这一关系也是 3.2 节推导的维纳-欣钦定理的通用形式]。因此，辐射的功率是角度的函数

$$\left| \bar{E}'(l', m') \right|^2 \propto \iint_{\text{aperture}} \left[\bar{\mathcal{E}}_{XY}(X, Y) \star \star \bar{\mathcal{E}}_{XY}(X, Y) \right] \mathrm{e}^{-\mathrm{j}2\pi[(X/\lambda)l' + (Y/\lambda)m']} \mathrm{d}X \mathrm{d}Y \qquad (15.13)$$

其中 $\bar{\mathcal{E}}(X, Y) \star \star \bar{\mathcal{E}}(X, Y)$ 是孔径上场分布的二维自相关函数。为获取辐射场的绝对值，在 4π 弧度范围对式（15.13）做积分可以获取总辐射功率，该功率与施加在天线端口的功率相等，即可确定所需的比例常数。接收时，天线汇聚的功率与发射时的辐射功率成正比，因此两种情况的波束形状相同。为了说明式（15.13）的物理意义，考虑均匀激励电场的矩形孔径情况。此时，函数 $\bar{\mathcal{E}}_{XY}(X, Y)$ 是 X 的一维函数与 Y 的一维函数之积。如果 d 是 X 方向的孔径宽度，则 X 方向的自相关函数是宽度为 $2d$ 的三角形，其傅里叶变换为

$$\left| \bar{E}_X(l') \right|^2 \propto \left[\frac{\sin(\pi \mathrm{d}l'/\lambda)}{\pi \mathrm{d}l'/\lambda} \right]^2 \qquad (15.14)$$

在 l' 方向，波束的半功率全宽为 $0.886\lambda/d$，例如，$d/\lambda = 50.8$ 波长时，波束的半功率全宽为 1°。对于直径为 d 且均匀照射的圆孔径，响应方向图是圆对称

的，由下式给出：

$$\left|\bar{E}_{\mathrm{r}}\left(l'_{\mathrm{r}}\right)\right|^2 \propto \left[\frac{2J_1\left(\pi \mathrm{d}l'_{\mathrm{r}} / \lambda\right)}{\pi \mathrm{d}l'_{\mathrm{r}} / \lambda}\right]^2 \qquad （15.15）$$

式中下标 r 代表径向剖面，l'_{r} 以波束中心为零点，J_1 是一阶贝塞尔（Besselian，B）函数。波束的半功率全宽约为 $1.03\lambda/d$。

获取孔径天线的夫琅禾费辐射图更直接的方法是，将辐射波前的场强视为方向的函数，而不是像前面一样视为一个点 P_1 处的场强。然而，选择这种解释方法是为了更直接地与空间非相干源的干涉仪响应做比较。关于天线响应更为详细的分析可以参考 Booker 和 Clemmow（1950）、Bracewell（1962）或者第 5章扩展阅读部分介绍的天线教材。

15.1.3　范西泰特-策尼克定理推导及应用中的假设

此处，可以较为容易地整理和回顾干涉仪响应理论所涉及的一些假设和限制。

（1）电场的极化。尽管电场是具有方向性的矢量，矢量方向依赖于辐射的极化，但天线接收的源上不同面元的分量是可以标量合成的。电场是用 P_1 和 P_2 处的两个天线测量的，且每个天线都对与其极化匹配的辐射分量有响应。如果场是随机极化的，且两个天线的极化特性相同，则式（15.4）中的信号之积代表每个天线总功率的一半。但是一般情况下，天线的极化特性并非必须一致，因为干涉仪系统会对某些源分量之和产生响应，这是由天线极化特性决定的。4.7.2 节介绍了如何选择天线的极化来检验入射辐射的全部极化特征的方法。因此，场的标量分析是不失一般性的。

（2）源的空间非相干。源上任意一点的辐射与其他点的辐射是统计独立的。这一假设几乎普遍适用于天文源，因此忽略积分式（15.6）中不同源分量的互积项。范西泰特-策尼克定理定义的傅里叶变换关系要求源是空间非相干的。空间相干和空间非相干的讨论见 15.2 节。需要注意的是，随着辐射在空间传播，非相干源的波前会表现出相干或部分相干。如果不是这样，用分布式天线测量非相干源的互相干（或可见度），结果恒为零。

（3）带宽方向图。从式（15.4）推导式（15.5）时，要假设 $(R_2 - R_1)/c$ 小于带宽的倒数 $(\Delta v)^{-1}$，可写为

$$\frac{\Delta v}{v} < \frac{1}{l_{\mathrm{d}}u}, \quad \frac{\Delta v}{v} < \frac{1}{m_{\mathrm{d}}v} \qquad （15.16）$$

其中 l_{d} 和 m_{d} 是源的最大角尺寸。如 2.2 节所讨论，这一假设要求源尺寸必须满足干涉仪带宽方向图的限制。反之，视场需求也会限制接收通道的最大带宽。

6.3.1 节进一步讨论了带宽效应引起的失真，如果失真不是很严重，一般可进行修正。

（4）射电源的距离。当阵列最长基线为 D，源的距离为 R 时，波前与理想平面之差为 $\sim D^2/R$。远场距离定义为 D^2/R 远小于波长 λ 的距离 R_{ff}，因此可得

$$R_{ff} \gg D^2/\lambda \qquad (15.17)$$

远场条件意味着从源看过来，天线间距对着一个很小的角，因此是夫琅禾费衍射的近似。如果源的距离已知，且小于远场距离，则可以补偿相位项。研究太阳系可能需要补偿相位。例如，天线间距为 35km 且波长为 1cm，则远场距离大于 1.2×10^{11} m，近似等于日地间距。反之，测量波前弯曲可以确定地球轨道卫星等近场源的距离（例如参见 9.11 节）。当源位于远场距离时，就不可能获取视线方向上的结构信息，只能获取投影到天球上的强度分布。（建立速度结构模型可以确定视线方向的结构。）

（5）方向余弦的使用。从式（15.6）推导（15.7）的过程中，使用基线坐标 (u,v) 和角坐标 (l,m) 定义了路径差 $(R_2 - R_1)$。如果 l 和 m 是用方向余弦定义的，则路径差表达式是精确的。对整个源进行积分时，增量 $dl\,dm$ 定义的面元等于 $dl\,dm/n$，其中 n 等于 $\sqrt{1-l^2-m^2}$，是第三方向余弦。在光学领域，推导范西泰特-策尼克定理通常要假设源对着的测量平面角度很小。则可用相应的小角度值近似为 l 和 m，且 n 可近似为 1。因此，ν 与 I 的关系为二维傅里叶变换，与 3.1.1 节讨论的有限视场近似相一致。射电领域，有时要使用较为严格的式（3.7）。

（6）三维分布的可见度测量值。当天线跟踪一个源时，前述用 (u,v) 分量定义的天线间距矢量可能无法保持在一个平面内，这就需要用三维坐标 (u,v,w) 来定义间距矢量。这种情况下的傅里叶变换关系更加复杂，但如果成像视场较小，可以通过近似进行简化。11.7 节讨论了这些效应。

（7）空间中的折射。前述分析隐含假设了源和天线之间的空间是真空，或者至少假设了其中任何介质的折射指数都是均匀的，因此来自于源的入射波前没有变形。但星际和行星际介质以及地球大气和电离层会引入各种效应，包括线极化分量位置角的旋转，如第 13、14 章中所讨论的。

15.2 空 间 相 干

在第 2 章、第 3 章以及式（15.5）推导干涉仪响应时，均假设所讨论的源是空间非相干的。这其实是假设接收到的不同源分量的波形是不相关的，这就允许我们在对源做积分时，可以将源自不同入射角的相关器输出直接相加。此处

我们详细检验这一要求。对用方向余弦 l 定义位置的一维天空进行分析，就足以说明有关的原理。

15.2.1　入射场

考虑 t 时刻来自 l 方向的入射波前，在地球表面产生的电场为 $E(l,t)$ 。图 15.2 给出相应的几何关系，其中被测源中心，即标称位置方向 OS 定义为 $l=0$ 。从垂直于 OS 的 OB 测量，l 是方向余弦。图中还给出一个路径 OS'，表征另外一个源分量的方向，来自 OS' 方向的辐射产生一个平行于 OB' 的波前。由于我们考虑的源位于干涉仪的远场，源上两点辐射的波前都是平面波。线段 OA 代表垂直于源方向的基线投影，以波长归一化的 OA 距离记为 u 。现在，考虑来自于 S 和 S' 方向的波前同时到达 O 点。来自 S' 方向的波前需要额外行进 AA' 距离才能到达点 A 。基于常用的小角度近似，我们可知距离 AA' 等于 ulc/v ，即等于 ul 个波长。因此，相对于 S 方向的波，来自 S' 方向的波延迟了一个时间间隔 $\tau = ul/v$ 到达。如果我们将来自 S' 方向到达 O 点的波表示为 $E(l,t)$ ，则到达 A 点的波为 $E(l,t-\tau)$ 。

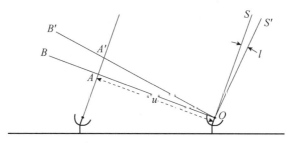

图 15.2　相位沿 OB 方向的变化示意图，OB 垂直于源方向 OS ，其中 l 是表征 OS' 相对于 OB 的方向余弦。角 SOS' 很小，因此近似等于 l 。直线 OS' 指向同一个源的另外一个分量，OB' 与之垂直

由于入射波前是平面，距离变化 AA' ，幅度不会变化。但是，相位会变化 $v\tau = ul$ ，因此从 S' 方向到达 A 点的波形为

$$E(l,t-\tau) = E(l,t)\mathrm{e}^{-\mathrm{j}2\pi ul} \tag{15.18}$$

若 $e(u,t)$ 是所有源分量在 A 点形成的电场，则

$$e(u,t) = \int_{-\infty}^{\infty} E(l,t)\mathrm{e}^{-\mathrm{j}2\pi ul}\mathrm{d}l \tag{15.19}$$

进一步假设源的尺寸不大，则还有

$$E(l,t)=0, \quad |l|\geqslant 1 \tag{15.20}$$

式（15.20）定义的条件允许我们将式（15.19）的积分范围写为 ±∞。注意，式（15.19）具有傅里叶变换的形式，用反变换可从 $e(u,t)$ 得出 $E(l,t)$ 。15.2.2 节

将会用到式（15.19）。

15.2.2　源相干

我们现在回到源的空间相干，并部分介绍 Swenson 和 Mathur（1968）更广泛的分析。我们引入"源相干函数"（Source Coherence Function）γ 作为空间相干的一种测度。γ 是用两个不同时刻接收的两个不同方向 l_1 和 l_2 的信号的互相关定义的

$$\gamma(l_1,l_2,\tau) = \lim_{T\to\infty}\frac{1}{2T}\int_{-T}^{T}E(l_1,t)E^*(l_2,t-\tau)\mathrm{d}t$$
$$= \left\langle E(l_1,t)E^*(l_2,t-\tau)\right\rangle \tag{15.21}$$

上式使用有限积分区间以确保收敛。$\gamma(l_1,l_2,\tau)$ 与 Drane 和 Parrent（1962）及 Beran 和 Parrent（1964）讨论的源或目标的相干函数类似。

扩展源的复相干度（Complex Degree of Coherence）是归一化的源相干函数：

$$\gamma_{\mathrm{N}}(l_1,l_2,\tau) = \frac{\gamma(l_1,l_2,\tau)}{\sqrt{\gamma(l_1,0)\gamma(l_2,0)}} \tag{15.22}$$

式（15.21）中 $l_1 = l_2$，定义了上式中的 $\gamma(l_1,\tau)$，即 $\gamma(l_1,\tau) = \gamma(l_1,l_1,\tau)$。根据施瓦茨不等式可知 $0 \leqslant |\gamma_{\mathrm{N}}(l_1,l_2,\tau)| \leqslant 1$，极限值 0 和 1 分别对应于完全不相干和完全相干两种情况。对于任意谱宽的展源和给定的一对点 l_1 和 l_2，有可能某个 τ 值下 $|\gamma_{\mathrm{N}}(l_1,l_2,\tau)|$ 等于零，而另外一个 τ 值下 $|\gamma_{\mathrm{N}}(l_1,l_2,\tau)|$ 不为零。因此，必须给出完全相干和完全非相干的更严格定义。下述两个定义引自 Parrent（1959）。

（1）如果对于所有 τ 值，有 $|\gamma_{\mathrm{N}}(l_1,l_2,\tau)|=1(0)$，则方向 l_1 和 l_2 的辐射是完全相干（完全非相干）的。

（2）如果来自源内所有方向对 l_1 与 l_2 的辐射是相干（非相干）的，则展源是相干（非相干）的。

所有其他情况的展源都是部分相干的。

现在考虑测量遥远源在地球上的电场 $e(x_\lambda,t)$ 的相干函数，x_λ 是在垂直于 $l=0$ 方向上的线性坐标，单位为波长：

$$\Gamma(x_{\lambda 1},x_{\lambda 2},\tau) = \lim_{T\to\infty}\frac{1}{2T}\int_{-T}^{T}e(x_{\lambda 1},t)e^*(x_{\lambda 2},t-\tau)\mathrm{d}t$$
$$= \left\langle e(x_{\lambda 1},t)e^*(x_{\lambda 2},t-\tau)\right\rangle \tag{15.23}$$

这是式（15.1）互相干函数 Γ_{12} 的一种变形，式中用 $x_{\lambda 1}$ 和 $x_{\lambda 2}$ 代表测量点的绝对位置，而没有使用基线分量定义的相对位置。利用式（15.19）导出的 $E(l,t)$ 和 $e(u,t)$ 之间的傅里叶变换关系，并用 x_λ 替换 u，可得

$$\Gamma(x_{\lambda 1}, x_{\lambda 2}, \tau) = \int_{-\infty}^{\infty} \int_{-\infty}^{\infty} \gamma(l_1, l_2, \tau) e^{-j2\pi(x_{\lambda 1} l_1 - x_{\lambda 2} l_2)} dl_1 dl_2 \qquad (15.24)$$

及其反变换

$$\gamma(l_1, l_2, \tau) = \int_{-\infty}^{\infty} \int_{-\infty}^{\infty} \Gamma(x_{\lambda 1}, x_{\lambda 2}, \tau) e^{j2\pi(x_{\lambda 1} l_1 - x_{\lambda 2} l_2)} dx_{\lambda 1} dx_{\lambda 2} \qquad (15.25)$$

式（15.24）与式（15.25）不能提供源强度分布测量的手段，除非源是完全非相干的。完全非相干情况下，相干函数可以表示为

$$\gamma(l_1, l_2, \tau) = \gamma(l_1, \tau) \delta(l_1 - l_2) \qquad (15.26)$$

式中，δ 是狄拉克函数。利用（15.26）关系式并结合式（15.24）和式（15.25），我们发现完全非相干源的自相关函数与其空间频谱互为傅里叶变换：

$$\Gamma(u, \tau) = \int_{-\infty}^{\infty} \gamma(l, \tau) e^{-j2\pi ul} dl \qquad (15.27)$$

$$\gamma(l, \tau) = \int_{-\infty}^{\infty} \Gamma(u, \tau) e^{j2\pi ul} du \qquad (15.28)$$

其中 $u = x_{\lambda 1} - x_{\lambda 2}$。显然，$\Gamma(u, \tau)$ 与 $x_{\lambda 1}$ 和 $x_{\lambda 2}$ 无关，只依赖于二者之差。u 可以理解为两个采样点的间距，场的相干性是在这两点上测量的；还可以理解为用同一基线测量的可见度的空间频率。当 $\tau = 0$ 时，由式（15.21）和式（15.26）可得

$$\gamma(l, 0) = \langle |E(l)|^2 \rangle \qquad (15.29)$$

这就是式（1.10）引入的源的一维强度分布 I_1。然后由式（15.27）和式（15.29）可得

$$\Gamma(u, 0) = \int_{-\infty}^{\infty} \langle |E(l)|^2 \rangle e^{-j2\pi ul} dl \qquad (15.30)$$

$\Gamma(u, 0)$ 是在垂直于 $l = 0$ 方向的直线上的点之间测量的。当用干涉仪进行测量时，即为复可见度 ν。式（15.30）表明互相干（可见度）和强度是傅里叶变换关系。

如果将式（15.26）非相干条件引入式（15.24）和式（15.25），可以得出两个结论：互相干和强度的范西泰特–策尼克关系以及互相干关于 u 的平稳性。由图 15.2 可以理解这些结论的物理意义。在任意一点将不同角度入射的波前相加，（傅里叶）频率分量的相对相位随着点的位置而线性变化（例如，图 15.2 中 A 点沿直线 OB 运动），并且当 l 较小时，频率分量的相对相位也随入射角度而线性变化。因此，两个点上的傅里叶分量的相位差仅依赖于两点的相对位置，而非两点的绝对位置。干涉仪测量的互相干包含了一定入射角范围的相位差，受源的角尺寸和天线波束宽度所限制。相位与位置角之间的线性关系允许我们利用傅里叶分析从互相干函数随 u 的变化来重建入射波强度的角分布。如果源的角宽度足够小，图 15.2 中的距离 AA' 总是远小于波长，使得沿直线 OA 的电场保持不变，则该源就是不可分辨的。

15.2.3 完全相干源

Parrent（1959）已经证明，只有单频的展源才是完全相干的。我们给出这种源的一个例子，想象用同一个单频信号激励一个距离很远的大口径天线或一组辐射单元。15.1.2 节考虑的孔径是概念上的相干源。用下面的物理图景可以解释干涉仪对完全相干源和完全非相干源的响应之间的差别。把源想象成天空中一定固体角内若干辐射体的集合。对于相干源，所有辐射体发出的信号是单频且相干的。在任意方向上，辐射都合成为一个单频波前，并且干涉仪的每个天线都收到一个单频信号。相关器的输出直接正比于两个天线接收的两个（复）信号幅度之积。因此，如果用 n_a 个天线观测一个相干源，测量到的 $n_a(n_a-1)/2$ 对信号的互相关可以参数化为 n_a 个天线的复信号幅度。

反之，对于非相干源，辐射体的天线输出是不相干的，必须独立分析。每个辐射体都在相关器输出产生一个条纹方向图。但由于这些条纹分量的相位依赖于辐射体在源内的位置，合成响应不仅正比于天线接收信号的幅度，还正比于一个依赖于辐射体角分布的因子。该因子的幅度≤1，用与被测源的流量密度相同的不可分辨点源归一化的可见度模值即为该因子。除非源是不可分辨的，否则就不可能将测量的互相干参数化为天线的信号幅度值。由于源内各辐射体的辐射是不相干的，源的分布信息就保留在了各天线的波前集合中。

相干照射孔径辐射的角度依赖性[式（15.12）]的推导过程以及与大天线的类比表明，相干源的辐射具有很强的方向性。因此，如式（15.24）和式（15.25），观测到的信号强度不仅像非相干源情况一样依赖于干涉仪两个天线的相对位置，还依赖于两个天线的绝对位置。用一组基线参数化天线输出信号的能力，以及测量的相关器输出随天线绝对位置变化的非平稳性，是用来识别相干源的两个特征（Mac Phie，1964）。由 15.1 节的分析显然可知，分辨一个非相干源或研究一个角尺寸相同的相干源的辐射方向图，所需的天线间距范围类似。

15.3 散射和相干传播

众所周知，用曝光时间远小于大气闪烁时间尺度的光学望远镜对某个恒星多次成像，会表现出多个恒星的像（见 17.6.4 节）。这些像是由地球大气不规则体散射恒星发出的光所造成的。与此非常类似的是透过很强的不规则散射介质——例如太阳附近几度范围内的行星际介质——对不可分辨射电源成像，如14.3 节所述。由于每个散射的像都来自同一个源，人们期待这种情况可以模拟分布式相干点源的效应。本节部分遵循 Cornwell 等（1989）的讨论，通过考虑空间中的相干传播来检验散射效应。这一思路启发人们从观测图像重建无散射的图像。

给定一个辐射表面，我们希望得到空间中另外一个（可能是虚拟的）表面上的互相干函数。在典型的射电天文场景下，可以对观测几何做一些简化假设。考虑图 15.3 的场景，窄带射电波从表面 S 传播到表面 Q。空间中两点的互相干是两点（同极化）电场之积的期望值。

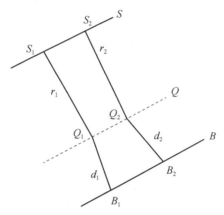

图 15.3　检验相干传播的简化几何。S 代表一个展源，Q 是散射屏的位置，B 是测量平面。S、Q 和 B 表面是平面且相互平行，r_1、r_2、d_1 和 d_2 远大于波长。所有射线几乎（但非精确）垂直于三个表面

对具有任意延迟的信号做相关，其互相干为

$$\Gamma(Q_1, Q_2, \tau) = \left\langle E(Q_1, t) E^*(Q_2, t - \tau) \right\rangle \tag{15.31}$$

互相干函数 Γ 是两点的电场及时间延迟 τ 的函数。我们考虑互强度（Mutual Intensity）的传播，即 $\tau = 0$ 条件下的互相干。按惯例，我们用 $J(Q_1, Q_2) \equiv \Gamma(Q_1, Q_2, 0)$ 代表互强度。用下标 S、Q 或 B 标注 J，来表示互强度值对应的平面（图 15.3）。我们假设辐射表面是完全非相干的，天体源通常如此，且观测的辐射被接收系统限制在一个窄频带。根据式（15.31）及惠更斯–菲涅耳辐射方程，通过式（15.6）类似的推导过程，可得点 Q_1 和 Q_2 的互强度（Born and Wolf，1999；Goodman，1985）为

$$J_Q(Q_1, Q_2) = \lambda^{-2} \iint_S J_S(S_1, S_2) \frac{\exp\left[-j2\pi(r_1 - r_2)/\lambda\right]}{r_1 r_2} dS_1 dS_2 \tag{15.32}$$

其中 $dS_1 dS_2$ 是 S 平面上的面元；λ 是观测频带中心的波长。

如式（15.26），用狄拉克函数代表非相干条件（Beran and Parrent，1964）。此处，互强度是用狄拉克函数表示的，因此，允许 S_1 和 S_2 两点重合，可得 S 平面上的强度分布

$$J_S(S_1,S_2) = \lambda^2 I(S_1)\delta(S_1 - S_2) \tag{15.33}$$

其中引入 λ^2 因子以保持强度的物理量纲。则式（15.32）变成

$$J_Q(Q_1,Q_2) = \int_S I(S_1)\frac{\exp[-j2\pi(r_1 - r_2)/\lambda]}{r_1 r_2}dS \tag{15.34}$$

当源的角尺寸无穷小，即源是不可分辨时，就没必要对源做积分，互强度可以用 r_1 和 r_2 项做参数化：

$$J_Q(Q_1,Q_2) = I(S)\left(\frac{\exp(-j2\pi r_1/\lambda)}{r_1}\right)\left(\frac{\exp(j2\pi r_2/\lambda)}{r_2}\right) \tag{15.35}$$

其中 r_1 和 r_2 以 S 为起点。对于更常见的可分辨源，式（15.34）不能参数化。基于图 15.3 的约束条件，式（15.34）和式（15.35）分别描述了两种情况下互相干的传播，因此可以从 S 平面的非相干辐射确定 Q 表面的互强度。考察式（15.31）可知，对于展源 S，Q 平面上的互强度依赖于 Q 表面上所有点对的 r_1 和 r_2。因此，对于全部源类型，包括有限尺寸的源，Q 表面上的场至少是部分相干的。由于 Q 表面上的所有点都被 S 表面上的所有点照射，直觉上该结论是合理的。实际上，可以严格证明自由空间中不存在非相干场（Parrent，1959）。

现在假设我们的场景是 Q 表面为传播介质中的不规则体屏，例如等离子体或尘埃，不规则体屏散射了来自 S 表面的辐射。入射到屏上的互强度被复传播因子 $T(Q)$ 调制，生成了发射的互强度

$$J_{Qt}(Q_1,Q_2) = T(Q_1)T^*(Q_2)J_{Qi}(Q_1,Q_2) \tag{15.36}$$

其中下标 i 和 t 分别代表入射和发射互强度。根据式（15.34），我们可以为互强度定义一个"传播子"（Propagator）（Cornwell et al.，1989）如下：

$$W(S,B) = \int_S \frac{T(Q)\exp[-j2\pi(r+d)/\lambda]}{rd}dS \tag{15.37}$$

其中 r 和 d 的定义见图 15.3。则可以用展源 S 的互强度给出 B 表面上的互强度

$$J_B(B_1,B_2) = \lambda^{-4}\iint_S J_S(S_1,S_2)W(S_1,B_1)W^*(S_2,B_2)dS_1 dS_2 \tag{15.38}$$

对于非相干展源：

$$J_B(B_1,B_2) = \lambda^{-2}\int_S I(S)W(S,B_1)W^*(S,B_2)dS \tag{15.39}$$

对于流量密度为 F 的点源，表面 B 上的互强度为

$$J_B(B_1,B_2) = F\lambda^{-2}W(S,B_1)W^*(S,B_2) \tag{15.40}$$

同样，对于不可分辨源，B 表面上的互强度由两个因子组成，每个因子只依赖于 B 表面上的一个位置。但是，对于 S 表面上的非相干展源分布，互强度依赖于位置差，因此不能参数化。

源与观测者之间存在散射屏，这就有可能用有限孔径的仪器和尺寸大得多

的散射屏显著提高角度分辨率。来自于屏的辐射具有部分相干性，这就要求在测量平面 B 上的所有点测量强度，测量间距受奈奎斯特准则限制，而不是范西泰特-策尼克定理要求的对所有空间频谱点进行测量。前一种观测模式的数据量比后一种大得多。在二维空间域，会存在大量数据冗余，因此理论上不仅可以获取散射屏的特征，还可以获取源的特征。从数据冗余角度，这一问题类似于自定标（见 11.3.2 节）。不幸的是，对于散射屏的情况，这种观测存在大量的实际困难，基于这一原理的重要的尝试只进行了几次。Cornwell 和 Narayan（1993）讨论了利用散射和统计图像综合实现超分辨的可能，他们采用的方法有些类似于斑点成像（见 17.6.4 节）。

Anantharamaiah 等（1989）和 Cornwell 等（1989）研究了空间传播中发生强散射的射电源辐射。为验证射电望远镜对这种空间相干源分布的响应，他们观测了本质上类点源的强源 3C279，它每年都会接近太阳。在上述条件下，散射足以造成接收信号的幅度闪烁。Anantharamaiah 和同事们使用了 VLA 的最大扩展构型，其最长基线近似为 35km。太阳风的速度在 $100\sim400$km $\cdot$ s^{-1} 量级，使得不规则体在 100ms 时间内扫过阵列，因此必须以 $10\sim40$ms 周期做瞬时成像，以避免散射屏运动造成的图像模糊。观测选择了 20cm、6cm 和 2cm 波长，源与太阳的角距从 0.9° 到 5°。试验发现，相干源的相关器输出值如同预期一样能够被参数化。当对相关信号做 6s 平均时，得到了一个放大了的源图像，且源与太阳越近，图像越大。尽管是完全在二维空间频率域测量的互强度函数，但是观测还表明，有可能通过在地面上测量的互强度函数来确定散射屏的特性。全间相干展源和点源照射的散射屏是无法区分的。

Wolszczan 和 Cordes（1987）进行了一次重要的观测，他们推断出星际散射情况下，脉冲星 PSR1237+25 内的结构尺寸。他们用 Arecibo 的 308m 直径单口径球反射面天线，在 430MHz 频率观测了该脉冲星。接收信号的动态频谱（即接收功率同时显示为时间和频率的函数）表现出明显的频谱结构，极值频差为 $300\sim700$kHz。他们用星际介质薄屏模型进行了解释，来自脉冲星的射线在薄屏上的两个离散点都发生了折射。当同时存在小于菲涅耳尺度结构的衍射散射和大于菲涅耳尺度结构的折射散射时，分析这种模型是非常复杂的（Cordes et al.，1986）。折射使射电望远镜看到该源的两个像，导致接收信号出现强度条纹。基于其他观测，已知该脉冲星的距离（0.33kpc）和横向速度（178km $\cdot$ s^{-1}），屏的距离设为脉冲星距离的一半。据此推断两个像的角距离为 3.3mas，对应于两个折射结构之间的距离约为 1AU（天文单位）。实际上，两个折射结构形成一个二元干涉仪，条纹间距约为 1μas。作为比较，基线长度为地球直径的二元干涉仪在 430MHz 频率的角度分辨率为 44mas。这次观测出现的特殊条件持续了至少 19 天，在此期间观测其他脉冲星并未出现类似的散射现象。这强烈表明，观测的现象是由该脉冲星方向星际介质的偶发位形导致的。

　　尽管脉冲星和脉泽源都存在相干辐射机制，但除前述的散射案例，基本没有空间相干天文源的明确证据（Verschuur and Kellermann, 1988）。完全相干射电源不能利用范西泰特-策尼克定理进行综合孔径成像，因此不是本书主要的关注内容。关于相干和部分相干的更多资料可以参见 Beran 和 Parent（1964），Born 和 Wolf（1999），Drane 和 Parrent（1962），Mandel 和 Wolf（1965，1995），MacPhie（1964）以及 Goodman（1985）。

参 考 文 献

Anantharamaiah, K. R., Cornwell, T. J., and Narayan, R., Synthesis Imaging of Spatially Coherent Objects, in Synthesis Imaging in Radio Astronomy, Perley, R. A., Schwab, F. R., and Bridle, A. H., Eds., Astron. Soc. Pacific Conf. Ser., 6, 415-430（1989）

Beran, M. J., and Parrent Jr., G. B., Theory of Partial Coherence, Prentice-Hall, Englewood Cliffs, NJ, 1964; repr. by Society of Photo-Optical Instrumentation Engineers, Bellingham, WA（1974）

Booker, H. G., and Clemmow, P. C., The Concept of an Angular Spectrum of Plane Waves, and Its Relation to That of Polar Diagram and Aperture Distribution, Proc. IEE, 97, 11-17（1950）

Born, M., and Wolf, E., Principles of Optics, 7th ed., Cambridge Univ. Press, Cambridge, UK（1999）

Bracewell R. N., Radio Interferometry of Discrete Sources, Proc. IEEE, 46, 97-105（1958）

Bracewell, R. N., Radio Astronomy Techniques, in Handbuch der Physik, Vol. 54, Flugge, S., Ed., Springer-Verlag, Berlin（1962）, pp. 42-129

Bracewell, R. N., The Fourier Transform and Its Applications, McGraw-Hill, New York, 2000（earlier eds. 1965, 1978）

Cordes, J. M., Pidwerbetsky, A., and Lovelace, R. V. E., Refractive and Diffractive Scattering in the Interstellar Medium, Astrophys. J., 310, 737-767（1986）

Cornwell, T. J., Anantharamaiah, K. R., and Narayan, R., Propagation of Coherence in Scattering: An Experiment Using Interplanetary Scintillation, J. Opt. Soc. Am., 6A, 977-986（1989）

Cornwell, T. J., and Narayan, R., Imaging with Ultra-Resolution in the Presence of Strong Scattering, Astrophys. J. Lett., 408, L69-L72（1993）

Drane, C. J., and Parrent Jr., G. B., On theMapping of Extended Sources with Nonlinear Correlation Antennas, IRE Trans. Antennas Propag., AP-10, 126-130（1962）

Goodman, J. W., Statistical Optics, Wiley, New York（1985）

MacPhie, R. H., On the Mapping by a Cross Correlation Antenna System of Partially Coherent

Radio Sources, IEEE Trans. Antennas Propag., AP-12, 118-124 (1964)

Mandel, L., and Wolf, E., Coherence Properties of Optical Fields, Rev. Mod. Phys., 37, 231-287 (1965)

Mandel, L., and Wolf, E., Optical Coherence and Quantum Optics, Cambridge Univ. Press, Cambridge, UK (1995)

Parrent, Jr. G. B., Studies in the Theory of Partial Coherence, Opt. Acta, 6, 285-296 (1959)

Silver, S., Microwave Antenna Theory and Design, Radiation Laboratory Series, Vol. 12, McGraw-Hill, New York (1949), p. 174

Swenson, Jr. G. W., and Mathur, N. C., The Interferometer in Radio Astronomy, Proc. IEEE, 56, 2114-2130 (1968)

Verschuur, G. L., and Kellermann, K. I., Eds., Galactic and Extragalactic Astronomy, Springer-Verlag, New York (1988)

Wolszczan, A., and Cordes, J. M., Interstellar Interferometry of the Pulsar PSR 1237+25, Astrophys. J. Lett., 320, L35-L39 (1987)

Zernike, F., Concept of Degree of Coherence and Its Application to Optical Problems, Physica, 5, 785-795 (1938)

16　射　频　干　扰

射电天文观测的基本要求是能够找到不受其他设备发射信号干扰的干净频段。射电天文发展早期，天文观测频段大多数小于几个GHz，射电天文系统的通带通常不大于几个MHz，这样的带宽分配大致是够用的。一些带宽分配给射电谱线观测，其中最重要的是中性氢线，即1400～1427MHz保护频段。随后几十年，射电天文频率范围发展到数十GHz，分配的带宽达到GHz量级，此后，大量100GHz以上的谱段分配给射电天文。然而，发射服务的辐射信号会溢出到射电天文频段，一般需要在人口密度较低的射电宁静区域选择观测站址，以便利用地形地貌对电磁波进行遮挡。为了避开射频干扰，几个最大型的国际合作阵列选址在南非和西澳大利亚。同时，随着测站计算能力的提升，在天文台本地检测和去除干扰信号已经是数据分析的重要内容之一。特别地，利用数字信号分析技术，可以将接收通带细分到高达10^6个频谱通道，这就使识别和去除干扰通道成为可能。Baan（2010）对射电天文的干扰问题进行了一般性讨论。

多种形式的信息传输、射频定位等主动无线电发射服务通常会造成最严重的干扰。电机以及焊接等工业过程也可能无意间辐射电波而造成干扰。工业工程的无意辐射通常是短电磁脉冲串的形式。例如，宽度为δt的矩形脉冲的功率谱为

$$P(\nu) \sim \left[\frac{\sin \pi \nu \delta t}{\pi \nu \delta t}\right]^2 \tag{16.1}$$

大部分能量约束在直流（DC）到$1/\delta t$频率范围内。然而，功率谱的包络仅随ν^{-2}减小，因此在远高于$1/\delta t$的频点上这种干扰仍然可能造成严重影响。在几个GHz以下，最严重的电磁干扰（EMI）通常是这种形式的。Beasley（1970）对功率传输线的火花辐射进行了详细分析。为了避免这种干扰，要将射电天文台建设在欠发达地区，而且不能离工业基础设施和主要高速公路太近。必须在天文台使用的运输车辆和机器设备通常需要做适应性改造，使用滤波部件极大地抑制无意辐射。对电子设备进行电磁防护是非常重要的。

16.1　干　扰　检　测

干扰检测的基础问题是识别污染数据。最简单的情况是，检查相关器或检波器输出，并剔除那些与期望的天文信号不一致的数据，例如幅度大于期望值

或者不随时间和天线指向而变化的信号。射电天文早期，有时候去除干扰意味着会损失整个接收通带，但像前面介绍的，使用多谱通道处理，仅去除被污染的通道就成为可能。最困难的情况是检测微弱干扰。选用与干扰发射机可比拟的通道带宽能够最大化干扰与噪声之比，因此能提高干扰检测能力。

检查数据以识别干扰造成的变化时，如果干扰也以类似的时间尺度变化，秒级或分钟级的数据平均时间通常是适当的。然而，为了实现所需的灵敏度，有时天文观测要做几个小时的数据平均，长时间平均后干扰引入的数据误差相对于噪声信号可能是很微弱的，因而难以检测。大型综合孔径阵列输出数据率很高，手工检验数据很不现实，因此用计算机标识污染数据是非常重要的。处理射频干扰的方法包括：①简单地剔除有干扰的接收机输出数据的各种方法；②不剔除干扰时间和干扰频段的天文数据并消除或抑制干扰的各种方法；③设置天线接收方向图，使其在干扰方向形成零点的空间滤波方法。

通常，干扰信号具有共性的特征，即干扰源不会相对于天线以天文目标的恒星速率运动。去除相关输出数据中天文目标的恒星运动效应后，就只有外部信号能够造成条纹频率变化，因此利用条纹率的相位变化可以识别干扰信号。对于条纹频率很高的长基线，对数据做后随时间平均可以抑制干扰（Perley，2002）。然而，如16.2节，很多情况下需要进一步分析，以去除干扰效应。Athreya（2009）介绍了印度巨型米波射电望远镜阵列的相关应用。

Fridman 和 Baan（2001），Briggs 和 Kocz（2005），以及 Baan（2010）做了一般性综述。下面介绍一些干扰检测技术的例子。

（1）使用监测接收机，使其天线指向可能的干扰源，例如指向水平面以监视地面发射机（Rogers et al.，2005）。

（2）比较两个测站同时接收的数据，两个测站要分开足够远，使得任意发射机都不可能同时干扰两个测站。这种方法被用在脉冲星以及其他瞬变天文辐射的搜索研究中（Bhat et al.，2005）。

（3）检测发射信号的循环平稳特征，即检测以时间间隔 τ_c 重复的发射特征。例如无线电视信号的帧频以及 GPS（全球定位系统）发射信号的数据重复周期。可以根据疑似的信号特征确定 τ_c 值。做自相关处理并寻找以间隔 τ_c 重复出现的信号特征，可以检验是否存在具有循环平稳特征的数据分量。Bretteil 和 Weber（2005）发现，在数据中搜索频率为 $1/\tau_c$ 的傅里叶分量是一种更有效的方法。

（4）使用幅度闭合关系式（10.44）可以给出干扰的迹象。如果在无干扰情况下观测点源，公式右侧的可见度之比等于1，而公式左侧的 r_{ij} 值均正比于对应的天线增益。干扰源发出的信号会在输出信号中增加一个分量，分量强度依赖于天线的旁瓣增益，而随着天线扫描，旁瓣增益是时变的。因此，闭合增益值的变化是可能存在干扰的标志。但要注意的是，修正目标源的条纹频率会使来自静态发射机干扰信号的响应同频变化，因此随着基线分量 u 的增多，干扰效应会减弱（即干扰门限可以增大），见 16.3.2 节讨论。

（5）存在雷达脉冲干扰，特别是如果雷达发射机很近以至于存在直射信号路径时，有时干扰强度很大，可以在检波器输出中直接看到单个雷达脉冲信号。这样就有可能确定脉冲时序，并在射电天文接收机内生成消隐脉冲。实际上，也许有必要展宽消隐脉冲以覆盖临近的飞机等物体的反射信号，例如参见 Dong 等（2005）。数据缓冲存储器允许在脉冲检出时刻之前就开始消隐，确保有效去除干扰。

（6）一个有趣的客观教训是认证了一个孤立的毫秒射电爆，其频率随时间漂移的特征类似于脉冲星信号。这些事件被称为佩利冬（Periton）。辐射进入了望远镜多波束接收机的多个频率通道，表现出奇怪的时频依赖性，而且特别容易在上午发生。根据这些特点找到了源：即测站内过早打开门的微波炉（Petroff et al.，2015）。

（7）检验接收机输出数据的统计特征。峰度（Kurtosis）定义为 μ_4 / μ_2^2，其中 μ_2 和 μ_4 分别是数据的二次和四次幂的均值与数据均值之比。高斯噪声的峰度值为 3.0，峰度不等于 3.0 就表明数据是非高斯的。

（8）使用高分辨率多通道接收机可以检测干扰并去除异常通道。

16.1.1　低频射电环境

低频阵列（LOFAR 阵列；见 5.7.1 节）位于荷兰，长基线扩展到其他国家，频率覆盖范围 10～80MHz 及 110～240MHz 以避开调频广播频段。Boonstra 和 van der Tol（2005）及 Offringa 等（2013）讨论了这些频段的射频干扰问题。Offringa 详细分析了 30～78MHz 和 115～165MHz 频段范围的无线电环境。测量中，接收信号被分为 512 个子带，子带带宽 195kHz。测量数据的谱分辨率为 0.76kHz。Offringa 等（2013）发现干扰信号污染了 1.8%的低频段以及 3.2%的高频段。他们的结论是，这种程度的窄带干扰不会严重影响天文观测，但保证 LOFAR 观测频段内不出现宽带干扰是非常重要的。西澳大利亚的默奇森宽场阵列也进行了类似的分析（Offringa et al.，2015）。

16.2　干　扰　去　除

可能的情况下，通过对消（Cancellation）抑制干扰并保留天文信号显然是好过全部剔除污染数据的。对消不仅需要检测干扰，为了去除干扰，还要准确估计干扰信号。在自适应（Adaptive）对消［例如参见（Barnbaum and Bradley，1998）］处理中，采用独立的天线（通常口径小于天文观测天线）指向干扰源。独立天线接收的信号经数字化进入自适应滤波器，并与天文天线的信号合成。用算法处理合成输出信号并控制自适应滤波器，使得两个天线接收的干扰信号电压互相对消。控制自适应滤波器的算法很多，其中 Barnbaum 和 Bradley 使用了计算简单的最小二乘算法，因此在天文天线跟踪时，容易适应天文和干扰信号的相对变化。所有干扰对消处理都要在信号达到相关器或检波器之前完成。Briggs 和 Kocz（2005）给出一种干扰对消方案，即对天文天线和干扰检测天线的输出信号做互相关，并用于控制自适应滤波器。Briggs 等（2000）详细讨论了该方法，包括天文天线输出与指向干扰源的辅助天线输出的互相关。某些情况下，干扰信号的结构是精确已知的，例如全球导航卫星系统（Global Navigation Satellite System，GLONASS）信号，这就有可能从天文天线接收的干扰中重建干扰信号并进行对消。Ellingson 等（2001）讨论的实例中，GLONASS 造成的干扰被降低了 20dB。

16.2.1　置零抑制干扰信号

空间域置零适用于一组天线的观测，可以在干扰源方向形成一个合成空间响应的零点。低频阵列的独立接收单元是偶极子天线，单元天线的波束覆盖大面积天区，这种置零方法可能会损失天文观测的空间覆盖。

确定性（Deterministic）置零方法是指干扰源的方向已知，通过对接收信号进行加权，在干扰源方向形成一个零点。可以如同相控阵一样，在信号合成之前为每个天线的信号分配一个权重因子（幅度和相位），或者在合成图像之前，为每对天线的相关积分配一个权重因子。并不一定要求从接收信号中识别干扰，但如果在零点方向，不同天线的角响应不一样，就必须对天线响应做标定，对远旁瓣的标定可能是不太容易实现的。有两种方法可以实现综合孔径阵列的确定性置零。第一种方法是通过调整每对天线输出信号互积（可见度值）的权重，可见度合成时形成零点。这种情况下，零点是在合成波束方向图中形成的，除非干扰源位于视场内，零点最有可能位于合成波束的旁瓣。第二种，综合孔径阵列的阵元由相控天线子阵构成，子阵之间再做互相关，则可以在子阵波束上形成零点。这种情况下直接对单元天线的输出信号做加权。

16.2.2　确定性置零的更多考虑

假设阵列是由 n 个标称一致的天线构成的，每个天线连接一个移相器，再连接到一个 n 到 1 的功率合成器。每个天线收到的干扰信号的功率电平为 p。

功率合成器中，功率被分为 n 路，即分配到其他天线和输出端口。因此，每个天线为合成器输出贡献的功率是 p/n。每个天线贡献的电压可以用幅度为 $\sqrt{p/n}$ 的矢量表示。如果调整移相器，使得所有天线的信号同相合成，则矢量相互平行，输出电压为 $\sqrt{np}$。由于阵列总接收面积是单天线接收面积的 n 倍，输出功率 np 符合预期。现在，假设设置移相器使各个矢量以随机相位角合成。合成电压的期望值等于 $\sqrt{n}$ 倍单天线电压。因此，接收的合成功率期望值等于单天线的功率 p（见 9.9 节相控阵列的相关讨论）。最后，考虑设置移相器使各个矢量构成零冗余的闭合环路，因而会在信号入射方向形成一个零点。如果每个矢量都有相对均方根幅度为 ϵ 的随机幅度和相位误差，则矢量和无法闭合，闭合误差等于所有矢量的误差之和约为 $\epsilon\sqrt{p}$，误差的功率电平为 $\epsilon^2 p$。因此，比单天线响应小 x dB 的零点深度要求有 $\epsilon=10^{-x/20}$，例如，ϵ=0.03 时，零点深度为 30dB。对电压响应精度的这一要求，既适用于自适应置零法识别的干扰分量，也适用于确定性置零法的天线响应精度。通过闭合矢量环形成零点时，并不限制环路的形状，因此保留了一些自由参数以便在其他方向上合成波束或零点。

在给定方向上形成零点时，在所有天线都是理想各向同性辐射体的假设条件下，我们可以首先确定矢量环闭合所需的复增益因子。然后，考虑到天线的实际增益不同，要将每个信号矢量与另一个复增益因子相乘。如果所有天线的第二复增益因子都相同，则矢量环的大小和方向可能不同，但仍然会保持闭合。因此，只要所有天线是完全一致的，就不需要知道干扰源方向的响应因子。如果天线的增益因子不同，干扰信号从远旁瓣进入天线很可能就是这种情况，除非已知每个天线的增益因子并加以修正，否则矢量环就不可能闭合。这就需要在 4π 弧度中相当大的角度范围内对高增益反射面天线的远旁瓣做定标，并且远旁瓣还可能是接收机带宽内频率的函数，因而限制了确定性置零的性能。Smolders 和 Hampson（2002），Ellingson 和 Hampson（2002），Ellingson 和 Cazemier（2003），Raza 等（2002）及 van der Tol 和 van der Veen（2005）都讨论了确定性置零问题。

16.2.3 合成波束的自适应置零

一种去除干扰信号效应的方法是对干扰信号入射方向的天线阵接收方向图设置一个零点。这种方法可以用软件实现，被称为自适应置零（Adaptive Nulling）。通常，干扰信号入射方向是未知的，必须从观测数据推断入射方向。系统自动对干扰信号进行响应并自适应置零，通常要求干扰信号来自单点源且不能太强。这种方法也需要进行大量计算。详细讨论可参见 Leshem 和 van der Veen（2000），Ellingson 和 Hampson（2002），Raza 等（2002）及 van der Tol 和 van der Veen（2005）。

16.3 有害门限估计

为了申请国际电信联盟（ITU）以及各个国家频率管理部门为射电天文台提供保护，天文学家至少要量化估计对天文台有害的信号功率门限电平。门限电平随频率和射电望远镜的类型等因素变化。本节讨论有害门限估计问题，特别是对射电天文保护频带的有害门限进行估计。

系统噪声限定了射电望远镜的极限灵敏度，如果干扰信号对输出图像的贡献远小于噪声起伏，则通常可以忽略。计算干扰门限的有用准则是，干扰信号的响应等于测量噪声均方根电平的 1/10。如果已知干扰方向上的天线有效接收面积，则可以计算干扰信号的流量密度。除非频率很低，射电天文天线通常具有窄波束，干扰信号从主波束或近旁瓣进入系统的可能性不大，特别是在干扰发射机是地基设备的情况下。因此，这里我们通常假设干扰是从天线的远旁瓣进入的。图 16.1 给出最大旁瓣增益的经验模型，曲线是偏离主轴角度的函数。这条曲线是通过测量很多大型反射面天线的响应方向图推导得出的。基于目前的估计，该曲线低至 0dBi（即相对于各向同性辐射体的增益为 0dB）都是适用的，距离主轴的角度约为 19°。0dBi 也是天线在 4π 弧度范围内的平均增益，且该增益对应的有效接收面积为 $\lambda^2/4\pi$，其中 λ 是波长。如果 $F_{\mathrm{h}}(\mathrm{W}\cdot\mathrm{m}^{-2})$ 是接收机通带内的干扰信号流量密度，则接收机的干扰–噪声功率比为

$$\frac{F_{\mathrm{h}}\lambda^2}{4\pi k T_{\mathrm{S}}\Delta\nu} \tag{16.2}$$

其中 k 为玻尔兹曼常量；T_{S} 为系统噪声温度；$\Delta\nu$ 为接收机带宽。这是假设干扰信号与天线极化相匹配的表达式。由于射电天文天线通常接收双极化信号，即正交线极化或反向圆极化，选择天线极化起不到抑制干扰的作用。实际上，传播效应随时间而变，射电望远镜的跟踪运动会使旁瓣方向图扫过辐射源方向，因此也随时间而变，所以接收的干扰信号电平是时变的。

为了与相关器系统做比较，我们首先考虑较简单的单接收机情况，即只测量单天线输出的总功率。经平方律检波和时长 τ_{a} 的积分，输出的干扰–噪声比等于式（16.2）乘以 $\sqrt{\Delta\nu\tau_{\mathrm{a}}}$。基于 6.2.1 节类似的考虑，可以得出这一结果。然后，用 0.1 作为干扰–噪声比，即我们使用的有害门限准则，有

$$F_{\mathrm{h}} = \frac{0.4\pi k T_{\mathrm{S}}\nu^2\sqrt{\Delta\nu}}{c^2\sqrt{\tau_{\mathrm{a}}}} \tag{16.3}$$

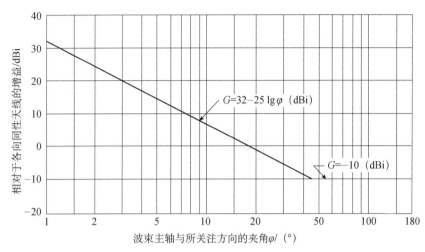

图 16.1　直径大于 100 个波长的反射面天线的经验旁瓣包络模型。对多个天线的测量表明，90% 的旁瓣峰值位于曲线之下。如果能消除或最小化馈源结构的孔径遮挡，旁瓣电平还可以降低 3dB 或更多。图中给出的是射电天文常用的三杆或四杆支撑馈源的大口径天线的典型模型。来自 ITU-R 建议条款 SA.509-1（1997）

注意，由于旁瓣接收面积的频率依赖性，有害门限随 ν^2 增大。随着频率增加，系统温度和可用带宽通常也会增大。用谱功率流量密度表示时，相应的门限电平 S_h（$W \cdot m^{-2} \cdot Hz^{-1}$）为

$$S_h = \frac{F_h}{\Delta \nu} = \frac{0.4\pi k T_S \nu^2}{c^2 \sqrt{\tau_a \Delta \nu}} \tag{16.4}$$

用射电天文保护频段做连续谱观测时，为了确定有害干扰电平，$\Delta \nu$ 一般取为保护频段的带宽。全功率型射电望远镜对干扰最敏感。因此式（16.3）和式（16.4）定义的是射电天文有害干扰门限的最坏情况。国际电信联盟无线通信局 ITU-R 文件（ITU-R 2013）给出了用各个射电天文保护频段的典型参数计算的全功率系统的 F_h 和 S_h 值。图 16.2 最下面的曲线给出了 S_h 值。由于大量的射电天文干扰来自宽带杂散辐射，S_h 更有实际意义。

接收机输出中，幅度与噪声相当的低电平干扰会恶化灵敏度，削弱了弱源的检测能力。因此，如果观测中发现干扰，通常必须剔除可能被污染的数据。后续分析基于基本的观测和数据还原方法，分析干扰的响应，并未包括特殊设计的干扰抑制过程。

16.3.1　短基线和中等基线阵列

我们现在考虑几米到几十千米天线间距的相关器阵列对干扰的响应。这一尺度的典型系统为单元连接阵列。与全功率系统相比，有两种效应会减弱阵列

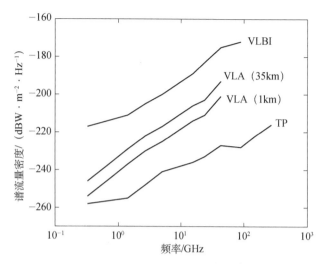

图 16.2　估计的有害干扰门限曲线，单位为 dBW·m⁻²·Hz⁻¹。最下面的曲线是基于单天线的全功率（TP）测量门限，最上面的曲线是 VLBI 门限。数据引自 ITU-R 建议 RA.769-2（2003），基本体现了 16.3 节和 16.5 节的各种考虑。曲线上较小的起伏是由不同仪器的特征不同导致的。中间两条曲线代表综合孔径阵列，分别是 VLA 的最小构型和最大构型，天线间距相应地变化 35 倍。所有曲线的主要特征都是随频率而增大，这主要由于接收旁瓣的有效接收面积随 ν^{-2} 变化。由于做了各种简化假设，图中的结果是近似的，但仍然可以展示不同类型观测系统的相对弱点

对干扰的响应。首先，干扰源不会像被测天文目标一样在天空做恒星运动，因此，干扰源导致的条纹振荡与有用信号导致的条纹振荡频率不同。其次，调整设备延迟以平衡被测方向的入射辐射的信号路径时，其他方向入射的信号如果是宽带的，则一定程度上会发生去相关。下面的分析是基于 Thompson（1982）。

16.3.2　条纹频率平均

我们首先考虑条纹-频率效应。假设如 6.1.6 节所述，引入设备相移将有用信号的条纹振荡减小到零频。通过相移去除宇宙信号的条纹频率，相应地引起干扰信号的相移。如果干扰源是相对天线固定的，则相关器输出的干扰信号的振荡与被测源的本征条纹频率相同，由式（4.9）（忽略 $\mathrm{d}w/\mathrm{d}t$ 的符号）可得

$$\nu_{\mathrm{f}} = \omega_{\mathrm{e}} u \cos\delta \qquad (16.5)$$

其中 ω_{e} 是地球自转的角速度；u 是天线间距的一个分量；δ 是被测源的赤纬。以周期 τ_{a} 对这一条纹频率波形做平均，等效于用宽度为 τ_{a} 的矩形函数做卷积。因此，条纹幅度随卷积函数的傅里叶变换的因子减小。该因子为

$$f_1 = \frac{\sin(\pi\nu_{\mathrm{f}}\tau_{\mathrm{a}})}{\pi\nu_{\mathrm{f}}\tau_{\mathrm{a}}} \qquad (16.6)$$

为估计有害干扰门限（F_h），我们计算干扰信号的均方根电平与射电图像中噪声的均方根电平之比，并和之前一样令该比值等于 0.1。第一步要确定可见度数据中干扰分量模的均方值。图 6.7（b）描绘了相关器输出端的频谱分量，用 δ 函数表征相关信号（此处是干扰信号）分量的相关器输出。我们和前面一样，假设干扰信号是 0dBi 增益的旁瓣进入且极化是匹配的，并将幅度 $kT_A\Delta\nu = F_h c^2 / 4\pi\nu^2$ 代入 δ 函数。因此，(u,v) 平面上 n_r 个网格点上干扰信号模的平方和为

$$\sum_{n_r}\left\langle\left|r_i\right|^2\right\rangle = \left(\frac{H_0^2 F_h c^2}{4\pi\nu^2}\right)n_r\left\langle f_1^2\right\rangle \tag{16.7}$$

其中 r_i 是相关器对干扰信号的响应；H_0 是电压增益因子；$\left\langle f_1^2\right\rangle$ 是式（16.6）给出的 f_1 的均方值，代表了条纹频率振荡的可见度平均效应。确定 f_1 均方值的一种简单方法是考虑天线间距矢量在 (u',v') 平面上以恒定角速度 ω_e 旋转，并如 4.2 节所述扫描出一个圆形轨迹的过程中，该因子的变化。另外，假设在 (u,v) 平面上的矩形网格点做可见度函数插值，在以网格点为中心的矩形面元内，对测量值做均匀加权平均（面元平均的介绍参见 5.2.2 节）。因此，干扰信号的有效平均时间 τ 等于基线矢量扫过一个面元的时间，如图 16.3 所示。由式（16.5）可知，在 v' 轴上条纹频率为零，此时 f_1 等于 1。如图 16.3 所示，当 ψ 值很小时，穿越面元的路径长度近似等于 Δu，面元穿越时间 $\tau = \Delta u / \omega_e q'$，其中 $q' = \sqrt{X_\lambda^2 + Y_\lambda^2}$，$X_\lambda$ 和 Y_λ 分别是天线间距在赤道面上的两个投影分量，单位为波长，如 4.1 节所定义。同时，有 $\nu_f\tau = \Delta u \sin\psi\cos\delta$。$\Delta u$ 等于综合视场宽度的倒数，除了长波波段，视场宽度不太可能大于 0.5°。因此我们假设 Δu 在 100 或更大量级，则下面的简化成立。当 $\Delta u = 100$ 并且 $\delta < 70°$，随着 ψ 从 0° 变到 <17°，f_1^2 的值从 1 变到 10^{-3}。所以，小角度 ψ 值对 f_1^2 的影响最大，将 $\nu_f\tau = \psi\Delta u\cos\delta$ 代入式（16.6）可得

$$\left\langle f_1^2\right\rangle = \frac{2}{\pi}\int_0^{\pi/2}\frac{\sin^2(\pi\psi\Delta u\cos\delta)}{(\pi\psi\Delta u\cos\delta)^2}\mathrm{d}\psi \approx \frac{1}{\pi\Delta u\cos\delta} \tag{16.8}$$

由于 Δu 值很大，估算积分值可以使用 ∞ 上限。

噪声分析时，我们同样参考图 6.7（b）。零频附近的噪声功率谱密度为 $H_0^4 k^2 T_S^2\Delta\nu$，由式（6.44），平均处理过程能够通过的等效带宽为 τ^{-1}（含负频率）。因此，n_r 个网格点的噪声的均方分量为

$$\sum_{n_r}\left\langle\left|r_n\right|\right\rangle^2 = H_0^4 k^2 T_S^2\Delta\nu n_r\left\langle\tau^{-1}\right\rangle \tag{16.9}$$

其中 $\left\langle\tau^{-1}\right\rangle$ 是 τ^{-1} 的均值。根据图 16.3，面元平均穿越时间为

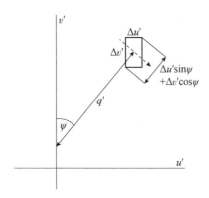

图 16.3　虚线所示空间频率轨迹的面元平均穿越时间推导。(u', v') 平面上空间频率矢量的速度等于 $\omega_e q'$。沿虚线方向穿越该面元的路径平均长度等于面元面积 $\Delta u' \Delta v'$ 除以该方向垂向的面元投影宽度

$$\tau = \frac{\Delta u \,|\operatorname{cosec}\delta|}{q' \omega_e (|\sin\psi| + |\operatorname{cosec}\delta| \,|\cos\psi|)} \tag{16.10}$$

这里假设 $\Delta u' = \Delta v' \sin\delta$（即 $\Delta u = \Delta v$），并且除少数面元外，空间频率轨迹穿越一个面元的路径可以近似为直线。穿过面元的空间频率轨迹的路径近似为一条直线。由式（16.10），沿 (u', v') 平面（参见 4.2 节）上的一条轨迹的 τ^{-1} 平均值为

$$\frac{2}{\pi} \int_0^{\pi/2} \tau^{-1} \mathrm{d}\psi = \frac{2\omega_e q'}{\pi \Delta u}(1 + |\sin\delta|) \tag{16.11}$$

并且 (u, v) 平面上 n_r 个点的平均值为

$$\left\langle \tau^{-1} \right\rangle = \frac{2\omega_e}{\pi \Delta u}(1 + |\sin\delta|) \frac{1}{n_r} \sum_{n_r} q' \tag{16.12}$$

由式（16.7）～（16.9）和式（16.12）可得干扰–噪声比为

$$\frac{(|r_i|)_{\mathrm{rms}}}{(|r_n|)_{\mathrm{rms}}} = \frac{F_h c^2}{4\pi k T_s \nu^2 \sqrt{2\Delta\nu\omega_e \cos\delta(1 + |\sin\delta|)}} \frac{1}{\sqrt{\dfrac{1}{n_r} \sum_{n_r} q'}} \tag{16.13}$$

根据帕塞瓦尔定理，图像中干扰和噪声的均方根值之比等于二者在可见度域中的比值，即式（16.13）。为估算有害门限 F_h，我们令上式右侧等于 0.1 可得

$$F_h = \frac{0.4\pi k T_s \nu^2 \sqrt{2\Delta\nu\omega_e}}{c^2} \sqrt{\frac{1}{n_r} \sum_{n_r} q'} \tag{16.14}$$

其中用 1 代替了因子 $\sqrt{\cos\delta(1 + |\sin\delta|)}$，在 $0 < |\delta| < 71°$ 范围内，误差小于 1dB，当 $\delta = 80°$ 时，误差为 2.3dB。一对天线贡献的 (u', v') 域点数正比于 q'，因此估算式（16.14）时，采用下式更为方便：

$$\frac{1}{n_{\rm r}} \sum_{n_{\rm r}} q' = \frac{\sum_{n_{\rm p}} q'^2}{\sum_{n_{\rm p}} q'} \tag{16.15}$$

其中 $n_{\rm p}$ 是阵列中相关天线对的数量。

以 $\rm dBW \cdot m^{-2} \cdot Hz^{-1}$ 为单位的干扰门限 $S_{\rm h}$ 由下式给出:

$$S_{\rm h} = \frac{F_{\rm h}}{\Delta \nu} = \frac{0.4\pi k T_S \nu^2 \sqrt{2\omega_{\rm e}}}{c^2 \sqrt{\Delta \nu}} \sqrt{\frac{1}{n_{\rm r}} \sum_{n_{\rm r}} q'} \tag{16.16}$$

注意 q' 正比于 ν,因此 $S_{\rm h}$ 正比于 $\nu^{2.5}$。VLA 的 $S_{\rm h}$ 值由图 16.2 的中间两条曲线给出,对应于最长基线分别为 35km 和 1km 的两种构型(图 5.17(b))。

当 u 穿过零值时,不能利用平均来减小干扰,因此干扰影响最大的可见度值聚集在 v 轴附近。由于干扰从旁瓣进入且旁瓣电平是变化的,可以预期会随机出现强干扰值。根据 (u, v) 分布,图像域的干扰表现出东西向拉伸的准随机结构,参见 Thompson(1982)。干扰的聚集特征,揭示了通过剔除 v 轴附近的所有可疑的可见度数据,有可能减小干扰响应。剔除可见度数据造成的 (u, v) 覆盖恶化,会增大合成波束的旁瓣。

上述讨论适用于观测时间足够长、(u, v) 覆盖比较好,且观测期间干扰信号的强度近似恒定的情况。如果只有部分 (u, v) 轨迹穿越 v 轴,比例记为 α,则式(16.14)和式(16.16)的分母中应该引入因子 $\sqrt{\alpha}$。较强的偶发干扰造成的响应与上述讨论是不一样的。

16.3.3 宽带信号的去相关

由于干扰信号的入射方向通常与观测的方向不同,干扰信号到达相关器输入端的时延通常也是不同的。因此,宽带干扰信号会出现一定程度的去相关,从而进一步减小了干扰信号的响应。减小的程度很难像条纹频率平均一样做一般性分析,但对于特定天线构型和干扰源位置,是可以计算的。基于这个原因,并考虑到只能抑制宽带信号,式(16.14)和式(16.16)的门限方程均未包含这种效应。

在观测中的任意时刻,设 $\theta_{\rm s}$ 是一对天线基线的垂面与被测源方向的夹角。$\theta_{\rm s}$ 定义了天球上一个等延迟的圆周。类似地,设 $\theta_{\rm i}$ 是基线的垂面与干扰源方向的夹角。相关器处,干扰信号与被测信号的时延差为

$$\tau_{\rm d} = \frac{D\left|\sin\theta_{\rm s} - \sin\theta_{\rm i}\right|}{c} \tag{16.17}$$

其中 D 为基线长度。由于 $\sin\theta_{\rm s} = w\lambda/D$,由式(4.3)可以推导 $\theta_{\rm s}$ 和 $\theta_{\rm i}$ 的表达

式，其中 w 是图 3.2 所示第三间距坐标，λ 为波长。假设干扰信号或者接收机通带是中心频率等于 ν_0、有效谱宽等于 $\Delta\nu$ 的矩形谱。根据维纳-欣钦定理，信号的自相关函数等于

$$\frac{\sin(\pi\Delta\nu\tau_{\mathrm{d}})}{\pi\Delta\nu\tau_{\mathrm{d}}}\cos(2\pi\nu_0\tau_{\mathrm{d}}) \qquad (16.18)$$

式（16.18）表示复相关器输出的实部，是时延差 τ_{d} 的函数。虚部输出和上式类似，只是用正弦函数代替了上式的余弦函数。因此，时延为 τ_{d} 的复相关输出模值的去相关因子为

$$f_2 = \frac{\sin(\pi\Delta\nu\tau_{\mathrm{d}})}{\pi\Delta\nu\tau_{\mathrm{d}}} \qquad (16.19)$$

对于位置固定的发射机，θ_i 是常数，但 θ_s 随天线跟踪而变化。因此 τ_{d} 可能会有零值，使 f_2 出现峰值，但与式（16.6）的 f_1 不同的是，f_2 峰值可能会出现在 (u,v) 平面上的任意一点。使 f_1 和 f_2 重合的天线对，对图像的干扰最强，使 f_1 和 f_2 远离的天线对，对图像的干扰最小。因此，对于宽带信号，应该综合分析条纹频率和去相关效应。例如，计算 VLA 对子午面上的静止轨道卫星的响应时，要计算因子

$$\sqrt{\frac{\sum q'f_1^2 f_2^2}{\sum q'f_1^2}} \qquad (16.20)$$

以表征去相干对干扰的附加抑制作用（Thompson，1982）。式（16.20）要对所有时角增量相等的天线对求和，并插入 q' 因子以补偿 (u,v) 平面上的非均匀采样密度。VLA 用最小和最大两种天线间距进行了研究，观测频率覆盖了 $1.4\sim 23\mathrm{GHz}$，观测带宽分别为 $25\mathrm{MHz}$ 和 $50\mathrm{MHz}$。结果表明，去相关对宽带干扰的抑制能力从 $4\mathrm{dB}$ 到 $34\mathrm{dB}$，且严重依赖于观测的赤纬。上述分析假设干扰是在带宽内均匀延伸的，实际上趋于高估了抑制效果。

16.4　甚长基线系统

对于天线间距几百到几千千米的 VLBI 阵列，通常可以忽略干扰信号进入相关器输入端所导致的相关输出分量。这是由于 VLBI 的本征条纹频率比几十千米级阵列的本征条纹频率高，并且除了观测方向的信号，其他方向的时延差也大得多。此外，除了卫星或航天器的干扰，干扰很难到达两个间距很远的测站。

考虑一个干扰信号进入一个相关对的一个天线。干扰会减小测量的相关系数，其整体效应类似于增加了一个天线的系统噪声。图 16.4 中，$x(t)$ 和 $y(t)$ 代表无干扰情况下两个天线的信号与系统噪声之和，$z(t)$ 代表其中一个天线的干

扰信号。三个波形的均值都为零，x 和 y 的标准差为 σ，z 的标准差为 σ_i。无干扰情况下，测量的相关系数为

$$\rho_1 = \frac{\langle xy \rangle}{\sqrt{\langle x^2 \rangle \langle y^2 \rangle}} = \frac{\langle xy \rangle}{\sigma^2} \qquad (16.21)$$

有干扰时，相关系数变成

$$\rho_2 = \frac{\langle xy \rangle + \langle xz \rangle}{\sqrt{\langle x^2 \rangle (\langle y^2 \rangle + 2\langle yz \rangle + \langle z^2 \rangle)}} \qquad (16.22)$$

干扰信号与 x 和 y 不相关，因此 $\langle xz \rangle = \langle yz \rangle = 0$。另外，如果干扰信号电平等于有害门限，有 $\sigma_i^2 \ll \sigma^2$。因此，由式（16.21）和式（16.22），有

$$\rho_2 \approx \rho_1 \left[1 - \frac{1}{2} \left(\frac{\sigma_i}{\sigma} \right)^2 \right] \qquad (16.23)$$

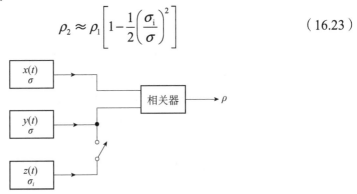

图 16.4　VLBI 观测中，用于讨论干扰效应的相关器输入信号分量

由于干扰，测量的相关系数减小了。带有自动电平控制（Automatic Level Control，ALC）的系统中，可以把相关系数的减小想象成由增加的干扰功率导致的系统增益减小。因此引入的相关测量误差具有乘性因子的形式，而不是加性误差分量。对于单天线或基线很短的阵列，检波器或相关器响应干扰信号，因此干扰导致加性误差。在 10.6.3 节讨论了这两类误差效应的区别。原则上，可以用定标信号监控有效增益的变化，如 7.6 节所述。然而，如果干扰信号的强度变化很快，这种定标处理会很困难。所以，有必要定义有害干扰门限，使干扰引入的误差足够小，不会显著增加测量的不确定度。通常，比较合理的选择是使干扰导致的可见度幅度变化约为 1%。如果我们考虑两个天线同时存在非相关干扰的可能性，相应的限制条件为

$$\left(\frac{\sigma_i}{\sigma} \right)^2 \leqslant 0.01 \qquad (16.24)$$

这是根据帕塞瓦尔定理，可见度的 1% 均方根误差引入图像域的 1% 均方根强度分布误差。对图像强度的动态范围的影响依赖于强度和误差的分布方式。

对一个单点源的图像，均方根强度误差约为 $10^{-2}\sqrt{f/n_\mathrm{r}}$ 乘以峰值强度，其中 f 是 n_r 个网格可见度数据中包含干扰的网格比例。这里假设接收的干扰信号是足够快速波动的，使得干扰电平值基本上独立于每个网格可见度点。如果不是这种情况，引起的误差更大。

按照式（16.24）的准则，式（16.2）给出的干扰-噪声功率比不能大于0.01。因此，有害干扰门限为

$$F_\mathrm{h} = \frac{0.04\pi k T_\mathrm{s} v^2 \Delta v}{c^2} \tag{16.25}$$

以 $\mathrm{W \cdot m^{-2} \cdot Hz^{-1}}$ 为单位的有害干扰门限为

$$S_\mathrm{h} = \frac{F_\mathrm{h}}{\Delta v} = \frac{0.04\pi k T_\mathrm{s} v^2}{c^2} \tag{16.26}$$

注意，这里的干扰-噪声比 0.01 是以相关器输入端电平定义的。对于全功率系统（单天线）及 16.3 节讨论的阵列，误差是加性的，干扰-噪声比 0.1 准则是以时间平均的相关器或检波器输出定义的。因此，这类系统的门限比式（16.25）和式（16.26）的 VLBI 门限更低（即更加严格）。图 16.2 给出典型 T_s 值的 VLBI 门限曲线，其有害门限比全功率系统的门限近似放宽了 40～50dB。

16.5　机载和空间发射机干扰

在应用上述推导获取 F_h 和 S_h 值时，要注意我们假定天线波束指向和干扰源方向的角距离足够大，使干扰信号只能从增益～1dB 或更低的旁瓣进入系统，即二者的角距离～19°或更大。因此，机载和星载发射机就带来了特殊问题。射电天文不能与卫星的星地数传发射系统共用频带。但通信占用的频谱越来越多，一些通信频段被分配在射电天文保护频段附近。落在卫星通信频段以外的卫星发射机杂散辐射给射电天文带来非常严重的威胁。卫星发射机的空间运动极有可能增大综合孔径阵列相关器输出的条纹频率，从而降低了对干扰的响应。然而，这些干扰信号是有可能被主波束附近的高电平旁瓣接收的。

Galt（1990）和 Combrinck 等（1994）介绍了杂散辐射远远超出卫星系统分配频段的一些案例。在这些案例中，大部分杂散辐射是使用了简单的相移键控调制造成的，较新的技术（例如高斯-滤波最小相移键控）对频谱边带的抑制更陡峭（Murota and Hirade，1981；Otter，1994）。然而，具有多个通信通道的放大器的非线性交调仍然会造成问题。

在有些情况下，任务需求和卫星工程的约束趋于使杂散抑制变得困难。有些卫星使用大量窄波束覆盖其任务区域，以便可以多次使用同一频率通道，为大量用户服务。这就要使用多个小辐射单元（100 或更多个）构成的相控阵天

线，每个辐射单元都有独立的放大器[例如参见（Schuss et al.，1999）]。由于太阳电池的功率有限，这些放大器的工作电平具有最大功率效率，但可能会牺牲线性度，因此由于交调产生杂散辐射。

ITU-R 2012 建议的空间服务杂散辐射电平要求是：在发射机输出以 4kHz 带宽测量的杂散辐射功率不应超过−43dBW。因此，如果 800km 高度的低轨道卫星的杂散辐射在这一电平，并从 0dBi 增益的旁瓣发射出去，所产生的地球表面杂散谱功率流量密度将为−208 dBW·m^{-2}·Hz^{-1}。这个数字几乎与 1.4GHz 射电天文频段的谱线测量和连续谱测量的有害干扰门限−239 dBW·m^{-2}·Hz^{-1} 和−255 dBW·m^{-2}·Hz^{-1} 相当。尽管这种非常简化的计算只考虑了最差情况，但几十 dB 量级的差异表明，这种程度的限制并不能有效保护射电天文。

16.6　无线电频谱管理

管理使用无线电频谱是由位于日内瓦的国际电信联盟（International Telecommunication Union，ITU）负责组织的，ITU 是联合国组织的一个专门机构。1959 年，ITU 首次正式承认射电天文是一种电信服务。国际电信联盟无线电通信局（ITU-R）1993 年 3 月成立，并代替了 ITU 的早期实体，即国际无线电咨询委员会（CCIR）。ITU-R 以研究组体系负责各类技术事务。第 7 研究组是科学服务组，包括射电天文、各类空间研究、环境监测和时频标准。研究组进一步细分为工作组负责各个专业领域。工作组的主要作用是研究当前频率协调的迫切问题，例如，不同服务共享频带的具体情况，并提出解决方案建议书。ITU 内部主要基于共识做出决议。建议书必须得到所有电信研究组批准，然后才能作为 ITU 无线电条例的生效内容。RA 系列建议书是专门针对射电天文制定的。

ITU-R 经常组织研究组、工作组和其他组会议，处理具体问题。每 2～3 年组织一次世界电信大会（World Radiocommunication Conference，WRC），在大会上分配新频谱，且必要时修订 ITU 无线电条例。很多国家的政府会派代表团参加 WRC，大会决议具有条约性质。只要不影响其他国家的频谱使用，参加国可以对国际条例提出例外。因此，很多政府拥有自己的主要基于 ITU 无线电条例的无线电管理系统，但可以根据自己的特殊需求破例使用频谱：参见 Pankonin 和 Price（1981），Thompson 等（1991）。也可以参见 ITU-R《射电天文手册》（*Handbook on Radio Astronomy*，2013）和 ITU-R 建议书 RA.769-2（2003）。

扩 展 阅 读

Crawford, D. L., Ed., Light Pollution, Radio Interference, and Space Debris, Astron. Soc. Pacific Conf. Ser., 17（1991）

Ellingson, S., Introduction to Special Section on Mitigation of Radio Frequency Interference in Radio Astronomy, Radio Sci., 40, No. 5（2005）（Radio Sci., 40, No. 5, contains 17 articles of interest. ）

ITU-R, Handbook on Radio Astronomy, International Telecommunication Union, Geneva（2013）

Kahlmann, H. C., Interference: The Limits of Radio Astronomy, in Review of Radio Science 1996-1999, Stone, W. R., Ed., Oxford Univ. Press, Oxford, UK（1999）, pp. 751-785

National Research Council, Handbook of Frequency Allocations and Spectrum Protection for Scientific Uses, 2nd ed., National Academies Press, Washington, DC（2015）

National Research Council, Spectrum Management for Science in the 21st Century, National Academies Press, Washington, DC（2010）

Swenson, G. W., Jr., and Thompson, A. R., Radio Noise and Interference, in Reference Data for Engineers: Radio, Electronics, Computer, and Communications, 8th ed., Sams, Indianapolis, IN（1993）

参 考 文 献

Athreya, R., A New Approach to Mitigation of Radio Frequency Interference in Interferometric Data, Astrophys. J., 696, 885-890（2009）

Baan, W. A., RFI Mitigation in Radio Astronomy, in Proc. of RFI Mitigation Workshop, Proc. Science, PoS（RFI2010）011（2010）

Barnbaum, C., and Bradley, R. F., A New Approach to Interference Excision in Radio Astronomy: Real-Time Adaptive Cancellation, Astron. J., 116, 2598-2614（1998）

Beasley, W. L., "An Investigation of the Radiated Signals Produced by Small Sparks on Power Lines," Ph. D. thesis, Texas A&M Univ. （1970）

Bhat, N. D. R., Cordes, J. M., Chatterjee, S., and Lazio, T. J. W., Radio Frequency InterferenceIdentification and Mitigation, Using Simultaneous Dual-Station Observations, Radio Sci., 40, RS5S14（2005）

Boonstra, A. J., and van der Tol, S., Spatial Filtering of Interfering Signals at the Initial Low-Frequency Array（LOFAR）Phased Array Test Station, Radio Sci., 40, RS5S09（2005）

Bretteil, S., and Weber, R., Comparison of Two Cyclostationary Detectors for Radio Frequency Interference Mitigation in Radio Astronomy, Radio Sci., 40, RS5S15（2005）

Briggs, F. H., Bell, J. F., and Kesteven, M. J., Removing Radio Interference from Contaminated Astronomical Spectra Using an Independent Reference Signal and Closure Relations, Astron. J., 120, 3351-3361 (2000)

Briggs, F. H., and Kocz, J., Overview of Approaches to Radio Frequency Interference Mitigation, Radio Sci., 40, RS5S02 (2005)

Combrinck, W. L., West, M. E., and Gaylord, M. J., Coexisting with GLONASS: Observing the1612-MHz Hydroxyl Line, Publ. Astron. Soc. Pacific, 106, 807-812 (1994)

Dong, W., Jeffs., B. D., and Fisher, J. R., Radar Interference Blanking in Radio Astronomy Using a Kalman Tracker, Radio Sci., 40, RS5S04 (2005)

Ellingson, S. W., Bunton, J. D., and Bell, J. F., Removal of the GLONASS C/A Signal from OH Spectral Line Observations Using a Parametric Modeling Technique, Astron. J. Suppl., 135, 87-93 (2001)

Ellingson, S. W., and Cazemier, W., Efficient Multibeam Synthesis with Interference Nulling for Large Arrays, IEEE Trans. Antennas Propag., 51, 503-511 (2003)

Ellingson, S. W., and Hampson, G. A., A Subspace Tracking Approach to Interference Nulling for Phased Array Based Radio Telescopes, IEEE Trans. Antennas Propag., 50, 25-30 (2002)

Fridman, P. A., and Baan, W. A., RFI Mitigation in Radio Astronomy, Astron. Astrophys., 378, 327-344 (2001)

Galt, J., Contamination from Satellites, Nature, 345, 483 (1990)

ITU-R, Handbook on Radio Astronomy, International Telecommunication Union, Geneva (2013)

ITU-R Recommendation SA. 509-1, Generalized Space Research Earth Station Antenna Radiation Pattern for Use in Interference Calculations, Including Coordination Procedures, ITU-R Recommendations, SA Series, International Telecommunication Union, Geneva (1997) (see also updated Recommendation SA. 509-3, 2013)

ITU-R Recommendation RA. 769-2, Protection Criteria Used for Radio Astronomical Measurements, ITU-R Recommendations, RA Series, International Telecommunication Union, Geneva (2003) (or current revision)

ITU-R Recommendation SM. 329-12, Unwanted Emissions in the Spurious Domain, ITU-R Recommendations, SA Series, International Telcommunication Union, Geneva (2012) (or current revision)

Leshem, A., and van der Veen, A. -J., Radio-Astronomical Imaging in the Presence of Strong Radio Interference, IEEE Trans. Inform. Theory, 46, 1730-1747 (2000)

Leshem, A., van der Veen, A. -J., and Boonstra, A. -J., Multichannel Interference Mitigation Techniques in Radio Astronomy, Astrophys. J. Suppl., 131, 355-373 (2000)

Murota, K., and Hirade, K., GMSK Modulation for Digital Mobile Radio Telephony, IEEE Trans. Commun., COM-29, 1044-1050 (1981)

Nita, G. M., and Gary, D. E., Statistics of the Spectral Kurtosis Estimator, Publ. Astron. Soc.

Pacific, 122, 595-607（2010）

Nita, G. M., Gary, D. E., Lui, Z., Hurford, G. H., and White, S. M., Radio Frequency Interference Excision Using Spectral Domain Statistics, Publ. Astron. Soc. Pacific, 119, 805-827（2007）

Offringa, A. R., de Bruyn, A. G., Zaroubi, S., van Diepen, G., Martinez-Ruby, O., Labropoulos, P., Brentjens, M. A., Ciardi, B., Daiboo, S., Harker, G., and 86 coauthors, The LOFAR Radio Environment, Astron. Astrophys., 549, A11（15pp）（2013）

Offringa, A. R., Wayth, R. B., Hurley-Walker, N., Kaplan, D. L., Barry, N., Beardsley, A. P., Bell, M. E., Bernardi, G., Bowman, J. D., Briggs, F., and 55 coauthors, The Low-Frequency Environment of the Murchison Widefield Array: Radio-Frequency Interference Analysis and Mitigation, Publ. Astron. Soc. Aust., 32, e008（13pp）（2015）

Otter, M., A Comparison of QPSK, OQPSK, BPSK, and GMSK Modulation Schemes, Report of the European Space Agency, European Space Operations Center, Darmstadt, Germany（1994）

Pankonin, V., and Price, R. M., Radio Astronomy and Spectrum Management: The Impact of WARC-79, IEEE Trans. Electromag. Compat., EMC-23, 308-317（1981）

Perley, R., Attenuation of Radio Frequency Interference by Interferometric Fringe Rotation, EVLA Memo 49, National Radio Astronomy Observatory（2002）

Petroff, E., Keane, E. F., Barr, E. D., Reynolds, J. E., Sarkissian, J., Edwards, P. G., Stevens, J., Brem, C., Jameson, A., Burke-Spolaor, S., and four coauthors, Identifying the Source of Perytons at the Parkes Radio Telescope, Mon. Not. R. Astron. Soc., 451, 3933-3940（2015）

Raza, J., Boonstra, A. -J., and van der Veen, A. -J., Spatial Filtering of RF Interference in Radio Astronomy, IEEE Signal Proc. Lett., 9, 64-67（2002）

Rogers, A. E. E., Pratap, P., Carter, J. C., and Diaz, M. A., Radio Frequency Interference Shielding and Mitigation Techniques for a Sensitive Search for the 327-MHz Line of Deuterium, Radio Sci., 40, RS5S17（2005）

Schuss, J. J., Upton, J., Myers, B., Sikina, T., Rohwer, A., Makridakas, P., Francois, R., Wardle, L., and Smith, R., The IRIDIUM Main Mission Antenna Concept, IEEE Trans. Antennas Propag., AP-47, 416-424（1999）

Smolders, B., and Hampson, G., Deterministic RF Nulling in Phased Arrays for the Next Generation of Radio Telescopes, IEEE Antennas Propag. Mag., 44, 13-22（2002）

Thompson, A. R., The Response of a Radio-Astronomy Synthesis Array to Interfering Signals, IEEE Trans. Antennas Propag., AP-30, 450-456（1982）

Thompson, A. R., Gergely, T. E., and Vanden Bout, P., Interference and Radioastronomy, Physics Today, 44, 41-49（1991）

van der Tol, S., and van der Veen, A. -J., Performance Analysis of Spatial Filtering of RF Interference in Radio Astronomy, IEEE Trans. Signal Proc., 53, 896-910（2005）

17 有关的技术

　　射电干涉和综合孔径成像类似的概念和技术也广泛应用于天文、对地遥感和空间科学的各个领域。这里我们介绍几个应用，包括光学技术，以扩大读者的视野。所有这些内容都在其他文献中有详细的讨论，这里主要介绍所涉及的原理，并将其与前述章节的内容关联起来。

17.1 强度干涉仪

　　进行长基线干涉测量时，强度干涉仪技术比较简单，对早期射电天文具有重要意义。如 1.3.7 节所述，与常规干涉仪相比，强度干涉对接收系统信噪比（SNR）的要求高得多，且只能测量可见度函数的模，因此在射电天文中，强度干涉仪的实际应用有限（Jennison and Das Gupta，1956；Carr et al.，1970；Dulk，1970）。这类干涉仪由 Hanbury Brown 设计，他还介绍了强度干涉仪的发展和应用（Hanbury Brown，1974）。

　　如图 17.1 所示，在强度干涉仪中，来自天线的信号先被放大，然后经过平方律检波，再送入相关器。因此，相关器输入端的均方根信号电压正比于天线输出功率，因此也正比于信号强度。由于检波丢失了射频信号的相位，所以不会形成干涉条纹，但相关器输出可以给出两个检波波形的相关度。令检波器输入电压为 V_1 和 V_2，检波器输出为 V_1^2 和 V_2^2，且每路输出都包含一个直流分量和一个时变分量，直流分量可以用滤波器去除，时变分量送入相关器。根据四阶矩关系[式（6.36）]，相关器输出为

$$\left\langle \left(V_1^2 - \left\langle V_1^2 \right\rangle\right)\left(V_2^2 - \left\langle V_2^2 \right\rangle\right)\right\rangle = \left\langle V_1^2 V_2^2 \right\rangle - \left\langle V_1^2 \right\rangle\left\langle V_2^2 \right\rangle$$
$$= 2\left\langle V_1 V_2 \right\rangle^2 \tag{17.1}$$

　　相关器输出正比于常规干涉仪相关器输出的平方，且测量的是被测源可见度的模平方。

　　我们现在给出另一种方法推导强度干涉仪的响应，可以说明源上不同区域的信号被仪器合成的物理意义。源用一维强度分布来表示，如图 17.2。我们假设源可以看作是许多小区域的线性分布，并且每个小区域足够大，能够辐射平稳随机噪声，但角宽度远小于 $1/u$，$1/u$ 定义了干涉仪的角度分辨率。假设源是空间非相干的，因此不同小区域的信号不相关。考虑源上角位置分

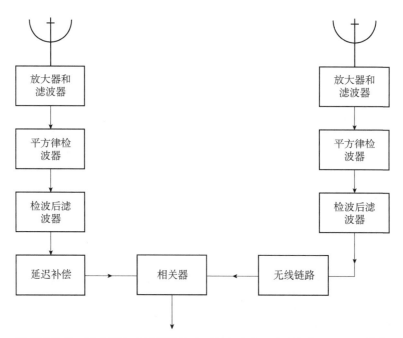

图 17.1　强度干涉仪。放大器和滤波器模块也可能包含本振和混频器，延迟补偿模块用于均衡源到相关器输入端的信号延迟。检波后滤波器用于去除直流和射频分量

别为 θ_k 和 θ_l 的两个区域 k 和 l，二者的对角分别为 $\mathrm{d}\theta_k$ 和 $\mathrm{d}\theta_l$，如图 17.2 所示。每个区域都辐射宽谱，但我们首先只考虑区域 k 辐射的傅里叶分量 ν_k 和区域 l 辐射的傅里叶分量 ν_l 产生的输出。令 $A_1(\theta)$ 为两个大线的接收功率方向图，$I_1(\theta)$ 是射电源强度分布，这两个函数均用一维函数表征。则第一个接收机的检波输出等于

$$\left[V_k \cos 2\pi\nu_k t + V_1 \cos\left(2\pi\nu_1 t + \phi_1\right)\right]^2 \tag{17.2}$$

其中 ϕ_1 是路径长度差引入的相位项，信号电压 V_k 和 V_1 分别由下面两式给出：

$$V_k^2 = A_1(\theta_k) I_1(\theta_k) \mathrm{d}\theta_k \mathrm{d}\nu_k \tag{17.3}$$

及

$$V_1^2 = A_1(\theta_1) I_1(\theta_1) \mathrm{d}\theta_1 \mathrm{d}\nu_1 \tag{17.4}$$

展开式（17.2）并去除直流和射频项，我们可得接收机 1 的检波器输出为

$$V_k V_1 \cos\left[2\pi(\nu_k - \nu_1)t - \phi_1\right] \tag{17.5}$$

类似地，接收机 2 的检波器输出为

$$V_k V_1 \cos\left[2\pi(\nu_k - \nu_1)t - \phi_2\right] \tag{17.6}$$

相关器输出正比于式（17.5）和式（17.6）之积的时间平均，即

$$\left\langle A_1(\theta_k) A_1(\theta_l) I_1(\theta_k) I_1(\theta_l) d\theta_k d\theta_l d\nu_k d\nu_l \cos(\phi_1 - \phi_2) \right\rangle \quad (17.7)$$

只要相对带宽远小于分辨率与视场之比［见式（6.69）及相关讨论］，相位项关于频率的变化就很小。在这个限制条件下，式（17.7）就有效地独立于频率 ν_k 和 ν_l，因此在矩形接收通带 $\Delta\nu$ 内对 ν_k 和 ν_l 做积分时，可以用 $\Delta\nu^2$ 替换 $d\nu_k d\nu_l$。

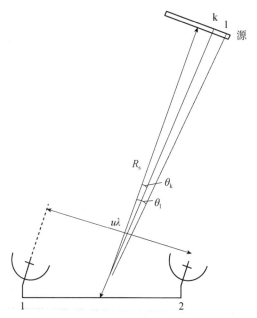

图 17.2　强度干涉仪讨论中涉及的距离和角度定义。u 为投影天线间距，单位为波长

相位角 ϕ_1 和 ϕ_2 是由路径差 kk' 和 ll' 引入的，如图 17.3 所示。注意，由于 l 点到天线 1 有增量路径长度，k 点到天线 2 有增量路径长度，因此 ϕ_1 和 ϕ_2 的符号相反。如果源到天线的距离为 R_s，则源上的距离 kl 近似等于 $R_s(\theta_k - \theta_l)$。由于 u 代表垂直于源方向的天线间距投影且单位为波长，角度 $\alpha_k + \alpha_l$ 近似等于 $u\lambda/R_s$。如果 α_k、α_l 角和源张角都很小，则上面的近似是准确的。因此相位角之差为

$$\phi_1 - \phi_2 = 2\pi R_s(\theta_k - \theta_l)\frac{(\sin\alpha_k + \sin\alpha_l)}{\lambda}$$

$$\approx 2\pi u(\theta_k - \theta_l) \quad (17.8)$$

由式（17.7），相关器输出变成

$$\left\langle A_1(\theta_k) A_1(\theta_l) I_1(\theta_k) I_1(\theta_l) \Delta\nu^2 \cos\left[2\pi u(\theta_k - \theta_l)\right] d\theta_k d\theta_l \right\rangle \quad (17.9)$$

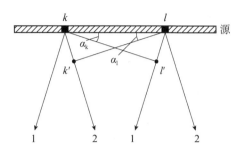

图 17.3　射线从源上的 k 区域和 l 区域向天线 1 和天线 2 方向传播的相对延迟路径 kk' 和 ll'

为了获取源内所有小区域对的输出，在假设空间非相干的条件下，可以在源范围内做表达式（17.9）关于 θ_k 和 θ_l 的积分，可得

$$
\left\langle \left[\Delta\nu \int A_1(\theta_k) I_1(\theta_k) \cos(2\pi u\theta_k) \mathrm{d}\theta_k \right]\left[\Delta\nu \int A_1(\theta_l) I_1(\theta_l) \cos(2\pi u\theta_l) \mathrm{d}\theta_l \right] \right.
$$
$$
\left. + \left[\Delta\nu \int A_1(\theta_k) I_1(\theta_k) \sin(2\pi u\theta_k) \mathrm{d}\theta_k \right]\left[\Delta\nu \int A_1(\theta_l) I_1(\theta_l) \sin(2\pi u\theta_l) \mathrm{d}\theta_l \right] \right\rangle
$$
$$
= A_0^2 \Delta\nu^2 \left[\mathcal{V}_R^2 + \mathcal{V}_I^2 \right] = A_0^2 \Delta\nu^2 |\mathcal{V}|^2 \tag{17.10}
$$

这里我们假设了源范围内的天线响应 $A_1(\theta)$ 为常数 A_0，下标 R 和 I 代表可见度的实部和虚部。这一结果符合 3.1.1 节给出的二维源的可见度定义。因此，相关器输出正比于复可见度模的平方。这一方法的详细讨论参见 Hanbury Brown 和 Twiss（1954）。Bracewell（1958）给出了基于辐射场互相关的分析。

强度干涉仪有一些优于常规干涉仪的特性。由于相关器输入的每个信号分量都是由经过几乎相同大气路径的两个射频分量之差产生的，因此强度干涉仪对大气相位起伏很不敏感。到检波器，差频分量的相位起伏与射频信号的相位起伏之比等于差频与射频频率之比，可能在 10^{-5} 量级。在常规干涉仪中，这种量级的相位起伏导致很难测量可见度的幅度和相位。类似地，两个接收机本地振荡器的相位起伏不影响差频分量的相位。因此，不必像 VLBI 一样使用同步本振，甚至不必使用高稳定频率标准。尽管都不是关键因素，但这些优势对强度干涉仪的早期射电应用是有利的。如果当时研究的源直径是角秒而非角分量级，强度干涉仪还会发挥更大作用。

强度干涉仪的严重缺陷是灵敏度相对较差。由于接收机中使用了检波器，相关器输入端的信号功率与噪声功率之比与射频级（检波前级）信噪比的平方成正比，精确的信噪比还受各级的带宽和检波后级影响（Hanbury Brown and Twiss，1954）。常规干涉仪有可能在相关器输入端检测到比噪声低 60dB 的信号。而强度干涉仪相关器输出要达到相似的信噪比，要求的射频级信噪比要高～30dB。这种缺陷以及对可见度相位缺乏敏感性，严重制约了强度干涉仪的射电应用。在开发出现代迈克耳孙干涉仪之前，强度干涉在早期光学干涉（见

17.6.3 节）中也发挥了类似的作用。

17.2　月　掩　观　测

MacMahon（1909）提出，在月掩恒星时测量恒星的光强可以作为测量恒星的尺寸和位置的一种方法。Eddington（1909）批评了这种基于简单几何光学的分析，他指出衍射效应会掩盖恒星的角尺度细节。可能是 Eddington 的论文在一段时间内阻止了月掩观测。30 年后，Whitford（1939）首次报道了月掩测量，他观测了摩羯座 β 星和水瓶座 ν 星，并获得了清晰的衍射模式。

当时 Eddington 和其他人并未认识到，尽管月掩的时域响应与几何光学和点源的情况不同，不是简单的阶跃函数，但点源响应的傅里叶变换表征了对天空空间频率的灵敏度，点源响应与阶跃函数的傅里叶变换的幅度相同，只是相位不同而已。因此，月掩观测对所有傅里叶分量都具有敏感性，除了信噪比对分辨率的限制，本质上月掩测量不会限制分辨率。Scheuer（1962）认识到这种幅度的一致性，他设计了一种从月掩曲线推导一维强度分布 I_1 的方法。当时，通过射电干涉测量的应用，空间频率的概念已经广为人知。发生月掩时，由于衍射是发生在地球大气层外的，进行地基干涉测量时，月掩获得的高角分辨率不会受大气的严重影响。此外，SNR 会影响可获取的分辨率，因此分辨率依赖于望远镜的口径。Hazard 等（1963）基于该技术进行了一次早期射电应用，即测量 3C273 的位置和尺寸，进而认证了脉冲星。如 12.1 节所述，很多年来，3C273 的位置测量被用作 VLBI 源表的赤经参考。米波段的射电月掩测量是最重要的，如果波长更短时月球本身的热流量密度很大，会影响探测。在射电波段，干涉测量已经基本取代了月掩测量，但在光学和红外波段，月掩测量仍然是有力的手段。

图 17.4 给出月掩观测的几何关系以及曲线形式。由于月球曲率和表面粗糙度的影响，月亮边缘并不是直边，但这种偏差远小于射电频段的第一菲涅耳区尺度。因此，点源响应就是广为人知的直边衍射模式，大多数物理光学教科书都会对此进行推导。图 17.4（b）接收功率的跃变对应于月亮第一菲涅耳区的遮挡或暴露，高阶菲涅耳区导致曲线振荡。临界尺度是第一菲涅耳区的尺寸 $\sqrt{(\lambda R_{\rm m}/2)}$，其中地球到月亮的距离 $R_{\rm m} \approx 3.84 \times 10^5$。波长 10cm 对应的临界尺度为 4400m，波长 0.5μm 对应的临界尺度为 10m，从地球看过去的角度分别为 2.3″和 5mas。月球边缘遮掩的最大速度约为 $1{\rm km \cdot s^{-1}}$，但有效速度依赖于月亮圆盘上发生遮掩的具体位置，我们用 $0.6{\rm km \cdot s^{-1}}$ 作为典型值。因此，波长为 10cm 时，遮挡第一菲涅耳区的典型时长为 7s；当波长为 0.5μm 时，典型遮挡时

长为16ms，遮掩第一菲涅耳区的时长决定了波形滚降和振荡周期特征。

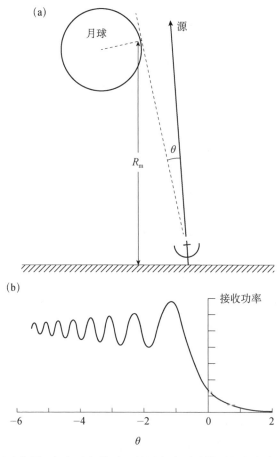

图 17.4　月掩射电源示意图：（a）几何关系，从源方向顺时针测量的角度为 θ，图中 θ 为负；（b）月掩点源的曲线正比于 $\mathcal{P}(\theta)$。横坐标 θ 的单位为 $\sqrt{(\lambda/2R_{\mathrm{m}})}$，其中 λ 为波长，R_{m} 为月球的距离

　　在假想的几何光学遮掩情况下，观测曲线是 I_1（θ 的函数）的积分，其中 θ 是点源与月亮边缘的夹角，如图 17.4（a）所示。所以通过微分可以获取 I_1。实际上，观测的月掩曲线 $\mathcal{G}(\theta)$ 等于 $I_1(\theta)$ 和月球边缘的点源衍射模式 $\mathcal{P}(\theta)$ 的卷积，即 $I_1(\theta)*\mathcal{P}(\theta)$。关于 θ 微分可得

$$\mathcal{G}'(\theta)=I_1(\theta)*\mathcal{P}'(\theta) \tag{17.11}$$

其中的上标一撇代表求导。式（17.11）两边作傅里叶变换可得

$$\overline{\mathcal{G}'}(u)=\overline{I_1}(u)\overline{\mathcal{P}'}(u) \tag{17.12}$$

其中横标横线代表傅里叶变换，一撇代表 θ 域的一次导数，u 和 θ 是变换对。

　　在几何光学情况下，$\mathcal{P}(\theta)$ 是阶跃函数，因此 $\mathcal{P}'(\theta)$ 是 δ 函数，其傅里叶变换为常数。在衍射限制情况下，函数 $\overline{\mathcal{P}}(u)$［引自（Cohen，1969）］由下式给出：

$$\overline{\mathcal{P}}(u) = \frac{j}{u}\exp\left[j2\pi\theta_F^2 u^2\,\mathrm{sgn}\,u\right] \qquad (17.13)$$

其中 θ_F 是第一菲涅耳区的角尺寸 $\sqrt{(\lambda/2R_m)}$；sgn 是符号函数，用 ± 1 代表 u 的符号。根据傅里叶变换的微分性质有 $\overline{\mathcal{P}'}(u) = j2\pi u\overline{\mathcal{P}}(u)$，其幅度是不等于零的常数，可以从式（17.12）中除掉。因此 $I_1(\theta)$ 等于 $\mathcal{G}'(\theta)$ 与一个傅里叶变换为 $1/\overline{\mathcal{P}'}(u)$ 的函数的卷积。Scheuer（1962）指出，最后一个函数正比于 $\mathcal{P}'(-\theta)$，可以用作还原函数，如下：

$$\begin{aligned}I_1(\theta) &= \mathcal{G}'(\theta) * \mathcal{P}'(-\theta) \\ &= \mathcal{G}(\theta) * \mathcal{P}''(-\theta)\end{aligned} \qquad (17.14)$$

等式右侧的第二种形式避免了对含噪月掩信号做微分的困难，因此更加有用。这种方法理论上与阵列的性能不同，还原 I_1 的角分辨率是不受限的。然而，回顾式（17.13）给出的月掩曲线的空间频率灵敏度的幅度正比于 $1/u$。因此，用式（17.14）还原时，傅里叶分量也是包含噪声的，分量的幅度正比于 u 增大。增加的噪声限制了有效分辨率。用 $\mathcal{P}''(\theta)$ 和分辨率为 $\Delta\theta$ 的高斯函数的卷积来替换式（17.14）中的 $\mathcal{P}''(\theta)$，可以方便地引入分辨率限制。这样获得的 I_1 等效于用高斯形波束观测获得的 I_1。实际上，引入高斯函数是这种方法的关键，这样才能确保式（17.14）卷积积分收敛。$\Delta\theta$ 的优化选取取决于信噪比。不同分辨率下重构函数的例子参见 von Hoerner（1964）。

　　上述讨论遵循经典方法来还原月掩观测，是基于几何光学类比发展出来的。我们可以更直观地把还原想象为对月掩曲线做傅里叶变换，除以 $\overline{\mathcal{P}}(u)$（适当加权以控制噪声的增加），再反变换回 θ 域。数学上，这种处理过程与式（17.14）是等效的。

　　由于傅里叶分量的信噪比和实际点源响应的信噪比相同，用几何光学模型可以估计噪声限制下的角分辨率。考虑月掩曲线［图 17.4（b）］上接收机功率发生跳变的区域，并令 τ 为电平变化等于均方根噪声的时间间隔。然后，如果月亮边缘相对于射电源运动的相对角速度为 v_m，则可获得的角度分辨率近似为

$$\Delta\theta = v_m\tau \qquad (17.15)$$

　　在时间间隔 τ 内，天线接收的流量密度变化了 ΔS。令 θ_s 是射电源在垂直于月亮边缘方向上的主结构宽度，且 S 是源的总流量密度。则对于各方向角尺寸都近似相等的源，其平均强度约等于 S/θ_s^2。在时间 τ 内，源被月球遮挡部分的立体角变化了 $\theta_s\Delta\theta$，且

$$\frac{\Delta\theta}{\theta_s} \approx \frac{\Delta S}{S} \tag{17.16}$$

在接收机输出端，流量密度 ΔS 分量的信噪比为

$$\mathcal{R}_{sn} = \frac{A\Delta S\sqrt{\Delta\nu\tau}}{2kT_S} \tag{17.17}$$

其中 A 是天线接收面积；$\Delta\nu$ 和 T_S 分别是接收机的带宽和系统温度；k 为玻尔兹曼常量。注意，月球的热噪声会明显影响 T_S。我们考虑的检测条件相当于 $\mathcal{R}_{sn} \approx 1$，由式（17.15）~式（17.17）可得

$$\Delta\theta = \left(\frac{2kT_S\theta_S}{AS}\right)^{2/3}\left(\frac{\nu_m}{\Delta\nu}\right)^{1/3} \tag{17.18}$$

注意，式（17.18）中并不直接包含频率（或波长）项，但几个参数值是依赖于观测频率的，比如 S、$\Delta\nu$ 和 T_S。例如，考虑一次观测的频率范围为 100~300MHz，$A=2000\text{m}^2$，$T_S=200\text{K}$ 且 $\Delta\nu=2$MHz。假设射电源 $S=10^{-26}\text{W}\cdot\text{m}^{-2}\cdot\text{Hz}^{-1}$（1Jy）且 $\theta_s=5''$。ν_m 的典型值为每秒 $0.3''$。将上述参数代入式（17.18）可得 $\Delta\theta=0.7''$。尽管式（17.18）是通过几何光学法推导得出的，但并不限制其可用性。对于一个观测到的月掩曲线，通过调整傅里叶分量的相位可以获得等效的几何光学曲线。

接收系统带宽会导致月掩观测的角度细节模糊。由于信噪比随带宽增大，因此对于任何观测，都存在一个对精细角结构最灵敏的带宽。基于带宽范围内的相位项不能显著变化的要求，由式（17.13）可以推导得出该带宽近似为 $\nu^2\Delta\theta^2 R_m/c$。注意到，以分辨率 $\Delta\theta$ 做月掩测量，涉及以线性尺度 $\lambda/\Delta\theta$ 检测月球距离上的波前，可以对该带宽与阵列的带宽限制[式（6.70）]做对比。这个线性尺度折合为地球上的张角 $\lambda/\Delta\theta R_m$。von Hoerner（1964）、Cohen（1969）和 Hazard（1976）进一步讨论了这些细节和 Scheuer 还原技术的实际应用。注意，在几个月的时间周期内，月亮圆盘可能会以不同的位置角多次遮掩射电源。如果能观测到足够大的位置角范围，就可以将多个一维强度分布合成为源的二维图像[例如参见（Taylor and De Jong, 1968）]。在射电天文中，随着甚长基线干涉的发展，月掩观测已经不太重要了。

月掩方法广泛用于可见光和红外天文，用于测量恒星的尺寸和光晕，并用于分辨致密双星。多次光学干涉测量结果保持一致，这表明月面地形的变化并未破坏月掩方法，可以预期，如果月面地形的变化尺度与菲涅耳区的尺度相当，会严重破坏月掩观测的性能。常规观测的角尺寸已经达到 1mas。通常，采用参量化模型拟合来分析遮掩曲线，而不用上面介绍的射电观测使用的重构法。可见光和红外波段月掩观测的特殊考虑的综述，参见 Richichi（1994）。用

这种方法大量测量了恒星直径[例如参见（White and Feirman，1987）]及双星间距[例如参见（Evans et al.，1985）]。其他应用还包括测量沃尔夫–拉叶星（Wolf-Rayet Star）周围环绕的亚角秒级尘埃壳 [例如参见（Ragland and Richichi，1999）]。

17.3　天　线　测　量

测量天线口面上的电场的分布是优化孔径效率的重要步骤，特别是反射面天线，其电场分布代表了天线表面调节精度。由 15.1.2 节推导得出，天线的电压响应方向图与其孔径场分布是傅里叶变换关系。如果 x 和 y 为孔径平面的坐标轴，则场分布 $\mathcal{E}(x_\lambda, y_\lambda)$ 是远场电压辐射（接收）方向图 $V_A(l,m)$ 的傅里叶变换（见 3.3.1 节），其中 l 和 m 是相对于 x 和 y 轴的方向余弦，下标 λ 代表以波长为单位进行测量。因此，

$$V_A(l,m) \propto \iint_{-\infty}^{\infty} \mathcal{E}(x_\lambda, y_\lambda) e^{j2\pi(x_\lambda l + y_\lambda m)} dx_\lambda dy_\lambda \qquad (17.19)$$

用探针在孔径平面上扫描可以直接测量 $\mathcal{E}$，但必须避免干扰孔径场。这种方法可以有效测量毫米波喇叭天线的特性（Chen et al.，1998）。然而，在很多应用中，特别是对于大型全可动天线，测量 V_A 更为简单。为了对 $\mathcal{E}(x_\lambda, y_\lambda)$ 做傅里叶变换，$V_A(l,m)$ 的幅度和相位都要测量。测量 $V_A(l,m)$ 时，被测天线的波束相对于远场发射机方向进行扫描，另一个接收相位参考信号的天线不进行扫描。由两个天线的信号之积可以获得 $V_A(l,m)$ 函数。这种技术类似于光学全息照相中的参考波束，用这种方法测量天线被称为全息技术（Napier and Bates，1973；Bennett et al.，1976）。

利用全息技术可以容易地测量干涉仪和综合孔径阵列的天线。如果设备参数（基线等）和源位置是精确已知的，且忽略大气引入的相位起伏，则对于不可分辨源，定标后的可见度值的实部就对应于源的流量密度，且虚部等于零（但含有噪声）。如果相关对的一个天线对源进行扫描，同时另外一个天线连续跟踪该源，则获取的可见度值正比于扫描天线 $V_A(l,m)$ 的幅度和相位。Scott 和 Ryle（1977）首次提出上述综合孔径阵列天线的测量方法，后续分析中，我们基本沿用了他们和 D'Addario（1982）的分析。

把孔径平面 $\mathcal{E}(x_\lambda, y_\lambda)$ 和天空平面 $V_A(l,m)$ 的数据想象为离散傅里叶变换使用的 $N \times N$ 个网格点上的离散测量值，是比较便于分析的。为简单起见，考虑一个尺寸为 $d_\lambda \times d_\lambda$ 的正方形天线孔径。由于在 $\pm d_\lambda/2$ 范围之外，$\mathcal{E}(x_\lambda, y_\lambda)$ 为零，根据傅里叶变换的采样定理，在 (l,m) 平面上必须以不大于 $1/d_\lambda$ 的间隔对响应进行采样。[由于功率波束是 $\mathcal{E}(x_\lambda, y_\lambda)$ 自相关函数的傅里叶变换，因此上述采

样间隔是功率波束采样间隔的两倍。]如果 $V_A(l,m)$ 采样间隔为 $1/d_\lambda$，则孔径数据正好填满 $\mathcal{E}(x_\lambda,y_\lambda)$ 矩阵。在天线孔径上的测量间距为 d_λ/N。因此，通常选取 N，使天线口面的每个面板上都有几个测量点。在 (l,m) 平面，扫描的角度范围等于 N 倍指向间隔，即 N/d_λ。这一扫描范围近似为 N 倍波束宽度。测量过程是在 N^2 个离散指向上扫描被测天线，从而获取 $V_A(l,m)$ 数据。

$\mathcal{R}_{sn}$ 是信号强度的测度，令 $\mathcal{R}_{sn}$ 等于时间 τ_a 内两个天线的波束都直接指向源的信噪比。现在假设把 (x_λ,y_λ) 孔径平面划分成以测量点为中心、边长为 d_λ/N 的正方形面元（图 5.3）。考虑被测天线上一个面积为 $(d_\lambda/N)^2$ 的孔径面元的信号贡献的相关器输出。这样一个孔径面元的有效波束宽度等于 N 倍的天线波束宽度，即近似等于所要求的完整扫描宽度。这样大的面积贡献了 $1/N^2$ 的相关器输出信号，因此时间 τ_a 内，一个面元贡献的信号分量相对于相关器输出噪声的信噪比为 $\mathcal{R}_{sn}/N^2$，或者在总测量时间 $N^2\tau_a$ 内，一个面元贡献的信噪比为 $\mathcal{R}_{sn}/N$。来自一个孔径面元的信号分量的相位测量精度 $\delta\phi$ 等于 $N/(\sqrt{2}\mathcal{R}_{sn})$。引入 $\sqrt{2}$ 因子是因为只有垂直于信号（可见度）矢量的系统噪声分量才会引入相位测量误差，见图 6.8。这种条件下，孔径面元的表面如果移位 ϵ，会造成反射信号的相位变化 $4\pi\epsilon/\lambda$。因此，这一信号分量的相位测量不确定度 $\delta\phi$，会导致 $\delta\epsilon = \lambda\delta\phi/(4\pi) = \lambda N/(4\sqrt{2}\pi\mathcal{R}_{sn})$ 的 ϵ 不确定度。由所期望的表面测量精度 $\delta\epsilon$，我们可以确定当两个波束都指向射电源时，时间 τ_a 内的信号强度应满足

$$\mathcal{R}_{sn} = \frac{N\lambda}{4\sqrt{2}\pi\delta\epsilon} \tag{17.20}$$

确定了 $\mathcal{R}_{sn}$ 之后，我们可以用式（6.48）和（6.49）获取信号的天线温度值或流量密度（$\mathrm{W \cdot m^{-2} \cdot Hz^{-1}}$）值。如果使用的两个天线尺寸不同，则要用 A、T_A 和 T_S 的几何平均替换式（6.48）和式（6.49）中的对应参量。这里做了几个简化近似。声称一个孔径面元贡献了 $1/N^2$ 的天线输出，意味着假设孔径上的场强是均匀的。如果对孔径照射做锥化，要保证孔径外边缘的精度，就需要更高的 $\mathcal{R}_{sn}$ 值。将一个直径为 d_λ 的圆孔径近似为正方形孔径，$\mathcal{R}_{sn}$ 会被高估 $4/\pi$ 倍。如果用单音［连续波（CW）］信号进行全息测量，例如使用卫星信号，情况是很不一样的。接收的信号功率 P 可能远大于接收机噪声 $kT_R\Delta\nu$（D'Addario，1982）。这种情况下，相关器输出噪声主要决定于信号和接收机噪声电压的互积。在时间 τ 内的信噪比等于 $\sqrt{P\Delta\nu\tau/(kT_R\Delta\nu)}$，与接收机带宽无关。

图 17.5 给出用全息技术测量一个亚毫米波综合孔径阵列的一个天线的实例，一些实际的要点如下。

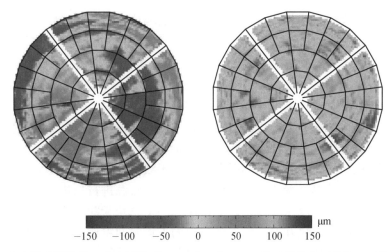

图 17.5　全息技术测量的亚毫米波阵列 SMA 中一个 6m 口径天线的表面偏差。天线反射面由 64 块面板构成，如图中黑线所示。左图为天线反射面刚刚完成施工时的表面误差，均方根偏差为 65μm。右图为完成四轮精调后的误差图，达到了 12μm 精度。在 0.5mm 波长，均匀照射条件下期望的孔径效率为 0.91。近场全息测量使用了 219m 远的 232.4GHz 连续波信标。两图都具有 128 × 128 像素，分辨率为 6cm。引自 Sridharan 等（2004）（扫描封底二维码可看彩图）

● 理想情况下，全息测量使用的源要足够强，能够获得很高的信噪比。通常要么使用卫星发射机，要么使用宇宙脉泽源。Morris 等（1988）介绍了用猎户座的 22.235GHz 水脉泽测量的 Pico de Veleta 站 30m 天线，取得了 25μm 的测量精度（重复性）。用全息技术测量干涉仪的天线时，可以使用部分分辨的源（Serabyn et al.，1991）。

● 如果被测天线是经纬仪座架，在观测过程中波束会相对于天空旋转。在确定指向时，天空平面的 (l,m) 轴应与天线的本地水平和垂直方向保持平行。如果天线安装在赤道仪上，(l,m) 轴应该是天空平面的东向和北向 [即通常定义的 (l,m)]。

● 如果源是强线极化的，而且天线是经纬仪座架，则可能需要补偿波束的旋转。如果天线能接收两个正交极化，则有可能进行旋转补偿。

● 如果使用两个独立天线，对流层不规则体引入的信号路径差会带来相位误差。也许有必要将两个波束中心周期性地指向源，以确定影响程度。测量一个大口径天线时，有时在大天线的馈源支撑结构上安装一个小天线，并指向大口径天线的波束方向，用来提供同源参考信号。这种方法应该可以消除对流层效应对相位的影响。

● 天线关于穿过其相位中心的任一轴线（在一定角度范围内）旋转时，可能不会影响接收信号的相位。抛物面反射面的相位中心位于抛物面的轴线上，大致位于天线顶点和孔径平面的中点附近[①]。天线扫描时，波束偏离源方向的最大转角为 $N/(2d_\lambda)$。如果旋转轴与相位中心的距离为 r，则信号到达天线的相位路径长度增加 $r[1-\cos(N/2d_\lambda)]$。如果这个距离接近一个波长，就必须修正相关器输出信号的相位。

● 对于在天线罩中的天线，结构件会导致入射辐射的散射，必须要进行修正。Rogers 等（1993）介绍了 Haystack 37m 天线测量的散射修正。

● 测量天线数量 n_a 较大的相关器阵列的天线时，一种可能的测量过程是用一个天线跟踪源并提供参考信号，其余全部天线对源进行扫描。然而，一种更好的测量过程是用 $n_a/2$ 个天线跟踪源，而另外 $n_a/2$ 个天线扫描。如果在观测的中点，两组天线的角色互换，第二种方法的平均时间将比第一种方法少一半。尽管如此，每个天线都有 $n_a/2$ 个不同的测量，因此比第一种方法的灵敏度提高 $\sqrt{n_a/4}$ 倍。另外，跟踪天线信号之间的互相关可以提供大气相位稳定性信息，对于解译数据是有利的。

Morris（1985）开发了一种只需测量远场方向图幅度的方法。这种方法不需要使用参考天线。该方法基于 Misell 算法（Misell，1973），处理过程概述如下。算法输入是天线孔径场分布幅度和相位初始"估计"模型和远场幅度方向图的两次测量，一次测量要求天线正确聚焦，另外一次测量要求天线充分散焦，在孔径边缘产生几弧度的相位误差。用模型的孔径分布计算聚焦状态下的远场幅度和相位方向图，再用测量的幅度替换模型聚焦的幅度。然后用测量的聚焦幅度和模型的相位计算其对应的孔径幅度和相位，这样就生成了新的孔径模型。然后用新模型计算散焦的远场方向图。计算散焦方向图时，假设孔径上的散焦只影响相位，且仅在孔径上引入一个随半径平方变化的分量。用测量的散焦方向图替换计算的散焦幅度方向图，再计算相应的聚焦孔径分布，并用作新的模型。继续迭代时，交替计算聚焦和散焦幅度。每次计算的幅度方向图都用相应的测量方向图替换，并用替换的方向图更新模型。该过程收敛即得到所求的解，该解是一个能同时拟合聚焦和散焦响应的模型。这种技术要求的信噪比大于相位测量的信噪比要求。对于波束零点附近的测量，所需信噪比近似等于相位测量所需信噪比的平方（Morris，1985）。

---

① 考虑从一个天线发射，其抛物面表面是围绕 x 轴旋转抛物线 $x=ay^2$ 形成的。考虑 $x=x'$ 和 $x=x'+\mathrm{d}x$ 两个平面之间的环形表面的辐射，其等效相位中心位于 x 轴上的 x' 点。这种环形表面投影到孔径平面（即 x 轴的垂面）的面积与 x' 无关。如果孔径是均匀照射的，则垂直于 x 轴且相隔同样距离的任意两个平面之间的环形表面都贡献相等的远场电场矢量。因此，全部辐射的等效相位中心也应该在 x 轴上，位于顶点和孔径平面中点。注意，这是基于几何光学的近似分析。

Serabyn 等（1991）介绍了只使用一部天线，适用于大型亚毫米波望远镜的全息技术。该方法借鉴了光学仪器技术，用剪切干涉仪（Shearing Interferometer）在焦平面上进行测量。

17.4　探测和跟踪空间碎片

接收散射的广播信号（被称为非合作发射机）来跟踪卫星和空间碎片的技术，也称为被动雷达。这种技术通常要求发射机和接收机分隔很远，以免直接接收到发射机发的 RFI 信号。半径为 a 的球体的散射截面（Scattering Cross Section）近似为

$$\sigma = \pi a^2, \qquad \lambda \ll 2\pi a$$
$$\sigma \approx \beta \pi a^2 \left(\frac{a}{\lambda} \right)^4, \quad \lambda \gg 2\pi a \qquad (17.21)$$

其中 $\beta \sim 10^4$。短波长极限被称为几何散射，长波长极限被称为瑞利散射。这两种极限都属于通用的米（Mie）散射定理[例如参见（Jackson，1998）]。介质球的截面积随 a 和 λ 同样变化。式（17.21）表明，$\sigma / \pi a^2$ 随 $(a/\lambda)^4$ 减小，因此散射体小于 $\sim \lambda$ 时，灵敏度急剧降低。跟踪卫星和空间碎片是空间态势感知的重要内容。

Tingay 等（2013）用默奇森宽场阵列（MWA）验证了用射电阵列被动跟踪空间目标的能力。MWA 工作在 80～300MHz 频段，位于人口密度低且射电环境干净的西澳大利亚地区。天线是安装在地平面的偶极子，这有助于屏蔽直射的 87.5～108MHz 宽带 FM 信号。FM 信号源自珀斯西南距离数百千米的区域，被空间目标散射后，能被 MWA 检测到。用阵列可以测量入射信号方向，为了测试跟踪独立空间目标的能力，对国际空间站的反射信号进行了探测。

测试时，临时改造了天文的干涉延迟模型。基于式（17.21）的计算表明，半径大于 0.5m 的空间目标的可信探测高度近似为 1000km。MWA 的接收面积很大，有利于这类观测。在 FM 频段，MWA 的视场约为 2400 平方度，波束宽度约为 6′。据估计，平均而言任意时刻 MWA 视场内都存在约 50 个米级尺度的空间碎片。对于米波段观测来说，大部分碎片的距离介于近场距离和远场距离之间。

射电干涉的一种有关应用是用 VLBI 阵列对主动发射卫星做近场三维定位，如 9.11 节所述。

17.5　干涉测量对地遥感

航天纪元初期就做了地球的全球射电测量。这些测量的基本原理是，没有辐射传播效应时，用发射率 e 可以关联亮温和表面物理温度

$$T_B = eT \tag{17.22}$$

由于物质的发射率与其介电常数相关，因此可以从 T_B 亮温图推断地球表面的特性，例如土壤水分含量、海水盐度和极区冰的结构。为了在射电波段获取足够的角度分辨率，需要相对较大的孔径。2009 年，欧洲空间局发射了土壤湿度与海水盐度（SMOS）任务（McMullan et al., 2008; Kerr et al., 2010）。卫星的载荷类似于微型版的 VLA 阵列。载荷包括 69 个天线，构成 Y 形阵列布局（图 17.6）。载荷系统工作在 1400～1427MHz 射电保护频段，对于土壤湿度和海水盐度来说，这个探测频率范围是很合适的。Y 形阵列的臂长约为 4m，卫星运行在 758km 高度的圆轨道上，轨道周期 1.7 小时。最高分辨率约为 2.6°，对应于地面分辨率约 35km。瞬时视场范围约 1100km。每 1.2s 做一次 (u,v) 平面采样，每 3 天可以重复访问地球表面的大部分区域。成像原理是本书所述内容的修正版（Anterrieu, 2004; Corbella et al., 2004）。

图 17.6　SMOS 卫星的艺术想象图，用下视的 21cm 波长干涉阵列以 35km 分辨率对地成像。阵列由 3 条臂构成，每臂长度约 4m，阵列相对于天底点切平面前倾 32°。图像引自欧洲空间局

从亮温恢复土壤特性是个复杂的挑战。恢复过程的第一步是基于介电混合模型（Dobson et al., 1985）和菲涅耳反射定律，给出表面物质的介电常数与发射率的关系。自由空间的平面波以入射角 α 入射到介电常数为 ε 的平坦平面时，其功率反射系数为

$$r_{\parallel} = \left[\frac{\varepsilon\cos\alpha - \sqrt{\varepsilon - \sin^2\alpha}}{\varepsilon\cos\alpha + \sqrt{\varepsilon - \sin^2\alpha}} \right]^2$$

$$r_{\perp} = \left[\frac{\cos\alpha - \sqrt{\varepsilon - \sin^2\alpha}}{\cos\alpha + \sqrt{\varepsilon - \sin^2\alpha}} \right]^2 \tag{17.23}$$

其中 $r_{\parallel}$ 是传播平面上的电场矢量分量；$r_{\perp}$ 是垂直于传播平面的电场矢量分量。这两个量是菲涅耳反射系数（注意，折射指数为 $\sqrt{\varepsilon}$）。发射率是入射角的函数，即

$$e(\alpha) = 1 - r(\alpha) \tag{17.24}$$

当 $r_{\parallel}$ 等于布儒斯特（Brewster）角 α_B[①]时，发射率变为 1。α_B 由下式给出：

$$\tan\alpha_B = \sqrt{\varepsilon} \tag{17.25}$$

在垂直入射（$\alpha = 0$）情况下，发射率为

$$e_n = 1 - \left[\frac{\sqrt{\varepsilon} - 1}{\sqrt{\varepsilon} + 1} \right]^2 \tag{17.26}$$

不同类型和水饱和度的土壤的 ε 值介于 2～50，对应的发射率 e_n 介于 0.5～0.97，标称表面温度为 280K 的条件下，对应的亮温范围为 140～270K。

实际反演土壤湿度要用基于物理方法（Kerr et al., 2012）或神经网络（Rodríguez-Fernández et al., 2015）等统计方法，对表面温度、次表层温度梯度、表面粗糙度和植被层的辐射传输进行精细建模。图 17.7 给出土壤湿度图的实例。这种技术的标称精度是 4%容积含水率。海水的介电常数约为 80，因此海洋亮温通常低于 100K。反演海水盐度是极具挑战的，要精确确定海水盐度，甚至需要考虑海面反射的银河辐射。

---

① Clark 和 Kuz'min（1965）首次用欧文斯谷干涉仪有效测量了布儒斯特角，被动测量了金星表面的介电常数（$\varepsilon = 2.2 \pm 0.2$）。

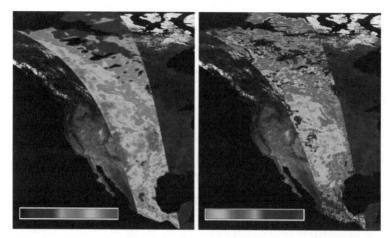

图 17.7　欧洲空间局的 SMOS 空间综合孔径阵列 2015 年 7 月 1 日的对地观测数据，并叠加在可见光图像上。（左图）以固定入射角 42.5°多次瞬时单极化图像重建的"推扫"成图。色标范围为 180～290K。（右图）每个位置都做多入射角和双极化测量，并基于复杂的反演算法重建的土壤湿度图像。色标范围为 0～0.5m³/ m³（体积比）。棕色底纹区代表未能准确反演土壤湿度值的区域。图片经 Nemesio Rodríguez-Fernández 和 Arnaud Mialon 许可使用（扫描封底二维码可看彩图）

17.6　光学干涉测量

　　本质上光学干涉测量的原理与射电干涉原理相同，但在光学波段做精确测量更加困难。一种挑战是大气层不规则体引入的有效路径长度变化远大于光学波长，因此导致相位不规则地变化多个周期。此外，获取 0.5μm 量级波长的干涉条纹，对仪器的结构稳定性带来了巨大的挑战。尽管如此，利用相位闭合技术已经验证了可见光谱段综合成像的可行性，例如参见 Haniff 等（1987）和 Baldwin 等（1996）。在缺乏可见度相位的情况下，可以用强度分布的自相关（如 11.3.3 节所述）或强度分布模型来解译幅度数据。无相位数据的二维重建技术［例如参见 Bates（1984）］也是可用的。光学干涉是非常活跃并持续发展的领域，这里只试图给出一些基本原理的概述。本章末的"扩展阅读"部分搜集了一些光学干涉的重要文献。

　　在讨论设备之前，我们简单回顾一些有关的大气参数。大气层不规则体导致折射指数在很大线性尺度范围内随机变化。任何特定波长都存在一个尺度尺寸，相对于波长，这一尺寸范围内的波前几乎是平面，即大气相位变化远小于 2π。这一尺度尺寸用弗里德长度参量 d_f（Fried，1966）来表征，见式（13.102）的相关讨论。弗里德长度等于 $3.2 d_0$，其中 d_0 是穿越大气的路径间距，该间距上的均方根相位差等于 1 弧度，见式（13.102）。这些区域范围内相位路径比较均匀，有时被称为视宁面元。尺度参量 d_f 和不规则体主要聚集的高度定义了一个等晕角（或等晕区）尺寸，即天空上不同点入射波前相移量相当的一个角度范围。在等晕区内，点扩散函数保持不变，因此源和图像之间的卷积关系仍然成立。d_f 的典型中位值与 $\lambda^{6/5}$ 成比例[见式（13.102）]，等晕角参见表 17.1。为便于比较，表中还给出了 1m 口径望远镜对应的衍射极限分辨率。光学干涉仪提供了在红外和光学波段研究大气结构函数的强大手段，例如参见 Bester 等（1992）和 Davis 等（1995）。注意，用望远镜硬件修正大气扭曲波前的技术被称为自适应光学[例如参见（Roggemann et al., 1997）和（Milonni, 1999）]。最大的望远镜都已经配备了自适应光学系统，这种技术非常类似于射电天文中的自定标和相位参考。

表 17.1　可见和红外波段的大气和设备参数

波长/μm	d_f /m	天顶等晕角	1m 口径望远镜的分辨率	大气的分辨率 λ/d_f
0.5（可见光）	0.14	5.5″	0.13″	0.70″
2.2（近红外）	0.83	33″	0.55″	0.55″
20（远红外）	11.7	8′	5.0″	0.35″

注：由 Woolf（1982）更新。

17.6.1　设备及应用

用干涉技术测量恒星的角尺寸是 Fizeau（1868）提出的，Stéphan（1874）最早尝试了这种测量，他们在望远镜物镜上使用了双孔径掩模。不幸的是，Stéphan 的望远镜不够大，不能分辨他观测的任何恒星。Michelson 和 Pease（1921）首次成功测量了超巨恒星参宿四的直径，如 1.3.2 节所述。这次测量中，为形成干涉条纹，4 幅平面镜安装在同一个梁上并固定在望远镜上，用 6m 间距的基线把接收信号反射进入望远镜。这类测量中，为了简化指向控制，整个仪器是安装在望远镜座架上的。尽管如此，尝试使用更长镜片间距的类似系统基本都是不成功的，这是由于镜片的相对位置精度要保持在几十分之一的光波波长，对稳定性要求极高。因此，在现代电子学和计算机定位控制器件出现之前，光学干涉技术几乎没有进展。只有在最近几十年，使用更长的基线才成为可能。

图 17.8 说明了现代光学干涉仪的一些基本特点。安装了两个反射镜 S 作为定星镜并跟踪目标光源。回射器 R 的位置是连续可调的，用来平衡光源到合成点 B 的路径长度。由于这种干涉仪的几何延迟大部分发生在大气层以上，通常在真空管中实施延迟补偿。如果使用空气延迟线，需要用独立的结构来补偿延迟的色散分量，在宽带系统中这是很困难的[例如参见（Benson et al., 1997）]。定星镜要安装在稳定基座上，系统的其他部件通常安装在环境可控的

光具座上。干涉仪孔径是由两个镜片 S 决定的，基线不大于弗雷德长度 d_f。因此，镜片范围内的波前基本是平面，不规则体效应只导致波前的到达角发生变化。由于合成点 B 处的光束角必须修正到 1″ 以内，因此不能容忍这种变化。为抑制这种效应，用偏振分束立方体 P 将光束反射到四象限探测器 Q 并产生一个正比于光束角位移的电压。用这两个电压控制反射镜 T 的倾角，以补偿波前的变化。要用带宽为 ~1kHz 的伺服环来跟踪大气效应的最快变化。滤波器 F 定义了观测波长。两个探测器 D_1 和 D_2 分别探测条纹图上相距 1/4 个条纹周期的两个点，两点的输出提供了条纹瞬时幅度和相位的测度。包括 Rogstad（1968）等都介绍了这种方法，他还指出，可以基于 10.3 节介绍的闭合关系来利用多单元系统的相位信息。给出图 17.8 的系统是为了阐明现代光学干涉仪的一些重要特征。实际上，可以用大口径望远镜替代定星镜，且条纹形成点之前的光路可能会复杂得多。

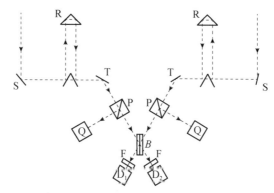

图 17.8　光学干涉仪的基本特征。虚线代表来自恒星的光路。引自 Davis 和 Tango（1985）

光学干涉仪的带宽可以很大，达到 $\Delta\lambda/\lambda \approx 0.1$ 甚至更大，因此可以容易地识别中心（或白光）条纹。如果这样的系统可以同时工作在两个很宽的波段，就可以去除引起轻微色散的大气效应。用双波段相位跟踪干涉仪做地基光学天体测量，可精确地测量恒星位置（Colavita et al.，1987，1999）。光学干涉测量早期，Currie 等（1974）用一个大口径望远镜上的两个孔径进行测量，Labeyrie（1975）用两个望远镜第一次进行了成功的测量。后期更复杂仪器的介绍包括 Davis 和 Tango（1985）；Shao 等（1988）；Baldwi 等（1994）；Mourard 等（1994）；Armstrong 等（1998，2013）；Davis 等（1999a，b）；ten Brummelaar 等（2005）和 Jankov（2010）。

在空间没有地球大气的干扰，光学干涉拥有广阔的前景。空间干涉测量任务（The Space Interferometry Mission，SIM）（Shao，1998；Allen and Böker，1998；Böker and Allen，1999）是一种天基干涉仪，波段为 0.4~1.0μm，可变

基线长达 10m，预期以 10mas 分辨率实现综合孔径成像，条纹相位测量精度足以提供 4μas 的恒星定位精度。但 SIM 并未启动。Bracewell 和 MacPhie（1979）讨论了用空间干涉来探测遥远恒星的行星。为使行星信号与恒星信号之比最大化，选择了 20μm 波长的远红外波段，并将条纹方向图的零点对准恒星方向。Hinz 等（1998）用一些地基望远镜验证了这种置零技术。

Rogstad（1968）在考虑大气视宁分量（折射）情况下，介绍了一种用干涉仪测量可见度相位的技术。考虑一组线性镜片（即光学接收机）构型，线阵包括两个单元间距，直到某个最大间距的所有整数倍单元间距至少出现一次。设计接收机使其能够测量可见度函数的幅度和相位。由测量的相位可以推导每个间距的可见度相位，和一个额外的单元间距相位分量。尽管长间距的相位不受大气影响，但单元间距的相位包含了大气分量。额外的单元间距相位只影响图像中的位置，即天空上的坐标，可以将单元间距相位设为零而不影响图像的结构。几部干涉仪已经使用了这种方法［例如参见（Jorgensen et al., 2012）］，并将其称为基线自举法（Bootstrapping）。

一些光学干涉仪是由可以独立使用的大口径望远镜构成的。例如，莫纳克亚山的凯克天文台拥有两部相距 85m 的 10m 口径望远镜。用作干涉仪时，这些天线可以在 2.2 μm 波段提供 5mas 的角度分辨率，在 10 μm 波段提供 24mas 的分辨率。位于智利的欧洲南方天文台建造了甚大望远镜干涉仪（VLTI），由 4 部 8.2m 口径望远镜和 4 部 1.8m 口径辅助望远镜构成。按照目前的方案（Petrov et al., 2007；Le Bouquin et al., 2011），最多可以同时做六条基线相关，提供了多个闭合相位关系并具有成像能力。工作在 1.5～2.4 μm 波段时，最长达 130m 的基线可以达到 2mas 角度分辨率。VLTI 还提供了 $\lambda/\Delta\lambda=12000$ 的谱线观测能力（速度分辨率 25km·s^{-1}）。

上述提到的系统都与经典迈克耳孙恒星干涉仪一样，直接在接收的波长合成入射波并形成条纹。因此这种系统也被称为直接探测系统（Direct Detection System）。这种系统的劣势是不能以信噪比损失为代价进行分光。另一种与直接探测系统不同的方法是超外差系统（Heterodyne System），是将每个孔径接收的光与中心激光器产生的相干光做混频，以产生中频（IF）。然后在电子学系统中对 IF 波形进行放大和相关处理，其方法基本与射电干涉相同。与直接探测系统相比，超外差系统的灵敏度极大受限于 1.4 节所述的量子效应。此外，超外差系统灵敏度也受限于电子放大器的带宽，除非将混频输出细分为很多频率通道并做并行处理。相应地并行使用大量放大器和相关器是可以处理大带宽信号的。但划分带宽也会增大路径长度差，而信号需要在路径上保持相干。超外差技术已经应用于红外干涉测量，例如参见 Johnson 等（1974），Assus 等（1979）和 Bester 等（1990）。Swenson 等（1986）讨论了在红外和可见光频段大型多单元望远镜做多通带处理的可能应用。

从亚毫米波射电波段到光学波段的波长相差 10^3 倍，光学到 X 射线波长又相差 10^3。通过干涉测量获取非常高的角分辨率对 X 射线天文学是极其有利的。Cash 等（2000）在实验室验证了 X 射线干涉天文成像的可能性。如果在大气层外观测，X 射线干涉测量有望获得极高的角度分辨率。波长 2nm 且基线 1m时，条纹间距约为 40 μas。实验室仪器用一些平板反射面构成孔径，利用掠入射降低对反射面表面精度的要求。唯一成熟的技术是直接探测，如果允许将反射光束直接汇聚到探测器表面来形成条纹，就需要很长的距离使条纹间距足够小。要实现 400 μas 条纹角度间距，则 500m 距离上相邻的两个条纹极值仅分离 1μm。在 X 射线波段做天文干涉将是充满挑战的事业。

17.6.2 直接探测系统和超外差系统的灵敏度

决定光学系统灵敏度的因素，如散射、部分反射和吸收等导致的损耗，与相应的在射电波段的效应不同。但是，在超外差系统中，最主要的差别是量子效应的作用。光量子的能量比微波光子的能量高 5 个或更多数量级，在频率小于～100GHz 射频波段，量子效应基本可以忽略。在光学波段（波长～500nm），频率达到 600THz 量级，带宽可能高达 100THz。在典型的红外超外差系统中，波长 10 μm 对应于 30THz，可用带宽为～3GHz［例如参见（Townes et al., 1998）］。

在直接探测系统中，探测器或光子计数器并不保存信号相位，因此没有 1.4 节所讨论的不确定性原理导致的噪声。噪声主要是信号光子随机到达时间导致的散粒噪声。从强度为 I 的源接收到的光子数为

$$N = \frac{I \Omega_s A \Delta \nu}{h\nu} \left(\text{光子数} \cdot \text{s}^{-1} \right) \tag{17.27}$$

其中 Ω_s 为源的固体角（不考虑大气模糊的情况下）；A 为望远镜的接收面积；$\Delta \nu$ 为带宽；ν 为频率；h 为普朗克常量。如果源是温度为 T 的黑体，由普朗克方程可得

$$I = \frac{2h\nu^3}{c^2} \frac{1}{e^{h\nu/kT} - 1} \tag{17.28}$$

注意，对于直接探测系统，我们要考虑信号的两种偏振。因此有

$$N = \frac{2\Omega_s A \Delta \nu}{\lambda^2} \frac{1}{e^{h\nu/kT} - 1} \left(\text{光子数} \cdot \text{s}^{-1} \right) \tag{17.29}$$

接收功率为

$$P = h\nu N \tag{17.30}$$

功率起伏 ΔP_D 是由光子散粒噪声引起的，因此正比于 $\sqrt{N}$。所以

$$\Delta P_{\mathrm{D}} = h\nu\sqrt{N} \tag{17.31}$$

ΔP_{D} 被称为噪声等效功率（Noise Equivalent Power）。1s 的信噪比为 $P/\Delta P_{\mathrm{D}} = \sqrt{N}$，因此积分时间为 τ_{a} 时，直接探测的信噪比为

$$\mathcal{R}_{\mathrm{snD}} = \left[\left(\frac{2\Omega_{\mathrm{s}}A}{\lambda^2}\right)\frac{\Delta\nu\tau_{\mathrm{a}}}{\mathrm{e}^{h\nu/kT}-1}\right]^{1/2} \tag{17.32}$$

其中下标 D 代表直接探测系统。注意，由于散粒噪声的影响，$\mathcal{R}_{\mathrm{snD}}$ 正比于 $\sqrt{A}$，与射频情况下 $\mathcal{R}_{\mathrm{snD}}$ 和 A 的依赖关系不同。

超外差系统中，由于混频器是保留相位信息的线性器件，噪声由不确定性原理决定。式（1.15）有关的讨论指出，最小噪声是单模单光子（光子·Hz·s^{-1}）。这等效于系统温度为 $h\nu/k$ [例如参见（Heffner，1962）和（Caves，1982）]。因此，在 1s 周期的功率不确定性为

$$\Delta P_{\mathrm{H}} = h\nu\sqrt{\Delta\nu} \tag{17.33}$$

超外差探测器仅响应极化匹配的辐射分量，接收功率是式（17.30）的一半。因此，超外差系统（用下标 H 表示）的信噪比为 1s 积分时间 $P/2\Delta P_{\mathrm{H}}$，积分时间为 τ_{a} 时，信噪比为

$$\mathcal{R}_{\mathrm{snH}} = \left(\frac{\Omega_{\mathrm{s}}A}{\lambda^2}\right)\frac{\sqrt{\Delta\nu\tau_{\mathrm{a}}}}{\mathrm{e}^{h\nu/kT}-1} \tag{17.34}$$

注意，当 $h\nu/kT \ll 1$ 时，式（17.34）退化为式（1.8），即通用的射频形式。这种情况下，$T_{\mathrm{A}} = T\Omega_{\mathrm{s}}A/\lambda^2$ 且可以把最小值 $h\nu/k$ 当作系统温度。如果除带宽外其他系统参数都相同，则直接探测和超外差系统的信噪比之比为

$$\frac{\mathcal{R}_{\mathrm{snH}}}{\mathcal{R}_{\mathrm{snD}}} \approx \sqrt{\left(\frac{\Omega_{\mathrm{s}}A}{2\lambda^2}\right)\frac{1}{\mathrm{e}^{h\nu/kT}-1}\left(\frac{\Delta\nu_{\mathrm{H}}}{\Delta\nu_{\mathrm{D}}}\right)} \tag{17.35}$$

如前所述，$\sqrt{\Delta\nu_{\mathrm{H}}/\Delta\nu_{\mathrm{D}}}$ 可能低至 $\sim 4\times10^{-3}$。但是直接探测系统必须将不同定星镜到条纹合成点的传播延迟保持在带宽倒数的 $\sim 1/10$。这一要求限制了实际可用带宽，特别是基线长达数百米时。超外差系统的硬件更简单，在 10 μm 波段的灵敏度是不错的，且有可能在 5 μm 大气窗口使用。另外，超外差系统允许无损分离放大的 IF 信号，实现多单元阵列的同时多路相关处理。Townes 和 Sutton（1981）及 de Graauw 和 van de Stadt（1981）讨论了超外差系统和直接探测系统的相对优势。

17.6.3 光强干涉仪

射电强度干涉仪（见 1.3.7 节和 17.1 节）验证成功后不久，Hanbury Brown 和 Twiss（1956a）验证了光强干涉仪可以测量恒星。当时，来自同一个源的不

同光速的光子是否相干是受质疑的，HanBury Brown 和 Twiss（1956c）及 Purcell（1956）解释了物理机理及其与量子力学的符合性。Hanbury Brown 和 Twiss（1956b）在实验室验证了光强起伏的相干性，加深了对光子聚束的理解，开辟了量子统计研究的广阔前景，并已在粒子束和电磁辐射研究中得到应用（Henny et al.，1999）。

光强干涉仪是将光电倍增管放置于望远镜反射镜焦点，代替射电仪器的射频、中频和检波器。光电倍增管的输出经放大后送到相关器的输入端。光强干涉仪对大气相位起伏很不敏感，原因参见 17.1 节射电情况的相关解释。因此，聚光孔径的尺寸不受限于不规则体的尺度尺寸。另外，也不要求反射镜产生衍射极限图像，只要求其精度能反射所有光线到光电倍增管阴极即可。这与射电情况相比是有利的，前面提到，射电情况下灵敏度低，必须使用很大的聚光面积。Hanbury Brown（1974）的分析表明，光学仪器的响应正比于射电可见度模的平方。可以用相关器或光子同步计数器合成光电倍增管的输出。

建于澳大利亚纳拉布里的强度干涉仪（Hanbury Brown et al.，1967；Hanbury Brown，1974）使用两个 6.5m 直径的反射镜，相关器输入信号的带宽为 60MHz。其极限星等为+2.5，实际观测了 32 颗恒星。为了开发更灵敏的仪器，Davis（1976）讨论了强度干涉仪和现代迈克耳孙干涉仪的各自优势。

17.6.4 斑点成像

用孔径宽度远大于弗里德长度 d_f 的望远镜观测时，不可分辨点源的图像质量依赖于曝光时间，在这段时间做图像平均。曝光时间不大于 10ms 时，图像会出现一群亮斑，每个亮斑的尺寸近似等于望远镜的艾里斑（即衍射极限的点源图像）。如果曝光时间很长，图案会模糊为典型直径 1″ 的单个斑点（视宁圆面），这是由大气决定的。在光学波段，10ms 特征波动时间，相当于尺寸为 $d_f \approx 0.14$ 的大气面元以典型风速10～20m·s⁻¹移动通过望远镜孔径上任意一点的时间。用短曝光图像序列获取能达到大望远镜衍射极限的信息，被称为斑点成像。斑点图案反映了口径上方大气不规则体的随机分布，相距 10ms 时间尺度的连续两次曝光的图案不同。利用这种技术观测暗弱目标要用许多次曝光来还原图像。

斑点响应原理可以参见 Dainty（1973）、Bates（1982）或 Goodman（1985）。这里我们注意到，如果把每个斑点看作望远镜孔径上方分布的几个视宁面元的波前所形成的，就可以理解单个斑点代表一个高分辨率的像。这些面元是使波前到达斑点图像的射线路径的相移近似相等的视宁面元（Worden，1977）。然后，类似于天线阵列，分辨率对应于面元的最大间距，即 λ/d 量级，其中 d 是望远镜孔径。如果相位不规则分布主要是受大气影响的，反射面的偏差就不会严重恶化斑点图案。一群斑点在图像上的分布面积随 λ/d_f 展宽，长曝光后就是视宁圆面。可以把视宁面元视为望远镜主镜范围内的一些子孔径，在图像上，子孔径的响应以随机相位合成。斑点的数量与子孔径的数量相当，即 $(d/d_f)^2$ 量级。大型光学望远镜（$d \sim 1\text{m}$）的斑点数量在 50 量级。此外，视宁面元的尺寸随波长增大，红外波段的图像中只有几个光斑。

用一种简单的图像重建技术可以处理斑点图像序列，被称为移位叠加（Shift-and-Add）法（Christou，1991）。当视场中只有一个点源时算法的效果最好，红外波段每帧图像中斑点相对较少，等晕面元也相对较大（表 17.1）。以最亮的斑点对齐短曝光斑点帧并求和。点扩展函数（即"脏波束"）将拥有一个衍射极限分量和一些暗淡斑点构成的宽得多的分量，点扩散函数可以由视场内的点源图像获取。然后可利用其他图像重建算法，如 CLEAN，进一步提高图像质量[例如参见（Eckart et al.，1994）]。

当移位叠加算法不适用时，用 Labeyrie（1970）提出的斑点干涉技术可以获取可见度的模。通过下面的简化讨论可以理解这种处理过程。在单幅短曝光图像上，视宁圆盘范围内会随机出现一些接近衍射极限的斑点。光斑图像 $I_s(l,m)$ 可以描述为实际强度分布 $I(l,m)$ 与斑点扩展函数 $\mathcal{P}(l,m)$ 的卷积。因此，

$$I_s(l,m) = I(l,m) ** \mathcal{P}(l,m) \tag{17.36}$$

函数 $\mathcal{P}(l,m)$ 是随机函数，不能精确定义。作为一阶近似，我们假设 $\mathcal{P}(l,m)$ 是没有大气效应的 $b_0(l,m)$ 并被复制到每个斑点位置的望远镜点扩展函数。因此，我们可得

$$\mathcal{P}(l,m) = \sum b_0(l-l_i, m-m_i) \tag{17.37}$$

其中 l_i 和 m_i 是斑点的位置，假设所有斑点的强度都相同。由式（17.36）和式（17.37），可得

$$I_s(l,m) = \sum I(l,m) ** b_0(l-l_i, m-m_i) \tag{17.38}$$

如果 $b_0(l,m)$ 的傅里叶变换为 $\overline{b}_0(u,v)$，则 $b_0(l-l_i, m-m_i)$ 的傅里叶变换为 $\overline{b}_0(u,v)\exp[\text{j}2\pi(ul_i+vm_i)]$。因此，式（17.38）的傅里叶变换可写为

$$\overline{I}_s(u,v) = \sum \mathcal{V}(u,v)\overline{b}_0(u,v)e^{\text{j}2\pi(ul_i+vm_i)} \tag{17.39}$$

其中 $\mathcal{V}$ 和 $\overline{I}$ 分别是 I 和 I_s 的傅里叶变换。由于式（17.39）有随机相位因子，斑点的傅里叶变换 $\overline{I}_s$ 不能直接累加。为消除这些相位因子，我们计算 $|\overline{I}_s|^2$（即 $\overline{I}_s\overline{I}_s^*$）如下：

$$\begin{aligned}
\left|\overline{I}_s(u,v)\right|^2 &= \sum_i\sum_k |\mathcal{V}(u,v)|^2 \left|\overline{b}_0(u,v)\right|^2 e^{\text{j}2\pi[u(l_i-l_k)+v(m_i-m_k)]} \\
&= |\mathcal{V}(u,v)|^2 \left|\overline{b}_0(u,v)\right|^2 \left[N + \sum_{i\neq k} e^{\text{j}2\pi[u(l_i-l_k)+v(m_i-m_k)]}\right] \tag{17.40}
\end{aligned}$$

其中 N 是斑点的数量。因为式（17.40）第二行中求和项的期望值为零，式（17.40）的期望值为

$$\left\langle \left| \overline{I}_s(u,v) \right|^2 \right\rangle = N_0 \, | \, \mathcal{V}(u,v) \, |^2 \, \left| \overline{b}_0(u,v) \right|^2 \qquad （17.41）$$

其中 N_0 为平均斑点数量。因此，用短曝光序列估计一组测量 $\left| \overline{I}_s(u,v) \right|^2$ 的平均值正比于 $\mathcal{V}(u,v)$ 的模平方乘以 $\overline{b}_0(u,v)$ 的模平方。由于 $|u|$ 和 $|v| < D/\lambda$ 时 $b_0(u,v)$ 非零，如果已知 $\overline{b}_0(u,v)$，就可以确定同一 u 和 v 范围内的函数 $\left| \mathcal{V}(u,v) \right|^2$。实际上是不能用式（17.37）对斑点准确建模的。但是我们可以给出

$$\left\langle \left| \overline{I}_s(u,v) \right|^2 \right\rangle = | \, \mathcal{V}(u,v) \, |^2 \left\langle \left| \overline{\mathcal{P}}(u,v) \right|^2 \right\rangle \qquad （17.42）$$

其中 $\overline{\mathcal{P}}(u,v)$ 是 $\mathcal{P}(l,m)$ 的傅里叶变换。根据式（17.41）和式（17.42），$\left\langle \left| \overline{\mathcal{P}}(u,v) \right|^2 \right\rangle$ 应该近似正比于 $\left| \overline{b}_0(u,v) \right|^2$。在与观测被测源相同的条件下观测点源，可以估计 $\left\langle \left| \overline{\mathcal{P}}(u,v) \right|^2 \right\rangle$。

在斑点帧图像序列中可以提取相位信息，但计算量相当大。大多数相位反演算法都是这两种基本方法的变形，包括 Knox-Thompson 法或互谱法（Knox and Thompson，1974；Knox，1976），以及双谱法（Lohmann et al.，1993）。Roggeman 等（1977）详细介绍了这些方法。

扩 展 阅 读

Labeyrie，A.，Lipson，S. G.，and Nisenson，P.，An Introduction to Optical Stellar Interferometry，Cambridge Univ. Press，Cambridge，UK（2006）

Lawson，P. R.，Ed.，Selected Papers on Long Baseline Stellar Interferometry，SPIE Milestone Ser.，MS139，SPIE，Bellingham，WA（1997）

Lawson，P. R.，Ed.，Principles of Long Baseline Stellar Interferometry，Course Notes from the 1999 Michelson Summer School，Jet Propulsion Laboratory，Pasadena，CA（2000）

Léna，P. J.，and Quirrenbach，A.，Eds.，Interferometry in Optical Astronomy，Proc. SPIE，4006，SPIE，Bellingham，WA（2000）

Reasenberg，R. D.，Ed.，Astronomical Interferometry，Proc. SPIE，3350，SPIE，Bellingham，WA（1998）

Robertson，J. G.，and Tango，W. J.，Eds.，Very High Angular Resolution Imaging，IAU Symp. 158，Kluwer，Dordrecht，the Netherlands（1994）

Saha，S. K.，Aperture Synthesis，Springer，New York（2011）

Shao，M.，and Colavita，M. M.，Long-Baseline Optical and Stellar Interferometry，Ann. Rev. Astron. Astrophys.，30，457-498（1992） ten Brummelaar, T., Tuthill, P., and van Belle, G., J. Astron. Instrum., Special Issue on Optical and Infrared Interferometry, 2（2013）

参 考 文 献

Allen, R. J., and Böker, T., Optical Interferometry and Aperture Synthesis in Space with the Space Interferometry Mission, in Astronomical Interferometry, Reasenberg, R. D., Ed., Proc. SPIE, 3350, 561-570（1998）

Anterrieu, E., A Resolving Matrix Approach for Synthetic Aperture Imaging Radiometers, IEEE Trans. Geosci. Remote Sensing, 42, 1649-1656（2004）

Armstrong, J. T., Hutter, D. J., Baines, E. K., Benson, J. A., Bevilacqua, R. M., Buschmann, T., Clark III J. H., Ghasempour, A., Hall, J. C., Hindsley, R. B., and ten coauthors, The Navy Precision Optical Interferometer（NPOI）: An Update, J. Astron. Instrum., 2, 1340002（8pp）（2013）

Armstrong, J. T., Mozurkewich, D., Rickard, L. J., Hutter, D. J., Benson, J. A., Bowers, P. F., Elias II N. M., Hummel, C. A., Johnston, K. J., Buscher, D. F., and five coauthors, The Navy Prototype Optical Interferometer, Astrophys. J., 496, 550-571（1998）

Assus, P., Choplin, H., Corteggiani, J. P., Cuot, E., Gay, J., Journet, A., Merlin, G., and Rabbia, Y., L'Interféromètre Infrarouge du C. E. R. G. A., J. Opt.（Paris）, 10, 345-350（1979）

Baldwin, J. E., Beckett, M. G., Boysen, R. C., Burns, D., Buscher, D. F., Cox, G. C., Haniff, C. A., Mackay, C. D., Nightingale, N. S., Rogers, J., and six coauthors, The First Images from an Optical Aperture Synthesis Array: Mapping of Capella with COAST at Two Epochs, Astron. Astrophys., 306, L13-L16（1996）

Baldwin, J. E., Boysen, R. C., Cox, G. C., Haniff, C. A., Rogers, J., Warner, P. J., Wilson, D. M. A., and Mackay, C. D., Design and Performance of COAST, Amplitude and Intensity Spatial Interferometry. II, Breckinridge, J. B., Ed., Proc. SPIE, 2200, 118-128（1994）

Bates, R. H. T., Astronomical Speckle Imaging, Phys. Rep., 90, 203-297（1982）

Bates, R. H. T., Uniqueness of Solutions to Two-Dimensional Fourier Phase Problems for Localized and Positive Images, Comp. Vision, Graphics, Image Process., 25, 205-217（1984）

Bennett, J. C., Anderson, A. P., and McInnes, P. A., Microwave Holographic Metrology of Large Reflector Antennas, IEEE Trans. Antennas Propag., AP-24, 295-303（1976）

Benson, J. A., Hutter, D. J., Elias, N. M., Bowers, P. F., Johnston, K. J., Haijian, A. R., Armstrong, J. T., Mozurkewich, D., Pauls, T. A., Rickard, L. J., and four coauthors, Multichannel Optical Aperture Synthesis Imaging of Eta 1 Ursae Majoris with the

Navy Optical Prototype Interferometer, Astron. J., 114, 1221-1226 (1997)

Bester, M., Danchi, W. C., Degiacomi, C. G., Greenhill, L. J., and Townes, C. H., Atmospheric Fluctuations: Empirical Structure Functions and Projected Performance of Future Instruments, Astrophys. J., 392, 357-374 (1992)

Bester, M., Danchi, W. C., and Townes, C. H., Long Baseline Interferometer for the Mid-Infrared, Amplitude and Intensity Spatial Interferometry, Breckinridge, J. B., Ed., Proc. SPIE, 1237, 40-48 (1990)

Böker, T., and Allen, R. J., Imaging and Nulling with the Space Interferometer Mission, Astrophys. J. Suppl., 125, 123-142 (1999)

Bracewell, R. N., Radio Interferometry of Discrete Sources, Proc. IRE, 46, 97-105 (1958)

Bracewell, R. N., and MacPhie, R. H., Searching for Nonsolar Planets, Icarus, 38, 136-147 (1979)

Carr, T. D., Lynch, M. A., Paul, M. P., Brown, G. W., May, J., Six, N. F., Robinson, V. M., and Block, W. F., Very Long Baseline Interferometry of Jupiter at 18MHz, Radio Sci., 5, 1223-1226 (1970)

Cash, W., Shipley, A., Osterman, S., and Joy, M., Laboratory Detection of X-Ray Fringes with a Grazing-Incidence Interferometer, Nature, 407, 160-162 (2000)

Caves, C. M., Quantum Limits on Noise in Linear Amplifiers, Phys. Rev., 26D, 1817-1839 (1982)

Chen, M. T., Tong, C. -Y. E., Blundell, R., Papa, D. C., and Paine, S., Receiver Beam Characterization for the SMA, in Advanced Technology MMW, Radio, and Terahertz Telescopes, Phillips, T. G., Ed., Proc. SPIE, 3357, 106-113 (1998)

Christou, J. C., Infrared Speckle Imaging: Data Reduction with Application to Binary Stars, Experimental Astron., 2, 27-56 (1991)

Clark, B. G., and Kuz'min, A. D., The Measurement of the Polarization and Brightness Distribution of Venus at 10. 6-cm Wavelength, Astrophys. J., 142, 23-44 (1965)

Cohen, M. H., High Resolution Observations of Radio Sources, Ann. Rev. Astron. Astrophys., 7, 619-664 (1969)

Colavita, M. M., Shao, M., and Staelin, D. H., Two-Color Method for Optical Astrometry: Theory and Preliminary Measurements with the Mark III Stellar Interferometer, Appl. Opt., 26, 4113-4122 (1987)

Colavita, M. M., Wallace, J. K., Hines, B. E., Gursel, Y., Malbet, F., Palmer, D. L., Pan, X. P., Shao, M., Yu, J. W., Boden, A. F., and seven coauthors, The Palomar Testbed Interferometer, Astrophys. J., 510, 505-521 (1999)

Corbella, I., Duffo, N., Vall-Ilossera, M., Camps, A., and Torres, F., The Visibility Function in Interferometric Aperture Synthesis Radiometry, IEEE Trans. Geosci. Remote Sensing, 42, 1677-1682 (2004)

Currie, D. G., Knapp, S. L., and Liewer, K. M., Four Stellar-Diameter Measurements by a

New Technique: Amplitude Interferometry, Astrophys. J., 187, 131-134 (1974)

D'Addario, L. R., Holographic Antenna Measurements: Further Technical Considerations, 12-Meter MillimeterWave Telescope Memo 202, National Radio Astronomy Observatory (1982)

Dainty, J. C., Diffraction-Limited Imaging of Stellar Objects Using Telescopes of Low Optical Quality, Opt. Commun., 7, 129-134 (1973)

Davis, J., High-Angular-Resolution Stellar Interferometry, Proc. Astron. Soc. Aust., 3, 26-32 (1976)

Davis, J., Lawson, P. R., Booth, A. J., Tango, W. J., and Thorvaldson, E. D., Atmospheric Path Variations for Baselines Up to 80 m Measured with the Sydney University Stellar Interferometer, Mon. Not. R. Astron. Soc., 273, L53-L58 (1995)

Davis, J., and Tango, W. J., The Sydney University 11. 4 m Prototype Stellar Interferometer, Proc. Astron. Soc. Aust., 6, 34-38 (1985)

Davis, J., Tango, W. J., Booth, A. J., ten Brummelaar, T. A., Minard, R. A., and Owens, S. M., The Sydney University Stellar Interferometer—I. The Instrument, Mon. Not. R. Astron. Soc., 303, 773-782 (1999a)

Davis, J., Tango, W. J., Booth, A. J., Thorvaldson, E. D., and Giovannis, J., The Sydney University Stellar Interferometer—II. Commissioning Observations and Results, Mon. Not. R. Astron. Soc., 303, 783-791 (1999b)

de Graauw, T., and van de Stadt, H., Coherent Versus Incoherent Detection for Interferometry at Infrared Wavelengths, Proc. ESO Conf. Scientific Importance of High Angular Resolution at Infrared and Optical Wavelengths, Ulrich, M. H., and Kjär, K., Eds., European Southern Observatory, Garching (1981)

Dobson, M. C., Ulaby, F. T., Hallikainen, M. T., and El-Rayes, M. A., Microwave Dielectric Behavior of Wet Soil—Part II: Dielectric Mixing Models, IEEE Trans. Geosci. Remote Sensing, GE-23, 35-46 (1985)

Dulk, G. A., Characteristics of Jupiter's Decametric Radio Source Measured with Arc-Second Resolution, Astrophys. J., 159, 671-684 (1970)

Eckart, A., Genzel, R., Hofmann, R., Sams, B. J., Tacconi-Garman, L. E., and Cruzalebes, P., Diffraction-Limited Near-Infrared Imaging of the Galactic Center, in The Nuclei of Normal Galaxies, Genzel, R., and Harris, A., Eds., Kluwer, Dordrecht, the Netherlands (1994), pp. 305-315

Eddington, A. S., Note on Major MacMahon's Paper "On the Determination of the Apparent Diameter of a Fixed Star," Mon. Not. R. Astron. Soc., 69, 178-180 (1909)

Evans, D. S., Edwards, D. A., Frueh, M., McWilliam, A., and Sandmann, W., Photoelectric Observations of Lunar Occultations. XV, Astron. J., 90, 2360-2371 (1985)

Fizeau, H., Prix Bordin: Rapport sur le concours de l'année 1867, Comptes Rendus des Séances de L'Académie des Sciences, 66, 932-934 (1868)

Font, J., Boutin, J., Reul, N., Spurgeon, P., Ballabrera-Poy, J., Chuprin, A., Gabarró,

C., Gourrion, J., Guimbard, S., Hénocq, C., and 17 coauthors, SMOS First Data Analysis for Sea Surface Salinity Determination, Int. J. Remote Sensing, 34, 3654-3670 (2012)

Fried, D. L., Optical Resolution Through a Randomly Inhomogenious Medium for Very Long and Very Short Exposures, J. Opt. Soc. Am., 56, 1372-1379 (1966)

Goodman, J. W., Statistical Optics, Wiley, New York (1985), pp. 441-459

Hanbury Brown, R., The Intensity Interferometer, Taylor and Francis, London (1974)

Hanbury Brown, R., Davis, J., and Allen, L. R., The Stellar Interferometer at Narrabri Observatory. I, Mon. Not. R. Astron. Soc., 137, 375-392 (1967)

Hanbury Brown, R., and Twiss, R. Q., A New Type of Interferometer for Use in Radio Astronomy, Philos. Mag., Ser. 7, 45, 663-682 (1954)

Hanbury Brown, R., and Twiss, R. Q., A Test of a New Type of Stellar Interferometer on Sirius, Nature, 178, 1046-1048 (1956a)

Hanbury Brown, R., and Twiss, R. Q., Correlation Between Photons in Two Coherent Light Beams, Nature, 177, 27-29 (1956b)

Hanbury Brown, R., and Twiss, R. Q., A Question of Correlation Between Photons in Coherent Light Rays, Nature, 178, 1447-1448 (1956c)

Haniff, C. A., Mackay, C. D., Titterington, D. J., Sivia, D., Baldwin, J. E., and Warner, P. J., The First Images from Optical Aperture Synthesis, Nature, 328, 694-696 (1987)

Hazard, C., Lunar Occultation Measurements, in Methods of Experimental Physics, Vol. 12, Part C (Astrophysics: Radio Observations), Meeks, M. L., Ed., Academic Press, New York (1976), pp. 92-117

Hazard, C., Mackey, M. B., and Shimmins, A. J., Investigation of the Radio Source 3C273 by the Method of Lunar Occultations, Nature, 197, 1037-1039 (1963)

Heffner, H., The Fundamental Noise Limit of Linear Amplifiers, Proc. IRE, 50, 1604-1608 (1962)

Henny, M., Oberholzer, S., Strunk, C., Heinzel, T., Ensslin, K., Holland, M., and Schönenberger, C., The Fermionic Hanbury Brown and Twiss Experiment, Science, 284, 296-298 (1999)

Hinz, P. M., Angel, J. R. P., Hoffmann, W. F., McCarthy Jr. D. W., McGuire, P. C., Cheselka, M., Hora, J. L., andWoolf, N. J., Imaging Circumstellar Environments with a Nulling Interferometer, Nature, 395, 251-253 (1998)

Jackson, J. D., Classical Electrodynamics, Wiley, New York (1998)

Jankov, S., Astronomical Optical Interferometry. 1. Methods and Instrumentation, Serb. Astron. J., 181, 1-17 (2010)

Jennison, R. C., and Das Gupta, M. K., The Measurement of the Angular Diameter of Two Intense Radio Sources, Parts I and II, Philos. Mag., Ser. 8, 1, 55-75 (1956)

Johnson, M. A., Betz, A. L., and Townes, C. H., 10μm Heterodyne Stellar Interferometer, Phys. Rev. Lett., 33, 1617-1620 (1974)

Jorgensen, A. M., Schmitt, H. R., van Belle, G. T., Mozurkewich, D., Hutter, D., Armstrong, J. T., Baines, E. K., Restaino, S., and Hall, T., Coherent Integration in Optical Interferometry, in Optical and Infrared Interferometry III, Proc. SPIE, 8445, 844519 (2012)

Kerr, Y. H., Waldteufel, P., Wigneron, J. -P., Delwart, S., Cabot, F., Boutin, J., Escorihuela, M. -J., Font, J., Reul, N., Gruhier, C., and five coauthors, The SMOS Mission: New Tool for Monitoring Key Elements of the Global Water Cycle, Proc. IEEE, 98, 666-687 (2010)

Kerr, Y. H., Waldteufel, P., Richaume, P., Wigneron, J. P., Ferrazzoli, P., Mahmoodi, A., Al Bitar, A., Cabot, F., Gruhier, C., Enache Juglea, S., and three coauthors, The SMOS Soil Moisture Retrieval Algorithm, IEEE Trans. Geosci. Remote Sensing, 50, 1384-1403 (2012)

Knox, K. T., Image Retrieval from Astronomical Speckle Patterns, J. Opt. Soc. Am., 66, 1236-1239 (1976)

Knox, K. T., and Thompson, B. J., Recovery of Images from Atmospherically Degraded Short-Exposure Photographs, Astrophys. J. Lett., 193, L45-L48 (1974)

Labeyrie, A., Attainment of Diffraction-Limited Resolution in Large Telescopes by Fourier Analysing Speckle Patterns in Star Images, Astron. Astrophys., 6, 85-87 (1970)

Labeyrie, A., Interference Fringes Obtained on Vega with Two Optical Telescopes, Astrophys. J. Lett., 196, L71-L75 (1975)

Le Bouquin, J. -B., Berger, J. -P., Lazareff, B., Zins, G., Haguenauer, P., Jocou, L., Kern, P., Millan-Gabet, R., Traub, W., Absil, O., and 36 coauthors, PIONIER: A Four-Telescope Visitor Instrument at VLTI, Astron. Astrophys., 535, A67 (14pp) (2011)

Lohmann, A. W., Weigelt, G., andWirnitzer, B., Speckle Masking in Astronomy: Triple Correlation Theory and Applications, Appl. Optics, 22, 4028-4037 (1983)

MacMahon, P. A., On the Determination of the Apparent Diameter of a Fixed Star, Mon. Not. R. Astron. Soc., 69, 126-127 (1909)

McMullan, K. D., Brown, M. A., Martín-Neira, M., Rits, W., Ekholm, S., Martí, J., and Lemanczyk, J., SMOS: The Payload, IEEE Trans. Geosci. Remote Sensing, 46, 594-605 (2008)

Michelson, A. A., and Pease, F. G., Measurement of the Diameter of α Orionis with the Interferometer, Astrophys. J., 53, 249-259 (1921)

Milonni, P. W., Resource Letter: Orionis with the Interferometer AOA-1: Adaptive Optics in Astronomy, Am. J. Phys., 67, 476-485 (1999)

Misell, D. L., A Method for the Solution of the Phase Problem in Electron Microscopy, J. Phys. D., 6, L6-L9 (1973)

Morris, D., Phase Retrieval in the Radio Holography of Reflector Antennas and Radio Telescopes, IEEE Trans. Antennas Propag., AP-33, 749-755 (1985)

Morris, D., Baars, J. W. M., Hein, H., Steppe, H., Thum, C., and Wohlleben, R., Radio-Holographic Reflector Measurement of the 30m Millimeter Radio Telescope at 22 GHz with a Cosmic Signal Source, Astron. Astrophys., 203, 399-406（1988）

Mourard, D., Tallon-Bosc, I., Blazit, A., Bonneau, D., Merlin, G., Morand, F., Vakili, F., and Labeyrie, A., The G12T Interferometer on Plateau de Calern, Astron. Astrophys., 283, 705-713（1994）

Napier, P. J., and Bates, R. H. T., Antenna-Aperture Distributions from Holographic Type of Radiation-Pattern Measurements, Proc. IEEE, 120, 30-34（1973）

Petrov, R. G., Malbet, F., Weigelt, G., Antonelli, P., Beckmann, U., Bresson, Y., Chelli, A., Dugué, M., Duvert, G., Gennari, S., and 88 coauthors, AMBER, The Near-Infrared Spectro-Interferometric Three-Telescope VLTI Instrument, Astron. Astrophys., 464, 1-12（2007）

Purcell, E. M., A Question of Correlation between Photons in Coherent Light Rays, Nature, 178, 1449-1450（1956）

Ragland, S., and Richichi, A., Detection of a Sub-Arcsecond Dust Shell around the Wolf-Rayet Star WR112, Mon. Not. R. Astron. Soc., 302, L13-L16（1999）

Richichi, A., Lunar Occultations, in Very High Angular Resolution Imaging, IAU Symp. 158, Robertson, J. G., and Tango, W. J., Eds., Kluwer, Dordrecht, the Netherlands（1994）, pp. 71-81

Rodríguez-Fernández, N. J., Aires, F., Richaume, P., Kerr, Y. H., Prigent, C., Kolassa, J., Cabot, F., Jiménez, C., Mahmoodi, A., and Drusch, M., Soil Moisture Retrieval Using Neural Networks, Application to SMOS, IEEE Trans. Geosci. Remote Sensing, 53, 5991-6006（2015）

Rogers, A. E. E., Barvainis, R., Charpentier, P. J., and Corey, B. E., Corrections for the Effect of a Radome on Antenna Surface Measurements Made by Microwave Holography, IEEE Trans. Antennas Propag., AP-41, 77-84（1993）

Roggemann, M. C., Welch, B. M., and Fugate, R. Q., Improving the Resolution of Ground-Based Telescopes, Rev. Mod. Phys., 69, 437-505（1997）

Rogstad, D. H., A Technique for Measuring Visibility Phase with an Optical Interferometer in the Presence of Atmospheric Seeing, Appl. Opt., 7, 585-588（1968）

Scheuer, P. A. G., On the Use of Lunar Occultations for Investigating the Angular Structure of Radio Sources, Aust. J. Phys., 15, 333-343（1962）

Scott, P. F., and Ryle, M., A RapidMethod forMeasuring the Figure of a Radio Telescope Reflector, Mon. Not. R. Astron. Soc., 178, 539-545（1977）

Serabyn, E., Phillips, T. G., and Masson, C. R., Surface Figure Measurements of Radio Telescopes with a Shearing Interferometer, Appl. Optics, 30, 1227-1241（1991）

Shao, M., SIM: The Space Interferometry Mission, in Astronomical Interferometry, Reasenberg, R. D., Ed., Proc. SPIE, 3350, 536-540（1998）

Shao, M., Colavita, M., Hines, B. E., Staelin, D. H., Hutter, H. J., Johnston, K. J., Mozurkewich, D., Simon, R. S., Hershey, J. L., Hughes, J. A., and Kaplan, G. H., The Mark III Stellar Interferometer, Astron. Astrophys., 193, 357-371 (1988)

Sridharan, T. K., Saito, M., Patel, N. A., and Christensen, R. D., Holographic Surface Setting of the Submillimeter Array Antennas, in Astronomical Structures and Mechanisms Technology, Antebi, J., and Lemke, D., Eds., Proc. SPIE, 5495, 441-446 (2004)

Stéphan, E., Sur l'extrême petitesse du diamètre apparent des étoiles fixes, Comptes Rendus des Séances de L'Académie des Sciences, 78, No. 15 (meeting of April 13, 1874), 1008-1012 (1874)

Swenson, Jr. G. W., Gardner, C. S., and Bates, R. H. T., Optical Synthesis Telescopes, in Infrared, Adaptive, and Synthetic Aperture Optical Systems, Proc. SPIE, 643, 129-140 (1986)

Taylor, J. H., and De Jong, M. L., Models of Nine Radio Sources from Lunar Occultation Observations, Astrophys. J., 151, 33-42 (1968)

ten Brummelaar, T. A., McAlister, H. A., Ridgway, S. T., Bagnuolo Jr. W. G., Turner, N. H., Sturmann, L., Sturmann, J., Berger, D. H., Ogden, C. E., Cadman, R., and three coauthors, First Results from the Chara Array. II. A Description of the Instrument, Astrophys. J., 628, 453-465 (2005)

Tingay, S. J., Kaplan, D. L., McKinley, B., Briggs, F., Wayth, R. B., Hurley-Walker, N., Kennewell, J., Smith, C., Zhang, K., Arcus, W., and 53 coauthors, On the Detection and Tracking of Space Debris Using the Murchison Widefield Array: I. Simulations and Test Observations Demonstrate Feasibility, Astron. J., 146, 103-111 (2013)

Townes, C. H., Bester, M., Danchi, W. C., Hale, D. D. S., Monnier, J. D., Lipman, E. A., Tuthill, P. G., Johnson, M. A., and Walters, D., Infrared Spatial Interferometer, in Astronomical Interferometry, Reasonberg, R. D., Ed., Proc. SPIE, 3350, 908-932 (1998)

Townes, C. H., and Sutton, E. C., Multiple Telescope Infrared Interferometry, Proc. ESO Conf. on Scientific Importance of High Angular Resolution at Infrared and Optical Wavelengths, Ulrich, M. H., and Kjär, K., Eds., European Southern Observatory, Garching (1981), pp. 199-223

von Hoerner, S., Lunar Occultations of Radio Sources, Astrophys. J., 140, 65-79 (1964)

White, N. M., and Feierman, B. H., A Catalog of Stellar Angular Diameters Measured by Lunar Occultation, Astrophys. J., 94, 751-770 (1987)

Whitford, A. E., Photoelectric Observation of Diffraction at the Moon's Limb, Astrophys. J., 89, 472-481 (1939)

Woolf, N. J., High Resolution Imaging from the Ground, Ann. Rev. Astron. Astrophys., 20, 367-398 (1982)

Worden, S. P., Astronomical Image Reconstruction, Vistas in Astronomy, 20, 301-318 (1977)

索　引